西安交通大学研究生"十四五"规划精品系列教材

配 位 化 学

周桂江　主编

杨晓龙　　王栋东　　郑彦臻　副主编

科 学 出 版 社

北 京

内 容 简 介

本书共 11 章，不仅涉及经典配位化学内容，包括配位化学的基本概念及分类命名、配合物化学键理论、配合物的制备和反应、配合物的结构及表征，还涵盖配位化学的发展，包括有机金属配合物、光电磁功能配合物设计与应用、冠醚配合物及生命体中的配位化学等。本书内容不仅涉及面广，且在呈现上深入浅出，充分体现可读性，旨在使读者获得坚实而全面的配位化知识，培养专业创新能力。

本书虽然定位为研究生教材，但是也可作为高年级本科生及专业教师和相关科研人员的参考书。

图书在版编目（CIP）数据

配位化学 / 周桂江主编. -- 北京：科学出版社，2025.4. -- （西安交通大学研究生"十四五"规划精品系列教材）. -- ISBN 978-7-03-080673-4

Ⅰ. O641.4

中国国家版本馆 CIP 数据核字第 2024NZ9551 号

责任编辑：杨新改 / 责任校对：郝璐璐
责任印制：徐晓晨 / 封面设计：东方人华

科 学 出 版 社 出版

北京东黄城根北街 16 号
邮政编码：100717
http://www.sciencep.com

北京中科印刷有限公司印刷
科学出版社发行　各地新华书店经销

*

2025 年 4 月第 一 版　　开本：787×1092　1/16
2025 年 4 月第一次印刷　　印张：28 1/2
字数：660 000

定价：150.00 元
（如有印装质量问题，我社负责调换）

序

化学是基础学科，也是中心学科，支撑、推动了包括材料、生物医学、能源、环境等学科的发展。配位化学是化学学科的一个重要分支，它以金属原子或离子为中心，与无机、有机、生物离子或分子相互作用所形成的配位化合物为对象，研究这类特殊而又普遍存在的化合物的组成、结构、成键、反应、功能性质及其应用的重要学科。

自从瑞士化学家维尔纳（Werner）提出配位理论以来，配位化学的发展已有 130 余年的历史。近几十年来，随着科学技术的进步，这一传统学科不断发展，展现出新的活力，正如徐光宪先生曾指出的，配位化学已成为"现代化学中的立交桥"，不仅与化学科学的所有二级学科相互支撑、共同发展，还与物理科学、生命科学、材料科学、环境科学、信息科学等学科紧密联系、相互渗透，是现代化学科学的枢纽学科。

考虑到当前配位化学的发展，也为了方便向不同背景研究生提供必要的基础知识，西安交通大学周桂江教授和多位从事化学教学科研领域耕耘多年的中青年学者合作编写出版了《配位化学》教材。内容不仅涵盖了配位化学的经典理论知识体系，还涉及了配位化学的重要发展领域，包括有机金属化合物、光电磁功能配合物、超分子配合物，以及生物无机化学中的配位化学知识等。特别是，本书精简了深奥的理论内容，结构紧凑，内容精炼，力求在知识的呈现形式上做到深入浅出、通俗易懂，以便于学习。其次，引入若干当前研究热点内容（例如卡宾、卡拜及簇合物等）和当前常用研究方法（例如单晶结构解析等），便于研究生了解学科前沿、学习常用研究方法与技术。

总之，该书内容精炼，具有鲜明特色，不仅有助于教学和引导研究生进入科研的大门，也有助于配位化学的教学与研究，既可以作为本科生和研究生的课本，也可以作为教学科研的参考书。

2025 年 2 月于中山大学

前　言

作为中心学科之一，化学学科不仅自身进入了蓬勃发展的阶段，而且通过与其他学科的交叉获得了更加强劲的发动力。在这一背景下，作为四大化学贯通枢纽的配位化学则越来越彰显出其重要性，已经成为化学领域的研究热点。因此，配位化学的知识体系和应用领域也不断充实与发展，涉及配位化学的新概念、新理论、新方法、新手段及新材料等不断出现。此外，配位化学的快速发展也使得相关人员，包括科研工作者、工程人员及研究生的规模迅速扩增。为适应这一趋势，非常有必要编写一本新的配位化学教材来系统介绍配位化学的理论知识体系，以满足广大相关科研与工程人员及研究生的需求。

本教材属于西安交通大学研究生"十四五"规划精品教材系列，主要供化学及相关专业研究生配位化学课程的教学和学习使用。此外，高年级的本科生、科研与工程人员也可以选择性地参考与使用。

本教材共 11 章，各章节写作分工如下：第 1 章绪论，由周桂江、卜腊菊撰写；第 2 章配合物概念、组成、类型与命名，由贾钦相撰写；第 3 章配合物的化学键理论，由周桂江撰写；第 4 章配位化合物的制备和反应，由王栋东撰写；第 5 章配合物的立体结构和异构现象，由周桂江、钟道昆撰写；第 6 章配合物的表征，由苏博超撰写；第 7 章配合物晶体结构解析，由杨晓龙撰写；第 8 章有机金属化合物，由周桂江、冯钊撰写；第 9 章功能配合物设计与应用，由周桂江、孙源慧、陈伟鹏、郑彦臻撰写；第 10 章冠醚配合物，由周桂江撰写；第 11 章生命体中的配位化学，由郑彦臻撰写。

此外，西安交通大学的不少老师和研究生也为本书做了很多贡献，包括一些经验丰富的老师提出的宝贵意见及研究生在资料收集及整理方面的工作等。

感谢西安交通大学研究生院和西安交通大学化学学院的资助，同时也感谢科学出版社的大力支持。

因编者水平有限，书中的不妥之处在所难免，还请广大读者不吝赐教。

编　者
2025 年 1 月 1 日

目　录

第1章 绪 论

Chapter 1 Introduction to Coordination Chemistry

有关配位化学的研究已经有大约 200 年的历史。随着科技的进步以及配位化学在分离技术、配位催化及生物领域的广泛应用，配位化学正在蓬勃发展，成为贯通四大化学的桥梁。同时，配位化合物也以其独特结构性能广泛应用于工业、农业、环境、医药、国防及航天等重要领域。

配位化学（Coordination Chemistry），旧称络合物化学，是研究离子或原子（通常是金属离子或原子，金属中心）与其他分子或离子（有机或无机，配体）形成的配位化合物及其凝聚态的组成、结构、性质、化学反应及其规律和应用的学科。通常被界定为无机化学的一个重要分支学科。

配位化合物（配合物）是指中心原子（或离子）与配体通过配位键按一定的组成和空间构型所形成的化合物，包括小分子、大分子和超分子。中心原子或离子通常是金属原子或离子；配体可以是有机或无机的分子或离子。

早期，配位化学主要研究经典的维尔纳（Werner）型配合物，以具有空轨道的金属阳离子作为中心受体，带孤对电子的 O、N、P 及 S 等元素的原子、分子或离子作为配体，且具有一定的空间构型。后来，以 π 电子配位的一系列非经典配合物相继被发现，包括蔡斯（Zeise）盐、二茂铁及二苯铬。随后，齐格勒-纳塔金属烯烃催化剂等一大批新型配合物也陆续合成出来。这些化学分子打破了传统配合物的概念，使传统无机化合物和有机化合物的界限变得模糊。同时，化学键多样和空间构型新颖的新型配合物的出现，不仅开拓了传统配合物的新领域，促进配合物化学键理论的完善与发展，而且使配合物的研究向纵深发展。目前，配位化学不仅与无机化学结合紧密，而且与有机化学、物理化学、分析化学等基础学科及高分子化学、生物化学、材料化学等专业学科间的联系也日趋紧密，成为学科间的相互融合与渗透的交叉点。同时，配位化学也能体现出自身的独特性与新颖性。因此，配位化学正在跨越无机化学与其他化学二级学科的界限，逐渐处于现代化学的中心地位。

1.1 配位化学的发展历程

很多学科的孕育都是从偶然的发现开始的，配位化学也不例外。最早的配合物可追溯到 16 世纪，德国物理学家利巴菲乌斯（Libavius）对炼金术很感兴趣，于 1597 年发现了 $[Cu(NH_3)_4]^{2+}$；1704 年，德国的染料技师海因里希·迪斯巴赫（Heinrich Diesbach）发现了普鲁士蓝，$KCN[Fe(CN)_2] \cdot [Fe(CN)_3]$ 及 $M^I Fe^{II}[Fe^{III}(CN)_6] \cdot H_2O$（M=Na、K、Rb）。这是最早记录的配合物。但是，通常提起的第一个配合物是 1798 年法国化学家塔萨厄尔（B. M. Tassaert）发现的[Co(NH₃)₆]Cl₃（表 1-1）。在氯化氨和氨水中加入亚钴盐即可得到橙黄色的六氨合钴氯化物[Co(NH₃)₆]Cl₃。这个简单的配合物的发现，标志着配位化学的真正开始。

表 1-1　氨合钴氯化物的电导率及与硝酸银生成沉淀的行为

氨合钴氯化物分子式	导电率	可生成沉淀的氯离子数目
$CoCl_3 \cdot 6NH_3$	高	3
$CoCl_3 \cdot 5NH_3$	中	2
$CoCl_3 \cdot 4NH_3$	低	1
$IrCl_3 \cdot 3NH_3^a$	零	0

a. 由于氨/钴比例为 1∶3 的氯化物无法制备，月相应的铱化合物代替。

　　这个简单的化合物表现出很多难以置信的特点：①热稳定很好，加热到 150℃也未见有氨释放出来，若用稀硫酸将这种橙黄色的晶体溶解，也未发现有硫酸铵生成，说明 NH₃ 和 CoCl₃ 的结合非常强，绝不仅通过分子间相互作用结合；②向新制备的氯化钴溶液中加入硝酸银溶液可立即生成氯化银沉淀，说明化合物中的氯离子以游离的形式存在；③摩尔电导率测定的结果表明 $CoCl_3 \cdot 6NH_3$ 是 1∶3 型电解质。这一化合物的特性引起了化学家广泛兴趣，一系列过渡金属氨化合物被成功制备，为后续配位化学的发展提供了重要的实验数据。在这方面，丹麦科学家约根森（S. M. Jørgensen）功不可没。

　　过渡金属氨化合物的独特性质已经被广泛证实，但是当时流行的价键理论无法解释两个价态饱和的化合为什么能形成稳定的钴氨合物。那么下一个问题就自然而生：这些化合物内部的作用力究竟是怎样的？回答这一问题对解释这些化合物所具有的独特的化学稳定性和相应的电学性质非常关键。德国化学家霍夫曼（R. Hoffman）提出了"铵盐理论"；1869 年，瑞典化学家布洛姆斯特兰德（C. W. Blomstrand）借鉴了凯库勒（F. A. Keculé）和库伯（A. S. Couper）有机化合物碳的四价及形成碳链结构的结论，提出了"链式理论"，认为钴氨合物中的氨分子能形成氨链，见图 1-1（a）。布洛姆斯特兰德认为：二价的氨与写成 H-NH₃-Cl 形式的 NH₄Cl 是一致的，钴中心为+3 价，氮原子像有机化合物中的碳链一样链接在一起，3 个一价的氯离钴中心较远，可相对容易地脱离金属离子，从而与硝酸银反应生成氯化银沉淀。显然，该理论能够成功地解释[Co(NH₃)₆]Cl₃ 的一些性质。同时，基于当时的主流思想，布洛姆斯特兰德所提出的这种链式结构也非常合理。

　　但是，随着不同氨/钴比例的氯化物被成功制备出来并研究其相关性能，实验结果却表明布洛姆斯特兰德提出的"链式理论"存在问题，不能解释不同氨/钴比化合物中氯离子沉淀数目和速率的问题。1884 年，约根森修正了导师布洛姆斯特兰德的链式结构，见图 1-1（b）。他认为不是所有氯离子到钴中心的距离都是一样的，因此调整了氯离子与钴中心的距离来解释氯离子不同的沉淀速率。距离钴中心越远的氯离子受钴中心的作用越小，生成沉淀的速率也越快。因此，约根森认为与钴中心直接连接的氯离子不能被硝酸银沉淀。这一调整能够很好地解释各种钴合氨氯化物的性质，似乎表明布洛姆斯特兰德-约根森理论在正确的道路上发展。

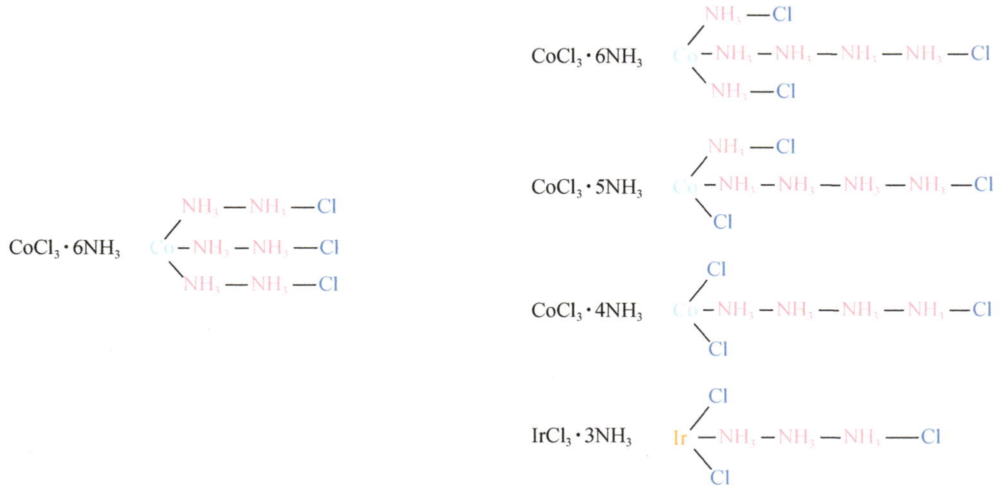

$CoCl_3 \cdot 6NH_3$

$CoCl_3 \cdot 6NH_3$

(a)布洛姆斯特兰德表达式

$CoCl_3 \cdot 6NH_3$

$CoCl_3 \cdot 5NH_3$

$CoCl_3 \cdot 4NH_3$

$IrCl_3 \cdot 3NH_3$

(b)约根森表达式

图 1-1　一些氨合物结构的布洛姆斯特兰德和约根森表达式

　　然而，含有 3 个氨分子的铱氯化物的性质对该理论构成了严峻的挑战。如图 1-1（b）所示，根据布洛姆斯特兰德-约根森理论可以预测，钴/氨比为 1∶3 的化合物应该能够电离出一个氯离子。虽然这个化合物一直没有从实验中得到，但是制备得到的类似的氨合铱氯化物是中性的，不能电离出氯离子。因此，该理论遇到了瓶颈。

1.2　现代配位化学的开端——维尔纳配位理论

　　1892 年，苏黎世工业大学的编外有机化学讲师维尔纳（A. Werner）开始注意到无机化学领域的一些有趣的问题，其中就包括解释配位化合物时遇到的问题。他意识到用已经建立的有机化学的理论来解释配位化合物很可能将配位化学引入歧途。1892 年的某个凌晨，年仅 26 岁，不见经传的维尔纳灵光一现，提出"分子化合物"的概念，破解了钴氨合物之谜。他立刻起床，开始写作论文以阐述自己的创新观点。在浓咖啡的帮助下，下午 5 点钟便完了一生中最重要的论文"论无机化合物的结构"。该论文投稿到德国《无机化学学报》，并于 1893 年发表。该论文中提出的观点突破了传统的化学键概念，创造性地提出了配位数、配合物内外界等重要概念，奠定了近代配位理论及配位化学的基础。维尔纳配位理论主要有 3 个假设：

　　（1）多数元素具有主价和副价两种价态。主价相当于元素的氧化数，副价相当于配位数。每一个特定氧化数的金属都可以用副价与阴离子或中性分子结合，因此副价相当于现在的配位数。如图 1-2 所示，$CoCl_3 \cdot 6NH_3$ 中 3 个 Cl^- 阴离子满足了 Co 的 3 个主价，6 个 NH_3 分子满足了 Co 的 6 个副价。

　　（2）每种元素都有满足主价和副价的倾向，其他离子或分子根据与中心原子或离子结合强弱的不同分为内界和外界。内界由中心原子或离子和与之紧密结合的离子或分子（配体）组成，在化学式中以 [ ] 括起；外界是与中心原子或离子结合较弱的离子或分子。根据第一个配合物[Co(NH₃)₆]Cl₃的化学式，很容易就能区分出其内界和外界的组成。

（3）副价在中心离子或原子周围的排布并不是随机的，而是具有固定的空间指向。这一假设对于说明配合物的立体化学非常重要，对确定六配位配合物八面体构型非常关键。

根据以上假设，一些氨合物的结构如图1-2所示。图中金属中心和氯成键用实线表示，满足金属中心的主价；金属中心和氨之间成键用虚线表示，用来满足金属中心的副价。但在有些化合物中，需要氯能够实现同时满足主价和副价的双重功能，这种氯离子与金属中心的作用较强，不能被硝酸银沉淀。这一理论不仅能够说明不同氨合钴氯化合物不同的性质，而且也完美地解释了约根森所制备的铱化合物的特性。

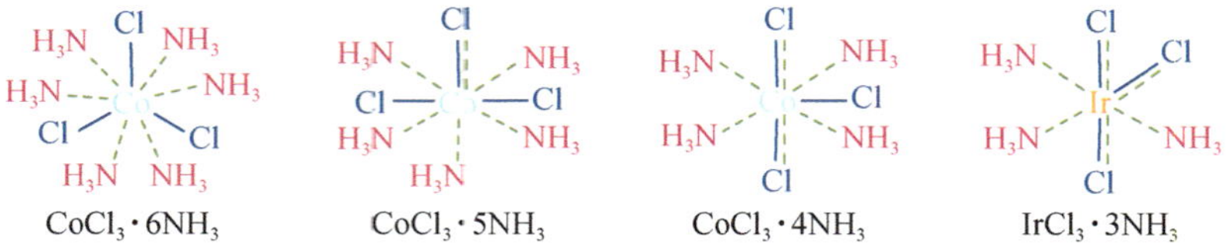

$CoCl_3 \cdot 6NH_3$ $CoCl_3 \cdot 5NH_3$ $CoCl_3 \cdot 4NH_3$ $IrCl_3 \cdot 3NH_3$

图 1-2　典型氨合物结构的维尔纳表达式

在维尔纳的配位理论中，他认为副价在金属中心周围的排布并非随机。因此，他开始研究副价在空间的分布情况，这就涉及配合物的几何构型。以 6 配位化合物为例，可具有平面六边形、三棱柱及八面体这三种几何构型。对于 MA_5B，实验中只能得到一种异构体，这一结果与三种几何构型预测的异构体数目一致。然而，对于 MA_4B_2 及 MA_3B_3 型配合物，平面六边形和三棱柱这两种构型预测的异构体数目是 3 个，但实验中只得到 2 个异构体。因此，对于 6 配位化合物，只有采取八面体构型才能得到与实验相符的异构体数目。随后，维尔纳预测 $CoCl_3 \cdot 4NH_3$ 可能具有两种异构体。1907 年，维尔纳通过实验成功获得一个浅绿色和一个紫罗兰色的异构体，证明了他的预测。通过与实际存在的异构体的数目相比较，他得出的结论是这 6 个配体应该是八面体构型。这些研究进展使得配位理论逐渐强大。从维尔纳提出配位理论的经过不难看出，科学研究中有时就需要有冒险精神，勇于提出全新的思想与见解，从而取得革命性的进步。维尔纳就是摆脱了传统链式理论的束缚，大胆假设小心求证，最终成为"配位化学之父"。

维尔纳对配位理论的建立及配位化学发展的重要贡献并不是源于其在无机化学领域的研究积累，而是基于打破常规的创新性思维和他在有机化学（主要针对分子）领域研究的结合。美国科学史家库恩（T. Kuhn）在其《科学革命的结构》著作中高度评价了这种突破常规的科研思想，总结道"提出新规范的人们几乎都很年轻，他们不熟悉自己所改变规范的领域……很显然，这些人以前的实践很少使他们受到常规科学的传统规则的束缚。因此，他们最有可能看出那些传统规则已经不再适用了，并构想出另一套代替它们的规则"。

今天，提到配位化学的奠基人都会想到维尔纳。但是，另外一位丹麦科学家约根森的贡献绝对不能忽视。支撑维尔纳配位理论的实验数据大部分来自约根森的精细可靠的实验结果。约根森一生致力于钴、铑、铂配合物的研究，修正了布洛姆斯特兰德的"链式理论"；配位化学教科书中的很多实验事实最初都是他发现的；首次合成了配合物的"明星"分子 *cis*-[CoCl(NH₃)(en)₂]X₂ 和 [Co{(OH)₂Co(NH₃)₄}₃]Br₆，为配合物立体化学研究奠定了基础。

随着维尔纳配位理论的发展，维尔纳和约根森之间也发生了激烈的学术争论。但是，他们之间的争论是学术争鸣的良好典范，两人互相尊重，没有产生任何恩怨，表现出大师风范。两人都进行了大量实验来证明自己的观点；约根森的批评并非全部正确，但维尔纳也根据约根森指出的问题对自己的理论进行一些修正，使之与实验事实更加契合。虽然维尔纳配位理论取得了最终的胜利，但是约根森精确细致的实验结果也非常可靠，并成为配位理论的基础。因此，1913 年，维尔纳从接受诺贝尔化学奖返回苏黎世的途中，向丹麦化学会致函高度赞扬约根森的实验结果在配位理论发展中的重要作用。因此，维尔纳和约根森可以认为是配位化学化学发展中的"双子星"（图 1-3）。

约根森(1837—1914)　　　　维尔纳(1866—1919)

图 1-3　配位化学的奠基人

自从配位理论提出后，维尔纳在他 26 年的研究生涯中，一边与配位理论的反对派激烈争论，一边在非常简陋的实验条件下勤奋实验，靠当时能够实现的化学计量反应、异构体数目、稀溶液依数性、溶液电导率、化学拆分及旋光度等方法寻找实验数据，严格证实了配位理论的每个观点。他的这种不畏权威挑战和献身科研的执着精神非常值得我们学习。

1.3　现代配位化学理论的深化与发展

虽然维尔纳的配位理论很好地解释了配合物的稳定性并预见了配合物的立体构型。但是，受限于当时化学领域研究的深度不够，没有深入到原子与分子的微观层面，化学键理论尚未建立。因此，配位理论还不能说明中心离子或原子与配体间的作用方式，所以无法从根本上解释副价是什么。

随着化学领域研究的深入，尤其是化学键理论的建立，为理解中心离子或原子与配体间的相互作用本质提供了重要的基础。1916 年，美国化学家路易斯（G. N. Lewis）提出了经典共价键理论，认为两个原子共用一对电子形成了稳定的外层电子结构，并将两个原子结合起来（表 1-2）。1923 年，路易斯又提出了酸碱电子理论：酸是电子对接受体，碱是电子对给予体，酸碱反应是电子对给体和电子对受体之间形成配位共价键的过程。显然，该理论从更微观的层面理解经典配合物的中心离子或原子和配体之间的作用本质，即配位键本质是由具有空轨道的中心离子或原子（路易斯酸）和具有孤对电子的配体（路易斯碱）通过共用电子对而产生的作用力。

随着电子和放射性的发现，在普朗克（M. K. E. L. Planck）的量子论和卢瑟福（E. Rutherford）的原子模型的基础上，波尔（N. H. D. Bohr）提出了原子结构理论，为创立化学键的电子理论打下基础。1930年，鲍林（L. Pauling）在海特勒-伦敦的基础上加以发展，引入杂化轨道概念，综合成价键理论，并应用于配合物中，成功解释了配位数、分子构型、稳定性及一些配合物的磁性。但是，缺点也显而易见，无法说明配合物的一些光学性质，比如光吸收性行为。1929年，贝蒂（H. Bethe）和范弗莱克（J. H. van Vleck）将配位和金属中心间的作用看成静电作用，配体产生的不均匀静电场使金属中心的d轨道发生能级裂分，即晶体场理论（Crystal Field Theory，CFT）（表1-2）。该理论对配合物的光吸收性能、立体结构、磁学性质及溶液中的稳定性都能很好地解释。但是，该理论对配体与金属中心离子间的作用考虑得过于简单，忽略了共价作用。因此，对配体的光谱化学序列等现象无法解释。

随着对配合物光学及磁学研究的深入，仅考虑中心离子和配体间的静电作用的局限性凸显，需要进一步考虑两者间的共价作用。因此，对晶体场理论进行了修正，引入了分子轨道理论（Molecular Orbital Theory，MOT），发展出了配体场理论（Ligand Field Theory，LFT）。但是，配体场理论虽然考虑了配位键的共价特性，但仍过于沿袭晶体场理论认为中心离子与配体间的作用还主要为离子静电作用，只是默认了有一定的轨道重叠（共价作用）而已。因此，这一理论对中心离子与配体间存在较强共价作用的π酸配合物的形成无法解释。后来发展的配合物分子轨道理论充分考虑了配位键的共价性，将中心离子的原子轨道与配体的轨道线性组合形成配合物的分子轨道，从而定量解释了配合物，尤其是π酸配合物的物化性质，包括吸收光谱、核磁共振谱等。但是，分子轨道理论比较复杂，在一定程度上限制了该理论的进一步应用。

从人们对中心离子与配体间作用认识的开始到配合物分子轨道理论的建立，才实现了对配合物中心离子与配体间作用的全面认识。由于涉及d轨道甚至f轨道参与成键，因此配合物中的化学键非常复杂，对于特定配合物中成键的认识也要全面考虑，综合运用各种化学键理论。

在配合物的成键理论不断发展深入的同时，各种新型配合物也不断涌现。19世纪，无机和饱和的有机分子或离子可作为配合物的配体。后来到了20世纪，能提供定域或离域π电子的烯烃、炔烃甚至芳烃都可以作为配体用来制备新型配合物。20世纪50年代，以二茂铁为代表的一大批夹心和不饱和链状配体的配合物，突破了传统配合物的范畴，成为配合物研究向纵深发展的典范。同时，配位反应的热力学和动力学研究也非活跃，比如配合物稳定常数的测定并总结出一些关于配合物稳定性的重要规律；针对溶液中的配位取代反应，提出了缔合机理、解离机理、反位影响和反位效应等概念；1981年霍夫曼在他获得诺贝尔奖时的演讲中首次提出等半相似原理后，中心原子已由金属原子扩充到非金属原子；针对有电子转移的反应，陶布（H. Taube）于1983年提出内界和外界机理，马库斯（R. A. Marcus）提出了马库斯理论模型（表1-2）。这些理论研究和模型的提出为配合物的应用奠定了坚实的理论基础。

表 1-2　配位化学发展中取得的重要进展时间表

年份	贡献者	主要贡献
1798	B. M. Tassaert	首次合成钴的氨配合物
1822	Gmelin	合成钴氨氧配合物
1827	N. C. Zeise	得到第一个有机金属配合物 Zeise 盐 $K[PtCl_3(C_2H_4)] \cdot H_2O$
1851	Genth，Claudet，Fremy	$CoCl_3 \cdot 6NH_3$、$CoCl_3 \cdot 5NH_3$ 及其他钴氨配合物的制备
1869	C. W. Blomstrand	为解释配合物结构提出链式理论
1884	S. M. Jørgensen	修正了链式理论
1888	L. Mond，S. M. Jørgensen	Mond：$[Ni(CO)_4]$ 的合成；Jørgensen：rac-cis-$[CoCl(NH_3)(en)_2]X_2$ 的制备
1893	A. Werner	提出配位理论，配位化学创始，并因此获得 1913 年诺贝尔化学奖
1894	G. B. Kauffman	将配位理论翻译成英文，首次出现"coordination"这一术语
1898	S. M. Jørgensen	rac-$[Co\{(OH)_2Co(NH_3)_4\}_3]Br_6$ 的制备
1902	A. Werner	提出配位理论的三个假设
1906	P. Ehrlich	引入接受体（receptor）的概念
1911	A. Werner	cis-$[CoCl(NH_3)(en)_2]X_2$ 光学异构特性的确定
1914	A. Werner	不含碳配合物$[Co\{(OH)_2Co(NH_3)_4\}_3]Br_6$ 光学异构体的确定
1916	G. N. Lewis	提出共用电子对理论
1927	Sidgwick	将 Lewis 的理论发展成为配位理论
1929	H. A. Bethe	提出晶体场理论
1935	J. H. van Vleck	发展了晶体场理论
1937	K. L. Wolf	创造出术语"超分子（supermolecule）"，它是由配位饱和的物种缔合而成的实体
1939	L. Pauling	在《化学键的本质》中给出价键理论和氢键概念，并因此获得 1954 年诺贝尔化学奖
1951	T. J. Kealy，P. L. Pauson	合成出二茂铁
1955	K. Ziegler，G. Natta	发明配位聚合催化剂，并因此获得 1963 年诺贝尔化学奖
1957	J. S. Griffith，L. E. Orgel	提出配体场理论
1961	N. F. Curtis	丙酮和乙二胺合成第一个席夫碱大环
1964	D. C. Hodgkin	用 X 射线研究维生素 B_{12} 等生物分子的结构
1967	C. J. Pederson	合成冠醚，并与 Lehn、Cram 共同分享 1987 年诺贝尔化学奖
1969	J. M. Lehn	合成第一个穴醚，并于 1978 年引入术语"超分子化学"
1973	D. Cram	合成了一系列具有光学活性的冠醚化合物，创立了"主-客体化学"
1973	G. Wilkinson，E. O. Fischer	二茂铁研究成果获得诺贝尔化学奖
1976	W. N. Lipscomb	硼化学理论与合成成果获得诺贝尔化学奖
1983	H. Taube	配合物电子转移机理研究获得诺贝尔化学奖
1996	H. W. Kroto，R. E. Smalley，R. E. Curl	因发现富勒烯而获得诺贝尔化学奖
1987，2003	G. Wilkinson，R. D. Grillard，J. A. McCleverty，T. J. Meger	Comprehensive Coordination Chemistry I 和 II 出版，总结了配位化学的成果、现状及发展趋势
2010	R. F. Heck，E. I. Negishi，A. Suzuki	因钯催化交叉偶联反应获得诺贝尔化学奖

在配位化学基础理论研究不断取得进展的同时，新型配合物及其特殊性质，比如催化、生物、光、电、热、磁等研究领域也取得了丰硕的研究成果。具有特定功能的功能配合物及其应用也成为配位化学领域的热点研究。配合物的催化性能是其应用的重要成果之一，齐格勒-纳塔（Ziegler-Natta）催化剂开辟了烯烃聚合的新领域，为新型聚烯烃材料的发展做出重要贡献；钯配合物作为催化剂实现了烯烃选择性氧化制备乙醛；威尔金森（Wilkinson）催化剂 $[RhCl(PPh_3)_3]$ 用于烯烃低压氢甲酰化。上述研究成果实现了大宗化工原料的高附加值转化，推动了石油化工行业的发展。随后，手性配合物用于高立体选择性合成；钯配合物实现高效偶联反应；铱配合物实现光催化反应及清洁能源的利用等，都代表着配合物应用的典型热点研究领域。20 世纪 70 年代，配位化学与生物学交叉融合，产生了生物无机化学这一领域，对揭示无机金属离子在生物体中的行为，阐明金属离子和生物大分子形成配合物结构与生物功能间的关系非常重要。20 世纪 80 年代以后，配合物作为高性能新材料的发展前景非常诱人，室温超导材料就是重要代表；配合物的光、电、磁、热等特性的应用带来多个领域的变革。配合物发光材料在防伪、生物成像、新型电池及新一代照明显示技术等领域均显示出独特的优势；配合物非线性光学材料不仅活性高，而且实现了可见光区的高透明性；配合物的分子刚性结合金属中心的特点，在有机导体方面也可以表现出独特优势；过渡金属配合物及稀土配合物在单分子磁体方面具有重要潜力，为实现高密度存储及磁制冷等提供了全新的出路；配合物热电材料为能源利用、新型传感及制冷技术提供了新平台；配合物的光热效应及热电效应也为配合物在诊疗一体化及能源利用方面提供了新策略。

1.4 广义配位化学——超分子化学

超分子化学（Supramolecular Chemistry）这一概念由 1978 年诺贝尔化学奖获得者法国科学家莱恩（J. M. Lehn）首次提出。他指出"基于共价键存在着分子化学领域，基于分子组装体和分子间键而存在着超分子化学"，这是无疑代表着化学领域思维的一次重要的飞跃。莱恩教授在获奖演说中对超分子化学做出了如下解释：超分子化学是研究两种以上的化学物种，通过分子间相互作用缔结而成的、具有特定结构和功能的超分子体系的科学。简而言之，超分子化学是研究多个分子通过非共价键作用而形成的功能体系的科学。基于这一定义，可以看出分子间的相互作用是超分子化学的核心。在超分子化学中，不同类型的分子间相互作用是可以区分的，根据它们不同的强弱程度、取向以及对距离和角度的依赖程度，可以分为金属离子的配位键、氢键、π-π堆积作用、静电作用和疏水作用等。它们的强度分布由π-π堆积作用及氢键的弱到中等，到金属离子配位键的强或非常强。这些作用力是超分子化学行为的驱动力。按照当前对配位化学的理解，这些作用力几乎都可以理解为配位作用。因此，超分子化学根源于配位化学，有人称之为广义配位化学（Generalized Coordination Chemistry），是三十多年来迅速发展起来的一门交叉学科，它与材料科学、信息科学、生命科学等学科紧密相关，是当代化学领域的前沿之一。

超分子化学的研究范围大致可分为三类：①环状配体组成的主客体体系，比如冠醚、穴醚、环糊精（Cyclodextrin，CD）、杯芳烃（Calixarene）等与离子或分子通过超分子作用形成的主客体体系；②有序的分子聚集体，比如分子组装体、胶体及生物大分子双螺旋 DNA 等；③由两个或两个以上基团用柔性链或刚性链连接而成的超分子化合物（Supermolecule），比如索烃（Catenane）、轮烷（Rotaxane）。这些新的化合物不仅仅能表现出单个分子所不具备的特有性质，还能显著增加化合物的种类和数目。显然，这些新型超分子化学体系的行为和性能与构建它们的传统或广义配位作用的特性息息相关。因此，配位化学的原理为构筑新型超分子化学体系及其性能调控提供了坚实基础，从而仿效自然，去开发功能可与天然体系媲美甚至优于天然体系的人工体系，研究开发智能分子器件与分子机器、DNA 芯片、靶向药物、程控药物释放、高选择性催化剂等。

1.5　我国配位化学的发展

新中国成立之前，我国配位化学的研究基本处于空白状态。新中国成立之后，随着国家经济建设及科技的发展，个别重点高等院校及科研单位开始进行配位化学相关的教学和研究工作。20 世纪 60 年代中期以前，受限于科研条件的限制，我国配位化学方面的研究工作主要集中在简单配合物的合成、性质结构表征及其应用方面，包括溶液配合物的平衡理论、多核配合物的稳定性、取代动力学及过渡金属配位催化等。另外，我国稀土、钨、钼资源丰富，如何利用配位化学理论分离提纯这些元素也是当时的研究内容。虽然在个别领域取得了一些重要进展，但是总体还是与国际研究水平差距较大。

20 世纪 80 年代以后，在改革开放的大背景下，经济建设和科学研究水平开始快速发展。我国在化学领域取得了更快的发展，研究水平大为提高，配位化学也逐步步入国际先进行列。

● 新型配合物的构筑及结构研究。在簇合物、有机金属化合物和生物无机配合物，尤其是超分子配位化合物的合成及其结构研究方面取得了重要成果。

● 配位反应热力学、动力学和反应机理研究更加系统深入，尤其是与计算化学的深度结合，更加深入地对配合物生成、反应特性及微观过程解析，不仅从根本上深化和完善了配位化学知识，而且推动了配位化学应用领域的纵深发展。

● 随着波谱技术的发展及科研配套条件的完善，配合物结构分析方法多样而精准，配合物的结构和性质的基础研究水平明显提升。

● 光、电、磁、热等特性和生物功能的配合物的研究达到国际先进行列。包括用于新一代显示技术的配合物发光材料、配合物导体及超导材料、与清洁能源利用相关的太阳能电池材料及热电材料、单分子磁体、生物成像及诊疗一体化材料等。

在国家创新驱动发展的大背景下，我国配位化学一定会出现更为繁荣发展的局面，在配位化学的前沿领域做出更为卓越的贡献。

1.6　配位化学的重要性与发展方向

配位化学一直都是无机化学中充满活力的分支之一，也是无机化学领域研究的重要生长点。配合物多元化的成键方式、丰富多彩的结构特点及融合有机无机的分子组成，不仅彰显了自身在化学基础理论方面的价值，而且独特的宏观微观性能赋予了它们重要的实际应用价值。1963 年的诺贝尔化学奖授予了德国的齐格勒博士和意大利米兰大学的纳塔教授，表彰他们在烯烃配位聚合方面的重要研究工作。他们利用金属铝和钛的配合物实现了乙烯的低压聚合，这使得数千种聚乙烯物品成为日常用品；著名的顺铂配合物是有效的抗癌药物；铱配合物的高效磷光发射被成功用于新一代照明和显示技术；钌配合物用于太阳能电池实现清洁可再生能源的利用；植物光合作用所必需的叶绿素是一种镁的卟啉配合物。这些例子使我们对配合物在很多重要领域所起的关键作用深有体会。

配位化学的重要性的另一个体现是与多个一级学科，包括命科学、材料科学、环境科学等紧密联系交叉渗透，促进了这些学科的纵深发展，同时产生了诸如物理配位化学、簇合物化学、金属有机化学、生物无机化学、配位高分子化学、功能配位化学及纳米配位化学等。

著名化学家徐光宪院士认为，配位化学已经处于现代化学的中心地位。随着配位化学的快速发展，目前其已远远超出无机化学的范围，正在形成一个新的化学二级学科，并处于现代化学的核心地位。如果把 21 世纪的化学比作一个人，物理化学是大脑，分析化学是眼睛和耳朵，无机化学是左手，有机化学和高分子化学是右手，材料科学是左腿，生命科学是右腿，而配位化学是处于中心地位的心腹，贯穿整体。这一比喻恰当地体现了配位化学的中心对位。

21 世纪配位化学的中心地位使其成为化学学科最前沿最活跃的研究领域之一。这对于配位化学科研教学工作者来说既是机遇也是挑战。面向配位化学领域前沿是提升我国配合物化学科研教学水平的重要方向。随着配位化学领域向纵深发展，并结合国民经济及国家重大战略需求，配位化学的如下方向备受关注。

● 新型配合物的设计合成。这一方向是配位化学永恒的研究主题，包括新配位体、新配合物、新结构及新性能等。这一领域的研究不仅能够促进配位化学基本理论的发展，而且通过构-效规律研究为功能性配合物的设计制备提供理论基础。

● 新型分子配体配合物与能源、环境、生命学科的交叉研究。分子氢、分子氮、分子氧、一氧化碳及二氧化碳等分子配体形成配合物，不仅能够为人们了解配位键的成键原理提供了平台，而且为解决能源、环境、生命学科等领域的关键问题提供了新策略。合成氨是化工领域的上帝之手，关系到国计民生。但是，合成氨工业中的高温高压反应能耗巨大。因此，室温常压合成氨一直是人们追求的目标。分子氮配合物的出现使人们看到实现这一目标的曙光。化石能源的使用伴随着大量的碳排放。为实现"双碳"目标，清洁能源的使用固然关键，将二氧化碳转变成有用的能源物质也非常关键。二氧化碳分子配合物为实现二氧化碳还原成能源物质提供了新出路。

● 配位超分子化学。超分子化学是研究两种以上的化学物种通过分子间作用力相互作用缔合成为具有特定结构和功能的超越分子层面的体系的科学。配合物的中心离子为超分子体系提供了广泛的构建单元，配位键也为超分子体系的组建提供了独特的作用力。因此，相比于其他超分子体系，配位超分子体系具有独特微观和宏观结构，所以表现出独特的性质。这一点正好满足了超分子化学体系功能化的需求。因此，配位超分子化学在新型分子识别、分子机器、新型分离技术、高效催化体系、靶向药物、分子组装等领域都非常重要，为解决相关问题提供了独特的思路。

● 光电磁功能配合物。配合物分子具有无机中心离子和配体两部分,两者的结合往往能够产生独特的光、电、磁、热等性能,使配合物成为功能材料,可应用于诸多新兴领域,实现相关行业创新驱动发展。利用配合物中金属的重原子效应,铱和铂的配合物能够产生强烈的室温磷光发射,且磷光发光颜色很容易调节。它们已经被成功应用于新一代柔性可折叠显示技术,为显示与照明领域带来根本的变革;钌配合物作为敏化剂被成功应用在染料敏化太阳能电池领域,使电池光电转换效率得到有效提升,为太阳能的高效利用提供了新出路;单分子磁体在高密度存储及磁制冷方面的重要潜力也必将带来相关领域的技术革新。

● 配位催化。配合物催化剂为新型催化剂的开发提供了全新的平台,配位化学基础研究为配合物催化剂的设计提供了理论基础。配合物催化剂极大地推动了化学、化工、材料、能源等领域的发展。齐格勒-纳塔催化剂实现了烯烃的低压聚合,使聚烯烃材料的产品走入日常生活;威尔金森催化剂实现了烯烃低压氢甲酰化,钯配合物实现了选择性氧化乙烯成为乙醛,这些成果促进了化工行业的发展;瓦斯卡配合物、有机膦钯配合物、席夫碱铜配合物等为新型有机分子的合成提供了便捷途径。因此,新型高效、高选择性及绿色环保的配合物催化体系的研究仍然是配位化学发展的重要方向。

● 生物无机及配合物药物。很多生物过程涉及金属配合物,血红素、叶绿素及维生素B_{12}等。这些生物活性分子为实现生物体功能提供了保障。此外,很多高活性生物酶也是金属配合物,包括碳酸酐酶、超氧化物歧化酶、固氮酶等。它们可以在生物体内比较温和的条件下催化各种生物过程。因此,如何人工模拟这些生物分子功能是一个非常活跃的研究领域。随着社会发展及人民生活水平的提高,健康问题备受关注。近年来,配合物药物的独特功能逐渐被认识到,开发高效安全的新型配合物药物也备受关注,包括抗癌药物、抗菌药物、解毒药物、利尿药物及营养类药物。此外,借助配合物的特殊性能,新型诊-疗一体化体系的开发也是重要的发展方向。

参 考 文 献

戴安邦, 1987. 配位化学. 北京: 科学出版社.

洪茂春, 陈荣, 梁文平, 2005. 21 世纪的无机化学. 北京: 科学出版社.

李晖, 2011. 配位化学(双语版). 北京: 化学工业出版社.

刘伟生, 卜显和, 2018. 配位化学(第二版). 北京: 化学工业出版社.

刘又年, 周建良, 2012. 配位化学. 北京: 化学工业出版社.

罗勤慧, 2012. 配位化学. 北京: 科学出版社.

孟庆金, 戴安邦, 1998. 配位化学的创始与现代化. 北京: 高等教育出版社.

孙为银, 2004. 配位化学. 北京: 化学工业出版社.

徐光宪, 2002. 北京大学学报, 38: 149.

徐光宪, 王云祥, 2005. 物质结构(第二版). 北京: 高等教育出版社.

徐志固, 1987. 现代配位化学. 北京: 化学工业出版社.

游效曾, 孟庆金, 韩万书, 2000. 配位化学进展. 北京: 高等教育出版社.

Bailar J C, 1965. The Chemistry of Coordination Compounds. New York: Reinhold.

Cotton F A, Wilkinson G, 1962. Advanced Inorganic Chemistry. New York: Wiley-Interscience.

Moeller T, 1952. Inorganic Chemistry. New York: Wiley-Interscience.

Werner A Z, 1893. Anorg. Chem., 3: 267.

习　题

1. 从配位化学早期发展过程来看，科研工作者从中能得到什么启示？

2. 我国科学家在配合物光电磁功能材料方面做出了重要贡献，请结合文献查阅举出几个代表性例子。

3. 如何理解配位化学处于化学中心地位这一观点？

 阅 读 材 料

配位化学的发展——对研究生科研工作的启示

　　配位化学通常被认为是无机化学下面的一个分支，是能够贯通四大化学的枢纽。虽然，系统的配合物化学体系形成相对较晚，但是配位化学发展迅速且相关研究领域非常活跃。同化学领域的其他学科形成类似，配位化学的形成也经历了从最早的特殊实验现象与物质的发现，到后来人们对相关实验现象和物质的研究得出早期知识理论体系，再到最终通过更为深入的研究完善理论和知识体系，从而形成一门学科的过程。这一过程伴随着严密思考、提出假设、实验求证及不断修正等环节的不断反复，最终得出正确结论。这一过程与研究生的科研行为非常相似，因此能够从中得到很有价值的启示。

　　在科学研究中，要具有开阔的视野，不要仅将目光仅集中于当前研究领域，有时需要涉猎其他领域打开科研思路。现代配位化学的奠基人维尔纳（A. Werner）本是有机化学领域的讲师。但是，他的关注点并不是仅在机化学领域，而是对无机化学领域的一些有趣的问题也非常感兴趣，从而在无机化学领域做出了惊人的成就。同样，在配位化学发展的初期，科学家布洛姆斯特兰德（C. W. Blomstrand）借鉴有机化合物的结构特点来解释钴氨合物的结构与性质，并提出"链式理论"。虽然受限于当时的科研条件，该理论后来也被证实并不可靠，但是有机化学的知识为解决无机化学领域的问题提供了新思路。

　　在科学研究中，尤其是新兴前沿领域的研究，要勇于突破传统框架的束缚，大胆假设小心求证。为了解释钴氨配合物的结构，维尔纳提出"分子化合物"的概念，突破了传统的化学键概念，创造性地提出了配位数、配合物内外界、配合物分子空间构型等重要概念，奠定了近代配位理论及配位化学的基础。在维尔纳的近代配位理论中，他大胆地提出了很多当时全新概念，能够很好地说明钴氨配合物的结构并成功解释了其性质。但是，维尔纳并没有因为他提出的创新性假设的成功而沾沾自喜，而是一直努力寻求实验上的证据来证明这些假设的正确性。最终，在维尔纳及其他科学家的努力下，这些假设被实验结果成功证实。因此，使得维尔纳成为现代配位化学的奠基人。

　　在科学研究中，要有面对权威挑战的勇气，具有坚韧不拔的精神，坚持自己的观点。提出配位理论时，维尔纳在无机化学领域并没有很多建树。随着配位理论的发展，无机化学领域的权威不断提出质疑，并与维尔纳之间发生了激烈的学术争论。即使面对权威的质疑和挑战，维尔纳也表现出坚韧不拔的精神，始终坚持自己的观点。他一边与配位理论的反对派激烈争论，一边在非常简陋的实验条件下勤奋实验，寻找实验数据并严格证实了配位理论的每个观点。维尔纳的科学研究生涯并不长。但是，他对自己从事研究工作的体会是很深刻的。他认为"真正的雄心壮志几乎全是智慧、辛勤、学习、经验的积累，差一分一毫都不可能达到目的。至于那些一鸣惊人的专家学者，只是人们觉得他们一鸣惊人。其实他们下的功夫和潜在的智能，别人事前是领会不到的"。这正是对他取得巨大研究成果恰当的解释。维尔纳这种献身科研和不畏权威的精神非常值得我们学习。

第 2 章　配合物相关概念与命名

Chapter 2　Concepts and Nomenclature of Complexes

2.1　配合物的概念

配位化合物（简称配合物）种类繁多，目前尚无严格的定义。与简单化合物相比较，可给出的传统定义是"由可以给出孤对电子或多个不定域电子的离子或分子，与具有空轨道的原子或离子，以一定的组成和空间构型所形成的化合物"。该定义中，接受电子的原子或离子称为中心原子（Central Atom）或中心离子（Central Ion），常统称为中心原子；能够给出电子对的分子或离子称为配位体（Ligand），常简称为配体。

配合物中既有配位中性分子，如 $Fe(CO)_5$，又有含配离子的情况，如黄血盐 $K_4[Fe(CN)_6]$ 等。在后者中，除了带电荷的配离子外，还有与之平衡电荷的抗衡阳离子（Counter Cation）或抗衡阴离子（Counter Anion）。

随着配合物领域研究的深入，现代配合物的概念又进一步得到扩展，如徐光宪院士提出的现代配合物概念是由广义配体与广义中心原子结合形成的"配位分子片"，如单核与多核配合物、簇合物、功能复合型配合物及其组装器、超分子化合物、锁与钥匙复合物，以及具有不同维数配位空腔的化合物及其组装器件等。

2.2　配合物的组成

从上述配合物的传统定义可知，配合物主要由中心原子和配体组成。如果配合物不是配位中性分子，则有带相反电荷的抗衡离子。因此，一个典型配合物可分为内界和外界（图 2-1）。中心原子与配体组成的内配位层称为内界（Inner Sphere），一般用方括号标示（图 2-1）。内界是具有一定稳定性的结构单元。内界以外的部分称为外界（Outer Sphere）（图 2-1）。

如图 2-1 所示，配体中直接与中心原子以配位键键合的原子称为配位原子（Coordination Atom），配位原子的个数称为中心原子的配位数（Coordination Number）。中心原子与配位原

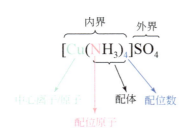

图 2-1　配合物[Cu(NH₃)₄]SO₄ 各组成
部分及名称

子之间所形成的配位键一般用箭头表示，箭头方向指向中心原子，以示与经典共价键的区别。下面就配合物的各重要组成部分进行详细介绍。

2.2.1 配体

配体是配合物的最重要的组成部分之一，可按照配位原子的种类、配体中配位原子的数目、配体连接方式及配体中键合电子的特性等标准对配体进行分类。

1. 按照配原子的种类分类

经典配合物配体配位原子必须能给出孤对电子，元素周期表中约有 14 种元素可作为配位原子，包括 C、H 和 VA 族（N、P、As、Sb 等）、VIA 族（O、S、Se、Te 等）以及VIIA 族的一些元素。一些常见的配体和配位原子列于表 2-1 中。根据该标准，配体可分为含氮配体，比如 NH_3、N_2 及 NO 等；含氧配体，比如 H_2O、O_2 及 OH^- 等；含碳配体，比如 CO、$C_5H_5^-$ 及 CN^- 等；含硫配体，比如 S^{2-}、Me_2S 及 SCN^- 等；含磷配体，比如 PF_3、PPh_3 及 PEt_3 等；卤素配体，比如 F^-、Cl^-、Br^- 及 I^-。

表 2-1 常见配体的配位原子与配位基团

配位体	配位原子	配位体	配位原子
NH_3、NO、N_2、N_3^-、NO_2^-、NC^-、NCS^-、—NH_2、—NHR、—NR_2、—C≡N—（席夫碱）、—C≡NOH(肟)、—CO—NHOH(异羟肟酸)、—$CONH_2$(酰胺)、—$CONHNH_2$(酰肼)、—N≡N—(偶氮)、—C≡N、含氮杂环等	N	S^{2-}、NCS^-、—SH（硫醇、硫酚）、—S—（硫醚）、—CSR（硫醛、硫酮）、—COSH（硫代羧酸）、—CSSH（二硫代羧酸）、—$CSNH_2$（硫代酰胺）	S
H_2O、NO、O_2、OH^-、ONO^-、NO_3^-、SO_4^{2-}、PO_4^{3-}、CO_3^{2-}、O_2^{2-}、—OH(醇、酚)、—O—(醚)、—COR(醛、酮、醌)、—COOH、—COOR、—SOR(亚砜)、—SO_2R(砜)	O	F^-、Cl^-、Br^-、I^-	X
CO、CN^-、$C_5H_5^-$（环戊二烯负离子）、C_8H_8（环辛四烯负离子）、:CR_2(亚烷基)、≡CR(次烷基)、C_2H_2、C_2H_4、C_6H_6、C_4H_6（1,3-丁二烯）	C	PH_3、PF_3、PCl_3、PBr_3、PR_3、$Ph_2PCH_2CH_2PPh_2$、$Ph_2PCH_2CH_2CH_2PPh_2$	P
AsH_3、$AsCl_3$、AsR_3（胂类）	As	—SeH（硒醇、硒酚）、—CSeR（硒醛、硒酮）、—CSeSeH（二硒代羧酸）	Se

2. 按照配体中配位原子的数目分类

根据配体中配位原子的数目可将其分为单齿配体与多齿配体。单齿配体（Monodentate Ligand）是指只含有一个配位原子的配位体，可以是简单的阴离子如卤素离子 X^-，也可以是多原子阴离子或电中性分子，如 CN^-、H_2O、NH_3、OH^- 及 CO 等。

多齿配体（Multidentate Ligand）是指含有两个或两个以上配位原子并同时与一个中心离子形成配位键的配体。根据配体中的配位原子数，可将配体分为双齿配体（Bidentate Ligand），如乙二胺 $H_2NCH_2CH_2NH_2$、草酸根 $C_2O_4^{2-}$、2,2'-联啶、4,4'-联吡啶、邻菲罗啉等；三齿配体（Tridentate Ligand），如二乙三胺、2,2',2″-三联吡啶等；四齿配体（Tetradentate Ligand），如氨三乙酸根、酞菁等；五齿配体（Quinquidentate Ligand），如四乙五胺、15-冠-5 等；六齿配体（Hexadentate Ligand），如乙二胺四乙酸根、18-冠-6 等；八齿配体，如二乙三胺五乙酸根等。一些常见的多齿有机配体示例见表 2-2。

表 2-2 常见有机配体名称、化学式及缩写符号

名称		结构式	缩写
羧酸类	草酸根		ox^{2-}
	乙酸根		OAc^-
	对苯二甲酸根		
酚类	对苯二酚		
	邻苯二酚		
	1,1'-联二萘酚		binol
β-二酮类	乙酰丙酮		acac
	噻吩甲酰三氟丙酮		tta
	苯甲酰基吡唑啉酮		bmbp
脂肪胺类	乙二胺		en
	丙二胺		pn

续表

名称		结构式	缩写
脂肪胺类	二乙三胺	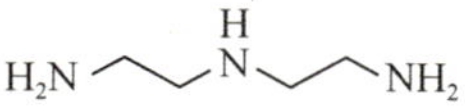	dien
	四乙五胺	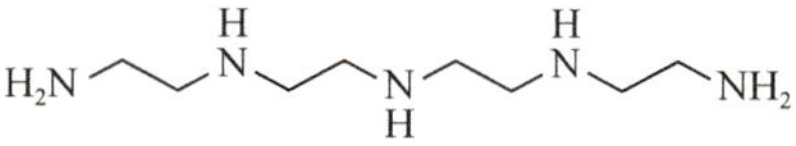	tetren
	2,2′,2″-三氨基三乙基胺	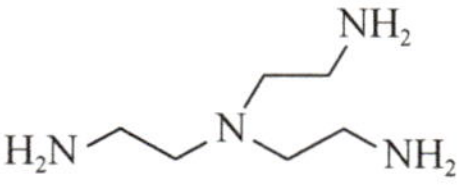	tren
氮杂环类	吡啶	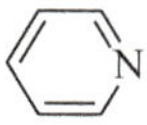	py
	2,2′-联吡啶	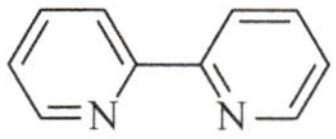	2,2′-bipy
	4,4′-联吡啶	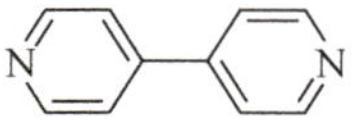	4,4′-bipy
	邻菲罗啉	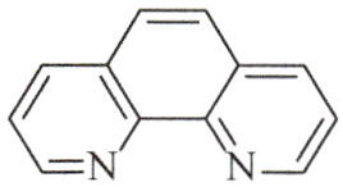	1,10-phen
	2,2′,2″-三联吡啶	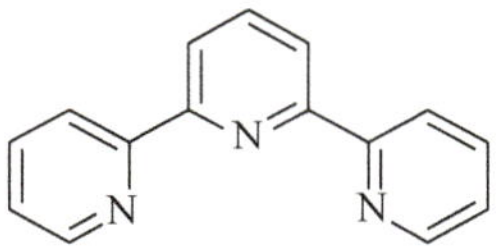	2,2′,2″-terpy
	四氮唑	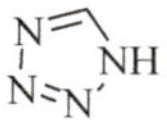	
	卟吩	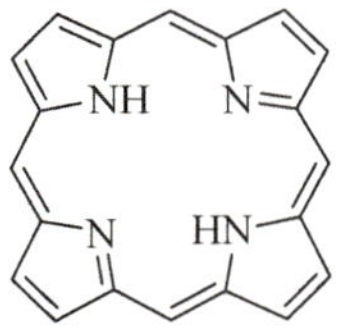	
	酞菁	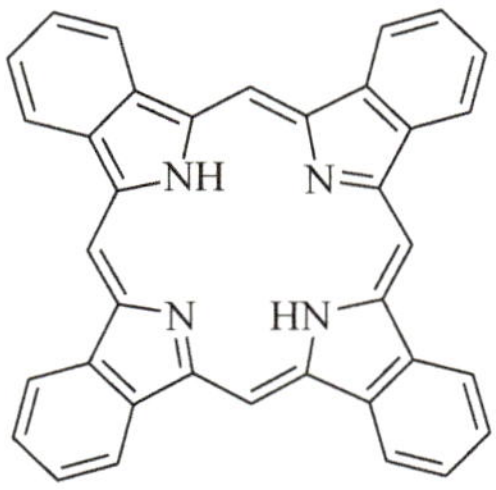	H_2pc
大环配体	18-冠-6	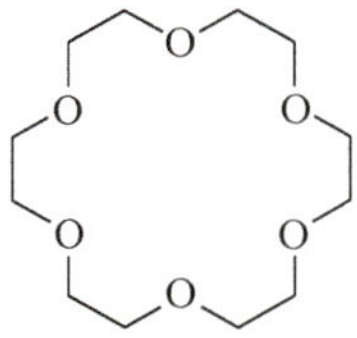	18C6

名称	结构式	缩写
二苯并 18-冠-6	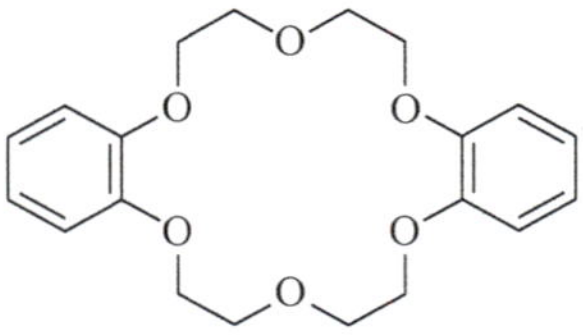	DB18C6
二苯并 18-六硫杂冠-6	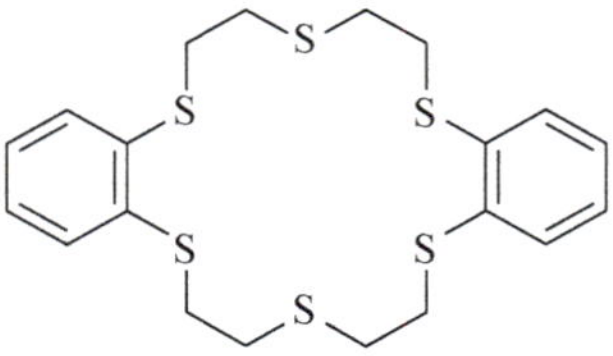	
四氮杂 12-冠-4	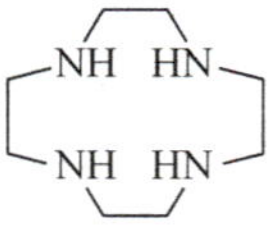	
穴醚	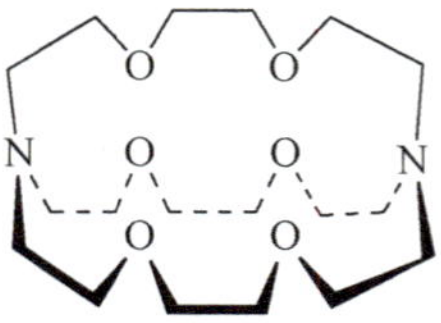	C[2,2,2]
甘氨酸	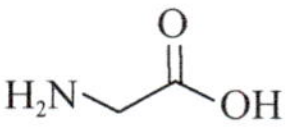	gly
谷氨酸	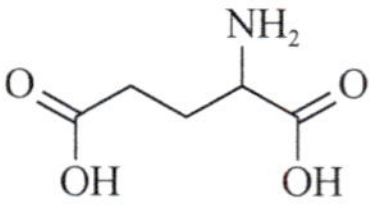	glu
氨三乙酸根	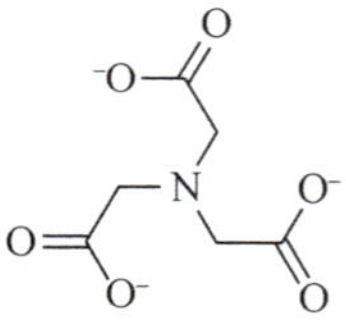	nta^{3-}
乙二胺四乙酸根	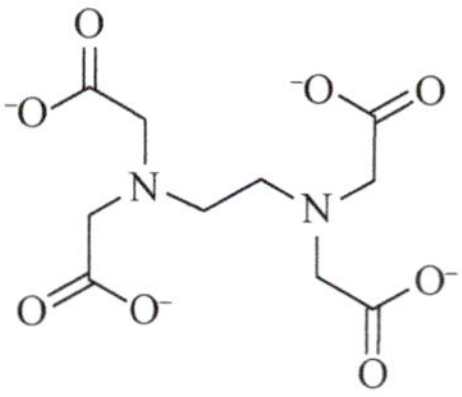	$edta^{4-}$
二乙三胺五乙酸根	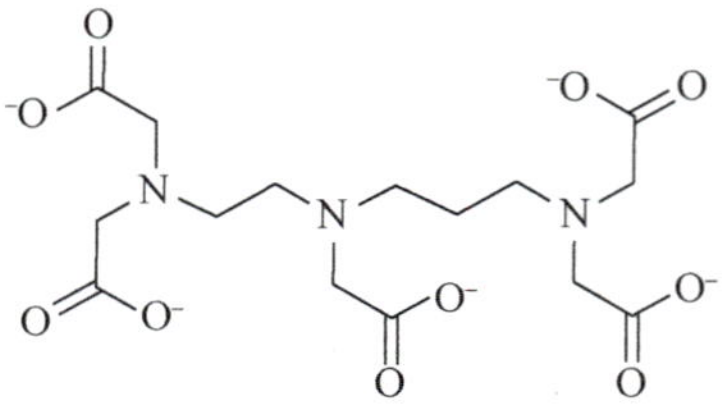	$dtpa^{5-}$

大环配体（第一至第四行）

氨基酸类（第五至第九行）

续表

名称	结构式	缩写
乙烯	$H_2C{=}CH_2$	
乙炔	$HC{\equiv}CH$	
苯		ph
环戊二烯负离子	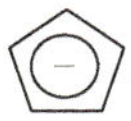	cp^-
环辛四烯负离子	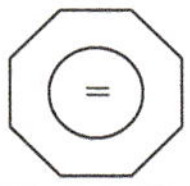	cot^{2-}
三乙基膦	$(CH_3CH_2)_3P$	Et_3P
三苯基膦	Ph_3P	Ph_3P
三苯基氧膦	$Ph_3P{=}O$	Ph_3PO
1,2-亚乙基双(二苯基膦)	$Ph_2PCH_2CH_2PPh_2$	diphos
二甲基硫醚		Me_2S
二乙基硫醚		Et_2S
三乙基胂	Et_3As	Et_3As
邻亚苯基双(二甲胂)	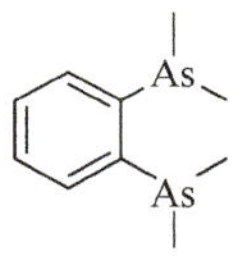	diars
三乙基锑	Et_3Sb	Et_3Sb

（注：表中第一列分组："不饱和烃类"、"含磷配体"、"含其他杂原子的配体"）

　　多齿配体中含一类特殊而重要的配体即大环配体。大环配体是指在环的骨架上含有 O、N、S、P、Se、As 等多个配位原子的多齿配体，如冠醚（Crown Ether）、穴醚（Cryptand）、索醚（Catenand）、氮杂冠醚、全氮冠醚（又称为大环多胺）、硫杂冠醚（Thiacrown Ether）以及卟啉（Porphyrin）、酞菁（Phthalocynanine）等。由于大环配体独特的结构及性质，它在生物无机化学和超分子领域受到了极大的关注。

　　此外，还有一些特殊的情况，比如两可配位体。这类配体是指有些配位体虽然具有两个或两个以上配位原子，但在一定条件下仅其中一种配位原子与中心离子配位，比如硫氰根（SCN^-，配位原子为 S）和异硫氰根（NCS^-，配位原子为 N）、硝基（NO，配位原子为 N）与亚硝酸根（$O{=}N{-}O^-$，配位原子为 O）以及氰根（CN^-，配位原子为 C）与异氰根（NC^-，配位原子为 C）等。另外，同一配体在不同配合物中的配位方式可能不止一种，如羧酸根可以用多种方式进行配位（图 2-2），因此所谓配体的"齿数"并不是一成不变的。

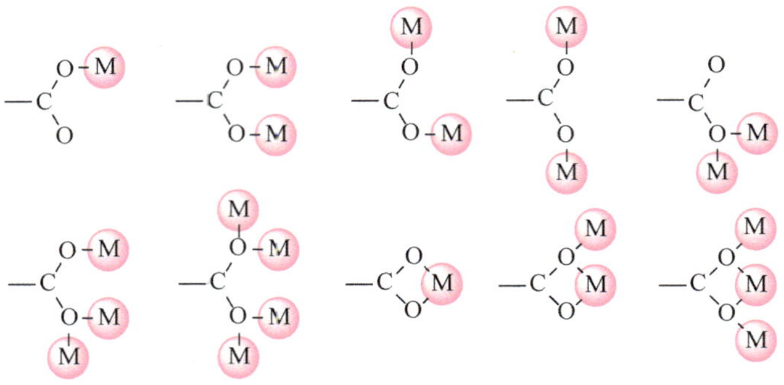

图 2-2　羧酸根的多种配位方式

3. 按照配体的连接方式来分

　　某些配体的配位原子上有两对及以上的孤对电子，可以作为桥联原子与两个或者两个以上中心原子同时键合生成桥联配合物，这类配体被称为桥联配体。桥联配体可连接多个中心原子形成多核合物，比如 Fe^{2+} 在水中水解形成的水合铁离子双聚体，由 OH^- 桥联两个中心铁离子形成双核配合物（图 2-3）。此外，常见的桥联配体还有 CN^-、O^{2-}、N_3^-、CO、S^{2-} 及 H_2O 等。

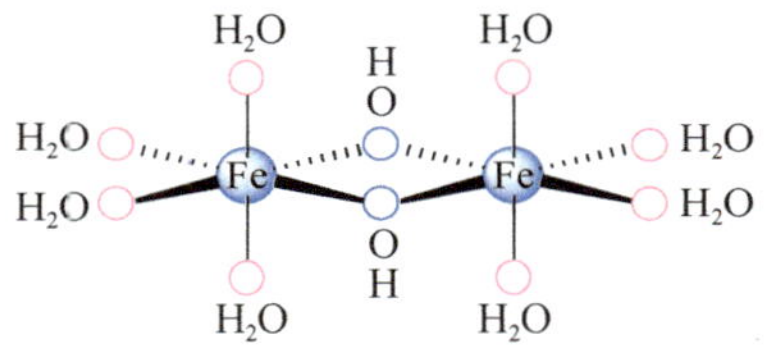

图 2-3　$[(H_2O)_4Fe(\mu\text{-}OH)_2Fe(H_2O)_4]$ 的结构

　　此外，有些配体通过两个或两个以上的配位原子与同一个中心原子连接，这类配体为螯合配体，也被称为螯合剂。比如，邻菲罗啉和 EDTA 就是常见的螯合配体。多齿配体与中心原子形成的环状配合物称为螯合物（Chelate）。由于螯合物具有环状结构，往往比单齿配体形成的配合物要稳定得多，在分析化学中有广泛的应用。比如，邻菲罗啉和 Fe^{2+} 可螯合生成稳定的橙红色配合物，如图 2-4 所示。利用这一特性可用分光光度法测定 Fe 的含量。

图 2-4　邻菲罗啉与 Fe^{2+} 形成配合物的结构

4. 按照配体中键合电子的特性来分类

　　以上列出的配位体中，配位原子多数是向中心离子或原子提供孤电子对而成键。除此以外，有一些没有孤电子对的配位体却能提供出 π 键上的电子而和过渡金属成键形成性质特殊的配合物，如乙烯（C_2H_4）、环戊二烯负离子（$C_5H_5^-$）及苯（C_6H_6）等。

依据配体提供电子对的种类以及接受中心原子反馈电子能力的不同，可将配体分为经典配体和非经典配体。

经典配体是指只能单纯地提供孤对电子与中心原子形成σ配键的配体，比如上面提到过的卤族离子，各种含氧酸根阴离子如 SO_4^{2-}、NO_3^- 等，以及 N、O 配位的 NH_3、H_2O 等。在这类配体形成的配合物中，中心原子往往具有明确的氧化数。

而非经典配体既能提供σ电子对或者π电子，又可形成反馈π键与中心原子配位。根据非经典配体与金属键合的本质，又可分为σ配体、π酸配体和π配体。

1）σ配体

某些含碳有机基团如烷基、烯基、炔基、芳基及酰基等，配位时只以一个碳原子与金属键合，称σ配体。上述配体往往以端基配位方式，提供一对σ电子作为负离子而配位。含碳的有机基团如亚烷基（：CR_2）和次烷基（≡CR），也属于含碳σ配体，可与金属形成多重键的卡宾（Carbene）配合物和卡拜（Carbyne）配合物。卡宾配合物中金属与亚烷基形成 M=C—双重键，卡拜配合物中金属与次烷基形成 M≡C—三重键（图 2-5）。

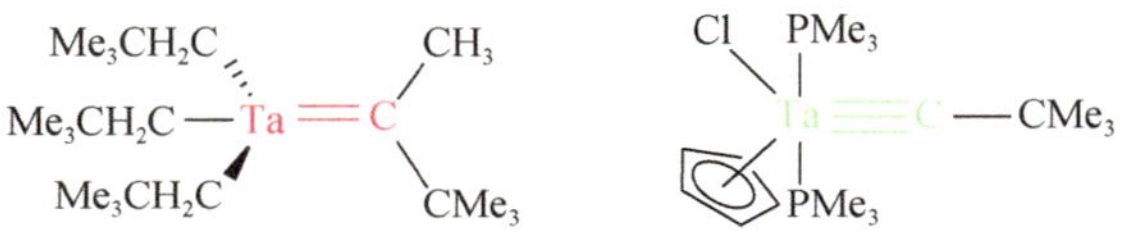

图 2-5　卡宾与卡拜配合物

2）π酸配体

π酸配体是指配体不仅能给中心原子提供孤对电子形成σ配键，同时还利用自身具有π对称性的空轨道接受中心原子的反馈电子，形成反馈π键。由于π酸配体能够稳定过渡金属的低氧化态，金属原子上的高电子密度能够离域到配体上。常见的 π 酸配体有 CO、N_2、NO、CN^-、PR_3 及 AsX_3 等。

3）π配体

π配体常为含碳的不饱和有机分子，通过提供π电子以多个碳原子与中心原子键合，比如直链型的不饱和烃（烯烃、炔烃、丁二烯等）及具有离域π键的环状体系，如环戊二烯基、苯、环辛四烯基等。π配体亦有接受金属电子至能量匹配的空轨道的能力。虽然π配体与金属的键合为类似于π酸的σ-π相互作用，但与π酸配体有两点不同：首先，π配体给出电子和接受电子都是通过π轨道，而π酸配体给出电子是通过σ轨道，接受电子是通过π轨道；其次，π配体形成的π配合物中金属原子不一定在其平面内，例如二茂铁中 Fe 并不在环戊二烯配体平面内，而π酸配体配合物中，金属位于直线型配体的轴上（如羰基配合物中金属原子在 M—CO 轴上）或者平面型配体的平面内（如邻菲罗啉配合物）。

在配合物中，可以同时存在经典配体与非经典配体，如在蔡斯盐 $K[PtCl_3(C_2H_4)]$ 中就既存在经典配体 Cl^-，又有π配体 C_2H_4。另外，同一种配体在不同的配位环境中既可以作为经典配体，也可以作为非经典配体，甚至在同一配合物中可同时存在多种配体形式。例如，$Ti(C_5H_5)_4$ 中的 4 个环戊二烯基配体就同时存在两种配体形式，包含 2 个经典配体和 2 个π配体（图 2-6）。

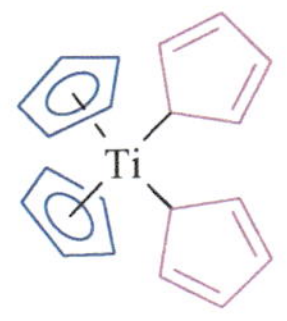

图 2-6　配合物 Ti(C$_5$H$_5$)$_4$ 的结构

近年来，配位化学研究领域得到了飞速发展，配体的概念也进一步扩大，如具有孤对电子的含金属配体（Complex Ligand）也可作为配体。克拉姆（D. J. Cram）将现代配合物定义为主客体化学，将与中心原子相应的部分称为"客体（Guest）"，将与配体相应的部分称为"主体（Host）"。莱恩（J. M. Lehn）提出将与中心原子相应的部分称为"底物（Substrate）"，将与配体相应的部分称为"受体（Receptor）"，"底物"与"受体"之间通过弱相互作用连接。在此概念基础上，可将超分子化学与配位化学领域连接起来，扩大了配位化学中的成键含义。

2.2.2　中心原子

几乎所有元素的原子均可作为中心原子。但通常所说的中心原子一般主要是指能提供空轨道的带正电荷的阳离子，最常见的是金属离子，特别是过渡元素金属离子（如 Fe、Co、Cu 等），亦有电中性原子及极少数阴离子。此外，少数高氧化值的非金属元素也可作中心离子，如 B 元素形成的[BF$_4$]$^-$ 及 Si 元素形成的[SiF$_6$]$^{2-}$ 等。

2.2.3　配位数

配位数是指中心原子所接受的配位原子数目。配合物数与中心原子的半径和所带电荷以及配体的电荷及半径都有关系。一般来说，中心原子的半径越大所带正电荷越多，配位数越高；配体尺寸越小所带负电荷越少，配位数越高。

配位数的计算方法如下：

配体是单齿配体时，配位数＝配体个数。如：

$$[Cu(NH_3)_4]^{2+} 中，Cu^{2+} 的配位数为 4$$

$$[PtCl_2(NH_3)_2] 中，Pt^{2+} 的配位数为 4$$

配体是多齿配体时，配位数≠配体个数。如：

$$[Fe(phen)_3]^{2+} 中，Fe^{2+} 的配位数为 6$$

$$[CrCl_2(en)_2]^+ 中，Cr^{3+} 的配位数为 6$$

所以，配位数的计算的统一公式如下：

$$配位数 = \sum 配体\ i\ 的数目 \times 配体\ i\ 齿数$$

2.3　配合物的类型

配合物种类繁多、结构复杂，分类方法也有多种。根据配体与中心原子的成键方式可分为经典与非经典配合物；根据中心原子的个数可分为单核配合物、多核配合物与配位聚合物；根据配体中配位原子的个数可分为简单配合物与螯合物；还可以按照配体的种类分为单一配体配合物与混合配体配合物等。下面介绍两种比较常见的分类方法。

2.3.1　单核、多核配合物与配位聚合物

1. 单核配合物

只含有一个中心原子的配合物称为单核配合物（Mononuclear Complex），比如，$[Cu(NH_3)_4]^{2+}$、$Fe(CO)_5$ 等。

2. 多核配合物

含有两个或者两个以上有限中心原子的配合物称为多核配合物（Multinuclear Complex），如双核配合物（Binuclear Complex）、三核配合物（Trinuclear Complex）、四核配合物（Tetranuclear Complex）等。多核配合物中，中心原子之间可以直接键合，也可以通过桥联配体相互连接。若中心原子种类相同，称为同核配合物（Homonuclear Complex），不同则称为异核配合物（Heteronuclear Complex），如以稀土和过渡金属离子共同作为中心原子的 3d-4f 异核配合物。

中心原子之间直接键合的多核配合物称为原子簇合物（Cluster Compound），当中心原子为金属的多面体结构的原子簇合物则被称为金属原子簇合物（Metal Cluster Compound）或金属原子簇配合物。除了金属原子簇配合物外，由于硼烷、碳硼烷和过渡金属碳硼烷等化合物在电子结构上具有与金属原子簇配合物相同的规律性，亦被包括在原子簇合物中。常见的原子簇合物的配体有经典配体（卤素离子、氧离子、硫离子等）和π酸配体（羰基、烯、炔、氰基等）。经典配体原子簇配合物中比较常见的配体是卤素离子，如存在金属-金属四重键的双核配合物$[Re_2Cl_4]^{2-}$及其衍生物（图 2-7）。π酸配体原子簇配合物中的典型代表是以 CO 为配体的羰基簇合物，如 $Fe_3(CO)_{12}$。这类配合物中 CO 既可以和金属直接相连，也可以起桥联作用将金属连接起来。此外，碳原子簇合物如 C_{60} 也可以与金属形成π配合物。由于原子簇合物独特的结构和价态，该类物质具有特殊的物理和化学反应性，在催化领域中也起着重要的作用，如在较低温度和压力下催化聚烯烃反应。

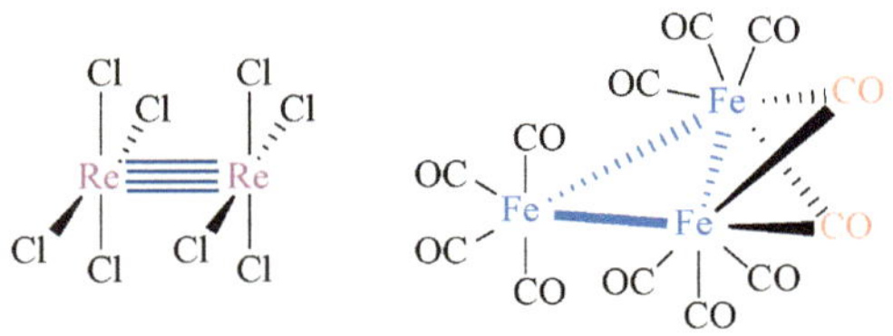

图 2-7　$[Re_2Cl_4]^{2-}$ 与 $Fe_3(CO)_{12}$ 的结构

3. 配位聚合物

配合物中的中心原子与配体通过自组装形成的高度规整的一维、二维或三维结构时，即称配位聚合物（Coordination Polymer）。配位聚合物结构多样，性质独特，在非线性光学、

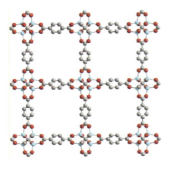

图 2-8　MOF-5 的结构示意图

磁、超导、吸附催化及气体分离材料等诸多方面都有很好的应用前景。目前配位聚合物中受到广泛关注的金属-有机框架（Metal-Organic Frameworks，MOFs）化合物，是利用有机配体与金属离子组装而成的超分子微孔材料，可通过设计不同的金属离子与有机配体来调变孔径和结构。2003 年，亚吉（O. Yaghi）课题组首次报道了以对苯二甲酸为配体的 Zn^{2+} 配合物 MOF-5，孔径为 12.94 Å，孔隙率约为 55%～61%，朗格缪尔（Langmuir）比表面积高达 2900 cm^2/g，比传统的微孔分子筛具有更大的比表面积和更小的密度（图 2-8）。

2.3.2　经典配合物与非经典配合物

1. 经典配合物

经典配体中配位原子给出孤对电子到中心原子的空轨道，该种方式形成的配合物称经典配合物。根据配体的配位原子个数，此类配合物又可分为简单配合物和螯合物。由经典的单齿配体与中心原子形成的配合物称为简单配合物，如 $[Cu(NH_3)_4]^{2+}$。由多齿配体与中心原子形成的具有环状结构的配合物被称为螯合物，如六齿配体

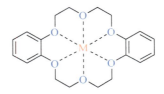

图 2-9　二苯并 18-冠-6 金属配合物的结构

乙二胺四乙酸根以 2 个 N 原子和 4 个 O 原子与金属离子配位，结构中有六个五元环。前面提及的冠醚、穴醚等配体能够形成特殊的大环配合物，也属于螯合物中的一类（图 2-9）。一些大环配合物对生物体的运行有着重要的意义，如叶绿素是镁离子与卟啉配体的配合物，血红素是一种铁卟啉化合物（图 2-10）。

图 2-10　叶绿素 a（左）和血红素（右）的结构

2. 非经典配合物

非经典配体往往既给出电子，又接受电子，根据非经典配体的类型可以形成π配合物和π酸配合物。π配体常含有多重键（C＝C、C＝O、C＝N、S＝O、N＝O 等），主要为直链不饱和烃和环状多烯烃。经典配合物的π配合物如蔡斯盐 $K[PtCl_3(C_2H_4)]$，配体乙烯的π电子进入 Pt 的 dsp^2 杂化空轨道，中心原子 Pt 又将其充满的 d_{xz} 轨道上的电子反馈进入乙烯空的π*反键轨道上。

典型的π酸配体配合物是羰基化合物，它是由中性分子 CO 与过渡元素形成的配合物及其衍生物，简称羰合物。首次发现的羰合物是 $Ni(CO)_4$ 和 $Fe(CO)_5$。目前羰合物中常见的中心原子还有 V、Cr、Mn、Fe、Co、Ni、Mo、Tc、Ru、Rh、W、Re、Os、Ir 等。羰合物中心原子的常见氧化数为零，亦有部分情况中心金属原子氧化数为负数，如羰合物阴离子 $[Mo(CO)_4]^{4-}$ 中金属 Mo 的氧化数为-4。羰合物中心原子的个数可为单个或多个，配体 CO 可以多种配位方式如端基配位、边桥基配位、面桥基配位以及侧基配位等与单个或多个金属键合。

上述π酸配合物和π配合物中，很多是由中心金属与有机基团之间通过金属-碳键形成的，这类化合物被统称为金属有机化合物。几乎所有周期表中的金属元素都能形成金属有机化合物，现在类金属如硼、硅、砷等与碳成键的化合物也被称为金属有机化合物，如三甲基甲氧基硅烷 $(CH_3)_3Si(OCH_3)$。20 世纪五六十年代，金属有机化学的突破性进展如齐格勒-纳塔催化剂、钯配合物催化剂等带来了巨大的工业经济效益，先后有多位科学家因在该领域做出的巨大贡献而获得诺贝尔化学奖。

2.4　配合物的命名

少数配合物采用简名和俗名，如 $K_4[Fe(CN)_6]$（亚铁氰化钾或黄血盐）、$K_3[Fe(CN)_6]$（铁氰化钾或赤血盐），以及 $Na_3[Co(NO_2)_6]$（亚硝酸钴钠）等。

大多数配合物的命名方法参考国际纯粹与应用化学联合会（IUPAC）推荐的无机化学命名方法，根据 1980 年中国化学会无机化学名词小组制定的命名规则命名。

1）首先根据盐类命名的习惯，先命名阴离子，再命名阳离子

若与配阳离子结合的外界酸根是简单酸根（如 Cl^-），则称该配合物为"某化某"；若与配阳离子结合的外界酸根是复杂酸根（如 SO_4^{2-}、NO_3^-），则称该配合物为"某酸某"。若与配阴离子结合的外界阳离子为氢离子，则在配阴离子名称后加"酸"；若与配阳离子结合的外界阴离子为氢氧根离子，则称该配合物为"氢氧化某"。若为非离子型的中性分子配合物，则作为中性化合物命名。

2）配合物内界的命名规则

配离子内界按下列顺序依次命名：配位体数→配位体名称→合→中心离子。配体的数目用倍数词头二、三、四等数字表示（配体数为一时可省略）。中心离子的氧化数在其名称后用带括号的罗马数字表示（氧化数为 0 时可省略，负氧化数在罗马数字前加一个负号）。

$[Ag(NH_3)_2]Cl$	氯化二氨合银（I）
$[Cu(NH_3)_4]SO_4$	硫酸四氨合铜(II)

H[AuCl$_4$]	四氯合金(III)酸
Na$_2$[Zn(OH)$_4$]	四羟基合锌(II)酸钠
Na[Co(CO)$_4$]	四羰基合钴(-I)酸钠

3）配体命名规则

若配离子中的配体不止一种，不同配体名称之间以中圆点"·"分开，其命名顺序如下：

既有无机配体又有有机配体，无机配体在前，有机配体在后。如［PtCl$_2$(Ph$_3$P)$_2$］命名为二氯·二(三苯基膦)合铂(II)。

无机配体中，既有阴离子又有中性配体时，先阴离子，其次为中性配体，最后是正离子配体。如：

K[PtCl$_3$NH$_3$]	三氯·氨合铂(II)酸钾
K$_2$[Cr(CN)$_2$O$_2$NH$_3$(O$_2$)]	二氰·过氧根·氨·双氧合铬(VI)酸钾

多个配体为同类配体时，其名称按配原子元素符号的英文字母顺序排列。如：

[CoCl(NH$_3$)$_3$(H$_2$O)$_2$]Cl$_2$	二氯化一氯·三氨·二水合钴(II)

同类配体若配原子相同，少原子配体在先，多原子数配体在后。如：

[Pt(NO$_2$)(NH$_3$)(NH$_2$OH)(py)]Cl	氯化硝基·氨·羟胺·吡啶合铂(II)

若同类配体配原子相同，配体中原子个数也相同，则按照在与配位原子相连的原子的元素符号的顺序依次排列。如：

[Pt(NH$_2$)(NO$_2$)(NH$_3$)$_2$]	氨基·硝基·二氨合铂(II)

烃基配体与金属相连时，一般都表现为阴离子，但在命名时将其称为"基"。如：

K[B(C$_6$H$_5$)$_4$]	四苯基合硼(III)酸钾

对于含有多齿配体的配合物，无机命名委员会未给出命名原则，则参考配合物英文命名方法，命名时将多齿配体中配位原子的元素符号表示在配体名称之后，并在元素符号前用字"κ"标示。如：

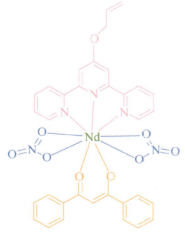

二(硝酸根-κ^2-O,O')·(苯甲酰苯乙酮-κ^2-O,O')·(4'-烯丙氧基-2,2':6',2''-三联吡啶-κ^3-N,N',N'')合钕(III)

二(3,4-二甲氧基苯甲酸根-κ^2-O,O')·(1,10-邻菲罗啉-κ^2-N,N')合铜(II)

4）多核配合物的命名

若中心原子之间有金属键直接相连且结构对称，则应该在前面加倍数词头。如：

$$[(CO)_5Mn\text{-}Mn(CO)_5]\qquad 二(五羰基合锰)$$

若结构不对称，则将其中一个元素符号中英文字母在前的中心原子及相连配体作为另一个中心原子的配体（词尾用"基"）来命名。如：

$$[(C_6H_5)_3AsAuMn(CO)_5]\qquad 五羰基·[(三苯基胂)金基]合锰$$

若含桥联配体，桥联配体前以希腊字母 μ 标明，配合物中桥基不同时，每个桥基前均要用 μ 表示。同一种配体既有桥联基团，又有非桥联基团时，则先列桥联基团。若中心原子间既有桥联基团又有金属键相连时，在整个名称后将金属-金属键的元素符号放在括弧中。如：

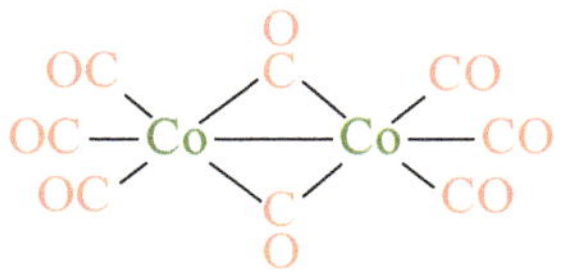

$$[(CO)_3Co(CO)_2Co(CO)_3]\qquad 二(\mu\text{-}羰基)·二(三羰基合钴)(Co\text{-}Co)$$

原子簇合物中应标明中心原子的几何形状，如三角（Triangle）、正方（Quadra）、四面体（Tetrahedron）、八面体（Octahedron）等。如图 2-7 中的 $Ir_4(CO)_{12}$ 应命名为"十二羰基合-四面体-四铱"。

配位聚合物命名时在重复单元的名称前加"聚"字，若为链状配位聚合物，则往往在名称前加"链"取代"聚"字。如：

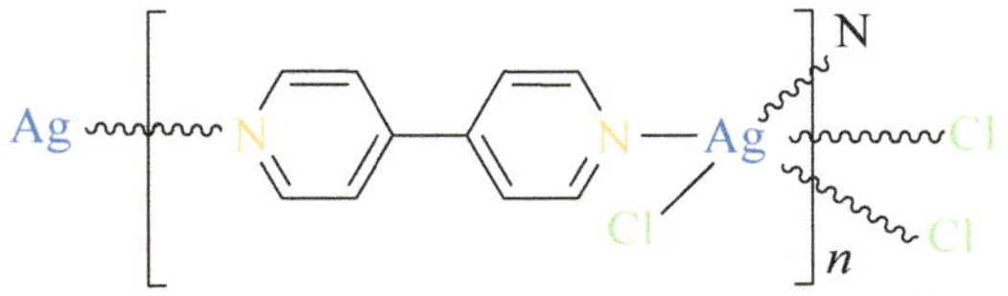

链-[三(μ-氯)·二(μ_2-4,4′-联吡啶-κ^2-N,N')合银(I)]

5）几何异构体的命名几何异构

用词头顺式（*cis-*）、反式（*trans-*）、面式（*fac*）、经式（*mer*）对配位数为 4 的平面正方形和配位数为 6 的八面体配合物进行命名，如图 2-11 所示。面式和经式适用于八面体构型中 M_3B_3 的情况，面式表示八面体构型中有一面的顶点被相同配体占据，而经式表示 3 个配体 a 和 3 个配体 b 形成的平面相互垂直。一些简单示例如图 2-12 所示。

6）含不饱和配体配合物的命名

对于有机金属配合物，在以 π 键配位的不饱和配体的名称前加词头 η；若配体与中心原子以 σ 键键合，则在配体前加词头 σ。

$Fe(\eta^5\text{-}C_5H_5)_2$　二(η-茂基)合铁(III)或二(η^5-茂基)合铁(III)（η^5 表示配体中的链或者环上的五个原子都键合于一个中心原子）

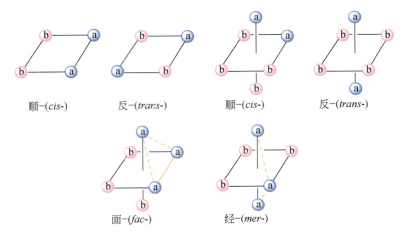

顺-(cis-)　　　　反-(trans-)　　　　顺-(cis-)　　　　反-(trans-)

面-(fac-)　　　　经-(mer-)

图 2-11　平面四方形和八面体配合物几何异构体的命名

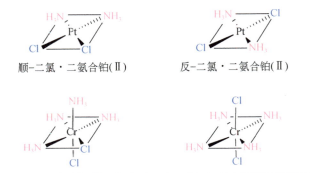

顺-二氯·二氨合铂(Ⅱ)　　　　反-二氯·二氨合铂(Ⅱ)

顺-二氯·四氨合铬(Ⅲ)配阳离子　　反-二氯·四氨合铬(Ⅲ)配阳离子

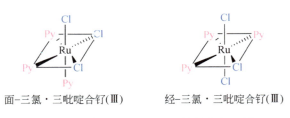

面-三氯·三吡啶合钌(Ⅲ)　　　　经-三氯·三吡啶合钌(Ⅲ)

图 2-12　简单配合物几何异构体命名示例

　　若配体的链上或环上只有一部分原子参加配位，或只有一部分双键参加配位，则在 η 后插入参加配位原子的坐标。如果是配体中相邻的 n 个原子与中心原子成键，则可将第一个配位原子与最末的配位原子的坐标列出，写成（1-n）。如：

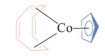

(η-茂基)·(η-1-2:5-6-环辛四烯)·合钴

参 考 文 献

陈慧兰, 2005. 高等无机化学. 北京: 高等教育出版社.

戴安邦, 1987. 配位化学//无机化学丛书: 第十二卷. 北京: 科学出版社.

林深, 2020. 配位化学基础. 厦门: 厦门大学出版社.

刘伟生, 2012. 配位化学. 北京: 化学工业出版社.

罗勤慧, 沈梦长, 1987. 配位化学. 南京: 江苏科学技术出版社.

项斯芬, 姚光庆, 2003. 中级无机化学. 北京: 北京大学出版社.

孙为银, 2004. 配位化学. 北京: 化学工业出版社.

徐光宪, 2002. 北京大学学报, 38: 149.

徐志固, 1987. 现代配位化学. 北京: 化学工业出版社.

游效曾, 孟庆金, 韩万书, 2000. 配位化学进展. 北京: 高等教育出版社.

章慧, 2008. 配位化学——原理与应用. 北京: 化学工业出版社.

Lehn J M, 2002. 超分子化学——概念和展望. 沈兴海, 等译. 北京: 北京大学出版社.

Caravan P, Hedlund T, Liu S, et al., 1995. J. Am. Chem. Soc., 117: 11230.

Clark M J, Goodenough J B, Ibers J. A., et al., 1995. Structure and Bonding 82 Coordination Chemistry. Berlin, Heidelberg: Springer-Verlag.

Eliott G P, Roper W R, Waters J M, 1982. J. Chem. Soc, Chem.Commun., 14: 81.

Fukaya K, Yamasc T, 2003. Angew. Chem. Int. Ed., 42: 654.

Furukawa H, Kim J. Ockwig N W, et al., 2008. J. Am. Chem. Soc., 130: 11650.

Kong X J, Ren Y P, Chen W X, et al., 2008. Angew. Chem. Int. Ed., 47: 2398.

Liang X Q, Li D P, Li C H, et al., 2010. Cryst. Growth Des., 10: 2596.

Liu W S, Wen Y H. Liu X Y, et al., 2003. Sci. China Ser: B, 46: 399.

Melson G A, 1979. Coordination Chemistry of Macrocyclic Compounds. Boston: Springer US.

Pancque M, Posadas C M, Poveda M L, et al., 2003. J. Am. Chem. Soc., 125: 9898.

Rosi N L, Eckert J, Eddaoudi M, et al., 2003. Science, (300): 1127.

Setyawati I A, Liu S, Rettig S J, et al., 2000. Inorg. Chem., 39: 496.

Takafumi U, Yoshihito W, et al., 2013. Coordination Chemistry//Protein Cages: Principles, Design, and Applications. John Wiley & Sons, Inc.

Tang Y, Tang K Z, Liu W W, et al., 2008. Sci. China Ser B., 51: 614.

习　　题

1. 配体的主要类型有哪些? 什么是多齿配体? 螯合物的特点有哪些?

2. π酸配体和π配体属于哪一类型的配体? 两者有何不同? 请各举一例说明.

3. 根据σ配体、π酸配体和π配体的定义, 对下列配体进行分类.

$$CO \quad N_2 \quad CN^- \quad NO \quad C_6H_6 \quad C_5H_5^-$$

$$C_2H_4 \quad phen \quad bipy \quad Ph_3P$$

4.命名下列配合物:

$[Co(NH_3)_4(en)_2]Cl_3$ $Na[Co(CO)_4]$ $[Rh(en)_2Cl_2]$

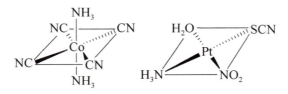

5.写出平面型配合物 Mabcd 分子$[Pt(NH_3)(NH_2OH)Py(NO_2)]^+$可能的异构体(配原子都为 N)。

6.写出下列配合物的分子结构:

(1)顺-二氯·四氰合铬(III);(2)面-三硝基·三水合钴(III)。

 阅 读 材 料

EDTA 配合物——配合物中的多面手

乙二胺四乙酸(EDTA,又名依地酸)及其配合物,在众多科研与应用领域中都发挥着重要的作用。EDTA 的独特之处在于其强大的螯合能力,能够与绝大多数金属离子形成稳定的水溶性配合物,这一特性使得 EDTA 在化学分析、材料科学、环境科学以及生物医学等多个领域中展现出广泛的应用前景。

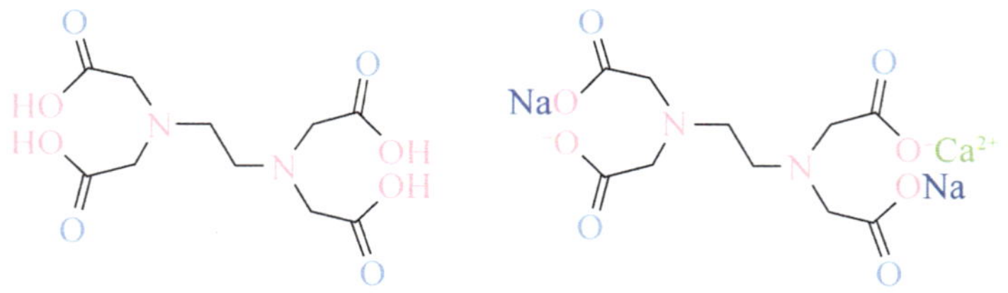

依地酸(EDTA)及依地酸二钠钙的结构

瑞士化学家施瓦岑巴赫(G. Schwarzenbach)在一次偶然中发明了基于 EDTA 的配位滴定法。有一天,当施瓦岑巴赫结束了一天的实验工作时,他像往常一样,用水冲洗剩余的 EDTA。然而,这看似平凡无奇的举动,却意外地揭开了 EDTA 独特化学性质的神秘面纱。水池中,上一次实验残留的紫红色钙紫脲酸铵配合物,在 EDTA 的冲刷下,竟奇迹般地迅速褪色。这一突如其来的变化让施瓦岑巴赫眼前一亮,他立刻意识到,EDTA 与金属离子之间可能存在着某种未知的化学反应。为了验证这一猜想,施瓦岑巴赫迅速回到实验室,开始了一系列针对性的实验。他精心设计了各种实验方案,逐一测试 EDTA 与不同金属离子的反应情况。经过无数次的尝试与失败,施瓦岑巴赫终于发现,EDTA 能够与多种金属离子形成稳定的水溶性配合物,这种配合物不仅易于形成,而且能够在一定条件下被精确测定。这一发现让施瓦岑巴赫兴奋不已,于是,他开始系统地研究 EDTA 与金属离子的配位反应机理,并在此基础上提出了配位滴定法。配位滴定法的出现,极大地简化了金属离子的测定过程,提高了测定的准确性和灵敏度,解决了传统的金属离子测定方法操作复杂、精度不高等问题。例如，在水质分析中，通过 EDTA 滴定法可以精确测定水中的钙、镁等金属离子含量，为水质监测和水处理提供了重要依据。此外，在食品、药品、化妆品等行业的质量检测中，EDTA 滴定法也发挥着重要作用，确保产品中的金属离子含量符合安全标准。

　　此外，一些 EDTA 的金属盐也能表现出药效，比如依地酸二钠钙是一种神奇的解毒药。解毒机理也是源于其对金属离子的螯合能力。血钙过多症，又称高钙血症，是一种由于血液中钙离子浓度异常升高而引起的疾病。过高的血钙水平不仅会影响骨骼健康，还可能对心脏、肾脏等器官造成损害，甚至危及生命。而职业性铅中毒，则是另一个不容忽视的健康问题。在采矿、冶炼、电池制造等行业中，工人长期接触铅及其化合物，若防护不当，极易导致铅在体内积累，引发神经系统、消化系统及血液系统的多种病变。临床上一般将依地酸二钠钙用于血钙过多症和职业性铅中毒的治疗。其解毒原理在于，依地酸二钠钙能够选择性地与有毒的金属离子（如铅离子、钙离子等）结合，形成稳定的水溶性配合物。这些配合物在体内不易被吸收，且易于通过肾脏随尿液排出体外，从而有效降低了体内有毒金属离子的浓度，达到解毒的目的。因此，依地酸二钠钙被广泛应用于治疗金属中毒。

第3章 配合物的化学键理论

Chapter 3　Chemical Bonding Theories for Complexes

配合物的化学键理论主要用来阐明中心离子/原子与配体间的作用的本质和方式。配合物化学键理论的发展深化了人们对形成配合物结构与性能的认识，为配合物设计合成、性能调控及实际应用提供了关键的理论基础。目前，配合物的化学键理论主要有价键理论（Valence Bond Theory，VBT）、晶体场理论（Crystal Field Theory，CFT）、配体场理论（Ligand Field Theory，LFT），也称配位场理论或改进的晶体场理论及分子轨道理论（Molecular Orbital Theory，MOT）。配合物化学键理论的不断发展标志着人们对中心离子/原子与配体结合而产生的配位键（Coordination Bond）的认识不断深入。

3.1　价键理论

20 世纪 30 年代初期，鲍林等人提出了杂化轨道理论，并用来处理配合物形成、分子构型及磁性等问题，建立了配合物的价键理论。该理论简单明了，沿袭了传统分子中"键"的概念，很快得到人们的普遍接受，在配合物的化学键理论领域统治长达 20 多年。

3.1.1　价键理论要点

该理论认为配合物的中心离子/原子提供空轨道，配体提供孤对电子，两者之间形成σ键；同时，中心离子/原子提供空轨道时往往要经历轨道杂化过程，提供能量相同的杂轨道接受配体的孤对电子形成配位键。显然，配合物的价键理论利用杂化轨道的概念很好地阐明了配位键的形成，合理地解释了配位数、配合物的空间构型及配合物的磁矩特性等。另外，还可以预测一些配合物的结构和性质。

从配合物的价键理论的要点来看，形成配位键时中心离子/原子轨道的杂化过程非常重要，决定了配合物的配位数、分子空间构型及磁矩等性质。图 3-1 中清楚地表明了不同配位数涉及的中心离子/原子的杂化类型及对应的配合物分子的空间构型。

从图 3-1 可以看出，中心离子/原子可提供参与杂化的空轨道的数目不同，所形成的杂化轨道的数目也就不同，接受配体孤对电子的数目也就不同，能接受的配体的数目也不同。因此，能很好地解释配合物的配位数。由于配体的孤对电子与中心离子/原子的杂化空轨道形成的是σ键，原子轨道杂化的目的就是增加其成键能力，配体的孤对电子与空的杂化轨道重叠形成配位键时要满足最大重叠，这就要求配体孤对电子非键轨道沿着杂化轨道的键轴方向重叠成键。因此，配位键具有一定的方向性，使得配合物也具有一定的空间构型。所以，配合物的中心离子/原子杂化轨道的数目和类型决定了配合物的配位数、空间构型及稳定性。

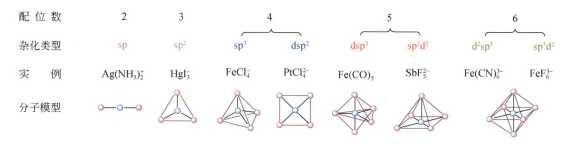

配 位 数	2	3	4		5		6	
杂化类型	sp	sp²	sp³	dsp²	dsp³	sp²d²	d²sp³	sp³d²
实 　 例	$Ag(NH_3)_2^+$	HgI_3^-	$FeCl_4^-$	$PtCl_4^{2-}$	$Fe(CO)_5$	SbF_5^{2-}	$Fe(CN)_6^{3-}$	FeF_6^{3-}

图 3-1　配合物中心原子杂化方式与相应的配合物分子构型

　　根据价键理论，形成配位键之前，中心离子/原子的外层空轨道要先进行杂化过程。那么，该杂化过程有什么规律可循呢？

　　首先，在形成配位键的轨道杂化过程中，参与杂化的轨道的能量要相近。这与传统的轨道杂化过程类似。对于金属元素来说，能参与杂化的空原子轨道可以是内层未填满的 $(n-1)d$ 及未填充的外层原子轨道 ns、np 及 nd 等空轨道。

　　其次，受配体孤对电子给出的难易程度的影响，中心离子/原子的外层空轨道杂化方式有 2 种：外轨型杂化和内轨型杂化。

　　当配体的配位原子电负性较大时，比如 F^-、H_2O、Cl^-、Br^-、OH^-、ONO^-、$C_2O_4^{2-}$ 等配体，它们难以给出孤对电子。这时，中心离子/原子的内层结构不变，仅用外层空的 ns、np 及 nd 轨道杂化形成一定数目的空杂化轨道，即发生外轨型杂化，然后接受配体的孤对电子形成配合物。这类配合物叫外轨型配合物，其中心离子的电子构型与自由中心离子的相同，中心离子的价电子自旋程度大，所以这种配合物又称高自旋配合物，也称电价型配合物。

　　当配体的配位原子电负性较小时，比如 CN^-、CO、NO_2^- 等配体，它们易于给出孤对电子。这时，中心离子/原子的内层 $(n-1)d$ 轨道上的单电子被强行归并配对，空出内层能量低的轨道进行杂化形成一定数目的空杂化轨道，即发生内轨型杂化，然后接受配体的孤对电子形成配合物。这类配合物叫内轨型配合物，其中心离子的电子构型与自由中心离子不相同，中心离子的价电子自旋程度小，所以这种配合物又称低自旋配合物，也称共价型配合物。

　　通常来说，内轨型杂化过程涉及电子配对，需要克服电子成对能。但是，杂化过程利用了能量较低的内层空轨道，因此形成的杂化轨道接受配体孤对电子形成的配位键更为牢固，所放出的能量在补偿电子成对能后，仍比相应外轨型配合物的总键能大。因此，内轨型配合物的稳定性比外轨型高。

　　例如：Co^{3+} 离子在与电负性较大的 F^- 配位时，F^- 配体不容易给出孤对电子（图 3-2）。因此，这类配体与中心离子作用时对中心离子的电子结构影响不大，发生外轨型 sp^3d^2 杂化生成高自旋外轨型配合物；但是，与电负性较小的 CN^- 配位时，CN^- 配体对中心离子的电子构型影响较大，使 Co^{3+} 离子 3d 轨道上的 4 个不成对电子归并空出 2 个 3d 轨道，发生内轨型 d^2sp^3 杂化生成低自旋内轨型配合物（图 3-2）。

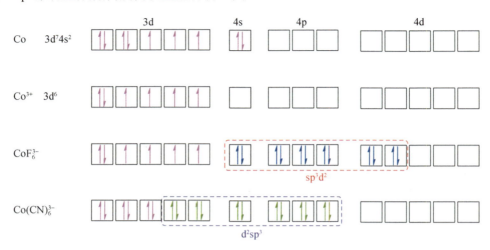

图 3-2　Co^{3+} 离子与不同配体配位时原子轨道杂化方式

内轨型和外轨型配合物中心离子的未成对电子数目明显不同。未成对电子越多，配合物的磁矩 μ_B（单位：波尔磁子 B. M.）越大，μ_B 与未成对电子个数 n 之间近似满足如下公式：

$$\mu_B = \sqrt{n(n+2)} \tag{3-1}$$

根据上述公式可算出不同电子构型的各种配合物的 μ_B，与实验数据比较为接近（表 3-1）。

表 3-1　具有不同未成对电子数的配合物磁矩数据

d 电子数	金属离子	配合物	空间构型	未成对电子数（n）	磁矩（μ_B）/B. M.	
					计算值	实测值
1	V^{4+}	$[VO(acac)_2]^*$	四方锥	1	1.73	1.80
4	Mn^{3+}	$K_3[Mn(CN)_6]$	八面体	2	2.83	3.20
		$[Mn(acac)_3]^*$	八面体	4	4.90	4.90
5	Fe^{3+}	$K_3[Fe(C_2O_4)_3]^*$	八面体	5	5.92	5.80
		$K_3[Fe(CN)_6]$	八面体	1	1.73	2.20
6	Fe^{2+}	$Fe[(NH_4)_2(SO_4)_2] \cdot 6H_2O$	八面体	4	4.90	5.50
		$K_4[Fe(CN)_6] \cdot 3H_2O$	八面体	0	0	0.1
6	Co^{3+}	$K_3[CoF_5]$	八面体	4	4.90	5.50
		$[Co(en)_3]Cl_3$	八面体	0	0	0.2
7	Co^{2+}	$Cs[CoCl_4]$	四面体	3	3.87	4.50
8	Ni^{2+}	$K_2[Ni(CN)_4]$	平面正方形	0	0	0
9	Cu^{2+}	$Cs_2[CuCl_4]$	四面体	1	1.73	2.00

* acac：乙酰丙酮阴离子；en：乙二胺；$C_2O_4^{2-}$：草酸根离子。

因此，通过测试配合物的磁矩就可以确定配合物是内轨型还是外轨型，以及自旋特性、中心离子的杂化状态及分子构型等信息。

3.1.2　价键理论的重要应用

1. 对配合物磁学特性及分子构型的解释

配合物的价键理论重点提出了中心离子和配体形成配位键的时候，其空的原子轨道会发生 2 种类型的杂化，造成中心离子形成配合物的未成对电子数目明显不同，进而表现在磁性质的不同。比如：$[FeF_6]^{3-}$含有 5 个未成对电子，其磁矩的理论计算值为 5.92 B.M.，实测值为 5.88 B.M.，二者非常接近。因此，对于一个未知的配合物，通过磁矩数据可以判定其是内轨型还是外轨型，进而确定中心离子的杂化状态得到配合物的分子构型。

2. 解释不同价态配合物的稳定性

$[Co(NH_3)_6]Cl_3$ 和$[Co(NH_3)_6]Cl_2$ 在氧化还原稳定性、热力学稳定性及热稳定性等方面都具有显著的区别。其中，$[Co(NH_3)_6]Cl_2$ 的上述 3 种稳定性都较差，且容易被氧化：

$$[Co(NH_3)_6]^{2+} +6H_2O \Longrightarrow [Co(H_2O)_6]^{2+} +6NH_3$$

$$[Co(NH_3)_6]Cl_2 \xrightarrow{15℃} [Co(NH_3)_2]Cl_2 +4NH_3$$

$$[Co(NH_3)_2]Cl_2 \xrightarrow{200℃} CoCl_2 +2NH_3$$

不同的是，三价钴氨配合物在溶液中很难解离出 Co^{3+} 和 NH_3 配体；不易被氧化，加热后虽然也发生分解，但分解过程很缓慢。这说明三价钴氨配合物比二价钴氨配合物稳定得多。

以上性质的不同可用价键理论予以合理的解释：

通过测量磁矩，可以发现二价钴氨配合物$[Co(NH_3)_6]^{2+}$有 3 个未成对电子，Co^{2+}在生成配合物时电子的结构没有改变，仅利用外层轨道接受 NH_3 的电子对，形成的配位键牢固性差。所以，在水溶液中 NH_3 容易离解，且热稳定性和氧化还原稳定性也比较差。

而三价钴氨配合物$[Co(NH_3)_6]^{3+}$的磁矩数据表明，$[Co(NH_3)_6]^{3+}$的电子结构和$[Co(NH_3)_6]^{2+}$不同，Co^{3+}和配体 NH_3 相互作用，Co^{3+}电子发生了重排改变了电子排布，采用内层轨道接受 NH_3 配体的电子，形成的配位键更为牢固。因此，各种稳定性都较高。

3. 解释羰基配合物的结构

羰基配合物是指 CO 与过渡金属所形成的配合物。以 $Ni(CO)_4$ 为例，当配体 CO 进入镍的轨道时，迫使处于基态的 4s 电子进入 3d 轨道电子发生归并，然后发生 sp^3 杂化（图 3-3）。这与 $Ni(CO)_4$ 四面体构型相符。

图 3-3　$Ni(CO)_4$ 中 Ni 原子轨道杂化方式

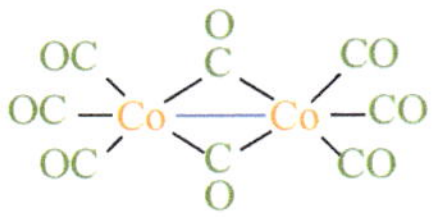

图 3-4　Co$_2$(CO)$_8$ 的结构

双核 Co$_2$(CO)$_8$ 配合物中钴原子成键时 2 个 4s 电子归并到 3d 轨道，空出 4s 和 4p 轨道。如果生成单核 Co(CO)$_4$，还有 1 个未成对电子。因此，2 个钴中心可通过共用对方的 1 个 d 电子形成 Co—Co 键，形成 Co$_2$(CO)$_8$ 双核结构（图 3-4）。红外光谱（IR）证明，两个 Co 原子间不但有 Co—Co 单键结合，还有两个羰基把它们联系起来形成桥式结构。

4. 解释相同配位数配合物的多种分子构型

对于四配位的配合物来说，有时形成四面体构型，有时是平面四边形构型。这一结果也可以利用价键理论得到很好的解释。

比如，自由 Zn^{2+} 离子具有 10 个 3d 电子占据 5 个 3d 轨道，只能靠外层的 4s 和 4p 轨道杂化后接受配体的孤对电子。因此，Zn(NH$_3$)$_4^{2+}$ 呈现四面体构型；相反，Pt^{2+} 自由离子只有 8 个 5d 电子。当接受配体的 4 对孤对电子时，5d 电子发生归并空出一个 5d 轨道参与杂化。因此，Pt^{2+} 离子发生 dsp^2 杂化，形成平面四边形配合物构型。这一结论印证了 Pt^{2+} 及 Ni^{2+} 四配位配合物绝大多数为平面四边形的事实，也可以解释少数 Ni^{2+} 四配位配合物可以呈现四面体构型的原因。

3.1.3　价键理论的局限性

价键理论虽然对许多配合物的配位数、分子构型、稳定性及磁性等都能给予较好的解释。但是，随着配位化学的不断发展，人们发现价键理论也存在明显的局限性。

（1）这一理论认为配合物中所有的 3d 轨道能量均相同，这是不真实的。

（2）价键理论认为中心离子在形成配位键的时候，对外层空轨道发生 2 种不同的杂化方式所采用的空轨道过于随意，不合常理。比如，3d 和 4d 的能量差较大，一会儿用 3d 一会儿又用 4d 来杂化成键，这是非常不恰当的。因为轨道杂化要求参与杂化轨道能量要相近，对于同一中心离子能量相差如此之大的轨道都能参与杂化，显然是非常不合理的。

（3）该理论中没有涉及反键轨道，不能解释涉及电子跃迁的相关性质，比如吸收光谱、配合物颜色及发射光谱等。

（4）应用这一理论时，有时需要把一个电子激发到较高能级的空轨道，这样从能量的角度说不通。例如，为了说明 Cu^{2+} 配合物的平面四方形构型问题，认为 3d 电子被激发到 4p 能级从而发生 dsp^2 杂化，如图 3-5 所示。

在此过程中，自由离子 Cu^{2+} 要由 3d 激发一个电子到 4p 需要的激发能为 1422.6 kJ/mol，这么大的能量从何而来？要补偿这个能量，必须使 Cu←X 键键能至少要达到-356 kJ/mol，已知 Cl—Cl 键键能为-243 kJ/mol。这表明，形成 Cu←X 键放出的能量比形成 Cl—Cl 键放出的能量还要大，这是不可能的。此外，根据这个结构，可以推测 Cu^{2+} 配合物应该很容易失去未成对的 4p 电子而迅速氧化为 Cu^{3+}。但是，该预测与实验事实不符。

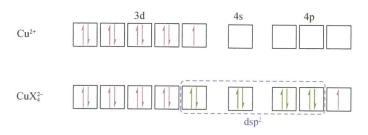

图 3-5 基于价键理论预测的 Cu^{2+} 卤素配合物中中心离子轨道杂化方式

因此，价键理论被其他配位键成键理论取代是必然的。

3.2 晶体场理论

1928 年，贝蒂（Bethe）首先提出了晶体场理论。该理论从静电场出发揭示配合物的一些性质。当时价键理论被广泛接受，所以晶体场理论的诞生并没有引起人们足够的重视。直到 1953 年该理论成功地解释了$[Ti(H_2O)_6]^{3+}$的紫红颜色，才使其得到迅速发展。与价键理论的出发点不同，晶体场理论认为中心阳离子与阴离子或偶极分子（如 H_2O、NH_3 等）的负端的静电作用主导中心离子与配体间的相互作用，类似于离子晶体中的正负离子间的相互作用力，所以取名为晶体场理论。

3.2.1 晶体场理论的要点

晶体场理论的要点如下：

（1）中心离子 M^{n+} 可以看作带正电荷的点电荷，配体（L）看作带负电荷的点电荷，两者之间完全靠静电相互作用结合在一起，不考虑 M^{n+} 与 L 之间任何共价键。

（2）在配体产生的静电场中，中心离子 M^{n+} 的 d 轨道能级不再像自由离子时的 5 重简并，而是发生能级分裂，且能级分裂情况主要取决于配体的空间分布。

（3）中心离子 M^{n+} 的价电子在分裂后的 d 轨道上重新排布，并且优先占据低能量 d 轨道，进而获得额外的稳定化能量，称为晶体场稳定化能（Crystal Field Stabilization Energy，CFSE）。

由以上理论要点可看出，晶体场理论提出了中心离子 d 轨道的能级裂分，中心离子的价电子优先填入能级低的 d 轨道。这种电子的排布原则至少从能量的角度看是合理的，比价键理论中较为"随意"地利用中心离子能级差别很大的轨道成键更具说服力。

3.2.2 晶体场中中心离子 d 轨道的裂分

晶体场理论重要的进步在于提到了中心离子的 d 轨道在配体静电场的作用下会发生能级分裂。下述介绍中心离子的 d 轨道在不同配体场中的分裂情况。

1. 正八面体场（O_h）

只考虑中心离子和配体间的静电作用，由带负电或显负电性的配体产生的电场称为晶体场。与自由离子不同，处在晶体场中的中心离子的 d 轨道上电子受到排斥作用使得 d 轨道能级升高。不同的 d 轨道在空间的伸展方向不同，因此受到的排斥作用也就不同，则 d 轨道的能级变化也不同。

在八面体场中，中心离子的 $d_{x^2-y^2}$ 及 d_{z^2} 轨道的最大伸展方向正好与八面体场中的配体迎头相遇（图 3-6），因此受到配体的静电斥力大，它们的能级上升较高；不同的是，d_{xy}、d_{xz}、d_{yz} 轨道的最大伸展方向正好与配体错开（图 3-6），所以受到的静电排斥作用较小，能级上升较小。

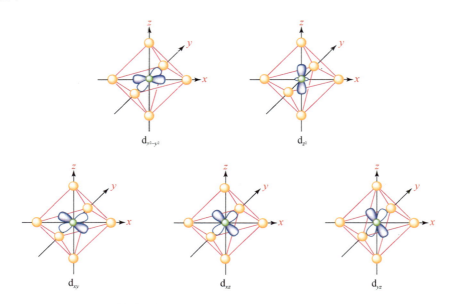

图 3-6　八面体（O_h）场中金属中心 d 轨道及 6 个配体在空间的分布

因此，受配体场静电作用，五重简并的 d 轨道的能级分裂成 2 组：能量较高的 $d_{x^2-y^2}$ 及 d_{z^2} 轨道，称为 e_g 轨道；能量相对较低的 d_{xy}、d_{xz}、d_{yz} 轨道，称为 t_{2g} 轨道（图 3-7）。分裂后两组 d 轨道之间的能级差称为分裂能（Cleavage Energy），对八面体场用 Δ_0 表示（图 3-7）。需要注意的是，Δ_0 只是表示能级差的一种符号，对不同的配合物体系，分裂能不同，Δ_0 的值也不同。

为了便于定量计算，将 $\Delta_0/10$ 当作一个能量单位，用符号 Dq 表示，即 $\Delta_0=10$ Dq。根据重心守恒原理：原来简并的轨道在外电场作用下如果发生分裂，则分裂后所有轨道的能量改变值的代数和为零。因此，2 个 e_g 轨道能量升高的总和必然等于 3 个 t_{2g} 轨道能量下降的总和。据此，则有下面的方程组成立：

$$\begin{cases} 2E(e_g)+3E(t_{2g})=0 \\ E(e_g)-E(t_{2g})=10\ Dq \end{cases}$$

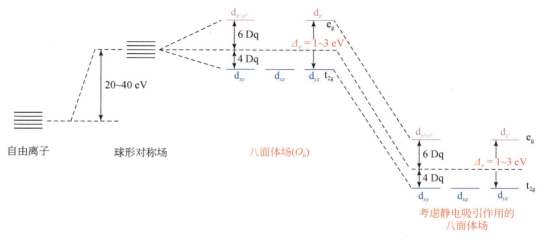

图 3-7　八面体（O_h）场中金属中心 d 轨道能级裂分

解方程组可得

$$E(e_g)=+6\ Dq$$
$$E(t_{2g})=-4\ Dq$$

2. 正四面体场（T_d）

在正四面体场中，中心离子的 5 条 d 轨道同样分裂为 2 组，一组包括 d_{xy}、d_{xz}、d_{yz} 这 3 条轨道，用 t_2 表示。这 3 条轨道的极大值分别指向 4 个配体所在的立方体棱边的中点，距配体较近，受到的排斥作用较强，能级升高；另一组包括 d_{z^2} 和 $d_{x^2-y^2}$，用 e 表示（图 3-8）。这 2 条轨道的极大值分别指向立方体的面心，距配体较远，受到的排斥作用较弱，能级下降。

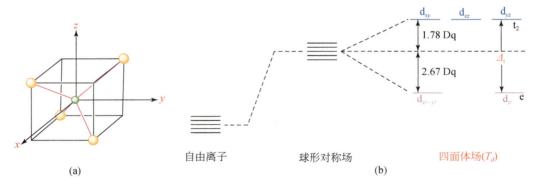

图 3-8　（a）四面体场中配体的空间分布及（b）四面体（T_d）场中金属中心 d 轨道能级分裂

由于在正四面体场中，中心离子的 5 条 d 轨道都在一定程度上避开了配体[图 3-8（a）]，不存在八面体场中 d 轨道与配体迎头相撞的情况。可以预料，正四面体场造成的分裂能 Δ_t 小于八面体场的分离能 Δ_o。计算表明，二者的关系如下 [图 3-8（b）]：

$$\Delta_t=(4/9)\Delta_o$$

同样根据重心守恒原理可以得出两组轨道的能级：

$$\begin{cases} 3E(t_2) + 2E(e) = 0 \\ E(t_2) - E(e) = (40/9)Dq \end{cases}$$

解方程组可得

$$E(t_2) = +1.78 \ Dq$$
$$E(e) = -2.67 \ Dq$$

3. 平面正方形场（D_{4h}）

假定 4 个配体只在 x、y 平面上沿 $\pm x$ 和 $\pm y$ 与中心离子配位。因此，$d_{x^2-y^2}$ 轨道的极大值正好处于与配体迎头相撞的位置，受排斥作用最强，能级升高最多。其次是在 xy 平面上的 d_{xy} 轨道。而 d_{z^2} 仅轨道的环形部分在 xy 平面上，受配体排斥作用稍小，能级稍低，简并的 d_{xz} 和 d_{yz} 的极大值与 xy 平面成 45°角，受配体排斥作用最弱，能量最低（图 3-9）。因此，5

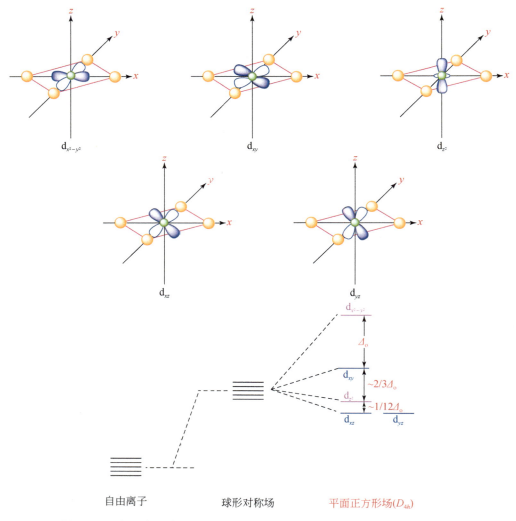

图 3-9　正方形（D_{4h}）场中金属中心 d 轨道和配体的分布及 d 轨道能级分裂

条 d 轨道在平面正方形场中分裂为四组（图 3-9），由高到低的顺序是：$d_{x^2-y^2} > d_{xy} > d_{z^2} > d_{xz}$ 和 d_{yz}。

4. 拉长八面体场（D_{4h}）

对于正八面体而言，在拉长八面体中 z 轴方向上的两个配体逐渐远离中心原子，排斥力下降，即 d_{z^2} 能级下降。同时，为了保持总静电能量不变，x 轴和 y 轴方向上配体向中心原子靠拢，使 $d_{x^2-y^2}$ 轨道的能级升高，这样导致 e_g 轨道发生分裂；在 3 条 t_{2g} 轨道中，由于 xy 平面上的 d_{xy} 轨道离配体更近，能级升高。xz 和 yz 平面上的轨道 d_{xz} 和 d_{yz} 离配体更远，因而能级下降。结果也使 t_{2g} 轨道发生分裂。这样，5 条 d 轨道分成 4 组，能量从高到低的次序为：$d_{x^2-y^2} > d_{z^2} > d_{xy} > d_{xz}$ 和 d_{yz}。

综上所述，中心离子的 5 条 d 轨道分在最常见的八面体场、正四面体场及平面正方形场中的分裂情况如图 3-10 所示。

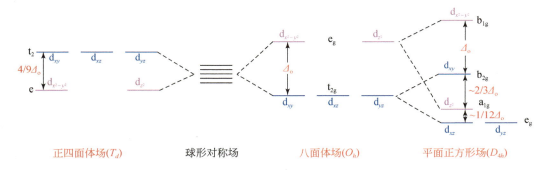

图 3-10　在各种典型配体场中金属中心 d 轨道能级分裂

此外，根据类似的分析，中心离子的 d 轨道在不同的晶体场中的能级分裂后的能量汇总于表 3-2 中。

表 3-2　中心离子的 d 轨道在不同的晶体场中的能级分裂　（单位：Dq）

配位数	晶体场几何构型	d 轨道				
		d_{z^2}	$d_{x^2-y^2}$	d_{xy}	d_{xz}	d_{yz}
1	直线[a]	5.14[b]	-3.14	-3.14	0.57	0.57
2	直线[a]	10.28	-6.28	-6.28	1.14	1.14
3	正三角形[c]	-3.21	5.46	5.46	-3.86	-3.86
4	正四面体	-2.67	-2.67	1.78	1.78	1.78
4	平面正方形[c]	-4.28	12.28	2.28	-5.14	-5.14
5	三角双锥[d]	7.07	-0.82	-0.82	-2.72	-2.72
5	四方锥[d]	0.86	9.14	-0.86	-4.57	-4.57

配位数	晶体场几何构型	d 轨道				
		d_{z^2}	$d_{x^2-y^2}$	d_{xy}	d_{xz}	d_{yz}
6	正八面体	6.00	6.00	−4.00	−4.00	−4.00
6	三棱柱	0.96	−5.84	−5.84	5.36	5.36
7	五角双锥	4.93	2.82	2.82	−5.28	−5.28
8	立方体	−5.34	−5.34	3.56	3.56	3.56
8	四方反棱柱	−5.34	−0.89	−0.89	3.56	3.56
9	ReH_9 结构	−2.25	−0.38	−0.38	1.51	1.51
12	正二十面体	0.00	0.00	0.00	0.00	0.00

a. 配体位于 z 轴；b. 能量均以正八面体场的 Dq 为单位；c. 配体位于 xy 平面；d. 锥底位于 xy 平面。

3.2.3 影响分裂能的因素

分裂能是由于 d 轨道在配体静电场作用下发生能级分裂造成的。因此，分裂能与配体晶体场、中心离子及配体性质都有关系。

1. 晶体场种类

晶体场不同，意味着配体对中心离子 d 轨道静电作用的强度不同及最大静电作用的方向也不同，因此造成分裂能不同。比如：正八面体场中有 6 个配体产生的静电场对中心离子施加影响，而正四面体场中只有 4 个配体产生影响；另外，在正八面体场中存在配体直接与 d 轨道迎头相对的情况，d 轨道受到的静电排斥较大，而四面体场中则没有这样的情况。所以八面体场中的分裂能比四面体场中的大（$\Delta_t = 4/9\Delta_o$）。

2. 中心离子的性质

具有相同价态的同一过渡系的金属离子，在配体相同的情况下，相应的分裂能变化幅度不大。

$$[M(H_2O)_6]^{3+} \quad \Delta_o = 13700 \ cm^{-1}(M=Fe^{3+}) \sim 20300 \ cm^{-1}(M=Ti^{3+})$$

中心离子的电荷　中心金属离子电荷增加，Δ 值越大。这是由于随着金属离子的电荷增加，其半径减小，因而配体更靠近金属离子，从而对 d 轨道产生的影响越大。对相同配体的相同晶体场，三价离子的 Δ 比二价离子要大 40%～80%。

$$[Co(H_2O)_6]^{2+} \quad \Delta_o = 9300 \ cm^{-1} \qquad [Co(H_2O)_6]^{3+} \quad \Delta_o = 18600 \ cm^{-1}$$
$$[Co(NH_3)_6]^{2+} \quad \Delta_o = 10100 \ cm^{-1} \qquad [Co(NH_3)_6]^{3+} \quad \Delta_o = 23000 \ cm^{-1}$$

金属离子 d 轨道的主量子数　在同一副族不同过渡系的金属的对应配合物中，Δ 值随着 d 轨道主量子数的增加而增大。当由第一过渡系到第二过渡系再到第三过渡系时，分裂能依次递增 40%～50% 和 20%～25%。这是由于 4d 轨道在空间的伸展较 3d 轨道远，5d 轨道在空间的伸展又比 4d 轨道远。离中心越远则离配体越近，因而易受到配体场的强烈作用，故 Δ 值越大。

$$[Co(NH_3)_6]^{3+} \qquad \Delta_0 = 23000\ cm^{-1}$$
$$[Rh(NH_3)_6]^{3+} \qquad \Delta_0 = 33900\ cm^{-1}$$
$$[Ir(NH_3)_6]^{3+} \qquad \Delta_0 = 40000\ cm^{-1}$$

综上所述，对于相同的配体，可把常见的金属中心离子的 Δ 值排列如下顺序：

$$Mn^{2+} < Co^{2+} \sim Ni^{2+} < V^{2+} < Fe^{3+} < Cr^{3+} < Co^{3+} < Mo^{3+} < Rh^{3+} < Ir^{3+} < Pt^{4+}$$

3. 配体性质

配体的性质是影响 Δ 的非常重要的因素。将一些常见配体按光谱实验测得的 Δ 值按从小到大次序排列起来，即为光谱化学序（Spectrochemical Series）：

$I^- < Br^- < S^{2-} < SCN^- \sim Cl^- < NO_3^- < F^- < (NH_2)_2CO(尿素) < OH^- \sim ONO^- < CH_3COO^- < HCOO^- < C_2O_4^{2-} < H_2O < NCS^- < NH_2CH_2COO^- < CH_3CN < EDTA^{4-} < 吡啶 \sim NH_3 \sim PR_3 < en \sim SO_3^{2-} < NH_2OH < NO_2 \sim 联吡啶 \sim 邻菲罗啉 < H^- \sim CH_3^- \sim C_6H_5^- < CO \sim CN^- < P(OR)_3$。

序列中标红的为配位原子。光谱化学序是土田（Tsuchida）在对相应化合物光谱研究实验的基础上总结出来的。该序列代表了配位场的强度顺序。由此顺序可见，对同一金属离子，造成 Δ 值较大的是 CO 及 CN$^-$ 等配体，产生最小 Δ 的是 I$^-$ 等配体。通常把 CN$^-$ 及 NO$_2^-$ 等称作强场配位体，而 I$^-$、Br$^-$、F$^-$ 离子称为弱场配位体。

综上，在配位场一定的情况下，Δ 值取决于中心原子和配位体两个方面。1969 年约根森（Jørgensen）将 Δ 拆分为只决定于配体的 f 因子和只决定于金属的 g 因子，并表示为

$$\Delta = fg \tag{3-2}$$

式中，f 为与配体有关的参数，以 $f_{H_2O} = 1.00$ 为标准；g 为与金属离子有关的能量参数。

表 3-3 中列出了常见配体的 f 值和某些金属离子的 g 值。在缺乏实验数据时，可用于粗略地计算八面体场中的分裂能（Δ_0）。

表 3-3　常见配体及金属离子的 f 因子和 g 因子

配体	f	配体	f	金属离子	$g/\times10^{-3}\ cm^{-1}$
Br$^-$	0.72	(NH$_2$)$_2$CS	1.01	Mn^{2+}	8.0
SCN$^-$	0.75	NCS$^-$	1.02	Ni^{2+}	8.7
Cl$^-$	0.78	NCSe$^-$	1.03	Co^{2+}	9.0
(C$_2$H$_5$)$_2$PSe$_2^-$	0.80	CN$^-$	1.15	V^{2+}	12.0
OPCl$_3$	0.82	CH$_3$NH$_2$	1.17	Fe^{3+}	14.0
N$_3^-$	0.83	NH$_2$CH$_2$CO$_2^-$	1.18	Cu^{2+}	15.7
(C$_2$H$_5$)$_2$PS$_2^-$	0.85	CH$_3$CN	1.22	Cr^{3+}	17.4
F$^-$	0.90	Py[a]	1.23	Co^{3+}	18.2
(C$_2$H$_5$)$_2$NCS$_2^-$	0.90	NH$_3$	1.25	Ru^{2+}	20.0
(CH$_3$)$_2$SO	0.91	en[b]	1.28	Ag^{3+}	20.4
(NH$_2$)$_2$CO	0.92	dien[c]	1.29	Ni^{4+}	22.0

配体	f	配体	f	金属离子	$g/\times 10^{-3}\ cm^{-1}$
CH_3COOH	0.94	SO_3^{2-}	1.30	Mn^{4+}	24.0
C_2H_5OH	0.97	dipy[d]	1.33	Mo^{5+}	24.6
$(CH_3)_2NCHO$	0.98	NO_2^-	1.40	Rh^{3+}	27
$C_2O_4^{2-}$	0.99	CN^-	1.70	Pd^{4+}	29
H_2O	1.00			Te^{4+}	31
				Ir^{3+}	32
				Pt^{4+}	36

a. Py：吡啶；b. en：乙二胺；c. dien：二乙三胺；d. dipy：联吡啶。

3.2.4　电子成对能和配合物高低自旋的预言

利用晶体场理论，也可解释配合物的不同自旋态，即高自旋态及低自旋态。预言高低自旋态的参数为分裂能 Δ 和电子成对能 P。电子成对能 P 是指 2 个电子占用同一轨道自旋成对时必须克服电子间的相互作用所需的能量，包括库仑能（π_c）和交换能（π_{ex}）：

$$P = \pi_c + \pi_{ex} \tag{3-3}$$

电子成对能 P 的大小可用描述电子相互作用的拉卡（Racah）电子排斥参数 B 和 C 来表示。通常 $C \approx 4B$。

对于不同 d 电子数气态自由金属离子，其成对能如下：

$$P(d^4) = 6B + 5C \qquad P(d^5) = 7.5B + 5C \qquad P(d^6) = 2.5B + 4C \qquad P(d^7) = 4B + 4C$$

即 $P(d^5) > P(d^4) > P(d^7) > P(d^6)$，这说明电子成对能与 d 电子数目有关。

在配合物中，中心金属离子由于受配位体的影响，与自由金属离子相比，电子云扩展了，其运动范围增大，因此电子间的相互作用力减小。可以预料配合物的中心金属离子的电子成对能比气态自由金属离子的成对能要减小约 15%～20%。

对于一个处于配位场中的金属离子，其电子排布究竟采用高自旋（HS），还是低自旋（LS）的状态，可以根据成对能 P 和分裂能 Δ 的相对大小来进行判断：

当 $P > \Delta$ 时，因电子成对需要的能量高，电子将尽量以成单的形式占据各个轨道，表现高自旋状态。

当 $P < \Delta$ 时，因电子成对需要的能量低，电子将尽量以成对的形式占据能量较低的轨道，表现低自旋状态。

根据 P 和 Δ 的相对大小可以对配合物的高、低自旋进行预言：

● 弱场时，配体对中心离子轨道静电作用较小，产生的 Δ 值较小，配合物将采取高自旋构型；相反，强场时，配体对中心离子轨道静电作用较大，产生的 Δ 值较大，配合物采取低自旋构型。

● 具有产生较小分裂能配体场的配合物，一般都是高自旋配合物。比如四面体配合物，

由于 $\Delta_t = (4/9)\Delta_o$，Δ_t 值较小通常都不能超过成对能 P，所以四面体配合物通常都是高自旋的。

● 第二、三过渡系金属因轨道离配体较近，受配体场作用较强，产生较大 Δ 值，故它们的配合物几乎都是低自旋的。

● 由于 $P(d^5) > P(d^4) > P(d^7) > P(d^6)$，故在八面体场中，除 $Fe(H_2O)_6^{2+}$ 和 CoF_6^{3-} 外，d^6 电子构型离子的配合物常表现低自旋而 d^5 电子构型离子的配合物常为高自旋（CN^- 的配合物例外）。

以八面体场为例，不同 d 电子构型的离子形成配合物的自旋情况如下：

d^1、d^2 及 d^3 型的离子形成的配体合物只有一种自旋态；d^8、d^9 及 d^{10} 构型的离子形成的配体合物也只有一种自旋态。例如，具有 d^3 构型的 Cr^{3+} 在八面体场中电子排布方式如图 3-11 所示。

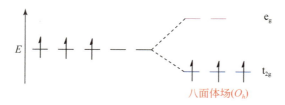

图 3-11　Cr^{3+} 在八面体（O_h）场中金属中心 d 轨道电子排布

d^4、d^5、d^6 及 d^7 构型的离子形成的配体合物则有高低自旋之分。例如，具有 d^4 构型的 Cr^{2+} 在八面体场中可能的电子排布方式如图 3-12 所示。

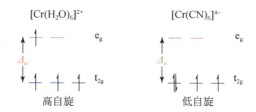

图 3-12　Cr^{2+} 在不同配体的八面体（O_h）场中金属中心 d 轨道电子排布

H_2O 是弱场配体，产生的分裂能小，$\Delta_o < P$，易形成高自旋配合物；CN^- 是强场配体，产生的分裂能大，$\Delta_o > P$，易形成低自旋配合物（图 3-12）。

表 3-4 汇总了不同 d 电子构型的金属离子在弱场及强场中电子排布的方式。

表 3-4　d^n 在正八面体场中的排布

d 电子构型	弱场 $P > \Delta_o$		自旋状态	强场 $P < \Delta_o$		自旋状态
	t_{2g}	e_g		t_{2g}	e_g	
d^1	↑			↑		
d^2	↑ ↑			↑ ↑		
d^3	↑ ↑ ↑			↑ ↑ ↑		
d^4	↑ ↑ ↑	↑	HS	↑↓ ↑ ↑		LS

续表

d电子构型	弱场 $P>\Delta_0$		自旋状态	强场 $P<\Delta_0$		自旋状态
	t_{2g}	e_g		t_{2g}	e_g	
d^5	↑ ↑ ↑	↑ ↑	HS	↑↓ ↑↓ ↑		LS
d^6	↑↓ ↑ ↑	↑ ↑	HS	↑↓ ↑↓ ↑↓		LS
d^7	↑↓ ↑↓ ↑	↑ ↑	HS	↑↓ ↑↓ ↑↓	↑	LS
d^8	↑↓ ↑↓ ↑↓	↑ ↑		↑↓ ↑↓ ↑↓	↑ ↑	
d^9	↑↓ ↑↓ ↑↓	↑↓ ↑		↑↓ ↑↓ ↑↓	↑↓ ↑	
d^{10}	↑↓ ↑↓ ↑↓	↑↓ ↑↓		↑↓ ↑↓ ↑↓	↑↓ ↑↓	

3.2.5 晶体场稳定化能

根据晶体场理论，在配体静电场的作用下，中心金属离子的 d 轨道能级发生分裂。中心金属离子的电子一部分进入分裂后的低能级轨道，一部分进入高能级轨道。低能级轨道填入电子使体系能量下降，高能级轨道填入电子使体系能量上升。根据能量最低原理，中心离子中的电子优先进入低能级。中心离子的电子在分裂后的 d 轨道上填充完毕后，如果下降的能量多于上升的能量，则体系的总能量将下降。这样额外获得的稳定化能量被称为晶体场稳定化能（CFSE）。

这种 d 轨道分裂和电子填入低能级轨道带给配合物额外的稳定化作用将产生一种附加的成键作用效应。晶体场稳定化能与下列因素有关：配合物的几何构型；中心原子的 d 电子的数目；配体场的强弱及电子成对能 P。

比如，$Fe^{3+}(d^5)$ 在八面体场中可能有两种电子排布：

$t_{2g}^3 e_g^2$，相对于未分裂的 d 轨道的能量值为：CFSE＝3×(-4Dq)+2×6Dq＝0

$t_{2g}^5 e_g^0$，相对于未分裂的 d 轨道的能量值为：CFSE＝5×(-4Dq)+2P＝-20Dq+2P

表 3-5 列出几种配位场下的 CFSE 值，为了简化忽略了成对能 P。

表 3-5　几种配位场下的 CFSE 值[*]

d^n	弱场						强场					
	D_{4h}	O_h	T_d	D_{4h}-O_h	O_h-T_d	D_{4h}-T_d	D_{4h}	O_h	T_d	D_{4h}-O_h	O_h-T_d	D_{4h}-T_d
d^0	0	0	0	0	0	0	0	0	0	0	0	0
d^1	5.14	4	2.67	1.14	1.33	2.47	5.14	4	2.67	1.14	1.33	2.47
d^2	10.28	8	5.34	2.28	2.66	4.94	10.28	8	5.34	2.28	2.66	4.49
d^3	14.56	12	3.56	2.56	8.44	11.00	14.56	12	8.01	2.56	3.99	6.55
d^4	12.28	6	1.78	6.28	4.22	10.50	19.70	16	10.68	3.70	5.32	9.02
d^5	0	0	0	0	0	0	24.84	20	8.90	4.48	11.10	15.94
d^6	5.14	4	2.67	1.14	1.33	2.47	29.12	24	6.12	5.12	16.88	23.00
d^7	10.28	8	5.34	2.28	2.66	4.94	26.84	18	5.34	8.84	12.66	21.50

d^n	弱场						强场					
	D_{4h}	O_h	T_d	D_{4h}-O_h	O_h-T_d	D_{4h}-T_d	D_{4h}	O_h	T_d	D_{4h}-O_h	O_h-T_d	D_{4h}-T_d
d^8	14.56	12	3.56	2.56	8.44	11.00	24.56	12	3.56	12.56	8.44	21.00
d^9	12.28	6	1.78	6.28	4.22	10.50	12.28	6	1.78	6.28	4.22	11.50
d^{10}	0	0	0	0	0	0	0	0	0	0	0	0

*为了简化，忽略了成对能 P。

从表 3-5 可以发现以下几点规律：

在弱场中，d^0、d^5、d^{10} 构型的离子的 CFSE 均为 0。

除 d^0、d^5、d^{10} 外，无论是弱场还是强场，CFSE 的次序都是正方形（D_{4h}）＞八面体（O_h）＞四面体（T_d）。

在弱场中，正方形场与八面体场稳定化能的差值以 d^4、d^9 为最大，而在强场中则以 d^8 为最大。

在弱场中，相差 5 个 d 电子的各对组态的稳定化能相等，如 d^1 与 d^6、d^3 与 d^8，这是因为在弱场中无论何种几何构型的场，多出的 5 个电子，根据重心守恒原理，对稳定化能都没有贡献。

3.2.6　晶体场稳定化能与配合物的热力学性质

晶体场理论的核心是配位体的静电场与中心离子的静电作用所引起中心离子 d 轨道的能级分裂和中心离子的 d 电子进入低能轨道带来的稳定化能使体系能量下降，从而产生一种附加的成键作用效应。

从图 3-13 可以看出，在正八面体弱场高自旋（HS）配合物中，CFSE 的曲线呈现 "W" 形，三个极大值位于 d^0、d^5、d^{10} 处，两个极小值出现在 d^3 和 d^8 处；而在强场低自旋（LS）配合物中，曲线呈 "V" 形，极大值位于 d^0、d^{10} 处，极小值位于 d^6 处。

既然 CFSE 能引起附加成键效应，那么这种附加成键效应及其大小必然会在配合物的热力学性质上表现出来。

● 金属离子的水合焓级晶格能　第一过渡系金属离子的水合反应一般形成 6 配位的水合离子：

$$M^{n+}(g) + 6H_2O(l) \longrightarrow [M(H_2O)_6]^{n+}(aq)$$

形成水合离子过程的焓变称为水合能（$\Delta H_h^{\ominus}$）。从图 3-14 中过渡金属二价离子的 $\Delta H_h^{\ominus}$ 实验值与 d^n 的关系可以看出呈现斜 "W" 曲线。这与八面体场高自旋配合物的晶体场稳定化能随 d^n 变化的关系非常类似。假设第一过渡系的二价离子的水合离子为 6 配位的八面体构型，且为高自旋态，从 $\Delta H_h^{\ominus}$ 中扣除晶体场稳定化能得到的曲线基本是一条平滑的曲线（图中粉色曲线）。对于三价金属水合离子也得到了非常类似的结果。这很好地说明了晶体场稳定化能在水合离子形成过程中的作用。

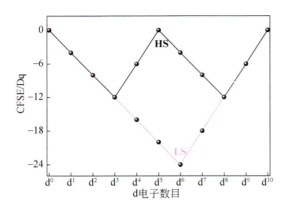

图 3-13　在八面体（O_h）强场和弱场中 CFSE
　　　　随 d 电子数变化趋势

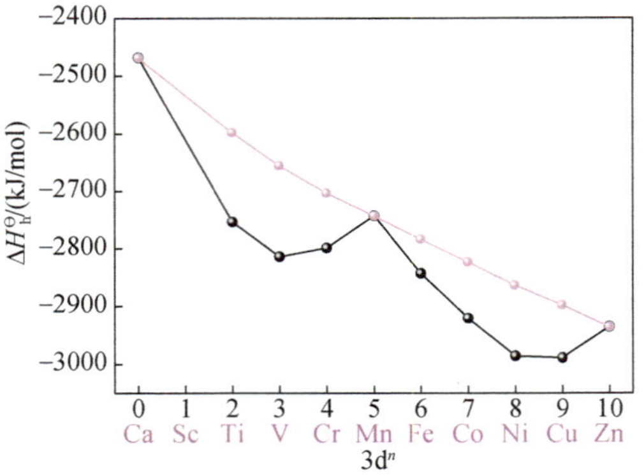

图 3-14　不同 d 电子数金属离子水合焓变化趋势

可以想象，如果金属离子在晶格中处于八面体场，那么形成晶格所放出的晶体场稳定化能必然会使晶格更加稳定，晶格能更高。因此金属离子的晶格能数据也应该体现晶体场稳定化能的贡献。图 3-15 中晶格能 ε 随金属 d^n 变化很好地体现了这一点，晶体场稳定化能的存在使晶格能 ε 随 d^n 变化不再是单调递增的变化。

● 配合物稳定性　如果已知配合物的 Δ 和 P 的相对大小，就能确定配合物中 d 电子的排布，从而求得晶体场稳定化能。

在八面体弱场中，稳定化能的次序为：$d^0 < d^1 < d^2 < d^3 > d^4 > d^5 < d^6 < d^7 < d^8 > d^9 > d^{10}$。一般地，稳定化能大的配合物应该比较稳定，但配合物的稳定性与中心离子的 d 电子数有关，通常随 d 电子数增加，稳定性提高，其顺序为：$d^0 < d^1 < d^2 < d^3 < d^4 < d^5 < d^6 < d^7 < d^8 < d^9 < d^{10}$。把两者联系起来，可解释过渡金属配合物的稳定次序：$d^0 < d^1 < d^2 < d^3 >$ 或 $< d^4 > d^5 < d^6 < d^7 < d^8 >$ 或 $< d^9 < d^{10}$。

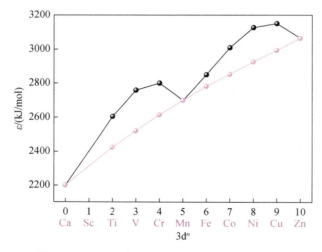

图 3-15　不同 d 电子数金属离子晶格能变化趋势

显然在八面体弱场中，d^0、d^5、d^{10} 处于全空、半满、全满状态，晶体场稳定化能为零，因而生成的配合物稳定性较差；d^3、d^8 离子的晶体场稳定化能最大，其配合物就最稳定；d^4、d^9 电子构型的离子配合物的稳定性有时也大于 d^3、d^8 电子构型离子的配合物，这是由于姜-泰勒效应所引起的。

● 配合物生成常数的欧文-威廉姆斯（Irving-Williams）序列　实验发现，由 Mn 到 Zn 的二价金属离子与含 N 配位原子的配体生成的配合物的稳定次序，亦即它们的平衡常数，如下列顺序：

$$Mn^{2+} < Fe^{2+} < Co^{2+} < Ni^{2+} < Cu^{2+} > Zn^{2+}$$
$$\quad d^5 \quad\quad d^6 \quad\quad d^7 \quad\quad d^8 \quad\quad d^9 \quad\quad d^{10}$$

这个序列被称为欧文-威廉姆斯序列，这个顺序大致与弱场 CFSE 的变化顺序一致，类似于前述反双峰曲线的后半段，只是谷值不在 d^8 而是 d^9，其也是由姜-泰勒效应所引起的。

3.2.7　d 轨道分裂的结构效应

1. 离子半径

以第一过渡系二价离子的八面体高自旋配合中的中心离子半径对其 d 电子数作图，可以得到一条斜 "W" 曲线。然而，通过闭壳层的离子画出的曲线是一条平滑的曲线（图中粉色线），与离子半径变化规律是一致的。这种不同是由于晶体场稳定化能造成的。

以二价离子弱场而言，按晶体场理论，Ca^{2+}、Mn^{2+}、Zn^{2+} 离子 d 电子构型使得晶体场稳定化能为零。3 个离子的有效核电荷依次增大，故离子半径 r 逐渐减小，位于逐渐下降的平滑曲线上（图 3-16）。其他离子的半径则位于这条平滑曲线的下面，这是由它们的 d 电子按照获得更多晶体场稳定化能的方式排布所致。从 Ti^{2+} 开始，d 电子优先占据能级较低的 t_{2g} 轨道，由于 t_{2g} 电子主要集中在远离金属－配体键轴的区域，因此受到配体的静电排斥作用较小，提供了比球形分布的 d 电子小得多的屏蔽作用，使得在这种非球形对称结构中金属离子

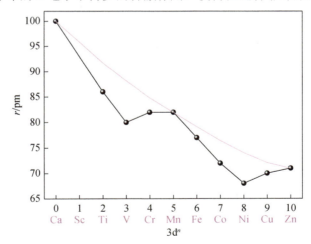

图 3-16　不同 d 电子数金属离子半径变化趋势

的有效半径小于相应的等电子分布的球形离子（图 3-16）。随着 d 电子数增加，电子开始占据 e_g 轨道。比如 d^4 的 Cr^{2+}，它的电子组态为 $t_{2g}^3 e_g^1$。由于新增加的 e_g 电子填入位于金属—配体键轴区域，屏蔽作用增加，核对配体的作用相应减小，故离子的半径有所增大，至 Mn^{2+} 达到最大，然后又开始下降，出现一个下降峰，到 Ni^{2+} 达到最小值后又继续上升（图 3-16）。

2. 姜-泰勒（Jahn-Teller）效应

1937 年，姜（Jahn）和泰勒（Teller）基于群论提出了姜-泰勒效应：电子在简并轨道中的不对称分布会导致分子的几何构型发生畸变，从而降低分子的对称性和轨道的简并度，且使体系的能量进一步下降，这种效应称为姜-泰勒效应。姜-泰勒效应对基态和激发态分子都是适用的。

应用姜-泰勒效应时应当注意以下 3 点：

● 姜-泰勒效应只能预言分子构型畸变，不能明确给出畸变后的具体分子构型及发生畸变的程度。

● 分子构型畸变本质和大小必须通过量子计算，分子畸变后原来简并轨道进一步发生裂分，使体系获得了额外的稳定化作用，这是分子构型畸变的推动力。

● 畸变过程不会改变分子的中心对称性。

以 d^9 的 Cu^{2+} 的配合物为例，当该离子的配合物是正八面体构型时，d 轨道就要分裂成 t_{2g} 和 e_g 两组轨道，假设其基态的电子构型为 $t_{2g}^6 e_g^3$，那么 3 个 e_g 电子就有两种排列方式。

排列方式 1：$t_{2g}^6(d_{z^2})^2(d_{x^2-y^2})^1$。由于 $d_{x^2-y^2}$ 轨道上比 d_{z^2} 轨道少一个电子，则在 xy 平面上 d 电子对中心离子的核电荷的屏蔽作用就比在 z 轴上的屏蔽作用小，中心离子对 xy 平面上的四个配体的吸引就大于对 z 轴上的两个配体的吸引，从而使 xy 平面上的 4 个配位键缩短，z 轴方向上的 2 个配位键伸长，成为拉长的八面体（图 3-17）。

排列方式 2：$t_{2g}^6(d_{z^2})^1(d_{x^2-y^2})^2$。由于 d_{z^2} 轨道上缺少一个电子，在 z 轴上 d 电子对中心离子的核电荷的屏蔽效应比在 xy 平面的小，中心离子对 z 轴方向上的两个配体的吸引就大于对 xy 平面上的 4 个配体的吸引，从而使 z 轴方向上 2 个配位键缩短，xy 平面上的 4 条配位键伸长，成为压扁的八面体（图 3-17）。

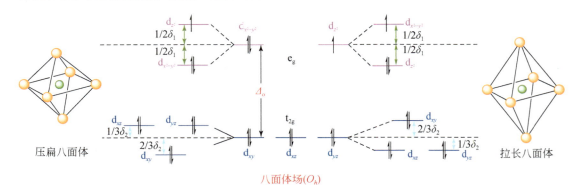

图 3-17 八面体强场中电子在简并 d 轨道不对称分布造成 d 轨道能级进一步裂分及配合物构型变化

无论采用哪一种几何畸变，都会引起能级的进一步分裂，消除简并，其中一个能级降低，从而获得额外的稳定化能。

姜-泰勒效应不能指出究竟应该发生哪种几何畸变，但实验证明 Cu 的六配位配合物几乎都是拉长的八面体。这是因为：无其他能量因素影响时，形成 2 条长配位键、4 条短配位键比形成 2 条短配位键、4 条长配位键的总键能要更大。

发生姜-泰勒效应时，除了 e_g 轨道发生非简并化外，t_{2g} 轨道也会发生非简并过程。由于 t_{2g} 轨道一般为非键轨道、弱 π 反键轨道或弱成键轨道，在 t_{2g} 轨道上发生电子不对称排布引起的简并轨道分裂能比反键 σ 轨道 e_g 上的不对称排布引起的分裂能小，即 $\delta_2 < \delta_1$。因此，电子在 t_{2g} 轨道上发生电子不对称排布引起的姜-泰勒畸变要小得多，通常一般的实验手段难以观察到。

3. 配合物构型的选择

不同配体场的晶体场稳定化能不同，可被认为是一种附加的成键效应。所以，晶体场稳定化能对形成配合物的构型能产生一定的影响。

假设生成配合物的反应如下：$M^{n+} + mL \longrightarrow [ML_m]^{n+}$

根据 $\Delta G = \Delta H - T\Delta S = -RT\ln K$，该反应的平衡常数 K 越大，配合物越容易生成，稳定性也越高。因此，由上式可以看出配合物的稳定性将由 ΔG 决定。由于各种配合物生成的 ΔS 相差不大，所以配合物的稳定性主要决定于配位反应的 ΔH。显然，ΔH 值越负，则 $[ML_m]^{n+}$ 越稳定，也就越容易生成。

当 $m = 6,4,\cdots$ 时，上述配合反应的 ΔH 值分别为：

$$\Delta H_{正八面体} = 6\Delta_b H(M\text{-}L) - CFSE_{正八面体}$$
$$\Delta H_{正四面体} = 4\Delta_b H(M\text{-}L) - CFSE_{正四面体}$$
$$\Delta H_{正方形} = 4\Delta_b H(M\text{-}L) - CFSE_{正方形}$$

因此：

● 如果各种构型的 CFSE 相差不大，由于八面体配合物的总键能（6 条配位键）大于正四面体和正方形配合物的总键能（4 条配位键），生成的正八面体的 ΔH 的绝对值最大，也最为稳定。所以，优先生成八面体构型的配合物。

● 如果各种构型的键焓相差不大，那么由于 $CFSE_{正方形} > CFSE_{正八面体} > CFSE_{正四面体}$，这时生成平面正方形配合物的 ΔH 最大，所以正方形构型为最稳定，优先生成平面正方形构型的配合物；如果各种构型的 CFSE 均相等，则此时 3 种构型都能稳定存在。显然，只有在 d^0、d^{10} 和弱场 d^5 才有这种可能。

3.2.8　配合物的颜色

物质之所以能表现出颜色是因为其对可见光的选择性吸收。物质对光的吸收是由物质中电子从低能级跃迁至高能级引起的。

图 3-18 成互补色的可见光

可见光的波长在 400~700 nm 之间，按照波长从长到短，主要呈现红、橙、黄、绿、青、青蓝、蓝及紫色。图 3-18 中处于黑线两端的两种颜色为互补色，比如，绿和紫、红和青及黄和蓝等。物质所呈现出的颜色就是其吸收光颜色的补色。比如一束白光通过 $KMnO_4$ 溶液，溶液吸收绿色光，所以高锰酸钾溶液呈现紫色。同样，K_2CrO_4 吸收大部分蓝色光，而使溶液显黄色。

由 d^1~d^9 构型的过渡金属离子生成的配合物一般具有颜色。这是因为在晶体场中，金属离子的 d 轨道能级发生分裂形成 e_g 或 t_{2g} 两组轨道，d 电子可以在两者之间跃迁，称为 d-d 跃迁，跃迁时所需的能量为两组轨道间的能级差：

$$E(e_g)-E(t_{2g})=\Delta=hv=hc/\lambda \tag{3-4}$$

式中，h 为普朗克常数，c 为光速，λ 为吸收光的波长。

发生 d-d 跃迁时，吸收的能量一般为 10000~$30000\ cm^{-1}$，包括了全部可见光的能量范围（14280~$25000\ cm^{-1}$），因而多数配离子具有颜色（表 3-6）。

表 3-6 典型配离子的颜色

d 电子构型	配离子结构	配离子颜色	d 电子构型	配离子结构	配离子颜色
d^1	$[Ti(H_2O)_6]^{3+}$	紫红色	d^6	$[Fe(H_2O)_6]^{2+}$	淡绿色
d^2	$[V(H_2O)_6]^{3+}$	绿色	d^7	$[Co(H_2O)_6]^{3+}$	粉红色
d^3	$[Cr(H_2O)_6]^{3+}$	紫色	d^8	$[Ni(H_2O)_6]^{3+}$	绿色
d^4	$[Cr(H_2O)_6]^{2+}$	天蓝色	d^9	$[Cu(H_2O)_6]^{3+}$	蓝紫色
d^5	$[Mn(H_2O)_6]^{2+}$	粉色			

比如，Ti^{3+} 只有 1 个 d 电子，在水溶液中形成 $[Ti(H_2O)_6]^{3+}$ 配离子而呈现颜色，测试溶液的吸收光谱，在 $20400\ cm^{-1}$（波长 490 nm）附近有一最大吸收峰对应 d-d 跃迁，即 t_{2g} 至 e_g 轨道的跃迁。由于 Ti^{3+} 只有 1 个 d 电子，跃迁所需能量正好为 Δ。因此有下面等式成立：

$$\Delta_o=10Dq=20400\ cm^{-1}$$

可得出 $Dq=2040\ cm^{-1}$，所以 d^1 离子在八面体中的 Δ_o 可由配合物的吸收光谱求得。

此外，晶体场理论对配合物光学性能解释的成功之处，还可以从下面的实验事实看出：配离子 $[Cu(H_2O)_4]^{2+}$ 吸收峰约在 $12600\ cm^{-1}$ 处（吸收橙红色光），呈现浅蓝色；而 $[Cu(NH_3)_4]^{2+}$ 吸收峰约在 $15100\ cm^{-1}$ 处（吸收橙黄色光），而显深蓝色。这是因为在光谱化学序列中，NH_3 位于 H_2O 后面，是场强更强的配位体，即 NH_3 配位后产生的分裂能要大于 H_2O 配位后产生的分裂能，所以 $[Cu(NH_3)_4]^{2+}$ 的 d-d 跃迁吸收向短波方向移动，发生蓝移。

晶体场理论模型简单，且使用的数学方法严谨，在解释配合物的一些性质方面取得了很大的成功。但是也存在一些明显的缺点：首先，晶体场理论不能解释已经被实验所证实的从金属中心向配体离域电子的事实；其次，仅从静电作用出发不能解释光谱化学序列中一些配体的次序。

3.3　配体场理论

晶体场理论能较好地说明配合物的立体构型、热力学性质等主要问题，这是它的成功之处，但是它不能合理解释配体的光化学顺序。按照静电理论的观点也不能解释一些金属同电中性有机配体生成配合物的事实。这是由于晶体场理论没有考虑金属离子与配体轨道之间的重叠，即不承认配体与中心离子间的共价作用的缘故。近代实验测定表明，中心金属离子的轨道和配体的轨道确有重叠发生，表现出明显的共价特性。

为了对上述实验事实给以更为合理的解释，人们在晶体场理论的基础上，吸收了分子轨道理论的若干成果，既适当考虑中心原子与配体间化学键的共价性，又仍然采用晶体场理论的计算方法，发展成为一种改进了的晶体场理论，称为配体场理论。

配体场理论（也称配位场理论）是在晶体场理论和分子轨道基础上发展起来的。三者之间的关系非常密切，配体场理论的两种极限情况即为离子配合物的静电晶体场理论和共价配合物的分子轨道理论。

配体场理论认为：

- 配体不是无结构的点电荷，而是有一定的电荷分布和结构的原子或分子；
- 配体和中心离子间的成键作用既包括静电的，也包括共价作用。

共价作用主要就是轨道重叠，导致 d 轨道离域和 d 电子运动范围增大，这被称为电子云扩展效应（Nephelauxetic Effect）。

电子云扩展效应降低了中心离子价层 d 电子间的排斥作用。前面提到的配合物中心离子的价电子间的成对能（亦即价电子间的排斥作用）比自由离子小约 15%～20%，这种减小就是由于电子云扩展效应（电子云扩展效应大，电子间静电排斥作用就减小，所以成对能 P 减小）。成对能可以用拉卡电子互斥参数 B 和 C 来量度。

自由金属离子的拉卡参数 B 值可以通过发射光谱测定，而该金属作为配合物的中心离子的拉卡参数 B'，可以通过吸收光谱测定。常见离子的 B 和 B' 值列于表 3-7 中。

表 3-7　自由金属离子的 B 值及其在八面体配合物中的 B' 值

金属离子	B/cm^{-1}	B'/cm^{-1}					
		Br^-	Cl^-	H_2O	NH_3	en	CN^-
Mn^{2+}	960	—	—	790	—	750	—
Co^{2+}	970	—	—	~970	—	—	—
Ni^{2+}	1080	760	780	940	890	840	—
Cr^{3+}	1030	—	510	750	670	620	520
Fe^{3+}	1100	—	—	770	—	—	—
Co^{3+}	1065	—	—	720	660	620	440
Rh^{3+}	800	300	400	500	460	460	—
Ir^{3+}	660	250	300	—	—	—	—

Jørgensen 引入一个参数 β 来表示 B' 相对于 B 减小的程度。

$$\beta=B'/B \tag{3-5}$$

β 被定义为电子云扩展系数，β 值也可按照下面公式计算：

$$1-\beta=h_x \cdot h_m \tag{3-6}$$

式中，h_x 为配体的电子云扩展参数，h_m 为金属的电子云扩展参数。

从式（3-5）可以看出，β 值越小，电子云扩展效应越大。

表 3-8 中列出了一些金属中心和配体的电子云扩展参数。按照 β 降低的顺序将一些配体排列起来便得到"电子云扩展序列"：

$$F^- > H_2O > CO(NH_2)_2 > NH_3 > C_2O_4^{2-} \approx en > NCS^- > Cl^- \approx CN^- > Br^- > I^- \approx S^{2-} \approx$$
$$(C_2H_5O)_2PS_2^- > (C_2H_5O)_2PSe_2^-$$

表 3-8　金属中心和配体的电子云扩展参数

金属离子	$h_m/\times10^{-3}$ cm^{-1}	配体	h_x	金属离子	$h_m/\times10^{-3}$ cm^{-1}	配体	h_x
Mn^{2+}	0.07	F^-	0.8	Ir^{3+}	0.28	Cl^-	2.0
V^{2+}	0.1	H_2O	0.1	Tc^{4+}	0.3	CN^-	2.1
Ni^{2+}	0.12	$HCON(NH_2)_2$	1.2	Co^{3+}	0.33	Br^-	2.3
Mo^{3+}	0.15	$CO(NH_2)_2$	1.2	Mn^{4+}	0.5	N_3^-	2.4
Cr^{3+}	0.20	NH_3	1.4	Pt^{4+}	0.6	I^-	2.7
Fe^{3+}	0.24	en	1.5	Pd^{4+}	0.7	$(C_2H_5O)_2PS_2^-$	2.8
Rh^{3+}	0.28	$C_2O_4^{2-}$	1.5	Ni^{4+}	0.8	$(C_2H_5O)_2PSe_2^-$	3.0

这个序列大体上同配位原子的电负性一致，很好地表征了中心离子和配体之间形成共价键的趋势。左端离子的 β 值较大，意指 B' 大，即配离子中的中心金属离子的电子排斥作用减少得小，共价作用不明显；右端离子的 β 值小，意味着 B' 小，表明电子离域作用大，即电子云扩展效应大，共价作用明显。

3.4　分子轨道理论

分子轨道理论认为由中心原子和配位体的原子轨道通过线性组合建立起一系列配合物的分子轨道。其分子轨道由成键的非键和反键轨道所组成，电子在整个分子范围内运动。

能够有效地组成分子轨道的原子轨道，应满足成键三原则：对称性匹配、能量近似、最大重叠。分子轨道理论比价键理论和晶体场理论能说明更多问题，不仅可以用来解释如π配合物和羰基配合物等特殊配合物中配位键的本质，同时还可以计算出所形成配合物中各分子轨道能量的高低，并定量地解释配合物的相关物理和化学性质。通常人们采用简化或某些近似处理的方法来得到分子轨道能量的大小，下面将简单介绍常体配合物中分子轨道形成的情况。

3.4.1　正八面体场配合物的分子轨道

在第一过渡系中，中心原子的价电子轨道是 5 条 3d、1 条 4s 和 3 条 4p 轨道，在八面体场中，这九条轨道中只有六条轨道（4s、$4p_x$、$4p_y$、$4p_z$、$3d_{z^2}$、$3d_{x^2-y^2}$）在 x、y、z 的轴上分布，指向配体，因而这六条轨道可以形成σ键。而另外 3 条轨道，即 $3d_{xy}$、$3d_{xz}$、$3d_{yz}$，因其位于 x、y、z 轴之间，在 O_h 场中对于形成σ键对称性不匹配，不适合于形成σ键，但可参与形成π键。

因此，可以根据对称性对上述轨道进行分类：

　　a_{1g}—4s　　　t_{1u}—$4p_x$、$4p_y$、$4p_z$　　　e_g—$3dz^2$、$3d_{x^2-y^2}$　　　t_{2g}—$3d_{xy}$、$3d_{xz}$、$3d_{yz}$

前三类可用于参与形成σ键，后一类可参与形成π键。

1. 正八面体场配合物σ配位键的形成

可以用简单的视察法，即根据金属离子价轨道的形状（对称性）和符号来决定哪些配体轨道可以与金属轨道重叠。能够和 a_{1g}、e_g、t_{1u} 对称性匹配的配体群轨道如图 3-19 所示。

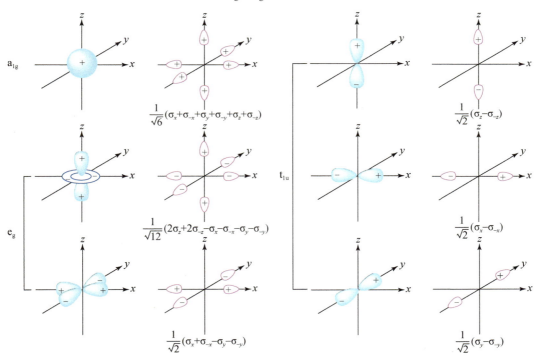

图 3-19　八面体场（O_h）中具σ对称性的金属 d 轨道和配体群轨道

根据逐一视察和归一化可以得到表 3-9。

按照上述组合，金属离子与 6 个配体形成如图 3-20 所示的 6 条σ配位键。由于没有与之对称性匹配的σ配体群轨道，d_{xy}、d_{xz}、d_{yz} 三条轨道为非键分子轨道。

表 3-9　八面体配合物与中心离子价轨道对称性匹配的σ群轨道

对称性	金属原子轨道	对称性匹配的配体群轨道	分子轨道
a_{1g}	s	$\Sigma a = \dfrac{1}{\sqrt{6}}(\sigma_x + \sigma_{-x} + \sigma_y + \sigma_{-y} + \sigma_z + \sigma_{-z})$	$1a_{1g}$，$2a_{1g}$
e_g	$d_{x^2-y^2}$	$\Sigma x^2 - y^2 = \dfrac{1}{\sqrt{2}}(\sigma_x + \sigma_{-x} - \sigma_y - \sigma_{-y})$	$1e_g$，$2e_g$
	d_{z^2}	$\Sigma z^2 = \dfrac{1}{\sqrt{12}}(2\sigma_z + 2\sigma_{-z} - \sigma_x - \sigma_{-x} - \sigma_y - \sigma_{-y})$	
t_{1u}	p_x	$\Sigma x = \dfrac{1}{\sqrt{2}}(\sigma_x - \sigma_{-x})$	$1t_{1u}$，$2t_{1u}$
	p_y	$\Sigma y = \dfrac{1}{\sqrt{2}}(\sigma_y - \sigma_{-y})$	
	p_z	$\Sigma z = \dfrac{1}{\sqrt{2}}(\sigma_z - \sigma_{-z})$	
t_{2g}	d_{xy}、d_{xz}、d_{yz}	—	$1t_{2g}$

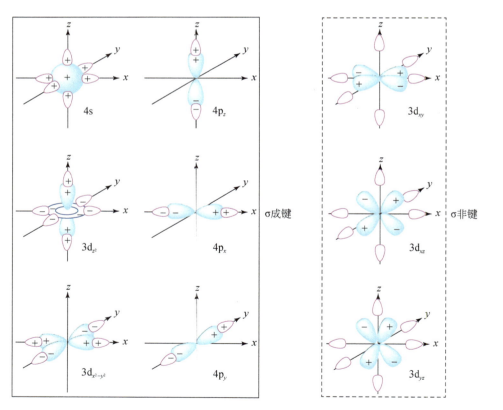

图 3-20　八面体场中（O_h）配体群轨道与金属 d 轨道形成的σ键

假定在八面体配合物中，金属离子轨道能量的一般次序是：$(n-1)d < ns < np$，而大多数配位体，如 H_2O、NH_3、F^-等，用来与金属键合的 6 条配体σ群轨道的能量都比金属的价层轨道能量要低。由此，可以得到σ键合的八面体配合物的分子轨道能级图，如图 3-21 所示。

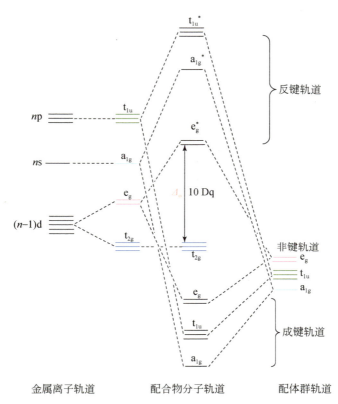

图 3-21　八面体场（O_h）配合物分子σ键合的分子轨道能级图

图 3-21 可以应用于任何特定的八面体配合物。将配位体的 6 对成对电子填入最低能级，即 a_{1g}、t_{1u} 和 e_g 分子轨道。a_{1g}、t_{1u} 和 e_g 轨道聚集着配位体的电子，所以具有配位体轨道的大部分性质。这样分子轨道"得到"了来自给予体（配体）的电子对。而过渡金属离子的电子则填入非键 t_{2g} 和反键 e_g^* 轨道。这些轨道的能量接近金属轨道的能量，具有纯金属轨道的大部分性质。

可以发现，分子轨道形成的结果，使金属的 d 轨道发生了分裂，原来简并的 5 条 d 轨道分裂为两组：一组为 t_{2g}，另一组为 e_g^*。

对于 d^1、d^2、d^3 金属中心离子，其 d 电子自然填入的是 t_{2g} 轨道。但 d^4、d^5、d^6、d^7 就有两种选择：新增加的电子，优先填入 t_{2g} 能级自旋成对，得到低自旋的电子排布；或是优先占据不同的轨道保持自旋平行，得到高自旋的排布。到底采用哪一种电子排列方式，显然取决于 t_{2g} 和 e_g^* 轨道之间的分裂能和电子成对能 P 的相对大小：

当配位体是强σ电子给予体时，e_g 能级下降大，e_g^* 能级上升多，Δ_o 增大，有可能使得

$\Delta_o > P$，电子倾向成对，得到低自旋排布。

当配体是弱的σ电子给予体时，e_g 能级下降少，e_g^* 能量上升少，Δ_o 减小，有可能使得 $\Delta_o < P$，电子倾向成单，得到高自旋的排布。

d^8、d^9、d^{10} 只有一种排布方式，分别为 $t_{2g}^6 e_g^{*2}$、$t_{2g}^6 e_g^{*3}$、$t_{2g}^6 e_g^{*4}$。

显然，这结果与晶体场理论的结果一致。

2. 正八面体场配合物 π 配位键的形成

金属离子与配体间除能生成σ键之外，如果配体中含有π轨道，则还应考虑它们与具有π成键能力的金属轨道的相互作用形成π配位键。

配体有 3 种类型的π轨道：垂直于金属–配体σ键轴的 p 轨道；与金属 d 轨道处于同一平面的配体的 d 轨道；与金属 d 轨道处于同一平面的配体的 π^* 反键分子轨道。中心金属离子具有π对称性的价轨道有，t_{2g}：$3d_{xy}$、$3d_{xz}$、$3d_{yz}$ 和 t_{1u}：$4p_x$、$4p_y$、$4p_z$。从图 3-22 和图 3-23

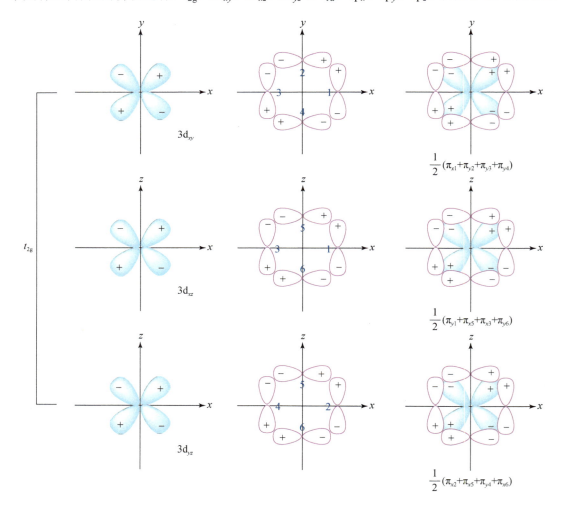

图 3-22　八面体场（O_h）中具 π 对称性的金属 t_{2g} 轨道和配体群轨道

可以看出，相应的具有π对称性的配体 p 轨道群分别与金属中心 t_{2g} 和 t_{1u} 轨道群形成π配位键的方式。

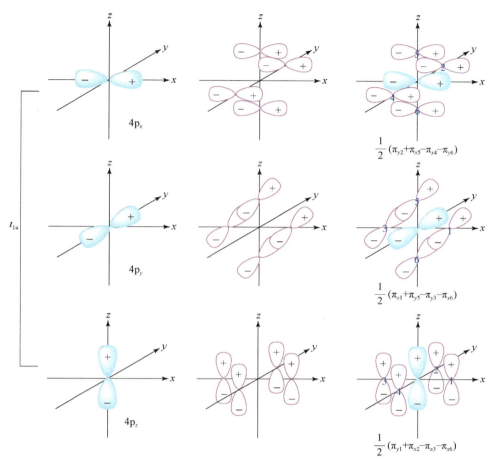

$$\frac{1}{2}(\pi_{y2}+\pi_{x5}-\pi_{x4}-\pi_{y6})$$

$$\frac{1}{2}(\pi_{x1}+\pi_{y5}-\pi_{y3}-\pi_{x6})$$

$$\frac{1}{2}(\pi_{y1}+\pi_{x2}-\pi_{x3}-\pi_{x6})$$

图 3-23　八面体场（O_h）中具 π 对称性的金属 t_{1u} 轨道和配体群轨道

八面体场中，具有π对称性的配体 p 轨道群与金属中心 d 轨道群列于表 3-10。

表 3-10　八面体配合物中与心离子价轨道对称性匹配的 π 群轨道

对称性	金属原子轨道	对称性匹配的配体群轨道
	p_x	$\dfrac{1}{2}(\pi_{y2}+\pi_{x5}-\pi_{x4}-\pi_{y6})$
t_{1u}	p_y	$\dfrac{1}{2}(\pi_{x1}+\pi_{y5}-\pi_{y3}-\pi_{x6})$
	p_z	$\dfrac{1}{2}(\pi_{y1}+\pi_{x2}-\pi_{x3}-\pi_{x6})$
t_{2g}	d_{xz}	$\dfrac{1}{2}(\pi_{y1}+\pi_{x5}+\pi_{x3}+\pi_{y6})$

对称性	金属原子轨道	对称性匹配的配体群轨道
t_{2g}	d_{yz}	$\frac{1}{2}(\pi_{x2} + \pi_{x5} + \pi_{y4} + \pi_{x6})$
	d_{xy}	$\frac{1}{2}(\pi_{x1} + \pi_{y2} + \pi_{y3} + \pi_{x4})$
t_{2u}	—	$\frac{1}{2}(\pi_{y2} - \pi_{x5} - \pi_{x4} + \pi_{y6})$
	—	$\frac{1}{2}(\pi_{x1} - \pi_{y5} - \pi_{x3} + \pi_{x6})$
	—	$\frac{1}{2}(\pi_{y1} - \pi_{x2} - \pi_{x3} + \pi_{y4})$
t_{1g}	—	$\frac{1}{2}(\pi_{y1} - \pi_{y5} + \pi_{x3} - \pi_{y6})$
	—	$\frac{1}{2}(\pi_{x2} - \pi_{y5} + \pi_{y4} - \pi_{x6})$
	—	$\frac{1}{2}(\pi_{x1} - \pi_{y2} + \pi_{y3} - \pi_{y4})$

如前所述，八面体场中 t_{1u} 已经参与形成σ轨道，所以不再考虑其形成π配位键。因此，配体π轨道与金属的 t_{2g} 轨道组成的π分子轨道示于图 3-24。

$M(t_{2g})\text{—}L(p_\pi)$ $M(t_{2g})\text{—}L(d_\pi)$ $M(t_{2g})\text{—}L\pi$

图 3-24　八面体场（O_h）配合物中配体π轨道与金属的 t_{2g} 轨道组成的π分子轨道

$M(t_{2g})\text{—}L(p_\pi)$ 成键　CoF_6^{3-} 可作为该类成键的典型例子。由于 $2p_z$ 已用于σ成键，配体 F^- 离子的 $2p_x$ 和 $2p_y$ 轨道可与 Co^{3+} 的 t_{2g} 轨道形成π分子轨道。由于 F^- 离子的已排满电子的 2p 轨道能量低，π成键的结果使原来非键 t_{2g} 分子轨道能级升高而成为 t_{2g}^* 反键分子轨道，导致分裂能变小（图 3-25），这就是 F^- 离子及其他卤素配体在光化学序中处于弱场一端的原因。

$M(t_{2g})\text{—}L(d_\pi)$ 成键　而像烷基磷 PR_3 和烷基硫 SR_2 这些配体与金属 t_{2g} 轨道生成的π键属于 $M(t_{2g})\text{—}L(d_\pi)$ 的类型。硫和磷原子用 sp^3 不等性杂化轨道与金属形成σ键。此外，P 和 S 配位原子还有空的 3d 轨道可参加π成键。由于 P 和 S 配位原子的 3d 轨道比已填有 d 电子的金属的 3d 轨道能量高，π成键使金属的 t_{2g} 轨道成为成键分子轨道从而能级降低，结果造成分裂能增大（图 3-26）。P 和 S 原子的 3d 轨道则成为 π^* 反键分子轨道，能级升高。

金属和配体间的这种π成键作用使定域在金属离子上的 d 电子进入π成键分子轨道，电子密度从金属离子移向配体。这时金属离子是提供π电子的给予体，配体成为π电子的接受体而形成反馈π键。σ配键和反馈π键的形成是同时进行的，它们之间产生的协同效应十分重要，这种键合类型也被称为σ-π配键。

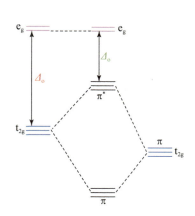

图 3-25　八面体场（O_h）配合物中 $M(t_{2g})$—$L(p_\pi)$
　　　　成键分子轨道

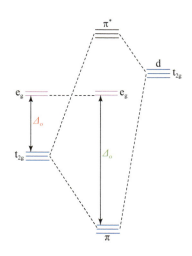

图 3-26　面体场（O_h）配合物中 $M(t_{2g})$—$L(d_\pi)$
　　　　成键分子轨道

$M(t_{2g})$—$L(\pi^*)$成键　NO_2^-、CN^-、CO 也可和金属形成反馈π键。只是接受π电子的是配体的π^*反键分子轨道，属于 $M(t_{2g})$—$L(\pi^*)$的情形（图 3-27）。由于配体反键分子轨道的能量较高，所以能级图与 $M(t_{2g})$—$L(d_\pi)$相似。π成键的结果使分裂能增加，所以这些配体属于强场配位体，位于光谱化学序列的右端。

根据上述σ和π键的成键作用，对光谱化学序就会有更加深入的理解。根据分子轨道理论，影响分裂能Δ_o值大小的因素是：

● 配体与中心离子之间的σ配键所产生的效应

强的σ电子给予体，使 e_g 能级下降大，反键 e_g^*能级抬升也大，因而Δ_o 值大，如 CH_3^- 及 H^-具有特别强的形成σ键的能力，它们引起的分裂能通常也很大。

● 配体与中心离子之间π配键所产生的效应

如果配体为强的π电子给予体（比如，卤原子），形成配体→金属π配键，t_{2g}^* 轨道能级上升，分裂能减少；如果配体为强的π电子接受体，形成金属→配体反馈π键，t_{2g} 轨道能量下降，分裂能增加。

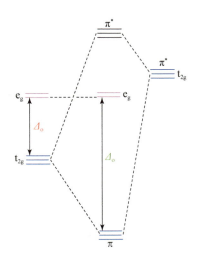

图 3-27　八面体场（O_h）配合物中
$M(t_{2g})$—$L(\pi^*)$成键成键分子轨道

因此，π成键作用对光谱化学序（即配位场强度）的影响为：强的π电子给予体（I^-、Br^-、Cl^-、SCN^-）＜弱的π电子给予体（F^-、OH^-）＜很小或无π相互作用（H_2O、NH_3）＜弱的π接受体（phen）＜强的π接受体（NO_2^-、CN^-、CO）。

综上可见，弱的σ电子给予体和强的π电子给予体相结合产生小的分裂能；而强的σ电子给予体和强的π电子接受体相结合产生大的分裂能，这样便可以合理地说明光谱化学序。

卤离子一方面因其电负性较大，所以是弱的σ电子给予体，另一方面又因其具有 p_π 孤电子对，是强的π给予体，从而降低分裂能。因此，卤离子位于光谱化学序的左端；NH_3 不具 p_π 孤对电子对，不形成π键，无π相互作用，分裂能不减小，所以位于光谱化学谱的中间。静电观点认为 H_2O 和 OH^- 在光谱化学序列中的颠倒也可得到合理解释：H_2O 含有两对孤对电子，其中一对参加σ配位，另一对可参与形成π键。相反，OH^- 含三对孤对电子，一对参与形成σ键，还剩两对能参与形成π键，因此 OH^- 属于强的π给予体，产生的分裂能较小，所以在光谱化学序中排在 H_2O 之后。

3.4.2 正四面体场配合物的分子轨道及能级

对于正四面体场配合物的分子轨道，可按照类似八面体配合物的方法进行处理。中心离子的原子价轨道按照正四面体的对称性来分类。

$$a_1—s \qquad e—d_{z^2}、d_{x^2-y^2} \qquad t_2—p_x、p_y、p_z \qquad t_2—d_{xy}、d_{xz}、d_{yz}$$

选择如图 3-28 所示的坐标系，同样用视察法可以得到与中心离子价轨道对称性匹配的σ群轨道和π键群轨道，如表 3-11 所示。

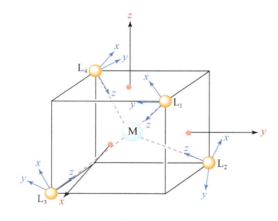

图 3-28　四面体场（T_d）配合物坐标系

表 3-11　四面体场中与中心离子价轨道对称性匹配的σ群轨道和π键群轨道的线性组合

对称性	金属原子轨道	对称性匹配的配体群轨道
a_1	s	$\dfrac{1}{2}(\sigma_1+\sigma_2+\sigma_3+\sigma_4)$
t_2	p_x，d_{xz}	$\dfrac{1}{2}(\sigma_1+\sigma_3-\sigma_2-\sigma_4);\ \dfrac{1}{4}\left[(\pi_{x1}+\pi_{x2}-\pi_{x3}-\pi_{x4})+\sqrt{3}(-\pi_{y1}-\pi_{y2}+\pi_{y3}+\pi_{y4})\right]$
	p_y，d_{yz}	$\dfrac{1}{2}(\sigma_1+\sigma_2-\sigma_3-\sigma_4);\ \dfrac{1}{4}\left[(\pi_{x1}-\pi_{x2}+\pi_{x3}-\pi_{x4})+\sqrt{3}(\pi_{y1}-\pi_{y2}+\pi_{y3}+\pi_{y4})\right]$

续表

对称性	金属原子轨道	对称性匹配的配体群轨道
t_2	p_z, d_{xy}	$\dfrac{1}{2}(\sigma_1 + \sigma_4 - \sigma_2 - \sigma_3)$; $-\dfrac{1}{2}(\pi_{x1} + \pi_{x2} + \pi_{x3} + \pi_{x4})$
	d_{z^2}	$\dfrac{1}{2}(\pi_{x1} - \pi_{x2} - \pi_{y3} + \pi_{x4})$
e	$d_{x^2-y^2}$	$\dfrac{1}{2}(\pi_{y1} - \pi_{y2} + \pi_{y3} + \pi_{x4})$

由于中心离子没有与 t_1 对称性的配体π键群轨道对称性匹配的价轨道，所以这一组π键群轨道无法和中心离子成键，成为分子轨道中的非键轨道，仍属于原来的配体轨道。分子轨道的能级图如图3-29所示。其中，t_2^* 与 e_g^* 轨道的能级差相当于晶体场中的分裂能。分子轨道理论明确表明了 t_2^* 与 e_g^* 的反键性质。考虑π成键作用的贡献，四面体配合物中有 9 个成键轨道、3 个非键轨道和 9 个反键轨道，共 21 个分子轨道。中心离子提供 9 个价轨道，配体提供 4 个σ群轨道和 8 个π键群轨道。

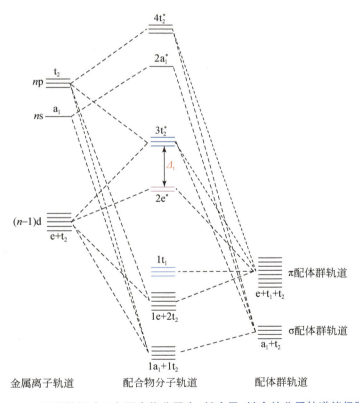

图 3-29　四面体场（T_d）配合物分子中σ键合及π键合的分子轨道能级图

3.4.3　平面正方形场配合物的分子轨道及能级

平面正方形配合物所选择的坐标系如图 3-30 所示。可以很方便地把配体的π轨道分成"垂直"的π_v（垂直于配合物分子平面）和水平的π_h（平行于配合物分子平面）。同样利用视察法得到属于 D_{4h} 点群的σ和π配体群轨道，如表 3-12 所示。

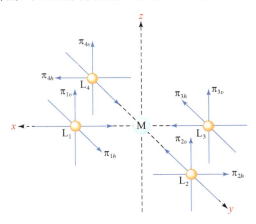

图 3-30　平面正方形（D_{4h}）配合物坐标系

表 3-12　平面正方形场中与中心离子价轨道对称性匹配的σ群轨道和π键群轨道的线性组合

对称性	金属原子轨道	键型	对称性匹配的配体群轨道
a_{1g}	s，d_{z^2}	σ	$\frac{1}{2}(\sigma_1 + \sigma_2 + \sigma_3 + \sigma_4)$
a_{2g}	—	nb，π	$\frac{1}{2}(\pi_{1h} + \pi_{2h} - \pi_{3h} - \pi_{4h})$
a_{2u}	p_z	π	$\frac{1}{2}(\pi_{1v} + \pi_{2v} + \pi_{3v} + \pi_{4v})$
b_{1g}	$d_{x^2-y^2}$	σ	$\frac{1}{2}(\sigma_1 - \sigma_2 + \sigma_3 - \sigma_4)$
b_{2g}	d_{xy}	π	$\frac{1}{2}(\pi_{1h} - \pi_{2h} + \pi_{3h} - \pi_{4h})$
b_{2u}	—	nb，π	$\frac{1}{2}(\pi_{1v} - \pi_{2v} + \pi_{3v} - \pi_{4v})$
e_g	d_{xz}，d_{yz}	π	$\frac{1}{\sqrt{2}}(\pi_{1v} - \pi_{3v})$；$\frac{1}{\sqrt{2}}(\pi_{2v} - \pi_{4v})$
e_u	p_x	σ，π	$\frac{1}{\sqrt{2}}(\sigma_1 - \sigma_3)$；$\frac{1}{\sqrt{2}}(\pi_{4h} - \pi_{2h})$
	p_y	σ，π	$\frac{1}{\sqrt{2}}(\sigma_2 - \sigma_4)$；$\frac{1}{\sqrt{2}}(\pi_{1h} - \pi_{3h})$

以平面正方形场四卤配合物为例，每个卤素配体贡献占据电子的 1 个 σ 和 2 个 π 轨道，再加上金属中心的 9 个价轨道，分子轨道的总数为 21 个（图 3-31）。其中，具有 a_{1g} 对称的 σ 分子轨道有 3 个，b_{1g} 对称的 σ 分子轨道有 2 个，a_{2u} 和 b_{2g} 对称的 π 分子轨道各有 2 个，e_g 对称的 σ-π 分子轨道有 6 个以及配体的 2 个非键轨道 a_{2g} 和 b_{2u}。在四氰基配合物中，配体贡献的轨道数更多，包括 1 个 σ 和 4 个 π 轨道（2 个为配体的成键轨道，2 个为反键轨道）。在引入配体反键轨道时，a_{2g} 和 b_{2u} 非键轨道数目变为 4 个，并出现另一套 4 组 $a_{2u}(1)$、$b_{2g}(1)$、$e_g(2)$ 和 $e_u(2)$ π 分子轨道，分子轨道总共为 29 个，分子轨道能级非常复杂。

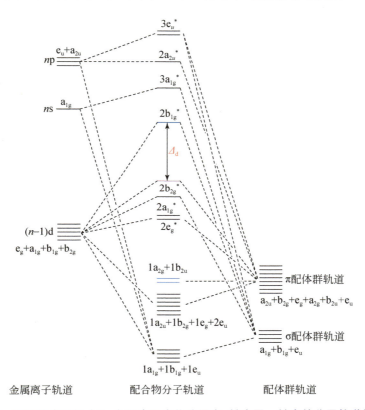

图 3-31　平面正方形场（D_{4h}）四卤配合物分子中 σ 键合及 π 键合的分子轨道能级图

3.4.4　晶体场理论与分子轨道理论的区别

以正八面体配合物分子轨道能级图和晶体场理论中的 d 轨道的分裂，可以比较分子轨道理论和晶体场理论所采用的方法。晶体场理论的重点在于分裂后的 d 轨道上，而分子轨道理论从配体和中心离子出发，全盘考虑配合物中的成键情况，因此更为合理。从局部能级图来看，两种理论对于配合物自旋、磁学性质及部分光谱性质（尤其是 d-d 跃迁）得到的结论一致。但是，它们之间还是有本质区别的。

1. t_{2g} 和 e_g 轨道的性质

在晶体场理论中，d 轨道分裂形成的 t_{2g} 和 e_g 轨道被认为是中心离子的原子轨道，虽然在配体静电场的作用下能级发生分裂，但是它们不体现配体轨道的特性。在分子轨道中，除源于金属中心的非键轨道，金属中心的其他轨道都和配体群轨道线性组合形成分子轨道，所以都包含配体的贡献，比如，不考虑π键合作用时八面体配合物中的 e_g^* 轨道。

e_g^* 轨道的这种特性已经被实验所证实：在具有非键电子构型 $(t_{2g})^6(e_g^*)^3$ 的 Cu(Ⅱ)配合物的电子顺磁共振光谱中存在超精细结构，这是由处在 $(e_g^*)^3$ 轨道中的未成对电子和配体的核磁矩相互作用产生的。这说明未成对电子不仅处在中心离子的核附近，而且也接近配体的核心。也就是说未成对电子的状态要用包含 Cu 中心离子和配体的轨函的分子轨道来描述。在晶体场理论中未成对电子填充在中心离子的原子轨道中，不可能产生上述精细结构。此外，在含π键合作用的配合物中，无论在哪种情况下，中心离子的原子轨道和具有π对称性的配体群轨道线性组合都改变了 t_{2g} 轨道的性质，不能被看成纯中心离子的轨道。

2. 处理 t_{2g} 和 e_g^* 轨道能级差的方法

分子轨道理论与晶体场理论处理 t_{2g} 和 e_g^* 轨道能级差方法不同，主要在于分裂能的大小、成键的强弱不能只考虑金属中心与配体间的静电作用，而且还要考虑对称性匹配的配体群轨道与金属中心轨道相对能级高低及它们的重叠程度，用量子力学方法计算出它们的能级顺序，得出 t_{2g} 和 e_g^* 轨道的能级差对应于晶体场理论中的分裂能。

3. 决定配合物稳定性的主要因素

在讨论配合物的其余电子时，这两种理论也有本质区别。在分子轨道理论中，除了考虑在 t_{2g} 和 e_g^* 轨道中的电子外，还要考虑分子成键轨道 $1a_{1g}$、$1e_g$、$1t_{1u}$ 中的 12 个电子。这 12 个电子是由 6 个σ对称配体群轨道提供形成 6 条σ键，正是这 12 个电子成为决定配合物稳定性的主要因素（决定成键键能）。在晶体场理论中，这 12 个电子仍然在原先的配体轨道上，并认为配合物的稳定性是由带正电荷的金属中心离子和带负电荷的配体间的静电相互吸引。显然，分子轨道更好地描述了配合物中的成键本质。

至此，本书关于配位合物的化学键理论的内容将会画上句号。配合物的化学键理论对于配体和中心离子间的作用方式、配合物的物化性能、配合物的设计制备及性能调控都起到关键作用。配合物的化学键理论的不断发展与完善也标志着人们对配位结构与性能认知的不断完善与深入。由于 d 轨道甚至 f 轨道的参与，使得配合物中心原子与配体间的成键模式比传统有机分子主要靠 s 和 p 轨道成键要复杂得多。此外，中心原子和配体的性质也千差万别。因此，某一种配合物的价键理论不能适用于所有配合物，要具体情况具体分析才能得出正确结论。

参 考 文 献

陈慧兰, 2005. 高等无机化学. 北京: 高等教育出版社.

戴安邦, 1987. 配位化学. 北京: 科学出版社.

弗瑞德·巴索罗，罗纳德·C. 约翰逊，1982. 配位化学. 宋银柱，王耕霖，等译. 北京: 北京大学出版社.

李晖，2013. 配位化学(双语版). 北京: 化学工业出版社.

刘伟生，卜显和，2018. 配位化学(第二版). 北京: 化学工业出版社.

罗勤慧，2012. 配位化学. 北京: 科学出版社.

孙为银，2004. 配位化学. 北京: 化学工业出版社.

杨素苓，吴宜群，1993. 新编配位化学. 哈尔滨: 黑龙江教育出版社.

张祥麟，康衡，1986. 配位化学. 长沙: 中南工业大学出版社.

章慧，2009. 配位化学——原理与应用. 北京: 化学工业出版社.

J. N. 默雷尔，S. E. A. 凯尔特，等，1978. 原子价键理论. 文振翼，姚惟馨，等译. 北京: 科学出版社.

M. E. 加特金娜，1978. 分子轨道理论基础. 朱龙根，译. 北京: 人民教育出版社.

Shriver D F, Atkins P W, 1997. 无机化学(第二版). 高忆慈，史启祯，曾克慰，等译. 北京: 高等教育出版社.

Ballhausen C J, 1962. Introduction to Ligand Field Theory. New York: McGraw-Hill.

Gray H B, 1964. J. Chem. Educ., 41: 2.

Liehr A D, 1962. J. Chem. Educ., 39: 135.

Orgel L E, 1960. An Introduction to Transition Metal Chemistry: Ligand-Field Theory. New York: Wiley-Interscience.

Pauling L, 1960. The Nature of the Chemical Bond. 3rd ed. New York: Cornell, Ithaca.

Pearson R G, 1959. Chem. Eng. News, 37: 72.

Sutton L E, 1960. J. Chem. Educ., 37: 498.

习　题

1. 为什么很多无水金属盐是无色的，溶于水则变成有色溶液？

2. d^5 高自旋和 d^6 低自旋的离子在八面体配体场中会发生姜-泰勒畸变吗？为什么？

3. 在八面体配体场配合物中，金属中心有些同时具有形成π和σ键对称性的轨道，却优先与配体群轨道生成σ键。请解释原因。

4. 为什么同种金属离子中心与不同的配体配位后所得的配离子的颜色不同？

5. 晶体场理论中金属中心 d 轨道能级裂分与分子轨道理论中 d 轨道能级裂分在本质上的不同是什么？

6. 以八面体场(L→M)π和(M→L)π*对裂分能有什么影响？

7. 如何更加全面地理解配体的场强？

 阅 读 材 料

配合物的化学键理论——中国科学家的重要贡献

　　关于配合物分子中心原子/离子与配体间的相互作用的研究一直是配位化学研究的核心内容之一。通过揭示中心原子/离子与配体间的相互作用特性对于理解配合物的空间结构、物化性质及特定功能非常关键。因此，配合物的化学键理论是配位化学的核心与基础。对于这一方面思考，从配位化学科建立之初就已经开始。随着人们对配合物研究的不断深入，配合物的化学键理论也在不断地发展与完善。从泡利提出的价键理论，到皮赛提出的晶体场理论，再到后来综合了价键理论和晶体场理论的分子轨道理论，每一次关于配合物化学键理论的发展都标志着人们对配合物分子中心原子/离子与配体间作用本质有更深入的认识。

唐敖庆

理论化学家，中国现代理论化学的开拓者与奠基人

我国著名的化学家、卓越的教育家唐敖庆先生在这方面也做出了重要贡献。唐敖庆先生毕生都从事理论化学方面的研究。20 世纪 50 年代初，提出了计算复杂分子旋转能量变化规律"势能函数公式"，为从结构上改变物质性能提供了比较可靠依据，引起国内外学术界的广泛关注。50 年代中期，新中国的建设急需解决高分子材料的合成与改进问题。这看似属于应用化学领域，但归根结底仍需要理论的指导。唐敖庆先生便放弃了一直以来主攻并取得一定成果的量子化学领域，转而投身于高分子领域。这样一个跨领域研究方向的转变，不仅需要极大的科研勇气，更需要不断地进行科研创新。他对高分子缩聚、交联与固化、同聚、共聚及裂解等反应逐一进行深入研究，通过不断努力，建立了具有鲜明特色的高分子反应统计理论体系。

20 世纪 60 年代初，在以化学键理论的重要分支——配位场理论这一科学前沿课题研究方面，唐敖庆先生带领其研究团队取得了突破性成果，集中体现在对配位场理论的系统化、标准化发展上。他们扩大了瓦格纳-埃卡特（Wagner-Eckart）定理的应用范围，将原子结构和分子结构群论理论一并引入配位场理论，使配位场理论达到了高度标准化。同时，他们将李代数（Lie Algebra）在点群的基础上引入配位场理论，使配位场理论实现系统化，并通过运用配位理论方法计算了各种常用数据，形成了完整的表格，以供实际应用，使配位场理论更具实用化。这项研究成果，使配位场理论计算结果更精确，计算方法更简捷，更便于实际应用。该成果为系统分析无机配合物和金属有机化合物的光、电、磁等性质的实验数据及其与结构-性能间的关系，为进一步揭示配合物催化本质和激光物质的工作原理，特别是为研究和开发应用中国丰富的稀土元素及其化合物，提供了实用可靠的理论依据。1966 年夏在北京召开暑期国际理论物理学学术会议，就唐敖庆先生的《配位场理论研究》论文在会上进行交流，并被评为"大会十项优秀学术成果"之一。大会给予该项成果高度评价，认为中国科学家的《配位场理论研究》"丰富和发展了配位场理论，为发展化学工业催化剂和受激发射等科学技术提供了新的理论依据"。此外，唐敖庆先生还提出了具有三角面多面体骨架过渡金属簇合物的 $9n-L$ 及 $9n-F$ 结构规则，进一步深化了人们对过渡金属簇合物结构的理解。

从分子内旋转与化学键理论到配位场理论，从分子轨道图形理论到高分子凝胶-溶胶分配理论等等，唐敖庆先生以不断创新的科研精神在国内开辟了一个个崭新的理论化学研究领域。他一生心系国家、献身科研、勇于创新、成果丰硕，在不断攀登理论化学这座高峰的同时，也培养了大批理论化学人才，让中国的理论化学领域从一片空白走向世界前沿。唐敖庆先生对待国家、对待科研的精神激励了一代又一代科研工作者投身科研、勇于创新、锐意进取，为国家的发展奋斗终生！

第4章 配位化合物的制备和反应

Chapter 4　Preparation and Reaction of Coordination Compounds

4.1　配位化合物的制备

制备新的配合物，可以为各个应用领域提供材料支撑，同时也为配位化学和理论化学发展提供新的实验依据。配合物的制备是配位化学的重要组成部分。配合物制备的基本要求是实验方法既要有较高的产率，又要有简便而有效的分离提纯手段。目前，新型配合物不断涌现，配合物的种类和数目日益繁多，制备方法也多种多样。本节仅对经典配合物的制备方法做介绍。

4.1.1　简单加合反应

加合反应是两种反应物直接相互作用的反应，是制备配合物最简单的方法。理论上看，加合反应是路易斯酸、碱之间的反应。这类反应在单相或多相条件下都能进行。根据反应物的物态，加合反应可以区分为 g-g、l-l、l-s、s-s 等类型。例如，将 BF_3 和 NH_3 气体分别控制流量通至真空瓶中，即有白色粉束状的产物 $BF_3 \cdot NH_3$ 析出，该反应属于 g-g 类型的反应。

$$BF_3(g) + NH_3(g) \longrightarrow [BF_3(NH_3)]$$

两种液体之间的反应，最好选用容易回收的溶剂进行反应以便于分离提纯。例如，$SnCl_4(l)$ 在惰性溶剂石油醚中的反应，属于 l-l 类型的反应。

$$SnCl_4(l) + 2NMe_3(l) \longrightarrow trans\text{-}[SnCl_4(NMe_3)_2]$$

其他类型的反应如下所述。

l-s 反应：

$$2KCl(s) + TiCl_4(l) \longrightarrow K_2[TiCl_6]$$

g-s 反应：

$$BF_3(g) + NH_4F(s) \longrightarrow NH_4[BF_4]$$

对于配位数不饱和的配合物，更容易发生简单加合反应，例如，

$$CrCl_3 + 3Py \longrightarrow [CrCl_3Py_3]$$

4.1.2　取代反应

取代反应是制备大多数配合物的通用方法，可分为水溶液、非水溶液和无金属-配体键断裂的制备方法。

1. 在水溶液中的取代反应

水溶液中的取代反应是合成金属配合物最常用的方法。该方法是在水溶液中促使一种金属盐和一种配体发生反应的制备方法，其实质是用适当的配体去取代水合配离子中的水分子。例如：配合物$[Cu(NH_3)_6]SO_4$可用$CuSO_4$水溶液与过量的浓氨水反应来制备。

$$[Cu(H_2O)_6]^{2+} + 6NH_3 \longrightarrow [Cu(NH_3)_6]^{2+} + 6H_2O$$

室温下，$[Cu(H_2O)_6]^{2+}$中的配位水分子立即被NH_3分子所取代，溶液颜色由浅蓝变为深蓝。向溶液中加入乙醇降低配合物的溶解度可以使深蓝色的$[Cu(NH_3)_6]SO_4 \cdot H_2O$从反应混合物中结晶出来。该方法也适应于$Ni(Ⅱ)$、$Co(Ⅰ)$、$Zn(Ⅱ)$等的氨配合物的制备，但对$Fe(Ⅱ)$、$Al(Ⅲ)$、$Ti(Ⅳ)$等氨配合物的制备却不适用。

有些反应可能会发生不止一种配体被取代的情形，例如，$[Co(en)_3]Cl_3$（其中 en 代表乙二胺）的制备。

$$[Co(NH_3)_5Cl]Cl_2 + 3en \longrightarrow [Co(en)_3]Cl_3 + 5NH_3$$

此反应在室温下进行得很慢，需要在加热条件下进行。

水溶液中反应制备配合物最优的办法是生成物难溶于水，进行重结晶后即可得到纯产品。如$[Pt(en)Cl_2]$为中性非离子型配合物，易从水溶液中析出，可通过如下反应制备：

$$K_2[PtCl_4] + en \longrightarrow [Pt(en)Cl_2] + 2KCl$$

如生成的配合物溶于水，可考虑加入有机溶剂或采用同离子效应降低溶解度，以达到分离提纯的目的。

2. 在非水溶液中的取代反应

某些金属离子在水溶剂体系中会发生水解，对于这类离子的配合物制备可采用非水溶剂。例如，以$CrCl_3 \cdot 6H_2O$与乙二胺在水溶液中反应时无法制得$[Cr(en_3)]Cl_3$，生成的是铬的氢氧化物沉淀$[Cr(H_2O)_3(OH)_3]$，反应方程式如下：

$$[Cr(H_2O)_6]^{3+} \longrightarrow [Cr(H_2O)_3(OH)_3] \downarrow + 3H^+$$

如果采用非水溶剂乙醚，在过量乙二胺（en）作用下，可以制得黄色的$[Cr(en)_3]Cl_3$。

$$CrCl_3 + 3en \longrightarrow [Cr(en)_3]Cl_3$$

有些金属离子对水有强的亲和力，在水中发生取代有困难，可采用非水溶剂制备。

另外有些配体可能不溶于水中，无法在水溶液中合成它们的金属配合物时，也采用非水溶剂，或者将配体溶于与水混溶的溶剂中，再将含金属离子的水溶液加入到该溶液中。例如，联吡啶和1,10-菲罗啉的金属配合物的制备一般采用非水溶剂方法。将联吡啶的乙醇溶液加入到$FeCl_2$的水溶液中就可以制得配合物$[Fe(bpy)_3]Cl_2$。

$$[Fe(H_2O)_6]^{2+} + 3bpy \longrightarrow [Fe(bpy)_3]^{2+} + 6H_2O$$

3. 无金属–配体键断裂的取代反应

有些金属配合物的反应，从表象上看似乎是配体的取代反应，但实际上金属-配体键并没有发生断裂。例如：由 $[(NH_3)_5CoCO_3]^+$ 制备 $[(NH_3)_5CoOH_2]^{3+}$ 盐时，是 C—O 键断裂生成 CO_2，而 Co—O 键没有断裂。

$$[(NH_3)_5Co\text{—}O\text{—}CO_2]^+ + 2H^+ \Longrightarrow [(NH_3)_5Co\text{—}O\text{—}H_2]^{3+} + CO_2\uparrow$$

实验证明：这个反应在 ^{18}O 标记的水中进行时，反应的两种产物中都不含 ^{18}O。这表明溶剂水没有向产物提供氧原子，因而两种产物中的氧来自反应物，证明 Co—O 键保持不变。另一个简单事实是：在给碳酸根配合物酸化之后很快就完成了反应。已经知道多种化合物中 Co—O 键断裂的反应都很慢，此反应酸化加快表明是通过另外一个机理进行的。

还有许多其他反应也可以在不发生金属-配体键断裂的情况下发生。这种类型的反应已被用于将含氮的配体转化成氨。例如：以 N 键合的硫氰酸根 NCS^- 被氧化的反应和以 N 键合的硝基 NO_2 被还原的反应。

$$[(NH_3)_5Co(NCS)]^{2+} \xrightarrow{H_2O_2,\ H_2O} [(NH_3)_5Co(NH_3)]^{3+}$$

$$[(NH_3)_3Pt\text{–}NO_2]^+ \xrightarrow{Zn,\ HCl\text{-}H_2O} [(NH_3)_3Pt\text{–}NH_3]^{2+}$$

配位于金属离子上的有机分子的加成反应或者取代反应也属于此机制。例如：双(甘氨酸)合铜(II)，在弱碱条件下，其配体甘氨酸根中的次甲基因受铜(II)的影响已经活化，极易与各种醛类发生反应，生成 β-羟基-α-氨基酸根铜配合物。

该方法对开拓有机合成的新途径有积极意义。

4.1.3　氧化还原反应制备配合物

1. 由金属单质氧化制备配合物

这是利用金属溶解在酸中制备某些金属离子的水合物的反应。例如：金属镓和过量的高氯酸（72%）一起加热至沸，待全部溶解并冷却至稍低于混合液沸点温度（573 K）时，便析出 $[Ga(H_2O)_6](ClO_4)_3$ 晶体。

$$Ga + 3HClO_4 + 6H_2O \longrightarrow [Ga(H_2O)_6](ClO_4)_3 + 3/2H_2$$

2. 由低氧化态化合物氧化制备高氧化态配合物

过渡金属的高氧化态配合物常可由相应的低氧化态化合物经氧化配位制备。例如，用活性炭做催化剂时，$CoCl_2$、NH_3、NH_4Cl、H_2O_2 四种物质在水溶液中反应可生成橙色的 $[Co(NH_3)_6]Cl_3$。

$$2[Co(H_2O)_6]Cl_2 + 10NH_3 + 2NH_4Cl + H_2O_2 \longrightarrow 2[Co(NH_3)_6]Cl_3 + 14H_2O$$

该反应首先迅速发生水合离子的取代反应：

$$[Co(H_2O)_6]^{2+} + 6NH_3 \Longrightarrow [Co(NH_3)_6]^{2+} + 6H_2O$$

$[Co(NH_3)_6]^{2+}$ 的还原性性较 $[Co(H_2O)_6]^{2+}$ 的强，易于被 H_2O_2 氧化。

$$2[Co(NH_3)_6]Cl_2 + 2NH_4Cl + H_2O_2 \longrightarrow 2[Co(NH_3)_6]Cl_3 + 2NH_3 + 2H_2O$$

若未用活性炭做催化剂，反应也可以发生，但主要产物是粉红色的氯化五氨·水合钴(III)$[Co(NH_3)_5H_2O]Cl_3$。

$$2[Co(H_2O)_6]Cl_2 + 8NH_3 + 2NH_4Cl + H_2O_2 \longrightarrow 2[Co(NH_3)_5H_2O]Cl_3 + 12H_2O$$

上述得到的产物若用浓 HCl 处理，可转化为紫红色的一氯五氨合钴(Ⅱ)配离子 $[Co(NH_3)_5Cl]Cl_2$。

$$[Co(NH_3)_5H_2O]Cl_3 \longrightarrow [Co(NH_3)_5Cl]Cl_2 + H_2O$$

其他氧化剂如空气、卤素、$KMnO_4$ 等都可使用。选择氧化剂时应考虑避免引入杂质离子，或考虑可使杂质或产物之一为沉淀以便于彼此分离。例如：从 Co^{2+} 配合物制备 Co^{3+} 的配合物时，空气或 H_2O_2 是最好的氧化剂。选用 X_2 也可氧化，但会引入 X^-。SeO_2 的还原产物为 Se、PbO_2 的还原产物在 Cl^- 存在时会生成沉淀，容易除去，因此也是较好的氧化剂。$KMnO_4$、$K_2Cr_2O_7$ 等虽是强氧化剂，但还原之后的产物不易除去，最好不用。

3. 还原高氧化态化合物制备低氧化态配合物

可采取还原高氧化态化合物的方法来制备低氧化态配合物。常用的还原剂有 Na(Hg)、Zn(Hg)、N_2H_4、NH_2OH、H_3PO_2、$Na_2S_2O_3$ 以及溶于液氨的钾、钠，溶于四氢呋喃（THF）的锂、镁等。例如，Cr(III)的一些配合物制备常从铬酸盐或重铬酸盐出发，选用一种还原剂，在水溶液中用草酸和草酸钾还原重铬酸钾：

$$K_2Cr_2O_7 + 7H_2C_2O_4 + 2K_2C_2O_4 \longrightarrow 2K_3[Cr(C_2O_4)_3] + 6CO_2 + 7H_2O$$

这里草酸根离子同时起配合剂和还原剂的双重作用。

无水氯化铜(Ⅱ)在还原剂联氨(肼)的作用下，能制得氯化二(联氨)合铜(I)：

$$2CuCl_2 + 8N_2H_4 \longrightarrow 2[Cu(N_2H_4)_2]Cl + 2N_2H_4 \cdot HCl + 2NH_3 + N_2$$

联氨既作配体同时又是还原剂。

4.1.4　固态热分解反应方法

许多配合物加热时以逐步分解的方式放出电中性的具有挥发性的配体，配位内界中空出的位置可被配合物的外界阴离子所取代，生成新的配合物。例如：将 $[Cr(en)_3]Cl_3$ 加热到 210℃ 左右时，可得到 cis-$[Cr(en)_3Cl_2]Cl$。

$$[Cr(en)_3]Cl_3 \xrightarrow{210℃} cis\text{-}[Cr(en)_2Cl_2]Cl + en$$

小心控制反应温度，可以获得比较好的产率。还有其他一些配合物也可以采用类似的方法进行制备。

某些水·氨配合物加热可以使配位的水分子释放出来，利用这个方法可以制备卤·氨合金属配合物。例如：

$$[Rh(NH_3)_5H_2O]I_3 \xrightarrow{100\,℃} [Rh(NH_3)_5I]I_2 + H_2O$$

有些金属氨合物加热可以释放出氨气，可以用来制备酸基氨合配合物（酸基指阴离子配体）。这是合成反式 [PtA$_2$X$_2$] 型化合物的一种通用方法。例如：

$$[Pt(NH_3)_4]Cl_2 \xrightarrow{250\,℃} [Pt(NH_3)_2Cl_2] + 2NH_3$$

4.1.5 模板法制备配合物

模板反应是合成大环配合物的一种新方法。这是缘由大环化合物合成上的困难及金属离子的配位作用而提出的新的合成方法。大环配体和金属离子形成的配合物称为大环配合物。大环配体是指至少含有四齿且能完全包围金属离子的配体。某些含氮大环配合物与天然的叶绿素、细胞色素 C、血红素、花菁素等有相似结构，所以合成大环配合物并研究其结构、性能，进而实现人工模拟生命过程具有十分重要的意义。

1. 模板效应与模板反应

大环配体合成时产率低、副产物多，为了防止聚合需要高度稀释，消耗大量溶剂，致使大环配合物的合成遇到困难。近年来的研究表明：在合成具有一定空间结构的大环配合物时，加入具有适当半径的金属离子可促进大环配体生成并直接合成大环配合物。

模板效应是指由于配体与金属离子配位而改变电子状态，反应基团以适当形状固定位置，并取得某种特定空间配置的效应。加入的参与环化的金属离子称为模板剂。

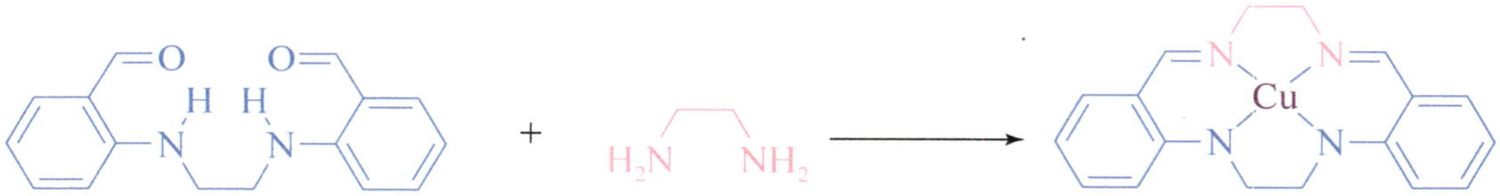

模板反应合成大环分子配合物的优点是产率高、选择性高、操作简便。

2. 模板反应的特点与分类

模板反应可分为以下三类：动力学模板反应、热力学模板反应和平衡模板反应。

1）动力学模板反应

当且仅当金属离子存在时才能发生的大环合成反应称为动力学模板反应。例如，α-二酮和β-疏基乙胺在 Ni^{2+} 存在下可缩合成α-二酮双(疏基乙胺)合镍，然后再同邻二溴甲基苯反应生成一个大环配合物。

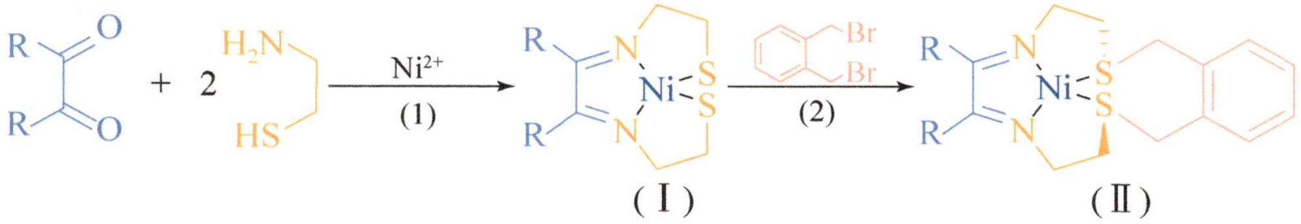

（Ⅰ）　　　　　　　（Ⅱ）

该反应中，第二步成环反应之所以能顺利进行，是由于 Ni^{2+} 的配位使两个 S 处于顺位，第一个 S 烷基化后，第二个 S 处于非常有利的位置，因此烷基化速度比第一个 S 还快。动力学模板效应的本质是金属离子的配位作用把反应试剂束缚在适当的空间位置上以利于环化反应。同时，已配位的配体 RS 的电子状态也有所改变，它作为亲核试剂，极易与二卤代物反应，进一步合成了产率很高的大环配合物Ⅱ。这种由于金属离子固定了配体的几何构型并且改变了配体的电子状态，从而促使环化反应易于进行的效应称为动力学模板效应，也叫配体模板效应。

2）热力学模板反应

某些大环化合物无论金属离子存在与否均能生成，但在金属离子存在下，可明显促进环化反应的进程。柯蒂斯（Curtis）报道了 $[Ni(en)_2](ClO_4)_2$ 与丙酮进行回流反应，可生成一个 14 元环的镍配合物。

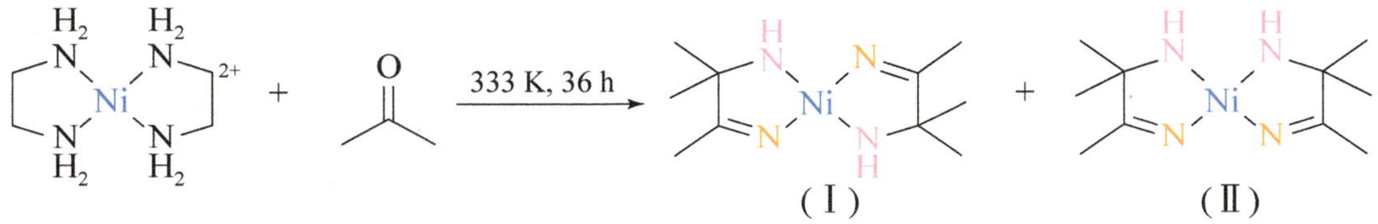

（Ⅰ）　　　　　　　（Ⅱ）

若在 333 K 进行反应，产物是反式结构(Ⅰ)。

若反应在室温下进行，$[Ni(en)_2]^{2+}$ 的紫色很快消失，代之以棕色。从该棕色溶液中分离出黄色的结晶产物，70%的为反式结构（Ⅰ），约 30%的为顺式结构（Ⅱ）。目前已知的只有 Ni(Ⅱ) 和 Cu(Ⅱ) 的二胺配合物可与丙酮反应生成这类大环配合物。从反应的机理看，反式结构（Ⅰ）大环配体也可在没有金属离子存在时生成。因反应中的金属离子 Ni^{2+} 也通过与大环形成配合物不断从平衡中移走，从而促进了大环的生成，故产率较高。我们把有金属离子参加并且可以促进环化的大环合成反应称为热力学模板反应。

动力学惰性的金属二胺配合物，比如 Co(Ⅱ)配合物，不能进行上述类似的反应。其可能的原因是丙酮与暂时离解出的—NH_2 反应生成亚胺键，其历程图示如下：

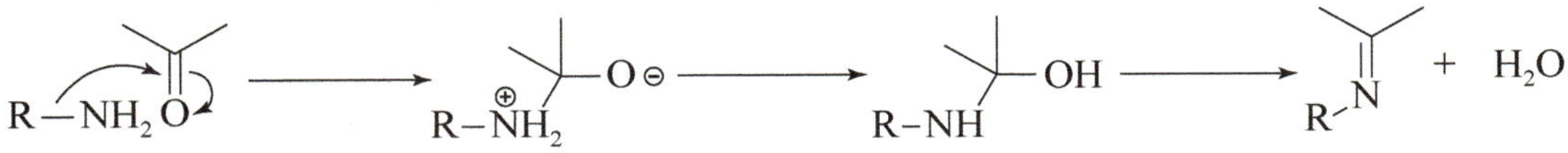

3）平衡模板反应

布施（Busch）认为平衡模板效应是前两个效应的结合。前面提到的 β-硫基乙胺和 α-二酮的反应中，当无金属离子存在时，则主要产物是噻唑啉，约占 70%，而含硫醇的化合物（b）仅占 10%，二者处于平衡状态，且后者很不稳定易转变为噻唑啉和其他产物。当加

入金属离子 Ni^{2+} 时，由于配合物（c）的生成，使平衡移向中间化合物（b），这时产率高达 70%。其过程见下式：

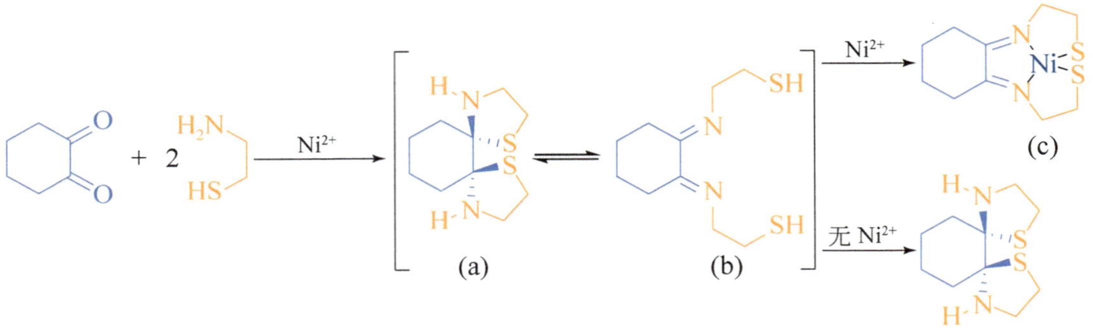

由此可以看出，平衡模板反应的特征是有无金属离子存在时所生成的产物不同，但它又不同于动力学模板反应。对动力学模板反应，无金属离子存在时，根本无缩合产物；而对平衡模板反应，在无金属离子存在时也能生成缩合物（中间物）。

3. 大环化合物的模板合成

利用模板反应成功合成配合物的关键在于金属离子对配位原子的亲和力。过渡金属离子对 N、O 原子有较强的亲和力，所以含 N、O 配位原子的配体特别适合于模板合成。含氮配体大环配合物是目前研究得最多的一类大环化合物。它一般通过羰基化合物和氨基化合物在金属离子的作用下缩合而制得。例如，模板法合成席夫（Schiff）碱大环配合物。

4.2　配位化合物反应和反应动力学

配合物的反应涉及配体、中心金属原子的反应，归纳起来大致有五类反应，分别为：①配体的取代反应；②中心原子的氧化还原反应或者电子转移反应；③异构化反应；④加成和离解反应；⑤配体反应。这些反应中，前三类反应典型，研究比较深入。本章主要讨论取代反应、氧化还原反应和异构化反应及其对应的动力学过程和机理。

4.2.1　化学反应动力学的基本知识

配合物的反应动力学研究内容包括配合物反应的速率和反应的机理。研究反应动力学的主要目的在于：一是为了把具有实际意义的化学反应最大效率地投入生产，必须研究这一反应所遵循的动力学方程和反应机理，从而获得必要的认识，以利于设计工艺流程和设备；二是希望通过化学反应动力学的研究，寻求化学变化时从反应物到产物过程中所发生的各步反应模式，在广泛实验基础上概括化反应微观变化时所服从的客观规律性。

描述化学反应动力学的理论主要有碰撞理论及过渡态理论等，这些内容在物理化学课程中已有介绍。其中几个概念，如势能曲线、活化参数等对理解配合物反应的动力学过程非常重要，这里将做简要介绍。

1. 势能曲线

过渡态理论又称为活化配合物理论，该理论认为由反应物到产物的反应过程，必须经过一种过渡状态，即反应物活化形成中间状态的活化配合物。反应物和活化配合物之间很快达到平衡，化学反应的速率由活化配合物的分解速率决定。若把反应过程的能量随坐标的变化用图形表示出来，则称为势能曲线。势能曲线反映了反应物、产物、中间体和过渡态的相对能量是坐标的函数。这里的中间体是指相对稳定的过渡化合物，在慢反应过程中能够检测到其真实存在。化学反应一般都是从代表能量最低点的反应物开始，通过具有较高能量的过渡态，最后转为低能量的另一产物。

如果化学反应从反应物开始通过能量最高点后直接转变成产物，其势能曲线形状如图 4-1（a）所示。把反应物的能量和过渡态能量之差称为活化能 E_a 或活化自由能 $\Delta G^{\neq}$。图中产物和反应物之间的能量差以吉布斯自由能变 $\Delta G^{\ominus}$ 表示，$\Delta G^{\ominus}$ 为负，表示反应能自发地进行，反应物更稳定。由于反应必须经过高能垒的过渡态才能转化为产物，因此其反应速率一般由活化能 E_a 所决定。

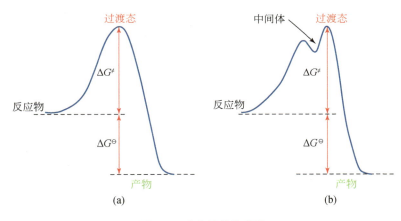

图 4-1　反应的势能曲线

（a）无中间体存在；（b）有中间体存在

如果化学反应过程中一个新物种作为中间体短暂停留，用实验方法可以检测证实它的存在，则其势能曲线可用图 4-1（b）所示。通常在动力学速率方程中引入中间体，中间体出现在方程中有利于用稳态近似法处理速率方程。所谓稳态近似法，即假定在反应过程中，中间体的浓度很小且寿命很短，可以近似地认为在反应达到稳定状态后，它们的浓度基本上不随时间而变化，即中间体浓度对时间的微分为零，就可求解速率方程。在化学动力学中，稳态近似和平衡态近似是处理复杂反应机理的两种常用方法。

2. 活化参数

化学反应动力学研究中，化学反应速率与浓度之间的依赖关系称之为化学反应速率方程。实际上，即使确定了化学反应的速率方程，往往还不能确定其反应机理，需要从实验获得其他的动力学参数予以证实，比如反应速率常数 k 等。根据活化配合物理论，反应速率常数 k 对热力学温度 T 的依赖关系为

$$k = k_B T/h \exp(-\Delta_r^{\neq} H_m^{\ominus}/RT) \exp(\Delta_r^{\neq} S_m^{\ominus}/R)$$

或

$$\ln(k/T) = -\Delta_r^{\neq} H_m^{\ominus}/RT + \Delta_r^{\neq} S_m^{\ominus}/R + C \qquad (4-1)$$

式中，k_B 为玻尔兹曼常量，$k_B = 1.38 \times 10^{-23}$ J/K；h 为普朗克常量，$h = 6.626 \times 10^{-34}$ J·s；C 为常数；$\Delta_r^{\neq} H_m^{\ominus}$ 和 $\Delta_r^{\neq} S_m^{\ominus}$ 分别称为活化焓变（过渡态和反应物之间的焓变）和活化熵变（过渡态和反应物之间的熵变），它们与反应的活化自由能变 $\Delta_r^{\neq} G_m^{\ominus}$ 之间的关系为

$$\Delta_r^{\neq} G_m^{\ominus} = \Delta_r^{\neq} H_m^{\ominus} - T \Delta_r^{\neq} S_m^{\ominus} \qquad (4-2)$$

式中，$\Delta_r^{\neq} S_m^{\ominus}$ 对确定反应机理十分有用。$\Delta_r^{\neq} S_m^{\ominus}$ 若为正值，可以预测反应可能为离解机理，因为反应过程中配合物发生离解使体系中物种数目增加。$\Delta_r^{\neq} S_m^{\ominus}$ 若为负值，可以预测反应为缔合机理，因为缔合反应中配体和金属间有新键生成，体系中物种数目减少。测定出不同温度下的反应速率常数 k，以 $\ln(k/T)$ 对 $1/T$ 作图，可得一条直线，从直线斜率得到 $\Delta_r^{\neq} H_m^{\ominus}$，从截距可得到 $\Delta_r^{\neq} S_m^{\ominus}$。

与活化熵相关的另外一个活化参数是活化体积 $\Delta^{\neq} V_m^{\ominus}$，$\Delta^{\neq} V_m^{\ominus}$ 是过渡态和反应物之间的偏摩尔体积差。在恒温下，测定不同压力（P）下的反应的速率常数，依据它们之间的依赖关系可求得活化体积 $\Delta^{\neq} V_m^{\ominus}$。

$$\left(\frac{\partial \ln k}{dP} \right)_T = -\frac{\Delta^{\neq} V_m^{\ominus}}{RT} \qquad (4-3)$$

当 $\Delta^{\neq} V_m^{\ominus} > 0$，$k$ 随压力增加而降低；$\Delta^{\neq} V_m^{\ominus} < 0$，$k$ 随压力增加而增加。

以 $\ln k$ 对 P 作图得到一条直线，从直线斜率得到 $\Delta^{\neq} V_m^{\ominus}$。实际上，实验得到的 $\Delta^{\neq} V_m^{\ominus}$ 值由两部分组成，即 $\Delta_{exp}^{\neq} V_m^{\ominus} = \Delta_{instr}^{\neq} V_m^{\ominus} + \Delta_{sol}^{\neq} V_m^{\ominus}$。$\Delta_{instr}^{\neq} V_m^{\ominus}$ 称之为固有活化体积，反映了从反应物到活化配合物尺寸的变化，来源于键长和键角的变化，它提供过渡态体积比反应物体积大或小的信息，是了解新键形成与否的关键参数。$\Delta_{sol}^{\neq} V_m^{\ominus}$ 称为溶剂化活化体积，反映溶剂重组引起的体积改变。$\Delta_{instr}^{\neq} V_m^{\ominus}$ 可用来区别反应是离解还是缔合机理。

实际研究中，$\Delta_{exp}^{\neq} V_m^{\ominus}$ 是来源于哪一部分的贡献难以确定。若反应物到过渡态时，配位实体没有形式氧化态的改变，$\Delta_{sol}^{\neq} V_m^{\ominus}$ 变化较小，可认为 $\Delta_{exp}^{\neq} V_m^{\ominus} \approx \Delta_{instr}^{\neq} V_m^{\ominus}$。若形式氧化态有改变时，$\Delta_{sol}^{\neq} V_m^{\ominus}$ 不能忽略。

研究配合物动力学的方法主要根据反应进行的快慢，即反应所需时间范围来决定。对于慢反应（时间范围 $\geq 10^2$ s），可采用如滴定法、光谱法、同位素示踪等。只要采用方法比研究反应快都可使用。对于较快反应，如果采用的是波谱法等，则要求电磁波的时间范围短于被研究的化学反应的时间。

4.2.2 配体的取代反应

配体的取代反应是配合物中金属-配体键的断裂和新的金属-配体键生成的一种反应，

是配合物中一类比较普遍而重要的反应，也是制备配合物的一个重要方法。对于不同配位数的配合物，取代反应的情况不完全相同，这里主要介绍配位数为 4 和 6 的反应及其反应机理。

1. 活性配合物和惰性配合物

配合物发生配体取代交换的反应，其反应速率的差异很大，有的反应很迅速，瞬间完成，有的则反应很慢，需要几天甚至几个月时间。习惯上把反应快的称为活性配合物，反之，则称为惰性配合物。然而，活性配合物和惰性配合物之间没有明显的分界线，需要用一个标准来衡量。目前，国际上采用陶布（H. Taube）建议的标准，即在反应温度为 25℃，各反应物浓度均为 0.1 mol/L 的条件下，配合物中配体取代反应在 1 min 之内完成的称为活性配合物，而反应时间大于 1 min 的称为惰性配合物。

例如，$[Co(NH_3)_6]^{3+}$ 在酸性介质中的反应：

$$[Co(NH_3)_6]^{3+} + 6H_2O \longrightarrow [Co(H_2O)_6]^{3+} + 6NH_3 \quad (\Delta_r G_m^\ominus < 0)$$

室温反应几天，觉察不出配合物有明显的变化，从动力学角度讲是惰性配合物。但在酸性溶液中随着时间的延长，几乎可完全转变为产物，反应的平衡常数 $k \approx 10^{25}$，于是从热力学角度讲是非常不稳定的。因此，动力学上的活性与惰性配合物和热力学上的稳定性是两个不同的概念，要加以区分。虽然常常发现热力学上稳定的配合物在动力学上可能是惰性的，而热力学上不稳定的配合物往往是动力学上活性的，但实际两者之间没有必然的规律。

例如，Ni^{2+} 同 CN^- 生成稳定的配合物，累计稳定常数为 $\lg \beta_4 = 22$。如果在溶液中加入含有碳的放射性同位素 ^{14}C 的 $^{14}CN^-$，可很快进行交换。

$$[Co(CN^-)_4]^{2-} + 4^{14}CN^- \longrightarrow [Co(^{14}CN^-)_4]^{2-} + 4CN^-$$

交换反应进行得很快，从动力学性质来看，该配合物是活性的，但从热力学性质来看，它是很稳定的。

从能量角度分析：反应速率和过渡态的稳定性取决于活化能 E_a 或活化吉布斯自由能 $\Delta_r^{\neq} G_m^\ominus$，属于动力学范畴，而配合物的稳定性决定于反应物与产物能量之差 $\Delta G^\ominus$，它决定了配合物的稳定常数，属于热力学范畴。

2. 配体取代反应机理的分类

水溶液中，许多水合金属离子的配位体 H_2O 可以被 SO_4^{2-}、$S_2O_3^{2-}$、$edta^{4-}$ 等配体所取代，属于配体的取代反应。例如，

$$[M(H_2O)_x]^{n+} + L^{2-} \longrightarrow [M(H_2O)_{x-1}L]^{(n-2)+} + H_2O$$

其中，M=Al^{3+}、Sc^{3+}、Be^{2+}，L=SO_4^{2-}、$S_2O_3^{2-}$、$edta^{4-}$ 等。实验证明，该类反应速率只与水合金属离子的浓度有关，与外来配体 L 浓度无关，即反应速率 $v=k[M(H_2O)_x]$。其中，v 为反应速率，k 为反应速率常数，$[M(H_2O)_x]$ 为水合金属离子浓度。其反应机理被认为是

$$[M(H_2O)_x]^{n+} \longrightarrow [M(H_2O)_{x-1}]^{n+} + H_2O$$

$$[M(H_2O)_{x-1}]^{n+} + L^{2-} \longrightarrow [M(H_2O)_{x-1}L]^{(n-2)+}$$

以上反应的特点是中心原子和配体之间的键断裂，生成配位数减少的中间体，中间体能为实验所证实。生成中间体的反应步骤是整个反应最慢的过程，是决定速率的步骤。按照 Hughes 和 Ingold 的分类方法，这类反应为 S_N1 反应，也可称为单分子亲核取代反应。

此外，也有一些反应的动力学方程与上述 S_N1 反应不同，例如：二价铂的配合物在惰性溶剂中，Cl^- 被 Br^- 取代。

$$[Pt(NH_3)_3Cl]^+ + Br^- \xrightarrow{\text{苯或 } CHCl_3 \text{溶剂中}} [Pt(NH_3)_3Br]^+ + Cl^-$$

实验测定，反应速率 $v=k[Pt(NH_3)_3Cl][Br]$，反应速率和$[Pt(NH_3)_3Cl]^+$及$[Br]^-$两者的浓度均有关系。因此，可推测在此反应中，$[Br]^-$先是同$[Pt(NH_3)_3Cl]^+$生成配位数为 5 的中间配合物，然后中间配合物很快离解。推测的反应机理为

该反应的特点是：首先生成配位数增加的中间体，该过程是反应最慢的一步，是决速步骤，类似这样的反应称为 S_N2 反应，或称为双分子亲核取代反应。

对以上情况普遍化，对任一配体取代反应：

$$L_5MX + Y \longrightarrow L_5MY + X$$

有两种类型的反应机制，即 S_N1 和 S_N2 机制。S_N1 机制也称为离解机理，简称 D 机理。在 D 机理中，M—X 键首先打开，得到低配位数的配合物，然后加入 Y 得到最后的产物，决定速率的是第一步慢反应，$[ML_5]$ 中间配合物的生成速率与 $[L_5MX]$ 的浓度成正比，所以是一个单分子的一级反应。具体步骤为

$$L_5MX \longrightarrow L_5M + X（慢）$$

$$L_5M + Y \longrightarrow L_5MY（快）$$

解离机理的特点：首先是旧键断裂，腾出配位空位，然后 Y 占据空位，形成新建。

S_N2 机制也称为缔合机理，简称 A 机理。在 A 机理中，反应物先与取代基团 Y 缔合，形成的是配位数增加的活化配合物，然后 X 离去，此时缔合作用是决定步骤，即配位数增加的活化配合物形成的慢。因此双分子亲核取代反应的速率既决定于$[L_5MX]$的浓度，也与$[Y]$的浓度相关，在动力学上是属于一个二级反应。具体步骤为

$$L_5MX + Y \longrightarrow [L_5MXY]（慢）$$

$$[L_5MXY] \longrightarrow L_5MY + X（快）$$

D 机理和 A 机理均能检测出配位数减少或增加的中间体的存在。D 机理和 A 机理是 S_N1 和 S_N2 反应的两种极端情况，常分别称为极限 S_N1（lim S_N1）和极限 S_N2（lim S_N2）机理。以上提法是理想的极端情况，实际上许多反应是介于这两种类型之间。例如，在配体 H_2O 的取代反应中，配位 H_2O 的键还未断裂时，进入配体和金属离子之间就有微弱作用，但是在溶液中检测不到配位数降低或配位数增加的中间体存在。这种机理是介于 D 和 A 机理之间，称为交换机理，简称 I 机理。在 I 机理中，离去基团和进入基团都存在于过渡态中，如果离去基团 X 和金属离子间键的断裂先于进入基团 Y 和金属离子间键的生成，则

E_a 主要用于键的断裂，称离解交换机理，简称 I_d 机理。反之，进入配体 Y 新键的生成先于离去配体键的断裂，E_a 主要用于新键生成，则称为缔合交换机理，也称 I_a 机理。

3. 影响配体取代反应速率的因素

1）中心原子的电子结构

配合物进行 A 机理反应的难易程度同中心原子的电子结构有一定关系，如 $[Pt(NH_3)_6]^{2+}$、$[V(phen)_3]^{3+}$、$[Cr(edta)]^{2-}$。它们分别具有 d^0、d^1、d^2 电子构型，在生成八面体后还留下能量较低的空 d 轨道。在进行取代反应时，空轨道就容易接受外来配体的电子，生成配位数为 7 的活化配合物，因此中心原子具有两个或两个以下的 d 电子，配合物的取代反应就容易按照 A 机理反应进行，反应进行得也较快。

中心离子具有 3 个或 3 个以上的 d 电子时，就和不够 3 个电子的情况有所不同。例如，Cr^{3+} 有 3 个 3d 电子，形成 d^2sp^3 构型的配合物。它要空出 d 轨道容纳进入的配体的电子对，就必须使它原有的电子成对，或使一个电子激发到 4d 或 5s 轨道。这样都需要有较高的活化能。如果进行 A 反应，即使外来配体具有较强的亲核能力，反应进行也比较慢。因此，中心原子具有 3 个或 3 个以上的 d 电子时，它的低自旋配合物是惰性的，d 电子在 3 个以下时，它的低自旋配合物是比较有活性的。

2）晶体场的影响

前已述及，中心原子电子结构为 d^0、d^1、d^2 的配合物是活性的，中心原子具有 d^3 电子的配合物是惰性的。可以想象，如果中心原子有低能的空轨道，进入的配体将占据它，从晶体场效应来看，就会获得稳定化能，这部分能量可作为分子活化的能量，使得分子活化所需的总能量减小。若中心原子结构为 d^3，其低能量 d 轨道已被占据，配体进入高能轨道，反应所需的活化能较大，因而中心原子为 d^3 的八面体配合物是惰性的。

将此概念推广到中心原子具有各种 d 电子数的情况，将中心原子的 d 轨道能量与动力学惰性和活性联系起来，并比较参加反应的配合物与活化配合物的稳定化能。假定 D 机理是八面体先离解为四方锥的活化配合物。活化配合物与反应物的稳定化能之差称为晶体场活化能（Crystal Field Activation Energy，CFAE）。

如果反应配合物的稳定化能小于活化配合物的稳定化能，CFAE 为正值，说明空间构型改变损失了晶体场能量，在反应过程中需要额外补充这部分能量，所以当反应进行得很慢，反应配合物表现为惰性。

如果反应物的稳定化能大于活化配合物或两者接近，即 CFAE 为负值或零，反应就容易进行。

现对不同的 d 电子数目计算出八面体离解为四方锥及八面体转化为五角双锥时，在弱场及强场下的 CFAE 值，用 Dq 为单位（10Dq＝Δ_o），列于表 4-1 及表 4-2。

表 4-1　离解机理的晶体场活化能八面体→四方锥　　　　　　　　（单位：Dq）

体系	强场			弱场		
	八面体	四方锥	CFAE	八面体	四方锥	CFAE
d^0	0	0	0	0	0	0

续表

体系	强场			弱场		
	八面体	四方锥	CFAE	八面体	四方锥	CFAE
d^1	-4	-4.57	-0.57	-4	-4.57	-0.57
d^2	-8	-9.14	-1.14	-8	-9.14	-1.14
d^3	-12	-10.00	2.00	-12	-10.00	2.00
d^4	-16	-14.57	1.43	-6	-9.14	-3.14
d^5	-20	-19.14	0.86	0	0	0
d^6	-24	-20.00	4.00	-4	-4.57	-0.57
d^7	-18	-19.14	-1.14	-8	-9.14	-1.14
d^8	-12	-10.00	2.00	-12	-10.00	2.00
d^9	-6	-9.14	-3.14	-6	-9.14	-3.14
d^{10}	0	0	0	0	0	0

表 4-2 缔合机理的晶体场活化能八面体→五角双锥　　　　　　　　（单位：Dq）

体系	强场			弱场		
	八面体	五角双锥	CFAE	八面体	五角双锥	CFAE
d^0	0	0	0	0	0	0
d^1	-4	-5.28	-1.28	-4	-5.28	-1.28
d^2	-8	-10.56	-2.56	-8	-10.56	-2.56
d^3	-12	-7.74	4.26	-12	-7.74	4.26
d^4	-16	-13.02	2.98	-6	-4.93	1.07
d^5	-20	-18.30	1.70	0	0	0
d^6	-24	-15.48	8.52	-4	-5.28	-1.28
d^7	-18	-12.66	5.34	-8	-10.56	-2.56
d^8	-12	-7.74	4.26	-12	-7.74	4.26
d^9	-6	-4.93	1.07	-6	-4.93	1.07
d^{10}	0	0	0	0	0	0

从表 4-1 及表 4-2 所列的结果可见：

具有 d^0、d^1、d^2、d^{10} 电子组态的配合物，无论经过 D 或 A 哪一种机理，无论中心原子是高自旋还是低自旋，CFAE 均为负值或零，其取代反应均容易发生。

具有 d^4、d^5、d^6、d^7、d^9 电子构型的高自旋配合物的 D 机理和 d^5、d^6、d^7 的 A 机理都进行得较快，其中尤以 d^4 和 d^9 的电子配合物的 D 机理进行更为容易。

具有 d^3、d^4、d^5、d^6 电子构型的低自旋配合物，无论经 D 机理还是 A 机理，它们的取代反应进行得较慢，其反应速率顺序为 $d^5 > d^4 > d^3 > d^6$。

具有 d^7 低自旋构型的配合物如按 A 机理，CFAE 为正值；按 D 机理，CFAE 为负值。

因而按 D 机理进行更为容易。实验证明，大多数有 d^7 电子组态的配合物的取代反应机理是 D 机理，其配合物表现为活性。

具有 d^8 电子构型的配合物无论经过哪一种机理，无论配体场为弱场或是强场，取代反应都进行得很慢。

需要注意：从价键理论出发来讨论反应速率的快慢是根据配合物中有没有空轨道，而晶体场理论仅考虑稳定化能的变化。d^0、d^1、d^2、d^{10} 的配合物取代反应速率快，从两种理论都得到同一结果。中心原子为低自旋 d^3、d^4、d^5、d^6 的取代反应进行得较慢，高自旋 d^4、d^5、d^6、d^7、d^9 的进行得较快，两种理论也基本一致。d^8 构型的配合物反应进行得很慢，这是价键理论不能得到的结果，因为从价键理论认为高自旋 d^8 是活性的。

以上是由理论推出的结果。现将以 phen、bpy、terpy 作为配体的二价金属配离子离解反应实测的动力学数据比较，列于表 4-3。

表 4-3 一些二价金属离子配合物离解反应的动力学数据

	配合物	E_a/kJ	$\Delta S^{\neq}$/(J/K)	CFAE[①]/Dq
d^3	$[V(phen)_3]^{2+}$	89.1	-33.5	2
d^4	$[Cr(bpy)_3]^{2+}$	94.6	+54.4	1.4(1)[②]
d^5	$[Mn(phen)_3]^{2+}$	快	—	0
d^8	$[Ni(terpy)_2]^{2+}$	87.0	-37.7	2
d^9	$[Cu(bpy)]^{2+}$	59.0	-66.9	0

① CFAE 的数据是近似值，当反应进行得快，CFAE 为零而不用负值；② 括号内的符号 1 表示低自旋。

表 4-3 数据指出，CFAE 为零的配合物都有很快的反应速率。d^3 的 $[V(phen)_3]^{2+}$ 和 $[V(bpy)_3]^{2+}$ 与 d^8 的 Ni(Ⅱ)的配合物的离解进行得很慢，它们有较大的活化能，对照表中 CFAE 的数据也符合得很好。对 $[M(terpy)_2]^{2+}$[M=Co(Ⅱ)、Ni(Ⅱ)、Fe(Ⅱ)]的 CFAE 依次为 0 Dq、2 Dq、4 Dq，对照实验的活化能数据，依次为 61.9 kJ、87.0 kJ 和 120.1 kJ，两者的顺序很一致。将 E_a 和 CFAE 比较得到每个 Dq 相当于 13~17 kJ，从光谱数据得到这类配合物的每个 Dq 值为 17~21 kJ，两种结果也符合得很好。

4. 八面体配合物的取代反应

八面体配合物的取代可能有缔合机理、离解机理，也可能有交换机理，这与八面体配合物中心离子的性质有关。下面分别进行讨论。

1）离解（D）机理

以八面体配合物 L_5MX 为例，对取代反应：

$$L_5MX + Y \longrightarrow L_5MY + X$$

假定离去配体 X 和惰性配体 L 处于金属离子的内配位层，其外层被溶剂分子疏松地围绕着，进入配体 Y 处于外层的溶液中。D 机理分为两个基元反应进行：

$$L_5MX \underset{k_{-1}}{\overset{k_1}{\rightleftharpoons}} L_5M + X$$

$$L_5M + Y \overset{k_2}{\longrightarrow} L_5MY$$

其反应的速率方程为

$$\frac{d[L_5MY]}{dt} = k_2[L_5M][Y]$$

对[L$_5$M]利用稳定近似处理，假定在反应过程中生成 L$_5$M 的速率和消耗的速率相等，则

$$\frac{d[L_5M]}{dt} = k_1[L_5MX] - k_{-1}[L_5M][X] - k_2[L_5M][Y] = 0$$

$$[L_5M] = \frac{k_1[L_5MX]}{k_{-1}[X] + k_2[Y]}$$

$$\frac{d[L_5MY]}{dt} = \frac{k_1 k_2[L_5MX][Y]}{k_{-1}[X] + k_2[Y]}$$

若 $k_2[Y]$ 很大，则 $\dfrac{d[L_5MY]}{dt} = k_1[L_5MX]$，反应速率与 Y 的浓度无关，控制反应速率的是 X 的离解；

若 $k_2[Y]$ 很小，则 $\dfrac{d[L_5MY]}{dt} = \dfrac{k_1 k_2[Y]}{k_{-1}[X]}[L_5MX]$，随着 X 浓度减小，反应速率增加。

2）缔合（A）机理

在 A 机理中，形成配位数增加的中间体 L$_5$MXY 是决定速率的步骤，然后配体 X 从中间体中迅速离去。

$$L_5MX + Y \underset{k_{-1}}{\overset{k_1}{\rightleftharpoons}} L_5MXY$$

$$L_5MXY \overset{k_2}{\longrightarrow} L_5MY + X$$

同样对中间体采用稳态近似法处理，得到速率方程：

$$\frac{d[L_5MY]}{dt} = \frac{k_1 k_2[L_5MX][Y]}{k_{-1} + k_2}$$

上式表明，在 A 机理中反应速率决定于反应物和进入配体的浓度，在动力学上属二级反应。

3）交换（I$_d$ 和 I$_a$）机理

I$_d$ 机理是 L$_5$MX 中的 M—X 键未完全断裂前就已经开始和进入基团 Y 发生作用，形成离子对中间体 L$_5$MX·Y，因 Y 处于 L$_5$MX 的外层，又称外层配合物，其寿命一般很短，未能用实验检测。离子对形成反应迅速达到平衡，然后 Y 进入内层发生反应，使 X 迅速离去生成产物 L$_5$MY。

$$L_5MX + Y \overset{K}{\rightleftharpoons} L_5MX \cdot Y$$

$$L_5MX \cdot Y \overset{k}{\longrightarrow} L_5MY \cdot X$$

$$L_5MY \cdot X \overset{快}{\longrightarrow} L_5MY + X$$

若 L$_5$MX 在 Y 的溶液中的初始浓度为[L$_5$MX]，它以外层配合物和非外层配合物存在，其浓度分别为[L$_5$MX·Y]和[L$_5$MX]，且溶液中进入配体 Y 的浓度 Y≈[Y]。所以，

$$[L_5MX]_0 = [L_5MY] + [L_5MX \cdot Y]$$
$$= [L_5MY] + K[L_5MY][Y]$$
$$[L_5MY] = \frac{[L_5MX]_0}{1 + K[Y]}$$

式中，K 为外层配合物的平衡常数，　$K = \dfrac{[L_5MX \cdot Y]}{[L_5MX][Y]}$

生成产物速率：

$$\frac{d[L_5MY]}{dt} = k[L_5MX \cdot Y] = kK[L_5MX][Y]$$
$$= \frac{kK[L_5MX]_0[Y]}{1 + K[Y]}$$

由动力学实验 Y 过量时，如果测得的速率 v 对反应物浓度是一级的，$v = k_{obs}[L_5MX]$，则 $k_{obs}=k$，k_{obs} 称为拟一级表观速率常数。当[Y]不过量时，与上式比较，$k_{obs} = \dfrac{kK[Y]}{1 + K[Y]}$。实验中，进入的配体 Y 远过量于 L_5MX 时，改变不同的[Y]值获得对应的 k_{obs} 值，以 $1/k_{obs}$ 对 $1/[Y]$ 用双倒数法作图，从截距可得到 $1/k$，斜率可得到 $1/kK$。

另外，与 I_d 对应的是 I_a 机理。对 I_a 机理，在反应初始的外层配合物中金属和进入配体之间形成新键，在离去配体键断裂之前，其过渡态含有进入配体和离去配体，但新键形成的程度大于旧键断裂程度，因此 I_a 的速率方程和 I_d 的速率方程式完全类似。只是在各种速率方程中，速率常数不同而已。所以不可能仅用速率方程来解释机理，必须借助于其他方法。

现将各种情况下所得的速率方程和速率常数的意义列于表 4-4。从表中可见，在大多数情况下，在低的进入配体浓度[Y]下，可获得二级反应动力学，在高的[Y]下，多为一级反应动力学。

表 4-4　受限制条件下的速率方程和速率常数的意义

机理	条件	速率方程	k_{obs}	说明
D	$k_2[Y]$非常大	$k_1[L_5MX]$	k_1	k_{obs} 代表 M-X 的离解速率
D	$k_2[Y]$非常小	$\dfrac{k_1k_2[L_5MX][Y]}{k_{-1}[X]}$	$\dfrac{k_1k_2[Y]}{k_{-1}[X]}$	如果[X]=溶剂，[X]=常数，否则随[X]增加速率减小
I_d	$K[Y]$非常大	$k[L_5MX]$	k	k_{obs} 代表交换速率
I_d	$K[Y]$非常小	$kK[L_5MX][Y]$	$kK\,[Y]$	k_{obs} 是含有 Y 的复合型
I_a	$K[Y]$非常大	$k[L_5MX]$	k	k_{obs} 代表配体交换速率
I_a	$K[Y]$非常小	$kK[L_5MX][Y]$	kK	k_{obs} 是复合型
A	[Y]非常大	$\dfrac{k_1k_2[L_5MX][Y]}{k_{-1} + k_2}$	$\dfrac{k_1[Y]}{k_{-1} + k_2}$	常为二级反应动力学
A	[Y]非常小			

5. 平面正方形配合物的取代反应

具有 d^8 电子组态的过渡金属，如 Rh^+、Ir^+、Ni^{2+}、Pd^{2+}、Pt^{2+}、Au^{3+}等，易生成平面正方形的配合物，其中以 Pt(II)的配合物研究得最多，因为其氧化态比 Rh(I)或 Ir(I)的配合物稳定。

1）平面正方形配合物的取代反应机理

平面正方形配合物的配位数比八面体配合物配位数少，配体间的排斥作用和空间位阻效应也较小，取代基由配合物分子平面的上方或下方进攻没有任何障碍。这些都有利于加合配体，从而使平面正方形配合物的取代反应一般按缔合机理进行。假定进入配体从平面的一侧由将要取代的配位体的上方接近配合物，当进入的配体接近时，原来的某个配体可能下移，因此中间产物应当是一个具有三角双锥的构型，如图 4-2 所示。

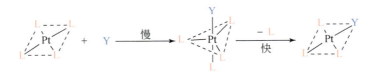

图 4-2 平面正方形配合物取代机理

一般地，平面正方形配合物的取代机理可分为两个步骤。

第一步：离去配位体被溶剂（如 H_2O）分子所取代（这一步是决定速率的步骤），然后是 Y 以较快的速率取代配位水分子。

$$ML_4 + S \underset{k_{-1}}{\overset{k_S}{\rightleftharpoons}} ML_3S + L \text{（按缔合机理进行，溶剂量大，一级反应）}$$

$$ML_3S + Y \longrightarrow ML_3Y + S \text{（快）}$$

第二步：进入配体 Y 对离去配体的双分子取代反应。

$$ML_4 + Y \overset{k_Y}{\rightleftharpoons} ML_4Y \text{（慢）}$$

$$ML_4Y \overset{k_Y}{\rightleftharpoons} ML_3Y + L \text{（快）}$$

许多实验表明，Pt(II)配合物取代反应为溶剂参加配位情况下的 A 机理，取代反应的速率表达式由两项组成，以$[Pt(NH_3)_3Cl]^+$被 Br^- 的取代为例：

$$[Pt(NH_3)_3Cl]^+ + Br^- \longrightarrow [Pt(NH_3)_3Br]^+ + Cl^-$$

反应速率：

$$-\frac{d[Pt(NH_3)_3Cl]}{dt} = k_S[Pt(NH_3)_3Cl] + k_Y[Pt(NH_3)_3Cl][Br]$$

式中，k_S 为溶剂参加下的速率常数；k_Y 为配体 Br^- 参加的速率常数。式中第一项表现为单分子反应，式中第二项包含了进入配体的浓度，如不考虑溶剂分子作用，反应速率常数 $v = k_Y[Pt(NH_3)Cl][Br^-]$。但实验证明，在以上过程中有水分子参加反应，生成配位数为 5 的中间体。水分子首先取代 Cl^-，然后再被 Br^- 取代，其反应机理如下：

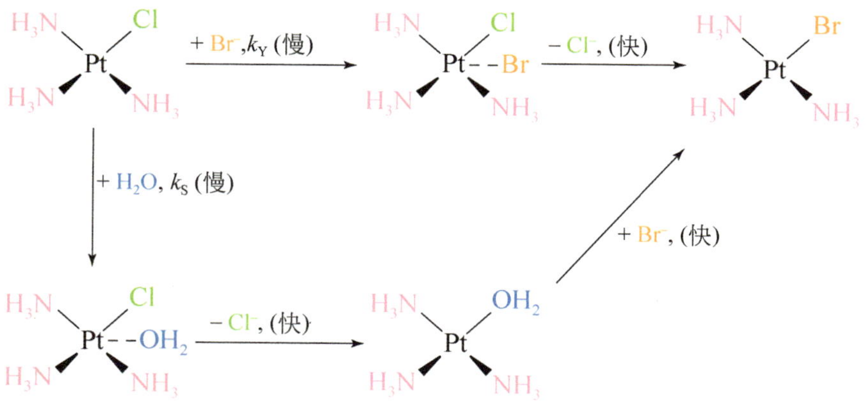

在上面所示的反应中，取代反应沿哪一条路线进行取决于溶剂的性质和进入配体的亲核性。如溶剂（CCl$_4$）配位能力较弱，配体的亲核性较强，则只有配体参加反应。若溶剂（H$_2$O、醇）配位能力较强，则溶剂也参加取代过程。

对几乎所有平面正方形的取代反应 ML$_3$X+Y $\longrightarrow$ ML$_3$Y+X，其速率方程都表示为

$$-\frac{d[ML_3X]}{dt} = (k_S + k_Y[Y])[ML_3X]$$

溶液中进入配体 Y 大大过量时，引入拟一级表观速率常数 k_{obs}：

$$k_{obs} = k_S + k_Y[Y]$$

上式是否正确必须通过实验证实。

例如，[PtCl$_2$(bpy)]在甲醇溶液中被 py 取代，在拟一级条件下对产物跟踪，从实验可获得 k_{obs}。

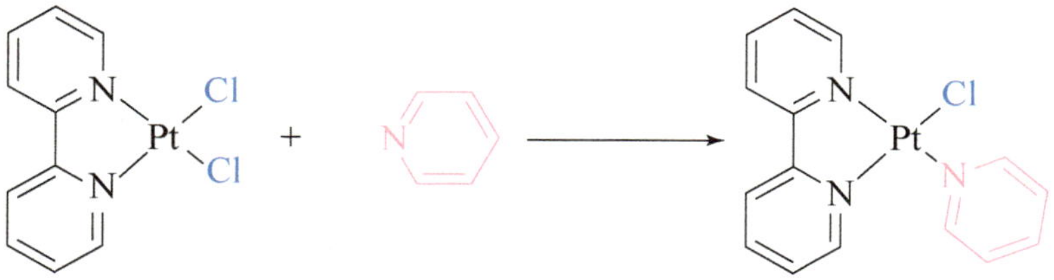

在反应式中，当控制参加反应的配合物浓度在 10^{-5} mol/L 左右，吡啶的浓度在 0.122～0.03 mol/L 范围内变化，则 $k_{obs} = k_S + k_Y[Y]$。

用实验求得的 k_{obs} 对[py]作图，得到直线，其斜率 $k_Y = 5.8 \times 10^{-3}$，截距 $k_S = 0$，说明甲醇不参加配位。

反应在己烷中进行（Et*表示含有 ^{14}C 的乙基，pr 为丙基），如：

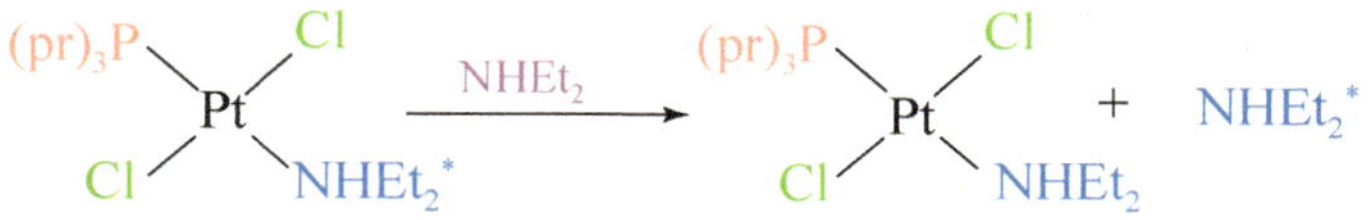

由于己烷配位能力很弱，不参加反应，则 k_S 为 0。如果反应在甲醇中进行，表观反应速率常数与配体浓度无关，得到平行于横轴的直线，反应按照溶剂参加的路径进行。

下列反应式中，溶剂和配体两种因素都起作用，所以反应按两种路径进行，由此获得 k_Y 和 k_S。

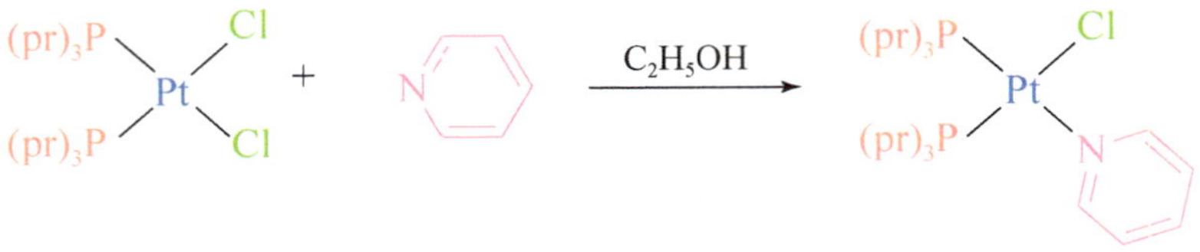

$$[k_Y=1.66 \text{ L/(mol·s)}；k_S=0.83×10^{-2} \text{ s}^{-1}]$$

以上的实验证明了假设机理的正确性，结合许多实验说明该机理是 d^8 金属离子的低自旋平面正方形配合物的正常反应模式。

2）影响平面正方形配合物配体取代反应的因素

反位效应和反位影响

反位效应是平面正方形配合物进行取代反应的一个重要特征，是由苏联化学家切恩耶夫（Chernyaev）在研究 Pt(Ⅱ) 配合物基础上提出来的。

前人在研究 Pt(Ⅱ) 配合物的取代反应时，发现了一些令人深思的现象。如用氨和氨的衍生物取代四氯合铂（Ⅱ）酸钾中的氯得到 *cis*-二氯二氨合铂（Ⅱ），反应机理是如下：

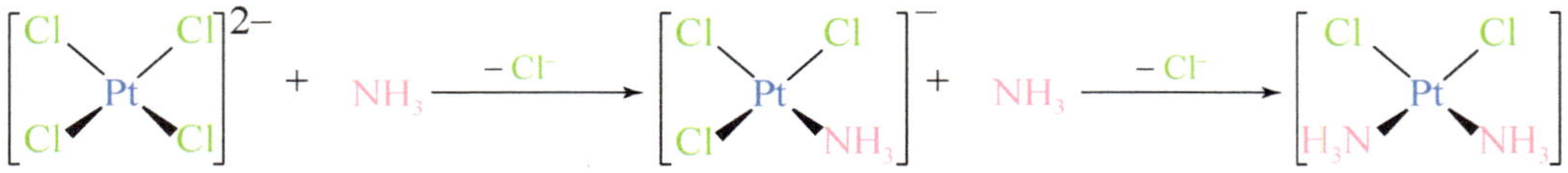

比如，将 *cis*-[Pt(NH_3)_2Cl_2] 溶于过量氨水，即生成二氯化四氨合铂[Pt(NH_3)_4]Cl_2，当用 [Pt(NH_3)_4]Cl_2 和浓 HCl 共热除去氨，结果并不能恢复原来的顺式结构，而是生成了 *trans*-[Pt(NH_3)_2Cl_2]。

上面两个反应中如用乙胺、吡啶、羟胺、苯胺等氨的衍生物代替氨，可得到同样的结果。前人在总结了许多实验事实后提出了反位效应的原理，即在配合物 *trans*-[ML_2TX] 中，配体 T 对其处于相反位置的配体 X 的取代有活化作用，使 X 容易被取代，有较高的取代速率。

以上反应，从配合物（Ⅱ）转变到（Ⅲ）的过程中，由于 Cl^- 的影响使位于其反位的 Cl^- 比位于 NH_3 反位的 Cl^- 有更高的反应活性，因此（Ⅱ）被 NH_3 取代时，位于 NH_3 邻位的 Cl^- 被取代。

从以上事实可以得到 Cl^- 和 NH_3 的反位效应的大小，即 Cl^->NH_3。定量地研究反位配体对取代反应速率影响的例子是[PtT(NH_3)Cl_2]中处于 T 的反位的 Cl^- 被 py 取代的反应，经测定反应的活化能和相对速率与反位的配体 T 的性质有很大关系。

$$T \qquad\qquad C_2H_4 \gg NO_2^- > Br^- > Cl^-$$

相对速率　　　>100　　　9　　　3　　　1

E_a/kJ　　　　　　—　　　46.0　　71.1　　79.5

当 T 为 C_2H_4 时反应极快，以至于活化能 E_a 不能测定。T 为 Cl^- 时反应速率最慢，其 E_a 也最高，其他反位配体对某些 Pt(Ⅱ)配合物的反应速率的影响列于表 4-5。

表 4-5　配体 T 对 Pt（Ⅱ）配合物取代反应速率的影响（甲醇，25℃）

配体 T	k_S/s^{-1}	k_Y/s^{-1}
$P(C_2H_5)_3$	1.7×10^{-2}	3.8
H^-	1.8×10^{-2}	4.2
CH_3	1.7×10^{-4}	6.7×10^{-2}
Cl^-	1.0×10^{-6}	4.0×10^{-4}

可见，一个配体对处于其反应离去基团的反应速率的影响可高达 $10^5 \sim 10^6$ 数量级，这个现象可用于指导合成。

根据大量实验事实，二价铂配合物中，配体的反位效应的大小，大致有如下序列：

CO，$NO > CN^- >$ 烯烃 $> H^- >$ 膦 $\sim$ 胂 $> CH_3 \sim SC(NH_2)_2 > C_6H_5^- \sim NO_2^- \sim I^- > SCN^- > Br^- > Cl^- > Py >$ 胺 $> NH_3 > OH^-$，F^-。

在这个顺序中，首先是 π 受体（CO、NO、CN^-、C_2H_4 等），其次是强的 σ 给体（H^-、CH_3），最后是弱的 σ 给体（NH_3、OH^-、H_2O）。

反位影响是配合物在基态时的一个配体对其反位上的金属-配体键削弱的程度，主要涉及反位配体对键长、红外伸缩振动频率、力常数、核磁共振耦合常数等基态性质的影响。反位影响的大小可用振动光谱、X 射线结构分析和其他实验方法观察。用 X 射线可观察到在基态配体和金属间的键长因反位配体的作用而加长，说明键减弱了。反位效应是动力学性质，而反位影响是配体对处于其反位配体的键强度的影响，是热力学性质。这二者并不相同，但也有一定的关系。例如，在 ［T—Pt—X］ 中，反位配体 T 对 Pt—X 键的强度的减弱或增强也对取代反应的速率有影响，反位键强的减弱可能是反位配体取代速率增加的因素之一。表 4-6 列出了反位配体 T 对 Pt—X 键长的影响。

表 4-6　反位配体 T 对 Pt—X 键长的影响

配体物	T	Pt—X	键长/pm
$K[Pt(NH_3)Cl_3]$	Cl^- NH_3	Pt—Cl	235 232
$K[Pt(NH_3)Br_3]$	Br^- NH_3	Pt—Br	270 242
$K[Pt(C_2H_4)Cl_3] \cdot H_2O$	Cl^- C_2H_4	Pt—Cl	232 242
$K[Pt(C_2H_4)Br_3] \cdot H_2O$	Br^- C_2H_4	Pt—Br	242 250
trans-$[PtClH(PPh_2Et)_2]$	H^-	Pt—Cl	242

反位影响产生的原因

对于反位影响产生的原因，从σ键体系和π键体系分别展开讨论。

σ键体系的反位影响产生的原因：通过对配合物 *trans*-[PtTCIL₂]（其中，L 为叔膦，T 为一系列可变化的配体）的研究发现：Pt—Cl 键距与 Pt—Cl 伸缩振动频率成反比，即配体 T 的σ给予能力越强，Pt—Cl 伸缩振动频率越低，反位 Pt—Cl 键距越大，对反位金属-配体键的削弱程度也越大，由此排出配体 T 的σ反位影响减小的顺序与它的给予能力减小的顺序基本一致，即有

$$H^- > PR_3 > SCN^- > I^- > CN^- > Br^- > Cl^- > Py > R\text{-}NH_2 > NH_3 > OH^- > H_2O$$

在基态 Pt—X 键减弱有利于 X 的离解，也使配合物在基态的稳定性降低，也就是说由于 T 的加入使配合物产生去稳定作用，使反应速率增加，这是反位影响对速率的贡献。因此，反位影响是配合物在基态时，配体对其反位基团的影响。

π键体系的反位影响产生的主要原因：通过对 *trans*-[MT(CO)L₂]和 *trans*-[MT(NO)L₂]（其中 M 和 L 保持不变，T 为一系列变化的配体，CO 或 NO 为"探针配体"）型配合物的 C=O 伸缩振动频率 ν_{CO} 或 ν_{NO} 的研究表明：配体 T 的π接受能力越强，反馈到反位上 CO 或 NO 上的电子密度越少，ν_{CO} 就越大，对 M—CO 或 M—NO 键削弱的程度就越大，因为 M—C 键级的增大必然引起 C—O 键级的降低，其结果引起 ν_{CO} 的减小。所以可以根据配体 T 的π接受能力，列出反位影响减小的顺序，即有

$$NO \sim CO > PF_3 > PCl_3 > PCl_2C_6H_5 > PCl(C_6H_5)_2 > P(C_6H_5)_3 > P(C_2H_5)_3 > PCl(OC_2H_5)_2 >$$
$$P(OC_6H_5)_3 > P(OC_2H_5)_3 > P(CH_3)_3 > P(C_2H_5)_3$$

反位效应序列中能生成反馈π键的配体（π酸受体）显示出较大的反位效应。图 4-3 是 T 的空π轨道和金属 d_π（d_{xy} 及 d_{xz}）轨道形成反馈π键引起电荷移动的情况。由于配体 T 接受金属部分电子形成π反馈键，金属的电荷转移到配体 T，使金属上有更少的负电荷，这样配体 Y 更容易接近金属，使生成配位数为 5 的活化配合物或中间体更为稳定。π键效应的结果是稳定了过渡态，使过渡态能量降低，也就是降低了活化能，加快了反应速率。

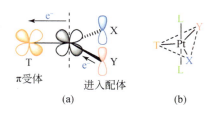

图 4-3　反馈π键形成对反位配体的影响（a）和三角双锥过渡配合物 *trans*-[PtL₄TX]（b）

反位影响和反位效应可以从能量上予以说明，如图 4-4 所示。无反位效应时，配合物具有能量较低的基态和能量较高的过渡态，从基态到过渡态的活化能 E_a 比较大。存在反位影响时，σ给体的成键去稳定作用升高了基态能量，相对来说降低了活化能 E_a，对反应速率提高有贡献。反馈π键的形成降低了过渡态能量，同样使得 E_a 减小，反应速率加快。因此，π电子体系的反位效应是配体对过渡态（活性配合物或中间体）的影响，降低过渡态能量，稳定了中间体，是动力学性质。

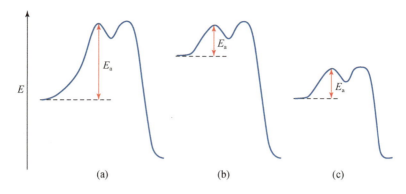

图 4-4 反位影响和反位效应的能量曲线

（a）无反位效应；（b）反位影响，改变基态能量；（c）反位影响，降低过渡态能量

进入配体的亲核性的影响

前面的讨论从进入配体的体积、电荷对反应速率的影响做了阐述。下面从配体对配合物的亲核能力和配合物受不同亲核配体进攻时的敏感程度两个角度来讨论。按缔合机理进行反应的速率，在某种程度上与进入基团的性质有关。一般用亲核性表示试剂对这种取代反应的影响大小。这里需要强调，一个化合物的亲核性与其碱性是两个不同的概念，碱性是热力学范畴内的概念，以 pK_a 表示其强弱；亲核性是动力学方面对反应速率发生影响，亲核性越大取代反应速率越大。有机化学中用 Swain-Scott 方程来预测亲核能力的强弱，并采用 CH_3Br 为标准来比较其他亲核试剂的相对亲核能力。

如果进入配体比离去配体与金属原子更能形成较强的键，那么速率决定步骤是金属与进入配体之间的成键作用。在这种情况下，反应速率是进入配体的本质的敏感函数，基本上与离去配位体的本质无关。可用配体的亲核反应活性常数 n_{pt} 来进行量度。n_{pt} 反映了进入配体的亲核性的大小，n_{pt} 越大，表示亲核试剂与金属的结合能越强，取代反应的速率越大。

以 $trans\text{-}[PtCl_2(py)_2]$ 为例，在溶剂中进行取代反应，其反应方程式为

$$trans\text{-}[PtCl_2(py)_2] + Y^- \xrightarrow{k_Y} trans\text{-}[PtCl(py)_2 Y] + Cl^-$$

配合物除受亲核试剂 Y^- 进攻外，还受到溶剂作用，它与溶剂的取代反应的速率常数为 k_S（拟一级速率常数，单位为 s^{-1}），有如下关系：

$$\lg(k_Y/k_S) = sn_{pt}$$

式中，s 为分辨常数，用以衡量配合物对外来配体的敏感程度；规定 $trans\text{-}[PtCl_2(py)_2]$ 为标准亲电剂，其 $s=1$，还规定甲醇为标准亲核试剂，所以不同配体在甲醇中与 $trans\text{-}[PtCl_2(py)_2]$ 反应可得到不同的 n_{pt} 值。

因 k_Y 和 k_S 具有不同的量纲，为使 n_{pt} 是无量纲常数，以 k_S 除以溶剂浓度：

$$k_S^\ominus = k_S / [CH_3OH]$$

$$n_{pt}^\ominus = \lg[(k_Y/k_S[CH_3OH])] = \lg(k_Y/k_S^\ominus)$$

表 4-7 为 30℃时在甲醇中测定各种亲核试剂对 $trans\text{-}[PtCl_2(py)_2]$ 的亲核反应活性常数 $n_{pt}^\ominus$。上述反应若在丙酮、二甲亚砜等其他溶剂中，其亲核常数顺序会有颠倒。

表 4-7　各种亲核试剂对 *trans*-[PtCl$_2$(py)$_2$]的亲核反应活性常数 $n_{pt}^{\ominus}$ 和亲核试剂的 pK_a 值

亲核剂	$n_{pt}^{\ominus}$	pK_a
CH$_3$OH	0.0	−1.7
F$^-$	<2.2	3.45
Cl$^-$	3.04	−5.7
NH$_3$	3.07	9.25
吡啶	3.19	5.23
NO$_2^-$	3.22	3.37
N$_3^-$	3.58	4.74
Br$^-$	4.18	−7.7
(CH$_2$)$_4$S	5.14	−4.8
I$^-$	5.46	−10.7
Ph$_3$Sb	6.79	—
Ph$_3$As	6.89	—
Ph$_3$P	8.93	2.73

从表 4-7 可看出：

卤离子亲核能力随下列顺序而减小，即 I$^-$>Br$^-$>Cl$^-$>F$^-$。

第五族的配体除 NH$_3$ 外，均有较大的亲核能力，且亲核能力按如下顺序减小，即磷＞胂＞锑＞胺。

含硫配体有较强的亲核力。因为 Pt^{2+} 是软酸，与软碱有较强的作用。

表 4-7 中的 $n_{pt}^{\ominus}$ 与亲核剂的共轭酸的 pK_a 间没平行关系，因为前者为热力学性质，后者为动力学性质。

反应速率除与进入配体的亲核能力大小有关外，还与配合物本身对亲核试剂的敏感程度有关。比如，测出某一配合物被同一系列亲核试剂取代的 lgk_Y 值和以 *trans*-[PtCl$_2$(py)$_2$] 为标准的 $n_{pt}^{\ominus}$ 值，可得

$$\lg k_Y = sn_{pt}^{\ominus} + \lg k_S^{\ominus}$$

以 lgk_Y 对 $n_{pt}^{\ominus}$ 作图，其斜率为分辨常数 s。图 4-5 表示以 *trans*-[PtCl$_2$(py)$_2$] 为标准，当 *trans*-[PtCl$_2$(PEt$_3$)$_2$] 和[PtCl$_2$(en)]受到亲核剂进攻时，其 $n_{pt}^{\ominus}$ 对 lgk_Y 的线形关系又称亲核性的线性自由能关系。图中斜率所示的 s 值表示当改变亲核剂时其反应速率变化的大小，s 值越大，配合物对进入配体越敏感。

4.2.3　配合物的电子转移反应

配合物的氧化还原反应也称电子转移反应。电子转移反应严格讲可分为两大类：第一类，自交换反应，在电子转移过程中只发生电子交换，并不发生净的化学变化，它只能用

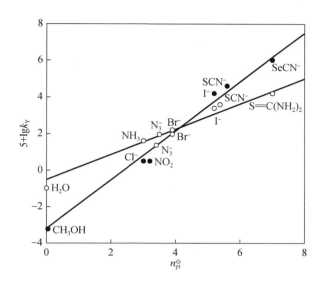

图 4-5　Pt（Ⅱ）配合物的 pK_a 与 $sn_{pt}^{\ominus}$ 的关系

以 *trans*-[PtCl₂(py)₂] 为标准；*trans*-[PtCl₂(PEt₃)₂]（甲醇中，30℃）；[PtCl₂(en)]（水中，35℃）

同位素标记或核磁共振法跟踪；第二类，通常的氧化还原反应，在电子转移过程中发生了化学变化，它可以用许多常规的物理及化学方法来测定。本书只讨论第二类电子转移反应，即通常的氧化还原反应。电子的转移可以发生在两个配合物的中心原子之间，也可以发生在配合物的中心原子与配体之间。本书只讨论电子从一种配合物的中心原子向另一种配合物的中心原子转移的反应，它是配合物中最常见的反应。

陶布（Taube）学派对配位化合物的电子转移反应做出了开拓性的研究工作，提出了溶液中电子转移反应的机理有两种主要类型，即外层机理（IS）和内层机理（OS），下面分别讨论。

1. 外层机理

例如下式反应，研究表明是按照外层机理进行的。

$$[Co(NH_3)_6]^{3+} + [Cr(H_2O)_6]^{2+} + 6H_3O^+ \xrightarrow{k_1} [Co(H_2O)_6]^{2+} + [Cr(H_2O)_6]^{3+} + 6NH_4^+$$

$$k_1 = 1.6 \times 10^{-3} \text{ L/(mol·s)}$$

以上外层机理中，电子从一种配合物（还原剂）向另外一种配合物（氧化剂）迁移时，两种反应物的内界都保持不变，配体间也不发生电子交换，而是两种配合物取向适当的时候直接发生电子转移。其氧化还原反应的速率常数大于氧化剂或还原剂中任一金属离子的取代速率常数。例如，[RuBr(NH₃)₅]²⁺ 被 V²⁺ 的还原反应，其二级速率常数 $k = 5.1 \times 10^3$ L/(mol·s)，而在化合物中 Ru^{III} 和 V^{II} 的水合速率常数分别为 2 s⁻¹ 和 40 s⁻¹。

1）外层反应的历程

外层机理可分如下三个基本步骤：

首先氧化剂 Ox 和还原剂 Red 形成前体配合物，然后前体配合物化学活化，通过电子转移和键的松弛生成活化配合物，最后离解（图 4-6）。

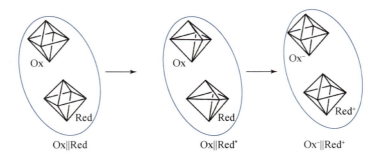

图 4-6　电子迁移的外层机理示意图

第一步：前体配合物的形成。

$$Ox + Red \rightleftharpoons Ox\|Red（前驱配合物）$$

机理的第一步是两个反应物靠近形成"前驱配合物"（或称碰撞配合物）。在前驱配合物内，两反应物中心（金属离子）之间的距离大致符合转移电子的要求，但它们的相对取向和内部结构还不能使电子转移发生。按照电子转移的理论，只有当两种反应物的构型、金属离子与配位原子之间的距离及配离子中心原子的电子自旋状态等都基本相同时，才容易发生电子的转移，所以需要一个活化过程。

第二步：前体配合物的结构调整和化学活化。

$$Ox + Red \rightleftharpoons Ox\|Red^*（外球配合物）$$

$$^*Ox\|Red^* \rightleftharpoons {}^-Ox\|Red^+（后继配合物）$$

第二步包括溶剂结构调整和前驱配合物构型的变化以适应电子转移。因此，前驱配合物内的氧化剂和还原剂配合物必须重新取向，溶剂分子的排布也要作相应的调整，氧化剂和还原剂还必须有适当的电子构型，它们内部的结构也要发生变化，这就是电子转移的化学活化过程。经历过渡态或中间态，接着就进行电子转移以及氧化剂、还原剂结构最后的调整。在活化过程中，根据前线轨道对称匹配、能级相近的要求，氧化剂接受电子的分子轨道和还原剂提供电子的分子轨道之间必须匹配，两个反应物在允许电子转移的轨道上互相取向，并且其中一个金属配合物（一般为氧化剂）结构变得松弛，而另外一个（一般为还原剂）则收缩。因为氧化剂为了从还原剂得到电子，它的金属和配体间的键必须伸长；反之，还原剂中金属和配体间的键必须缩短。

此外，溶剂重排为前驱配合物的结构改变提供了活化自由能。同时还可能伴有电子组态的活化，它们的 M—L 键距调整为基本相等，此时两者的结构基本相同，参与电子转移反应的前线轨道能级近似相等，电子就可以容易地转移。前驱配合物中的氧化剂和还原剂进行电子传递以后，它们之间的联系松弛，距离增长，生成后继配合物。

第三步：后继配合物离解为产物。

$$^-Ox\|Red^+ \longrightarrow Ox^- + Red^+$$

电子转移后的后继配合物迅速分解成为反应产物。

以上三个步骤中，第一步和第三步反应进行得非常快，第二步进行得较慢，整个反应速率由化学活化决定，下面集中讨论这一关键步骤。

2）化学活化与影响电子转移的因素

化学活化是 OS 和 IS 机理的最关键步骤。早期 OS 机理中，化学活化包括氧化剂和还原剂键长的调整、外层溶剂的重组和电子的转移。因此，在活化过程中二者力图使其分子轨道的电子构型和自旋性等达到最佳状态，使二者匹配更好，有利于电子的转移。

分子轨道对称性的匹配

氧化剂和还原剂之间要进行电子转移，要求二者接受电子的分子轨道必须匹配，即属于相同的对称类别。对八面体来说，氧化剂和还原剂的金属离子的 t_{2g} 轨道延伸于八面体之外，受到配体屏蔽作用较 e_g 轨道小，两个 t_{2g} 又属于 π 型轨道，有相同的对称性，容易重叠。显然重叠性越高，越有利于电子的迁移，故 t_{2g} 轨道间的电子迁移（$t_{2g} \rightarrow t_{2g}$）比同属于 σ 型的 e_g 轨道间的电子转移容易，见图 4-7。

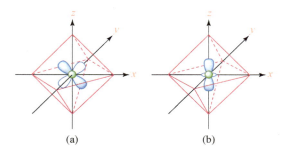

(a)　　　　　　　　(b)

图 4-7　八面体场中（a）t_{2g} 和（b）e_g 的轨道取向

关于不同轨道间的电子转移难易程度还可以从表 4-8 的数据得到说明。表中前 4 个反应纯属相同类型轨道间的电子转移，所需活化能很小，反应速率较快，速率常数较大。如表 4-8 中的反应（3）和（4），Ru(Ⅲ)-Ru(Ⅱ) 的电子转移反应，反应前后金属配体间的键长只改变了 4 pm。

表 4-8　一些 OS 机理的二级反应速率常数

亲核剂	$k[\text{L}/(\text{mol·s})]$
（1）$[Fe(H_2O)_6]^{2+} + [Fe(H_2O)_6]^{3+}$ 　　$(t_{2g})^4(e_g)^2$　　　$(t_{2g})^3(e_g)^2$	4.0
（2）$[Fe(phen)_3]^{2+} + [Fe(phen)_3]^{3+}$ 　　$(t_{2g})^6$　　　　$(t_{2g})^5$	$\geqslant 3 \times 10^7$
（3）$[Ru(NH_3)_6]^{2+} + [Ru(NH_3)_6]^{3+}$ 　　$(t_{2g})^6$　　　　$(t_{2g})^5$	8.2×10^2
（4）$[Ru(phen)_3]^{2+} + [Ru(phen)_3]^{3+}$ 　　$(t_{2g})^6$　　　　$(t_{2g})^5$	$> 10^7$
（5）$[Co(H_2O)_6]^{2+} + [Co(H_2O)_6]^{3+}$ 　　$(t_{2g})^5(e_g)^2$　　$(t_{2g})^6$	~ 5
（6）$[Co(NH_3)_6]^{2+} + [Co(NH_3)_6]^{3+}$ 　　$(t_{2g})^5(e_g)^2$　　$(t_{2g})^6$	$\leqslant 10^{-9}$
（7）$[Co(en)_3]^{2+} + [Co(en)_3]^{3+}$ 　　$(t_{2g})^5(e_g)^2$　　$(t_{2g})^6$	1.4×10^{-4}

续表

亲核剂	$k/[L/(mol·s)]$
（8）$[Co(phen)_3]^{2+}+[Co(phen)_3]^{3+}$ $\quad\quad (t_{2g})^5(e_g)^2 \quad\quad (t_{2g})^6$	1.1

表 4-8 中前 4 个反应中以$[Fe(H_2O)_6]^{2+}$和$[Fe(H_2O)_6]^{3+}$之间的电子转移速度较慢，这可能是前体配合物生成较慢或溶剂的重排自由能较大，或者配合物活化熵较大的缘故。

电子构型和自旋性

表 4-8 中不同氧化态的钴氨（胺）配合物电子转移很慢，反应（6）～（8）反应物为高自旋的$(t_{2g})^5(e_g)^2$的电子构型，生成物为低自旋的$(t_{2g})^6$构型，两者电子构型不同，自旋态不一样，进行氧化还原的同时必须调整构型。此外，Co(III)—N 键长是 211.4 pm，在反应时除电子需要重新排布外，键长也需要重新调整，这样需要较大的活化能。

在 $[Ru(NH_3)_6]^{3+}$ 和 $[Ru(NH_3)_6]^{2+}$ 间电子转移时，中心原子的自旋态均为低自旋。$[Co(NH_3)_6]^{3+}$和$[Co(NH_3)_6]^{2+}$间电子转移时，中心原子的自旋态分别为低自旋和高自旋。一般来说，在相同自旋态间进行的电子转移反应容易进行，所以电子转移速率因自旋态不同有如下顺序：高自旋-高自旋或低自旋-低自旋＞高自旋-低自旋或低自旋-高自旋。

表 4-8 中反应（5），$[Co(H_2O)_6]^{2+}$和$[Co(H_2O)_6]^{3+}$的中心原子的电子构型虽然不同，但配体是水分子，水分子的配位场较小，分裂能不大，故电子从$(t_{2g})^6$激发到$(t_{2g})^5(e_g)^1$所需的能量较小，所以反应也较迅速。以上从氧化剂和还原剂的匹配程度讨论了对电子转移速率的影响。

配体的授受体性质

如表 4-8 中反应（8），$[Co(phen)_3]^{2+}$和$[Co(phen)_3]^{3+}$之间也有较大的反应速率，一般 phen 作为配体时反应速度增加 5～7 倍。因 phen 有不定域的π轨道，是强的π接受体，形成配合物的分子轨道有高度的不定域性，进行反应时给体与受体间轨道易于重叠。所以含有不饱和的配体（CN^-、py 等）或极化作用较强的配体，它们的两种氧化态的配合物之间都有大的电子转移速度。例如：

$$[Os(bpy)_3]^{2+} + [Mo(CN)_8]^{3-} \rightleftharpoons [Os(bpy)_3]^{3+} + [Mo(CN)_8]^{4-}$$
$$k_1=2.0\times10^9 \text{ L/(mol·s)}$$

$$[Ru(phen)_3]^{2+} + [Ru(Cl)_6]^{2-} \rightleftharpoons [Ru(phen)_3]^{3+} + [Ru(Cl)_6]^{3-}$$
$$k_1=4.0\times10^9 \text{ L/(mol·s)}$$

以上两反应由于电子转移在带异号电荷的配离子间进行，配体又具有不定域离子，因而电子转移通过的能垒较小，所以电子转移的速度也很大。

总结起来外层机理的特点为：

两个反应配合物在电子转移过程中，每个配合物的配位内界都保持不变，反应过程中没有键的断裂和形成，伴随着的电子迁移也没有热量发生。

两个反应配合物都是动力学上取代惰性的，或反应物之一是取代惰性的，并且不含桥基配体。

反应速率常数范围很宽，当反应过程中涉及反应物中心金属自旋状态的改变时，k 值就特别小。

2. 内层机理

例如下式反应，研究报道是按照内层机理进行的。

$$[CoCl(NH_3)_5]^{2+} + [Cr(H_2O)_6]^{2+} + 5H_3O^+ \xrightarrow{k_2} [Co(H_2O)_6]^{2+} + [CrCl(H_2O)_5]^{2+} + 5NH_4^+$$

$$k_2 = 6 \times 10^5 \ L/(mol \cdot s)$$

1）内层电子转移反应的步骤

按此机理转移电子时，还原剂配合物要先进行配位取代，与氧化剂配合物生成桥联双核过渡态活化配合物，电子再通过配体进行传递。也就是说，还原剂与氧化剂在它们的内界共用一个桥联配体，形成一个桥联中间体，电子通过桥联基从还原剂向氧化剂转移。在水溶液中内层反应机理一般也可以分为三个步骤。

第一步：碰撞配合物和前驱配合物的生成。

碰撞配合物的形成：　　$Ox—X + Red(H_2O) \longrightarrow Ox—X \cdots Red + H_2O$　（1）

前驱配合物的形成：　　$Ox—X + Red(H_2O) \rightleftharpoons Ox \cdots X \cdots Red + H_2O$　（2）

通过共用某一配体 X 生成桥联双核前驱配合物，X 可用不同的甚至相距很远的配位原子同氧化剂中心离子和还原剂中心离子键合。前驱配合物的生成要求还原剂配离子至少应失去一个配体（如水）以便腾出空位与 X 键合。

第二步：前驱配合物的化学活化和电子转移，弛豫为后继配合物。

$$Ox—X \cdots Red \rightleftharpoons {}^-Ox—X \cdots Red^+　（3）$$

前驱配合物的还原剂传递电子到氧化剂上，生成后继配合物。

第三步：后继配合物离解为产物。

$$^-Ox—X \cdots Red^+ + H_2O \rightleftharpoons {}^- Ox(H_2O) + Red—X^+　（4）$$

其中，式（1）为形成碰撞配合物，为扩散速率控制；式（2）为生成前驱配合物，即还原剂先进行配体取代，与氧化剂生成双核活化配合物；式（3）为电子转移而形成后继配合物；最后一步式（4）为后继配合物离解为产物。

这类反应一般表现为二级动力学行为。其速率既可能取决于前驱配合物的生成，即氧化剂配合物上的配体 X 取代还原剂配合物上的配位水生成桥联双核配合物的过程；也可能取决于步骤中中间体的变形、重排、电子传递或后继配合物的解离。

一般地，内层电子传递反应常伴有桥基配体的定量转移，但是必须指出，配体的转移并不是内界反应机理的必要条件。

2）影响电子转移的因素

轨道对称性对电子转移的影响

氧化还原的电子转移速率与氧化还原剂参加反应所用轨道的类型和桥基对称性有关。内层机理和外层机理一样，要求还原剂的最高占据分子轨道（HOMO）和氧化剂的最低未占分子轨道（LUMO）之间必须匹配，如果都是σ轨道，通过桥基连接时，反应速率较大，如表 4-9 所示。表中 Cr^{2+}/Co^{3+} 的离子参加反应的轨道均为 e_g 轨道，通过桥联后，它们的速度增加约 10^{10} 倍，而 Cr^{2+}/Ru^{3+} 的电子构型分别为 $(t_{2g})^3(e_g)$ 和 $(t_{2g})^5$，电子从 $Cr(II)$ 的 e_g 轨道转移至 Ru(III)的 t_{2g} 轨道，即在 σ→π 轨道的跃迁，其反应速率就要小一些。如果氧化剂接受电子与还原剂授予电子的轨道均为 π 轨道，它们就可以通过外层机理直接接受电子，而不必通过桥联就得到大的反应速率。

表 4-9　同一反应按内层机理和内层机理进行的反应速率的近似值

HOMO	LUMO	体系	增加倍数
e_g	e_g	Cr^{2+}/Co^{3+}	10^{10}
e_g	t_{2g}	Cr^{2+}/Ru^{3+}	10^2
t_{2g}	e_g	V^{2+}/Co^{3+}	10^4
t_{2g}	t_{2g}	V^{2+}/Ru^{3+}	按 OS 机理进行

电子转移速度除与氧化剂接受电子的轨道对称性有关外，还同桥基的轨道对称性有关，若金属离子给电子的轨道和接受电子的轨道有相同的对称性，而桥基又具有能与之匹配的轨道，这样会为电子的转移提供一条低能的途径。若还原剂给出 e_g 轨道上的电子，氧化剂也以低能的 e_g 轨道接受电子，它们之间又以氯为桥基，氯以 σ 轨道（e_g 轨道）重叠，就有较大的电子转移速度。对于在两个金属的 e_g 轨道间的电子迁移速度，桥基的顺序为 $Cl^- >$ $N_3^- \gg CH_3^- > CO_2^-$。如果在两个金属 t_{2g} 轨道间传递电子，则 N_3^- 和 $CH_3CO_2^-$ 的 π 轨道更有利于同 t_{2g} 重叠。例如，五氨·异烟碱酰胺合钌(III)离子和 $Cr(H_2O)_6^{2+}$ 的氧化还原速度比相应的五氨·异烟碱酰胺合钴(III)大，因为 Ru(III)具有 $(t_{2g})^3(e_g)^2$ 的电子构型，它以 π 型的 t_{2g} 轨道接受外来的电子。而桥基的轨道也具有 π 对称型，当电子从还原剂放出到桥基后立即顺利地传给 Ru(III)。在相应的 Co(III)-Cr(II)体系中，氧化剂接受电子的轨道和还原剂给出电子的轨道，虽然都是 σ 对称性轨道，但桥基传递电子的轨道都是 π 型轨道，桥基不能顺利地传递电子，其还原速率是相应的 Ru(III)配合物的三万分之一。

桥基的结构和性质

从热力学上来看，桥基的作用是将两个金属离子联结起来，并维持一定的牢固程度；从动力学上来看是调整氧化剂和还原剂的结构，以利于电子的传递。显然随着桥基结构和性质的不同，反应速率也因之而异。例如，$[Cr(H_2O)_6]^{2+}$ 与五氨·异烟碱酰胺合钴(III)离子 $[(NH_3)_5CoL]^{2+}$ 的还原速率随烟酸根 L 的空间位阻增大而减小。桥基中含有共轭双键，其反应速率可大大加快，例如，

前者在骨架上含有双键，它被 $[Cr(H_2O)_6]^{2+}$ 还原的速率比后者要大很多。

电子在内层中转移桥基好似作为导线，电子转移有两种方式。一种方式如下所示：

$$[Co(NH_3)_5Cl]^{2+} + [Cr(H_2O)_6]^{2+} + 5H_3O^+ \xrightarrow{H^+} [Co(H_2O)_6]^{2+} + [CrCl(H_2O)_5]^{2+} + 5NH_4^+$$

$\quad (t_{2g})^6 \qquad\qquad (t_{2g})^3(e_g)^1 \qquad\qquad\qquad\qquad (t_{2g})^5(e_g)^2 \qquad (t_{2g})^3$

当电子从 Cr(II)移向 Cl^- 的同时，也有电子从 Cl^- 移向 Co(III)，即氧化还原反应同时发生，这种方式称为共振机理。如果从 Cr(II)放出电子到配体后，不是同时有电子向 Co(III)

转移，则 Co(III) 的还原就不能立即发生，这时桥联配体成为瞬时的自由基，这称为自由基机理或化学机理。含有π电子的有机基团作为桥基，易形成自由基机理，如在含卟啉的金属大环的生物体系中，当电子转移时，若电子位于环上常采取自由基机理。

总结起来，内层机理的特点：

两个反应配合物在电子转移过程中，每个配合物的配位内界一般要发生变化，首先在发生电子转移前，氧化剂和还原剂之间发生取代反应，生成双核桥基中间体，然后电子通过桥联配体从还原剂转移到氧化剂，双核桥基中间体的形成过程中伴随着键的断裂和形成，电子转移过程中并常伴有桥基配体的定量转移。

反应物中氧化剂是取代惰性的，并至少含有一个潜在的成桥基团，还原剂是取代活性的。

电子转移速率通常比可比较的外界电子转移反应快得多。

4.2.4　异构化反应

配位化合物的异构现象是指分子式相同而原子间的连接方式或者配体在空间的排列方式不同而引起的结构和性质不同的现象。配合物的异构现象不仅影响其物理和化学性质，也会影响配合物的稳定性和键的性质。异构化反应主要有消旋异构化、顺反异构化、键合异构化等。本节简要介绍消旋异构化反应。

凡能引起平面偏振光向相反方向旋转的异构体称具有光学活性的光学异构体。已经知道，$M(AA)_3$ 型的螯合物以旋光异构体存在，如图 4-8 所示，$[Co(en)_3]^{3+}$ 具有旋光性。

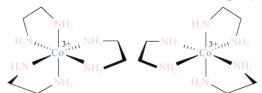

图 4-8　M(AA)$_3$ 型螯合物的绝对构型

当配位体本身不对称时，如 $[MA_3B_3]$，也有几何异构体：面式和经式（子午式），如图 4-9 所示。每一个几何异构体都有一对对映体，所以一个 $M(AB)_3$ 型的螯合物有四种不同的分子。这类螯合物的对映体相互转化，以至得到外消旋混合物。异构体相互转化的反应引起了人们很大的兴趣。当金属离子是惰性型时，外消旋过程可以由测量旋光性随时间的变化来追踪。外消旋反应的机理近年来研究很多。已经提出的外消旋机理可以分为两类，即至少有一个键断裂的机理和无键断裂的机理。以下分别做简单介绍。

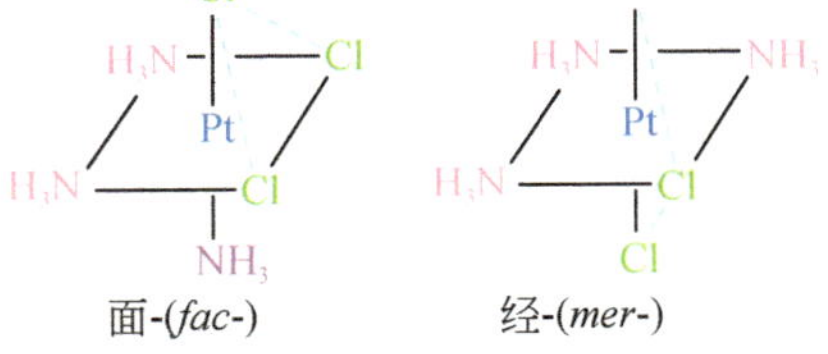

面-(*fac*-)　　经-(*mer*-)

图 4-9　[PtCl$_3$(NH$_3$)$_3$] 的几何异构

1. 键断裂机理

在这种机理中，以配体与中心离子间化学键的断裂（配体离解）作为速率决定步骤，外消旋速率常数 k_r 应当与配体离解速率常数大致相当，决不应有 $k_r > k_d$ 的情况。因此分别测定 k_r 与 k_d，并进行比较即可得到是否可能以这种机理反应的证明。一个例子是 $[Ni(phen)_3]^{2+}$ 的外消旋作用。经测定 $k_r = 1.5 \times 10^{-4} \ s^{-1}$，$k_d = 1.6 \times 10^{-4} \ s^{-1}$。这说明外消旋作用可能是以键断裂机理进行的。较早提出的键断裂机理如图 4-10 所示。

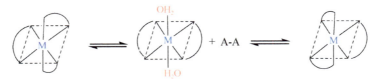

图 4-10　键断裂异构化反应机理

一个配体首先完全离解，配合物转化为正方形构型，不对称性因而消失了（具有对称面）。当这个配体重新螯合上去时，形成 Δ 构型和 Λ 构型的概率各为 50%，于是形成外消旋体。后来，考虑到一个配体的完全离解需断裂两个化学键，能量消耗较大，似乎不可能。更为合理的离解机理可能是只断裂一个化学键，配体的一端从金属脱离，形成五配位过渡配合物。这个过渡状态可能是三角双锥，也可能是正方角锥，如图 4-11 所示。因此，证明确切的反应途径十分困难。

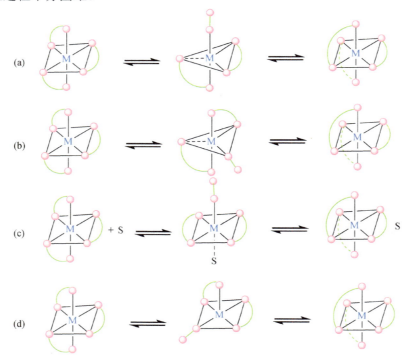

图 4-11　键断裂机理的几种可能的模型

（a）、（b）三角双锥过渡态；（c）、（d）四角锥过渡态

2. 无键断裂的机理

当 $k_r > k_d$ 时，键断裂机理必然被排除。例如[Fe(phen)$_3$]$^{2+}$的外消旋作用，$k_r = 6.7 \times 10^{-4}$ s^{-1}，$k_d = 0.70 \times 10^{-4}$ s^{-1}，这时键断裂机理是不可能的。为此，提出了无键断裂的键弯曲机理：一个是首先由雷-达特（Ray-Dutt）提出的菱形弯曲；另一个是首先由贝勒（Bailar）提出的三角形弯曲。这两种机理示意如图 4-12 所示。

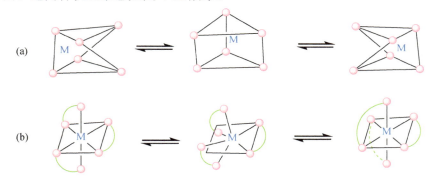

图 4-12　外消旋的无键断裂机理

（a）三角形弯曲；（b）菱形弯曲

应用不对称二酮为配体，研究 M(二酮)$_3$型的螯合物，可以获得对异构化和外消旋作用的知识。下面以 Co(CH$_3$COCHCOCH(CH$_3$)$_2$)在 C$_6$H$_5$Cl 溶液中的反应为例说明这类研究的结果。实验证明，外消旋作用和异构化作用都是分子内过程，它们以几乎相同的速度进行，活化能的差别在实验误差以内，因而认为两个过程具有相同的过渡态。这就排除了弯曲机理的可能性，因为异构化反应只能由键断裂机理进行。对产物的立体化学的详细研究表明，反应主要是通过一个三角双锥的中间过渡态，一端摘下，一端挂着的配体是在轴向位置进行的，即是按照图 4-12（b）机理进行的。

对于键弯曲机理，当中心离子-配体之间的键很强、不易断裂，而且配体的齿角较小时，则有利于三角形弯曲机理。前者造成键的柔韧性，后者有利于转变成三角棱柱形的过渡状态。例如，图 4-13 中的铁配合物构型的外消旋作用就容易按照键弯曲机理发生外消旋化。

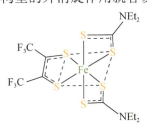

图 4-13　通过键弯曲外消旋化的铁配合物的构型

参 考 文 献

曹锡章, 杨开海, 修正坤, 等, 1990. 配位化学. 长春: 吉林大学出版社.

戴安邦, 1987. 配位化学. 北京: 科学出版社.

李晖, 2020. 配位化学(双语版). 北京: 化学工业出版社.

刘祁涛, 2002. 配位化学. 沈阳: 辽宁大学出版社.

罗勤慧, 2012. 配位化学. 北京: 科学出版社.

杨昆山, 1987. 配位化学. 成都: 四川大学出版社.

游效增, 孟庆波, 韩万书, 2000. 配位化学进展. 北京: 高等教育出版社.

张祥麟, 康衡, 1986. 配位化学. 长沙: 中南工业大学出版社.

卓立宏, 郭应臣, 2005. 简明配位化学. 开封: 河南大学出版社.

朱声逾, 周永治, 申泮文, 1990. 配位化学简明教程. 天津: 天津科技出版社.

习　　题

1. 预测下列配合物的活性或惰性，并说明理由。

   $[Ti(H_2O)_6]^{3+}$，$[Sc(H_2O)_6]^{3+}$，$[Mn(H_2O)_6]^{2+}$，$[V(H_2O)_6]^{3+}$，$[Ti(H_2O)_6]^{3+}$，$[Mn(CN)_6]^{3-}$，$[Al(C_2O_4)_3]^{3-}$，$[Cr(C_2O_4)_3]^{3-}$，$[CoF_6]^{3-}$(高自旋)，$[Mn(CN)_6]^{3-}$，$[Fe(H_2O)_6]^{2+}$，$[Fe(CN)_6]^{4-}$

2. 试写出以 $K_2[PtCl_4]$ 为原料合成下面配合物的反应方程式，并说明理由。

   $[PtCl_3(NH_3)]^-$，$[PtClBr(NH_3)(py)]$，*cis*-$[PtCl_2(NH_3)(NO_2)]^-$，*trans*-$[PtCl_2(NH_3)(NO_2)]^-$

3. 判断下列反应的产物是什么？

$$[Pt(CO)Cl_3]^- + NH_3 \longrightarrow$$

$$[Pt(NH_3)Br_3]^- + NH_3 \longrightarrow$$

$$[(C_2H_4)PtCl_3]^- + NH_3 \longrightarrow$$

4. $[IrCl_6]^{2-}$ 和 $[IrCl_5]^{3-}$ 之间的电子转移反应是按外层反应机理进行的，试估计这个反应进行得快还是慢？

5. 用以下事实确定是内层机理还是外层机理？

   （1）$[Cr(NCS)F]^+$ 和 Cr^{2+} 反应，主要产物是 CrF^{2+}；

   （2）$[Co(NH_3)_5(py)]^{3+}$ 被 $[Fe(CN)_6]^{4-}$ 还原的速率与 py 被其他配体所取代的种类无关；

   （3）$[Co(NH_3)_5(NCS)]^{2+}$ 被 Ti^{3+} 还原的速率比对 $[Co(NH_3)_5(N_3)]^{2+}$ 还原的速率小 36000 倍。

6. $[Co(en)F_2]NO_3$ 的水解速率随溶液中酸碱度增加而增加，当 pH 低于 2.0 或高于 6.0 时均呈线性增加，请用速率方程对速率改变予以解说。

7. $[Co(edta)Cl]^{2-}$ 和 $[Co(edta)(H_2O)]^-$ 被各还原剂在 25℃时还原的速率常数之比如下，试说明各反应是外层机理还是内层机理？

一些 OS 机理的二级反应速率常数

还原剂	k_{Cl}/k_{aq}
$[Fe(CN)_6]^{4-}$	33
Ti^{3+}	31
Cr^{2+}	2×10^3
Fe^{2+}	7.3×10^3

阅 读 材 料

诺贝尔化学奖获得者亨利·陶布——配合物氧化还原电子转移理论的奠基人

亨利·陶布（Henry Taube），化学家。他的研究兴趣是氧化还原反应，其中对金属配位化合物电子转移机理的研究更是使得他获 1983 年诺贝尔化学奖。

陶布父母来自德国，后来迁到加拿大，他生于加拿大萨斯喀彻温。他的父母均为农民。中学时，他对英国文学甚感兴趣，化学成绩虽然不错，但起初他对化学没特别大的热忱。但是，当他在柏克莱加州大学修读时，他感受到那里的人们对化学的热诚、勇于承认不足和诚恳向人学习的态度，这深深触动了他，让他的内心发生了巨大的改变，决心投身化学领域。他在加拿大萨斯喀彻温大学分别获得学士、硕士学位，后于 1940 年在美国加利福尼亚大学伯克利分校获得博士学位，随后在大学担任教职，曾两次担任斯坦福大学化学系主任。

亨利·陶布
化学家，诺贝尔化学奖获得者

1983 年 10 月 19 日，瑞典皇家科学院宣布将诺贝尔化学奖授予美国斯坦福大学无机化学教授陶布，奖励他对于金属络合物氧化还原机理的杰出研究。他的研究有助于其他科学家理解工业触媒、酶以及颜料和电超导体的电荷转移络合物中金属的作用。陶布在电荷转移反应的研究中发现，电子可以从一种金属离子直接通过配位体，或者借助于配位体的转移而跑到另一种金属离子上。他首次制备了混合价金属，如钌和钴的化合物，并研究电子通过金属间配位体桥的反应速度。他在金属离子化学其他方面的工作对于反应性的现代认识也很重要。他首次测定了与许多金属络合的水分子的数目、稳定性及其空间构型。这些都是无机化学结构的基本问题。无论是实验室溶液、许多工业过程或者各种生命体系，其中的金属大都结合着一定数目的水分子。这种结合水的有关问题一直没有得到认真的研究，而陶布发展了解决这种问题的方法。此外，对于金属络合物的活性或惰性与金属离子 d 电子数目的关系，陶布也找到了一些规则。他对平面正方形络合物进行的动力学研究，揭示出这类络合物的取代反应包含一个二级位移机理。

纵观陶布的一生，从一个文学爱好者到诺贝尔化学奖获得者，他在人生的经历中找到了自己真正的初心，成就了成功的人生。相信化学家陶布的人生历程对初入科研领域的年轻人在做关于人生的规划时，具有重要启迪意义。

第 5 章　配合物的立体结构和异构现象

Chapter 5　Stereostructure and Isomerism of Complexes

关于配合物空间构型的问题一直是配位化学领域学者关注的重要方面，维纳尔（Werner）建立配位学说之初就重点阐述了配合物空间构型。配合物的立体结构以及由此产生的各种异构现象是研究和了解配合物性质和反应的重要基础。有机化学的发展奠基于碳的四面体结构，而配合物立体化学的建立主要依靠 Co(III) 和 Cr(III) 配合物的八面体模型。本章主要讨论具有不同配位数的配合物中配体的几何排列引起的配合物空间构型的变化情况。深入了解这方面的内容对于理解配位键的性质、配合物合成方法设计、揭示配合物反应机制都具有重要意义。

5.1　配位数与配合物的空间构型

配位化学奠基人维纳尔首先认识到与中心原子键合的配位数是配合物的特性之一。实验表明：中心原子的配位数与配合物的立体结构有密切关系，配位数不同，配合物的立体结构也不同；即使配位数相同，由于中心原子和配体种类以及相互作用不同，配合物的立体结构也可能不同。

5.1.1　配合物中心原子的配位数

配合物中心原子的配位数与中心原子本身及配体的特性都有关系。

1）中心原子和配体所带电荷的影响

● 配体相同时，中心原子所带的正电荷越多，显然吸引带负电荷或显负电性配体的能力也就越强，配位数越高。比如，Cu^+ 与 NH_3 形成配离子的配位数为 2，而 Cu^{2+} 与 NH_3 形成配离子的配位数则为 4。

● 中心原子相同时，配体所带的负电荷越多或负电性越强，配体越容易提供电子与中心原子形成配位键，但是也会导致配体间的斥力增加，结果可能使配位数降低。比如，Ni^{2+} 与中性配体 NH_3 可以形成 6 配位，但是和带负电荷的 CN^- 只能形成 4 配位。

2）中心原子的价电子层数目的影响

对于第二周期的中心原子，能提供的价轨道为 2s 和 2p，最大可容纳 4 对电子，因此配位数最大为 4；第三及更高周期的中心原子，能提供的价轨道不仅有 ns 和 np，有时 nd 轨道也会参与，因此常见的配位数较大，为 4 和 6；对于第二、第三过渡系元素及镧系和锕系元素，价轨道的能级相近，甚至 nf 轨道都能参与成键，所以高配位数的配合物很常见，最高可达 16。

3）配体的尺寸和刚性的影响

● 一般来说，配体尺寸越大，大基团越靠近中心原子，产生的空间位阻效应越大，通常都会使中心原子的配位数降低。

● 配体配位时往往会发生构型及空间取向的调整。因此，配体的刚性越大，越不利于配位时构型及空间取向的调整，通常会降低中心原子的配位数。

5.1.2　低配位数配合物的空间构型

低配位数的配合物一般是指配位数为 1～7 的配合物。下述介绍这些配合物的配位数与其空间构型。

1. 配位数为 1 的配合物

配位数低的配合物结构虽然简单，但是数量并不多。配位数为 1、2 及 3 的配合物数量很少。直至最近才得到几个含一个单齿配体的配合物，如 2,4,6-三苯基苯合铜(Ⅰ)、2,4,6-三苯基苯合银(Ⅰ)及 2,6-二(2,4,6-三异丙基苯基)苯合铊(Ⅰ)，结构见图 5-1。它们实际上属于有机金属化合物，中心原子与一个大体积单齿配体键合，空间构型为直线型，空间点群为 $D_{\infty h}$。

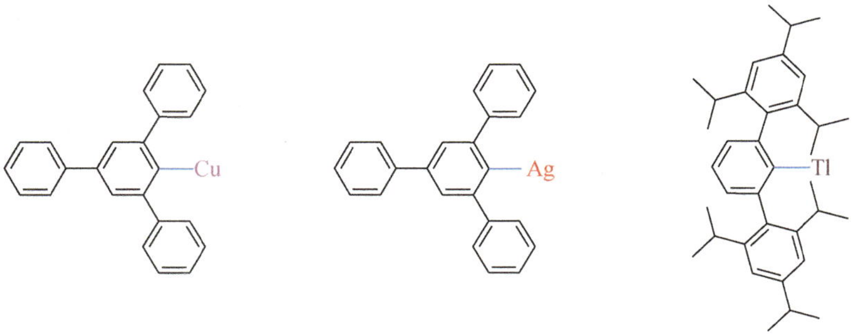

图 5-1　具有大尺寸芳香单齿配体的配合物结构

2. 配位数为 2 的配合物

中心原子的电子组态 d^{10}、d^0 及少数主族 s^0 离子，如 Cu^+、Ag^+、Au^+、Hg^{2+} 的配合物是 d^{10} 构型的代表，$[MoO_2]^{2+}$ 和 $[UO_2]^{2+}$ 是 d^0 构型的代表，Be^{2+} 配合物是中心离子为 s^2 构型的代表。

以 d^{10} 构型的 Cu^+、Ag^+ 和 Au^+ 为中心离子的二配位的典型配合物为 $Cu(NH_3)_2^+$、$Ag(CN)_2^-$、$Au(I)_2^-$ 等，如图 5-2 所示。

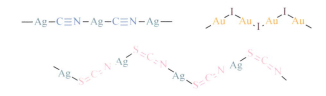

图 5-2　一些配位数为 2 的配合物结构

这些配合物的配体–金属–配体键角为 180°，为直线型。

中心离子为 d^{10} 的情况下，配位键可认为是配位体的σ轨道和金属原子的 sp 杂化轨道重叠的结果。在过渡金属的 d 轨道参与成键的时候，假定这种键位于中心离子的 z 轴上，这时用于成键的金属的轨道将不是简单的 sp_z 杂化轨道，而是具有 p_z 成分，d_{z^2} 成分和 s 成分的 spd 杂化轨道了。

中心离子为 d^0 的情况下，金属仅以 d_{z^2} 和 s 形成 ds 杂化轨道，配体沿 z 轴与这个杂化轨道形成σ配位键，与此同时金属的 d_{xz} 和 d_{yz} 原子轨道分别和配体在 x 和 y 方向的 p 轨道形成 p_π-d_π 两个π键。结果是能量降低，加强了配合物的稳定性。

具有 s^0 主族金属元素离子 Be^{2+} 也可以形成配位数为 2 的直线构型的配合物，如图 5-3 所示。

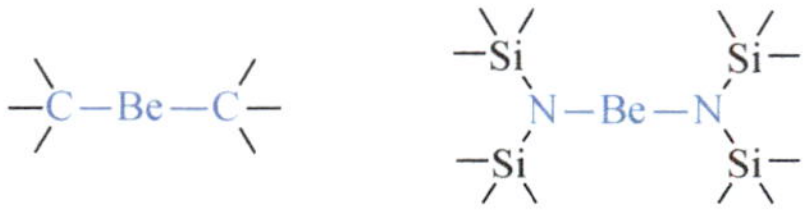

图 5-3　直线型二配位铍配合物

同时，如果配体的体积较大，其他组态的金属离子也能形成直线构型的配合物，比如具有 d^5 构型的 Mn^{2+} 离子（图 5-4）。

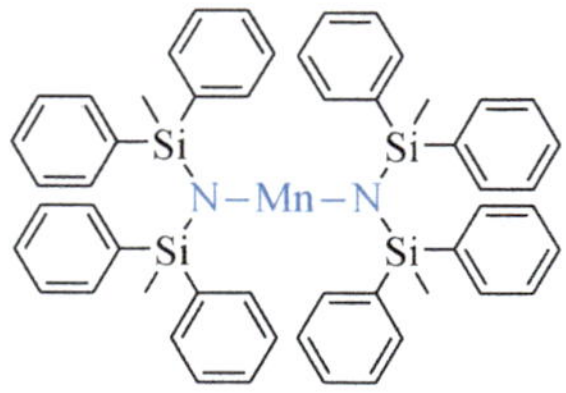

图 5-4　二配位锰配合物

从上面配合物的结构可以看出，与配位数为 1 的配合物相似，配位数为 2 的配合物的配体尺寸一般也很大。

3. 配位数为 3 的配合物

配位数为 3 的金属配合物比较少，其构型有两种可能：平面三角形（D_{3h}）和三角锥形（C_{3v}）。

平面三角形配合物中，配位键键角 120°，其中 sp^2、dp^2 或 d^2s 杂化轨道与配体的适合轨道成键，采取这种构型的中心原子一般为：Cu^+、Hg^+、Pt^0 及 Ag^+，如$[HgI_3]^-$、$[AuCl_3]^-$、$[Pt^0(PPh_3)_3]$等。

已经确认的如 $KCu(CN)_2$，是一个聚合的阴离子，其中每个 $Cu(I)$ 原子与两个 C 原子和一个 N 原子键合。$[Cu(Me_3PS)_3]Cl$ 和$[Cu(Me_3PS)Cl]_3$中的 Cu 都是三配位的（图 5-5）。

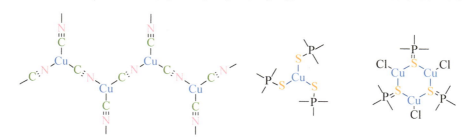

图 5-5　典型三配位铜配合物

三角锥配合物的中心原子具有非键电子对，并占据三角锥的顶点，如$[SnCl_3]^-$（图 5-6）和$[AsO_3]^{3-}$。

需要注意的是，并非化学式为 MX_3 的配合物都是三配位的。例如，$CrCl_3$ 为层状结构，是六配位的；$CuCl_3$ 是链状的，为四配位，其中含有氯桥键；$AuCl_3$ 也是四配位的，确切的分子式为 Au_2Cl_6（图 5-7）。

图 5-6　配合物$[SnCl_3]^-$结构　　　　**图 5-7　$AuCl_3$ 配位结构**

4. 配位数为 4 的配合物

四配位是常见的配位模式，包括平面正方形（T_d）和四面体（D_{4h}）两种构型。

一般非过渡元素的四配位化合物都是四面体构型，比如 $AlF_4^-(d^0)$ 和 $SnCl_4(d^0)$等。这是因为采取四面体空间排列（图 5-8），配体间能尽量远离，静电排斥作用最小。但是，除了用于成键的 4 对电子外，还多余 2 对电子时，也能形成平面正方形构型。此时，2 对电子分别位于平面的上下方，如 XeF_4 就属于这种情况（图 5-8）。

图 5-8　$SnCl_4$ 和 XeF_4 的分子构型

过渡金属的四配位化合物既有四面体形，也有平面正方形构型。究竟采用哪种构型需考虑下列两种因素的影响：①配体之间的相互静电排斥作用；②配位场稳定化能的影响。

一般地，当 4 个配体与不含有 d^8 电子构型的第一过渡金属离子或原子配位时可形成四面体构型配合物，尤其是 Fe^{2+}、Co^{2+} 以及具有球形对称的 d^0 和 d^5（高自旋）或 d^{10} 组态的金属离子，配位场稳定化能小，配体间静电排斥作用的影响占主导，所以配体尽量远离形成四面体构型配合物。

而 d^8 组态的过渡金属离子或原子（强场），比如：Ni^{2+} 和第二、三过渡系的 Rh^+、Ir^+、Pd^{2+}、Pt^{2+} 及 Au^{3+} 等一般是形成平面正方形配合物，如 $[Ni(CN)_4]^{2-}(d^8)$、$[Pt(NH_3)_4]^{2+}(d^8)$、$[PdCl_4]^{2-}(d^8)$。这时，在强场中 d^8 组态的金属中心在平面正方形场中配体场稳定化能较大，占主导地位，因此配合物倾向采取平面正方形构型（图 5-9）。但是，有的 d^8 组态的金属中心原子太小或配位体原子太大，以致不可能形成平面正方形时，也可能形成四面体的构型。

图 5-9　$[Ni(CN)_4]^{2-}$ 和 $[Pt(NH_3)_4]^{2+}$ 配离子的分子构型

5. 配位数为 5 的配合物

五配位配合物主要有两种构型，三角双锥（D_{4h}）和四方锥（C_{4v}），其中三角双锥更为常见。目前，所有第一过渡系的金属都可以生成五配位配合物。然而，第二和第三过渡系的金属具有较大的半径，使配体间的斥力较小，形成更多配位键，总键能较大，因此易形成更高配位数的配合物。

形成三角双锥的配合物有 $[Fe(CO)_5](d^0)$、$[Mn(CO)_5]^-(d^8)$、$[CuCl_5]^{3-}(d^9)$、$[CdCl_5]^{3-}(d^{10})$，一般具有 d^0、d^8、d^9 及 d^{10} 电子组态。图 5-10 给出了 $[Fe(CO)_5]$ 的分子构型。

构型为四方锥的五配位配合物有高自旋的 $[MnCl_5]^{2-}(d^4)$ 和 $[Co(CO)_5]^{3-}(d^7)$、$[InCl_5]^{3-}(d^{10})$ 及双核 $[Cu_2Cl_8]^{4-}(d^9)$ 等。图 5-11 给出了 $[InCl_5]^{3-}$ 配离子的构型。

图 5-10　$[Fe(CO)_5]$ 的分子构型　　　　图 5-11　$[InCl_5]^{3-}$ 配离子的分子构型

五配位配合物的这两种典型构型的热力学稳定性相近易于互相转化，例如在 $Ni(CN)_5^{3-}$ 的结晶化合物中，两种构型共存。这是两种构型具有相近能量的有力证明。

应当指出，虽然有相当数目的配位数为 5 的配合物分子已被发现，但这种奇配位数的化合物比配位数为 4 和 6 的化合物要少得多。如 PCl_5，在气相中是以三角双锥的形式存在，但在固态中则是以四面体的 PCl_4^+ 离子和八面体的 PCl_6^- 离子存在。因此，在根据化学式写出空间构型时，要了解实验测定的结果，以免判断失误。

6. 配位数为 6 的配合物

对于过渡金属，六配位是最普遍且最重要的配位数。经典配位化学中对于六配位八面体构型配合物的成键方式和立体构型最为关注，成为其他配位数配合物构型及成键方式研究的基础。六配位的配合物构型主要是八面体（O_h）和三棱柱（D_{3h}）。中心原子采取 d^2sp^3 或 sp^3d^2 杂化。比如，$PtCl_6^{2-}$ 为八面体构型，二巯基二苯基乙烯和 Re 中心能够产生构型为三棱柱的配合物[$Re(S_2C_2Ph_2)_3$]（图 5-12）。

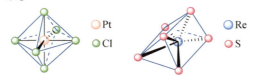

图 5-12　$PtCl_6^{2-}$ 和 [$Re(S_2C_2Ph_2)_3$] 的分子构型

八面体构型也可被认为是三方反棱柱构型，将两个三角形平面按一定的角度旋转即可变为三棱柱构型。

八面体是对称性很高的配合物构型，但是配体、环境力场及金属中心的 d 电子的效应都有可能引起八面体构型的畸变（图 5-13）。八面体构型中最常见的畸变是四方形畸变，包括八面体沿一个四重轴压缩或者拉长的两种变体。八面体构型的另外一种常见变形是三方形畸变，它包括八面体沿三重对称轴的缩短或伸长，转变成三方反棱柱体。

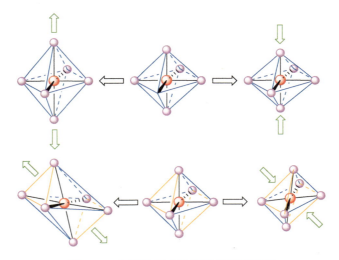

图 5-13　八面体配合物构型的典型畸变

7. 配位数为 7 的配合物

具有七配位的配合物较为少见，主要有三种构型：五角双锥（D_{5h}）、单帽三棱柱（C_{2v}）和单帽八面体（C_{3v}），如图 5-14 所示。其中，五角双锥构型的对称性较高。

这三种构型能量相近，结构互变需要的能量较低，比如在 $Na_3[ZrF_7]$ 中，配阴离子 [ZrF_7]$^{3+}$ 为五角双锥结构，但是在 $(NH_4)_3[ZrF_7]$ 中则为单帽三棱柱构型。

五角双锥配合物的中心离子一般采用 d^3sp^3 杂化与配体轨道成键，如 $Na_3[ZrF_7]$、$K_3[UF_7]$、$Na_3[HfF_7]^{3+}$等。

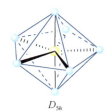 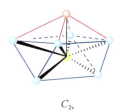 

D_{5h} C_{2v} C_{3v}

图 5-14　配位数为 7 的配合物常见构型

单帽三棱柱构型是在六配位的三棱柱构型基础上，在棱柱的矩形面上引入第 7 个配体形成的，中心离子采取 d^5sp 杂化与各配体轨道成键。

单帽八面体构型是在八面体构型的基础上，在其中一个三角形面上引入第 7 个配体，中心离子采取 d^4sp^2 杂化与配体轨道成键。

可以发现：

● 在中心离子周围的 7 个配位原子所构成的几何体远比其他配位形式所构成的几何体对称性要差得多。

● 这些低对称性结构要比其他几何体更易发生畸变，在溶液中极易发生分子内重排。

● 含 7 个相同单齿配体的配合物数量极少，含有两个或两个以上不同配位原子所组成的七配位配合物更趋稳定，结果又加剧了配位多面体的畸变。

在过去发现的七配位的配合物中，中心原子主要集中于较大的第二或第三过渡系的元素。第一过渡系的元素一般形成四或六配位的配合物。但是，现在的发现改变了这一传统认知，只要选择合适的配体，第一过渡系的元素也能够形成七配位的配合物，比如和大环配体形成平面五配位的配合物，平面上下可被 H_2O、SCN^-、Cl^- 等较小配体占据形成五角双锥七配位结构。

5.1.3　高配位数配合物的空间构型

八配位和八配位以上的配合物被称为是高配位化合物。这些配合中心原子周围的配位原子较多，只有满足一定的条件才能够形成。

一般而言，形成高配位化合物必须具备以下 4 个条件：

● 中心金属离子体积较大，而配体要小，以便减小空间位阻；

● 中心金属离子的 d 电子数一般较少，一方面可获得较多的配位场稳定化能，另一方面也能减少 d 电子与配体电子间的相互排斥作用；

● 中心金属离子的氧化数较高；

● 配体电负性大，变形性小。

综合以上条件，高配位的配合物，其中心离子通常是有 $d^0 \sim d^2$ 电子构型的第二及第三过渡系列的离子及镧系、锕系元素离子，而且它们的氧化态一般大于+3；而常见的配体主要是 F^-、O^{2-}、CN^-、NO_3^-、NCS^- 及 H_2O 等。

1. 配位数为 8 的配合物

配位数为 8 的配合物有 5 种基本构型：四方反棱柱（D_{4d}）、三角十二面体（D_{2d}）、立方体（O_h）、双帽三棱柱（D_{3h}）及六角双锥（D_{6h}），如图 5-15 所示。其中，四方反棱柱和三角十二面体构型较为常见。立方体构型中的配体距离比较近，排斥作用比较强，容易转化成四方反棱柱和三角十二面体构型。

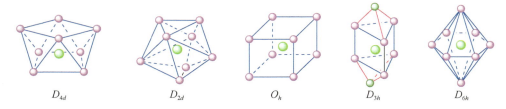

D_{4d}　　　　D_{2d}　　　　O_h　　　　D_{3h}　　　　D_{6h}

图 5-15　配位数为 8 的配合物常见构型

$[U(NCS)_8]^{4-}$配离子具有四方反棱柱构型，$[Mo(CN)_8]^{3-}$配离子为三角十二面体构型。此外，$[PaF_8]^{3-}$为立方体构型，$[UF_8]^{4-}$为双帽三棱柱构型，含有 3 个草酸根配体的$[VO_2(C_2O_4)_3]^{4-}$具有六角双锥构型。从这些八配位的配离子结构来看，它们都具有较小的配体，且中心离子的半径大、氧化数高，符合形成高配位数配合物的条件。

2. 配位数为 9 的配合物

配位数为 9 的配合物的典型构型：单帽四方反棱柱（C_{4v}）和三帽三棱柱（D_{3h}），如图 5-16 所示。

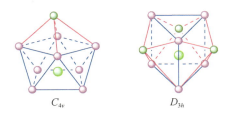

C_{4v}　　　　　　D_{3h}

图 5-16　配位数为 9 的配合物常见构型

在四方反棱柱构型的九配位配合物相当于在四方反棱柱配合四边形上面中心垂线方向再引入一个配体，$[Pr(NCS)_3(H_2O)_6]$就为该构型的九配位配合物；在三棱柱构型的配合物的 3 个矩形中心垂线方向上引入一个配体即为三帽三棱柱构型的九配位配合物，比如$[ReH_9]^{2-}$和$[TeH_9]^{2-}$都具有三帽三棱柱构型。

3. 配位数为 10 的配合物

配位数为 10 的配位多面体很复杂，通常遇到的有双帽四方反棱柱体（D_{4d}）和双帽十二面体（D_2），如图 5-17 所示。

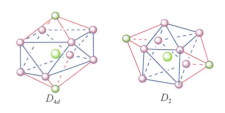

图 5-17   配位数为 10 的配合物常见构型

4. 配位数为 11 的配合物

配位数为 11 的配合物很少。理论上计算表明，配位数为 11 的配合物很难具有某个理想的配位多面体。可能的构型为单帽五角棱柱体（D_{5h}）或单帽五角反棱柱体（C_{5v}），如图 5-18所示。常见于大环配位体和体积很小的双齿硝酸根组成的配合物中，如[Th(NO₃)₄(H₂O)₃]，其中硝酸根为双齿配体；含冠醚 15-冠-5 配体的[Eu(NO₃)₃(15-C-5)]。

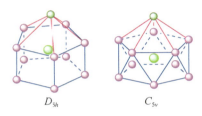

图 5-18   配位数为 11 的配合物常见构型

5. 配位数为 12 的配合物

配位数为 12 的配合物的理想构型为三角二十面体，也可叫双帽五方反棱柱（图 5-19）。配离子[Nd(NO₃)₆]³⁺、[Ce(NO₃)₆]³⁺、[Th(NO₃)₆]²⁻及[Pr(bipy)₆]³⁺等都具有该构型。

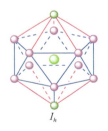

图 5-19   配位数为 12 的配合物常见构型

6. 更高配位数的配合物

配位数为 13 的配合物很难形成对称性较高的构型，一般为不规则的多面体。配合物[U(C₅Me₅)₂(CH₂Ph)(η^2-(O,C)-ONC₅H₄)]和[Th(C₅Me₅)₂(CH₂Ph)(η^2-(O,C)-ONC₅H₄)]为 13 配位的配合物。

配位数为 14 的配合物对称性较高的构型是双帽六角反棱柱（图 5-20）。一些 U 的配合物可以形成 14 配位的配合物，如[U(BH$_4$)$_4$]、[U(BH$_4$)$_4$(Ome)]及 U(BH$_4$)$_4$ · (C$_4$H$_8$O)。

配位数为 15 的配合物很少。最近，计算化学研究预测了一种较为稳定的配离子 [PbHe$_{15}$]$^{2+}$，其具有如图 5-21 所示的多四面体构型。

图 5-20　配位数为 14 的配合物常见构型　　　　**图 5-21　配位数为 15 的配合物常见构型**

目前发现的最高配位数是 16，为[U(Cp)$_2$(C$_5$Me$_5$)(CH$_2$Ph)]，构型为不规则多面体。

5.1.4　配合物空间构型的流变性

一般来说，固态时物质中的分子的原子虽然能在其平衡位置不停地振动，但是它们的振幅一般不大，故我们认为物质分子是刚性的。

然而，在溶液中的分子或离子却可以存在多种激发态，使其原子的位置能相互交换，分子的构型发生变化。这种分子构型变化或分子内重排的动力学问题称为立体化学的非刚性。如果重排后得到两种或两种以上不等价的构型称作异构化作用；如果重排后得到两种或两种以上结构上等价的构型，则称为流变作用。具有流变作用的分子称为流变分子。如果同配位数的不同构型间的能量差距不大，流变作用容易发生。

比如，五配位的化合物一般采取三角双锥和四方锥的构型，而这两种构型的热力学稳定性相近，易于互相转化。PF$_5$ 在气态时为三角双锥的构型。核磁共振数据表明，所有的F$^-$配体都是等价的。如果 F$^-$ 被电负性基团 L 所取代，则剩下的 F 位于三角双锥的轴向位置。例如，PF$_3$L$_2$，其中 2 个 F$^-$在轴向，一个 F$^-$ 和 2 个 L 在赤道。显然，F$^-$配体处于两种化学环境，核磁共振 ^{19}F 谱出现 2 组共振峰，积分面积比为 2：1。但当温度高于 100℃时，核磁共振的信号变成了一组，说明轴向和赤道的 F$^-$迅速交换，变成等价的了。

这种交换是怎么进行的呢？在图 5-22 中，以位于三角双锥赤道平面的 F*作为支点，保持不动，该平面中的另两个 F 原子在赤道平面内向支点 F*原子移动，使 F—P—F 键角由原来的120°增加到 180°。而轴向的两个 F′原子在平面 F*F′F′内向离开支点原子 F*的方向移动，

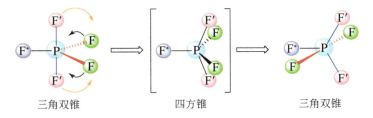

三角双锥　　　　　　　　四方锥　　　　　　　　三角双锥

图 5-22　PF$_5$ 分子构型的流变行为

键角从 180°减小为 120°。这样一来，原来的两个轴原子为 F′，现在变成了赤道原子，而原来两个赤道原子 F 现在变成了轴向原子，形成了一个新的等价的三角双锥构型。在重排中经历了四方锥的中间体。

这种机理称为成对交换机理。这种交换产生的新的构型同原来的构型是等价的，因而是一种流变作用，PF_5 属于流变分子。

配位数为八的配合物有两种构型：十二面体和四方反棱柱体。在十二面体中，有两种不同的配位原子：在第一种构型 D_{2d}-1 中，配位原子 1、4、7、8 周围有 5 个相邻原子，配位原子 2、3、5、6 周围有 4 个相邻原子；第二种构型 D_{2d}-2 中，配位原子 1、4、7、8 周围有 4 个相邻原子，配位原子 2、3、5、6 周围有 5 个相邻原子（图 5-23）。

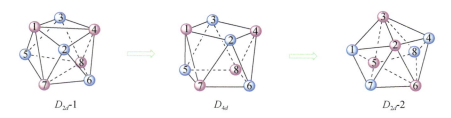

图 5-23　十二面体构型的流变行为

这两种构型可以通过如下途径进行交换。在 D_{2d}-1 中，调整配位原子 2 和 3 及 5 和 6 间的距离和共面关系，使得 1、2、3、4 及 5、6、7、8 处于同一四边形平面，配位构型变为四方反棱柱（D_{4d}）。显然，这一构型变化过程使得配位原子 1、4、7、8 和配位原子 2、3、5、6 变成等价的了。然后，将四方反棱柱（D_{4d}）中配位原子 1 和 7、4 和 8、3 和 5、6 和 2 间的距离调整，则变成另外一种构型的十二面体 D_{2d}-2，如图 5-23 所示。D_{2d}-1 和 D_{2d}-2 是等价的两种构型。

5.2　配合物的异构

立体异构的研究曾在配位化学的发展史上起决定性的作用。维尔纳配位理论最令人信服的证明就是基于他出色地完成了配位数为 4 和 6 的配合物立体异构体的分离。配合物的异构主要分为以下两大类：

实验式相同，成键原子连接的次序不同，称为构造异构（Constitution Isomerism）。构造异构包括：电离异构、溶剂合异构、键合异构、配位异构、聚合异构及配位体异构（图 5-24）。

实验式相同，成键原子的连接次序相同，但其空间排列位置不同，由此而引起的异构称为立体异构体（Stereo Isomerism）。立体异构可分为非对映异构体（Diastereo Isomerism）或几何异构（Polytopal Isomerism）和对映异构体（Enanti Isomerism）两类（图 5-24）。

一般来说，只有惰性配位化合物才可表现出异构现象，因为不稳定的配位化合物常常会发生分子内重排，最后得到一种最稳定的异构体。

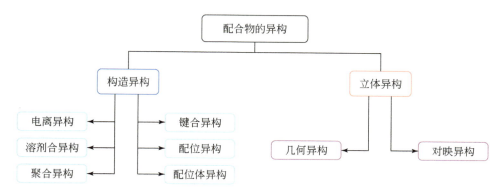

图 5-24　配合物的异构分类

5.2.1　配合物的构造异构

构造异构也叫化学结构异构，是因为配合物分子中原子与原子间成键的顺序不同而造成的。

1. 电离异构

在溶液中产生不同离子的异构体。这种异构现象是因为两种配合物虽然化学式相同，中心离子相同，但是外界的离子或分子不同。比如：$[Co(NH_3)_5Br]SO_4$ 为紫红色，$[Co(NH_3)_5SO_4]Br$ 为红色。它们在溶液中分别能产生 SO_4^{2-} 和 Br^-。室温下$[Co(NH_3)_5Br]SO_4$ 溶液可以与 $BaCl_2$ 反应生成 $BaSO_4$ 沉淀，但是与 $AgNO_3$ 不发生反应；$[Co(NH_3)_5SO_4]Br$ 与 $AgNO_3$ 反应生成 $AgBr$ 沉淀，但是与 $BaCl_2$ 不发生反应。

其他一些电离异构的配合物有 cis-$[Co(en)_2Cl_2]NO_2$（绿色）和 cis-$[Co(en)_2(NO_2)Cl]Cl$（红色）；$[Pt(NH_3)_2Br]NO_2$ 和$[Pt(NH_3)_2(NO_2)]Br$。

2. 溶剂合异构

配合物中溶剂分子在内外界分布不同所产生的异构现象称为溶剂合异构现象。与电离异构非常相似。由于处于外界的溶剂分子在溶液中极易失去，所以溶剂合异构一般限于在配合物的晶体中讨论。

下面三种氯化铬的水合物就是典型的溶剂合异构的例子。它们的分子中虽然都含有 6 个水分子，但是处于内界的水分子的数目是不同的，分别为 6、5 和 4 个。这些异构体在物理和化学性质上有显著的差异，它们的颜色分别为紫色、淡绿和深绿色。物化性质上也存在明显的差异，处于外界的水分子容易失去。因此失水温度$[Cr(H_2O)_6]Cl_3$（100℃）＞$[Cr(H_2O)_5Cl]Cl_2\cdot H_2O$（80℃）＞$[Cr(H_2O)_4Cl_2]Cl\cdot 2H_2O$（60℃）。处于外界的水分子越多，失水温度也越低；由于 Cl^- 具有较大的反位效应，进入内界后也使配离子的稳定性降低。此外，溶液摩尔导率随配合物内界水分子数减少而降低。

此外，其他一些配合物也存在溶剂合异构，比如：$[Co(en)_2(H_2O)Cl]Cl_2$ 和 $[Co(en)_2Cl_2]Cl\cdot H_2O$；$[Cr(py)_2(H_2O)_2Cl_2]Cl$ 和$[Cr(py)_2(H_2O)Cl_3]\cdot H_2O$。

除了水分子，其他具有配位能力的溶剂分子，比如醇、胺、氨等，也会引发类似的异构行为。

3. 键合异构

有些单齿配体可通过不同的配位原子与金属结合，得到不同键合方式的异构体，这种异构现象称为键合异构。这种能够以不同配位原子与同一金属离子配位的配体被称为异性双基配体（Amibidentate Ligand）。这类配体包括：CN^-、NO_2^-、SCN^-、$SeCN^-$、$S_2O_3^{2-}$ 及 $C_2O_2S_3^{2-}$ 等。比如，NO_2^- 配体，既可以 N 原子配位形成硝基配合物，也可以用 O 原子配位形成亚硝酸根配合物。约根森（Jørgensen）首先发现了黄色的 $[Co(NO_2)(NH_3)_5]^{2+}$ 和砖红色的 $[Co(ONO)(NH_3)_5]^{2+}$ 这对键合异构体〔图 5-25〕。

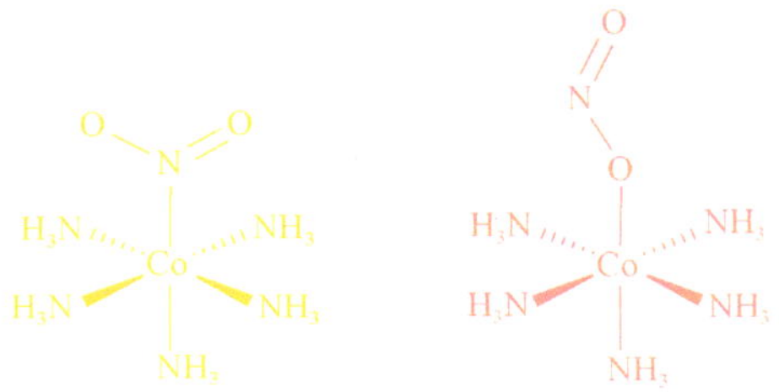

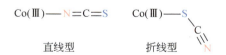

图 5-25　配合物 $[Co(NO_2)(NH_3)_5]^{2+}$ 和 $[Co(ONO)(NH_3)_5]^{2+}$ 中 NO_2^- 配体的配位方式

其他键合异构的配合物还有 $[Co(NH_3)_2(py)_2(NO_2)_2]NO_3$ 和 $[Co(NH_3)_2(py)_2(ONO)_2]NO_3$；$[Ir(NH_3)_5(NO_2)]Cl_2$ 和 $[Ir(NH_3)_5(ONO)]Cl_2$。

造成异性双基配体键合行为改变的因素比较微妙，这些因素主要与异性双基配体的配位原子和配合物内界其他配体的性质及空间效应有关。以异性双基配体 SCN^- 为例，它可以用 S 或 N 与金属离子形成配位键。当与软酸 Pd(Ⅱ) 配位时，表现出软碱特性的 S 原子倾向与之配位；当与硬酸 Co(Ⅲ) 配位时，SCN^- 则通过 N 原子与之配位，比如 $[Co(NH_3)_5NCS]^{2+}$。然而，在 $[Co(CN)_5SCN]^{3+}$ 中，SCN^- 则通过 S 原子与 Co(Ⅲ) 配位。这是因为 CN^- 属于软碱，与 Co(Ⅲ) 配位后能使 Co(Ⅲ) 变软，从而优先与 S 原子配位（图 5-26）。

此外，SCN^- 通过不同配位原子配位后的构型不同，产生不同的空间位阻效应也影响其配位模式。

$$Co(Ⅲ)\!\!-\!\!N\!\!=\!\!C\!\!=\!\!S \qquad Co(Ⅲ)\!\!-\!\!S$$

直线型　　　　　折线型

图 5-26　SCN^- 配体在 Co(Ⅲ) 配合物中的不同配位模式

显然，在 $[Co(NH_3)_5NCS]^{2+}$ 中，NH_3 配体为三角锥形，将占用 Co(Ⅲ) 周围的更多空间。这时，用 N 原子配位形成直线型结构产生更为合理；在 $[Co(CN)_5SCN]^{3+}$ 中，CN^- 配体为直线型，占用 Co(Ⅲ) 周围的空间小得多。这时，可以用 S 原子配位形成折线型。

4.配位异构

在阳离子和阴离子都是配离子的配合物中，配体的分布可以在配阳离子和配阴离子间变化，这种异构现象叫配位异构，如图 5-27 所示。

$$[Co(NH_3)_6][Cr(CN)_6] \quad 和 \quad [Cr(NH_3)_6][Co(CN)_6]$$
$$[Cr(NH_3)_6][Cr(SCN)_6] \quad 和 \quad [Cr(SCN)_2(NH_3)_4][Cr(SCN)_4(NH_3)_2]$$
$$[Pt^{II}(NH_3)_4][Pt^{IV}Cl_6] \quad 和 \quad [Pt^{IV}(NH_3)_4Cl_2][Pt^{II}Cl_4]$$

图 5-27　一些典型配位异构的例子

由图 5-27 可见，配体的种类、数目可以进行任意的组合，中心离子可以相同，也可以不同，氧化态可以相同也可以不同。

此外，配位异构还可以发生在多核配合物中，配体可以在金属中心间相互交换，造成配体在不同金属核心上的分布不同（图 5-28）。

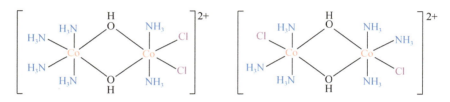

图 5-28　双核钴配合物的配位异构体

5.聚合异构

化学式相同、分子量为某一配位单元分子量不同倍数的一系列配合物称为聚合异构体。需要注意的是，这里的聚合与通常所说的把多个单体结合为重复单元的较大结构的聚合有一些差别。比如：

$[Co(NH_3)_6][Co(NO_2)_6]$　　（黄色）

$[Co(NO_2)(NH_3)_5][Co(NO_2)_4(NH_3)_2]_2$　　（橙色）

$[Co(NO_2)_2(NH_3)_4]_3[Co(NO_2)_6]$　　（橙红）

上述配合物是 $[Co(NH_3)_3(NO_2)_3]$ 的二聚、三聚和四聚异构体，其分子量分别为后者的二、三和四倍。

6.配位体异构

这种异构现象是由于配体本身存在异构体，最终导致配合物互为异构。如：

1,3-二氨基丙烷（$H_2N—CH_2—CH_2—CH_2—NH_2$）

1,2-二氨基丙烷（$H_2N—CH_2—CH(NH_2)—CH_3$）

上述两个配体是异构体，用这两个配体制备得的配合物也是异构体。

因此，$[Co(H_2N—CH_2—CH_2—CH_2—NH_2)Cl_2]$ 及 $[Co(H_2N—CH_2—CH(NH_2)—CH_3)Cl_2]$ 互为异构体。

5.2.2 配合物的立体异构

配合物分子中原子与原子间成键的顺序相同，但是因其空间排列位置不同而造成的异构称为立体异构。配合物常见的立体异构包括几何异构和对映异构。

1. 几何异构

配合物的几何异构包括多形异构和顺反异构。

多形异构　配合物分子式相同而空间构型不同造成的异构现象称为多形异构。比如：配合物［NiCl$_2$(Ph$_2$PCH$_2$Ph)$_2$］有四面体和平面四边形两种构型，如图 5-29 所示。

○ Ni
○ Cl
○ P

图 5-29　配合物[NiCl$_2$(Ph$_2$PCH$_2$Ph)$_2$]的两种构型

常见的多形异构还有五配位的三角双锥和四方锥以及八配位的十二面体和四方反棱柱体等等。

顺反异构　在配合物中，配体可以占据中心原子周围的不同位置，所研究的配体如果处于相邻的位置，称之为顺式结构，如果配体处于相对的位置，则称之为反式结构。由于配体所处顺、反位置不同而造成的异构现象称为顺反异构。顺反异构体的合成曾是维纳尔确立配位理论的重要实验根据之一。

很显然，配位数为 2 的配合物，配体只有相对的位置，没有顺式结构，配位数为 3 和配位数为 4 的四面体，所有的配位位置都是相邻的，因而不存在反式异构体，然而在平面四边形和八面体配位化合物中，顺反异构是很常见的。

1）平面四边形配合物

MA$_2$B$_2$ 型平面四边形配合物有顺式和反式两种异构体，如图 5-30 所示。

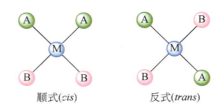

顺式(*cis*)　　　　　反式(*trans*)

图 5-30　MA$_2$B$_2$ 型平面四边形配合物的两种异构体构型

最典型的是 Pt(NH$_3$)$_2$Cl$_2$，其中顺式结构的溶解度较大，为 0.25 g/100 g 水，偶极矩较大，为橙黄色粉末，有抗癌作用；然而，反式异构体难溶，溶解度仅为 0.0366 g/100 g 水，呈亮黄色，偶极矩为 0 且无抗癌活性（图 5-31）。

图 5-31　顺铂和反铂的立体构型

含有四个不同配体的［MABCD］配合物有 3 种异构体，这是因为 B、C、D 都可以是 A 的反位基团（图 5-32），其中的角括弧表示相互成反位。

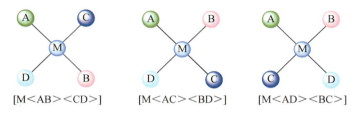

图 5-32　［MABCD］型平面四边形配合的异构体构型

不对称双齿配体的平面正方形配合物［M(A^B)$_2$］也有几何异构现象（图 5-33），式中（A^B）代表不对称的双齿配体。

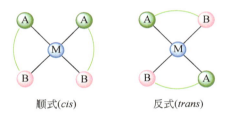

图 5-33　［M(A^B)$_2$］型平面四边形配合的异构体构型

2）八面体配合物

对于八面体构型配合物，其顺反异构体的数目与配体类型（单齿、多齿）及配体种类都有密切关系。

在八面体配合物中，MA$_6$ 和 MA$_5$B 显然没有异构体。MA$_4$B$_2$ 型八面体配合物有顺式和反式的两种异构体，如图 5-34 所示，下面两种构型中的 B 分别处于顺式和反式。

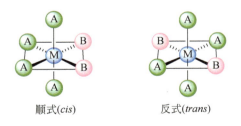

图 5-34　MA$_4$B$_2$ 型八面体配合物的异构体构型

MA$_3$B$_3$ 型配合物也有两种异构体：一种是 3 个 A 占据八面体的一个三角面的 3 个顶点，

称为面式；另一种是 3 个 A 位于正方平面的 3 个顶点，称为经式或子午式（图 5-35）。这是因为，八面体的 6 个顶点都是位于球面上。如果把 3 个 B 和 1 个 A 组成的四边形看作赤道平面，那么处于该平面上下的 2 个 A 就相当于两极，连接 3 个 A 的线相当于一条经线（子午线）。因此被称为经式或子午式。

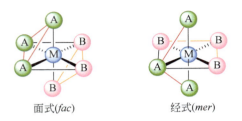

图 5-35　MA_3B_3 型八面体配合物的异构体构型

具有 3 个相同不对称双齿配体的 $[M(AB)_3]$ 也有面式和经式的两种异构体，3 个 A 处于同一个三角形的顶点为面式；3 个 A 处于同一条经线上为经式（图 5-36）。

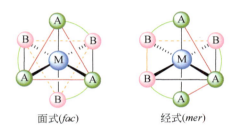

图 5-36　$[M(AB)_3]$ 型八面体配合物的异构体构型

$[MA_3(BC)D]$（其中 B^C 为不对称二齿配体）也有面式和经式构型的区别。在面式构型中，3 个 A 处于一个三角面的 3 个顶点，在经式构型中，3 个 A 在一个四方平面的 3 个顶点之上，也就是经线上（图 5-37）。

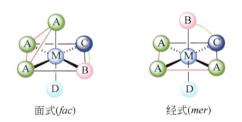

图 5-37　$[MA_3(BC)D]$ 型八面体配合物的异构体构型

具有 A^B^A 三齿配体的配合物 $[M(ABA)_2]$ 型配合物有 3 种异构体，分别为不对称面式、对称面式和经式（图 5-38）。

具有 A^B^B^A 四齿配体的配合物 $[M(A^B^B^A)C_2]$ 型配合物有 3 种异构体，分别为反式和顺式（图 5-39）。

图 5-38　[M(ABA)₂]型八面体配合物的异构体构型

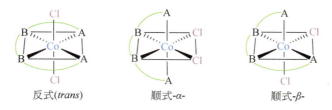

图 5-39　〔M(A^B^B^A)C₂〕型八面体配合物的异构体构型

2. 对映异构

　　配合物分子存在类似人的左手和右手的异构体，它们互为实物和镜像的关系且二者不能重叠，这种异构被称为对映异构。这种结构特性称为手性，具有这种特性的分子也叫手性分子。互为实物和镜像的两个分子互为对映体。引起这种异构行为的关键是分子中没有对称因素（面和对称中心）而引起的分子中原子或原子团在空间两种不同的排布。一对对映体可使偏振光的偏振面左旋或右旋且旋光度数相同，因此这类分子也被称为旋光分子或光活性分子。数学上已经严格证明，手性分子的必要和充分条件是不具备任意次的旋转反映轴 S_n。下面就来讨论配合物典型结构的对映异构行为。

单齿配体形成手性配合物分子

　　以八面体构型配合物为例，表 5-1 列出了各种不同单齿配体组合能够产生异构体的数目。

表 5-1　含不同单齿配体的八面体构型配合物的异构体数目

配合物类型	立体异构数目	对映体数目
[MA₂B₂C₂]	6	2
[MA₂B₂CD]	8	4
[MA₃BCD]	5	2
[MA₂BCDE]	15	12
[MABCDEF]	30	30

　　以[MA₂B₂C₂]型八面体配合物〔Pt(NH₃)₂(NO₂)₂Cl₂〕为例（图 5-40）。在该配合物的 6 个立体异构体中，**1** 和 **2** 分子内没有对称因素，它们是一对对映体；其余的分子中，**3**、**4**、**5** 均有一个对称面，分子 **6** 有两个对称面及一个对称中心。因此它们都没有对映异构行为。

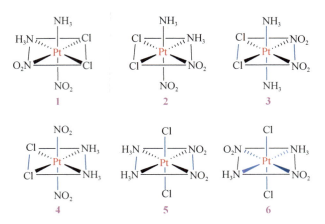

图 5-40 ［Pt(NH₃)₂(NO₂)₂Cl₂］的立体异构体

［MA₂B₂CD］型的八面体配合物[IrCl₂(PPh₃)₂(CO)(CH₃)]立体异构体的数目为 8 个（图 5-41），其中对映异构体的数目是 4 个。分子 **1~4** 均有对称面，所以它们没有对映异构体；分子 **5~8** 没有对称因素，所以它们有对映异构体。

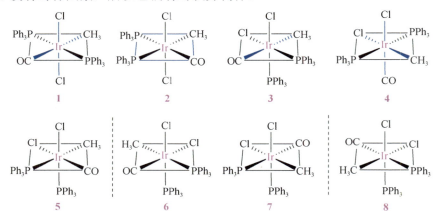

图 5-41　[IrCl₂(PPh₃)₂(CO)(CH₃)]的立体异构体

对称双齿配体和四个单齿配体形成手性配合物分子

配合物[CoCl₂(NH₃)₂(en)]含有一个对称双齿配体乙二胺，两个氯配体及两个氨配体。该配合共有 4 个异构体，其中有一对对映体（图 5-42）。

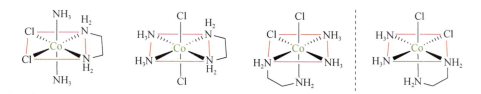

图 5-42　［CoCl₂(NH₃)₂(en)］的立体异构体

非对称双齿配体形成手性配合物分子

以［$Cu(H_2NCH_2COO)_2(H_2O)_2$］为例，配体之一甘氨酸根（$H_2NCH_2COO^-$）为 N^O 非对称双齿配体，其立体异构体如下：当水分子配体处于对位（反式）的时候，分子内有对称中心，因此分子不具有手性；水分子处于邻位（顺式）分子中都没有对称因素，所以都具有手性有对映体（图 5-43）。

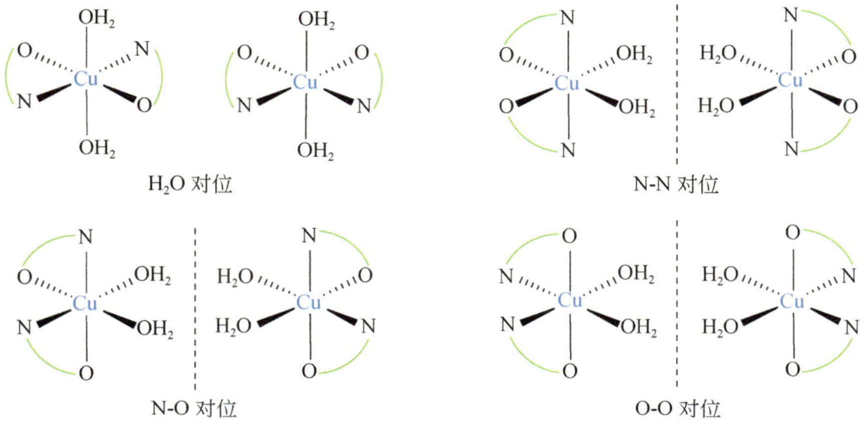

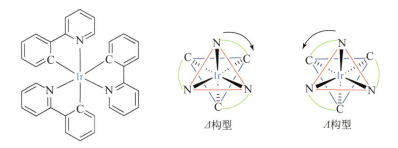

图 5-43 ［$Cu(H_2NCH_2COO)_2(H_2O)_2$］的立体异构体

[Ir(N^C)₃]具有 N^C 双齿配体，其中 N^C 双齿配体为 2-苯基吡啶。该类配合物分子也有一对对映体（图 5-44）。根据国际纯粹与应用化学联合会（IUPAC）命名委员会的建议，手性螯合物的绝对构型用Δ和Λ两个符号来表示。这两种构型的识别方法如下：选择八面体的一对平行的三角形平面以中心原子为中心投影。针对同一螯合配体，前面红色三角形的顶点到后面蓝色三角形顶点（这两个顶点为同一螯合配体的两个配位原子）的连接方向为顺时针，则构型为Δ型，逆时针者为Λ构型。

图 5-44 2-苯基吡啶[Ir(N^C)₃]型配合物的立体异构体

双桥基对称双核配合物分子

以［$(en)_2Co(\mu\text{-}NH_2)(\mu\text{-}NO_2)Co(en)_2$］为例，其中 en 为乙二胺。其异构体中虽然有手性中心，但是分子中有对称面，因此为内消旋体；另外还有一对对映体（图 5-45）。

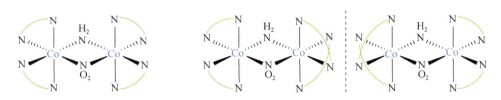

图 5-45　[(en)₂Co(μ-NH₂)(μ-NO₂)Co(en)₂]的立体异构体

对称双齿配体形成手性配合物分子

[M(A^A)₂X₂]型的六配位配合物具有对称的双齿配体，也有一对对映体（图 5-46）。

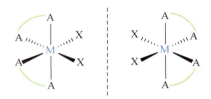

图 5-46　［M(A^A)₂X₂］型配合物的立体异构体

$[Co(en)_3]^{3+}$具有 3 个对称双齿配体乙二胺，该配离子也具有Δ和Λ两种构型，是风扇形构形，具有 D_3 点群（图 5-47）。

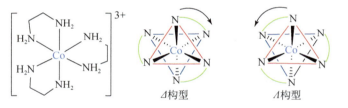

图 5-47　［Co(en)₃］³⁺的立体异构体

在该配离子中，乙二胺（en）和钴中心形成的螯环也会因为发生扭曲产生异构现象，这时 5 元螯环上的原子并不在同一个平面上，因为配位时乙二胺中的 C—C 单键可以发生扭转，表现出如下不同的构象（图 5-48）。

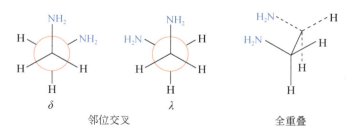

图 5-48　乙二胺和钴中心形成螯环时可能产生异构现象

当乙二胺分别以δ和λ构象螯合在中心原子上的时候，螯环扭曲产生δ和λ两种构象。$[Co(en)_3]^{3+}$含有三个螯环，每个螯环都可形成δ和λ两种构象。因此，理论上$[Co(en)_3]^{3+}$应该具有以下 4 对对映体：

$$\Lambda\delta\delta\delta\,|\,\Delta\lambda\lambda\lambda \qquad \Lambda\delta\delta\lambda\,|\,\Delta\lambda\lambda\delta \qquad \Lambda\delta\lambda\lambda\,|\,\Delta\lambda\delta\delta \qquad \Lambda\lambda\lambda\lambda\,|\,\Delta\delta\delta\delta$$

但是，单晶数据表明：实际情况是[Co(en)$_3$]$^{3+}$的构型只有两种，$\Lambda\delta\delta\delta$（+）[Co(en)$_3$]$^{3+}$和$\Delta\lambda\lambda\lambda$（−）[Co(en)$_3$]$^{3+}$

手性配体配赋予配合物分子手性

显然，如果配合物的分子中含有手性配体，那么配合物分子也将具有手性。比如：含有手性碳原子的 S-丙氨酸与钴中心配位后也能得到手性配合物（图 5-49）。

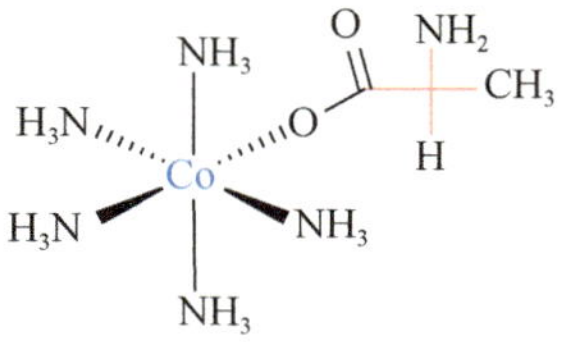

图 5-49　含有手性碳原子的 S-丙氨酸的钴配合物

配位原子成为手性中心的配体

有些配体的配位原子与中心原子配位后能够成为手性中心，从而使配合物具有手性。比如：叔胺配体就能够实现这一目标（图 5-50）。

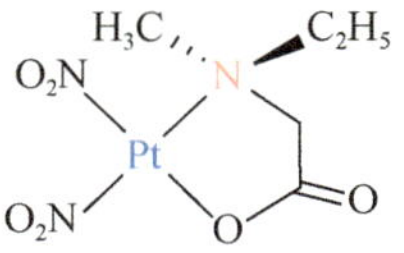

图 5-50　含叔胺配体的手性铂配合物

以上配合物具有手性是因为它们都具有手性中心。此外，由于配体结构和配位方式不同，配合物还具有以下类型：

轴手性（Axial Chirality）

轴手性称轴向手性，是手性的一种特殊情况。在这种情况下，一个分子含有两对化学基团，围绕着手性轴呈非平面排列，造成分子在其镜像上是不可叠加的。手性轴通常是由化学键决定的，该化学键受制于基团的立体阻碍而不能自由旋转，如联二萘衍生物等取代的双芳基化合物，或受制于键的扭转刚度不能自由旋转，如丙二烯 C≡C 双键。轴手性最常出现在取代的双芳基化合物中，其中围绕芳基-芳基键的旋转受到限制，因此会产生手性异构体，如各种多取代的联苯以及联二萘基化合物。这一特性如果出现在配合物中也同样能够引起配合物的轴手性。

轴手性化合物的构型标记主要有 R/S 构型标记法和 P/M 构型标记法。以下面的丙二烯衍生物为例，R/S 构型标记法的具体步骤如图 5-51 所示：从手性轴任何一端观察，将离我们眼睛近的一端上的两个基团根据取代基次序规则编号，较优的基团编号为 1，次优基团的编号为 2。然后将离我们眼睛远的一端上的两个基团也根据取代基次序规则编号，较优的基团编号为 3，次优基团的编号为 4。将 4 个基团按照从优先到不优先来进行排序，并从观测端沿着手性轴的方向看，将整个手性轴分子压缩成假费舍尔投影式。如果从 1 到 2 再到 3 是顺时针旋转，则为 R 型，如果是逆时针旋转，则为 S 型。

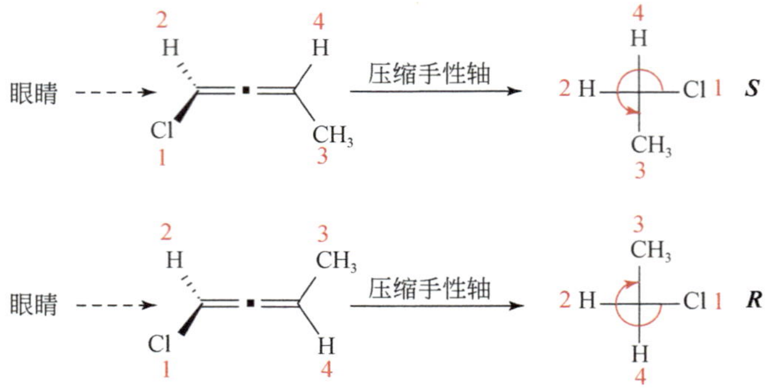

图 5-51 丙二烯衍生物轴手性异构体 R/S 构型标记

同样以上述分子为例，P/M 构型标记法的具体步骤如图 5-52 所示：将带有楔形键一端的 2 个取代基根据取代基次序规则确定出较优基团，为楔形优先基团，从这个取代基开始，沿着手性轴的方向观察，将整个手性轴分子压缩成假费舍尔投影式。然后，根据次序规则确定手性轴另一端两个取代基中的较优基团，为非楔形优先基团。如果从起始取代基（楔形优先基团）到轴另一端的优先取代基（非楔形优先基团）需要顺时针旋转，则为 P 型，如果需要逆时针旋转，则为 M 型。

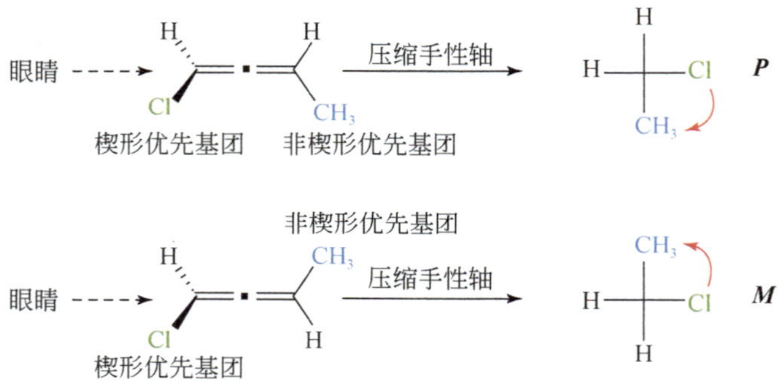

图5-52 丙二烯衍生物轴手性异构体P/M构型标记

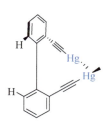

图 5-53 Hg(Ⅱ)芳炔配合物的结构

需要注意的是，上述两种轴手性化合物构型标记方法都是根据手性轴两端 4 个基团在空间排列特性来确定分子绝对构型。因此，这两种标记法是相互关联的，R 型和 M 型是对应的，S 型和 P 型是对应的。

根据上述轴手性化合物的分子构型的标记法，下面 Hg(Ⅱ)芳炔配合物的构型为 S 型或 P 型（图 5-53）。

面手性（Planar Chirality）

平面手性化合物所参照的不是一个手性中心或一

个手性轴，而是一个平面。具有平面手性的化合物主要有手柄化合物、环仿化合物、反式环烯烃、轮烯类化合物、金属茂化合物等。以下面手柄化合物为例，其分子中的苯环、溴原子及 2 个氧原子形成了一个手性平面，化合物 A 虽然没有手性中心或手性轴，却是一个手性分子。如图 5-54 所示，首先选定导向原子（Pilot Atom）P。P 原子是平面外与手性平面内原子相连的最优原子。在图 5-54 所示分子中，右边的—CH$_2$—与平面上的—Br 取代基间的距离较左边—CH$_2$—与平面上的—Br 取代基间的距离近，因此右边的—CH$_2$—中的碳原子为 P 原子。手性平面内与 P 原子较近的边为优先边，即为 ab 边。在优先边内，按照标准的次序规则排定各原子的先后顺序。优先边内与 P 原子直接相连顺序最优的原子为第 1 原子，与第 1 原子直接相连顺序最优的原子为第 2 原子，第 3 原子是平面内直接与第 2 原子相连的顺序最优的原子。因此，图中的 a、b、c 分别对应第 1、2、3 原子。最后，从 P 原子处向手性平面内观察，以 1→2→3 为顺时针方向时，为 R_p 构型；如果是逆时针方向，为 S_p 构型（图 5-54）。

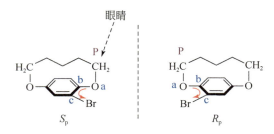

图 5-54　一种具有平面手性的环状分子的立体构型标记

参 考 文 献

戴安邦, 1987. 配位化学. 北京: 科学出版社.

弗瑞德·巴索罗, 罗纳德·C. 约翰逊, 1982. 配位化学. 宋银柱, 王耕霖, 等译. 北京: 北京大学出版社.

刘伟生, 卜显和, 2018. 配位化学(第二版). 北京: 化学工业出版社.

罗勤慧, 2012. 配位化学. 北京: 科学出版社.

孙为银, 2004. 配位化学. 北京: 化学工业出版社.

杨帆, 林纪筠, 2022. 配位化学. 上海: 华东师范大学出版社.

朱文祥, 刘鲁美, 1998. 中级无机化学. 北京: 北京师范大学出版社.

Bailar J C, 1957. J. Chem. Educ., 34: 334.

Wells A F, 1962. Structural Inorganic Chemistry. 3rd ed. Oxford: Fair Lawn, New Jersey.

习　　题

1. 为什么顺铂在水中的溶解性要大于反铂？

2. 根据下列配离子的性质来推测其分子构型。

（1）[Fe(CN)$_6$]$^{3-}$，该配离子磁矩在 2.0~2.3β_e。

（2）[CrF$_6$]$^{4-}$，该配离子中金属中心有 4 个未成对电子。

3. 为什么稀土离子容易形成高配位数的配合物?

4. 请查出 $CrCl_3$ 的晶体结构,根据查出的结果如何理解化学式和配位数间的关系?

5. 试着画出 [M(abcdef)] 的各种立体异构体。

6. 为什么 d^8 电子构型的 Ni(Ⅱ)的四配位配合物有四面体构型及平面正方形构型,而 Pt(Ⅱ)却仅有平面四边形构型的配合物被合成出来?

7. 尝试画出下面配合物的立体异构体,其中铱中心为六配位八面体构型,配体中 2 个氮原子处于反式。

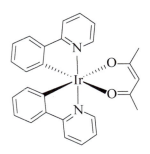

 阅 读 材 料

异构化——配合物性能调控的新出路

众所周知,化合物的性能与其结构密切相关,化合物的微观结构决定其宏观性能,化合物的宏观性能是其微观结构的反映。由于配合物的中心离子、配体、配位数及配位方式都能通过相应的手段进行调控,因此与传统的无机化合物和有机化合物相比,配合物的结构调控具有更大的空间,这就决定了配合种类繁多,结构丰富,性能多样。因此,以其多样的性能,配合物分子在众多前沿领域都具有重要的应用潜力,包括光电磁功能材料、高性能催化剂、医药及能源材料等。

对于配合物的性能调控最行之有效的方法是改变中心离子和配体,这会造成配合物的结构发生显著改变从而带来性能的改变。然而,研究发现配合物的异构体虽然结构很类似,但是往往能够表现显著不同的性能,这为配合物性能的调控提供了新出路。比如,下面两个钨的配合物,它们互为异构体。从化学结构来看是非常相似的,但它们却能够表现出显著不同的发光性能。下图中右侧的配合物发光量子产率为 29%,而其异构体的发光量子产率仅为 0.02%。显然,不同的异构体间的发光能力差了近 1450 倍。

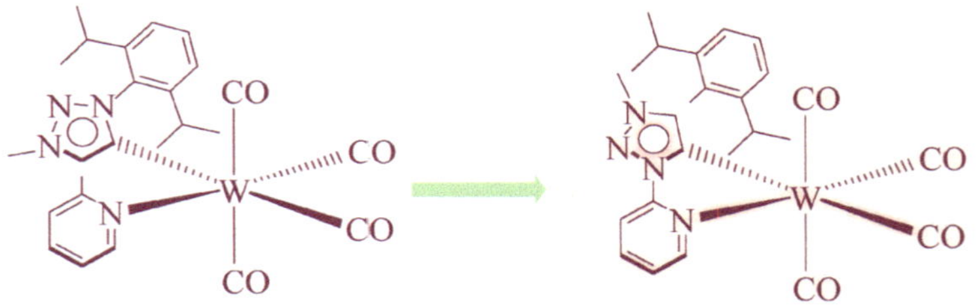

钨配合物异构体的不同发光特性

　　以硫代草酸根为桥连配体，根据硫代草酸根和金属中心配位的配位原子不同，可以得到如下 3 个互为异构体的配合物。具有 d^6 电子构型的铁中心在八面体配位环境下能够表现出高自旋或低自旋态，这会影响三种异构体的形成。在外界条件的刺激下，金属中心的自旋态能够相互切换，表现出自旋交叉特性。研究表明，这三种异构体表现出不同的磁学性质，使得它们的混合物表现出特殊的多步自旋交叉行为。

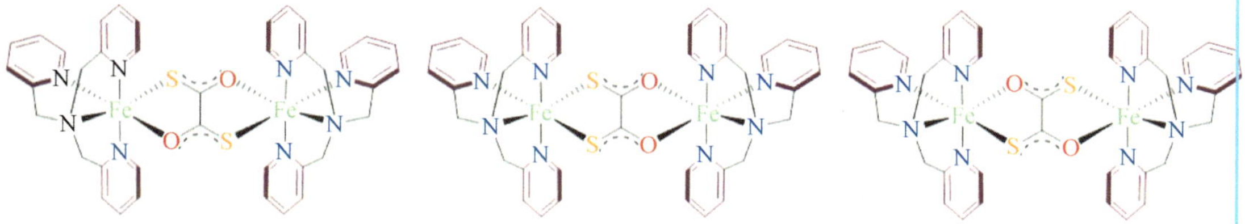

含硫代草酸根异构体的铁配合物

　　从以上两个典型例子可以看出，配合物的异构化在调控配合物的性质方面应该具有很大的空间，为配合物性能调控提供了新出路。

第 6 章 　 配合物的表征

Chapter 6　Characterization of Complexes

　　配合物的表征是研究和理解其结构、性质和功能的关键步骤，涉及多种表征手段。通过对配合物进行表征分析，有助于理解其分子结构、配位模式、光谱性质、磁学性质等信息，为其合理设计和应用提供支持和指导。本章将从吸收光谱、发光光谱、振动光谱、核磁共振波谱、光电子能谱、电子顺磁共振波谱和质谱这几种常见的表征手段进行详细介绍。

6.1　电子吸收光谱

6.1.1　紫外-可见吸收光谱（UV-Vis Absorption Spectroscopy）简介

　　电子光谱是由于分子中的价电子吸收了光源能量后，从低能级分子轨道跃迁到高能级分子轨道而引起的，其能量覆盖了电磁辐射的可见、紫外和真空紫外区。紫外-可见吸收光谱是基于分子对紫外（200～400 nm）或可见光（400～800 nm）的吸收特征发展而来的一种分析测定方法。根据朗伯-比尔定律，在一定的条件下，吸光度 A 与光程 b 及吸收物质的浓度 c 成正比：$A=\varepsilon bc$。其中，ε 为比例常数，称为摩尔吸光系数，单位为 L/(mol·cm)，它表示物质的浓度为 1 mol/L 时，液层厚度为 1 cm 时溶液的吸光度。由于不同物质的分子组成和结构不同，它们所具有的特征能级及能级差也不同，而每种物质只能吸收与它们分子内部能级差相当的光辐射，所以不同物质对不同波长光的吸收情况也不尽相同，具有选择性。因此，可以利用紫外-可见吸收光谱对物质进行定性分析、定量分析及结构分析。紫外-可见吸收光谱作为一种十分重要的表征手段，具有以下几个重要特点：

　　（1）适用范围广。大多数无机、有机和生化物质可以吸收紫外或可见光辐射，因此可以直接进行定量测定。许多非吸收物质也可以在化学转化为吸收衍生物后进行测定。

　　（2）高灵敏度。吸收光谱的典型检测限范围为 $10^{-4}\sim10^{-5}$ mol/L。该范围通常可以通过程序修改扩展到 10^{-6} mol/L 甚至 10^{-7} mol/L。

　　（3）优异的选择性。不同化合物的吸收峰具有独特性，通常情况下，可以找到分析物中某一物质单独吸收的波长。此外，在确实发生有重叠吸收带的情况下，也可基于其他波长的额外测量值进行校正，因此有时无需进行分离。当需要分离时，紫外-可见吸收光谱通常可以用于检测分离物种。

　　（4）良好的准确性。通常利用紫外-可见分子吸收光谱测量溶液的浓度相对误差在 1%～

5%的范围内，如果采取特殊措施，这些误差通常可以进一步减少。

（5）操作简便。使用现代仪器可以轻松快速地进行紫外-可见吸收光谱测量。此外，此方法非常适合自动化。

配合物是由有机配体分子和金属通过配位键结合而成的。它们通常对紫外及可见光有一定程度的吸收，因此紫外-可见分光光度法在配合物的表征分析中得到广泛应用。当吸收的辐射落在可见光区时，物质就会显示出颜色，而配合物所显示的颜色即它吸收色的互补色。紫外-可见吸收光谱具有两个显著的特点：首先，它们呈现带状光谱，这是由电子跃迁时伴随有不同振动精细结构能级间的跃迁所导致的。其次，在可见光区域有吸收，但是强度不大；在紫外光区域，通常会出现强烈的配体内部吸收带。

根据电子跃迁机理，配合物的光谱类型主要分为三种：金属中心不同轨道之间的跃迁（主要介绍 d-d 跃迁）；电荷迁移光谱，包括金属中心至配体或配体至金属中心之间的电荷跃迁（MLCT 或 LMCT）；配体内部的电荷跃迁（LC）。下面将具体介绍这三种主要的光谱类型。

1. d-d 跃迁

在配位场作用下，过渡金属离子的 d 轨道能级发生裂分，此时 d 轨道未被电子充满。当离子吸收光能后，低能态的 d 轨道电子跃迁至高能态 d 轨道。d^0 和 d^{10} 由于 d 轨道电子全空和全满，不会产生 d-d 跃迁，故配合物无色，如$[Zn(H_2O)]^{2+}$离子无颜色。其中对于镧系和锕系元素来说，由于分别含有 4f 轨道和 5f 轨道，电子跃迁过程为低能态的 f 电子跃迁至高能态的 f 轨道，称之为 f-f 跃迁。

d-d 跃迁光谱通常具有以下 3 个特点：①一般包含一个或多个吸收带；②强度比较弱，这是因为 d-d 跃迁是光谱选律所禁阻的；③跃迁能量较小，一般出现在可见光区域，因此许多过渡金属配合物都有颜色。

当配合物中配位能力较弱的配体被配位能力更强的配体取代时，d-d 间的能级差发生变化，d-d 吸收带的位置也会根据光谱化学序发生移动。例如，当$[Cu(H_2O)_6]^{2+}$中的水分子被碱性较强的配体 NH_3 取代后，配合物的颜色由浅蓝变成深蓝色，这是 d-d 轨道间的能级差变大、d-d 跃迁移向短波的缘故。此外，当加入新的配体而改变配合物的对称性时，吸收带的强度也会发生变化。这些变化与配合物的反应有关，因此可以用于研究配合物的反应和组成。例如，当$[Co(H_2O)_6]^{2+}$中的水被 Cl^-取代生成$[CoCl_4]^{2-}$，配合物由八面体对称变为四面体对称，配合物的颜色由粉红色变成蓝色，摩尔吸光系数变得更大。

2. 电荷迁移光谱

电荷迁移光谱是由配体轨道与金属轨道之间的电子跃迁产生的，主要存在两种形式的电荷迁移：一种是配体向金属的电荷迁移（LMCT）；另一种是金属向配体的电荷迁移（MLCT）。由于这是一种轨道允许及自旋允许的跃迁，所以电荷迁移谱带是强吸收带，摩尔吸光系数最大可达 $10^4 \sim 10^5$ L/(mol·cm)，比 d-d 谱带大 100～1000 倍。由于它比 d-d 跃迁的能量高，所以吸收带多出现在紫外区域。但吸收峰却可延展到可见光区域。一般来说，电荷迁移光谱出现在紫外区，因此，过渡金属离子的颜色大都是由 d-d 跃迁而不是电荷迁移引起的。但有时电荷迁移的能级差较小，因此它也可能出现在可见光谱区而掩盖了 d-d 跃迁。例如，$[Fe(CN)_6]^{3-}$配合物的红颜色就是由电荷迁移光谱引起的。

1）配体向金属的电荷迁移（LMCT）

这是电子从以配体为特征的分子轨道转移到以金属为特征的分子轨道间的跃迁。这种跃迁相当于金属被还原，配体被氧化，但一般不能实现电子的完全转移。当金属离子越易被还原或其氧化性越强，配体越易被氧化或配体的还原性越强，则这种跃迁的能量就越小，越容易发生电荷跃迁，因此产生的电荷迁移光谱波长越长，观察到的颜色越深。例如 O^{2-}、SCN^-、Cl^-、Br^- 和 I^- 形成的配合物，容易产生 LMCT，I^- 是最容易被氧化的配体，故它能产生带色的碘化物如 TiI_4（紫黑）、BiI_3（深红）和 AgI（黄色）等。

2）金属向配体的电荷迁移（MLCT）

这类光谱通常发生在金属中心很容易被氧化，而配体又容易被还原的配合物中。这是一种电子从以金属特征为主的成键π分子轨道到以配体特征为主的反键π*分子轨道间的跃迁。为了实现这种跃迁，金属中心最高占有轨道的能量应高于配体最高占有轨道的能量，而且配体必须具有低能量的空轨道。例如，当吡啶、联吡啶、1,10-邻菲罗啉、CN^-、CO 和 NO 等配体与 Ti^{3+}、V^{3+}、Fe^{2+} 和 Cu^+ 等生成配合物时，由于 M→L 电荷跃迁，会产生很深的颜色。例如，Fe^{2+} 与 1,10-邻菲罗啉形成的配合物$[Fe(phen)_3]^{2+}$呈现出深红色。这是由于电子从以金属特征为主的成键分子轨道到以配体特征为主的反键分子轨道的跃迁引起的，即 d 电子从 Fe^{2+} 部分地转移到 1,10-邻菲罗啉的共轭π*轨道中。

3. 配体内的电子光谱（LC）

在有机配体中，经常发生配体分子内的电子跃迁现象。配体分子内的跃迁主要是 n→π* 和π→π*跃迁。由于这种谱带的强度比较大，一般在形成配合物后，这些自由配体的光谱谱带仍然存在于配合物的光谱中，但会稍微发生位置上的移动。如果金属和配体之间主要是静电作用，金属对配体吸收光谱的影响较小，配合物的吸收光谱与配体的吸收光谱类似。而如果金属和配体之间形成共价键，则配合物的吸收峰向紫外方向移动，共价程度越强，吸收峰移动距离就越远。

6.1.2　紫外–可见吸收光谱在配合物研究中的应用

紫外–可见吸收光谱在配合物研究中应用十分广泛，这里简要介绍几种常见的用途。

1. 表征配合物的形成

当配体与金属中心发生配位作用时，可以观测到反应前后紫外–可见吸收光谱的变化，进而判断化合物的结构组成。例如，在研究卡宾与钌化合物发生配位作用过程时，可以通过反应前后化合物的紫外–可见吸收光谱变化确定目标配合物的生成（图 6-1）。

如图 6-2 所示，在碘化 3-乙基-1-(2-噻吩基)咪唑（IM）的紫外–可见吸收光谱中，位于 245 nm 处的吸收峰可归属于碘化 3-乙基-1-(2-噻吩基)-咪唑的π→π*跃迁吸收。在钌配

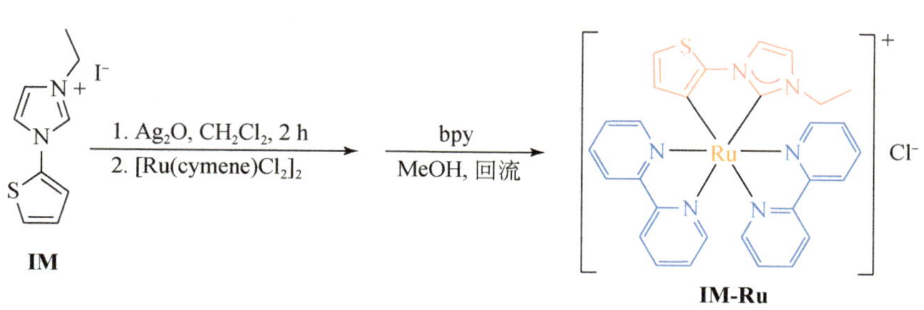

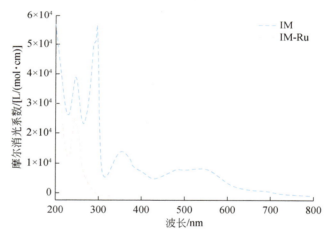

图 6-1　卡宾钌配合物的合成路径

合物（IM-Ru）的紫外-可见吸收光谱中，245 nm 附近同样可以观测到吸收峰，同时在 295 nm 处出现强吸收峰，这是由 2,2'-二联吡啶配体的 π→π* 跃迁引起的。此外，在 450～750 nm 范围出现的中等强度吸收带是由金属到配体的电荷转移跃迁（MLCT）吸收引起的。这里有两个明显的吸收峰，分别位于 487 nm 和 546 nm。根据其吸收峰位及摩尔吸收系数值，这两个吸收峰分别可归属于金属钌到碳负离子配体的电荷转移跃迁吸收，以及金属钌到联吡啶配体的电荷转移跃迁吸收。因此，通过紫外-可见吸收光谱的变化，可以判断卡宾钌配合物的生成。

图 6-2　卡宾钌配合物与碘化 3-乙基-1-(2-噻吩基)-咪唑在乙腈中的紫外-可见吸收光谱

2. 确定混合物中不同配合物的浓度

溶液在任何给定波长下的总吸光度等于溶液中各组分吸光度的总和。即使它们的光谱完全重叠，也可通过这种对应关系确定混合物中各个组分的含量。例如，图 6-3 显示了配合物 M 和 N 的混合溶液的吸收光谱以及各个独立组分的吸收光谱。很明显，不存在某一特定波长处的吸光度仅由其中一种成分引起。要分析此混合物，首先要确定配合物 M 和 N 在波长 λ_1 和 λ_2 处的摩尔吸光度，应选择合适的吸收波长以使两种组分的摩尔吸光度显著不同。因此，在波长 λ_1 处，配合物 M 摩尔吸光度远大于配合物 N 的值，反之亦然。

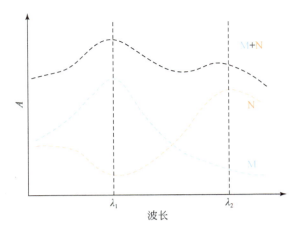

图 6-3　化合物 M、N 及混合物（M+N）的紫外–可见吸收示意图

在测试过程中，同时测定混合物在两种波长（λ_1 和 λ_2）下的吸光度。从已知的摩尔吸收度和路径长度，即可得到以下两个方程：$A_1 = \varepsilon_{M_1}bc_M + \varepsilon_{N_1}bc_N$，$A_2 = \varepsilon_{M_2}bc_M + \varepsilon_{N_2}bc_N$，其中下标 1 表示在 λ_1 处测量，下标 2 表示在 λ_2 处测量。由于 ε 和 b 值为已知数值，通过方程组可以求得混合物中 M 和 N 的浓度 c_M 和 c_N。

3. 确定配合物组成及稳定常数

分光光度法是测定配合物组成及稳定常数常用的有效方法之一，主要有摩尔比法、等摩尔连续变化法等。

1）摩尔比法（又称饱和法）

摩尔比法是根据金属离子 M 与配位体 R 显色过程中被饱和的原则来测定配合物组成的方法。假设配位反应为：$M+nR \Longrightarrow MR_n$。假设 M 与 R 均不干扰 MR_n 的吸收，且其分析浓度分别为 c_M 和 c_R。那么，在固定金属离子 M 的浓度的情况下，改变配体 R 的浓度，可得到一系列 c_R/c_M 值不同的溶液。然后，在适宜波长下测定各溶液的吸光度，并将吸光度 A 与 c_R/c_M 作图（图 6-4）。

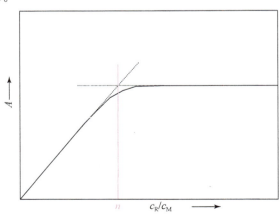

图 6-4　摩尔比法示意图

　　当加入的配位体 R 还没有使金属离子 M 定量转化为 MR_n 时，曲线会处于直线阶段；当加入的配体 R 已使金属离子 M 定量转化为 MR_n 并稍有过量时，曲线会出现转折；当继续加入过量配体 R 时，曲线会变成水平直线。转折点所对应的摩尔比数即为配合物的组成比。若配合物较稳定，转折点会比较明显；反之则不明显，这时可用外推法来求得两直线的交点。这种方法简单方便，适用于离解度小、组成比高的配合物组成的测定。

2）等摩尔连续变化法（又称 Job 法）

　　连续变化法是测定配合物组成及其稳定常数常用的方法之一。假设配位反应为：$M+nR \Longrightarrow MR_n$。在保持金属离子和配合物的总摩尔数（$c_R+c_M=c$）稳定的情况下，连续改变 c_M 和 c_R 的相对量，配制一系列溶液，在配合物的最大吸收峰处测量这些溶液的吸光度。当溶液中配合物 MR_n 浓度最大时，c_R/c_M 比值为 n。若以测得的吸光度 A 为纵坐标，$f=c_R/c$ 为横坐标作图，即可得到与配合物组成相关的连续变化法曲线。通过外推两条曲线的交点所对应的 f 值，可求得配合物的配位比 n。如图 6-5 中两边的直线部分延长后相交于 A_0 点，A_0 点对应的 f 值为 0.66。由此可计算得 c_M/c_R 为 1：2。同理可知，当 $f=0.5$ 时配位比为 1：1，$f=0.75$ 时配位比为 1：3。从图中还可以看出，当形成 2：1 配合物时，若完全以 ML_2 的形式存在，对应的吸光度应为 A_0，但实际上只具有 A 点对应的吸光度，这是因为配合物有部分离解。根据图中 A_0 与 A 的差值，还可求得配合物的解离度和条件稳定常数。采用连续变化分光光度法测定配合物组成及其稳定常数，虽然比较简单，但一般只能得到近似的结果。

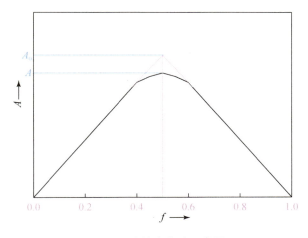

图 6-5　连续变化法示意图

4. 研究配合物异构化过程

　　当配合物中含有光、热等刺激响应基团时，在受到外界刺激时配合物可能会在不同结构间进行转换，从而导致紫外-可见吸光光谱发生变化。因此，根据其吸收光谱信号的变化可以跟踪、研究配合物的异构化过程。例如，偶氮苯作为光致异构化感光基元的典型代表，在特定波长辐射下可发生顺/反异构化。以含有偶氮苯基团的钌配合物为例（图 6-6），在光致异构化过程中，反式化合物在 331 nm 和 434 nm 处吸收峰分别归属于配体的 $\pi \to \pi^*$ 和

n→π*跃迁（图 6-7）。当 365 nm 紫外光照射配合物时，可以观察到 450 nm 附近的吸收峰强度增强，而 331 nm 处的吸收峰显著降低。这表明配合物发生了异构化，从反式转变为顺式产物。通过测量吸收峰的强度变化，可以确定配合物的顺/反异构化速率。实验结果表明，配合物的顺/反异构化速率略低于自由配体的异构化速率。此外，通过比较反式和顺式结构的吸收峰强度，还可以推算出配合物达到光稳定状态时，反式和顺式结构的比例约为 80∶20。

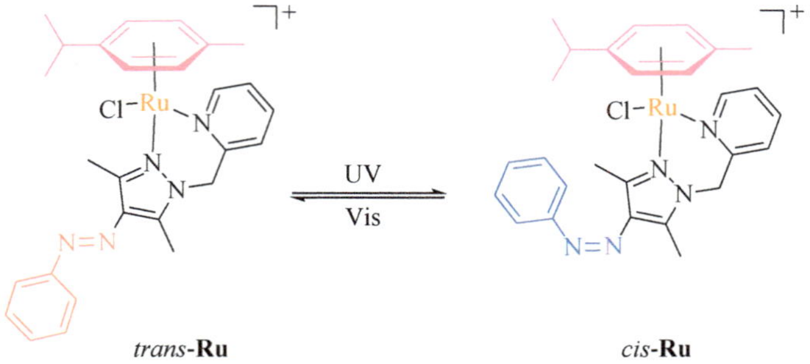

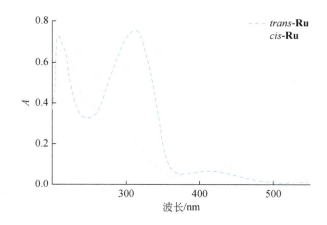

图 6-6　钌配合物的顺/反异构体

图 6-7　钌配合物的顺/反异构体紫外-可见吸收光谱图

5. 研究配合物的形成机理

此外，利用紫外-可见吸收光谱，不仅可以表征配合物的形成，探索不同反应条件对配位反应的影响，还可以为配合物的形成机理提供实验依据。如果实验仪器采用增强型的光谱探测系统，可以实时拍摄紫外光谱，则能够非常方便地进行动力学研究。一般方法是在反应进行的不同时刻，用紫外-可见吸收光谱对反应体系进行表征，根据不同时刻吸收带的变化推断反应机理及结果。比如，用带有快门的增强型瞬态光谱探测系统研究槲皮素（3,5,7,3′,4′-五羟基黄酮）与 Cu^{2+} 的配位反应。分别在中性和酸性条件下研究槲皮素与 Cu^{2+} 的配位反应，发现两种条件下形成配合物的反应历程不同。在中性条件下有吸收峰为 428 nm 的中间产物出现，而在酸性条件下则直接生成最终产物。最终产物的吸收峰相同，都只有一个 296 nm 的吸收带（图 6-8）。根据紫外-可见吸收光谱推断可能是由于在中性条件下槲皮素中 B 环 3′,4′-二羟基与 Cu^{2+} 生成的反应产物不稳定，会分解，故位于 428 nm 处的吸收峰随反应的进行不断消失。而在酸性条件下，因为有大量的 H^+ 存在，Cu^{2+} 不与 3′,4′-二羟基配合，且促使 B 环烯醇式结构发生变化。反应在两种实验条件下都生成同种稳定的配合物，因此最终产物的吸收峰相同。

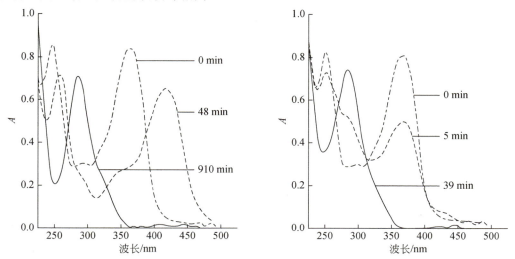

图 6-8　槲皮素与 Cu^{2+} 在中性（左）和酸性（右）条件下反应的紫外-可见吸收谱（Cu^{2+}/槲皮素=0.5）

6.2　发 光 光 谱

在上一节中，我们介绍了紫外-可见吸收光谱在配合物表征与分析中的应用。在本节中，我们将详细探讨配合物在吸收光子后处于激发态之后所产生的光学变化，并对其发光光谱的表征及应用进行详细介绍。

6.2.1　发光机理

当分子 A 吸收光子后，从电子基态 S_0 跃迁到激发态 S_n 后，会引起一系列物理变化和化学变化，后者属于化学中的光化学领域，这里重点介绍与光物理相关的光物理过程。假定 A 和 A* 分别代表基态和激发态分子，吸收光子 hv 的光物理过程可表示为：A+hv→A*。激发态分子和原有基态分子在键长、键角、振动和转动能等方面是不相同的，有时甚至包括氧化态的差异。然而，激发态分子并不稳定，它可以通过辐射跃迁（Radiative Decay）和非辐射跃迁（Radiationless Decay）两种衰变过程来释放能量并返回基态。

辐射跃迁的衰变过程中伴随着光子的发射，即产生荧光或磷光。非辐射跃迁衰变过程，包括振动弛豫（Vibrational Relaxation，VR）、内转换（Internal Conversion，IC）、外转换（External Conversion，EC）和系间穿越（Intersystem Crossing，ISC）。由于非辐射跃迁会造成能量损失，因此发射光子的能量一般小于吸收光子的能量。振动弛豫是分子将多余的振动能量传递给介质而衰变到同一电子能级的最低振动能级的过程。内转换是指相同多重态的两个电子态间的非辐射跃迁过程（如 $S_2 \rightarrow S_1$，$T_2 \rightarrow T_1$）。外转换是指激发分子与溶剂或其他分子之间产生相互作用而转移能量的非辐射跃迁。外转换使荧光或磷光减弱或"猝灭"。系间穿越则是指不同多重态的两个电子态之间的非辐射跃迁过程（如 $S_1 \rightarrow T_1$）。图 6-9 为分子内所发生的激发过程以及辐射跃迁和非辐射跃迁衰变过程的示意图。假如分子被激发到 S_2 以上的某个电子激发单重态的不同振动能级上，它会很快（约 $10^{-12} \sim 10^{-14}$ s）发生振动弛豫而衰变到该电子态的最低振动能级，然后通过内转化及振动弛豫而衰变到 S_1 态的最低振动能级。处于该激发态的分子有以下几种衰变到基态的途径：通过 $S_1 \rightarrow S_0$ 的辐射跃迁回到基态产生荧光，或通过无辐射跃迁过程，如 $S_1 \rightarrow S_0$ 的外转换过程将部分能量转移给周围分子（如溶剂），本身失活回到基态；通过 $S_1 \rightarrow T_1$ 的系间穿越到达 T_1 态，再通过 $T_1 \rightarrow S_0$ 的辐射跃迁回到基态产生磷光，或通过无辐射跃迁过程回到基态。某些分子经系间穿越至 T_1 后，可能因相互碰撞或其他作用又回到 S_1 态时发射的荧光（$T_1 \rightarrow S_1 \rightarrow S_0$ 跃迁），称为延迟荧光。

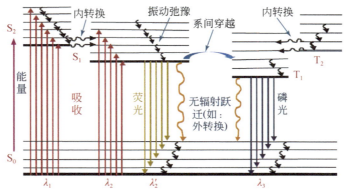

图 6-9　分子能级图（Jablonski diagram）

S_0：基态；S_1、S_2：第一、二电子激发单重态；T_1、T_2：第一、二电子激发三重态

　　荧光发射是一个自旋"允许"的过程，因此发光过程的速率常数大，激发态寿命较短。而磷光发射是一个跃迁"禁阻"的过程，发光过程的速率常数小，激发态寿命相对较长。通常情况下，自旋禁阻的磷光强度较低。然而，一些金属配合物体系具有独特的光物理行为，表现出强烈的磷光特性。这是由于金属配合物中重原子的效应，增强了自旋-轨道耦合（SOC）效应，促进了电子系间穿越速率，实现了在最低三重态（T_1）的高效分布，从而提高了磷光量子产率。

6.2.2　发光寿命和量子产率

1. 发光寿命

　　发光寿命和量子产率是重要的发光参数。荧光寿命（τ_f）指的是荧光分子处于 S_1 激发态的平均寿命，可用下式表示：

$$\tau_f = 1/(k_f + \sum K) \tag{6-1}$$

式中，k_f 表示荧光发射过程的速率常数，$\sum K$ 代表各种分子内的非辐射衰变过程的速率常数的总和。从以上给出的速率常数的数据可知，典型的荧光寿命在 $10^{-8} \sim 10^{-10}$ s。磷光寿命（τ_p）指的是磷光分子处于 T_1 激发态的平均寿命，可由类似的公式表示。由于 $T_1 \rightarrow S_0$ 的跃迁属于自旋禁阻的跃迁，磷光发射过程的速率常数（k_p）比 k_f 要小得多，因而磷光的寿命比荧光要长得多，通常达到毫秒级。

发光强度的衰变，通常遵从以下方程式：

$$\ln I_0 - \ln I_t = t/\tau \tag{6-2}$$

式中，I_0 与 I_t 分别表示 $t = 0$ 和 $t = t$ 时刻的发光强度。如果通过实验测量出不同时刻所对应的 I_t 值，并作出 $\ln I_t$-t 的关系曲线，由所得直线的斜率便可计算得到发光的寿命值。

2. 量子产率

荧光量子产率（Φ_f）定义为荧光物质吸光后所发射的荧光的光子数与所吸收的激发光的光子数之比。由于激发态分子的衰变过程包含辐射跃迁和非辐射跃迁，故荧光量子产率可表示为

$$\Phi_f = k_f/(k_f + \sum K) \tag{6-3}$$

可见荧光量子产率的大小取决于荧光发射过程与非辐射跃迁过程的竞争结果。假如非辐射跃迁的速率远小于辐射跃迁的速率，即 $\sum K << k_f$，Φ_f 的数值便接近于 1。通常情况下，Φ_f 数值总是小于 1。Φ_f 的数值越大，化合物的荧光越强。

磷光的量子产率（Φ_p）定义为

$$\Phi_p = \Phi_{ST} K_p/(K_p + \sum K_j) \tag{6-4}$$

式中，K_p 为磷光发射的速率常数，Φ_{ST} 为 $S_1 \rightarrow T_1$ 系间穿越的量子产率，$\sum K_j$ 为与磷光辐射过程相竞争的从 T_1 态发生的所有非辐射跃迁过程的速率常数的总和。应当指出的是，这里所定义的磷光量子产率，其前提是假定 T_1 态的布居是来自 $S_1 \rightarrow T_1$ 的系间穿越，而由 S_0 激发到 T_1 的过程是可以忽略的。荧光（磷光）量子产率的大小，主要决定于化合物的结构与性质，同时也与化合物所处的环境因素有关。

量子产率是用来描述发光分子和材料的光物理性质的重要参数之一。准确测量量子产率对于研究和应用都非常重要。目前有两种主要的测量方法：相对量子产率测量和绝对量子产率测量。相对量子产率测量方法是通过将待测样品与已知量子产率和光学性质相似的标准物进行比较来测量。这种方法需要测量标准物和待测样品的吸光度和积分荧光强度，并根据公式（6-5）来计算待测样品的量子产率：

$$\Phi_U = \Phi_S(F_U/F_S)(A_S/A_U) \tag{6-5}$$

式中，Φ_U、F_U 和 A_U 分别表示待测物质的荧光量子产率、积分荧光强度和吸光度；Φ_S、F_S 和 A_S 分别表示参比物质的荧光量子产率、积分荧光强度和吸光度。相对量子产率测量的优点是可以用简单的实验装置（如紫外-可见吸收光谱仪和荧光光谱仪）来实现，但缺点是需要选择与样品发射在相似波长区域的标准物质，且适用范围一般限于透明液体样品。绝对量子产率测量方法则是通过使用积分球来收集样品发出的所有光子，并与吸收的光子进行比较来确定量子产率。这种方法的优点是不需要参考标准物质，因此测量更加方便，且结

果具有较好的稳定性和可重复性。此外，绝对量子产率测量方法还可以应用于更广泛的样品类型，包括固体粉末、薄膜等。具体选择哪种方法应根据实际需求和样品特性进行判断。

6.2.3　发光光谱在配合物表征分析中的应用

金属配合物发光是指在光或电等形式的能量的作用下，配合物在基态激发到激发态，激发态的金属离子和有机配体形成的复合物处于不稳定态，在失去能量的过程中发出光子，从而产生发光现象。对于金属配合物来讲，电子受激发后从低能量轨道向高能量轨道跃迁时，电子跃迁的轨道不同通常会导致以下几种电子跃迁属性：配体中心（Ligand-Centered，LC）跃迁、金属中心（Metal-Centered，MC）跃迁和电荷转移（Charge Transfer，CT）跃迁三种。不同的电子跃迁属性对金属配合物的光物理性质有着不同的影响。

依据发光机理的不同，金属配合物通常可以分为以下三种类型：①配体发光。大多数 s 区、p 区及一些 ds 区金属，如铍、铝和锌等配合物，这些金属离子的最外层电子构型为稳定的双电子、八电子或十八电子，不易发生跃迁或转移，或者这些金属离子的轨道不易接受来自配体的电子。②金属离子中心发光。主要以 f 区的镧系金属配合物为代表，如基于中心离子 f-f 跃迁的铕配合物和 d-f 跃迁的铈配合物等。③配体与金属离子相互作用发光。这类配合物在发光过程中涉及电子在配体和金属间的转移，主要包括金属向配体的电荷转移（MLCT）和配体向金属的电荷转移（LMCT）等。d 区或 ds 区金属，如铱、铜等的配合物都能表现出 MLCT 跃迁发光，铁等的配合物能表现出 LMCT 跃迁发光。

由于金属配合物发光具有宽波长范围、高发光效率、长发光寿命、可调节性等优势，使其成为一类重要的发光材料，被广泛应用于光致/电致发光材料、环境研究领域、生物分析领域及临床医学等方面。基于此，发光光谱分析法在金属配合物的表征分析和应用方面发挥着十分重要的作用。

1. 在有机发光材料中的应用

有机发光二极管（OLEDs）是一种新型的显示技术，具有自发光、高亮度、超薄、快速响应和广视角等优势。其中，金属配合物磷光材料能够同时利用单重态和三重态的辐射发光，使器件的理论内量子效率达到 100%，因此备受人们关注。发光光谱在表征分析金属配合物发光特性中具有不可替代的地位。通过对金属配合物发光光谱的分析，有助于深入研究其发光机理，为更优异的发光材料的设计合成提供指导。在铱配合物磷光材料中，将不同取代基团（给电子基团或吸电子基团）引入到环金属配体 2-苯基吡啶中，可以有效调节其能带结构、发光颜色和发光效率（图 6-10）。通过对该系列配合物的发光光谱进行分析，可以得到十分重要的光物理信息。如图 6-11 所示，配合物在 360 nm 波长激发光照射下，发射光谱最大发射峰出现在 505～605 nm 之间。具有吸电子基团的配合物（**Ir-B**、**Ir-SO₂**、**Ir-PO**）与其他配合物（**Ir-Si**、**Ir-O**）相比较，其最大发射峰显著红移。此外，上述配合物具有较高的光致发光量子产率（配合物 **Ir-SO₂** 的量子产率可以达到 86%）。上述配合物的发射寿命均为微秒量级（1.66～2.69 μs），表明其发光光谱为磷光发射。理论计算分析证实，通过在苯基引入吸电子基团，可以有效调控其分子轨道能级，进而有利于 MLCT 能级态的形成，提高量子产率。

Ir-B　　Ir-SO_2　　Ir-PO　　Ir-Si　　Ir-O

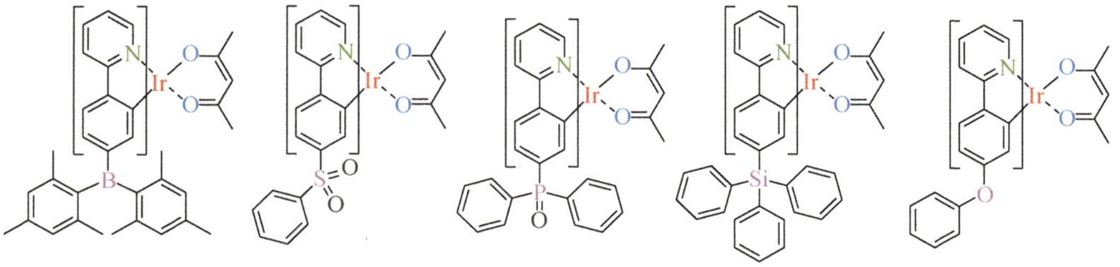

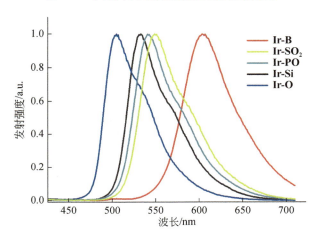

图 6-10　具有不同取代基的铱配合物结构式

图 6-11　铱配合物的发光光谱图

2. 在重金属离子识别中的应用

化学传感器在环境污染监测、生命科学、电子信息等领域发挥着重要作用。其中，荧光（磷光）化学传感器因其高灵敏度、高选择性、简便易行以及实时检测等优点备受关注。过渡重金属离子的检测对于解决环境污染和生物体毒性等问题至关重要。通过化学传感器发光光谱的变化可以有效检测这些金属离子。如图 6-12 所示，利用三足炔基金配合物 Au_3 可以高效选择性地识别银离子。在 DMSO 溶液中，使用 311 nm 激发波长照射时，金配合物 Au_3 基本上不发光。但随着加入 Ag^+ 的浓度增加，475 nm 处的发射峰显著增强，发射出强烈的蓝绿光（图 6-13）。此外，该三足炔基金配合物对 Ag^+ 具有高度的选择性。当溶液中存在倍数当量的 Na^+、K^+、Ca^{2+}、Al^{3+}、Pb^{2+}、Zn^{2+}、Ni^{2+}、Co^{2+}、Cd^{2+}、Mg^{2+} 和 Cu^{2+} 时，它仍然对 Ag^+ 具有较高的光学信号响应，其磷光发射强调受到较小影响。通过对配合物 Au_3-Ag 的发光寿命进行测试，显示其寿命为 4.4 μs，证明其为磷光发射光谱。炔基金配合物的磷光发射主要来自于炔基的 $^3(\pi\text{-}\pi^*)$ 跃迁。由于 DMSO 的溶剂效应，三足金配合物 Au_3 的发光强度非常弱，当滴加 Ag^+ 后，形成的配合物 Au_3-Ag 中，炔基和 Ag^+ 作用增强了自旋-轨道耦合作用,从而增强了三重态发光强度。此外,金金键弱作用力也增加分子的刚性,有助于增强发射强度。因此,通过对发射光谱的变化进行分析,可以实现对金属离子的实时检测。

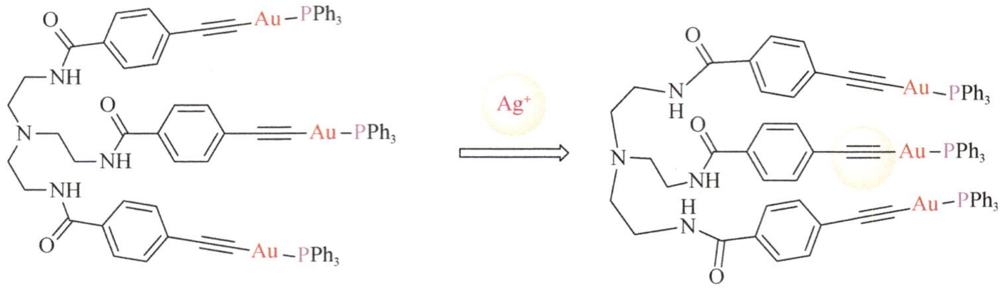

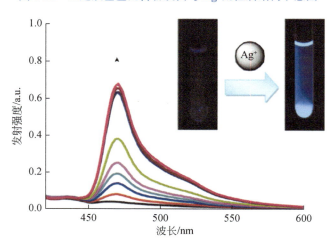

图 6-12   三足炔基金配合物及其与 Ag⁺配位后结构示意图

图 6-13   三足炔基金配合物 Ag⁺配位后发光光谱变化图

3. 在生物活性小分子检测中的应用

在生物物质发光领域中,发光光谱法发挥着重要作用。随着发光光谱分析检测技术的发展,基于过渡金属配合物的荧光(磷光)分子探针在蛋白质、DNA 等生物大分子以及生物活性小分子的分析检测等方面得到了广泛的应用。特别是结合显微成像技术,荧光(磷光)分子探针可以用于实时在线跟踪生理活性小分子和大分子的变化,具有高灵敏度、高分辨率及非破坏、非损伤等优点。例如,半胱氨酸(Cysteine,Cys)在生物合成、解毒和新陈代谢中起着重要作用,因此对其高选择性及高灵敏度的检测具有十分重要的意义。通过将对半胱氨酸响应的官能团引入到发光金属配合物中,可以设计出针对半胱氨酸响应的磷光分子探针(图 6-14)。如图 6-15 所示,在 400 nm 波长激发下,配合物 Ir-CC 的发射峰位于 540 nm。当加入半胱氨酸时,生成的化合物 Ir-Cys 降低了分子的不饱和度,导致在 540 nm 附近的发光强度明显增加。通过扫描不同时间后的发光光谱,可以观察到在 540 nm

处的发射峰的强度增强后会逐渐降低，同时伴随着 516 nm 处的发射峰的产生，并且在 1 h 后达到峰值，这是由于更加稳定的配合物 Ir-OH 生成。而加入类似结构的同型半胱氨酸（Homocysteine, Hcy）则需要经过 1 h 才能使其在 540 nm 处的吸收峰达到峰值，再经过 9 h 才能使其在 516 nm 处的发射峰达到峰值。此外，当体系中含有其他类型氨基酸时，如亮氨酸、精氨酸、缬氨酸、蛋氨酸、苏氨酸、异亮氨酸和赖氨酸等，配合物 Ir-CC 的发光光谱未见明显响应。因此，该配合物在识别半胱氨酸方面展现出一定的高灵敏度、高选择性等优势。

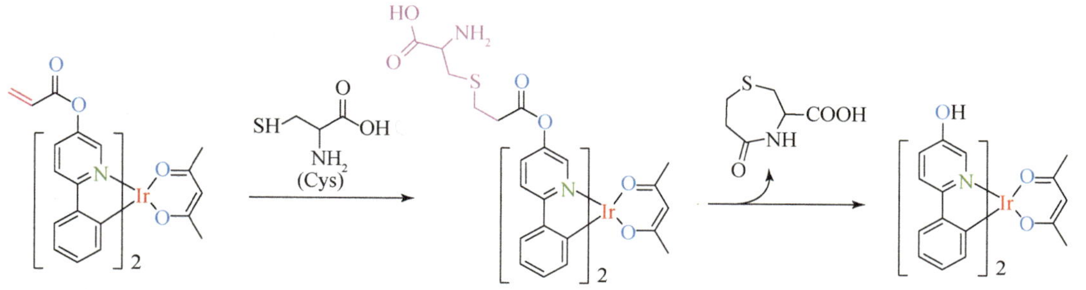

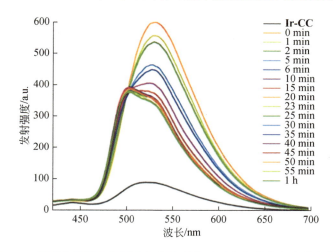

图 6-14　铱配合物磷光探针及其在识别半胱氨酸过程中的结构转换

图 6-15　铱配合物磷光探针在识别半胱氨酸过程中的发光光谱变化图

6.3　振 动 光 谱

在金属配合物中，由于配体与金属中心的相互作用，配体的对称性和振动能级会发生变化，从而导致振动光谱的变化。同时，配体和金属之间也会产生新的振动。配合物的振动光谱中主要包括三种振动：①配体振动。如果形成配合物后配体的振动没有太大变化，则很容易由纯配体的已知光谱来标记对应的谱带。②骨架振动。金属和配位原子之间的骨架振动是整个配合物的特征。③偶合振动。可能由于两个配体的振动或配体振动和骨架振动以及各种骨架振动之间的偶合而引起的。这些振动中，有些只能在红外光谱中观测到，称为红外活性振动；有些只能在拉曼光谱中观测到，称为拉曼活性振动；而有些振动在红外和拉曼光谱中均可观测到，称为红外和拉曼活性振动。本节将具体介绍红外和拉曼光谱在配合物表征分析方面的应用。

6.3.1　红外吸收光谱原理

红外吸收光谱法［Infrared (IR) Absorption Spectroscopy］是一种利用物质分子对红外辐射的特征吸收来鉴定分子结构或进行定量分析的方法。当样品被连续波长的红外光照射时，分子的化学键会吸收特定波长的光，从而引起分子振动能级之间跃迁，这种现象产生的分子振动光谱被称为红外吸收光谱。由于大多数有机化合物及无机离子的基频吸收发生在中红外区域（波数范围为 $4000\sim400\ cm^{-1}$），因此对于此波长范围内红外光谱的研究最为广泛。化合物吸收红外光的频率和强度取决于分子中所含原子及化学键强度，并且每种化合物的吸收光谱都是独一无二的。因此，红外吸收光谱成为一种非常强大的定性和定量分析工具。

1. 双原子分子振动模型

一般来说，在这些研究中，化学键的特征伸缩振动吸收峰更容易被研究。可以设想分子中的键与弹簧相似，因此，化学键的振动可按谐振动处理，不同之处在于化学键振动能量是量子化的。双原子分子振动的机械模型如图 6-16 所示。

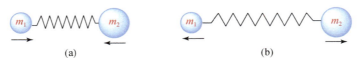

图 **6-16**　双原子分子的简谐振动模型：收缩（a）和伸长（b）

根据胡克定律，其振动频率（ν）是化学键的力常数（k）和原子质量（m_1 与 m_2）的函数。

$$\nu = \frac{1}{2\pi}\sqrt{\frac{k}{\dfrac{m_1 \cdot m_2}{m_1 + m_2}}} = \frac{1}{2\pi}\sqrt{\frac{k}{\mu}} \tag{6-6}$$

振动频率如以波数表示，则

$$\overline{\nu} = \frac{1}{2\pi c}\sqrt{\frac{k}{\mu}} \tag{6-7}$$

式中，c 是光速；μ 为原子的折合质量；k 为键的力常数，其含义是两个原子由平衡位置伸长 100 pm 后的回复力，反映了键对伸缩或弯曲的阻力，即 k 值的大小与键能、键长有关，键能越大、键长越短，k 值就越大。单键、双键、三键力常数之比约为 1∶2∶3。力常数相当于弹簧的劲度系数，故随着弹簧的结合牢固程度的增加，可使红外图谱在高波数一端出峰。根据上述公式可以看出，红外图谱中吸收峰的位置除了与 k 有关外，还与原子质量有关，原子质量越大，吸收峰越偏向低波数方向。

2. 多原子分子振动模型

多原子振动要比双原子振动复杂得多，一般一个由 N 个原子构成的分子，其分子被认为有 $3N$ 个运动自由度，任意分子均有 3 个平动自由度，非直线分子有 3 个转动自由度，直线形分子有 2 个转动自由度。因此，非线性多原子分子有 $3N-6$ 个振动自由度，线性多原子分子有 $3N-5$ 个振动自由度，这些基本振动被称为简正振动。

分子的振动大致可分为伸缩振动和弯曲振动两种，分别以 ν 和 δ 表示。伸缩振动引起键长的变化，它们所产生的吸收带在高波数一端。伸缩振动又可分为不对称伸缩和对称伸缩，前者在高波数一端。弯曲振动引起键角的变化，它们的力常数较小，因此所产生的吸收带在低波数一端。弯曲振动有面内振动和面外振动之分，前者也在高波数一端，参考图 6-17。

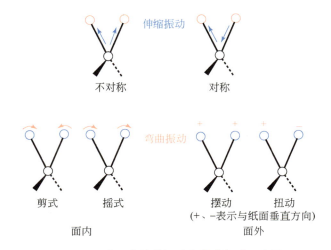

图 6-17　分子中伸缩振动和弯曲振动示意图

红外图谱产生的吸收峰的数目取决于分子振动自由度。理论上，每个振动自由度都会在红外光谱区产生一个吸收峰。然而，在实际情况下，吸收峰的数目往往比振动自由度的数目少，这受多种因素的影响。例如，当分子在振动过程中不发生瞬时偶极矩的变化时，它不会引起红外吸收。此外，具有完全相同频率的振动可能会发生简并，导致强而宽的峰覆盖了与它频率接近的弱而窄的吸收峰等。

6.3.2　红外吸收光谱在配合物中的应用

红外吸收光谱被广泛应用于有机化合物的结构鉴定，同样在金属配合物的研究过程中也起到十分重要的作用。通过红外吸收光谱法可以确认配合物的生成。首先记录纯配体的红外光谱，然后记录生成配合物的红外光谱，将两个光谱进行对比。如果观测到配合物光谱中由于配体的伸缩或弯曲振动而导致吸收带位置发生变化，则可以确认配体与金属配位形成配合物。此外，除了吸收峰位置的变化之外，金属与配体作用还会产生新的吸收峰。例如，当胺化合物通过氮原子与金属发生配位时，由于 N—H 键和 C—N 键的伸缩振动频率改变，吸收峰的位置将发生变化。同时，由于金属-氮的伸缩振动会在配合物的光谱中出现一个新的吸收峰，可证实胺配体已与金属配位。因此，了解不同官能团的吸收峰位置是必要的，具体参考表 6-1。

表 6-1 常见有机官能团振动频率

键型	特殊环境	振动频率 v / cm^{-1}	键型	特殊环境	振动频率 v / cm^{-1}
C—H	C(sp^3)—H	2800~3000	芳香类	单-	730~770，690~710（两个）
	C(sp^2)—H	3000~3100		邻-	735~770
	C(sp)—H	3300		间-	750~810，690~710（两个）
C—C	C—C	1150~1250		对-	810~840
	C=C	1600~1670		1,2,3-	760~780,705~745（两个）
	C≡C	2100~2260		1,3,5-	810~865,675~730（两个）
C—N	C—N	1030~1230		1,2,4-	805~825,870,885（两个）
	C=N	1640~1690		1,2,3,4-	800~810
	C≡N	2210~2260		1,2,4,5-	855~870
C—O	C—O	1020~1275		1,2,3,5-	840~850
	C=O	1650~1800		五-	870
C—X	C—F	1000~1350	羰基伸缩振动频率		
	C—Cl	800~850	醛类	RCHO	1725
	C—Br	500~680		C=CCHO	1685
	C—I	200~500		ArCHO	1700
N—H	RNH$_2$, R$_2$NH	3400~3500（两个）	酮类	R$_2$C=O	1715
	RNH$_3^+$, R$_2$NH$_2^+$, R$_3$NH$^+$	2250~3000		C=C—C=O	1675
	RCONH$_2$, RCONHR$'$	3400~3500		Ar—C=O	1690
O—H	ROH	3610~3640（游离）3200~3400（氢键）		四元环	1780
	RCO$_2$H	2500~3000		五元环	1745
N—O	RNO$_2$	1350，1560		六元环	1715
	RONO$_2$	1620~1640,1270~1285	羧酸类	RCOOH	1760（单体）1710（二聚体）
	RN=O	1500~1600		C=C—COOH	1720（单体）1690（二聚体）
	RO—N=O	1610~1680（两个），750~815		RCO$_2^-$	1550~1610，1400（两个）
	C=N—OH	930~960			
	R$_3$N—O$^+$	950~970			
S—O	R$_2$SO	1040~1060			
	R$_2$S(=O)O	1310~1350，1120~1160			

续表

键型	特殊环境	振动频率 v / cm^{-1}	键型	特殊环境	振动频率 v / cm^{-1}
S—O	R—S(=O)$_2$—OR'	1330~1420, 1145~1200	酯类	RCOOR	1735
				C=C—COOR	1720
				ArCOOR	720
累积体系	C=C=C	1950		γ-内酯	1770
	C=C=O	2150		δ-内酯	1735
	R$_2$C=N=N	2090~3100	胺类	RCONH$_2$	1690（游离）1650（缔合）
	RN=C=O	2250~2275		RCONHR'	1680（游离）1655（缔合）
	RN=N=N	2120~2160		RCONR$_2'$	1650
平面外的弯曲振动				β-内酰胺	1745
炔烃	C≡C—H	600~700		γ-内酰胺	1700
烯烃	RCH=CH$_2$	910，990		δ-内酰胺	1640
	R$_2$C=CH$_2$	890	酸酐	RCOOCOR'	1820, 1760（两个）
	反-RCH=CHR	970	酰基卤化物	RCOX	1800
	顺-RCH=CHR	725，675			
	R$_2$C=CHR	790~840			

下面通过简要介绍几种常见配体的红外图谱来了解红外吸收光谱在金属配合物表征方面的应用。

1. 硝酸根离子（NO$_3^-$）

如图 6-18 所示，游离的硝酸根离子存在三种共振结构式，具有 D_{3h} 对称结构，此种对称性相对较高，因此其红外光谱相对简单。然而，当硝酸根离子与金属中心发生配位作用时，其对称性会降低。理论上讲，硝酸根离子与金属离子至少存在四种配位方式。以铁离子为例，如图 6-19 所示。其中，对称的双齿螯合结构最为常见，这是因为该配位方式形成的配合物结构十分稳定，具有 C_{2v} 结构。如我们之前学到的，对称性的降低会导致振动简并的分裂，从而在红外光谱中产成其他波段。因此，我们可以通过红外光谱的表征有效区分未配位及配位后的硝酸根离子。同时，当硝酸根离子参与配位后，氧原子会同时受到氮原子及金属中心的作用，导致 N—O 键受到拉伸而变弱，进而引起 N—O 振动产生的吸收峰发生红移。与此同时，在 470~450 cm^{-1} 区间内将产生新的吸收峰，这是由金属中心与氧原子之间的伸缩振动产生的。

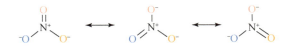

图 6-18　硝酸根离子的三种共振结构式

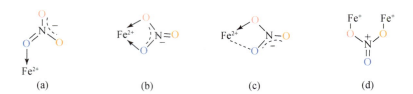

图6-19 在配合物中，硝酸根离子分别作为单齿配体（a）、对称性双齿配体（b）、非对称性双齿配体（c）及双齿双金属核配体（d）

2. N,N-二甲基乙酰胺（DMF）

实验表明，DMF 在 CCl_4 中的红外光谱图中，在 $1660 \, cm^{-1}$ 处有吸收峰，这是由羰基振动吸收而产生的。该吸收峰与丙酮的 $\nu_{C=O}$（$1715 \, cm^{-1}$）相比，振动频率非常低，这是由于 DMF 分子内存在羰基π键与氮原子孤对电子之间的离域作用。理论上，N,N-二甲基乙酰胺存在两种共振结构式（图6-20），其分子内的氧原子和氮原子都可以参与配位作用，可以通过红外光谱来鉴定其具体的配位方式。左侧的共振结构有利于氮原子参与配位，而右侧的共振结构有利于氧原子参与配位。因此，当氧原子参与配位时，$\nu_{C=O}$ 将消失，同时 C—N 键的振动频率 ν_{C-N} 将随着双键特性的获得而增强。如果是氮原子参与配位，相较于未参与配位的 DMF，由于失去氮原子上孤对电子参与共振作用，$\nu_{C=O}$ 会增强。

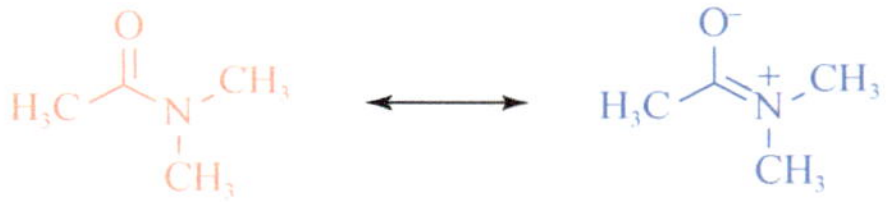

图6-20 N,N-二甲基乙酰胺的两种共振结构式

与 DMF 类似，硫脲 $[NH_2C(=\!\!=\!\!S)NH_2]$ 也可以通过氮原子或硫原子参与配位。当硫脲与 Ti^{4+} 形成配合物时，氮原子参与配位；而与 Pt^{2+}、Pd^{2+}、Zn^{2+}、Mn^{2+}、Fe^{2+}、Co^{2+}、Cu^+、Hg^{2+}、Cd^{2+} 和 Pb^{2+} 作用时，硫原子参与配位。具体表现为，在配合物中存在硫原子与金属离子作用时，红外光谱图中会出现 $300\sim200 \, cm^{-1}$ 处的 ν_{M-S} 振动吸收峰，同时 ν_{C-N} 增强，ν_{C-S} 降低。

3. 氰基配合物

通常情况下，氰根离子（CN^-）主要通过碳原子与金属发生配位作用。然而，氮原子也可以参与配位，形成异氰基配合物。在某些情况下，这两种配位方式在液相中可以同时存在，处于平衡状态。在红外图谱中，氰基（—CN）和异氰基（—NC）配位模式很容易区分。相较于异氰基配合物，氰基配合物中的 ν_{CN} 以更高的频率出现。通过其在 $2200\sim2000 \, cm^{-1}$ 范围内的尖峰，可以很容易地识别氰基配合物。在水溶液中，游离的 CN^- 的吸收峰 ν_{CN} 出现在 $2080 \, cm^{-1}$。当 CN^- 与金属中心配位时，它既可以作为σ电子给体，也可以作为π电子受体参与作用。当它向金属中心提供电子时，电子从其弱的5σ轨道流出，从而增强 C—N 键级，使得 ν_{CN} 增加。与此同时，由于π反键作用，金属中心电子流入 2pπ* 反键轨道，从而降低 v_{CN}。通常来讲，CN⁻表现为强的σ电子给体以及弱的π电子受体，因此氰基形成配合物后，其 v_{CN} 要强于游离的氰基。

影响 v_{CN} 强弱的因素主要包括三方面：①金属中心的电负性；②金属中心的氧化态；③金属中心的配位数。

1）金属中心的电负性

我们来对比以下三种配合物的 v_{CN} 的强弱（表 6-2）。相较于其他两种金属离子，镍离子具有最低的电负性，吸引电子的能力较弱。因此，其接受 CN⁻的σ电子较少，从而导致电子不太容易从 5σ轨道流出。因此，与其他两个配合物相比，C—N 键较弱，具有最低振动频率（v_{CN}）。

表 6-2　含不同金属中心的配合物中 CN 振动频率

配合物	$Ni(CN)_4^{2-}$	$Pd(CN)_4^{2-}$	$Pt(CN)_4^{2-}$
v_{CN} /cm⁻¹	2130	2145	2150

2）金属中心的氧化态

当金属中心的氧化态增加时，使其更容易接受 CN⁻的σ电子，这些电子从弱反键轨道流出。因此，C—N 键会增强，v_{CN} 增加（表 6-3）。

表 6-3　金属中心氧化态对配合物中 CN 振动频率的影响

配合物	$V(CN)_6^{5-}$	$V(CN)_6^{4-}$	$V(CN)_6^{3-}$
v_{CN} /cm⁻¹	1912	2060	2080

3）金属中心的配位数

当配位数增加时，即有更多的配体配位到金属离子中心，导致金属离子中心电子密度会增加。因此，金属离子不能轻易接受来自 CN⁻的σ电子，从而削弱了 C—N 键导致 v_{CN} 降低。简而言之，当配位数增加时，v_{CN} 减小（表 6-4）。

表 6-4　金属中心配位数对配合物中 CN 振动频率的影响

配合物	$Ag(CN)_4^{3-}$	$Ag(CN)_3^{2-}$	$Ag(CN)_2^{-}$
v_{CN} /cm⁻¹	2090	2103	2130

4. 羰基配合物

在红外吸收光谱图中，大多数羰基配合物在 2100～1800 cm⁻¹ 处有强而尖的吸收峰。通常情况下 v_{CO} 不与其他吸收峰发生重叠而被掩盖，因此通过对 v_{CO} 的分析可以为我们提供关于羰基配合物的结构和成键模式等丰富信息。在大多数配合物中，相较于游离的 CO（v_{CO} = 2155 cm⁻¹），配位后的 CO 的 v_{CO} 降低。就简单的 MO 理论而言，这一观察结果解释如下

（图 6-21）：①通过将 CO 的 5σ 电子与金属离子的空轨道作用形成 σ 键，会提高 ν_{CO}。②金属中心的 d_π 电子转入与 CO 的 $2p_\pi*$ 反键轨道形成的反馈 π 键，结果是使 CO 的内部键强度削弱，这往往会降低 ν_{CO}。

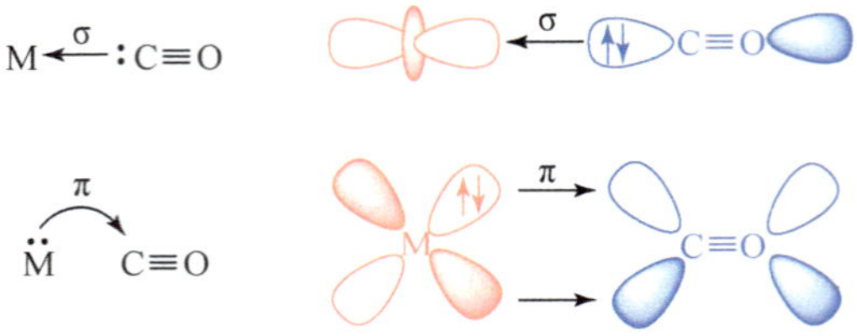

图 6-21　羰基配合物中 σ 键和 π 键示意图

这两种成键作用是协同的，当金属处于较低氧化态时，两种作用的结果是电子从金属中心流入 CO。因此，在金属羰基配合物中，ν_{CO} 要低于未发生配位作用的 CO 的 ν_{CO}。当金属上的负电荷增加时，π 电子的反馈作用更加明显，会进一步降低 ν_{CO}。例如，对比以下三种配合物 $Fe(CO)_4^{2-}$、$Co(CO)_4^-$ 和 $Ni(CO)_4$，ν_{CO} 从 Ni→Co→Fe 依次降低，分别为 2094 cm^{-1}、1946 cm^{-1}、1788 cm^{-1}（振动频率平均值），这与金属中心的负电荷数是一致的。相反，当 CO 与金属卤化物发生配位作用时，因金属中心处于相对较高的氧化态，则其红外吸收频率 ν_{CO} 增强。

CO 与金属中心发生配位时，可以有多种配位形式。其中，当 CO 作为两种金属之间的桥接配体时，ν_{CO} 通常出现在 1900～1800 cm^{-1} 范围内；当 CO 作为末端配体时，ν_{CO} 出现在更高的频率，通常在 2100～2000 cm^{-1} 范围内。例如，$Co_2(CO)_8$ 的结构如图 6-22 所示，其在溶液状态下存在少量异构体。单晶结构显示 $Co_2(CO)_8$ 的结构为平衡式左侧的结构，具有 C_{2v} 对称性。它有六个端基羰基和两个边桥羰基配体，因此所有羰基都具有红外活性。其中，端基羰基的 ν_{CO} 出现在 2080～2025 cm^{-1} 的范围内，而边桥羰基配体的 ν_{CO} 出现在 1870～1860 cm^{-1} 的范围内，因此所有羰基都具有红外活性。对于 $Fe_2(CO)_9$ 化合物，单晶结构确认 $Fe_2(CO)_9$ 的结构如图 6-23 所示，在红外吸收光谱图中可以观察到端基羰基 ν_{CO}（振动频率 2080 cm^{-1} 和 2034 cm^{-1}）和边桥羰基 ν_{CO}（振动频率 1828 cm^{-1}）。

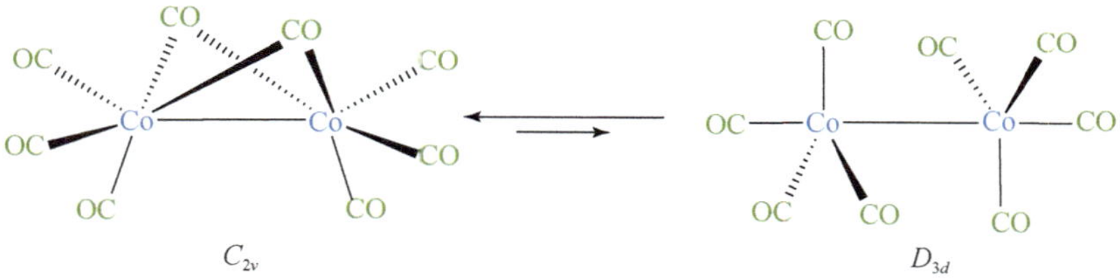

图 6-22　配合物 $Co_2(CO)_8$ 的结构示意图

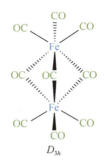

图 6-23　配合物 Fe$_2$(CO)$_9$ 的结构示意图

6.3.3　拉曼光谱

拉曼光谱（Raman Spectroscopy）是一种散射光谱，用于描述分子对光子的非弹性散射效应。该分析法是基于印度科学家拉曼（C. V. Raman）所发现的拉曼散射效应，通过分析不同于入射光频率的散射光谱，获得关于分子振动、转动等方面的信息，进而在分子结构研究中得以应用。

根据图 6-24 所示，当分子处于基态电子能级的某一振动能级时，它会吸收入射光子的能量 $h\nu_0$，跃迁到不稳定的受激虚态，然后迅速返回原来所在的振动能级，并以光子的形式释放吸收的能量 $h\nu_0$，产生瑞利散射。然而，如果受激分子不返回原来所在的振动能级，而是返回其他振动能级，那么散射光的频率不等于激发光的频率，这种散射称为拉曼散射。例如，从基态电子能级的基态振动能级跃迁到受激虚态的分子不返回基态，而返回至电子基态的第一振动激发态能级，此时散射光子的能量为 $h\nu_0-\Delta E$，其中 ΔE 对应于基态电子能级第一振动激发态的能量。由此产生的拉曼线称为斯托克斯线（Stokes Lines）（$\nu_0-\Delta\nu$），其频率低于入射光频率，位于瑞利线（Rayleigh Lines）左侧。另一方面，如果处于基态电子能级第一振动激发态的分子跃迁到受激虚态后，再返回到基态振动能级，此时散射光子的能量为 $h\nu_0+\Delta E$，产生的拉曼线称为反斯托克斯线（anti-Stokes Lines）（$\nu_0+\Delta\nu$），其频率高于入射光频率，位于瑞利线右侧。根据玻尔兹曼分布，常温下处于基态的分子占绝大多数，

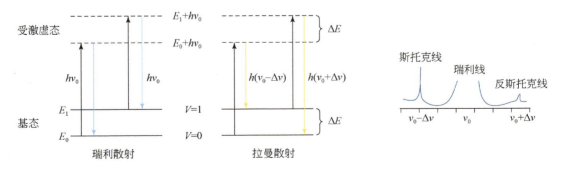

图 6-24　瑞利散射和拉曼散射的产生

E_0 为基态，E_1 为基态的第一振动激发态；$E_0+h\nu_0$，$E_1+h\nu_0$ 为受激虚态，电子获得能量后，跃迁到激发虚态

因此斯托克斯线远强于反斯托克斯线。此外，随着温度的升高，斯托克斯线的强度将减弱，而反斯托克斯线的强度将增强。

根据上述内容可知，拉曼位移 $\Delta v = v_R - v_0$，其中 v_R 为拉曼线的频率。拉曼位移与入射光频率即激发波长无关，仅与分子振动能级跃迁有关。不同物质的分子具有不同的振动能级，因此拉曼位移是特征的，是研究分子结构的重要依据。由于斯托克斯线远强于反斯托克斯线，因此拉曼光谱仪通常记录前者。若将入射光的波数视作零（$\Delta s = 0$），定位于横坐标的右端，并忽略反斯托克斯线，就可以得到样品的拉曼光谱图。

6.3.4　拉曼光谱在配合物研究中的应用

拉曼散射可以分为正常拉曼散射、共振拉曼散射和表面增强拉曼散射三种基本类型。上面提到的概念属于正常拉曼散射（Normal Raman Scattering, NRS），也是在实验室中最常用的一种。共振拉曼散射（Resonance Raman Scattering, RRS）是指激发线的波长接近或落在散射物质的电子吸收光谱带内时，某些拉曼谱带的强度将大大增强，这是电子态跃迁和振动态相耦合作用的结果。共振拉曼散射效应较正常拉曼散射强 $10^2 \sim 10^4$ 倍，且被增强的谱带数量通常较少。因此，共振拉曼光谱可以提供有关生色团的结构信息，在生物化学、无机配合物研究中起着重要的作用。表面增强拉曼散射（Surface Enhanced Raman Scattering, SERS）是指当某些分子被吸附到粗糙的金属表面（如银、铜或金）时，它们的拉曼信号的强度会增加 $10^4 \sim 10^7$ 倍。

入射光与拉曼散射光的能量差等于散射分子的振动能量。振动能量与分子结构及分子所处环境有关，因此可以利用振动能量来推断化合物的相关信息。例如，利用 4-乙烯基联吡啶（dpe）作为有机配体，与铜、锌和镉的硫酸盐反应，制备得到三种配合物。通过拉曼光谱分析这些配合物，我们可以获得一些有用的信息。图 6-25 所示为配体 dpe 和三种配合物的拉曼光谱对比图。配体 dpe 在 1197 cm^{-1} 处归属为 C—C 的伸缩与 C—N 的面内弯曲的

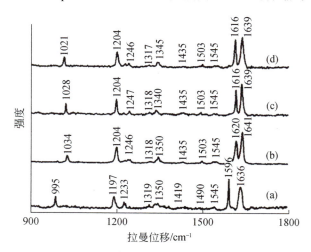

图 6-25　dpe（a）、Cu-dpe（b）、Zn-dpe（c）和 Cd-dpe（d）的拉曼光谱图

复合振动，在三种配合物中全部向高波数位移到 1204 cm^{-1} 处。配体 dpe 在 1596 cm^{-1} 处的峰归属为 C—N 与 C—C 的伸缩和 C—H 面内弯曲的复合振动，在配合物 Cu-dpe、Zn-dpe 和 Cd-dpe 中，该峰分别向高波数位移到 1620 cm^{-1}、1616 cm^{-1} 与 1616 cm^{-1} 处。配体 dpe 在 1636 cm^{-1} 处的峰归属为 C≡C 伸缩振动，在配合物 Cu-dpe、Zn-dpe 和 Cd-dpe 中，该峰分别向高波数位移到 1641 cm^{-1}、1639 cm^{-1} 和 1639 cm^{-1} 处。最大变化的振动峰是 dpe 中位于 995 cm^{-1} 的吡啶环呼吸振动，在三种配合物中该峰各自向高波数位移近 20 多个波数。通过拉曼光谱分析可知，配体 dpe 与三种配合物的拉曼光谱的差异主要是由配合物的空间立体效应和 dpe 上的吡啶环的空间对称性在配位反应后发生改变导致的。通过比较三种配合物的拉曼光谱，可以进一步确认它们的空间几何构型是相似的。

通过对样品的 SERS 谱进行测量，并与其正常拉曼光谱进行比较，可以获得关于样品分子振动及其在表面的作用情况等信息。SERS 谱中，拉曼信号增强的规律符合拉曼选律：①离基底近的振动获得的增强效果最大，离基底较远的振动几乎没有增强效果；②垂直于基底的振动获得最大的增强效果，平行于基底的振动增强效果不明显。例如，在测量以银镜为衬底的钴卟啉的 SERS 谱后，将其与钴卟啉粉末的正常拉曼谱进行比较（图 6-26），可以发现：粉末谱中存在的大部分拉曼峰也出现在 SERS 谱中，且其强度有了一定倍数的增加，同时在 SERS 谱中还出现了粉末谱中没有的拉曼峰。进一步分析发现，一些在正常拉曼谱中强度很小的峰在 SERS 谱中得到了增强。例如归属为环弯曲振动的 832 cm^{-1}（831.2 cm^{-1}），归属于卟啉环变形振动的 1348 cm^{-1}（1349.7 cm^{-1}），归属为 C$_\beta$ 双键伸缩振动的 1564 cm^{-1}（1567.7 cm^{-1}）。而有些在正常拉曼谱中强度较大的峰在 SERS 谱中变得较弱。例如：1006.5 cm^{-1}（1009 cm^{-1}）、1018 cm^{-1}（1019.7 cm^{-1}）、1250.6 cm^{-1}（1258.3 cm^{-1}）、1467.7 cm^{-1}（1468 cm^{-1}）。根据拉曼选律，这些结果说明在激发波长 632.8 nm 的作用下，钴卟啉分子以 C$_\beta$ 双键一端的 C$_\beta$ 原子接近基底，并以一定角度吸附在基底上，卟啉环发生了变形，而苯环则以较小的角度倾斜接触基底。

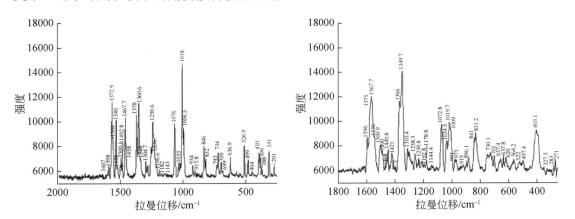

图 6-26　钴卟啉的正常拉曼谱（a）及其在银镜基底上的 SERS 谱（b）（激发波长为 632.8 nm）

6.4 核 磁 共 振

6.4.1 核磁共振波谱原理

核磁共振波谱法（Nuclear Magnetic Resonance，NMR）是一种极其重要的现代仪器分析方法。在外磁场的作用下，原子核发生磁化并产生一定频率的振动。当外加能量（磁场）与原子核振动频率相匹配时，原子核会吸收能量并发生能级跃迁，从而产生共振吸收信号，这就是核磁共振的基本原理。然而，并非所有原子核都能产生这种现象，只有具有核自旋的原子核才能产生核磁共振现象。迄今为止，仅适用于自旋量子数 I 不等于 0 的原子核，因此 $I=0$ 的原子核对 NMR 波谱是"不可见的"。经常为人们所利用的原子核包括 ^1H、^{11}B、^{13}C、^{17}O、^{19}F、^{31}P、^{29}Si 等。

原子核的自旋量子数 I 主要由原子核的质子数和中子数决定，可分为以下三种情况：

（1）当质子数和中子数都是偶数时，该原子核的自旋量子数为零，如 ^{12}C、^{16}O、^{32}S 等。因此，无法利用 NMR 对这类原子核进行研究。

（2）当质子数和中子数中，有一个为奇数，另一个为偶数时，该原子核的自旋量子数为半整数（即 1/2,3/2,5/2, …）。例如，$I=1/2$ 的原子核：^1H、^{13}C、^{19}F、^{31}P 等；$I=3/2$ 的原子核：^7Li、^{11}B、^{33}S、^{35}Cl 等；$I=5/2$ 的原子核：^{17}O 等。利用 NMR 可以对这类原子核进行研究。

（3）当质子数与中子数均为奇数时，该原子核的自旋量子数为整数（即 1,2,3,…）。例如 ^2H（$I=1$）、^{10}B（$I=3$）等。利用 NMR 可以对这类原子核进行研究。

根据量子力学原理，当自旋量子数为 I 的核自旋有 $2I+1$ 个可能的空间取向。如图 6-27 所示，当 $I=1/2$ 时，有两个空间取向。在没有外加磁场时，这些取向的能量相等。然而，当施加外部磁场（B_0）时，能级发生裂分，每个能级对应一个磁量子数 $m=1/2$ 和 $m=-1/2$。

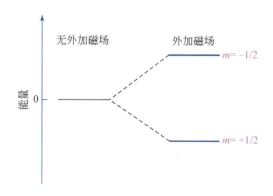

图 6-27　在外加磁场中自旋量子数为 1/2 的核的能级裂分示意图

量子力学的选择定则只允许 $\Delta m=\pm 1$ 的跃迁，相邻能级之间发生跃迁所对应的能量差为 $\Delta E=\gamma h B_0/2\pi$。其中，$h$ 为普朗克常量，γ 为原子核的磁旋比，不同的原子核具有不同的磁旋比，因而 γ 是原子核的特征常数。由此可知，当外加磁场 B_0 增强，能量差 ΔE 增强；原子核磁旋比越大，相应的能量差 ΔE 也越大。

核磁共振可以区分不同元素和同位素的原因在于每个特定的原子核只会以非常特定的频率吸收。这种特异性意味着核磁共振通常可以一次检测一种同位素，从而对应不同类型的核磁共振，例如 ^{1}H NMR、^{13}C NMR 和 ^{31}P NMR 等。此外，任何类型的原子核的吸收频率并不总是恒定的，因为围绕原子核的电子会产生屏蔽效应，导致原子核所处的磁场随着周围的电子环境改变而改变。在化合物中，处在不同结构和位置上的各种原子核周围的电子云密度不同，导致共振频率有差异，即产生共振吸收峰的位移，称为化学位移。因此，根据特定原子核的电子（化学）环境的不同，可以利用 NMR 来识别化合物结构。利用 NMR 研究有机化合物的方法已经为人们所熟知，而配合物与有机化合物（有机配体）在 NMR 上的差别来源于配合物中的金属离子，不同金属离子对有机物 NMR 的影响不同。

众所周知，电子在一定的轨道上旋转时会产生一个轨道磁矩，而电子自旋时又会产生一个自旋磁矩。如果金属离子各个轨道上的位置都被电子占满（没有未成对电子），则轨道磁矩和电子自旋磁矩合成为零，这个金属离子就没有净磁矩；如果电子壳层中有空位（有未成对电子），它就会呈现出净磁矩。根据净磁矩的有无，金属离子可以区分为顺磁性金属离子和抗磁性金属离子。抗磁性金属离子对配合物 NMR 影响不大，而顺磁性金属离子由于本身磁场的存在对配合物 NMR 影响较大。本节将以 ^{1}H NMR、^{13}C NMR 和 ^{31}P NMR 为例，简要介绍 NMR 在配合物研究中的应用。

6.4.2　^{1}H NMR 图谱在配合物表征中的应用

1. 金属氢化物配合物

^{1}H NMR 在表征金属氢化物中具有独特的优势。在 ^{1}H NMR 核磁图谱中，金属氢化物核磁峰的化学位移通常位于高场区域，部分出现在 0～40 ppm 之间，相较于大多数有机化合物及有机配体，具有明显的化学位移特征。金属氢化物中，氢谱化学位移向高场移动主要是受到金属中心 d 电子的屏蔽效应所致，且随着 d^n 电子组态的增加，偏移程度也会增加。此外，如果氢核与其他杂核原子之间存在耦合作用，还可以通过化学位移、峰值强度及耦合常数等信息来进一步分析配合物，例如 ^{31}P 与 ^{1}H 之间的耦合。因此，^{1}H NMR 图谱通常可成功地用于解决复杂的问题，如化学反应产物的检测与表征。如图 6-28 所示，在特定条件下，膦配体 A 与钯化合物 $Pd(P^tBu_3)_2$ 和铱化合物 $[IrCl(COE)_2]_2$ 发生碳氢键活化反应，分别生成相应的产物 B 和 C。通过对产物的核磁图谱进行分析，从化合物 B 的 ^{1}H NMR 图谱中可以观察到一组准四重峰出现在 -21.2 ppm（这是由于三个磷原子中心与氢原子间具有相近的耦合常数，$^2J_{PH}=15$ Hz），表明 Pd—H 键的形成；在化合物 C 的 ^{1}H NMR 图谱中的高场位置也可以观察到一组双三重峰（-10.20 ppm），其中磷原子与氢原子的耦合常数分别为 $^2J_{PH}=16$ Hz 和 $^2J_{PH}=13$ Hz。在 ^{1}H NMR 核磁图谱的高场位置出现核磁信号表明金属氢键（M—H）的形成，为金属原子插入磷氢键反应提供了实验支持。

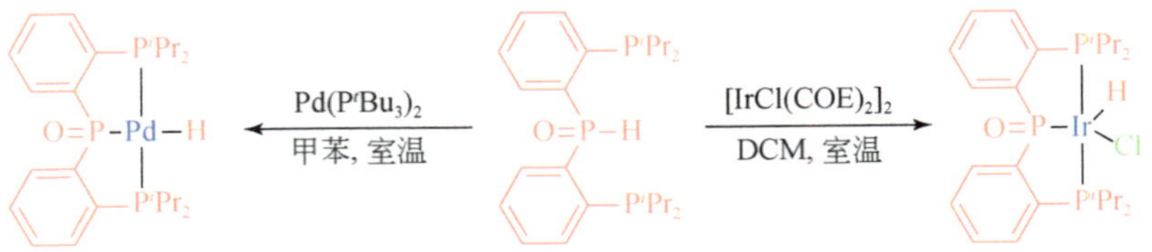

图 6-28　膦配体 A 与钯 B、铱 C 化合物反应示意图

2. 金属π配合物

此外，当烯烃或共轭体系烃类与过渡金属配位形成π络合物后，参加配位的碳原子及与之成键的氢原子的化学位移会受到金属电子的磁屏蔽作用，从而向高磁场侧移动。例如，游离的乙烯的氢原子的化学位移为 6.0 ppm，而当乙烯参与配位形成铂(Ⅱ)配合物蔡斯（Zeise）盐 $K[Pt(C_2H_4)Cl_3]$ 后，乙烯配体中氢原子的化学位移为 4.21 ppm，并且与铂原子存在耦合作用（$^1J_{Pt-H}=64$ Hz）。另外，当烯烃或共轭体系烃类与低价态过渡金属配位形成π配合物后，氢谱的化学位移向更高场移动。例如，在 $CpRh(C_2H_4)_2$ 中，乙烯配体的化学位移分别为 2.75 ppm 和 1.00 ppm。反之，当烯烃或共轭体系烃类与高价态过渡金属配位形成π配合物后，氢谱的化学位移向低场移动。例如，乙烯与 Ag^+ 发生配位作用后的化学位移为 6.1 ppm，比游离的乙烯还要低。

6.4.3　^{13}C NMR 图谱在配合物表征中的应用

尽管具有核磁共振活性的 ^{13}C（$I=1/2$）原子核的天然丰度仅为 1%，但对于大多数金属配合物来讲，可以获得质子去偶的 $^{13}C\{^1H\}$核磁共振图谱。通过对有机配体 ^{13}C NMR 图谱的分析，可以得到配合物的结构和构型等重要信息。作为一种方便和可靠的表征手段，^{13}C NMR 图谱已经并将继续在金属配合物的分析中发挥重要作用。例如，氮杂环卡宾是一类被广泛研究的中性有机配体，大量的实验和理论分析证实该类配体在配合物的设计和开发中具有独特优势。由于卡宾的碳原子中心只有六个电子，具有缺电子性质，其化学位移通常与饱和碳原子相差较大，因此，^{13}C NMR 图谱在表征卡宾配体方面具有显著的优势。一般来说，多数不饱和的氮杂环卡宾的中心碳原子的化学位移在 210～220 ppm 之间，而饱和的氮杂环卡宾的中心碳原子的化学位移在 230～260 ppm 之间。当氮杂环卡宾与金属作用生成卡宾配合物后，其化学位移通常会向高场移动。如图 6-29 所示，游离卡宾的 ^{13}C NMR (NCN)的化学位移为 219.4 ppm，形成氯化金配合物后，其化学位移会向高场移动至 185.1 ppm。

^{13}C NMR：219.4 ppm　　　　　　　　　^{13}C NMR：185.1 ppm

图 6-29　氮杂环卡宾与氯化金配位反应示意图

另外，通过质子耦合 ^{13}C 核磁共振谱，还可以获得 $^1J_{C\text{-}H}$ 耦合常数，其中包含重要的结构信息，对 ^{13}C NMR 波谱分析非常关键。例如，$^1J_{C\text{-}H}$ 耦合常数与 C—H 键的杂化方式直接相关。对于 sp 杂化方式，其 $^1J_{C\text{-}H}$ 耦合常数约为 250 Hz；sp^2 杂化方式中约为 160 Hz，sp^3 杂化方式中约为 125 Hz。与在 ^{1}H NMR 中观察到的情况类似，在 ^{13}C NMR 谱图中也可以观察到 P—C 核磁耦合。通过 P—C 原子核之间的耦合常数，可以判断配合物顺反结构。通常情况下，处于反式结构的耦合常数（～100 Hz）大于顺式耦合常数（～10 Hz）。

6.4.4　^{31}P NMR 图谱在配合物表征中的应用

^{31}P 同位素的自然丰度为 100%，其自旋量子数为 1/2，有相对较强的核磁共振信号，因此通过磷谱的测定可以直接高效地为含膦配体的配合物提供有用的信息。在抗磁性化合物中，磷谱化学位移范围约为 2000 ppm，比碳谱大约一个数量级，比氢谱大约两个数量级。例如，白磷 P_4 在不同溶剂中的化学位移约为 –527～–488 ppm。而对于配合物 $[\{Cr(CO)_5\}_2(\mu\text{-}P^tBu)]$，其 ^{31}P NMR 的化学位移为 1362 ppm。影响 ^{31}P NMR 化学位移变化的因素较为复杂，包括键角、取代基的电负性及取代基的π键特性等因素。在金属配合物中，有机膦配体得到广泛应用，因此关于 ^{31}P NMR 的研究在含膦配合物的表征分析中十分重要。例如，^{31}P NMR 可以用于研究含膦配合物的顺-反异构体。如图 6-30 所示，当两当量三苯氧基膦 [P(OPh)$_3$] 参与配位形成铂配合物时，会同时生成顺、反两种构型的产物，其顺式产物与反式产物生成比例为 91∶9。在顺式结构中，因为其较低的对称性且存在 ^{31}P—^{31}P 及 ^{31}P—^{195}Pt 之间的耦合作用，会在 ^{31}P NMR 中观察到三组双二重峰（83.3 ppm、67.4 ppm、–8.5 ppm）；而在其反式结构中，由于分子的 C_2 对称性，^{31}P NMR 中只会出现两组峰（80.8 ppm、–45.2 ppm）。此外，顺式中磷负离子的磷谱中的耦合常数 $^1J_{P,Pt}$（3508 Hz）要小于反式中的耦合常数（4756 Hz），这是由于膦配体比氯离子具有更大的反位效应。

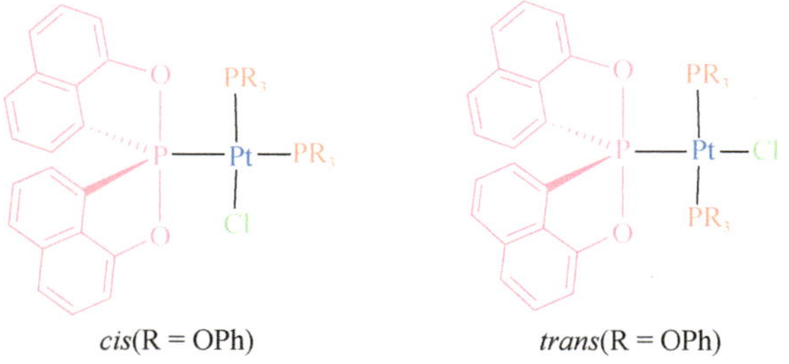

图 6-30　具有顺/反两种异构体的铂配合物

^{31}P NMR 还可以在多方面为配合物的配位模式或化学反应机理的探究提供帮助。例如，双齿、多齿膦配体与金属中心作用形成金属配合物时，可以以螯合、单齿或桥联等方式进行配位，此时，^{31}P NMR 图谱可以用来帮助确定配合物的配位形式，还可以用来研究膦配体在配合物分子内或分子间的交换及配合物的形成机理等。

6.5　光电子能谱

光电子能谱（Photoelectron Spectroscopy，PES）是一种基于光电效应原理的分析技术。它通过测量样品在单色辐射照射下发射的光电子，来确定这些光电子的动能（从而测定其结合能）、强度和角分布，并利用所获得的信息来研究样品的电子结构。与传统的光谱学方法不同，光电子能谱是通过检测电子而不是光子来研究样品的电子结构。根据所使用的单色光的不同，光电子能谱技术分为 X 射线光电子能谱（XPS）和紫外光电子能谱（UPS）。X 射线光电子能谱使用较弱 X 射线作为电离源，用于测量原子内壳层电子的结合能。紫外光电子能谱则使用紫外线作为电离源，主要研究价电子的电离能。本节将重点介绍在配合物研究中应用更广泛的 XPS。

6.5.1　X 射线光电子能谱

虽然光电子的结合能主要由元素的种类和激发轨道来决定，但由于原子内部外层电子的屏蔽效应，内层能级轨道上电子的结合能在不同化学环境中存在微小差异。这种结合能上的微小差异就是元素的化学位移，它取决于元素在样品中所处的化学环境，因此利用化学位移的大小可以确定元素所处的状态。例如，通常情况下，当某元素失去电子成为正离子时，其结合能会增加；而当其失去电子成为负离子时，结合能会降低。通过化学位移值，可以分析元素的化合价和存在形式。影响化学位移的因素包括：①化学位移与原子所处的形式电荷有关；②对于具有相同形式电荷的原子，由于与其结合的相邻原子的电负性不同，也会产生化学位移。因此，利用 XPS 研究配合物可以直接了解中心离子内层电子的状态，以及与之相结合的配体的电子状态和配位情况，从而获得有关电荷转移的信息。这对于研究中心离子的电子结构、配位键的形成及性质等方面非常有帮助。

6.5.2　XPS 在配合物的表征分析中的应用

1. XPS 定性鉴定元素的存在及其价态

相较于红外光谱等提供的"分子指纹"，XPS 提供了"原子指纹"。XPS 的各个主峰都与相应元素的离子态（M^+）相对应。与核磁共振（NMR）不同，XPS 不受原子核性质（如自旋和磁矩）的限制，不仅可以准确无误地鉴定周期表中除 H 和 He（无内层电子）之外的所有元素，还能够鉴定同一元素的不同价态。表 6-5 列出了铁、钴和锰三种元素处于不同价态下的结合能。此外，除光电离峰外，XPS 还包含伴峰、俄歇电子峰和特征能量损失峰等多种信息峰，这使其"指纹"进一步清晰化。例如，Fe^{2+} 和 Fe^{3+} 电子结合能的主峰有一定的重叠，但它们的伴峰（Fe^{2+}：716.4 eV、730.0 eV 和 Fe^{3+}：719.5 eV、733.6 eV）则增加了对其指认的正确性。

表 6-5　不同价态金属离子的结合能

离子种类	Fe²⁺		Fe³⁺		Co⁺	Co³⁺	Mo⁵⁺		Mo⁶⁺	
	$2p_{1/2}$	$2p_{3/2}$	$2p_{1/2}$	$2p_{3/2}$	$2p_{1/2}$	$2p_{3/2}$	$3d_{3/2}$	$3d_{5/2}$	$3d_{3/2}$	$3d_{5/2}$
结合能/eV	722.8	709.8	724.3	711.2	796.0	781.0	234.6	231.4	235.6	232.6

XPS 在鉴定元素种类及价态方面具有独特优势。例如，当含有混合价态锰离子的化合物 [$Mn_8^{III}Mn_4^{IV}O_{12}(CH_3COO)_{16}(H_2O)_4$]·$2CH_3COOH$·$4H_2O$ 与 $Na_{12}[P_2W_{15}O_{56}]$·$18H_2O$ 在乙酸溶液中发生反应时，会生成含有四个锰离子的新化合物 $Na_{12}[Mn_4(H_2O)_2(P_2W_{15}O_{56})_2]$·$84H_2O$。由于产物结构组成比较复杂，可以借助于 XPS 测试手段来确认其中锰离子的氧化态。在测试过程中，以乙酸锰（Ⅲ）$[Mn(CH_3COO)_3]$ 作为参考，测得的 XPS 光谱以及对 Mn(2p)图谱的拟合图（图 6-31）。产物的光谱显示 Mn($2p_{3/2}$)和 Mn($2p_{1/2}$)的结合能分别为 642.1 eV 和 653.9 eV。结合能为 646.5 eV 的峰来自于底层基质 Au($4p_{1/2}$)。而参考物乙酸锰的光谱上显示出相似的峰，分别位于 642 eV 和 653.8 eV 处，对应于 Mn($2p_{3/2}$)和 Mn($2p_{1/2}$)的结合能。相较于产物的结合能，仅存在 0.1 eV 的能量差，由此可以判断产物中的锰离子的价态为+3。

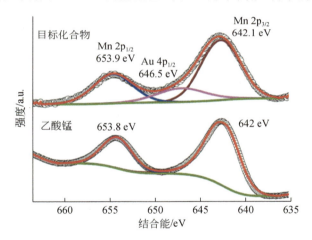

图 6-31　锰化合物及乙酸锰的 X 射线光电子能谱

2. 确定配体的配位点及中心金属离子的配位环境

分子轨道理论认为，配位键的形成通常伴随着配体向金属（L→M）的电荷转移，即配体上原本定域的配对价电子离域到整个配合物分子中，导致金属离子的电子密度增加，屏蔽效应增强，从而减少了其内层电子的结合能；而配位原子电子密度减小，其内层电子的结合能增加。因此，可以通过比较配体与金属之间配位作用前后的结合能来分析配位形式，通过观察配位原子的结合能在反应前后是否发生变化来判断该原子是否参与了配位作用。

例如，利用 XPS 技术，可以判断 EDTA 与 Rh 之间形成的两种配合物中 EDTA 的配位点（图 6-32）。根据表 6-6 的数据可知，当 EDTA 中氮原子与 Rh 发生配位形成配合物 A 时，N(1s)的结合能由配体的 400.4 eV 升高至 402.8 eV，增加了 2.4 eV。这表明在配合物形成过程中 N 原子给出电子与 Rh 发生配位作用。当配合物由结构 A 转变为结构 B 后，再经 CO

处理恢复到结构 **A** 时，由于 N 原子的配位状态未发生变化，N(1s)结合能亦无变化。当配合物以结构 **A** 形式存在时，由于配体中的 O 原子未参与配位，其结合能基本未变。然而，当配合物以结构 **B** 形式存在时，由于配体中部分 O 原子与铑配位，O(1s)结合能存在两个：其中一个结合能为 533.1 eV，比结构 **A** 中 O(1s)结合能高出 3 eV，证明配体中存在 O 原子与铑的配位；另一结合能仍为 530.1 eV，与结构 **A** 中 O(1s)结合能一致，说明结构 **B** 中有部分 O 原子未参与配位。当配合物由结构 **B** 经 CO 处理后恢复到结构 **A** 时，其配合物中部分配位的 O 原子的 O(1s)结合能相应降低。此外，配合物从结构 **A** 变为结构 **B** 后，Rh($3d_{5/2}$) 的结合能从 310.2 eV 变为 309.8 eV，这是由 Rh 原子的配位环境发生改变所导致的。

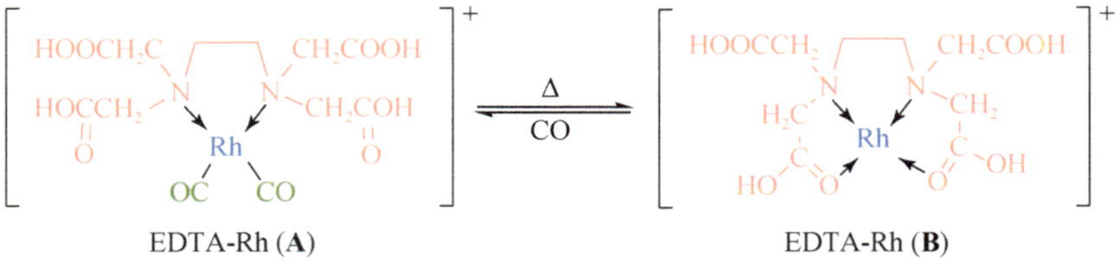

图 6-32　Rh 与 EDTA 作用形成的两种配合物及其互相转化示意图

表 6-6　**Rh 与 EDTA 作用形成的两种配合物的结合能数据**　　　　（单位：eV）

配合物	N(1s)	O(1s)	Rh($3d_{5/2}$)
配体 EDTA	400.4	530.0	
EDTA-Rh（A）	402.8	530.1	310.2
EDTA-Rh（B）	402.2	533.1、530.1	309.8
经 CO 处理后	402.8	530.1	310.2

此外，XPS 可以用于研究中心金属离子的价态，以获得配合物的结构信息。例如，双核金配合物可通过氯氧化加成反应生成一系列具有不同氧化态的金配合物（图 6-33）。表 6-7 中 XPS 研究数据表明，在化合物 **Au-2** 中 Au($4f_{7/2}$)的结合能只有唯一值（86.5 eV），表明 **Au-2** 中 Au 以单一价态 Au^{II} 存在，一般情况下，Au^{II} 的存在较少，通常被认为是+Ⅰ和+Ⅱ混合价的平均价态。混合价态的双核金配合物（特别是包含 Au-P-C 环的配合物）很少存在，但化合物 **Au-3** 中存在 Au^{I} 和 Au^{III} 的双重特征峰（85.2 eV 和 86.7 eV），表明 Au^{I} 和 Au^{III} 混合价态的存在。在化合物 **Au-1** 和 **Au-4** 中，Au 分别以单一的+Ⅰ（85.1 eV）和+Ⅲ（86.9 eV）存在。随着中心离子 Au 的氧化态增加，配合物的结构从直线型（Au^{I}）转变成平面正方形（Au^{III}）。

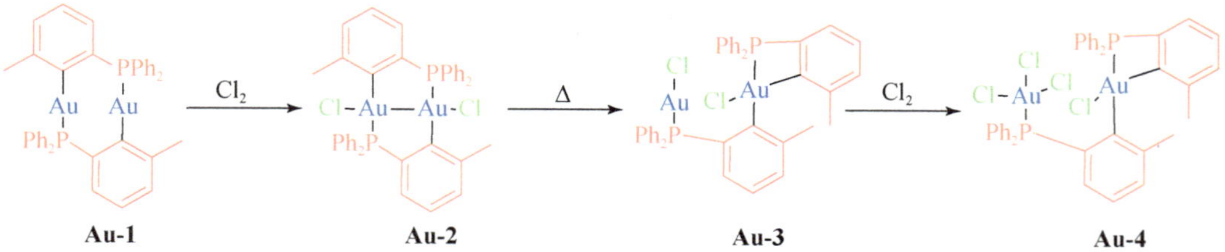

图 6-33　双核金配合物与氯气反应示意图

表 6-7 配合物 Au1-Au4 中金与膦配体的结合能数据   （单位：eV）

配合物	金的氧化态	Au(4f$_{7/2}$)	P(2p)	Cl(2p)
Au 金属	0	84.0		
Au-1	+I	85.1	132.1	
Au-2	+II	86.5	132.1	198.7
Au-3	+I, +III	85.2、86.7	132.1	198.9
Au-4	+III	86.9	132.5	198.7

3. 确定配合物的组成

XPS 能谱中的峰的相对强度通常与分子中原子的相对数目成正比（通常需要使用灵敏度因子法对强度进行修正）。因此，可以根据光电子峰的峰面积，测定样品中不同元素的相对含量或者相同元素非等效原子的相对含量，并由此确定配合物的化学式。灵敏度因子法的修正方法为：以峰边和背景的切线交点为准扣除背景，计算峰面积或峰强度，然后分别除以相应元素的灵敏度因子，即可得到各元素的相对含量。例如，利用 XPS 测得 $FeCl_3$ 与 DMF 形成的配合物中 Fe、Cl、N、C 和 O 元素的峰面积比，可以推测出其分子组成为 $(FeCl_3)_2(DMF)_{3.3}(H_2O)_{2.7}$，与元素分析结果一致。在配合物中，C(1s)存在 3 个峰 [图 6-34 （a）]，化学环境相同的 2 个甲基 C 只出现 1 个单峰（285.2 eV），而羰基 C 产生 2 个光电子峰（286.4 eV、289.2 eV），其峰面积比为 1.75。这表明，在 3.3 mol DMF 中，有 2.1 mol 与相对缺电子的 Fe^{3+} 配位，产生 286.4 eV 的光电子峰，而 1.2 mol 与另一个相对富电子的 Fe^{3+} 配位，形成 289.2 eV 的光电子峰。Cl(2p)有 2 个峰（199.3 eV、200.9 eV）[图 6-34（b）]，其峰面积比 2∶1。这表明 6 个 Cl 原子中，有 2 个 Cl 与相对富电子的 Fe^{3+} 配位，4 个 Cl 与相对缺电子的 Fe^{3+} 配位。O(1s)有 3 个峰：533.0 eV、532.3 eV 和 530.9 eV [图 6-34（c）]，其峰面积比为 2.1∶2.6∶1.2。其中 533.0 eV 和 530.9 eV 峰属于 DMF 中的羰基氧，532.3 eV 峰则属于游离水。根据上述分析，该配合物的化学式可进一步表示为 $[FeCl_2(DMF)_{1.2}(H_2O)_{2.7}]^+[FeCl_4(DMF)_{2.1}]^-$。

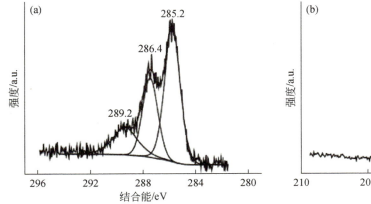
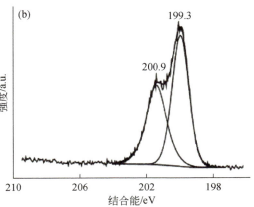

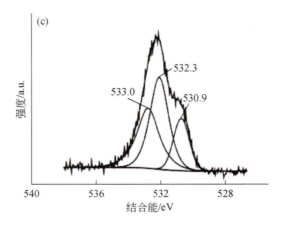

图 6-34 FeCl₃ 与 DMF 反应后 C(1s)〔a〕、Cl(2p)〔b〕、O(1s)〔c〕的 XPS 谱图

6.6 电子顺磁共振

6.6.1 电子顺磁共振原理

电子顺磁共振（Electron Paramagnetic Resonance，EPR）是一种用于研究顺磁性物质的工具，可以用来研究有机化合物和无机化合物自由基和三重态结构等。同时，电子顺磁共振也是研究具有未成对电子的配合物的有力手段。它不仅可用来描述分子中未成对电子的分布，还可以确定金属中心上的电子到配体之间的离域程度。

EPR 的基本原理与核磁共振波谱（NMR）非常相似，只是 EPR 更关注外部磁场与分子中的未成对电子的相互作用，而不是单个原子的原子核。当未成对的电子处于外加磁场 B 中时，它的自旋能级会从简并态分裂为两个能级，产生两种自旋态，磁量子数为 $m_s=\pm1/2$。其中，大部分电子会顺着磁场方向排列，对应于低能级态，磁量子数为 $m_s=-1/2$。少部分电子反平行于外加磁场，对应于高能级态，磁量子数为 $m_s=+1/2$。这两个能级之间的能级差为 $\Delta E=g\beta B$（g 因子是体系中未成对电子的固有属性，无量纲，自由电子的 g 因子 $g_e=2.0023$；β 是电子的玻尔磁子）。当在垂直于外磁场 B 的方向上施加频率为 v 的微波，且满足 $hv=\Delta E=g\beta B$ 时，处于低能级上的电子会吸收射频场的能量向高能级跃迁，这就产生了顺磁共振信号。同时，化合物中的未成对电子在磁场中的共振吸收必然要受到其所处的化学环境的影响，因此，EPR 谱呈现各种复杂的情况：

（1）自旋-轨道耦合。原子中的未成对电子不仅具有自旋磁矩，还有轨道磁矩。由于电子的自旋-轨道耦合，未成对电子的能级受电子的轨道角动量的影响，导致谱线发生分裂。

（2）谱线的变宽。当体系中存在多个未成对电子时，每个未成对电子所处的实际磁场强度为外磁场与其他电子的磁矩在该电子处建立的局部磁场强度之和。

（3）零场分裂。若离子含有两个未成对电子，则 $S=1$。这两个未成对电子的磁矩相互作用导致自旋能级在没有外磁场时就已分裂，即 $M_s=0$ 和 $M_s=\pm1$。当外部磁场加入后，0→1 和 -1→0 两个跃迁的能量不相等，于是出现两个峰，这种现象被称为零场分裂。由于电子的磁矩比核磁矩约大三个数量级，因此零场分裂（电子与电子的磁相互作用）比超精细分裂（电子与核的磁相互作用）大约三个数量级，被称为精细分裂，以别于超精细分裂。

（4）超精细分裂。未成对电子与附近的核磁矩的相互作用也会引起能级的分裂，这种分裂称为超精细分裂。在 EPR 谱上，超精细分裂峰之间的距离称为超精细耦合常数，用 A 表示。超精细分裂使 EPR 谱更加复杂，但提供了更多的信息。

（5）g 值和 A 值的方向性：由于 g 值和 A 值受轨道磁矩和核磁矩的影响，而轨道磁矩和核磁矩又都是有方向的，因此 g 值和 A 值也具有各向异性。g 值有 g_x、g_y 和 g_z 3 个值，A 值也有 A_x、A_y 和 A_z 3 个值，其中 z 为外磁场方向。对于轴对称性的晶体，则 g 值有 $g_{/\!/}$ 和 $g_\perp$ 两个值，A 值有 $A_{/\!/}$ 和 $A_\perp$ 两个值（其中 $/\!/$ 和 $\perp$ 分别表示平行和垂直于外磁场）。在对称性高的晶体中，g 值和 A 值相同，表现为各向同性。

6.6.2　EPR 在配合物的表征分析中的应用

EPR 被广泛应用于研究过渡金属配合物，这是由于多数过渡金属具有未充满的 d 壳层，其配合物常存在未配对电子。因此，EPR 可以提供配合物中过渡元素的价态、电子组态、配合物结构等重要信息。

例如，EPR 在铜配合物的表征分析中应用十分广泛。铜配合物在合成和生物化学中都扮演着重要角色。很多反应利用铜配合物进行催化反应，通常涉及 Cu^I/Cu^{II} 的氧化还原循环。铜的常见氧化态包括不太稳定的 Cu^I 和稳定的 Cu^{II}。Cu^I 具有 d^{10} 构型的电子结构，没有未成对电子的 d 电子结构，无法通过 EPR 检测到。而 Cu^{II} 具有 d^9 构型的电子构型，这意味着其配合物具有顺磁性，可以利用 EPR 对含 Cu^{II} 配合物的化学结构和反应机理进行研究。

在 Cu^{II} 配合物中，常见的配位数为 4、5 和 6。然而，由于 Cu^{II} 中心为 d^9 组态，易产生明显的 Jahn-Teller 畸变，因此很少形成正八面体和正四面体配合物。Cu^{II} 配合物的 EPR 波谱特征及波谱参数强烈地依赖于其立体构型。具有 D_{4h} 对称的平面正方形 Cu^{II} 配合物显现正常轴对称特征的 EPR 谱，其中 $g_{/\!/} > g_\perp$。由于 $I = 3/2$，典型图谱在平行和垂直方向均可观测到 4 条超精细结构分裂线。例如，图 6-35 为平面型二(甲基庚基)磷酸铜配合物$[Cu^{II}L_2，L=$二(甲基庚基)磷酸]在低温（77 K）四氢呋喃中的 EPR 图谱，低场平行部分显示出四条分辨清晰的弱峰，测得 $g_{/\!/}=2.376$，高场垂直部位虽未观察到分辨良好的超精细裂分，但从基线位置可求得 $g_\perp=2.070$，符合 $g_{/\!/} > g_\perp$ 的特点。具有 C_{2v} 对称的顺式畸变八面体、D_{3h} 对称的三角双锥和 D_{5h} 对称的五角双锥则可能观测得到典型的倒置谱，即平行弱峰出现在高场部位，而垂直强峰出现在波谱的低场部位，其中 $g_{/\!/} < g_\perp$。例如，15-冠醚-5 与无水氯化铜反应生成的冠醚铜配合物在 77 K 下的 EPR 图谱是典型非轴对称的倒置谱（图 6-36），测得垂直方向的 $g_x=2.372$ 和 $g_y=2.265$ 大于平行方向的 $g_z=2.000$。此外，在该配合物 EPR 谱的 g_z 部位还可观测到由轴向配位的两个氯离原子（$I=3/2$）引起的超精细结构，这表明铜离子位于冠醚的中心，两个氯离子分别位于冠醚氧原子所形成的平面上下，并与铜离子配位形成五角双锥型配合物。这种构型已经通过单晶 X 射线衍射结构分析得到确认。

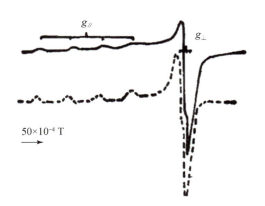

图 6-35　二（甲基庚基）磷酸铜配合物的
EPR 谱（77 K）

——实测谱，--- 模拟谱

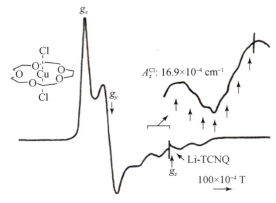

图 6-36　$CuCl_2$-15-冠醚-5 配合物的
EPR 谱（77 K）

左上附图为配合物结构示意图；右上附图为 Cl 引起的超精细
结构放大图

Cu^{II} 配合物的 EPR 性质主要由基态电子构型决定，因此通过 EPR 波谱测定结果可以获得有关电子基态的较为精确的信息。表 6-8 中列出了不同立体化学环境中 Cu^{II} 离子单电子轨道基态。其中，以 $d_{x^2-y^2}$ 基态占优势，其次是 d_{z^2} 基态，也有少数以 d_{xy} 为基态，如 $CuCl_4^{2-}$。

表 6-8　不同立体化学的铜（Ⅱ）离子单电子轨道基态及 EPR 波谱特征

铜（Ⅱ）离子的立体环境	铜（Ⅱ）离子单电子轨道基态	EPR 波谱特征
拉长的四方-八面体、拉长的正交-八面体、平面正方形、四方锥	$d_{x^2-y^2}$	正常 EPR 谱 $g_{//}>g_{\perp}$
压缩的四方-八面体、压缩的正交-八面体、线型、三角双锥、五角双锥、顺式畸变八面体	d_{z^2}	倒置 EPR 谱 $g_{//}<g_{\perp}$
压缩四面体	d_{xy}	正常 EPR 谱 $g_{//}>g_{\perp}$

6.7　质　谱

6.7.1　质谱法原理

质谱法（Mass Spectrometry，MS）是一种通过将被测物质离子化，并按离子的质荷比大小进行分离，测量各种离子谱峰的强度来实现物质成分和结构分析的方法。质量是物质的固有特征之一，不同的物质会产生不同的质谱。利用这一性质，可以进行定性分析，包括分子质量和相关结构信息的确定；谱峰强度也与它代表的化合物含量有关，可以用于定量分析。质谱技术在天然产物、人工合成的中间体、药物、合成高分子等领域均有广泛应用。金属配合物因其存在键能较弱的非共价键，在传统质谱电离技术如电子轰击电离源（EI 源）等高能量的电离过程中会被破坏，所以传统质谱技术很少用于研究金属配合物等非共价化合物。随着软电离技术的发展，尤其是电喷雾电离（ESI）技术和基质辅助激光解吸电离（MALDI）技术的发展，使得金属配合物在电离过程中结构不遭受破坏，从而能得到准确可靠的分子量信息。因此，质谱法越来越多应用在简单无机化合物及金属配合物的研究中。质谱法虽然不能像 NMR 和 X 射线晶体衍射法那样直接提供精确的结构信息，但是质谱可以提供重要的化学当量信息。质谱法对样品的纯度要求不高，所需样品量少、灵敏度高、检测时间短。因此，相对于其他传统方法，质谱法在研究金属配合物方面具有一些特定的优势。本节将主要介绍电喷雾质谱（ESI-MS）在金属配合物研究领域中的应用。

6.7.2　质谱法在配合物的表征分析中的应用

1. 测定金属配合物的分子量

在实验过程中，通常需要获得化合物的分子量等信息，从而为化合物的进一步确认及更深入的研究打下基础。电喷雾质谱具有"软电离"特点，使得金属配合物在电离过程中能够保持其原有结构，从而可以准确获得其分子量信息。通常情况下分子的母体峰比较强，位于图谱的最右侧，因此可以通过其 m/z 值精确测定其分子量。例如，在研究 Pt(dfppy)(dmso)Cl[dfppy=2-(2,4-二氟苯基)吡啶，dmso=二甲基亚砜]与不同双齿膦配体的取代反应过程中，可以利用高分辨电喷雾质谱（HRESI-MS）正离子模式对其生成产物进行测定。在质谱图中可以分别观测到相应产物 [Pt(dfppy)(P^P)Cl] 中阳离子部分 $[\text{Pt(dfppy)(P\^P)}]^+$ 的离子峰：P^P=双(二苯基膦)甲烷，m/z=769.1287；P^P=双(二苯基膦)乙烷，m/z=783.1448；P^P=1,2-双(二苯基膦基)苯，m/z=831.1454，从而为该类配合物的配位结构提供重要的支撑信息。此外，ESI-MS 还可以准确测定蛋白质的分子量，为确定其构成提供很多信息。例如，金属硫蛋白（Metallothionein，MT）是一类对重金属离子（如 Zn^{2+}、Cd^{2+}、Hg^{2+} 等）具有很强亲和力且含丰富半胱氨酸的低分子量的蛋白质。通过在一定条件下将 MT 与重金属离子进行络合，并借助电喷雾质谱，可以精确测定其配位后蛋白质的分子量，为MT 与金属离子结合形态的表征提供支持。

2. 金属配合物的结构分析和表征

金属配合物结构的分析确认是研究新型配合物的基础。通过质谱图可以获得各种碎片离子元素的组成。根据分子裂解规律与分子结构之间的关系，通过 m/z 分子离子峰及其强度，可以确定未知配合物中是否存在某种结构。

长期以来，半导体纳米簇合物的组成一直是个很棘手的问题。除少数可以用单晶 X 射线衍射分析和核磁共振技术解决外，大多只能通过粉末 X 射线衍射及 UV 光谱进行粗略表征。ESI-MS 的应用为这类簇合物的表征提供了重要信息。例如，在利用 ESI-MS 对簇合物 $[\text{Me}_4\text{N}]_4[\text{S}_4\text{Cd}_{10}(\text{SPh})_{16}]$ 进行研究时，发现在源电压为 10 V 时，基峰为分子离子 $[\text{S}_4\text{Cd}_{10}(\text{SPh})_{16}]^{4-}$；

而在源电压为 20 V 时，基峰为[Cd(SPh)$_3$]$^-$。此外，通过对 ESI-MS 图谱分析，可以了解到 [S$_4$Cd$_{10}$(SPh)$_{16}$]$^{4-}$离子总是失去负电荷基团如 SPh$^-$、[Cd(SPh)$_4$]$^{2-}$、[Cd(SPh)$_3$]$^-$等。通过对其离子峰的裂解关系进行分析，可以为金属簇合物的结构组成及形成机理的推测提供一定的参考价值。

此外，ESI-MS 具有一个显著的特点，即对于不稳定的配合物，失去一个或多个配体形成的分子离子峰也能同时被观测到。例如，在某些阳离子或阴离子体系中，由于室温下配体进行快速交换，室温核磁图谱中无法得到有关配体交换物种的信息，需要在低温下减慢交换速率才能观测到。然而，利用 ESI-MS 则可以在室温下观测到溶液中存在的各种独立物种。例如，配合物(PPh$_3$)$_2$Cu(BH$_4$)在 CDCl$_3$ 中室温下的 ^{31}P NMR 谱只显示一个尖峰。但是，当加入三苯基膦时，尖峰的位置随着三苯基膦的加入量而改变。这表明反应溶液中发生了三苯基膦的快速交换，观察到的谱峰是交换平均化的信号。而在(PPh$_3$)$_2$Cu(BH$_4$)的溶液中加入过量三苯基膦时，ESI-MS 图谱上出现了两个峰：[Cu(PPh$_3$)$_2$]$^+$，m/z=587；[Cu(PPh$_3$)$_3$]$^+$，m/z=849。这两个峰的相对强度随串联质谱 MS/MS 的源电压不同而变化。当源电压增大时，m/z=849 峰减小，m/z=587 峰增大。在串联质谱 MS/MS 中，即使不加碰撞气体，也会发现[Cu(PPh$_3$)$_3$]$^+$可失去 PPh$_3$，这说明［Cu(PPh$_3$)$_3$]$^+$稳定性较差。上述结果表明，两个膦配体之间的快速交换过程可以用 ESI-MS 进行研究。

3. 研究生成金属配合物的选择性和稳定性

ESI-MS 常被用于研究非共价键化合物，特别是以金属配合物为代表的化合物的结合选择性。在这种方法中，常使用竞争的方式来比较不同配合物离子在质谱图中的丰度，从而评估不同配体的结合选择性。该方法所需样品极少（通常在 nmol 级），是一种准确、高效衡量体系中离子结合选择性和亲和力的方法。

例如，在利用 ESI-MS 考察侧基分别为甲氧基、羧酸、酯或酰胺的二苯并-15-冠醚-5 对 Li$^+$、Na$^+$、K$^+$的结合选择性时，发现在甲醇溶液中冠醚对 Na$^+$的选择性最佳。此外，可以利用电喷雾质谱研究三种金属卟啉化合物（MTPP=MnTPP、FeTPP、CoTPP）与咪唑的轴向配位情况。通过系统研究不同摩尔比下金属卟啉与咪唑的混合溶液的全谱，发现溶液中的金属卟啉可以与咪唑形成五、六配位化合物，并且随着配体浓度的增加，其丰度也增强。而在相同配体浓度下，络合物的丰度按 Mn、Fe 和 Co 顺序依次增加，说明络合物的稳定性从 MnTPP 到 CoTPP 逐渐增强。

4. 研究反应机理

通过 ESI-MS 对反应过程中的中间体进行表征分析，可以对化学反应历程及反应机理进行推测。例如，在利用 Raney Ni 催化 2-溴-6-甲基吡啶偶联反应中，首先生成联吡啶配位的镍配合物 bipy-NiBr$_2$。随后，经过水解反应，bipy-NiBr$_2$ 会生成联吡啶（图 6-37）。通过 ESI-MS 检测中间体 bipy-NiBr$_2$ 时，发现了一个主峰为 m/z=724。这表明中间体 bipy-NiBr$_2$ 可能存在二聚体结构(bipy-NiBr$_2$)$_2$。这是由于(bipy-NiBr$_2$)$_2$ 失去一个溴离子，形成 [(dmbp)$_2$Ni$_2$Br$_3$]$^+$，其 m/z 值为 724。此外，质谱中还存在一个基峰 m/z=322，对应于 [(dmbp)NiBr]$^+$ [(bipy-NiBr$_2$ 失去一个溴离子，或是(bipy-NiBr$_2$)$_2$ 的碎片]。在实验过程中，增加排斥电压后，在质谱中可以观测到二聚体结构的离子峰变低，同时出现新峰 [(dmbp)Ni]$^+$，m/z=242，这可能是因为 Ni(Ⅱ)被还原成 Ni(Ⅰ)。由此，通过 ESI-MS 表征可以推测反应中间体 bipy-NiBr$_2$ 存在二聚体形式。

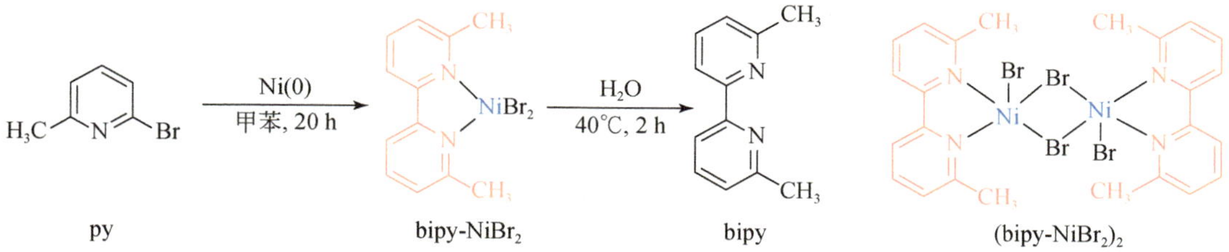

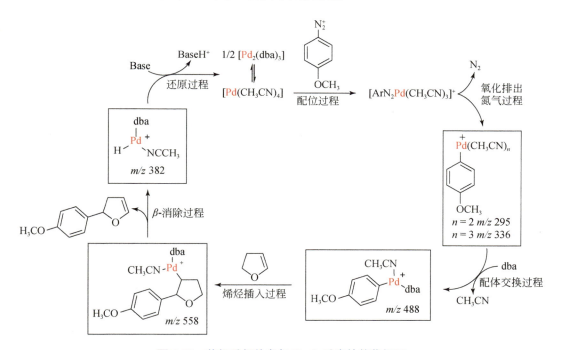

图 6-37 Raney Ni 催化的 2-溴-6-甲基吡啶偶联反应

对于复杂的催化反应过程而言，由于存在多种难以分离的反应中间体，可以利用电喷雾质谱技术来对反应历程进行详细研究。例如，在研究 Heck 偶联反应机理的过程中，通过质谱分析成功地捕捉到了反应历程中的多种钯配合物活性中间体，包括氧化加成反应中间体、配体交换反应中间体、烯烃插入反应中间体以及 β-消除反应中间体等（图 6-38）。这些中间产物的确定为该反应机理的论证提供了重要依据。

图 6-38 芳烃重氮盐参与 Heck 反应的催化机理

参 考 文 献

陈德余, 1992. 化学通报, 7: 20.

陈德余, 徐元植, 周澄明, 1987. 物理化学学报, 3: 621.

黄飞, 李遥洁, 许炎, 等, 2010. 云南化工, 37: 76.

李晖, 2011. 配位化学(双语版). 北京: 化学工业出版社.

刘志伟, 卞祖强, 黄春辉, 2019. 金属配合物电致发光. 北京: 科学出版社.

马理, 宋风瑞, 刘子阳, 等, 2011. 分析化学, 9: 573.

石秀敏, 王敏, 宋薇, 等, 2013. 光谱学与光谱分析, 33: 714.

魏先文, 徐正, 1999. 有机化学, 19: 97.

武汉大学, 2007. 分析化学. 北京: 高等教育出版社.

薛俊鹏, 李萍, 王齐明, 等, 2009. 光谱学与光谱分析, 29: 2539.

徐策, 杜康, 谭林, 等, 2022. 无机化学学报, 38: 220.

徐冲, 范艳璇, 范琳媛, 等, 2013. 化学进展, 25: 809.

袁欢欢, 欧阳健明, 2007. 光谱学与光谱分析, 27: 395.

Bhargava S K, Mohr F, Gorman J D, 2000. J. Organomet. Chem., 607: 93.

Ghebreyessus K, Cooper Jr S M, 2017. Organometallics, 36: 3360.

Goura J, Choudhari M, Nisar T, et al., 2020. Inorg. Chem., 59: 13034.

Ishizu K, Haruta T, Kohno Y, et al., 1980. Bull. Chem. Soc. Jpn., 53: 3513.

Kajiyama K, Sato I, Yamashita S, et al., 2009. Eur. J. Inorg. Chem., 5516.

Kim T, Hong J I, 2019. ACS Omega, 4: 12616.

Kim Y J, Park C R, 2002. Inorg. Chem., 41: 6211.

Lgver T, Bowmaker G A, Hendersonb W, et al., 1996. Chem. Commun., 683.

Martin C, Mallet-Ladeira S, Miqueu K, et al., 2014. Organometallics, 33: 571.

Sabino A A, Machado A H L, Correia C R D, et al., 2004. Angew. Chem. Int. Ed., 43: 2514.

Shahsavari H R, Hu J, Chamyani S, et al., 2021. Organometallics, 40: 72.

Wilson S R, Wu Y, 1993. Organometallics, 12: 1478.

Zhou G, Ho C L, Wong W Y, et al., 2008. Adv. Funct. Mater., 18: 499.

Zhou Y P, Liu E B, Wang J, et al., 2013. Inorg. Chem., 52: 8629.

习 题

1. 请介绍配合物分子的吸收光谱可能存在哪些吸收带。

2. 为什么紫外吸收光谱属于电子光谱?

3. 荧光和磷光分别是如何产生的? 区别是什么?

4. 为什么对称性高的配合物的红外吸收光谱有些谱带较弱?

5. 在光电子能谱分析中, 化学位移与元素电负性之间有何关系?

6. 试着画出一些能够出现顺磁共振信号的配合物分子。

7. 除了本章列出的质谱在配合物表征的应用外, 还有其他方面的应用吗?

阅 读 材 料

核磁共振波谱——诺贝尔奖的不解之缘

核磁共振波谱技术已经成为一种至关重要的分析工具，其应用范围涉及化学、农业、化工、生物科技和医疗等诸多领域。在核磁共振研究领域中，众多科学家的杰出工作得到了诺贝尔奖的认可，包括1943年、1944年和1952年的物理学奖，以及1991年、2002年的化学奖和2003年的生理学或医学奖。

德国汉堡大学施泰恩（O. Stern）发展了分子束方法并成功测量了质子磁矩，因此荣获1943年诺贝尔物理学奖。美国哥伦比亚大学的拉比（I. I. Rabi）在施泰恩的基础上进一步发展了分子束法，并将其应用于磁共振研究，因此获得了1944年诺贝尔物理学奖。分子束磁共振技术在研究原子和原子核特性方面也展现出独特功能，随后发展为物理学的多个分支领域，拉比也因此被誉为"核磁共振之父"。1946年，美国哈佛大学珀塞尔（E. M. Purcell）团队在石蜡样品中，以及斯坦福大学的布洛赫（F. Bloch）团队在水样品中，几乎同时实现了核磁共振信号的精确测量，可以测定分子静态结构及化学交换过程，二人共同分享了1952年的诺贝尔物理学奖。

不久之后，核磁共振波谱技术在化学领域中的应用开始崭露头角。在20世纪60~70年代，瑞士化学家恩斯特（R. R. Ernst）首次提出了傅里叶变换核磁共振方法（FT-NMR），这一创新显著提高了核磁共振在测定化学物质结构方面的精确度，并解决了二维核磁共振实验中的关键问题。恩斯特对技术的精心改进，使核磁共振技术成为化学研究的基本和必要工具，他也因此荣获了1991年诺贝尔化学奖。另一位瑞士科学家维特里希（K. Wüthrich）因发明了利用核磁共振技术测定溶液中生物大分子三维结构的方法，获得了2002年诺贝尔化学奖。美国科学家劳特布尔（P. C. Lauterbur）于1973年发明了在静磁场中使用梯度场的技术，能够获得磁共振信号的位置信息，从而可以获得物体的二维图像。英国科学家曼斯菲尔德（P. Mansfield）进一步发展了使用梯度场的方法，指出磁共振信号可以用数学方法精确描述，从而使磁共振成像技术成为可能。他发展的快速成像方法为医学磁共振成像的临床诊断奠定了基础，使得这项技术得以造福人类。劳特布尔和曼斯菲尔德因在磁共振波谱成像技术方面的突破性成就，荣获了2003年诺贝尔生理学或医学奖。

恩斯特教授在1991年的诺贝尔奖获奖演讲中曾说道："我不知道还有什么科学领域，能够像磁共振这样，为创造性的头脑提供如此多的发明与探索新的实验方法的自由与机会，并且这些方法在不同的应用领域结出了如此丰硕的成果……"

核磁共振科学研究及其衍生技术的发展历程跨越了几十年，这一技术并非一个人的发明，而是人类智慧的共同结晶。它是物理、化学、医学等领域的科学家们不断努力，在前人工作基础上逐步完善的结果。核磁共振波谱技术在三个不同学科领域相继获得诺贝尔科学奖，这在诺贝尔奖的历史上是前所未有的，它证明了跨学科融合的重要性，有助于形成新的思维维度。这不仅提升了科技工作者乃至全社会的科学素养、探索热情、想象力和创造力，也体现了科学家们持续创新、反思的科学精神和务实专注的专业素养。

第 7 章　配合物晶体结构解析

Chapter 7　Crystal Structure Resolution of Complexes

7.1　研究晶体结构的重要意义

物质由原子、分子或离子等微观粒子构成。微观粒子在三维空间按一定的规则排列形成周期性空间点阵结构时，形成的物质被称为晶体。因此，晶体物质的本质特征是具有周期性空间点阵结构。在自然界中，绝大多数固体都是晶体，具体可分为单晶体和多晶体。单晶体是指由同一空间点阵结构贯穿整个晶体而成，而多晶体却没有这种能贯穿整个晶体的结构，它是由许多单晶体随机取向结合起来的。例如，Au、Ag 及 Cu 等金属单质由单一的金属原子周期性排列组成，食盐的主要成分氯化钠 NaCl 晶体由钠离子 Na^+ 和氯离子 Cl^- 按一定规则密堆积为立方体而形成，钻石则由碳原子 C 按照 sp^3 轨道杂化方式相互连接形成立体网状结构，以上所举物质皆属于单晶；而当氧化铁中存在 $\alpha\text{-}Fe_2O_3$ 及 $\gamma\text{-}Fe_2O_3$ 等成分时则会形成多晶，失去同一空间点阵结构贯穿整个晶体的特征。从整个晶体来看，由于其内部微粒的排列始终是有规则的，因此晶体在宏观上也常常表现出规则的外形，所以我们平常所看到的食盐颗粒都是小立方体。自然界中形成的晶体叫天然晶体，而利用各种人为手段或方法培养出来的晶体叫人工晶体。目前，人们不仅能够培养出自然界中已存在的天然晶体，如人造钻石以及各种宝石，还可以培养制造出许多自然界中没有的晶体，如研究者在科学研究中制备出的各种无机以及有机化合物的晶体。

用 X 射线测定晶体结构的科学叫作 X 射线晶体学，它和几何晶体学、结晶化学一起对现代化学以及材料学的发展做出了重要的贡献，极大地推动了物质科学的发展，其重要性可概括为以下四点：①结晶化学是现代结构化学中十分重要的基本组成部分。物质的化学性质主要由其结构决定，所以包括结晶化学的结构化学是研究和解决许多化学问题的指南；②很多化合物和材料只存在于晶态中，并在晶态时被应用。晶体内的粒子排列堆积具有规律性，所以晶态是测定化学物质结构最切实易行的状态，分子结构的主要参数，如键长、键角等数据主要来源于晶体结构；③它们是生物化学和分子生物学的主要支柱。如分子生物学的建立主要依靠了两个系列的结构研究：一是从多肽的 α-螺旋到 DNA 的双螺旋结构；二是从肌红蛋白、血红蛋白到溶菌酶和羧肽酶等的三维结构。它们都是通过 X 射线衍射方法测定晶体结构所得的结果；④晶体学和结晶化学是固体科学和材料科学的基石。固体科学在晶体科学所阐明的理想晶体结构基础上着重研究偏离理想晶态的各种"缺陷"，这些"缺陷"是各种结构敏感性能（如导电、力学强度、反应性能等）的关键部位。材料之所以日新月异并蔚成材料科学，很大程度上得力于晶体在原子水平上的结构理论所提供的观点和知识。例如，很多材料具有完全相同的元素组成，但其原子链接方式可能不同，形成了所谓的同素异形体，这一现象在配位化学中尤其常见，如图 7-1 所示的有机金属铱配合物 Ir2 因有机配体的取向不同，具有两种分子结构。这种同素异形体的分子结构很难通过别的手段分析确定，而单晶 X 射线衍射手段则能完美地解决这一难题，为准确可靠地研究材料的各种物理化学性质与结构关系起到了关键作用。

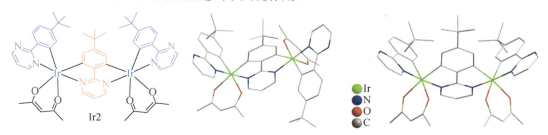

图 7-1　有机金属铱配合物 Ir2 化学结构及其两种分子结构

从上面的例子可以看出，X 射线晶体学在配合物结构解析方面具有重要的意义。很多配合物的性质与传统的有机化合物和无机化合物不同，因此在其结构解析方面也有着特殊性。X 射线晶体学为配合物结构解析提供了重要手段。首先，很多配合物含无机或较小的有机配体，造成这些配合物的溶解性较差，使得需要溶液状态进行结构解析的方法无能为力；其次，有些配合物因具有特殊性质而造成一些结构表征的重要手段无法应用，比如稀土配合物的顺磁性使其无法用核磁共振波谱表征结构；再次，有些配合物具有较为复杂的异构体，常见的表征手段很难预测各异构体的精确结构；最后，有些配合物在溶液状态结构容易改变，导致以样品溶液态的结构表征手段无法给出准确的结构信息。

然而，X 射线晶体学在配合物结构解析方面能够很好地解决上述问题，成为配合物结构表征不可或缺的手段。但是，X 射线晶体学在配合物结构表征方面也存在一些劣势，需要培养待测样品的单晶，有些样品很难生长出高质量尺寸合适的单晶。这也成为该结构解析手段的一个门槛。但是，X 射线晶体学能够给出化合物最直观的分子结构，这是其他结构手段很难与之相比的。

7.2　晶体结构分析及其发展历史

物质的各种宏观性质源于本身的微观结构。探索物质结构与性质之间的关系，是凝聚态物理、结构化学、材料科学、分子生物学等许多学科的一个重要研究内容。晶体结构分析是在原子的层次上测定固态物质微观结构的主要手段，是物理学中的一个小分支，主要研究如何利用晶态物质对 X 射线、电子以及中子的衍射效应来测定物质的微观结构，但其对上述各种学科的研究与发展具有非常重要的促进作用。反过来，上述其他学科的发展也对晶体结构分析产生了深刻的影响。

晶体结构分析是 1895 年伦琴（W. C. Röntgen）发现 X 射线以后创立的最重要学科之一，

它奠基于物理学的几项重要进展，其中包括 1912 年劳厄（M. von Laue）发现晶体对 X 射线的衍射，1927 年康普顿（A. Compton）和威尔逊（C. T. R. Wilson）发现晶体对电子的衍射，以及 1931 年鲁斯卡（E. A. F. Ruska）建造的第一台电子显微镜。上述几项重大的物理学进展使人类掌握了在原子层次上研究物质内部结构的手段，它们分别获得 1914 年、1927 年和 1986 年的诺贝尔物理学奖。1901 年伦琴获得的诺贝尔奖还是历史上第一个诺贝尔物理奖。通过研究物质内部结构与性质的关系，晶体结构分析有力地促进了各相关学科的发展。晶体结构分析的发展，是一个不断完善自身和不断扩大应用的过程。表 7-1 所示的诺贝尔奖年谱记录了晶体结构分析历史上的重大事件，同时也展示了它与其他学科相互作用所产生的丰硕成果。

表 7-1　与 X 射线和晶体结构分析有关的诺贝尔奖年谱

学科	年份	获奖者	研究贡献
物理	1901	威廉·康拉德·伦琴	X 射线的发现
	1914	马克斯·冯·劳厄	晶体的 X 射线衍射
	1915	威廉·亨利·布拉格、威廉·劳伦斯·布拉格	用 X 射线对晶体结构的研究
	1917	查尔斯·格洛弗·巴拉克	发现元素的特征 X 射线
	1924	曼内·西格巴恩	X 射线光谱学
	1927	阿瑟·康普顿、查尔斯·威尔逊	康普顿效应
	1986	恩斯特·鲁斯卡、格尔德·宾尼希和海因里希·罗雷尔	鲁斯卡发明电子显微镜，格尔德·宾尼希和海因里希·罗雷尔的研究成就是扫描隧道显微镜
化学	1936	彼得·约瑟夫·威廉·德拜	用 X 射线和气体中的电子衍射研究来了解分子结构
	1954	莱纳斯·鲍林	化学键的本质研究
	1962	马克斯·佩鲁茨、约翰·肯德鲁	肌红蛋白结构确定
生理医学	1962	弗兰西斯·克里克 詹姆斯·杜威·沃森 莫里斯·威尔金斯	脱氧核糖核酸结构确定
化学	1963	卡尔·齐格勒、居里奥·纳塔	聚合物研究
	1964	多梦西·克劳福特·霍奇金	通过 X 射线在晶体学上确定了一些重要生化物质结构
	1976	威廉·利普斯科姆	对硼烷结构的研究
	1982	亚伦·克拉格	通过晶体电子显微术在测定生物物质结构方面的贡献
	1985	赫伯特·豪普特曼、杰罗姆·卡尔勒	直接法解析结构
	1987	唐纳德·克拉姆、让·马里·莱恩、查尔斯·佩特森	研究和使用对结构有高选择性的分子
	1988	约翰·代森霍费尔、罗伯特·胡贝尔、哈特穆特·米歇尔	光合作用中心的三维结构的确定

劳厄发现 X 射线衍射后，布拉格父子威廉·亨利·布拉格（W. H. Bragg）和威廉·劳伦斯·布拉格（W. L. Bragg）迅速建立了用 X 射线衍射方法测定晶体结构的实验手段和理论基础。这使人类得以定量地观测原子在晶体中的位置，为此他们两人共同获得了 1915 年

的诺贝尔物理学奖。晶体结构分析最初用于一些简单的无机化合物，如威廉·劳伦斯·布拉格对碱金属卤化物结构研究，并提出原子半径的概念。晶体结构分析在研究无机化合物上取得的成功，引起了人们对有机物尤其是生命物质内部结构的研究兴趣。美国莱纳斯·鲍林（L. C. Pauling）领导的小组花了十几年的时间，测定了一系列的氨基酸和肽的晶体结构，从中总结出形成多肽链构型的基本原则，并在 1951 年推断多肽链将形成α-螺旋构型或折叠层构型。这是通过总结小分子结构规律预言生物大分子结构特征的非常成功的范例。为此，鲍林获得了 1954 年的诺贝尔化学奖。英国多梦西·克劳福特·霍奇金（D. C. Hodgkin）领导小组测定了一系列重要生物化学物质的晶体结构，包括青霉素和维生素，她因此获得了 1964 年的诺贝尔化学奖。美国威廉·利普斯科姆（W. N. Lipscomb）因研究硼烷结构化学的工作获得了 1976 年的诺贝尔化学奖。英国剑桥大学卡文迪什（Cavendish）实验室在分子生物学发展史上有两项具有划时代意义的发现，其中一项是 1953 年弗兰西斯·克里克（F. H. C. Crick）和詹姆斯·杜威·沃森（J. D. Watson）根据 X 射线衍射实验建立了脱氧核糖核酸的双螺旋结构，它把遗传学的研究推进到分子的水平。这项工作获得了 1962 年的诺贝尔生理学或医学奖。另一项是用 X 射线衍射分析方法在 1960 年测定出肌红蛋白和血红蛋白晶体结构的工作，这项工作不仅首次揭示了生物大分子内部的立体结构，还为测定生物大分子晶体结构提供了一种沿用至今的有效方法——多对同晶型置换法。作为这项工作的代表人物——马克斯·佩鲁茨（M. F. Perutz）和约翰·肯德鲁（J. Kendrew）获得了 1962 年的诺贝尔化学奖。在佩鲁茨和肯德鲁两人之后由于测定蛋白质晶体结构而获诺贝尔奖的还有德国的约翰·代森霍费尔（J. Deisenhofer）、罗伯特·胡贝尔（R. Huber）和哈特穆特·米歇尔（H. Michel），他们因测定了光合作用中心的三维结构而获得 1988 年诺贝尔化学奖。所有这些获奖工作都是以晶体结构分析为研究手段。可以说，没有晶体结构分析本身在理论和技术上的长期积累，就不会有上面获得诺贝尔奖的杰出成果，因此晶体结构分析技术对现代科技发展的影响深远而巨大。

7.3　配合物单晶培养方法

利用 X 射线晶体学解析配合物单晶结构的先决条件是要培养出合适的单晶用于测试。晶体的生长属于动力学过程，配合物的结构、分子间作用力及生长条件都会对单晶生长产生重要影响。总的来说，单晶生长基本上都涉及溶液达到过饱和慢慢析出晶体的过程。下面介绍几种实验室中简单易行的单晶生长方法。

7.3.1　溶剂挥发法

这是最简单易行的培养单晶的方法，如图 7-2 所示，将配合物溶液或者反应生成的配合物溶液放入敞口样品瓶中，使溶剂缓慢挥发达到过饱和，然后伴随溶剂继续挥发慢慢长出配合物单晶。为了提高所得单晶的质量，溶剂挥发速度需要控制得不宜过快，可适当采用挥发性不是太强的溶剂及减少挥发通道等手段降低溶剂挥发速度。该方法要求配合物具有一定的可溶性，如果溶解性太好可适当加入一定比例的不良溶剂，适当加快溶液达到过饱和状态，缩短生长时间。该方法生长速较慢，需要的样品量较多。

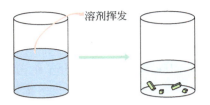

图 7-2　溶剂挥发法培养单晶示意图

7.3.2　溶剂扩散法

该方法是被广泛采用的培养单晶的重要方法，一般在常温常压下进行，操作过程也相对简单，因此实验室单晶培养常采用此法。按照具体操作不同，可分为液相扩散法、气相扩散法及扩散反应法。

1.液相扩散法

将配合物样品大约3～5 mg放入一长径比较大且干净样品瓶内，加入密度较大的良溶剂（比如氯仿、DMF 及 DMOS 等）将样品完全溶解。然后，用注射器缓慢将密度较小的不良溶剂（比如乙醚、甲醇、正己烷等）小心加入上述盛有配合物溶液的样品瓶，形成类似鸡尾酒的分层效果（图 7-3）。将样品瓶盖好盖子后放在避光平稳处，让两种溶剂慢慢相互扩散达到过饱和状态从而析出单晶（图 7-3）。采用该方法培养单晶需要注意以下几点：首先，所选择的良溶剂和不良溶剂要能够混溶，这样才能够使两种溶剂相互充分扩散。此外，不良溶剂和良溶剂的加入体积比要合适，扩散过程中能够引发溶液的过饱和；其次，选择的良溶剂和不良溶剂最好具有一定密度差，一般不良溶剂的密度要小于良溶剂，这样在加入不良溶剂时能够避免两种溶剂的过度混合，使配位明显析出无法得到高质量单晶；最后，加入不良溶剂的过程一定要小心，不能使两种溶剂混合从而造成配合物被大量沉析出来。在加不良溶剂的时候有时会造成界面处有少许配合物析出，这一般不会对单晶培养造成太大问题。该方法不仅操作相对简单，而且培养单晶的速度较快，一般在一两天之内即可得到单晶。但是，由于单晶生长速度较快，有时会对晶体质量产生负面影响。

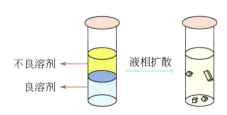

图 7-3　液相扩散法培养单晶示意图

2. 气相扩散法

将配合物样品大约 3～5 mg 放入一长径比较大且干净样品瓶内，加入饱和蒸气压较小、不易挥发的良溶剂（比如氯仿、甲醇、DMF 及 DMOS 等）将样品完全溶解。然后，将盛有所制备的配合物溶液的样品瓶小心放入盛有饱和蒸气压较大、易挥发不良溶剂（比如乙醚、正戊烷及正己烷等）的广口瓶中，并盖紧广口瓶塞放置在避光平稳处（图 7-4）。由于不良溶剂易挥发、饱和蒸气压较大，因此会不断地经气相扩散到配合物溶液中，造成溶剂对配合物的溶解性降低从而达到过饱和状态慢慢析出单晶（图 7-4）。该方法培养单晶用时稍长，但是单晶质量较好。采用该方法培养单晶需要注意以下几点：不良溶剂和良溶剂的饱和蒸气压差要足够大，否则单晶生长时间漫长、效率低；由于易挥发不良溶剂不断经气相扩散进入，因此配合物样品瓶中的溶液液面明显上升。所以，配合物溶液样品瓶溶液上方要留有足够空间来容纳不良溶剂。

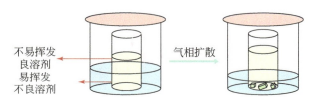

图 7-4 气相扩散法培养单晶示意图

3. 扩散反应法

该方法在一个横管中有砂芯的 H 型管中培养单晶，所以又被称为 H 管法。将能够相互反应生成所需配合物的两种溶液分别缓慢倒入 H 管的两个竖管中，并保持竖管中的液面高于横管上沿高度，然后将竖管盖好塞子并将 H 管置于避光平稳处（图 7-5）。两种反应液通过横管中的砂芯相互缓慢扩散，在扩散的同时并相互反应得到目标配合物。配合物随着不断进行的扩散过程不断生成，当生成配合物的浓度达到过饱和状态时便开始缓慢生成单晶（图 7-5）。该方法的优势是单晶质量好，非常适合难溶配合物的单晶生长。需要注意的是，这两种反应液的溶剂至少有一种是目标配合物的不良溶剂。

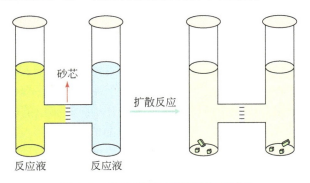

图 7-5 扩散反应法培养单晶示意图

7.3.3　溶剂热法

溶剂热法培养单晶是借助溶剂热合成方法，在密闭体系中，在一定的温度和压力下利用溶剂中物质的化学反应制备配合物并生长出单晶。所采用的溶剂是水或有机溶剂，一般在 100～240℃的温度下，溶剂自升压 1～100 MPa 的条件下进行反应。反应所用的容器为聚四氟乙烯内衬的不锈钢反应器。

溶剂热法的优势有：首先，反应在密闭条件下进行，可以调节反应气氛，有利于得到特殊价态的配合物；其次，高温下反应介质黏度低，有利于传质和扩散过程，提高了反应活性，促使复杂离子间的反应，反应温度远低于熔融状态；再次，能够解决常温常压下不溶、溶解后易分解或熔融前后会分解配合物的合成问题；最后，等温等压条件下，一些特殊中间态、特殊物相容易生成，因而溶剂热法能够合成结构特殊、特种凝聚态的新配合物以及制备具有平衡缺陷浓度、规则取向和晶体完美的晶体材料。所以说，溶剂热法经常被用来合成新型配合物及金属有机骨架（metal-organic framework，MOF）晶体。

7.3.4　真空升华沉积法

上述培养单晶的方法都涉及各种溶剂的使用。这很可能造成溶剂分子进入并支撑所得单晶的晶格。在测试的时候，单晶往往会脱离溶剂，在没有周围的溶剂环境时，晶格中溶剂分子也往往从晶格中脱离，造成单晶晶格塌陷无法用来收集数据。图 7-6 所示的真空升华沉积法能够很好地避免这一问题。

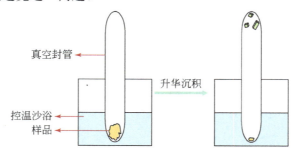

图 7-6　真空升华沉积法培养单晶示意图

将配合物样品置入直径约为 3 mm 的圆底玻璃管内，然后接入真空系统充分抽真空并用酒精灯将玻璃上端烧软封管；将真空封管的样品下端埋入能够程序升温控温的沙浴，然后设置程序实现升温控温过程，使得样品能够缓慢升华；升华出的样品在温度较低的封管顶部慢慢沉积生长出单晶（图 7-6）。该方法培养单晶的过程不涉及溶剂，所得的单晶晶格稳固，但是生长周期较长、程序升温控温过程的参数设置需要大量实验来摸索且对设备要求较高。此外，采用此法培养单晶时不仅要求配合物具有较好的升华性能，而且要具备比较好的热稳定性。因此，在培养单晶前要充分表征配合物的热学参数，比如热分解温度及升华温度等。

7.4　晶体结构解析一般步骤

7.4.1　X 射线单晶衍射仪的基本构造

单晶衍射仪是进行单晶衍射及结构分析而设计的仪器。以德国 Bruker 单晶 X 射线衍射系统为例，如图 7-7 所示，主要配置包括 Mo 及 Cu 靶双靶 X 射线光源、4 K CCD 二维探测器、固定 κ 轴的 3 轴测角仪、循环水冷系统、成像软件、面探测器数据收集整体方案最优化组织软件、SHELXTL 结构解析和精修软件、液氮低温系统（可选配）等。

图 7-7　X 射线单晶衍射仪

目前使用最为广泛的方法是 CCD 面探法。CCD 面探法在数小时内可测出晶体结构（四圆衍射法可能需要数天完成，更早时期的照相法可能需要数年才能完成）。应特别指出的是，X 射线衍射不易准确定位化合物中的氢原子，因氢原子核外只有一个电子，对 X 射线的衍射非常微弱。氢原子的准确定位要用到中子衍射或电子衍射。

通过单晶衍射仪收集单晶衍射数据后，最常用 SHELXTL 系列软件解析单晶结构（以下均以此软件使用为例）。SHELXTL 系列结构分析软件包是由德国 Göttingen 大学 Sheldrick 教授等开发，主要版本有 SHELX86、SHELX93、SHELX97 及 SHELXTL。

从 SHELXTL 晶体解析运行过程图（图 7-8）可看出，SHELXTL 软件包由五个主要程序构成：XPREP、XS、XP、XL 与 XCIF。它们使用的文件为 "name.ext"，其中 "name" 是一个描述结构自定义的字符串，不同的 "ext" 则代表着不同的文件类型。在 SHELXTL 结构分析过程中，主要涉及三个数据文件：name.hkl、name.ins 和 name.res，其中 *.ins 和 *.res 文件具有相似的数据格式，区别只是 *.ins 是指令（instruction）文件，它主要是充当 XS 及 XL 的输入文件，而 *.res 是结果（result）文件，主要保存 XS 及 XL 的结果。*.ins 和 *.res 文件中主要包含单胞参数、分子式（原子类型）、原子位置坐标及 XL 指令等，它们是由一些指令定义的 ASCII 格式文件。*.res 文件还包含有直接法 XS 或最小二乘法 XL 产生的差傅里叶（Fourier）峰。*1.raw、*2.raw 等文件是记录 CCD 最原始文件，为吸收校正而保留。

.ls 记录数据处理文件，包含数据完成度及最后精修单胞参数所用的衍射点。.abs 为校正结果文件，主要包含 T_{min} 和 T_{max}。*m.p4p 为矩阵文件，包含单胞参数。*.hkl 文件是 ASCII 类型的衍射点数据文件，包含 H、K、L、I 和 $\sigma(I)$ 等参数。

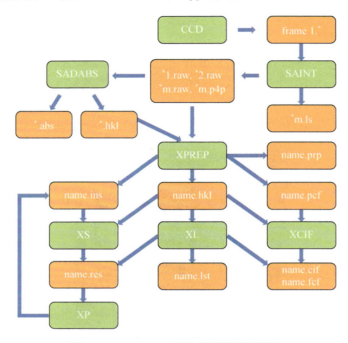

图 7-8　SHELXTL 晶体解析运行过程图

7.4.2　晶体结构解析一般步骤

1.　数据校正——SADABS

SMART CCD 由于设备的特殊性使得它不具有四圆衍射仪一样的 PSI 校正（由晶体外观的不对称性而引起），但由于在 CCD 所收集的数据中有很多等效点，因此也可拟合出一条经验校正曲线。SADABS 就是 Shelcrick 特别为 CCD 数据开发的校正程序。由于 SADABS 使用等效点，因而要求输入正确的劳埃群，只有正确的劳埃群才能保证校正的正确性。SADABS 还提供了与 θ 有关的球形校正，其原理是在不同的 θ 角衍射时，X 射线通过的光程不同，因而吸收也不同。该校正要求 μ_R 值，其中 R 为晶体几何尺寸中最小的边长。晶体的吸收因子 μ 由化合物的分子式决定，因而只有在结构完全解释出来之后才进行这个校正。

2. 数据处理——XPREP

XPREP 主要用于处理衍射数据，输出可用于输入 XS/XL 子程序的*.ins、*.hkl、*.pcf 和*.prp 文件。XPREP 程序是为 SHELXTL 特别设计的，具体来说，可用于 7 个方面：确定晶体的空间群；转换单胞参数和晶系；对衍射数据做吸收校正；合并不同颗晶体衍射数据；

对衍射数据进行统计分析；画出倒易空间图和帕特森截面图；输出其他子程序所需的文件等。它的使用命令是：

XPrep name ↘

它是一个交互式菜单驱动程序，提供了一个缺省运行过程：

（1）从 name.hkl 文件（若存在）或 name.raw 文件中读入衍射点；

（2）从 name.p4p 或键盘获得单胞参数及误差。

● 判断晶格类型

XPREP 可按照平均 $I/\sigma(I)$ 来确定一个晶格类型，但实际上较弱的衍射点，其 $\sigma(I)$ 也可能较小，因而这个判断标准未必很准确。平均强度值应该是一个更为准确的判断标准，若某一项的平均强度远小于全部衍射点的平均强度时，一般认为具有这种晶格的消光性质，即应选取这种晶格，但具体标准却往往难以详细确定。

● 寻找最高对称性

单胞参数只是晶体对称性的外在表现形式，衍射点的对称才是晶体对称性的内在表现。虽然 SMART 中也对晶格类型进行了判断，但由于 CCD 中搜寻衍射点的对称性的代价较为昂贵，通常在收集数据时不检测衍射点的对称性。这就导致在收集数据时所判断的对称性不准确，而且由于此时进行指标化的衍射点未必很好，可能导致某些轴之间的偏差比设定的偏差大，从而不能得到真正的对称性。因此，在 SAINT 以大量的衍射点精修单胞参数之后，单胞参数趋向真实值，此时再对单胞参数进行转化，可以更准确地得到晶体的对称性。一般按照衍射点的一致性因子 R_{int} 来选取最高的对称性，不能随意地降低晶体的对称性。尽管降低对称性比较容易得到初结构，但最后精修往往得不到好的结果。这表现在一个单胞中存在多个独立单元，某些单元中的原子漂移得很厉害，甚至无法找到。一般 R_{int} 在 0.15 以下的对称性是可以接受的。

● 确定空间群

XPREP 按照选定的晶系、晶格类型、E 值统计、消光特点来判断空间群，并给出了可能的空间群及其对应的综合因子 CFOM。这是一个重要的判据，CFOM 值越小，该空间群正确的可能性越大。一般 CFOM 小于 0.01 表明建议的空间群在很大程度上可能是正确的，如 CFOM 大于 0.10 则表明可能是错误的。通常对于 CFOM 小于 0.10 的空间群可选择性接受。在空间群的判断过程中，要注意的是，大部分晶体都是有心的，因此应尽量选取有心空间群，只有在有心空间群无法解释时才选无心空间群。

● 输入分子式

SHELXTL 在进行结构解释时，分子式并不十分重要，重要的只是原子的种类。但在含有机基团的情况下，如只提供原子种类一般难以进行结构解释，这种情况下就必须提供有机基团的结构类型，如六元环可能是苯环，也可能是吡啶环，甚至其他的环，若不知基团类型则难以进一步解释。另外，在产生结构报表时，也需要准确的分子式；而在进行与 θ 有关的校正时也需要准确的分子式。在输入原子种类之后，XPREP 将产生 name.ins 及 name.hkl 文件，到此完成数据处理的准备工作。

3. 结构解析——XS

除异质同晶化合物结构解析（可以套用其结构）外，任何化合物都必须应用 XS 对结构进行初步解析。SHELXTL 中 XS 可通过直接法或重原子法对结构进行解析。其运行命令为

XS name ↘

它要求存在 name.ins 及 name.hkl 两个文件。运行后产生新的 name.res 文件，在 name.res 文件中，XS 自动按照所给原子种类把最强的电子峰命名为最重的原子，并把后续的电子峰按其强度进行可能的命名，同时还进行结构修正，产生差傅里叶峰。某些情况下，XS 结果是极其准确的，它可以直接得到大部分结构（直接法）。判定直接法质量的参数有：CFOM 及 RE，这些值越小说明直接法越成功。通常情况下，CFOM 在 0.1、RE 在 0.3 以下表明直接法可能是可行的，但直接法也有其局限性，如对于单斜晶系有心空间群，常将空间群降低成无心结构。对于这种情况，可以在结构完全解析后再还原成有心结构，或者可使用重原子法解决。在有超过 Na 的重原子存在的条件下，重原子法往往可以给出较好的结果。

XS 要求的 name.ins 的指令格式如下：

```
TITL 131 in C2/c                                          /标题
CELL    0.71073   16.7159   13.9547   14.2398   90.000 120.260   90.000 /波长及单胞参数
ZERR      8.00    0.0033    0.0033    0.0038    0.000    0.005    0.000 /Z 值及参数偏差
LATT 7 /晶格(1:P；2:I；3:R；4:F；5:A；6:B；7:C)

                                                         /对称心(有心：正值；无心：负值)
SYMM -X, Y, 0.5-Z                                         /对称操作码，忽略 SYMM x,y,z
SFAC C H N O F PT                                         /原子类型
UNIT 120 96 16 16 16 8                                    /原子个数
TEMP -173.000                                            /测试温度
TREF                                                     /直接法
HKLF 4                                                   /衍射点形式
END
```

下面是直接法产生的部分信息：

256. Phase sets refined - best is code 1499113.   with CFOM = 0.0318

Fourier and peak search

RE = 0.123 for 16 atoms and 1100 E-values

Fourier and peak search

RE = 0.085 for 24 atoms and 1100 E-values

Fourier and peak search

产生的 res 文件如下：

```
TITL 131 in C2/c
CELL   0.71073   16.7159   13.9547   14.2398   90.000   120.260   90.000
ZERR   8.00       0.0033     0.0033     0.0038     0.000     0.005     0.000
LATT 7
SYMM -X, Y, 0.5-Z
SFAC C H N O F PT
UNIT 120 96 16 16 16 8
TEMP -173.000
```
　　　　　　　　　　　　　　　　　　　　　　　　　　/以上部分与 ins 文件相同

```
L.S. 4
BOND
FMAP 2
PLAN 20
MOLE    1
PT1    6   0.0793   0.9555   0.1207   11.000000   0.05                /最强峰命名为 Pt
Q1     1   0.0797   1.1378   0.1208   11.000000   0.05   215.39       /差傅里叶峰
Q2     1   -0.2452  1.0450   0.1322   11.000000   0.05   204.91
...
HKLF 4
END
```

　　Ins 文件中的 TREF 定义了 XS 采用直接法进行结构解析,若想采用重原子法,则把 TREF 改成 PATT。

4. 结构图形——XP

　　XP 提供了多种功能,除了可以绘制结构图形之外,主要用于分析化合物的结构,并把差傅里叶峰命名为原子。它的运行命令为

　　XP name ↘

　　XP 读取 name.res 文件的所有数据,否则可通过使用下列命令强制 XP 读取 name.ins 文件的数据:

　　XP name.ins ↘

　　XP 是一个交互式菜单驱动程序,包含九十多个命令,每个命令之后可以带有参数及关键词。可通过 XP 下的 help 命令来列出所有 XP 的命令,并可通过 help inst（inst 代表某一命令）来获得该命令的含义及使用方法。如键入

　　help arad ↘

　　将出现如下解释:

ARAD ar br sr keywords

Defines atomic radii for the specified atoms (that must be in the current FMOL list). 'ar' is the radius in Angstroms used for representing the atom as radius used to define bonds and is employed by the FMOL, SRCH,

ENVI, PACK, GROW and UNIQ instructions; these instructions automatically generate a bond between two atoms when it is shorter that br(1) + br(2) + δ, where the parameter delta may be specified (the default value is 0.5). The resulting connectivity table may be edited using JOIN, LINK, PRUN or UNDO. 'sr' is the radius to be used in space-filling models (SPIX and SFIL).

The (new) atom name (i.e. element symbol) determines the default values of ar, br and sr on reading in the atoms or renaming them by means of PICK or NAME; on generating symmetry equivalent atoms the current radii are copied. The INFO instruction lists atom radii etc.

XP 中主要的关键词（keyword）有：

all   /表示当前原子表的所有原子

to   /表示连续的一段原子

$E   /表示某一类原子，如$C 表示所有 C 原子，$q 表示所有差傅里叶峰

XP 程序中常用的命令有：

● FMOL ↘

FMOL 调用所有的原子及差傅里叶峰（为简单起见，在后续中都把它当作原子）并形成一个原子表，通常是 XP 在读取文件之后的第一个命令，只有被 FMOL 调用后的原子才参与后续的所有计算。

● INFO ↘

该命令显示当前原子表中的所有原子的参数，包括原子类型、坐标、半径、同性温度因子及峰高，通常在 FMOL 之后都使用这一命令来检查原子信息，如温度因子是否合理等。在 SHELXTL 中，反常原子（原子位置不准确，原子类型不符合）的温度因子通常都不正常。较高的温度因子表明该原子可能太重或根本不存在，较小的温度因子表明该原子可能太轻。下面是 INFO 显示的信息：

Atom	SFAC	x	y	z	ATYP	Color	ARAD	BRAD	SRAD	UeqPeak
PT1	6	0.08050	−0.04524	0.12122	6	10	0.30	1.37	1.87	0.015

其中 ARAD 及 SRAD 使用于绘图，BRAD 为共价半径，用于成键判断。

● ARAD ↘

ARAD 定义了原子半径：ARAD、BRAD、SRAD，其中 ARAD 及 SRAD 只与绘制结构图时有关，而 BRAD 则定义了成键间距（共价半径），在 SHELXTL 中，成键距离设置为 br1+br2+δ，其中 δ 的缺省值为 0.5。ARAD 使用方式如下：

arad ar br sr keyword

● PROJ ↘

显示原子结构图形，并提供菜单使图形旋转等。该命令主要使图形转动到某一合适位置便于观察，它是观察化合物结构的主要手段。

● UNIQ atom ↘

在研究化合物的结构中，可能存在多个碎片，UNIQ 命令的使用可以从多个碎片中孤立出某一碎片，以便更加清楚了解此碎片结构细节。使用 UNIQ 命令时，XP 以选定的某原子为初始原子，按照（br1+br2+ δ）间距寻找与其键联的原子（若某原子本身不与其发生键

联，但通过对称操作可发生键联，则自动移动到这一对称位置），再以寻找到的原子为中心，一直重复到不能找到符合条件的原子为止。使用 UNIQ 命令后，当前的原子表发生变化，以后的操作都只针对这些独立出来的原子进行，可以通过 FMOL 重新调用所有原子。UNIQ命令只能从结构中孤立出某个碎片，但若碎片本身并不完整，如通常所说的只出现"一半的结构"，其另一半可通过对称操作产生出来，此时需使用 GROW 命令。

● GROW 及 FUSE ↘

GROW 命令使用当前的所有原子及所有的对称位置来对化合物进行扩展，对结构不完整的单元可以使用这一指令。假设结构中存在对称面，而在结构解释中只出现一半的原子，GROW 命令就可找出另一半原子使得化合物的结构变得完整。GROW 出来的原子是不能带入下一步精修，必须把它删除（结构解析中只能采用独立原子）。此时可使用 FUSE 命令，删除那些通过对称操作使得这个原子与某一原子的间距小于 0.5 的原子。如：O1 通过对称操作产生 O1A 原子，O1A 原子也可通过对称操作移到 O1 位置，此时它跟 O1 的距离就变成 0.0，因而 O1A 原子应被删除。

● PICK keyword ↘

PICK 命令以图形显示当前原子表的所有原子，投影角度与上次的 PROJ 相同。按照当前原子表的顺序从下往上显示满足条件的原子，并闪烁显示其周围所有键。其中 keyword是可选择项，缺省的是全部原子。被选定的原子在闪烁时，XP 将显示其峰高及其周围的键，此时可以对这一原子进行操作：<SP>键跳过这一原子，<BS>键则忽略上一步操作并回退，<ESC>键忽略所有操作并返回，</>键保存当前所有操作并返回，<CR>键则有两个用途，即直接<CR>删除原子、输入原子名称并<CR>重命名原子（同时按照输入的名称重新设置原子类型）。PICK 后的原子的排列顺序非常乱，此时可使用 SORT 命令来对原子进行重排。

● SORT \$E1 \$E2… ↘

该命令用于按 E1、E2 的次序重新排序原子。

● ENVI keyword ↘

虽然 PICK 命令在运行时可显示出当前原子的成键情况，但这些数值中不包含因对称操作引入的键，而且也不提供键角。ENVI 可显示某一原子周围的所有键及其键角。keyword可用于指定某一原子，如 envi Pt1 ↘，其显示模式如下：

C1	1555	1.966			
N1	1555	1.992	82.0		
O1	1555	2.075	175.0	93.3	
O2	1555	2.002	92.3	173.4	92.4

第一列显示成键原子名称，第二列显示其位置，第三列显示键长，后面的则是相应的键角。如可以看出 Pt1—N1 的键长为 1.992 Å，N1—Pt1—O1 键角为 82.0°。

● NAME oldname newname ↘

在这个命令中，还可用"?"来代替所有除空格外的字符，如：

NAME q? c? ↘

表示将 Q1 到 Q9 的所有峰重命名为 C1 到 C9（Q*存在且 C*不存在情况下），还可用q??来代表 Q10 到 Q99 的所有峰。

● KILL

用 KILL 命令来删除某些指定的原子，一类原子或所有原子。命令格式分别为：

KILL Pt1 ↘，KILL $Pt ↘，KILL Pt1 to Q10 ↘

分别表示删除 Pt1 原子，删除所有 Pt 原子和删除 Pt1 到 Q10 的所有原子（info 列出的顺序）。

● HADD type dist U keyword ↘

由于弱衍射的缘故，氢原子在 X 射线衍射数据中是难以准确定位。通常采用几何加氢并进行固定的方式来处理氢原子，HADD 提供了理论加氢功能。加氢命令中，dist 及 U 分别定义了 H 原子与母原子的间距及加上的 H 原子的温度因子值，但通常被忽略。keyword 定义了要加氢的原子，可以是某些原子或某一类原子或者全部原子。type 定义了加氢类型，常见的加氢类型有 type 为 1 表示加叔碳氢—CH；2 表示加仲碳氢—CHH；3 表示加伯碳氢—CH_2H；4 表示加芳香烃碳氢—CH 或氨基氢—NH；9 表示加烯烃碳氢═CHH。若忽略所有参数，HADD 自动按照 C、N、O 周围的成键类型及键角进行理论加氢。但此时某些原子周围的氢可能加错，特别是对构型为 X—C—Y 的 C 原子，如苯环上的 C 原子及正丁基上除端 C 之外的 C 原子，X—C—Y 键角更靠近 109°，将按仲碳加两个氢，而若更靠近 120°，则按芳香烃类型加一个氢。对于这些原子，若加氢类型不符合，可以首先删除这些原子上加入的 H 原子，再通过指定加氢类型来加氢。

● FILE name ↘

FILE 命令保存当前的原子数据。若使用了 UNIQ 命令，则只保存此时的原子数据，其他原子将不被保存。因此在使用 FILE 命令前，最好先使用 FMOL 命令调用所有的原子，除非想删除其他碎片的原子。FILE 命令也可以把差傅里叶峰当作原子保存下来，因而必须先删除差傅里叶峰，即 Q 峰，否则自动把它当作 SFAC 中第一类型的原子参与后续的计算。

● ISOT ↘

ISOT 把某些原子从各向异性修正转化成各向同性修正。在 XL 指令中有把各向同性修正转化成各向异性修正的指令，但不提供相反的指令。对于那些使用各向异性修正时有问题的原子，如非正定、温度因子太大等，可在 XP 中使用 ISOT 使之转化成各向同性进行修正。

● QUIT 或 EXIT ↘

这两个命令用于退出 XP。

5. 数据修正——XL

SHELXS 解出结构中原子坐标通常不是很精确，部分或全部原子种类指定错误，缺少一些详细的结构信息（H 原子、无序、溶剂分子等）。第一个 .res 文件中的原子位置不是衍射实验的直接结果，而是由测得强度和部分已固定位相的计算得到电子密度函数的解。由得到的 .res 文件中的原子位置计算可得到更好的位相，从而可以得到更高精确度的电子密度函数。再由新的电子密度图，可得到更精确的原子位置，从而得到更好的位相，如此反复推算。

SHELXTL 的 XL 程序包含结构修正、产生差傅里叶峰、产生 CIF 文件等。XL 运行时，要求存在两个文件：name.hkl、name.ins 文件。它的运行命令为：XL name。从 name.ins 文件中读取所有指令及原子坐标，并从 name.hkl 文件中读取衍射点数据，并按照空间群的等效性对衍射点进行平均，得到一致性因子 $R(\text{int})$ 及 $R(\text{sigma})$：

$$R(\text{int}) = \sum |F_0^2 - F_0^2(\text{mean})| / \sum [F_0^2]$$

$$R(\text{sigma}) = \sum [\sigma(F_0^2)] / \sum [F_0^2]$$

在 XL 中，所有衍射点的强度采用最小二乘修正程序（$I=F^2$），而不像其他结构修正程序，采用的是 F，并忽略较弱的衍射点。在 SHELXTL 中 R_1 因子及 GOF 因子的表达式如下：

$$wR_2 = \sqrt{\sum [w(F_0^2 - F_C^2)^2] / \sum [w(F_0^2)^2]}$$

$$R_1 = \sum ||F_0| - |F_C|| / \sum |F_0|$$

$$\text{GOF} = S = \sqrt{\sum [w(F_0^2 - F_0^2)^2] / (n-p)}$$

XL 完全按照 name.ins 中指令的控制运行，以 131.ins 为例熟悉基本的 XL 指令：

```
TITL 131 in C2/c
CELL 0.71073    16.7159    13.9547    14.2398    90.000 120.260  90.000
ZERR      8.00    0.0033    0.0033    0.0038    0.000    0.005    0.000
LATT   7
SYMM -X, Y, 0.5-Z
SFAC C H N O F PT
UNIT 120 96 16 16 16 8
TEMP -173.000

------------------------------------------------------------/基本指令，顺序不能更改
ACTA                                    /产生 CIF 报表
L.S. 4                                  /最小二乘法修正轮数
BOND                                    /产生缺省键长及键角
FMAP 2                                  /产生差傅里叶峰
PLAN 20                                 /产生 20 个差傅里叶峰
CONF                                    /产生所有扭转角
MPLA  C1  C2  C3  C4  C5                /计算最小二乘平面
WGHT    0.011500      6.183700          /权重因子
FVAR    0.03990                         /标度因子
PT1    6    0.08050    0.95475    0.12123    11.00000    0.01771    0.01260 =
       0.01560   -0.00076    0.00960   -0.00229
C1     1    0.07711    0.82198    0.07337    11.00000    0.01931    0.01291 =
       0.01409    0.00143    0.00725   -0.00088
……
HKLF 4                                  /衍射点数据格式：h, k, l, I, σ(I)
END
```

下面按指令用途分别介绍部分常用指令。

● 衍射点数据

这一类指令除了 HKLF 之外，还有 OMIT 指令，使用于删除某些衍射点使之不参与结构修正及差傅里叶峰的计算。常用的指令格式有 OMIT h k l，使用于删除某些特殊的衍射点。一般情况下，在 .lst 文件里的 $\Delta(F^2)/esd > 4$ 所对应的衍射点可以删除。在 XL 修正中，若消光比较严重而 name.ins 中没有设置 EXTI 时，将给出提示，用于校正因二次消光引起的衍射点强度的衰减。

● 原子表和最小二乘约束

在 name.ins 中的原子表的格式为：atomname sfac x y z sof U or U11 U22 U33 U23 U13 U12。各参数+10 代表着这个参数在 XL 修正过程中将固定。实际上，SHELXTL 5 之后，对于特殊位置坐标以及连带的温度因子的固定不必再进行干涉，XL 会自动给出固定码，因而所需固定的大都是 sof（占有率）及可能的温度因子，XS、XL、XP 产生的 sof 都是固定的，若要修正 sof，需通过人工修改。主要的这一类指令包含：

MOVE

MOVE 指令的使用格式为：MOVE dx dy dz sign，其中 sign 为+1 或-1，它使指令之后的原子的坐标变为：$x = dx + sign \times x$；$y = dy + sign \times y$；$z = dz + sign \times z$。由于结晶学中单胞是沿坐标轴扩展的，因而 dx、dy、dz 取任何整数都是可以的，对于有心空间群，sign 可以为+1，也可以为-1。对于无心空间群，sign 取-1 表示着手性的转换。另外在三斜、单斜、正交晶系中，dx、dy、dz 取 0.5 也是可以的。这个移动除了使用于无心空间群中的手性转化之外，主要使用于坐标位置的合理化。通常情况下，原子坐标位于 0～1 之间。

ANIS

ANIS 指令使氢之外的原子的温度因子转化为各向异性，它的指令格式为：ANIS n，它使后续的 n 个原子转化成各向异性，若忽略 n，将使指令之后的所有原子转化成各向异性。还可以使用：ANIS names，来使特定的某原子或某一类原子转化成各向异性，如$C 将使所有 C 原子转化成各向异性，C1＞C4 将使 INS 文件中 C1～C4 之间的所有原子转化成各向异性。

EQIV

EQIV 指令定义了某对称操作，它主要使用于定义某些通过对称操作产生的原子，使这些原子参与结构报表的计算，其指令格式为 EQIV $n symmetry operation

AFIX

AFIX 指令约束并/或产生理想的位置坐标。它的指令格式如下：

AFIX mn d sof U

…

AFIX 0

通常情况下 AFIX 使用于理论加氢，而且 d、sof 及 U 值被忽略，它直接由 XP 中的 HADD 命令产生。AFIX 还可以使用于五元环、六元环等的刚性修正。

DFIX

DFIX 指令约束原子对之间的间距。它的指令格式如下：DFIX d s a1 a2 a3 a4 …。它使第一、二原子（a1 和 a2），第三、四原子（a3 和 a4）之间的距离约束在 d 范围在，偏差为 s（可忽略）。

SAME

SAME 指令使两基团之间对应原子之间的间距在偏差范围之内相同。它的指令格式如：SAME s1[0.03] s2[0.03] atomname，如存在两个正丁基：C11—C12—C13—C14—和 C21—C22—C23—C24—，其中第一个的结构比较合理，而第二个不合理，此时 INS 文件中 C11…拆借的排列为

C11……C12……

C13 ……

C14 ……

C21 ……　　　　　　　　　　　/注意：相应原子的排列必须相同

C22 ……

C23 ……

C24 ……

此时就可在 C21 前加入指令：SAME C11 > C14，使得 C21…C24 的结构修正到与 C11…C14 相似。

- 最小二乘参数

最小二乘的主要参数有

L.S.　　nls　　　　　　　　　　　　/定义最小二乘修正的轮数

WGHT a b　　　　　　　　　　　　/权重参数

其中的权重参数可从上一次 XL 修正得到的 name.res 文件中得到，WGHT 参数的选择使 GOF 因子尽量靠近 1.0。

- 结构报表

在 SHELXTL 中，所有数据及偏差全部从协矩阵中得到，而且这些数据都必须通过 XL 修正过程才能得到。SHELXTL 提供的数据有键长、键角、扭转角、最小二乘平面等。主要的这一类指令包括：

BOND

BOND 指令产生键长及键角，可以通过设置参数来产生某些特殊的键长及键角：BOND atomname

CONF

CONF 指令使用于产生扭转角，可通过设置原子来产生特殊的扭转角：CONF atomname

MPLA

MPLA 指令使用于产生最小二乘平面，指令格式如：MPLA na atomname1…，它将以设置的原子中的前 na 个原子计算最小二乘平面，同时给出所有原子与这个平面的距离。若有多个平面，相邻两个平面之间的角度同时给出，可以忽略 na-这一参数，此时采用所有给出的原子来计算最小二乘平面。如：MPLA C1 C2 C3 C4 C5，将计算通过 C1、C2、C3、C4、C5 的最小二乘平面，而 MPLA 3 C1 C2 C3 C4 C5 将计算通过 C1、C2、C3 的最小二乘

平面，它们都将给出 C1、C2、C3、C4、C5 这五个原子到这个最小二乘平面的距离。若有多个 MPLA 指令，XL 将给出相邻平面之间的夹角。

● 傅里叶峰

定义傅里叶峰的指令主要有两个：①FMAP，该指令定义傅里叶峰类型，通常采用：FMAP 2，它定义了产生的傅里叶峰为差傅里叶峰。②PLAN，该指令定义产生的傅里叶峰的数目：PLAN npeaks，当 npeaks 为负数，负的傅里叶峰将同时产生。XL 修正产生的结果保存在相应的 name.lst 文件中，包括键长、键角、最小二乘平面等。实际上，最小二乘平面产生的结果也只能在这个文件中才能找到。

6. 结构报告——XCIF

结构解析和精修完成后，其结构完全确定，R 因子较小，权重因子 [GOF≈1] 合适，分子式正确，绝对结构构型正确，shift/esd 趋于 0，这时候就可以产生结构报表。通常需要的结构报告有两种：CIF 文件及可打印报表文件。

XCIF 取代 XL 产生的 CIF 文件中部分未知的项，主要是单胞的对称性及空间群名称，它使用 XPREP 产生的 name.pcf 文件中的内容来取代这些项，因此要注意空间群是否在 XPREP 之后发生变化，通常是无心转化成有心的类型。同时 CIF 还产生结构报表，这些表格是以 ASCII 格式存在的，可直接进行打印。产生报表的 XCIF 运行命令为

XCIF   name ↘

它是交互式菜单驱动程序，其菜单有

[S] Change structure Code   [X] Print from SHELXTL XTEXT format file

[R] Use another CIF file to resolve ? items   [C] Set compound name for table (currently 'sample')

[N] Set next table number (currently 1)   [T] Crystal/atom tables form .cif

[F] Structure factor tables from .fcf   [Q] Quit

Option [R]:

一般选择 T 产生晶体结构报表，程序中提供了缺省的菜单操作。在其运行过程中，注意在 "Filename for tables (<CR> to print directly) [   ]:" 选项中输入文件名，在 "Filename extension for xcif.??? Format definition file [ang]:" 选项中输入 def，它将产生 plain text 格式的 ASCII 文件。在前选项中输入 name.rta 文件名，在后一选择中输入 rta，将产生可用 word 软件打开的 rich text format 格式文件，否则将可能产生其他格式的 ASCII 文件。

7.5   SHELXTL 程序中常用指令

7.5.1   进入 XPREP，程序确认晶体类型后显示的所有菜单

[D]   Read, Modify or Merge   DATDSETS   读入、更改、合并衍射数据

[P]   Contour PATTERSON   Secions   计算显示 Patterson 截面

[H]   Search for HIGHER mertric symmetry   寻找更高的对称性

[S]	Determine or input SPACE GROUP	确定或输入已知的空间群
[A]	Apply ABSORPTION corrections	吸收校正
[M]	Test for MEROHEDRAL TWINNING	孪晶缺面试验
[L]	Reset LATTICE type of Original Cell	重设原始晶胞的晶格类型
[C]	Define unit-cell CONTENTS	定义单胞的化学组成
[F]	Setup SHELXTL FILES	建立计算指令文件
[R]	RECIPROCAL Space Displays	显示倒易空间
[U]	UNIT-CELL transformations	转换晶胞
[T]	Change TOLERANCES	改变一些变量的容忍值
[O]	Self-rotaion function	自旋函数
[Q]	Quit Program	退出程序

7.5.2　XS 中常见指令

ACTA	产生 cif 文件
AFIX	将原子坐标强制的固定在制定位置上，或在制定位置上产生原子
ANIS	将各向同性换成各向异性精修
BOND	计算键长、键角(BOND $H，表示计算含 H 在内的键长和键角)
BIND	计算制定原子对的键长和键角
CONF	计算扭转角
DELU	限制指定原子具有相似的位移参数
DFIX	限制指定原子对间的距离
EADP	给两个或多个原子制定相同的位移参数
END	指令输入结束
EQIV	提供分子内或分子间键合原子的对称操作码
ESEL	限制 E 值的上、下限
EXTL	对晶体消光效应参数进行精修
EXYZ	让两个或多个原子具有相同的坐标
FLAT	限制指定原子在相同的平面上
FMAP	所计算傅里叶图的类型
FREE	不计算指定原子对的键长和键角
FVAR	全比例系数
HFIX	限制 H 原子在理想位置上
HKLF	衍射数据的格式
HTAB	计算氢键
ISOR	对原子的各向异性位移参数进行约束，使其近似表现为各向同性
L.S.	指定 XL 中用最小二乘法进行精修的轮数

LATT	晶格的类型，依次为：P、I、R、F、A、B、C，无心为负值
MOVE	移动或转换坐标
MPLA	计算平面
OMIT	忽略指定的衍射点或限定 θ 角范围
PART	划分成键原子的范围(用于无序结构)
PLAN	计算和列出 Q 峰的数目
SFAC	晶体中存在的原子种类
SIMU	限制指定范围内的原子有相同的位移参数
SIZE	晶体的大小
SYMM	所属空间群的对称操作
TEMP	衍射数据收集的温度
TITL	样品的编号(或名称)和空间群
UNIT	晶胞中每种原子的总个数
WGHT	指定所用权重
ZERR	晶胞中分子个数和晶胞参数的标准偏差

7.5.3　XL 中常见指令

ARAD　用于画空间填充图时指定原子的半径

ATYP　指定分子中的原子将如何在 telp 中被表示。常用的格式是：ATYP type color keywords。type 可以取$-4\sim10$间的任意值；color 编码可以是$0\sim10$间的任意值，如 0 表示黑色，1 表示绿色等；keywords 用于指定所定义的原子，如$Cu 表示所有的铜原子，C1 to C12 表示 C1 到 C12 为指定原子

BANG　显示所有的键长和键角

CELL　显示晶胞参数

CENT　计算并显示所指定原子的中心位置，如 CENT C1 to C5 将计算这五个原子的中心点坐标

DIAG　画出带有原子标记的分子图，并保存为 diag.plt 文件，同时显示于屏幕的右上角

EDEN　计算电子云密度分布图

ENVI　ENVI δ keywords　计算出 keywords 所指定原子与在其半径加上δ值范围内所有原子或 Q 峰的距离，该指令对于寻找氢键、相邻分子间的短距离接触等非常有帮助

EXIT　退出 XP 程序

FILE　将操作结果保存在 name.ins 文件

FMOL　这通常是进入 XP 程序后使用的第一个指令，它从 name.res 文件读出晶胞参数和原子坐标等信息，并建立起原子间的连接方式。当两个原子间的距离小于两个原

子的半径之和加上δ值时，这两个原子被认为是有成键作用。缺省的δ值是 0.5，FMOL 0.6 表示δ= 0.6 Å

FUSE　　　　　　FUSE δ将所有原子"融合"到指定的δÅ 范围内。该指令通常在 PUSH 指令（把原点调整到适当的位置）后使用，目的是把所有原子"集合"成最少个数的分子碎片

GROW　　　　　　GROW δ keywords　利用晶体的对称性，找寻出对称相关的原子并组装出完整的分子，δ的缺省值是 0.5 Å，当分子或原子位于特殊的位置时，使用该指令可以产生完整的分子

HADD　　　　　　用于给指定的原子，如 C、N 和 O 原子，按理论值（或设计值）添加氢原子，缺省的距离是 C—H=0.96、N—H=0.90、O—H=0.89 Å。缺省的位移参数是 0.5（甲基和羟基），1.2（其他大多数基团）。如果不指定加氢的类型，程序会根据原子周围的环境（尤其是键长）加氢，这通常会出错，使用者在每次加氢后都必须检查其化学合理性

HELP　　　　　　求助指令，键入 HELP 后 XP 会列出所有的指令，HELP 具体指令（如 HELP FMOL）将显示 FMOL 指令的具体功能和用法

INFO　　　　　　在荧幕上显示所有原子和 Q 峰的坐标和位移参数等信息

INVT　　　　　　将所有的原子通过原点倒反，主要用于对映异构体的转换。INVT x y z keywords 让 keywords 指定的原子通过点 x,y,z 倒反

JOIN　　　　　　JOIN bond-type keywords 用于改变原子间键的表示方式，或强制性让两个原子相连接。缺省的 bond-type 是 1 表示实线，2 表示空心线，3 表示虚线。如 JOIN 3 Pt1 N1（给 Pt1 和 N1 原子间连上虚线，此时 Pt1 和 N1 原子间实际上可以有成键作用，也可以没有）；JOIN 2 Pt1（所有与 Pt1 原子相连的键都被表示为空心线）

KILL　　　　　　删除所指定的原子，如 KILL \$Q（删除所有 Q 峰），KILL C1 to C10（删除 C1 和 C10 之间的所有原子）

LABL　　　　　　LABL code size 将定义 DIAG、SFIL、TELP、EDEN 和 OFIT 指令如何标注原子和标注字体的大小。code 告诉程序哪些原子将被标注和原子的序号是否有括号。code = 0 表示没有任何标注；1 表示不标注氢原子，原子序号不用括号；2 表示不标注氢原子，原子序号用括号；3 表示标注氢原子，原子序号不用括号；4 表示标注氢原子，原子序号用括号。size 表示标注字体大小，常用 300～600 之间的数值表示

LINE　　　　　　LINE two atoms 计算出两个原子间的连线公式，计算结果将以和先前计算的连线或平面间形成的夹角大小表示，并被保存，如 LINE Pt1 N1↘、LINE Pt1 O1 ↘、LINE Pt1 O2↘将计算出 Pt1—N1、Pt1—O1、Pt1—O2 三个矢量间的夹角。NOPL 指令可以删除所储存的矢量信息

LINK　　　　　　该指令基本等同于 JOIN 指令，唯一的不同是 LINK 的缺省值是 6（虚线）

MATR　　　　　　用于指定在荧幕上所希望显示的取向矩阵。MATR↘给出所显示图形的取向，MATR a11 a12 a13 a21 a22 a23 a31 a32 a33 ↘将图形转换成所定义的取向，MATR 1、2 或 3 表示沿着晶胞的 a、b 或 c 轴方向观看或投影图形

MGEN　　　　　　MGEN keywords delx dely delz Xc Yc Zc　将产生在所定义体积内的所有对称等价分子。体积由 Xc ± delx、Yc ± dely、Zc ± delz 表示，keywords 指定所用原子

MPLN   MPLN keywords 计算指定原子形成的最小二乘平面，并计算该平面与先前用 MPLN 或 LINE 指令所计算的平面的法线或矢量所形成的夹角。如 MPLN C1 to C6 ↘、MPLN C7 to C12 ↘ 将计算由 C1-C6 和 C7-C12 两组原子所形成的最小二乘平面以及两个平面所形成的夹角。NOPL 指令可以删除储存的平面和矢量数据

CODE   命名原子或改变原子的种类。如 CODE Q1 Pt1 6 将把 Q1 指认为 Pt1，SFAC code 为 6；CODE Q? C? 将 Q 峰 Q1-Q9 命名为 C1-C9

NEXT   NEXT filecode 调出通过 SAVE 指令保存为 filecode 的文件

NOPL   删除所保存的、用 MPLN 指令产生的平面和用 LINE 指令产生的矢量

OFIT   用于拟合所指定的原子与储存在文件中的结构模型，在 OFIT keywords 后，程序将要求输入保存结构模型的文件名，该指令可用于比较相关分子的几何结构

ORTH   ORTH filecode 将荧幕上显示的分子坐标转换成直角坐标坐标并保存为 filecode 文件。所产生的文件可直接输入到其他软件，如 Chem3D

PACK   用于产生晶体堆积图，在由 PBOX 指令所定义的体积空间里通过对称操作产生分子或碎片。在获得理想的堆积图后，可通过菜单中的 SGEN/FMOL 键保存所有原子，并可用 PROJ 或 TELP 指令对所保存的原子进行图形操作，也可用 FUSE 指令将由对称操作所产生的原子删除

PAGE   在两个打印内容之间加入一空白页

PBOX   PBOX width depth Xc Yc Zc 定义 PACK 指令所需格子的宽度和深度，高度是宽度的 0.75 倍，格子将包括至少有一个原子在格子中的分子，Xc Yc Zc 定义格子中心的位置，缺省值是 0.5、0.5、0.5。如 PBOX 30 10 0 0 0 表示中心位于原点的、大小为 $30 \times 10 \times 22.5$ Å^3 的格子

PERS   显示分子球棍模型的透视图

PGEN   产生多面体结构，为 POLY 和 POLP 指令准备数据

PICK   PICK keywords 用于指认 Q 峰、重新命名原子、改变原子的种类等。空格键表示保持原有的命名，[↘]删除原子，[/]保存用 PICK 所做的工作。PICK /H↘ 将标注所有原子，包括氢原子

POLP   显示多面体结构并形成图形文件

POLY   显示多面体结构

POST   POST filecode 将图形和文字一并保存（可用于准备海报）

PREV   将分子转回原先的取向

PRINT   将结果输出到打印机

PROJ   旋转目标图形，可以是分子图和堆积图

PRUN   PRUN nb (or d1 d2) keywords 指定画图时原子最多的成键数目 nb，或成键的范围 d1- d2。如 PRUN 4 Pt1 表示 Pt1 原子的成键数为键长最短的 4 个，PRUN C1 to C6 表示删除 C1 到 C6 原子的所有键，PRUN 1.9 2.1 Pt1 表示删除 Cu1 原子周围键长短于 1.9 Å、长于 2.1 Å 的所有键

PUSH   PUSH dx dy dz sign 将所有原子的位置坐标乘上+或−号后移动 dx、dy、dz。如 PUSH 0 0 0 −1 将所有的原子坐标倒反，与 INVT 指令的效果一样

QUIT　　　　不保存任何数据退出 XP 程序

RAST　　　　RAST filecode 黑白打印指定的文件，RAST /C 彩色打印

READ　　　　READ filecode 读入指定文件中的原子和晶体参数，可以是.ins 文件，也可以是.res 文件

REAP　　　　该指令类似 READ，不同之处是不读入.res 文件中的 Q 峰

SAVE　　　　SAVE filecode 将现有的结构参数保存到指定的文件中，可以用 NEXT 指令读出 filecode。SAVE 可被看成是 XP 程序中暂时保留文件的指令，保存较为复杂的图形，如堆积图等

SFIL　　　　用于产生空间填充的分子模型并保存成文件

SGEN　　　　SGEN symcodes keywords 根据对称性代码产生新的原子。对称性代码可以通过 ENVI 指令找出，如 SGEN 6555 O1 将产生 O1 原子在 6555 对称性代码处的对称性相关原子 O1A

SORT　　　　让原子重新排序。SORT/n 按原子的序号排序，SORT $C，$O…按原子的种类排序，SORT /H 表示氢原子不跟着其重原子重新排序

SPIX　　　　显示空间填充模型

TELP　　　　该互动子程序用于画图、保存文件，所保存图形可通过 RAST 指令打印。TELP a b c d keywords，其中参数 a 表示立体角度，参数 b 表示位移椭球体的概率百分比，正的数值表示球棍模型，负的数字表示位移椭球体模型，取值一般在–30～–50 范围，能较为清晰地展示每个原子的位移情况；参数 b 表示键的半径，缺省值是 0.09，但 0.025 给出较细的连线让图形更为清晰。参数 d 定义两个立体图之间的距离。程序将要求键入保存图形的文件名，keywords = CELL 将在图形中插入晶胞图，TELP 将产生规格化的球棍图，TELP 0 –30 0.025 LESS $H 将产生椭球图（概率为 30%），键的半径（或半宽度）是 0.025，将不画出所有的氢原子

TITL　　　　读入最长可达 76 个字母的结构标题

TORS　　　　计算扭转角，如 TORS C1 Pt1 N1 O1 将计算 C1—Pt1 键与 Pt1—N1 和 Pt1—O1 键之间形成的扭转角，TORS C1 to C7 将计算所有与这 7 个原子有关的扭转角，TORS /All 将计算所有的扭转角

UNDO　　　　不显示所指定的原子间的键合作用，如 UNDO $Pt $O 将删除所有铂-氧原子间的键，UNDO Pt1 O1 将删除 Pt1—O1 间的键

UNIQ　　　　UNIQ keywords 删除与指定原子没有直接或间接键合作用的原子或基团，该指令在画配合物的结构图最为常用，如 UNIQ Pt1 将保留与 Pt1 原子在同一个碎片上的所有原子

VIEW　　　　VIEW plotfile 显示保存的图形文件

7.6　晶体结构解析实例

将铂配合物 131（化学分子结构式如图 7-9 所示）溶于四氢呋喃与正己烷混合溶液中，室温下缓慢挥发溶剂得到黄色晶体。用 Bruker SMART CCD，Mo 靶，100 K 条件下收集数

据，得到的晶胞参数为 $a = 16.716(3)$ Å；$b = 13.955(3)$ Å；$c = 14.240(4)$ Å；$\alpha = 90$ °；$\beta = 120.260°(5°)$；$\gamma = 90°$；$V = 2869.1(12)$ Å^3。具体的解析过程如下。

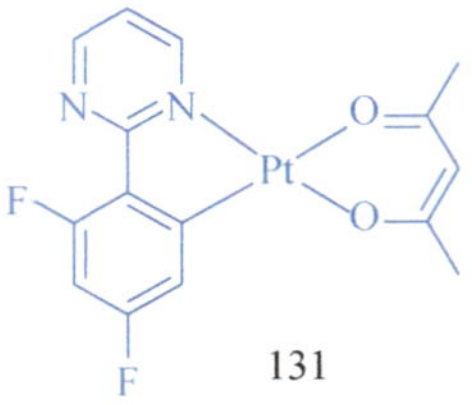

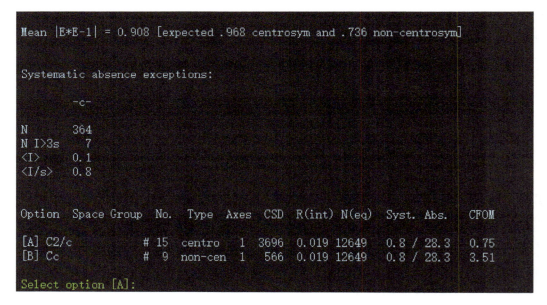

图 7-9　铂配合物 131 的化学结构

第一步：进入 SHELXTL 程序，新建一个 project，输入项目名称 sample，打开要解析晶体的 p4p 或者 raw 文件。

第二步：运行 XPREP 程序以确立空间群并建立 ins 指令文件。这个过程基本上是一直按回车键的过程，即选择程序的默认选项，直到最后程序要求输入所测晶体分子所含元素种类及各类原子数目。在遇到"是否建立指令文件"选项的时候输入 Y，即完成整个 XPREP 程序过程，将得到 sample.ins、sample.hkl、sample.pcf 三个重要数据文件。其中 ins 文件包含分子式、空间群等信息；hkl 文件包含衍射点的强度数据；pcf 文件记录晶体物理特征、分子式、空间群、衍射数据收集的条件以及使用的相关软件等信息。整个过程一般不会出错。如果出错，可能出现在下面的精修过程中，那就需要重新指认空间群。上述例子中 $R_{int} = 0.0193$，$(E^2-1) = 0.908$，显示晶体属于中心对称空间群，选择 $C2/c$ 空间群（如图 7-10 所示）。

```
Mean |E*E-1| = 0.908 [expected .968 centrosym and .736 non-centrosym]


Systematic absence exceptions:

      -c-

N       364
N I>3s    7
<I>     0.1
<I/s>   0.8


Option Space Group  No.  Type   Axes  CSD  R(int) N(eq)  Syst. Abs.  CFOM

[A] C2/c        # 15  centro   1   3696  0.019 12649  0.8 / 28.3   0.75
[B] Cc          #  9  non-cen  1    566  0.019 12649  0.8 / 28.3   3.51

Select option [A]:
```

图 7-10　选择配合物 131 晶体空间群

第三步：选择要解析的方法，运行 XS 程序，解析初结构。默认的方法是直接法(TREF)。选择用直接法，此时的 131.ins 文件如下所示：

TITL 131 in C2/c

CELL 0.71073   16.7159   13.9547   14.2398   90.000 120.260   90.000

ZERR   8.00   0.0033   0.0033   0.0038   0.000   0.005   0.000

LATT   7

SYMM -X, Y, 0.5-Z

SFAC C H N O F PT

UNIT 120 96 16 16 16 8

TEMP 23.000

TREF

HKLF 4

END

运行 XS 程序，得到第一个 131.res 文件，这个文件包含了 ins 文件的内容和所有的 Q 峰信息，如图 7-11 所示。

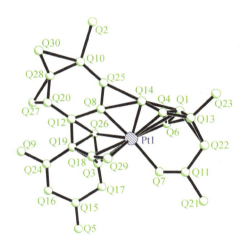

图 7-11　运行 XS 后产生的 Q 峰信息

第四步：用 XP 程序与 XL 程序完成原子的指认，傅里叶加氢或理论加氢，画图。

运行 XP 程序，fmol↘读取 131.res 中的晶胞参数和原子坐标等信息，proj↘旋转目标图像，从图 7-11 的粗结构可明显看出有苯环和 Pt 原子，以及与 Pt 配位的乙酰丙酮结构。通过 name Q3 C1↘，name Q17 C2↘，name Q15 C3↘，name name Q16 C4↘，name Q24 C5↘，name Q19 C6↘，name Q21 C11↘，name Q11 C12↘，name Q22 C13↘，name Q13 C14↘，name Q23 C15↘，name Q4 O1↘，name Q7 O2↘保留并从新命名这些原子。Kill $Q↘，删除其他 Q 峰。在结构解析的初始阶段，只保留有把握的原子。假如被删除的峰是"真实"存在的原子，这些峰在下一轮的差值傅里叶图中会再次出现；假如对"假"的原子进行精修，则可能影响整个结构的解析。较为保险的做法是只保留较重的原子，尤其是在初试阶段。此时结构图形如图 7-12 所示。file 131.res↘，exit↘，保存操作结果，退出 XP，进行下一轮精修。

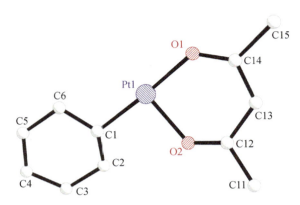

图 7-12　第一轮精修后删除 Q 峰确定部分原子

　　XL 的运行完全受 131.ins 中的指令控制，所以每次 XL 精修后生成的 res 文件转换成 ins 文件后才能进行下一轮精修。所以，将得到的 131.res 另存为 131.ins，再次运行 XL 程序，得到 $R_1 = 0.1228$，$wR_2 = 0.4575$。再次进入 XP 程序，可以看到配合物 131 的骨架结构，如图 7-13 所示。fmol↘、info↘，显示所有原子和 Q 峰的坐标和位移参数等信息，通过 proj↘可以看出 131 的部分结构。根据配体化学结构，应用 name 命令将比较确定的原子再次进行命名，同时删除不能确定的所有 Q 峰，最终得到结构进一步完整的结果（图 7-14）。保存 res 文件后退出。

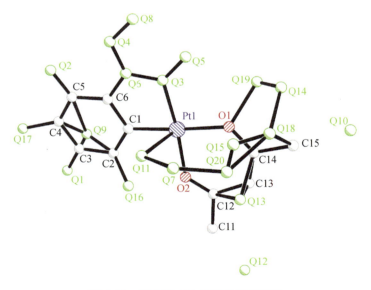

图 7-13　配合物 131 的部分骨架结构

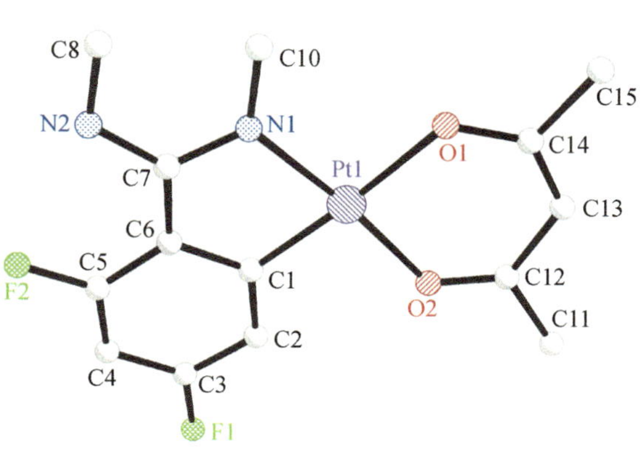

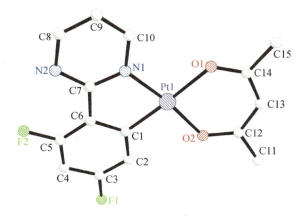

图 7-14　配合物 131 部分结构

此时配合物 131 中的原子仍未找全，需要进行第三轮或多几轮精修，直至将化合物分子中所有的原子指认完毕。在 XP 程序中，还需经常使用 info↘命令查看所有原子和 Q 峰的坐标、位移参数。如果 Q 的最大的电子残余峰值小于 1，可以认为待解结构中的非氢原子基本指认完毕。经过多轮精修将非氢原子指认完毕后，配合物 131 的完整分子骨架如图 7-15 所示。此时精修后的 $R_1 = 0.0535$、$wR_2 = 0.2157$，明显比第一轮精修后的 R_1 和 wR_2 小很多，表明结构解析越来越精确。

图 7-15　配合物 131 的完整分子骨架

接下来在 ins 文件的命令区添加 ANIS 指令，完成对各非氢原子进行各向异性的精修，R_1 与 wR_2 进一步降低至 0.0189 与 0.0858。然后在 XP 程序中用 info↘命令查看所有原子的温度因子是否合理。如果温度因子太小，说明该原子定义太轻；同理，如温度因子太大，则说明该原子定义太重。此外，也可通过 131.lst 文件来查看所有原子的温度因子是否正常。然后通过输入 SORT $C $N $O $F↘，利用 SORT 命令对原子排序；再通过输入 HADD↘命令进行理论加氢。最后通过 PROJ↘，旋转查看 H 原子加得是否正确。如果不正确，需要将不正确的氢原子删除。例如本例中，理论加氢后嘧啶环 N2 原子上出现多余 H 原子，可通过 kill H2B 将其删除。有时候需要根据情况使用带参数的 HADD 命令对理论加氢有误的原子重新加氢。

保存 res 文件后退出 XP，再次运行 XL 精修，得到 $R_1 = 0.0157$，$wR_2 = 0.0731$，GOF = 0.668。尽管 R_1 和 wR_2 值已比较小，满足要求精修要求；但此时 GOF 明显偏小，因此需要调整 ins 文件里的 WGHT 值，以使 GOF 值尽量接近 1.0。具体做法是，将 res 文件里的由程序建议 WGHT 值代入 ins 文件，再运行 XL，如此重复几轮精修，直至 WGHT 稳定。这时配合物 131 精修后的参数为 $R_1 = 0.0148$、$wR_2 = 0.0482$、GOF=1.080，配合物 131 的最终结构如图 7-16 所示。

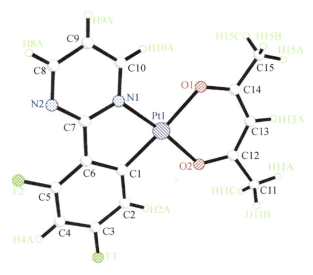

图 7-16　配合物 131 的完整分子

如若需要该配合物晶体的其他数据，可将产生数据信息的指令加在 ins 文件中的 UNIT 和 WGHT 之间，相关命令如 BOND $H（产生包括氢原子在内的键长键角）、CONF（产生扭角）、ACTA（产生 cif 文件）、HTAB（产生可能的氢键，在 lst 文件中找）、EQIV（和 HTAB 一起使用，指定形成氢键的两个原子的名称，将产生分子间和分子内有键合作用的原子的对称性代码，并将信息写在 cif 中）以及 SIZE a b c（晶体尺寸，依此计算透过率）等。输入这些指令后再次运行 XL，即可产生相应的信息。

第五步：用 XP 画图。

画椭球图

进入 XP 程序，FMOL↘读取 res 文件中晶胞参数和原子坐标。KILL $q↘删除所有残余电子峰；PROJ↘调整好视角，以保证所有的原子都能看到，且整体清晰美观。LABL a b（LABL 1 450↘）定义标注原子的字体大小（其中 a = 0，表示没有任何标注；a = 1，表示不标注 H 原子，原子序号不用括号；a = 2，表示不标注 H 原子，原子序号用括号；a = 3，表示标注 H 原子，原子序号不用括号；a = 4，表示标注 H 原子，原子序号用括号；b 表示标注字体的大小，一般简单的椭球图用 450 左右）。再输入 TELP 0 −50 0.025 20 less $H↘画出椭球图（其中 0 表示立体角度；−50 表示位移椭球图的概率百分比，负值表示是椭球图，

一般选择-30 或者-50；0.025 表示键的半径，默认值是 0.09，一般用 0.025；20 表示观察的
距离；如果用 LESS $H 则表示不画所有的氢原子）。

　　输入指令后，将出现椭球图，便可对原子逐个进行标记（<CR>可以跳过原子，用<BP>
可以回溯，如果原子标记的字体大小不合适，要从 LABL 命令重新开始）。标记完毕后，椭
球图界面自动退出，此时会让输入要保存的 131.plt 的文件名。DRAW 131↘，选 A 后回车，
输入要输出的图像文件的名称 131，输入 C 可获得彩色图，直接按<CR>则得到黑白图，完
成之后生成 131.ps 文件，用 Photoshop 打开 131.ps 后可保存为多种格式的图片。按照上述
步骤，获得不显示 H 原子的配合物 131 椭球图，如图 7-17 所示。

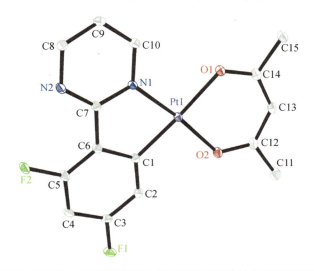

图 7-17　配合物 131 的椭球图（为了显示地更清楚省略了氢原子）

画晶胞堆积图

　　进入 XP 程序，FMOL↘读取 res 文件中晶胞参数和原子坐标；KILL $q↘删除所有残
余电子峰；输入 PACK 命令后可获得晶体结构堆积图形，可以通过窗口给出的对应选项对
堆积中的分子进行删减，选择窗口倒数第二项 SGEN/FMOL 保存此堆积图形后退出。利用
MATR 指令来调整视角（MATR 1↘表示从 a 轴的方向看，MATR 2 表示从 b 轴的方向看，
MATR 3 表示从 c 轴的方向看）。调整好视角之后，通过 LABL 1 300↘、TELP cell↘画出晶
胞堆积图。如果要命名部分原子，就要一直按<CR>直至待命名原子出现，如果没有待命名
原子，可以按 ESC 键或 B 键退出。输入要保存的 131.plt 的文件名。输入 DRAW 命令，以
下同画椭球图步骤。注意，画完椭球图后可以直接按 PBOX 和 PACK 命令进行堆积图的处
理。按照上述方法，得到图 7-18 所示的配合物 131 的晶胞堆积图。

　　第六步：生成 CIF 表格。

　　目前，在正式发表研究成果前，相关学术期刊都会要求将论文中涉及的晶体信息，包
括化合物分子式、晶胞参数、空间群、原子坐标及其原子位移参数、精修结果参数等以电
子版的形式存放到国际晶体学数据中心，其中与有机金属化合物及配合物相关的数据库为
剑桥结构数据库（Cambridge Structural Database，CSD）、无机晶体结构数据库（Inorganic

Crystal Structure Database，ICSD）。

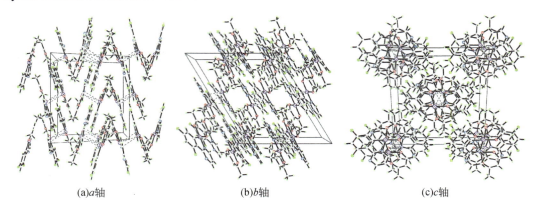

| (a)a轴 | (b)b轴 | (c)c轴 |

图 7-18　分别从 *a*、*b* 和 *c* 轴方向观察配合物 131 的晶胞堆积图

　　剑桥结构数据库位于剑桥晶体学数据中心（Cambridge Crystallographic Data Centre，CCDC），它只收集并提供具有 C—H 键的所有晶体结构，包括有机化合物、金属有机化合物、配位化合物的晶体结构数据。目前，可以向 CCDC 在线提交相关晶体信息，打开剑桥晶体学数据中心的网址 https://www.ccdc.cam.ac.uk/deposit/upload，按提示填写提交者相关信息以及完整的晶体 CIF 文件。CSD 收到每个 CIF 信息后，通常会在 1 个工作日内生成与之相对的存储编号，也即 CCDC 编号，并将相关信息反馈给提交者。读者也可以通过剑桥晶体学数据中心 https://www.ccdc.cam.ac.uk/structures 搜索已经存储在 CSD 数据库中的晶体信息，通常只需提供 CCDC 编号即可获得相关晶体的信息以及相应的研究论文信息。

　　无机晶体结构数据库（ICSD）由德国的 The Gmelin Institute（Frankfurt）和 FIZ（Fachinformationszentrum Karlsruhe）合办。该数据库从 1913 年开始出版，至今已包含近 10 万条化合物目录。该数据库只收集并提供除了金属和合金以外、不含 C—H 键的所有无机化合物晶体结构信息，包括化学名和化学式、矿物名和相名称、晶胞参数、空间群、原子坐标、热参数、位置占位度、*R* 因子及有关文献等各种信息。数据库网址为 https://icsd.products.fiz-karlsruhe.de/。

　　CIF 表格是国际通用的晶体信息交流方式，可通过在 ins 文件中添加 ACTA 命令并运行 XL 得到，其文件中的具体内容及相关含义如下：

data_131   /化合物名称
_audit_creation_method   ?   /产生 CIF 的程序名称
_chemical_name_systematic
;
 ?   /填写所解析的化合物的系统命名
;
_chemical_name_common   ?   /化合物的俗名，可自行添加
_chemical_melting_point   ?   /化合物的熔点，实验测试后自行添加
_chemical_formula_moiety   ?

_chemical_formula_sum

  ' C15 H12 F2 N2 O2 Pt'　　　　　　　　　　　　　　　/化合物的化学式

_chemical_formula_weight　　　　　485.36　　　　　　　/化合物的分子量

loop_

  _atom_type_symbol

  _atom_type_description

  _atom_type_scat_dispersion_real

  _atom_type_scat_dispersion_imag

  _atom_type_scat_source　　　　　　　　　　/构成化合物的原子散射因子来源

  'C'　'C'　0.0033　　0.0016

  'International Tables Vol C Tables 4.2.6.8 and 6.1.1.4'

  'H'　'H'　0.0000　　0.0000

  'International Tables Vol C Tables 4.2.6.8 and 6.1.1.4'

  'N'　'N'　0.0061　　0.0033

  'International Tables Vol C Tables 4.2.6.8 and 6.1.1.4'

  'O'　'O'　0.0106　　0.0060

  'International Tables Vol C Tables 4.2.6.8 and 6.1.1.4'

  'Bi'　'Bi'　-4.1077　10.2566

  'International Tables Vol C Tables 4.2.6.8 and 6.1.1.4'

_space_group_crystal_system　　　　monoclinic　　　/晶体晶系名称

_space_group_IT_number　　　　　　15　　　　　　/空间组编号

_space_group_name_H-M_alt　　　　'C 2/c'　　　　/空间群名称

_space_group_name_Hall　　　　　　'-C 2yc'

_shelx_space_group_comment

;

The symmetry employed for this shelxl refinement is uniquely defined

by the following loop, which should always be used as a source of

symmetry information in preference to the above space-group names.

They are only intended as comments.

;

loop_

  _symmetry_equiv_pos_as_xyz　　　　　　　　/晶胞中等效坐标

'x, y, z'

  '-x, y, -z+1/2'

'x+1/2, y+1/2, z'

'-x+1/2, y+1/2, -z+1/2'

'-x, -y, -z'

'x, -y, z-1/2'

'-x+1/2, -y+1/2, -z'

'x+1/2, -y+1/2, z-1/2'

_cell_length_a	16.716(3)	/晶胞参数
_cell_length_b	13.955(3)	
_cell_length_c	14.240(4)	
_cell_angle_alpha	90	
_cell_angle_beta	120.260(5)	
_cell_angle_gamma	90	
_cell_volume	2869.1(12)	/晶胞体积
_cell_formula_units_Z	8	/晶胞中分子个数
_cell_measurement_temperature	100(2)	/测量晶胞时的温度
_cell_measurement_reflns_used	9910	/用于确定晶胞的衍射点数
_cell_measurement_theta_min	2.82	/用于确定晶胞的衍射点的最小θ值
_cell_measurement_theta_max	27.69	/用于确定晶胞的衍射点的最大θ值
_eXPtl_crystal_description	block	/被测单晶的外观形状
_eXPtl_crystal_colour	yellow	/被测单晶的外观颜色
_eXPtl_crystal_density_meas	?	/被测单晶的测量密度
_eXPtl_crystal_density_method	'not measured'	/测量单晶密度方法
_eXPtl_crystal_density_diffrn	2.247	/被测单晶的计算密度
_eXPtl_crystal_F_000	1824	/单胞中电子的数目
_eXPtl_transmission_factor_min	?	/最小透射因子
_eXPtl_transmission_factor_max	?	/最大透射因子
_eXPtl_crystal_size_max	0.291	/被测单晶的外观尺寸
_eXPtl_crystal_size_mid	0.121	
_eXPtl_crystal_size_min	0.080	
XPXPXPXP_eXPtl_absorpt_coefficient_mu 9.811		/晶体的线性吸收系数
_eXPtl_absorpt_correction_type	multi-scan	/吸收校正的方法
_eXPtl_absorpt_correction_T_min	0.250	/最小透过率
_eXPtl_absorpt_correction_T_max	0.456	/最大透过率
_eXPtl_absorpt_process_details	SADABS	/填写吸收校正所采用的方法及其文献
_eXPtl_special_details		/衍射实验中的特殊处理、实验细节描述

;
  ?
;

_diffrn_ambient_temperature	100(2)	/衍射实验时温度
_diffrn_radiation_wavelength	0.71073	/衍射线波长 λ
_diffrn_radiation_type	MoK\a	/衍射光源
_diffrn_radiation_source	?	/X 射线管类型
_diffrn_radiation_monochromator	graphite	/单色器类型
_diffrn_measurement_device_type	?	/衍射仪型号
_diffrn_measurement_method	'\f and \w scans'	/收集衍射数据的方式，扫描方式
_diffrn_detector_area_resol_mean	?	
_diffrn_standards_number	?	/设置标准衍射点数目
_diffrn_standards_interval_count	?	/标准衍射测量衍射点间隔
_diffrn_standards_interval_time	?	/标准衍射测量时间间隔
_diffrn_standards_decay_%	?	/测量过程中是否有衰减
_diffrn_reflns_number	15745	/总衍射点数
_diffrn_reflns_av_R_equivalents	0.0194	/等效点平均标准误差
_diffrn_reflns_av_sigmaI/netI	0.0142	/平均背景强度与平均衍射强度比值
_diffrn_reflns_limit_h_min	-21	/最小与最大衍射指标范围
_diffrn_reflns_limit_h_max	21	
_diffrn_reflns_limit_k_min	-18	
_diffrn_reflns_limit_k_max	16	
_diffrn_reflns_limit_l_min	-15	
_diffrn_reflns_limit_l_max	18	
_diffrn_reflns_theta_min	2.030	/结构精修时最小 θ 角
_diffrn_reflns_theta_max	27.690	/结构精修时最大 θ 角
_diffrn_measured_fraction_theta_max	0.988	/对精修时最大衍射角 θ，收集完整率
_diffrn_measured_fraction_theta_full	0.997	/衍射数据收集的完备率
_diffrn_reflns_Laue_measured_fraction_max	0.988	
_diffrn_reflns_Laue_measured_fraction_full	0.997	
_diffrn_reflns_point_group_measured_fraction_max	0.988	
_diffrn_reflns_point_group_measured_fraction_full	0.997	
_reflns_number_total	3329	/参加精修的独立衍射点数目
_reflns_number_gt	3157	/强度大于 2σ 的独立衍射点数目
_reflns_threshold_eXPression	>2sigma(I)	
_computing_data_collection	?	/收集衍射数据所用程序

_computing_cell_refinement	?	/精修晶胞参数所用程序
_computing_data_reduction	?	/衍射数据还原所用程序
_computing_structure_solution	?	/解析粗结构所用程序
_computing_structure_refinement	?	/结构精修所用程序
_computing_molecular_graphics	?	/发表论文作图所用程序
_computing_publication_material	?	/发表论文制作数据表格所用程序

_refine_special_details   /结构精修过程中一些细节的说明

;

Refinement of F^2^ against ALL reflections.　The weighted R-factor wR and goodness of fit S are based on F^2^, conventional R-factors R are based on F, with F set to zero for negative F^2^. The threshold eXPression of F^2^ > 2sigma(F^2^) is used only for calculating R-factors(gt) etc. and is not relevant to the choice of reflections for refinement. R-factors based on F^2^ are statistically about twice as large as those based on F, and R-factors based on ALL data will be even larger.

;

_refine_ls_structure_factor_coef	Fsqd	/基于 F2 的结构精修
_refine_ls_matrix_type	full	/精修矩阵类型
_refine_ls_weighting_scheme	calc	/权重方案
_refine_ls_weighting_details		/权重方案表达式

'calc w=1/[\s^2^(Fo^2^)+(0.0281P)^2^+0.0000P] where P=(Fo^2^+2Fc^2^)/3'

_atom_sites_solution_primary	?	/解析粗结构的方法
_atom_sites_solution_secondary	?	/进一步解析结构的方法
_atom_sites_solution_hydrogens	geom	/获得氢原子的方法
_refine_ls_hydrogen_treatment	constr	/结构精修中氢原子的处理方法
_refine_ls_extinction_method	none	/消光校正方案
_refine_ls_extinction_coef	?	/消光校正系数
_refine_ls_number_reflns	3329	/参加结构精修的衍射点数
_refine_ls_number_parameters	201	/参加结构精修的参数数目
_refine_ls_number_restraints	0	/结构精修中几何限制数目
_refine_ls_R_factor_all	0.0152	/对全部衍射点的 R1 值
_refine_ls_R_factor_gt	0.0136	/对可观察衍射点的 R1 值
_refine_ls_wR_factor_ref	0.0302	/对全部衍射点的 wR2 值
_refine_ls_wR_factor_gt	0.0298	/对可观察衍射点的 wR2 值
_refine_ls_goodness_of_fit_ref	1.076	/对可观察衍射点的 S 值
_refine_ls_restrained_S_all	1.076	/对全部衍射点的 S 值

_refine_ls_shift/su_max	0.006	/最后精修过程的漂移值
_refine_ls_shift/su_mean	0.000	/最后精修过程的平均漂移值

loop_　　　　　　　　　　　　　　　　　　　/结构中各原子坐标, 各向同性振动参数, 原子占有率等
  _atom_site_label
  _atom_site_type_symbol
  _atom_site_fract_x
  _atom_site_fract_y
  _atom_site_fract_z
  _atom_site_U_iso_or_equiv
  _atom_site_adp_type
  _atom_site_occupancy
  _atom_site_symmetry_multiplicity
  _atom_site_calc_flag
  _atom_site_refinement_flags
  _atom_site_disorder_assembly
  _atom_site_disorder_group
Pt1 Pt 0.08050(2) 0.95477(2) 0.12123(2) 0.01475(3) Uani 1 1 d . . . . .
F1 F 0.18991(10) 0.64085(10) -0.00133(12) 0.0268(3) Uani 1 1 d . . . . .
F2 F -0.07788(10) 0.61758(10) 0.02334(14) 0.0331(4) Uani 1 1 d . . . . .
...
C15 C 0.14006(16) 1.15304(16) 0.20404(17) 0.0205(5) Uani 1 1 d . . . . .

loop_　　　　　　　　　　　　　　　　　　　/原子各向异性振动参数
  _atom_site_aniso_label
  _atom_site_aniso_U_11
  _atom_site_aniso_U_22
  _atom_site_aniso_U_33
  _atom_site_aniso_U_23
  _atom_site_aniso_U_13
  _atom_site_aniso_U_12
Pt1 0.01774(5) 0.01260(5) 0.01555(4) -0.00076(3) 0.00960(4) -0.00221(3)
F1 0.0295(7) 0.0201(7) 0.0429(8) -0.0002(6) 0.0272(7) 0.0046(6)
F2 0.0348(8) 0.0151(7) 0.0659(11) -0.0105(7) 0.0377(8) -0.0092(6)
...
C15 0.0261(12) 0.0169(11) 0.0152(10) 0.0007(8) 0.0079(10) -0.0020(9)
_geom_special_details　　　　　　　　　　　　/分子几何中需要说明的问题
;

All esds (except the esd in the dihedral angle between two l.s. planes)
are estimated using the full covariance matrix.   The cell esds are taken
into account individually in the estimation of esds in distances, angles
and torsion angles; correlations between esds in cell parameters are only
used when they are defined by crystal symmetry.   An approximate (isotropic)
treatment of cell esds is used for estimating esds involving l.s. planes.

loop_   /分子中原子间键长列表
　_geom_bond_atom_site_label_1
　_geom_bond_atom_site_label_2
　_geom_bond_distance
　_geom_bond_site_symmetry_2
　_geom_bond_publ_flag
Pt1 C14 1.963(2) . ?
Pt1 N1 1.9879(18) . ?
Pt1 O1 2.0021(16) . ?
...
C13 C14 1.390(3) . ?

loop_   /分子中原子间键角列表
　_geom_angle_atom_site_label_1
　_geom_angle_atom_site_label_2
　_geom_angle_atom_site_label_3
　_geom_angle
　_geom_angle_site_symmetry_1
　_geom_angle_site_symmetry_3
　_geom_angle_publ_flag
C14 Pt1 N1 81.85(8) . . ?
C14 Pt1 O1 92.43(8) . . ?
N1 Pt1 O1 173.52(7) . . ?
...
C3 C15 C4 119.5(2) . . ?

_refine_diff_density_max   0.696
_refine_diff_density_min   -0.673
_refine_diff_density_rms   0.080

_shelx_res_file

;

_refine_diff_density_max	0.696	/最大残余电子密度峰值
_refine_diff_density_min	−0.673	/最大残余电子密度谷值
_refine_diff_density_rms	0.080	/差值傅立叶图中平均电子密度

参 考 文 献

陈小明, 2007. 单晶结构分析原理与实践. 北京: 科学出版社.

黄昆, 2009. 固体物理学. 北京: 北京大学出版社.

廖立兵, 2021. 晶体化学及晶体物理学. 北京: 科学出版社.

马勒(Müller), 2010. 晶体结构精修: 晶体学者的 SHELXL 软件指南. 陈昊鸿, 译. 北京: 高等教育出版社.

秦善, 2004. 晶体学基础. 北京: 北京大学出版社.

王沿东, 刘沿东, 刘晓鹏, 2023. 晶体材料的 X 射线衍射原理与应用. 北京: 清华大学出版社.

周公度, 郭可信, 李根培, 等, 2013. 晶体和准晶体的衍射(第二版). 北京: 北京大学出版社.

习　　题

1. 晶体与非晶体的根本区别是什么？

2. X 射线单晶衍射仪对分子结构分析的重要意义有哪些？

3. 晶体结构解析过程中，XPREP、XS、XP、XL、XCIF 五个主要程序的关系是什么？

4. 以下说法是否正确：

（1）XPREP 程序判断空间群过程中，综合因子 CFOM 值越小，可确定空间群的可能性越大。

（2）Kill O1 to O4 表示删除 O1、O2、O3 以及 O4 原子。

（3）ins 文件中，PLAN 20 指令表示产生 20 个差傅里叶峰。

（4）待发表的配合物晶体学数据一般需先上传到 CSD 晶体数据库，获得 CCDC 编号后再发表。CSD 晶体数据库也可免费提供某已发表化合物的 CIF 格式晶体结构数据。

（5）画晶体结构图时，LABL 1 500 表示标注的原子序数有括号，标注字体大小为 500。

（6）FMOL 指令不仅可以读取 res 文件数据，也可以读取 ins 文件数据。

（7）理论加氢不一定正确，加氢后，必须检查其化学合理性。

 阅 读 材 料

晶体生长与解析的典范——深紫外非线性光学晶体

深紫外激光（波长＜200 nm）具有波长短、光子能量高等特点，在高分辨率成像、集成电路 193 nm 光刻、微纳精细加工、超高能量分辨率光电子能谱等诸多领域具有重要的应用价值，利用深紫外非线性光学晶体进行变频是获得深紫外激光的主要手段。中国科学院福建物质结构研究所在非线性光学晶体的学术研究和产业化方面，一直处于世界领先水平。20 世纪 80 年代，福建物质结构研究所陈创天院士及其合作者成功发现了硼酸钡（BBO）和三硼酸锂（LBO）两个重要的非线性光学晶体，可以运用于可见光和紫外光波段的激光输出，被誉为"中国牌"晶体。但由于双折射率较小，上述晶体不能通过直接倍频实现深紫外波段的激光输出。1996 年，陈创天院士及其合作者合成并利用单晶 X 射线衍射（single crystal X-ray diffraction）测定了 $KBe_2BO_3F_2$（KBBF）晶体，在国际上首次使用倍频方法获得 184.7 nm 深紫外相干光输出，突破了全固态激光 200 nm 的壁垒。

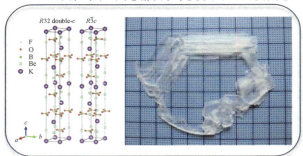

KBBF 晶体结构

虽然 KBBF 是 BBO 与 LBO 晶体后的第三个"中国牌"非线性光学晶体，是目前全球唯一在实际应用中直接倍频输出深紫外激光的晶体。但是，生长 KBBF 所用的铍原料有剧毒，操作人员需戴防毒面具在密封体系中进行，且层状结构的 KBBF 晶体中层与层之间的连接力较弱，使得 KBBF 层状生长习性严重，晶体生长困难。2010 年，陈创天院士在《中国激光》杂志以《探索硼酸盐非线性光学晶体的艰难历程》为题撰写文章，讲到"为了获得厚度接近 2.0 mm 的晶体，整整花了将近 10 年时间。直到 2002 年，在和山东大学晶体所的合作研究中，我们才得到了 1.8 mm 厚的大块 KBBF 单晶，并很快获得 2.5 mW、177.3 nm 的谐波光输出。从此正式确立 KBBF 晶体是一种非线性光学性能非常优秀的深紫外非线性光学晶体，并打开了全固态深紫外光源的大门。使这一新型光源获得了越来越广泛的应用，从而使我国再次登上了非线性光学晶体的顶峰。"在这篇文章结尾，陈创天院士指出，"总结硼酸盐非线性光学晶体发现的历史，我们深深地感到，要创新就必须有自主的科学思想，只有有了自己的科学思想，才能获得自己的成果，才能自立于世界民族之林。国家已正式提出，我们要从赶超型国家向创新型国家发展。这是一个对中华民族未来发展有着深远影响的战略决策。只要再坚持 20 年，我国一定能进入创新型国家行列，登上世界科学的顶峰"。充分彰显了对知识不懈追求、对真理勇于探索的科学家精神，深刻体现了深厚的家国情怀和对国家的无限热爱，以实际行动诠释了科学家对国家和民族的责任感和使命感。

2018 年 10 月 31 日，陈创天院士在北京逝世，享年 82 岁。陈创天院士立足原始创新，面向国家需求和世界科学前沿攻坚克难，取得了多项世界级创新性成果，为推动我国科技进步、奠定我国非线性光学晶体在国际上的领先地位做出了杰出贡献，同时也使我国成为目前世界上唯一能够制造出实用化、精密化全固态激光器并成功应用于前沿装备的国家。

第8章 有机金属化合物

Chapter 8　Organometallic Compounds

　　有机金属化合物是一类具有特定配位键的配合物，根据配体和中心金属的成键特点可以分为多个类型。有机金属化合物的特殊结构不仅为认识配体和金属中心间的特殊配位模式提供了对象，从而深化并拓宽了对配位键的理解，而且赋予这类配合物多元化的性质，使得它们在化学合成、配位催化、制药工业及先进功能材料等诸多领域都有广泛的应用。本章就针对这类重要配合物的各种成键特性、结构特点、物化性能、反应行为、制备方法及重要应用方面进行全面介绍。

8.1　有机金属化合物概述

8.1.1　有机金属化合物的定义

　　Comprehensive Coordination Chemistry 一书中关于有机金属化合物的定义是：配合物内界所含的 M—C 键（M 为金属）的数目至少要占中心金属配位键总数目一半的配合物可称为有机金属化合物（Organometallic Compound）。配离子$[Co(\eta^5\text{-}C_5H_5)_2]^+$和$[Co(NH_3)_6]^{3+}$很好地体现了有机金属化合物与一般配合物的区别。日本的有机金属化学家山本明夫的观点是：金属与有机基团以金属与碳原子直接成键而形成的化合物，而当金属与碳原子间有 O、S 及 N 等原子间隔时，不管该金属化合物多么像有机金属化合物，也不能被称为有机金属化合物。山本明夫认为图 8-1 中反应式两端的化合物为维尔纳（Werner）型配合物和有机金属化合物。从这个例子可以看出，山本明夫关于有机金属化合物的界定在于配合物是否存在 M—C 键，而对 M—C 键的数目不作要求。只要有一个 M—C 键即可被认为是有机金属配合物。本书中倾向认同山本明夫关于有机金属化合物的定义。

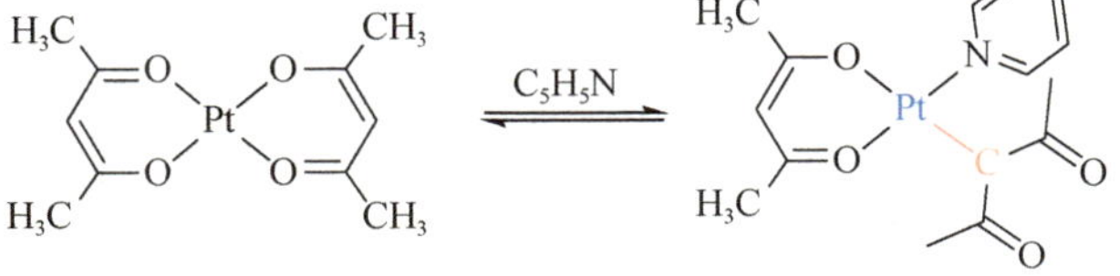

图 8-1　Pt(Ⅱ)乙酰丙酮配合物与吡啶反应产物

因此，有机金属化合物是指金属与碳原子（包括烃基及有配位基团的有机分子等）以各种键直接相互结合的一类化合物。也就是说，有机金属化合物的结构特征是 M—C 键。因此，如果化合物中的碳原子不直接与金属原子键合而是通过其他原子，比如：O、S 及 N 等与金属键合的化合物，如二乙硫基汞$(C_2H_5S)_2Hg$ 和四丙氧基钛$(iC_3H_7O)_3Ti$，按严格的定义应不属于有机金属化合物。但是广义上讲，只要是配合物中含有有机配体，包括通过 O、S、N 及 P 等原子键合的，通常也被列为有机金属化合物的范畴。

虽然有机金属化合物最主要的结构特征是 M—C 键，但是需要明确的是并不是所有含 M—C 键的化合物都属于有机金属化合物，比如一些金属碳化物 TiC 和 ZrC 等和氰根配合物 $KFe^{II}[Fe^{III}(CN)_6] \cdot H_2O$ 等，不属于有机金属化合物。但是金属氢化物，尤其是过渡金属氢化物和有机膦化合物，由于性质上与有机金属化合物很相似，所以包括在金属有机化合物中。

根据我国化学名词命名法，凡是名字中有金字偏旁的元素与碳成键的化合物都属于有机金属化合，而名字中有石字偏旁的元素（类金属元素），如硼、硅、砷等与碳成键的化合物也被认为是有机金属化合物。*Comprehensive Coordination Chemistry* 和 *Comprehensive Organometallic Chemistry* 中对配合物和有机金属化合物的范畴有了大致的区分。但是，这是人为划分，实践上这两个领域并没有非常严格的界限，是相互交叉融合的。配合物和有机金属化合物都是介于无机化学和有机化学之间的。

8.1.2 有机金属化合物的分类

配体和中心离子间各种不同的组合可以形成成千上万个化学结构不同的配合物。但是，根据配体和中心离子间作用方式不同，配合物可以做如下分类（图 8-2）。

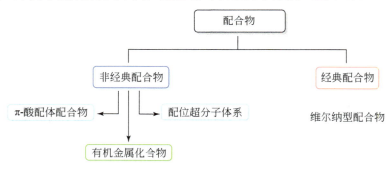

图 8-2 配合物的分类

从上面的分析来看，有机金属化合物属于非经典配合物，配体和中心离子间的作用方式有别与经典配合物。目前，已经合成出种类繁多的有机金属化合物。因此，对它们进行分类十分必要，这会为研究它们的性质提供基础。单从化学结构方面分类，比如：按照金属中心类型可以大致将它们分为主族金属有机化合物及过渡金属有机化合物两大类。虽然这种分类方法简单明了，但是过于笼统；按有机配体的结构，可将它们分为烷基、芳基、酰基及共轭烯烃等有机金属化合物。显然这种分类方法缺乏系统性。根据有机金属化合物的定义，最合理的分类方法应该是按照 M—C 键的类型进行分类，这样可以凸显有机金属化合物最典型结构的特征。按照这种方法可以将有金属化合物分为离子型有机金属化合物及共价型有机金属化合物。很明显，元素周期表中不同的金属性质不同，生成的有机金属化合物的种类也就不同。图 8-3 中给出了各种元素形成 M—C 键的类型。

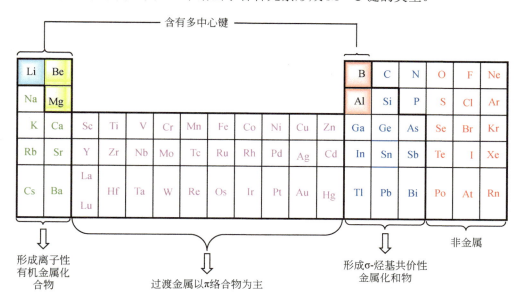

图 8-3　各种元素形成有机金属化合物的成键类型

1. 离子型有机金属化合物

这类有机金属化合物主要是由电负性小的第 I A 族及第 II A 族的活泼金属（Na、K 及 Ca、Sr、Ba）和烃形成，可以看成相应烃的金属盐。例如，环戊二烯基钙 $Ca^{2+}(C_5H_5)_2$ 及三苯甲基钠 $Na^+[C(C_6H_5)_3]$ 等。它们的 M—C 键是典型的离子键，因此表现出离子化合物的典型特征，比如在非极性溶剂中不溶，溶液具有导电性，对水和空气敏感等。

这类有机金属化合物中金属阳离子都很稳定，因此其稳定性主要取决于碳阴离子的稳定性，即 R^- 的相对稳定性。R^- 的相对稳定性取决于其结构，可以从表 8-1 中 R—H 的 pK_a 的大小可以看出。R^- 越稳定 M 越活泼，生成的 M—C 键的极性越强，键的离子性也就越明显。比如第 I A 族的烃基化合物中，Li—C 键的离子百分数为 43%，主要显共价性；而 Cs—C 键的离子百分数为 57%，表现出明显的离子性。显然，第 II A 族的 Be、Mg 形成的 M—C 键具有更明显的共价性，因为它们的活泼性比 Li 更差。

表 8-1　各种有机 R^- 的相对稳定性

R^-基团的名称	乙基	甲基	环丙烷基	乙烯基	苯基	烯丙基	苯乙炔基	茂基
R—H 的 pK_a	40.5	39	38	37	37	36.5	18.5	18
R^-基团的稳定性				稳定性从左至右逐渐增加				

2. 共价型有机金属化合物

这类有机金属化合物根据 M—C 共价键的特点可以分为以下 3 类：

● 含有σ共价键的有机金属化合物。这类有机金属化合物的 M—C 键具有典型的共价性。相对于容易形成离子型 M—C 键的活泼金属，电负性较大的金属［如主族金属（Sn、Pb）及后过渡金属（Zn、Cd、Hg）］容易生成这类有机金属化合物。在这类化合物中，金属和有机基团各提供一个电子共用，形成两中心的共价键，如 $Sn(CH_3)_4$、$Hg(CH_3)_2$ 等分子（图 8-4）。一些过渡金属，如 Ti、W 等，也可以和烃基键合形成σ共价化合物，如 $Ti(CH_3)_4$、$W(CH_3)_6$ 等。典型的σ共价有机金属化合物与一般的由共价键形成的有机物分子具有相似，具有易溶于非极性溶剂、挥发性明显及稳定性高等特点。M—C 共价键的稳定性与传统的共价键相似，随着金属共价半径的增加而降低。

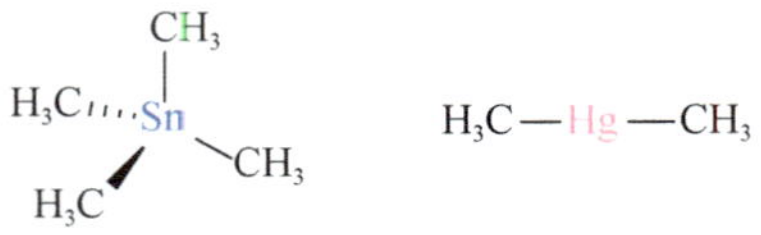

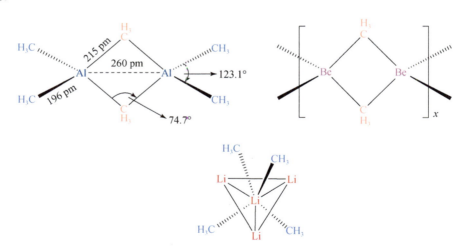

图 8-4　$Sn(CH_3)_4$ 和 $Hg(CH_3)_2$ 的分子结构

● 含多键中心的有机金属化合物。这类有机金属化合物的 M—C 键的特征介于离子型和σ共价型之间。能形成这类 M—C 键的金属主要是 Li、Be、Mg、Al 等轻金属。由于形成的有机金属化合物含有多键中心，所以通常以低聚甚至高聚的形式存在，且与硼烷相似，表现出缺电子特性。图 8-5 列出了一些典型的该类化合物。它们的溶、沸点较低，并具有挥发性。

图 8-5　一些典型的含有多键中心的有机金属化合物

● 含有 π 键的有机金属化合物。这类化合物中的 M—C 键与传统配位键非常相似，是由过渡金属与含有 π 键的配体（π配体）键合而成。其中，π 键配体是指含有碳-碳多重键的基团或分子。π 键可以是孤立的定域 π 键，也可以是离域 π 键。这类配体用多个碳原子与金属配位，不仅提供自身的 π 键电子（π 电子）与金属键合，同时还提供 π^* 反键空轨道接受金属反馈过来的 d 电子，形成反馈 π 键，也就是配体中的碳原子既为 π 给体，又为 π 受体。含有 π 键的 CO 作为无机配体和过渡金属的成键方式和 π 配体有相似之处，但也有不同。共同点是都能形成反馈 π 键，即 CO 可以 p_π^* 空轨道接受金属反馈的 d 电子；不同之处是，CO 提供的是 σ 电子而非 π 电子。按照路易斯（Lewis）酸碱理论，CO 是 σ 碱，同时又是 π 酸。其他的 π 酸配体还有 N_2、NO、膦、胂等。它们与过渡金属的成键方式与 CO 相似，不同的是膦、胂等利用 d_π^* 空轨道接受金属反馈的 d 电子。图 8-6 中，$Ni(CO)_4$ 和 $Co(CO)_6$ 中金属中心和 CO 配体间就存在这种反馈 π 键。

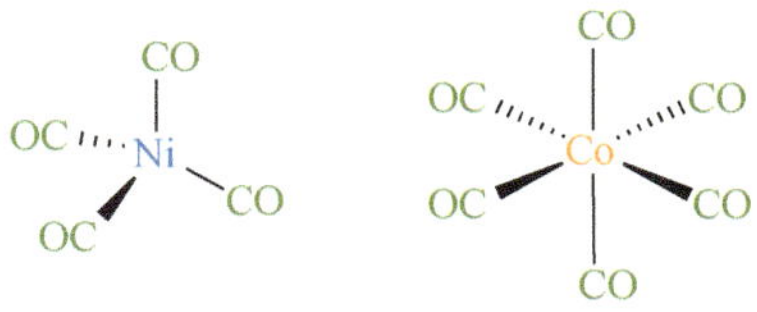

图 8-6　$Ni(CO)_4$ 和 $Co(CO)_6$ 的分子结构

8.1.3　金属有机化学的发展史

有机金属化学的开端是蔡斯（Zeise）盐的合成。1827 年，丹麦化学家蔡斯（W. C. Zeise）在加热 $PtCl_2/KCl$ 的乙醇溶液时得到了过渡金属烯烃配合物 $K[PtCl_3(C_2H_4)] \cdot H_2O$（Zeise 盐，图 8-7），这是最早合成的有机金属化合物。英国科学家弗兰克兰（E. Frankland）是第一个系统研究有机金属化学的学者。1849 年他用碘甲烷和锌反应得到了二甲基锌 $(CH_3)_2Zn$，这是第一个含金属–碳 σ 键的有机金属化合物（表 8-2）。弗兰克兰在总结实践经验的基础上提出了有机金属化合物的定义和基本概念。1900 年，格利雅（V. Grignard）合成了 CH_3MgBr（Grignard 试剂），为金属有机合成开启了新篇章，他也因此而获得了 1912 年的诺贝尔化学奖；1921 年，美国的米基里（T. Midgeley）和博依德（T. A. Boyd）发现四乙基铅 $Pb(C_2H_5)_4$ 具有优良的汽油抗震性。随后，1923 年，$Pb(C_2H_5)_4$ 实现工业化大规模生产用作汽油抗震剂，这是第一个工业化生产的有机金属化合物；1938 年，德国鲁尔（RUhR）公司的茹尔（O. Rolen）发现烯烃氢甲酰化反应，从此开创出有机金属化学中著名的羰基合成反应及配位催化学科，这是工业上首次利用有机金属配合物作为催化剂实现工业配位催化过程（表 8-2）。

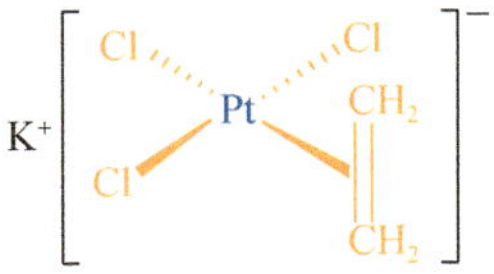

图 8-7　Zeise 盐的分子结构

有机金属化学飞速发展得益于二茂铁的合成以及齐格勒-纳塔（Ziegler-Natta）催化剂的发现。1951 年，基利（T. J. Kealy）和宝森（P. L. Panson）偶然合成了二茂铁分子；1952

年，费歇尔（E. O. Fischer）和威尔金森（G. Wilkinson）最终确认了二茂铁的三明治夹心结构。二茂铁的发现，使有机金属化学进入了一个新时代，极大促进了有机金属化合物的发展（表8-2）。随后，齐格勒（K. Ziegler）和纳塔（G. Natta）合成了 Et_3Al-$TiCl_4$ 催化剂，即齐格勒-纳塔催化剂，成功实现了烯烃低温低压聚合的工业化生产。二茂铁及齐格勒-纳塔催化剂的发现，成为有机金属化学研究的新起点，费歇尔、威尔金森、齐格勒、纳塔等科学家也由于这些研究获得了诺贝尔化学奖（表8-2）。另外，很多有机金属化合物还可以成为先进的光电子材料，其中最具代表性的例子就是 Ir(III) 及 Pt(II) 的 2-苯基吡啶类磷光发光材料。这类新型发光材料被证实在新一代显示技术及未来固体节能照明光源的开发方面表现出巨大的潜力，成为相关领域的里程碑（表8-2）。

表 8-2　金属有机化学的发展进程

年代	重要历史事件
1827	W. C. Zeise 合成了第一个金属有机化合物 Zeise 盐 $K[PtCl_3(C_2H_4)] \cdot H_2O$
1849	E. Frankland 发现第一个含金属–碳σ键的金属有机化合物 $(CH_3)_2Zn$
1852	C. J. Löwig 合成了 $Pb(C_2H_5)_4$、$Sb(C_2H_5)_4$、$Bi(C_2H_5)_4$ 等一系列金属烷基化合物
1863	C. Friedel 与 J. M. Crsfts 合成了有机氯硅烷化合物
1890	L. Mond 合成第一个羰基化合物 $Ni(CO)_4$
1891	L. Mond 合成 $Fe(CO)_5$
1900	V. Grignard 发现 Grignard 试剂并开创有机金属合成新局面，因此也获得了 1912 年诺贝尔化学奖
1909	W. J. Pope 合成了第一个烷基铂配合物 $(CH_3)_3PtI$
1917	W. Schlenk 用金属锂与烷基汞反应合成了烷基锂化合物
1921	T. Midgeley 和 T. A. Boyd 发现优良的汽油抗震剂 $Pb(C_2H_5)_4$，1923 年开始大规模生产
1925	发现 Fischer-Tropsch 法
1930	K. Ziegler 改进了烷基锂的制法并应用于有机合成反应中
1931	W. Hieber 首次合成出了过渡金属羰基氢化物 $H_2Fe(CO)_4$
1938	O. Rolen 发现了烯烃氢甲酰化反应；Reppe 发现了炔烃羰基化反应并实现工业化
1944	R. G. Rochow 发现有机硅的直接合成法
1951	T. J. Kealy 和 P. L. Panson 合成了二茂铁；G. Wilkinson 和 E. O. Fisher 确认了二茂铁的结构并因此获得了 1973 年的诺贝尔奖；提出烯烃–金属 π 键理论
1953	K. Ziegler 和 G. Natta 合成了 E_3Al-$TiCl_4$，即 Ziegler-Natta 催化剂，实现了烯烃低温低压聚合的工业化，他们也因此获得了 1963 年诺贝尔化学奖；提出缺电子键理论
1954	G. Wittig 合成了磷叶立德 Ph_3P^+–CH_2^-（Wittig 反应），获得了 1979 年诺贝尔化学奖
1956	H. C. Brown 发现了烯烃的硼氢化反应，并实现工业化应用，1979 年他与 Wittig 分享了诺贝尔化学奖
1957	J. J. Speier 等发现硅氢化反应；J. Smidt 发现 Wacker 法
1958	G. Wilke 发现镍配合物催化丁二烯的环齐聚反应，并发现 $[CpMo(CO)_3]_2$ 分子中存在 Mo—Mo 共价键
1961	D. C. Hodgkins 确定了辅酶维生素 B_{12} 的分子结构是钴卟啉，并因此获得了 1964 年的诺贝尔化学奖
1963	在美国辛辛那提召开了第一届有机金属化学国际会议；*J. Organomet. Chem.* 杂志创刊
1964	E. O. Fischer 发现了过渡金属卡宾配合物 $(CO)_5W{=}C(OCH_3)CH_3$，他也因而获得 1973 年诺贝尔化学奖

续表

年代	重要历史事件
1965	G. Wilkinson 发现了 $RhCl(PPh_3)_3$ 均相催化剂
1971	R. F. Heck 发现卤代芳烃与烯烃的偶联反应，即 Heck 反应
1976	W. N. Lipscomb 因提出了 2 电子 3 中心键理论而获诺贝尔化学奖
1983	H. Taube 因研究配位催化甲烷 C—H 键活化获得诺贝尔化学奖
1982～1985	W. Kaminsky 发现了 Cp_2ZrCl_2/MAO 乙烯聚合催化剂（茂金属催化剂）
1986	Royori 发现有机锌化合物与羰基配合物的不对称催化加成
2000	S. Forrest 将 Ir(III)的 2-苯基吡啶类配合物的磷光发光性能用于提升有机电致发光效率，推动了有机电致发光技术的实用化
2001	W. S. Knowles、K. B. Sharpless 和 R. Noyori 因在不对称催化加氢和氧化反应研究领域所作出的贡献而获得了诺贝尔化学奖
2005	Y. Chauvin、R. H. Grubbs 和 R. R.Schrock 获得诺贝尔化学奖，以表彰他们在将交互置换反应应用于有机合成、开辟了合成药物及高聚物等新工业路线方面做出的突出贡献

从 20 世纪 50 年代至今，无论在理论还是实践应用方面，有机金属化学均日益显示出其重要性，成为目前化学研究中非常活跃的研究领域。现已被证实，周期表中几乎所有金属元素以及一些准金属元素都能和碳结合，形成不同形式的有机金属化合物。迄今为止，已先后有十几位科学家因在有机金属化学领域做出的巨大贡献而荣获诺贝尔化学奖。在新世纪里，有机金属化学与具有活力的新学科再次交叉，必将在环境、材料、能源和人类健康等方面做出新的贡献。

8.2　有效原子序数规则及其应用

8.2.1　有效原子序数（EAN）规则

1. 18 和 16 电子规则

主族金属在形成有机金属化合物时，配合物成键价的电子数目满足八隅体电子构型，也就是金属的价电子与配体提供的电子数目总和等于 8，这样分子才稳定。如 $Sn(CH_3)_4$ 中，Sn 的价电子数目为 4，每个配体 CH_3 提供一个电子形成 4 个 σ 键，价电子总数为 8，该化合物是稳定的。这一点可以从主族金属价层只有 4 个价轨道来理解。

对于过渡金属形成有机金属化合物的时候，价电子总数遵循什么样的规律呢？英国化学家西奇维克（N. V. Sidgwick）在 20 世纪 30 年代提出一条用以预言金属羰基化合物稳定性的经验规则，称为有效原子序数（Effective Atomic Number）规则，简称 EAN 规则。EAN 规则就是配合物中心过渡金属的 d 电子数加上配体所提供的电子数之和等于 18 或者等于最邻近的下一个稀有气体的价电子数，即金属中心的电子总数与配体所提供的成键电子数的总和等于和该金属所在周期的稀有气体的原子序数。

这一规则实际上是过渡金属原子与配体成键时倾向于尽可能完全使用它的 9 条价轨道

（5 条 d 轨道、1 条 s 轨道、3 条 p 轨道）。但是，有些过渡金属有机化合物的价电子总数为 16，它们也是稳定的。比如位于过渡金属系列右下角具有 d^8 电子组态的 Rh^+、Ir^+、Pd^{2+}、Pt^{2+} 所形成的平面正方形化合物都很稳定。这是因为 18 电子意味着全部过渡金属 s、p、d 价轨道都被利用，当金属中心外围电子过多，发生负电荷累积，此时假定能以反馈键 M→L 形式将负电荷转移至配体，则 18 电子结构的配合物稳定性较强；如果配体与金属中心生成反馈键的能力较弱，不能从金属原子上有效移去电子云密度时，则形成 16 电子结构配合物。所以 EAN 规则在很多教科书上直接称为 18 电子和 16 电子规则。需要注意的是，这一规则仅是一个经验规则，不是化学键理论。它适用于抗磁性化合物，对大多数过渡金属的有机金属化合物是衡量其稳定性的一种判据，是把这类化合物的结构和性质进行系统化的重要依据。

过渡金属的有机金属化合物及其衍生物大都符合 EAN 规则，但是经典的配合物却常常出现不符合此规则的情况。它们的分子轨道可以为这一结果提供合理的解释。以只含有 σ 键的八面体配合物 ML_6 为例，其分子轨道的能级如图 8-8 所示。

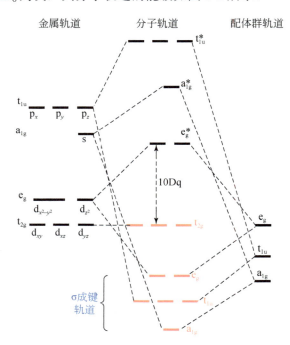

图 8-8　只含有 σ 键的八面体配合物分子的轨道能级示意图

其中，能量较低的 a_{1g}、t_{1u}、e_g 这 6 个成键轨道可以容纳 12 个电子；3 个非键轨道 t_{2g} 可以容纳 6 个电子，电子总数可以达到 18 个。但是，在非键轨道中填充电子不会改变体系的能量，因此 EAN＝12～18 时，体系的能量大致相同，所以配合物也具有相近的稳定性。这也就是很多经典有机金属化合物其价电子总数有时达不到 18，但仍然可以稳定存在的原因。

在另外一些八面体配合物中，除了具有 σ 键外，还有 π 键。如果配体的 π（或者 $π^*$）分子轨道是空的，并且其能量要比金属离子的 t_{2g} 轨道高，比如有机膦中的磷原子的 3d 空轨道及 CO、N_2 中的空 π^* 轨道等，这些配体与金属的 t_{2g} 轨道形成 π 分子轨道，其能级图如图 8-9 所示。在这类配合物中，配体 π 群轨道是由配体的 π^* 反键轨道线性组合而成，中心离子与配体 π 群轨道分别组成成键的 t_{2g} 轨道和反键的 t_{2g}^* 轨道。这样原来无 π 键时的 t_{2g} 非键轨道，现在则成了成键轨道。中心离子的 d 电子进入 t_{2g}（π）成键轨道，形成反馈 π 键。这样成键轨道就变成 9 个，分别为 a_{1g}、t_{1u}、e_g 及 t_{2g}。所以，填满这些成键轨道则需 18 个电子。若再填入电子则进入能量较高的反键轨道 e_g^*；若减少电子则需要从成键轨道上取走电子。很显然这样均会提高体系的能量，所以 18 电子时配合物最为稳定。

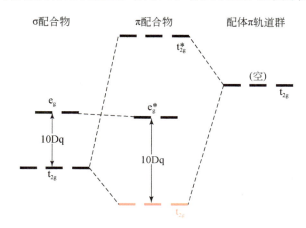

图 8-9　配体含有 π 空轨道时反馈键形成的示意图

前面提到过，一些平面正方形配合物 16 电子的结构最稳定。这也可以从分子轨道能级图（图 8-10）得到解释。从图 8-10 中可以看出，分子轨道由过渡金属的 9 个价轨道与配体的 4 个轨道线性组合而成。其中，成键轨道有 4 个 a_{1g}、e_u、b_{1g}，4 个非键轨道 e_g、b_{2g}、a_{1g}^*，及 5 个反键轨道 b_{1g}^*、a_{1g}^{**}、e_{2u}、e_u^*。4 个成键轨道和 4 个反键轨道中可以容纳 16 个电子，如果再增加 2 个电子达到 18 电子结构，增加的电子就要进入反键轨道，这样就会明显提升体系的能量。显然，这类配合物以 16 电子结构最稳定。

2. 金属的氧化态

在 EAN 规则应用的过程中经常涉及金属中心的氧化态。在有机过渡金属化合物中，金属的氧化态是指金属在该有机金属化合物中所带的表观或者形式电荷数。比如，$(PPh_3)_2PdCl_2$ 分子中，PPh_3 是中性的，Cl^- 的电荷为 -1，由于该分子为中性，所以 Pd 的电荷应为 +2，氧化态也为 +2。若配合物是离子型的，必须加减离子的电荷数（正离子应减去电荷数，负离子加上电荷数）。由此可见，在有机金属化合物中，金属的氧化态的确定和配体的形式电荷有关。对于配体形式电荷的确定可以按照以下经验规则：①氢和卤素的形式电荷都算 -1；②中性配体，如 NH_3、PR_3、SR_2、CO 等，形式电荷为 0；③含碳配体的形式电荷要根据与金属键合的碳原子数目来确定。键合碳原子数为奇数时，形式电荷为 -1，如 CH_3^-、$\pi\text{-}C_3H_5^-$ 等；为偶数时，形式电荷为 0，如 C_2H_4、C_4H_6 等。例如 $(\eta^4\text{-}C_8H_8)Co(\eta^5\text{-}C_5H_5)$，环辛

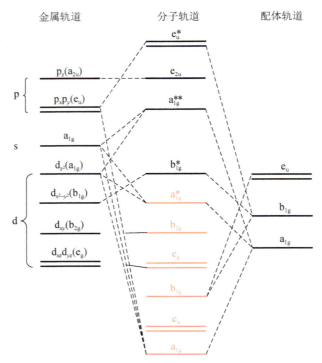

图 8-10 平面正方形配合物分子的轨道能级示意图（无 π 键）

四烯配体为中性分子且键合碳原子数为偶数，形式电荷为 0，环戊二烯配体键合碳原子数为奇数，形式电荷为-1，所以 Co 的氧化态为+1。

3. 配体电子数的计算

利用 EAN 规则计算有机过渡金属化合物的价电子总数时，需要知道配体提供的电子数。在多数情况下，配体提供的电子数比较容易计算。确定配体提供的电子数可以根据以下几个规则：①将 CO、PPh$_3$、H$^-$、X$^-$、烷基和芳基（σ键合）均作为 2 电子给予体；②NO 作为中性配体时，为 3 电子给予体；但多数情况下以一价阳离子配体的形式出现，为 2 电子给予体；③在不考虑电子离域的情况下，中性有机 π 配体中每个双键或三键均视为提供 2 个电子。比如，乙烯、乙炔是 2 电子给予体；丁二烯、环丁二烯是 4 电子给予体。含有 3 个及以上双键的烯烃另类，提供的电子是可变的，与金属中心键合的碳原子数目有关，也就是和配合物分子式中符号 η^n 中的 n 有关。各种烃类 π 配体提供的电子数和配位特征列于表 8-3 中。

表 8-3　各种 π 配体在不同齿合度时提供的电子数

配体	齿合度 η^n	提供电子数	键合方式
乙烯	η^2-C$_2$H$_4$	2	‖—M
乙炔	η^2-C$_2$H$_2$	2	⫴—M

续表

配体	齿合度 η^n	提供电子数	键合方式
丙烯	$\eta^3\text{-}C_3H_5^-$	4	
环丙烯	$\eta^3\text{-}C_3H_3^+$	2	
1,3-丁二烯	$\eta^4\text{-}C_4H_8$	4	
环丁二烯	$\eta^4\text{-}C_4H_4^{2-}$	6	
环戊二烯	$\eta^4\text{-}C_5H_6$	4	
	$\eta^5\text{-}C_5H_5^-$	6	
苯	$\eta^5\text{-}C_6H_6$	6	
环庚三烯	$\eta^3\text{-}C_7H_8$	4	
	$\eta^6\text{-}C_7H_8$	6	
	$\eta^7\text{-}C_7H_7^+$	6	
降冰片烯	$\eta^4\text{-}C_7H_8$	4	
环辛四烯	$\eta^4\text{-}C_8H_8$	4	
	$\eta^6\text{-}C_8H_8$	6	
	$\eta^8\text{-}C_8H_8^{2-}$	8	

8.2.2　EAN 计算实例

计算有机过渡金属化合物的价电子总数时，只要分别知道配体及金属中心提供的价电子数就可以了。下面举些典型的例子（图 8-11）。

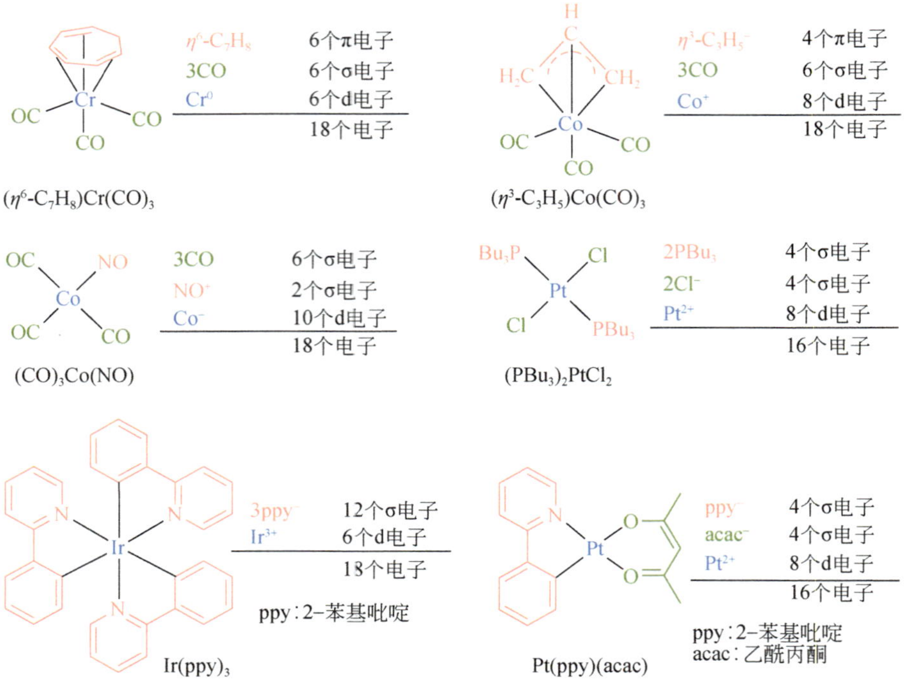

图 8-11   一些有机金属配合物价电子数计算

8.2.3   EAN 规则的应用

根据前面介绍，EAN 规则主要用来判断有机过渡金属化合物的稳定性。如果有机过渡金属化合物为 18 电子或者 16 电子结构，那么我们就可以推断这个化合物应该是较为稳定的。根据这一结论可以推演出 EAN 规则在其他方面的应用。

1. 估计羰基过渡金属化合物的稳定性

如果过渡金属羰基化合物为奇数电子结构而非稳定的 18 电子或者 16 电子结构，那么它的稳定性应该不好。因此，该化合物就倾向于从还原剂得到一个电子，或者与其他含有一个未成对电子的原子、基团结合，再或者形成自身的二聚体达到稳定的电子结构。需要指出的是，有些配合物并不符合 EAN 规则。以 $V(CO)_6$ 为例，它周围只有 17 个价电子，预计它必须形成二聚体，每个 V 中心周围有 18 个电子，这样才能变得稳定。但是，$V_2(CO)_{12}$ 的稳定性比 $V(CO)_6$ 更差。其原因是空间位阻妨碍二聚体的形成，因为形成 $V_2(CO)_{12}$ 时，V 的配位数变为 7，配体过于拥挤，配位体之间的排斥作用超过二聚体中 V—V 的成键作用。所以最终稳定的是 $V(CO)_6$ 而不是其二聚体。

2. 估计反应产物

比如 $Cr(CO)_6$ 与苯反应，我们知道苯是一个 6 电子 π 配体，应该可以取代 3 个提供 2

个σ电子的 CO 配体，所以产物是$(\eta^6\text{-}C_6H_6)Cr(CO)_3$。

$$Cr(CO)_6 \; + \; \bigcirc \longrightarrow \; (Cr) \; + \; 3CO$$

3. 估计多金属中心有机金属化合物中 M—M 键的数目并推测结构

比如，在 $Ir_4(CO)_{12}$ 分子中，4 个 Ir 中心提供 36 个电子，12 个 CO 提供 24 个电子，电子总数为 60 个，平均每个 Ir 中心周围有 15 个电子。按照 EAN 规则，每个 Ir 中心周围还缺少 3 个或 1 个电子才能达到稳定的 18 电子或 16 电子结构。如果每个 Ir 中心缺少 1 个电子，它只需要同另外一个 Ir 形成一个 M—M 键即可达到 16 电子的稳定结构，这样显然不符合 $Ir_4(CO)_{12}$ 的分子式。所以每个 Ir 中心应缺少 3 个电子，也就是说每个 Ir 中心必须同另外 3 个金属中心生成 3 个 M—M 键共用电子才能满足 18 电子的稳定结构，这样也符合其分子式。所以，$Ir_4(CO)_{12}$ 的分子结构如图 8-12 所示。

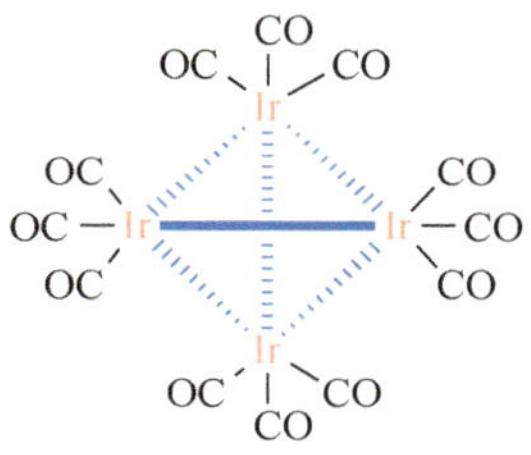

图 8-12　配合物 $Ir_4(CO)_{12}$ 的分子构型

8.3　过渡金属羰基化合物

8.3.1　概述

最早的羰基化合物是 $Ni(CO)_4$，在 1890 年被蒙德（L. Mond）首次发现。将 CO 通过还原镍丝，可以燃烧发出绿色的光亮火焰（纯净的 CO 燃烧时发出蓝色火焰），冷却反应生成的气体则得到一种无色的液体。若加热这种气体，则分解出 Ni 和 CO，这种液体就是 $Ni(CO)_4$；1891 年，蒙德还发现 CO 在 493 K 和 2×10^7 Pa 压力下，通过还原 Fe 粉也能比较容易地制得五羰基合铁 $Fe(CO)_5$。继 Ni 与 Fe 的羰基化合物发现之后，很多过渡金属羰基化合物被陆续合成出来。CO 作为重要的σ给予体和 π 接受体可以和很多低氧化态的（+1、0、–1）过渡金属形成有机金属化合物。由于这些有机金属化合物的结构与化学键的特点，以及它们广泛的潜在应用，引起了研究者的浓厚兴趣。

过渡金属羰基化合物按照其结构特点可以分为单核、双核及多核羰基化合物。它们的形成与过渡金属的电子结构密切相关，周期表中过渡金属元素形成羰基化合物的结构如表 8-4 所示。多核羰基化合物属于原子簇化合物的范畴，将在相关章节讨论。

表 8-4　各过渡金属形成二元羰基化合物

金属	价电子	所在族	过渡系	典型羰基化合物
钒（V）	5	VB	第一过渡系	$V(CO)_6$
铬（Cr）	6	VIB	第一过渡系	$Cr(CO)_6$
锰（Mn）	7	VIIB	第一过渡系	$Mn_2(CO)_{10}$
铁（Fe）	8	VIII	第一过渡系	$Fe(CO)_5$，$Fe_2(CO)_9$，$Fe_3(CO)_{12}$
钴（Co）	9	VIII	第一过渡系	$Co_2(CO)_8$，$Co_4(CO)_{12}$
镍（Ni）	10	VIII	第一过渡系	$Ni(CO)_4$
钼（Mo）	6	VIB	第二过渡系	$Mo(CO)_6$
锝（Tc）	7	VIIB	第二过渡系	$Tc_2(CO)_{10}$
钌（Ru）	8	VIII	第二过渡系	$Ru(CO)_5$，$Ru_3(CO)_{12}$
铑（Rh）	9	VIII	第二过渡系	$Rh_4(CO)_{12}$，$Rh_6(CO)_{16}$
钨（W）	6	VIB	第三过渡系	$W(CO)_6$
铼（Re）	7	VIIB	第三过渡系	$Re_2(CO)_{10}$
锇（Os）	8	VIII	第三过渡系	$Os(CO)_5$，$Os_3(CO)_{12}$
铱（Ir）	9	VIII	第三过渡系	$Ir_4(CO)_{12}$
铂（Pt）	10	VIII	第三过渡系	$[Pt(CO)_3]_n$

1. 单核二元羰基化合物

顾名思义，这类化合物由一个过渡金属中心和若干 CO 配体组成，其通式为 $M(CO)_n$。对于原子序数为偶数的过渡金属，如 Cr、Fe、Ni 等和 CO 结合形成的化合物均符合 EAN 规则。可是对 V、Mn、Co 等这些原子序数为奇数的过渡金属，往往需要形成阴离子型、二聚体型或与其他原子或基团键合形成羰基化合物，才能满足偶数电子数的 EAN 规则。因此，单核羰基化合物的衍生物也很多。

羰基化合物都可以根据它们的分子式来推其构型。比如，$M(CO)_6$ 为八面体型（O_h 群）、$M(CO)_5$ 为三角双锥型（D_{3h} 群）、$M(CO)_4$ 为四面体型（T_h 群）。室温下，大部分单核羰基化合物是易挥发的固体，不同程度地溶于非极性溶剂，在空气中容易氧化，但氧化速度不同，而有些却非常稳定。一些典型单核二元羰基化合物的性质列于表 8-5 中。

2. 双核二元羰基化合物

这类化合物由 2 个过渡金属中心和若干 CO 配体组成，通过 M—M 键形成二聚体，金属中心各自提供给对方一个电子使金属中心周围的价电子数达到 18 个，满足 EAN 规则。这些化合物中 CO 的配位方式有两种：端基配位和桥基配位。图 8-13 中，$Mn_2(CO)_{10}$ 中 CO 全部是端基配位，而在 $Fe_2(CO)_9$ 中 CO 既有端基配位形式，也有桥基配位形式。

但是，有些情况下羰基化合物中 CO 的配位方式不是固定不变的。比如 $Co_2(CO)_8$，在烃类溶剂中时，CO 均为端基配位，但是在固态的时候有两个 CO 变成桥基配位（图 8-14）。

这两种构型间相互转变所需克服的能垒较小，容易相互转变，因此容易受到环境因素的影响。

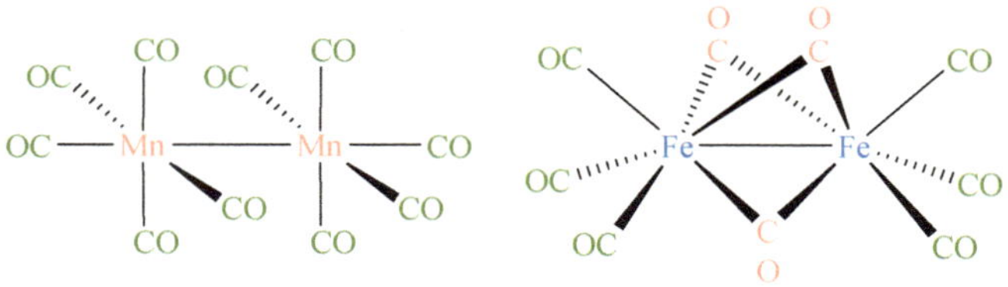

图 8-13 $Mn_2(CO)_{10}$ 和 $Fe_2(CO)_9$ 的分子构型

图 8-14 $Co_2(CO)_8$ 在不同状态下的分子构型

此外，CO 的配位方式还和金属原子的半径有关。金属的原子半径越小越容易产生桥基配位；反之金属的原子半径越大，桥基配位的倾向越小。比如，Fe 和 Co 的原子半径要比 Mn 小，所以在上述羰基配合物中 Fe 和 Co 的羰基化合物有桥基配位，而 Mn 的羰基化合物没有桥基配位。

与单核二元羰基化合物不同，多核化合物一般都有颜色，并且其颜色随金属中心数目的增加而变深，这可以从表 8-5 中典型的双核二元羰基化合物的性质可以看出。另外，表中也列出了该类化合物的其他一些性质。

表 8-5 典型单核及双核二元羰基配位合物的性质和结构参数

羰基配合物	颜色	熔点（分解温度）/℃	羰基红外振动波数/cm^{-1}	分子构型	特征键键长/pm	其他性质
$V(CO)_6$	墨绿	（60～70）	1976	八面体 O_h	V—C 200.8	易还原，顺磁性，溶液中呈橙色
$Cr(CO)_6$	无色	154～155	2000	八面体 O_h	Cr—C 191.3	易升华，空气中稳定
$Mo(CO)_6$	无色	（150）	1984	八面体 O_h	Mo—C 206.2	易升华，空气中稳定
$W(CO)_6$	无色	150（180～200）	1960	八面体 O_h	W—C 206.4	易升华，空气中稳定
$Fe(CO)_5$	黄色	-20	2034	三角双锥 D_{3h}	轴向 Fe—C 181.0	热稳定性较高，b.p.103℃
$Ru(CO)_5$	无色	-25	2035（强）1999（很强）	三角双锥 D_{3h}	—	易挥发，光催化转化为 $Ru_3(CO)_{12}$
$Os(CO)_5$	无色	-15	2034（强）1991（很强）	三角双锥 D_{3h}		易挥发，易转化为 $Os_3(CO)_{12}$
$Ni(CO)_4$	无色	-25	2057	四面体 T_d	Ni—C 183.8	b.p.43℃，易分解为金属，极毒

羰基配合物	颜色	熔点（分解温度）/℃	羰基红外振动波数/cm⁻¹	分子构型	特征键键长/pm	其他性质
$Mn_2(CO)_{10}$	金色	153～154	2044（中等） 2013（强）	D_{4d}	Mn—Mn 293	易升华，易还原
$Tc_2(CO)_{10}$	无色	159		D_{4d}		
$Re_2(CO)_{10}$	无色	177		D_{4d}		空气中稳定
$Fe_2(CO)_9$	橘黄	（100～120）	2019（强） 1829（强）	共面双八面体 D_{3h}	Fe—Fe 253	不溶于有机溶剂
$Co_2(CO)_8$	橙红	（51～52）	谱线复杂	C_{2v}（固态） D_{3d}（溶液）	Co—Co 252	对热和空气敏感
$Rh_2(CO)_8$	橙色	76				低温及高 CO 压力下稳定
$Ir_2(CO)_8$	黄绿					低温及高 CO 压力下稳定

8.3.2 过渡金属羰基化合物中的成键特性

1. CO 的分子轨道能级

CO 分子由碳原子与氧原子组成,它的分子轨道也主要是由碳原子和氧原子的价层原子轨道 2s 和 2p 按照对称性匹配原则线性组合而成。根据光电子能谱的实验，得到如图 8-15 所示的 CO 分子轨道能级示意图。

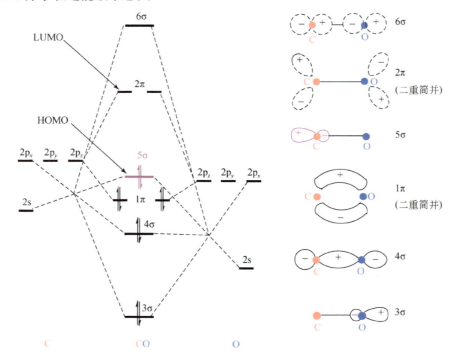

图 8-15 CO 分子轨道的能级示意图及电子云分布

CO 分子的 10 个价电子（4 个来自碳原子 6 个来自氧原子）按照能量从低到高原则分别填入 3σ、4σ、1π、5σ分子轨道（图 8-15）。CO 中的一个σ键和两个 π 键分别源于 4σ分子轨道和两个简并的 1π 分子轨道，这三个成键轨道对 CO 分子的稳定性贡献最大。3σ分子轨道的一对电子是氧原子的孤对电子；5σ分子轨道的一对电子则来源于碳原子的孤对电子，同时它也是 CO 分子的最高占据分子轨道（HOMO），因此这对电子能量较高，比较活泼，倾向于填入过渡金属的空轨道形σ键。另外，CO 的最低未占分子轨道（LUMO）是 2π 反键分子轨道，有能力接纳金属电子，所以 CO 既是电子给体又是电子受体。正是由于 CO 分子轨道的这些特点决定了它与过渡金属键合时的成键特性。

2. CO 与过渡金属成键的σ-π 配键协同效应

由于 CO 分子轨道的特点，在其与过渡金属成键时，同时生成σ键和 π 键，如图 8-16 所示。当 CO 分子充满电子的 5σ轨道与金属σ杂化轨道交叠成键时，电子由碳原子转向金属。根据电中性原理，金属上多余的负电荷则转向 CO 配体，而 CO 分子恰巧有空的 2π 反键轨道可以接受金属同样具有 π 对称性的 d 轨道上反馈过来的电子，从而交叠生成 π 键，因此称为反馈 π 键。

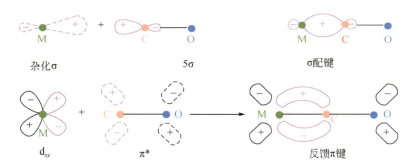

图 8-16　CO 分子和过渡金属σ键和反馈 π 键的形成

过渡金属与 CO 成键时之所以有反馈键的产生，除了 CO 有空 π* 反键轨道外，还有一个原因是过渡金属羰基化合物中的金属处于较低的氧化态，因此有电子占满金属的 dπ 轨道，从而使电子从金属到配体转移成为可能，从而产生 π 反馈键。这种电子反馈过程使金属的有效核电荷数增加及配体电子密度提高，使得配体到金属的σ键增强，化合物的稳定性得到提高。因此，π 反馈键的生成强化了σ配键；而σ配键强化的过程中，使金属原子上负电荷密度增大，又有利于电子从金属到配体的反馈，从而反馈 π 键也得到加强。因此，这两种成键作用相互促进相互加强相辅相成，被称为σ-π 配键协同效应。

正是由于 CO 分子和过渡金属成键的这一特性，使得过渡金属羰基化合物具有如下特点：①金属与 CO 的化学键很强。比如，在 Ni(CO)$_4$ 中，Ni—C 键能为 147 kJ/mol，与 I—I 键能（150 kJ/mol）和 C—O 单键键能（142 kJ/mol）值相差不多；②中心金属原子总是呈现较低的氧化态，比如+1、0、-1；③大多数这类配合物都满足 EAN 规则。

3. CO 的配位方式

前面提到过 CO 分子与过渡金属配位的时候主要有两种方式：端基配位和桥基配位。但是，在桥基配位方式中又可以分为几种不同的形式，因此 CO 的配位方式可更细致地分分成下几类：

● 端基配位。这是配位很常见也很容易理解。CO 提供碳原子的孤对电子，也就是 CO 的 5σ 分子轨道上的电子与金属形成近似于直线型的 M—C—O 单键，键角在 $160° \sim 180°$ 之间（图 8-17）。

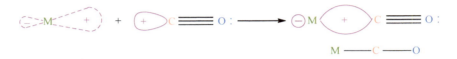

图 8-17　CO 的端基配位

● 双桥基不对称配位。在这种配位方式中，CO 分子中不仅碳原子同时与两个金属中心 M 配位，氧原子也通过 CO 分子中的 π 键与金属配位，两个 M—C 键键长不等（图 8-18）。

图 8-18　CO 的双桥基不对称配位

● 双桥基对称配位。CO 分子中的碳原子同时与两个金属中心 M 配位，并且两个 M—C 键长基本相同，这时 CO 分子类似酮基，C—O 键轴几乎垂直于 M—M 键轴，常用 μ_2-表示这种配位方式，μ_2 表示桥连两个原子。CO 作为两电子配体，能够同时和两个金属原子的空轨道重叠，另一方面金属原子充满电子的轨道也能同 CO 的 π^* 反键轨道相互作用，形成反馈键。结果是 CO 作为一座桥将两个金属连接到一起（图 8-19）。

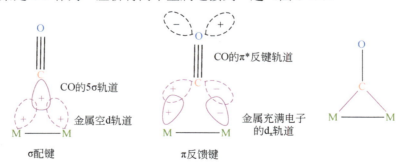

图 8-19　CO 的双桥基配位

● 半桥基对称配位。这种配位方式出现在电荷不对称的双核及多核羰基化合物中。

CO 分子中的碳原子以分子中的 5σ 轨道电子与正电性的金属中心配位形成σ配键，同时负电性金属中心的充满电子的 d_π 轨道向 CO 分子中的空 π^* 反键轨道反馈电子，形成反馈 π 键（图 8-20）。

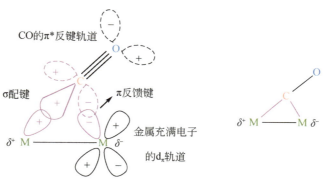

图 8-20　CO 的双半桥基对称配位

● 三桥基配位。CO 分子中的碳原子同时与三个金属中心 M 配位，并且两个 M—C 键长基本相同，这时 CO 分子类似酮基，C—O 键轴几乎垂直于三个金属所在的平面，常用 μ_3 表示这种配位方式，μ_3 表示桥连三个原子。CO 作为两电子配体，能够同时和三个金属原子的空轨道重叠，另一方面金属原子充满电子的轨道也能同 CO 的 π^* 反键轨道相互作用，形成反馈键（图 8-21）。结果是一个 CO 将三个金属连接到一起。

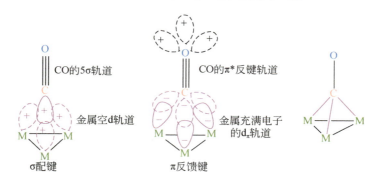

图 8-21　CO 的三桥基对称配位

此外，CO 中的碳原子与三个金属原子形成 μ_3-配位方式，但同时碳原子和氧原子又和第四个金属原子配位。这种配位方式比较特殊，在过渡金属羰基原子簇化合物中会遇到这种配位情况，这里不过多介绍。

4. C—O 键伸缩振动频率 v_{C-O} 的影响因素

在不同的过渡金属羰基化合物中，π 反馈键的形成削弱了 C≡O 键，加强了 M—C 键。这种影响在 C—O 键和 M—C 键伸缩振动频率 v 的变化上体现出来，使得 v_{C-O} 降低 v_{M-C} 增加。由于 M—C 键的伸缩振动频率与其他振动模式往往处在相同区域，因此 v_{M-C} 的变化不易找出，而 CO 的 v_{C-O} 振动频率比较特征并且谱带较窄，能很容易与其他振动方式区别开来。因此，一般都用 v_{C-O} 的大小来衡量反馈键的强弱。CO 分子的 v_{C-O} 为 2143 cm^{-1}，配位后 v_{C-O} 有所降低，且降低的程度与外界条件有关：

● CO 配位方式的影响。在中性分子中，CO 端基配位时，v_{C-O} 降低至 1900～2150 cm^{-1} 之间；以双桥基配位时，v_{C-O} 降低至 1750～1850 cm^{-1} 之间；以三桥基配位时，v_{C-O} 可降至 1620～1730 cm^{-1} 之间。所以羰基化合物中 v_{C-O} 变化一般遵循这样的规律：MCO＞M$_2$CO ＞M$_3$CO。这是因为，随着键合的金属原子数目的增加，金属反馈给 CO 的 π^* 反键轨道电子越多，使 CO 分子体系的能量升高更多，C—O 键更弱，所以伸缩振动的频率越低。

● 金属原子的半径及氧化态的影响。金属原子的半径越大，核对核外电子的束缚越弱，就意味着金属 d_π 轨道中的电子越容易反馈到配体；金属氧化态越低（越负），如前所述，也同样有利于金属电子向配体反馈。这样都有利于 π 反馈键的增强，使 C≡O 键削弱，v_{C-O} 降低得就越多。相反，金属原子半径越小或氧化态越高，反馈作用越弱，v_{C-O} 降低得就越少。比如 Ni(CO)$_4$、Co(CO$_4$)$^-$、Fe(CO$_4$)$^{2-}$，相应的金属的氧化态分别为 0、-1、-2；金属中心的半径依次增大，所以它们的 v_{C-O} 依次降低，分别为 2060 cm^{-1}、1890 cm^{-1}、1790 cm^{-1}，并且降低的幅度较大。

● 其他配体的影响。当羰基化合物中的 CO 配体被其他配体 L 取代时，L 接受 d 电子的能力、数目、电负性对 v_{C-O} 都有影响，这些影响从表 8-6 中的数据可以看出。如果 L 接受 d 电子的能力比 CO 弱，这样金属反馈的 d 电子还是优先进入 CO 的 π^* 反键轨道，所以引入 L 后，就降低了 CO 配体之间在接受金属反馈电子方面的竞争，反馈作用增强，v_{C-O} 比 L 取代以前将进一步降低，L 的数目越多 v_{C-O} 会更低，这可以从表 8-6 中化合物 1～3 的 v_{C-O} 数据看出。同理，L 接受 d 电子的能力越弱，v_{C-O} 降低越多，表 8-6 中化合物 4～6 的 v_{C-O} 数据很好地说明了这一点。如果 L 的电负性很大，吸电子能力很强，使金属原子的电子密度降低，因而金属反馈电子的能力减弱，则 v_{C-O} 降低较少。表 8-6 中化合物 7～10 及 11～12 的 v_{C-O} 数据很好地印证了这一结论。

表 8-6　一些含有其他配体单核二元羰基化合物的 C≡O 键伸缩振动频率 v_{C-O}

编号	配合物	v_{C-O}/cm^{-1}
1	Ni(CO)$_4$	2046
2	Ni(CO)$_3$(Me$_3$P)	1943
3	Ni(CO)$_2$(Me$_3$P)$_2$	1934
4	Mo(CO)$_6$	2000
5	Mo(CO)$_3$(PPh$_3$)$_3$	1949
6	Mo(CO)$_3$(NH$_3$)$_3$	1855
7	Mn$_2$(CO)$_{10}$	2044
8	Mn(CO)$_5$I	2125
9	Mn(CO)$_5$Br	2133
10	Mn(CO)$_5$Cl	2138
11	Mn(CO)$_5$(CH$_3$)	2111
12	Mn(CO)$_5$(CF$_3$)	2134

8.3.3 过渡金属羰基化合物的合成及化学性质

1. 过渡金属羰基化合物的合成

二元过渡金属羰基化合物的制备方法主要有以下几种：

● 金属粉末与 CO 直接反应。在比较温和的条件下能和 CO 直接反应的金属只有 Fe 和 Ni，另外金属粉末必须是新鲜还原出来处于非常活化的状态才行：

$$Ni + 4CO \underset{\Delta}{\overset{\text{常温常压}}{\rightleftharpoons}} Ni(CO)_4$$

$$Fe + 5CO \xrightarrow[493K]{20MPa} Fe(CO)_5$$

● 还原羰基化反应。利用相应金属的卤化物、氧化物或其他盐类，在还原剂 Na、Al、烷基铝、CO 或 CO+H$_2$ 等作用下生成羰基化合物，比如：

$$VCl_3 + 6CO + 3Na \xrightarrow[\text{2.HCl-Et}_2\text{O}]{\substack{\text{1.二甘醚} \\ \text{433K, 20MPa}}} V(CO)_6 + 3NaCl$$

$$2CoCO_3 + 6CO + 4H_2 \xrightarrow[420K]{30MPa} Co_2(CO)_8 + 4H_2O$$

$$CrCl_3 + 6CO + 3Al \xrightarrow[\text{苯}]{AlCl_3} Cr(CO)_6 + AlCl_3$$

$$2MoCl_5 + 12CO + Al(C_2H_5)_3 \xrightarrow[373K]{20MPa} 2Mo(CO)_6 + AlCl_3 + 2Cl_2 + 3C_2H_5Cl$$

$$OsO_4 + 9CO \xrightarrow[420K]{25MPa} Os(CO)_5 + 4CO_2$$

$$Re_2O_7 + 17CO \xrightarrow[520K]{18MPa} Re_2(CO)_{10} + 7CO_2$$

$$2CoCO_3 + 6CO + 4H_2 \xrightarrow[420K]{30MPa} Co_2(CO)_8 + 4H_2O$$

● 热解或光解反应。利用这类反应可制备多核羰基化合物，比如：

$$3Os(CO)_5 \xrightarrow{\Delta} Os_3(CO)_{12} + 3CO$$

$$2Fe(CO)_5 \xrightarrow{h\nu} Fe_2(CO)_9 + CO$$

$$2Co_2(CO)_6 \xrightarrow{320K} Co_4(CO)_{12}$$

● 两种过渡金属羰基化合物相互反应。利用这类反应可制备异核羰基化合物，比如：

$$Fe(CO)_5 + Ru_2(CO)_{12} \xrightarrow{380K} FeRu_2(CO)_{12} + Fe_2Ru(CO)_{12} + CO_2$$

2. 过渡金属羰基化合物的化学性质

二元过渡金属羰基化合物可以发生多种化学反应，主要有以下几类：

● 取代反应。即羰基化合物中的 CO 被其他配体取代的反应。有些配体是具有 π^* 反键轨道的等电子配体：异腈、膦、胂和胺等。取代 CO 的数目为 1～2 个。反应符合 EAN 规则。另外，CO 还可以被具有偶数给电子烯烃所取代，取代 CO 的数目与相应烯烃给电子数有关。

$$Ni(CO)_4 + PPh_3 \longrightarrow Ni(CO)_3PPh_3 + CO$$

$$Fe(CO)_5 + 2PPh_3 \longrightarrow Fe(CO)_3(PPh_3)_2 + 2CO$$

$$Cr(CO)_6 + C_6H_6 \longrightarrow Cr(CO)_3(C_6H_6) + 3CO$$

$$Mo(CO)_6 + C_7H_8 \longrightarrow Mo(CO)_3(C_7H_8) + 3CO$$

● 生成羰基负离子配合物的反应。羰基化合物在碱或还原剂作用下发生的反应，产物是带有负电荷的配合物阴离子。

$$Fe(CO)_5 + NaOH \longrightarrow Na[HFe(CO)_4] + Na_2CO_3 + CO$$

$$Co_2(CO)_8 + 2Na \longrightarrow 2Na[Co(CO)_4]$$

● 与酸的反应。与酸反应生成羰基氢化物。

$$Na[Co(CO)_4] + H^+ \longrightarrow H[Co(CO)_4] + Na^+$$

● 与卤素的氧化还原反应。

$$Mn_2(CO)_{10} + Br_2 \longrightarrow 2Mn(CO)_5Br$$

● 双核羰基化合物与 NO 的反应。这类反应的结果是生成含有亚硝酰的羰基化合物。

$$Fe_2(CO)_9 + 4NO \longrightarrow 2Fe(CO)_2(NO)_2 + 5CO$$

$$Co_2(CO)_8 + 2NO \longrightarrow 2Co(CO)_3(NO) + 2CO$$

从上述各种反应来看，过渡金属羰基化合物反应既可以生成中性化合物，也可以生成离子型配合物。对于离子型配合物，阳离子羰基配合物远不如阴离子型配合物多，这很可能是由于金属阴离子核外电子云密度大且核对电子的束缚能力较小，有利于金属向配体反馈电子使 π 反馈键生成，从而使 M—C 键增强。

8.4 过渡金属类羰基化合物

8.4.1 概述

N_2、NO^+、CN^- 等双原分子或基团是 CO 分子的等电子体，都是 π 酸配体。虽然它们与过渡金属配位形成化合物时不存在有机金属化合物特有的 M—C 键，但是它们的成键特点与 CO 的情形十分相似，同样是既可作为 σ 给予体，又可作为 π 接受体，所以这些配体也叫类羰基配体，所形成的过渡金属化合物也叫过渡金属类羰基化合物，因此也列入本章讨论内容。本节主要讨论分子氮和亚硝酰过渡金属化合物。

相比于早在 100 多年前就合成出来的过渡金属羰基化合物，第一个分子氮过渡金属化合物 $[Ru(NH_3)_5N_2]^{2+}$ 直到 1965 年才由艾伦（A. D. Allen）和斯诺夫（C. V. Senoff）用水合联氨还原 $RuCl_3$ 得到。就目前所知，大多数过渡金属，如 Cr、Mo、W、Fe、Co、Ni、Ru、Rh、Os、Ir 都能生成较为稳定的分子氮化合物，但就数目上还远不及羰基过渡金属化合物。另外，过渡金属分子氮化合物往往是混合配体的多元配合物，这些配体包括膦、胺、氢、卤素、水、烃等。

与分子氮过渡金属化合物一样，亚硝酰过渡金属化合物一般也是混配型。较为常见的是亚硝酰-羰基化合物和亚硝酰–环戊二烯基化合物。非混配的二元亚硝酰化合物，只有 $Cr(NO)_4$ 被合成出来，它由 $Cr(CO)_6$ 和 NO 在戊烷中光解得到。

8.4.2 过渡金属分子氮化合物

1. 过渡金属与氮分子的成键

氮分子的分子轨道是由氮原子的价层原子轨道 2s 和 2p 按照对称性匹配原则线性组合而成。如图 8-22 给出了氮分子轨道能级示意图。

氮分子的 10 个价电子按照能量从低到高分别填入 $2\sigma_g$、$2\sigma_u$、$1\pi_u$、$3\sigma_g$ 分子轨道（图 8-22）。其中，$1\pi_u$ 轨道上的 4 个价电子形成两个 π 键，$3\sigma_g$ 分子轨道上的两个电子形成一个σ键，这 3 个成键轨道对氮分子的稳定性贡献最大。因此，N≡N 键非常牢固，离解能达 940.5 kJ/mol。氮分子是类羰基配体，与过渡金属成键的时候与 CO 相似，也既有σ配键，又有反馈 π 键。但是从分子轨道的能级来看，二者又有区别：N_2 的最高占据分子轨道（HOMO）在 $3\sigma_g$ 上，而最低未占分子轨道（LUMO）在 $1\pi_g$ 上（图 8-22）。光电子能谱实验数据表明 N_2 的 $3\sigma_g$ 轨道的能量为-15.6 eV，明显低于 CO 中相应的 5σ轨道（-14.0 eV）。这说明，N_2 的 $3\sigma_g$ 轨道上的电子比较稳定。因此，N_2 的σ电子给予能力不如 CO。相比于 CO，N_2 是"弱"σ电子给予体；然而，N_2 的最低未占分子轨道 $1\pi_g$ 的能量为-7.0 eV，又比 CO 最低未占分子轨道 2π 的能量（-8.3 eV）高。这表明 N_2 的空 π^* 反键轨道电子接受能力比 CO 的差，是"弱"π电子接受体。这一结果说明 N_2 既是"弱"σ电子给予体，又是"弱"π电子接受体。因此，它和过渡金属生成配合物的能力比 CO 差，生成的化合物的稳定性也不理想。这也成为分子氮化合物出现时间晚、种类少的重要原因。为了使分子氮化合物更为稳定，

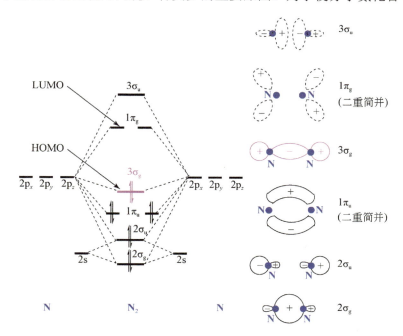

图 8-22 氮分子轨道的能级示意图及电子云分布

常常需要加入强σ电子给予体，以增加过渡金属原子上的电子密度，以利于金属向 N_2 的空 π^* 反键轨道反馈电子加强 π 反馈键，同时也增强 M—N 键，以稳定配合物。这也是分子氮化合物多为混配型多元配合物的原因。同羰基化合物相似，在分子氮过渡金属化合物中，π 反馈键的形成也削弱了 N≡N 键，这一点从表 8-7 中一些典型的分子氮配合物的 N≡N 键长数据可以明显地看出。

表 8-7   一些分子氮配合物的结构参数

化合物	M—N 键长/pm	N≡N 键长/pm	伸缩频率 $\nu_{N≡N}/cm^{-1}$
$[Ru(NH_3)_5N_2]^{2+}$配离子	210	112	2114
$[Os(NH_3)_5N_2]^{2+}$配离子	184	112	2023
$[CoH(PR_3)_3N_2]$	181	111	2000
$[(NH_3)_5RuN_2Ru(NH_3)_5]^{4+}$配离子	193	112.4	2100
$[(PR_3)_2NiN_2Ni(PR_3)_2]$	179	112	—
$[\{\eta^5-C_5(CH_3)_5\}_2ZrN_2]_2N_2$	桥 208；端 219	桥 118；端 111	2040
$MoCl_4[N_2ReCl(PR_3)_4]_2$	175（Re—N）；199（Mo—N）	128	~1800
$[\{\eta^5-C_5(CH_3)_5\}_2Ti]_2N_2$	—	116	
$[(C_6H_5Li)_6Ni_2N_2\{(C_2H_5)_2O\}_2]_2$	202	135	
N_2		109.8	2331

2. 氮分子的配位方式和 M—N 键本质

过渡金属分子氮化合物的结构研究表明，N_2 分子与金属原子的配位方式主要有两种：端基配位和侧基配位。具体的配位方式如图 8-23 所示。端基配位是指一个金属原子只与一个氮原子成键，形成图 8-23 中直线型的（a）和（b）两种形式；侧基配位是 N_2 分子中的两个氮原子同时与一个金属原子成键，形成图 8-23 中（c）、（d）和（e）三种形式；对于双核分子氮化合物还可能有顺式（f）和反式（g）结构。在所有的配位形式中（a）最常见，而（f）、（g）和（h）则很少见。

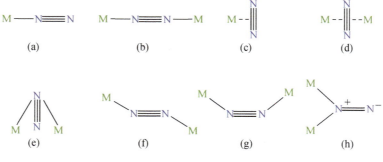

图 8-23   氮分子的配位方式

显然，分子氮化合物中的 M—N 键的本质可以从氮分子的端基配位和侧基配位方式来说明。

● 端基配位中的 M—N 键。如图 8-24（a）所示，N_2 在与金属配位的时候，用它 $3\sigma_g$

轨道上的电子填入金属的空 d 轨道，形成σ配键；同时 N_2 的 $1\pi_g$ 空轨道（π^*反键轨道）接受金属反馈的 d 电子，形成反馈 π 键。由于 N_2 的 π^*反键轨道进入电子，降低了 N≡N 的键级 ［键级=(成键电子-反键电子)/2］，从而削弱了两个氮原子间的结合，使 N≡N 伸缩振动频率 $\upsilon_{N=N}$ 下降。实验证明，端基配位的单核分子氮化合物的 $\upsilon_{N=N}$ 比自由氮分子一般降低 $100\sim500$ cm^{-1}。

- 侧基配位中的 M—N 键。如图 8-24（b）所示，三中心σ配键的形成是由于 N_2 填满电子的 $1\pi_u$ 轨道与金属空 d 轨道交叠；同时金属原子的 d 电子和 N_2 的 $1\pi_g$ 空轨道（π^*反键轨道）交叠形成反馈 π 键，总的来说，σ-π 配键协同作用基本上和端基配位类似。不同的是，在侧基配位时，π 反馈键的形成只能利用一个简并的 $1\pi_g$ 空轨道。此外，σ配键的形成，在侧基配位的情况下，N_2 是利用能量更低的 $1\pi_g$ 轨道与金属的空 d 轨道交叠，因此 $1\pi_g$ 轨道的σ电子的给予能力较 $3\sigma_g$ 轨道的更弱，所以侧基配位中σ配键的强度比端基配位的低。这就是侧基配位的分子氮化合物不如端基配位分子氮化合物稳定的主要原因。但不管怎样，N_2 配位后 N≡N 的强度都有所降低，只是程度不同而已。

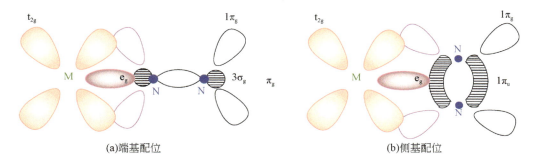

(a)端基配位　　　　(b)侧基配位

图 8-24　氮分子不同配位方式与金属的成键作用

3. 影响 N≡N 伸缩振动频率 $\upsilon_{N=N}$ 的因素

对于影响 N≡N 伸缩振动频率 $\upsilon_{N=N}$ 的因素，我们主要从以下几个方面讨论：

- 过渡金属的 d 电子结构。我们知道在分子氮化合物中，由于σ-π 配键协同作用会对 N≡N 键削弱造成 $\upsilon_{N=N}$ 的降低，所以影响过渡金属σ-π 配键协同作用因素，也将是影响 $\upsilon_{N=N}$ 的因素。要形成σ-π 配键协同作用，不仅要求金属原子有空轨道接受电子形成σ配键，同时也要有一定数目的 d 电子来产生反馈 π 配键。这就决定了具有 $d^3\sim d^8$ 电子构型的过渡金属才容易形成分子氮配合物。对于同族过渡金属而言，随主量子数增大，d 电子离核越远能量越高，核对它们的束缚越弱，反馈作用越强，$\upsilon_{N=N}$ 越小。

- 金属的氧化态。正如前一节金属氧化态对于 $\upsilon_{C=O}$ 的影响，金属的氧化态越低，反馈作用越强，$\upsilon_{N=N}$ 越小。比如，图 8-25 中的不同氧化态铼配合物的 $\upsilon_{N=N}$ 随着金属中心氧化态的降低而减小。

- 配位方式的影响。目前已有的侧基配位的分子氮化合物还很少，但就已知的数据来看，它们的 $\upsilon_{N=N}$ 都较低。比如，端基配位的 $[RhH(N_2)(PPhBu_2)_2]$ 的 $\upsilon_{N=N}$ 为 2155 cm^{-1}，而类似的侧基化合物 $[RhCl(N_2)(PPhBu_2)_2]$ 的 $\upsilon_{N=N}$ 为 2100 cm^{-1}。

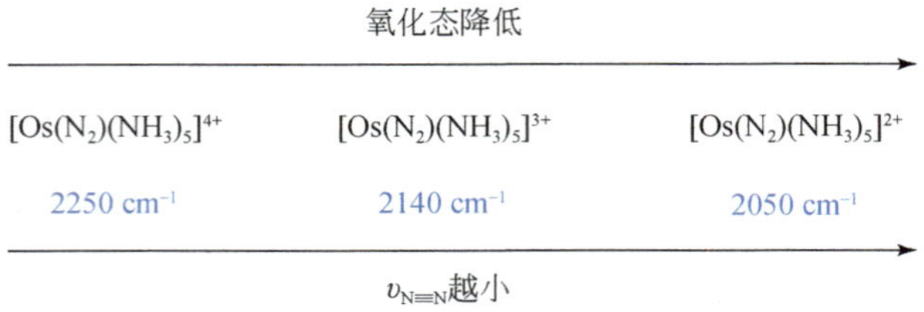

氧化态降低

| [Os(N$_2$)(NH$_3$)$_5$]$^{4+}$ | [Os(N$_2$)(NH$_3$)$_5$]$^{3+}$ | [Os(N$_2$)(NH$_3$)$_5$]$^{2+}$ |
| 2250 cm^{-1} | 2140 cm^{-1} | 2050 cm^{-1} |

$v_{N\equiv N}$越小

图 8-25 不同氧化态锇分子氮配合的 $v_{N\equiv N}$ 的对应的波数

● 与 N$_2$ 配位金属原子数目的影响。与 N$_2$ 配位金属原子数目越多,N$_2$ 接受的反馈电子就越多,N≡N 键级越低,$v_{N\equiv N}$ 降低得越多。比如,单核[Ru(N$_2$)(NH$_3$)$_5$](BF$_4$)$_2$ 的 $v_{N\equiv N}$ 为 2144 cm^{-1},而双核[(NH$_3$)$_5$Ru(N$_2$)Ru(NH$_3$)$_5$](BF$_4$)$_2$ 的 $v_{N\equiv N}$ 则为 2060 cm^{-1}。

● 其他配体的影响。N$_2$ 是"弱"σ电子给予体,如果其他σ电子给予能力更强的配体(如水、氨等)加入过渡金属分子氮化合物,将会增加金属原子的核外电子密度,更有益于金属的电子向 N$_2$ 反馈,使 $v_{N\equiv N}$ 降低。其他配体的σ电子给予能力越强,$v_{N\equiv N}$ 降低越多。

8.4.3 过渡金属亚硝酰化合物

1. 过渡金属与 NO 分子的成键

NO 的分子轨道分别由氮原子及氧原子的价层原子轨道 2s 和 2p 按照对称性匹配原则线性组合而成,如图 8-26 所示的 NO 分子轨道能级示意图。与 CO 相比,NO 多一个电子,而且这个电子处在 π*反键轨道上。由于这个电子的能量较高,NO 容易失去这个电子,形成亚硝酰离子 NO$^+$。

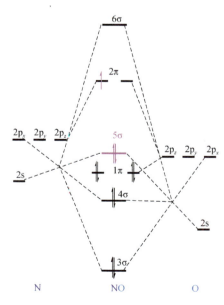

图 8-26 NO 分子轨道能级示意图

NO 失去一个电子后形成亚硝酰离子 NO⁺，这时与 CO 是等电子体。但是在与金属配位的时候，NO 一般被认为是三电子给予体。可以这样来理解 NO 与金属的成键情况：处在 π^* 反键轨道上的电子较为活泼，在与金属原子成键的时候很容易转移到金属上，NO 变成 NO⁺ 而金属变成阴离子 M⁻。NO⁺ 采取和 CO 一样的方式与 M⁻ 成键，即 NO⁺ 提供一对 σ 电子与 M⁻ 形成 σ 配键；同时 M⁻ 提供 d 电子进入 NO⁺ 的 π^* 反键轨道，形成 π 反馈键，在形成 π 反馈键时，NO 提供给金属的那个电子也参与其中。所以，NO 在成键时提供了 3 个电子与金属形成 σ-π 配键体系。

2. NO 分子与 CO 分子与过渡金属成键的差别

NO 和 CO 非常类似，与过渡金属成键时用 N 原子配位；也能与过渡金属形成 σ-π 配键体系。虽同为 π 酸配体，但两者仍有不同：

● 成键时提供的电子数目不同。CO 是 2 电子给予体，而 NO 是 3 电子给予体。有时为了强调二者的相似性，认为配体是亚硝酰离子 NO⁺，也提供 2 个电子。

● 与金属端基配位时的构型不同。CO 端基配位时总是呈直线型，而 NO 的端基配位则有直线型和弯曲型两种。在 NO 的直线型化合物中，M—N 键的本质类似于 M—CO 键，属于 σ-π 配键体系，NO 是 3 电子给予体，从价键的观点来看，M—N≡O 中 N 原子是 sp 杂化；在直线型化合物中，金属与 NO 形成 σ 单键，NO 是 1 电子给予体，N 原子上还有一对孤对电子，N—O 间存在双键，从价键的观点来看，NO 中 N 原子是 sp² 杂化，所以 M—N≡O 是弯曲的。图 8-27 表示了上述的两种构型。

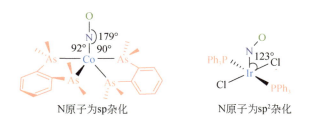

N原子为sp杂化　　　　　　　　N原子为sp²杂化

图 8-27　两种过渡金属亚硝酰化合物的构型

3. NO 分子的配位方式

在大多数情况下，NO 分子是以端基进行配位的，这种配位情况可以分为上述的直线型和弯曲型，如图 8-28 中的（a）和（b）所示。线型直线型构型一般在缺电子体系中出现，NO 作为 3 电子给予体；弯曲型构型一般在富电子体系中出现，NO 是 1 电子给予体。除了端基配位外，NO 还可以作为 μ_2-NO 桥基甚至 μ_3-NO 桥基与过渡金属配位，如图 8-28 中的（c）和（d）所示，但比较少见。

4. 影响 N≡O 伸缩振动频率 $\upsilon_{N≡O}$ 的因素

自由 NO 分子的 $\upsilon_{N≡O}$ 为 1860 cm⁻¹，一般配位后频率会下降。

● 配位方式的影响。在直线型端基配位的化合物中，由于 σ-π 配键体系的形成，$\upsilon_{N≡O}$

可降低至 1800 cm^{-1}；在弯曲型端基配位的化合物中，N—O 相当于双键，所以频率比直线型的更低，大致在 1525～1690 cm^{-1} 之间；NO 分子以桥基配位时，$v_{N=O}$ 则更低，如图 8-28 中（c）化合物端基配位的 $v_{N=O}$ 为 1672 cm^{-1}，而桥基配位的 $v_{N=O}$ 降低为 1505 cm^{-1}；面桥基配位 $v_{N=O}$ 甚至更低，图 8-28 中（d）化合物，中间形成面桥基配位的 NO 的伸缩振动频率 $v_{N=O}$ 为 1328 cm^{-1}，而桥基配位的 $v_{N=O}$ 为 1534 cm^{-1} 和 1481 cm^{-1}。

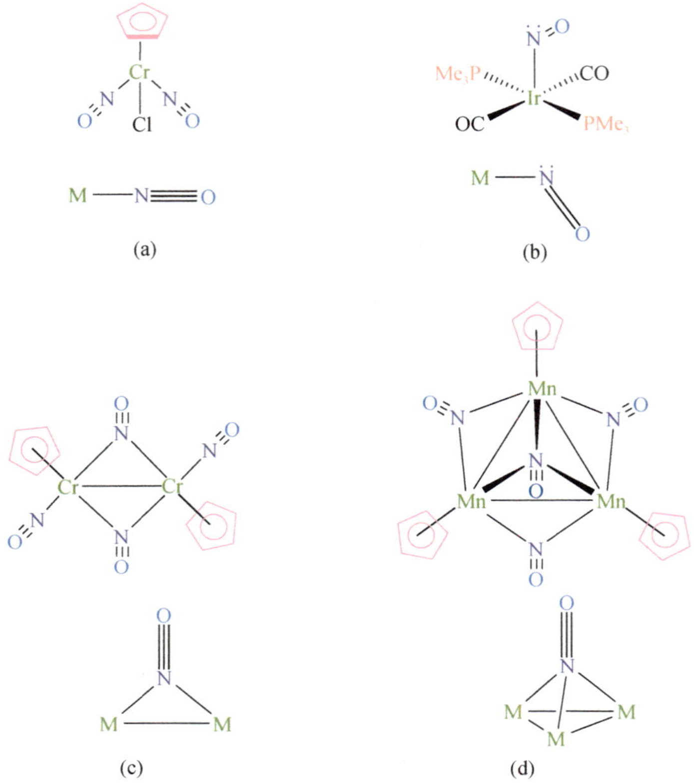

图 8-28　NO 分子的配位方式

● 配合物带电的影响。如果配合物带负电荷，$v_{N=O}$ 将明显下降；如果带正电荷，$v_{N=O}$ 甚至比自由 NO 分子的频率还高。

8.5　过渡金属不饱和链烃化合物

8.5.1　概述

含碳 π 配体可以分为两大类：一类是链状含碳碳不饱和键的烃类；另一类是环多烯。它们与低氧化态过渡金属形成的有机金属化合物在催化反应中具有重要作用。研究过渡金属不饱和烃化合物的结构、化学性质、成键规律等，对深入认识催化机理及合理选择催化剂具有重要意义。因此，这是一类无论是在科学研究还是在生产实践方面都备受重视的化合物。

在过渡金属元素中，主要是ⅧB 族的元素生成不饱和烃化合物的倾向较强。这种倾向在同族元素中从上到下而递增。其中，Pt、Pd、Ni 的化合物最稳定。图 8-29 中给出了一些典型的过渡金属不饱和链烃化合物。其中，Pt 的烯烃化合物又较其他化合物稳定。因此，本节就以乙烯为代表来讨论过渡金属不饱和链烃化合物的结构、成键及合成方法。

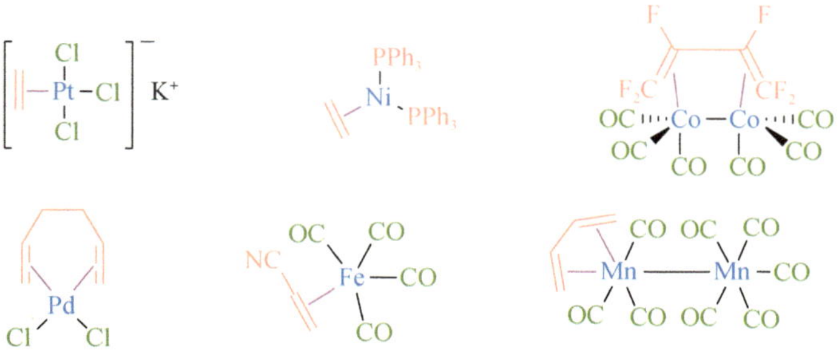

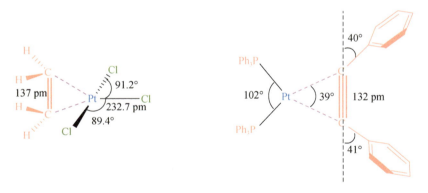

图 8-29　典型过渡金属不饱和链烃化合物

8.5.2　不饱和链烃配合物的结构

在众多的单烯和单炔过渡金属化合物中，最著名的就是蔡斯盐 $K[PtCl_3(C_2H_4)]$ 了，它是由丹麦科学家蔡斯（W. Zeise）制备得到的。在乙醇中回流 $PtCl_4$ 和 $PtCl_2$ 的混合物，然后用 KCl 和 HCl 处理并通入乙烯，分离得到一种柠檬黄的晶体，即为蔡斯盐。但是其具体的结构在一百多年后才被确定。图 8-30 给出了蔡斯盐及另外一种单炔 Pt 化合物的结构。

图 8-30　两种典型不饱和链烃铂配合物的结构

从图 8-30 中可以看出烯烃和炔烃的过渡金属配合物的结构特点：

● 配位是对称的，配体两个碳原子到金属中心的距离基本上相等。

● 配位以后，配体的构型发生了明显改变：乙烯变成非平面结构，乙炔变成非直线结构，和配体不饱和碳原子相连的基团远离金属中心向后弯折。

● 配位后，碳碳不饱和键的键长都比配位前长。乙烯碳碳双键的键长是 133.7 pm，而在蔡斯盐中是 137 pm；乙炔的碳碳三键的键长是 120 pm，而在图 8-30 配合物中是 132 pm。

若把烯或炔看成单齿配体，典型的三配位化合物的构型为平面三角形，碳碳不饱和键近似在三角形平面内；四配位化合物的构型为平面正方形，碳碳不饱和键和正方形平面近似垂直；五配位化合物的构型为三角双锥，碳碳不饱和键大体在赤道平面内。这三种结构列于图 8-31 中。

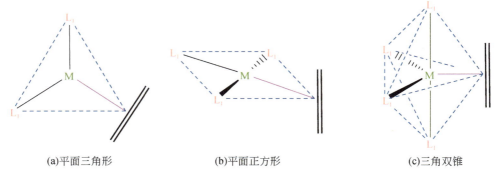

(a)平面三角形　　　　　(b)平面正方形　　　　　(c)三角双锥

图 8-31　过渡金属烯烃或炔烃 π 配合物的构型

8.5.3　德瓦–却特–邓肯生键合模型

虽然烯烃过渡金属配合物很早就被合成出来，但是它们的结构直到 20 世纪 50 年代才被实验确定。目前，被普遍接受的这类化合物的结构模型是德瓦–却特–邓肯生（Dewar-Chatt-Duncanson）模型，简称 DCD 模型。该模型是由上述三人在对 Ag-乙烯及 Pt-乙烯化合物进行分子轨道理论计算基础上建立的，模型虽然是为平面正方形烯烃化合物设计的，但已被证明可以作为解释金属不饱和烃成键的基础。DCD 模型对蔡斯盐阴离子结构的解释已经成为分子轨道法近似说明 π 配位化合物的范例。

根据 DCD 模型，Pt^{2+} 以空的 $5d_{x^2-y^2}$、$6s$ 和 2 个 $6p$（取 p_x 和 p_y）共四个轨道参与成键。它们进行轨道杂化，形成 4 个 dsp^2 杂化轨道，其中 3 个与 Cl 成键，另外一个与乙烯分子生成σ键。由于乙烯没有孤对电子，它利用成键的 π 轨道与 Pt^{2+} 的空 dsp^2 杂化轨道交叠成键，这一点与 CO 不同。同时，Pt^{2+} 填满电子的 $5d_{xz}$ 轨道向乙烯的 $π^*$ 反键轨道反馈电子，形成反馈 π 键，加强了 Pt^{2+} 与乙烯的结合，使配合物得以稳定。这两种成键如图 8-32 所示。在这里也有类似于羰基配合物的σ-π 配键协同效应，但配位的构型不同，这里是侧基配位而 CO 是端基配位。

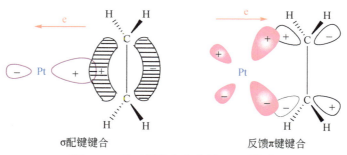

σ配键键合　　　　　　　　反馈π键键合

图 8-32　铂乙烯化合物中的 DCD 模型

和羰基化合物类似，配合后碳碳双键的伸缩振动频率 $v_{C=C}$ 也减小了，这正是由反馈键削弱 C＝C 键一致。比如在蔡斯盐中，乙烯与 Pt^{2+} 配位后，$v_{C=C}$ 由乙烯自由分子中的 1632 cm^{-1} 降到 1562 cm^{-1}。对于乙炔的过渡金属配合物，$v_{C\equiv C}$ 的降低更为明显，比如 Pt（0）、Pd（0）的炔烃配合物中，$v_{C\equiv C}$ 的降幅可达 400～500 cm^{-1}。如果乙烯基上有电负性大的取代基如 CN^-、Cl^- 等，乙烯的 π^* 反键轨道接受电子的能力将会增加，$v_{C=C}$ 会进一步降低。

DCD 模型同样适用于炔烃和过渡金属的成键。与乙烯不同的是，乙炔多一组 π 和 π^* 轨道。乙炔的两套 π 和 π^* 轨道相互垂直，它们都可以和对称性匹配的金属 d 轨道发生重叠，即炔烃可以用两对 π 电子同金属键合，因而可以进一步加强金属与乙炔之间的相互作用，故炔烃与金属间的键合要比烯烃强。除此之外，两套轨道还可以各自同金属相互作用，因而可以生成多核配合物，炔烃在其中起桥基的作用（图 8-33）。

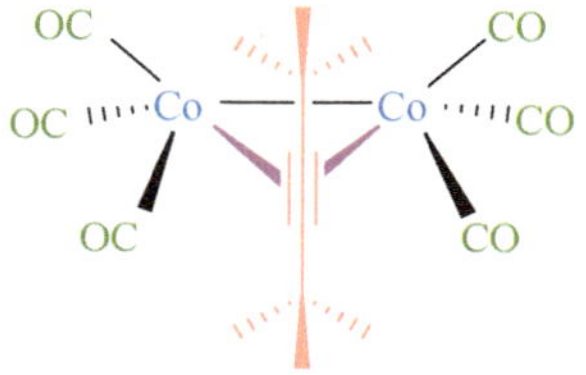

图 8-33　乙炔类配体为桥基的钴配合物的结构

8.5.4　过渡金属不饱和链烃化合物的合成

1. 烯烃配合物的合成

大多数烯烃过渡金属化合物可以通过下面几种反应制备得到，每种方法适用范围不同。

● 直接反应法。利用某些配位不饱和的配合物与烯烃加合反应得到相应的烯烃过渡金属化合物。比如：

$$IrCl(CO)(PPh_3)_2 + R_2C=CR_2 \rightleftharpoons IrCl(CO)(PPh_3)_2(R_2C=CR_2)$$

反应前配合物的 EAN 为 16，反应后为 18。该反应为可逆反应，如果 R 基团为吸电子基，反应的平衡常数较大，说明生成的烯烃化合物的稳定性大。

● 配体置换反应法。利用烯烃（共轭或非共轭烯烃、苯等）置换原料化合物的配体（卤素、CO 等）得到烯烃过渡金属化合物。

$$K_2PtCl_4 + C_2H_4 \xrightarrow{\text{HCl溶液}} K[Pt(C_2H_4)Cl_3] \cdot 3H_2O + KCl$$

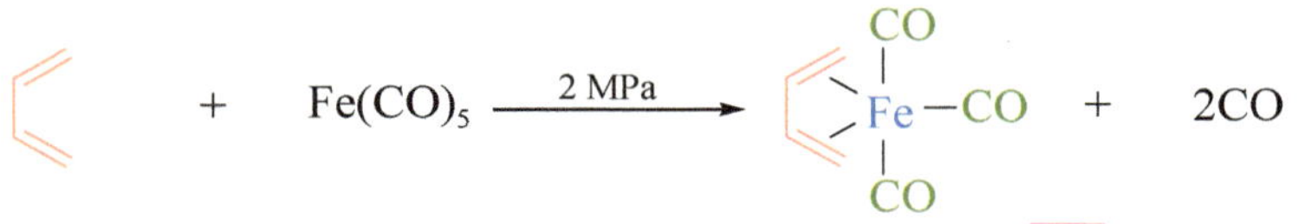

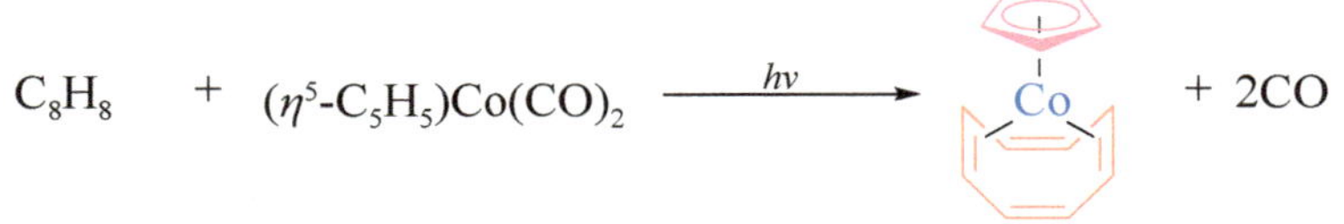

$$C_8H_8 + (\eta^5\text{-}C_5H_5)Co(CO)_2 \xrightarrow{h\nu} \quad + 2CO$$

● 还原加成法。此方法尤其适合于铂系金属，一般用高价金属盐制备零价金属的烯烃化合物。

$$(PPh_3)_2PtCl_2+N_2H_4 \cdot H_2O+CH_3CH_2OH+C_2H_4 \longrightarrow (PPh_3)_2Pt(C_2H_4)$$

● 前驱体法。这一方法主要是针对 π-烯丙基过渡金属化合物的合成，目前有很多该类化合物都是通过一种σ前驱体化合物制备得到的。

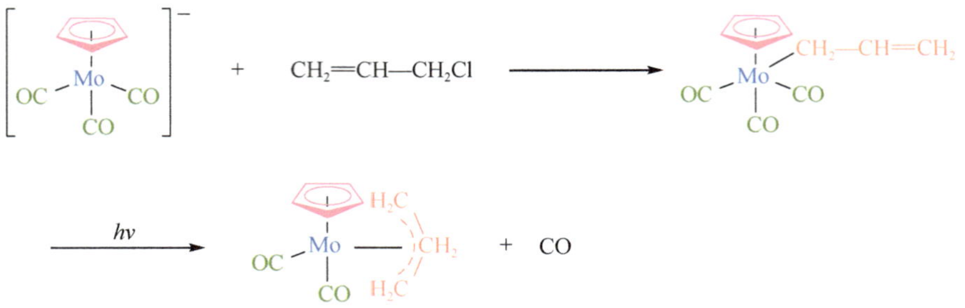

另外，单烯和钯盐反应及丁二烯配合物的质子化反应也能够制备一些 π-烯丙基过渡金属化合物。

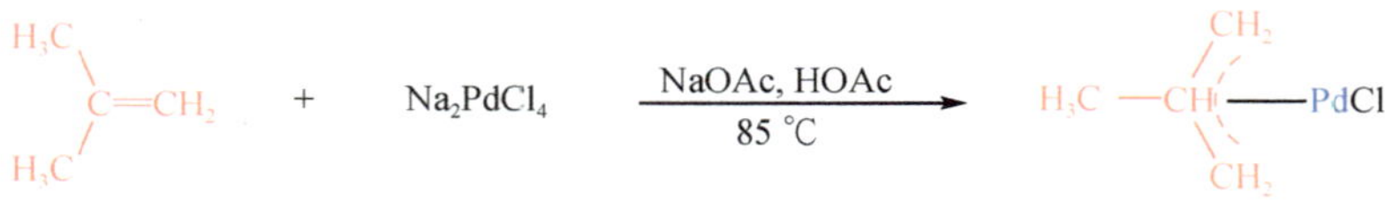

2. 炔烃配合物的合成

其制备方法大致和烯烃配合物的制备方法相同，但主要的制备方法为置换法。

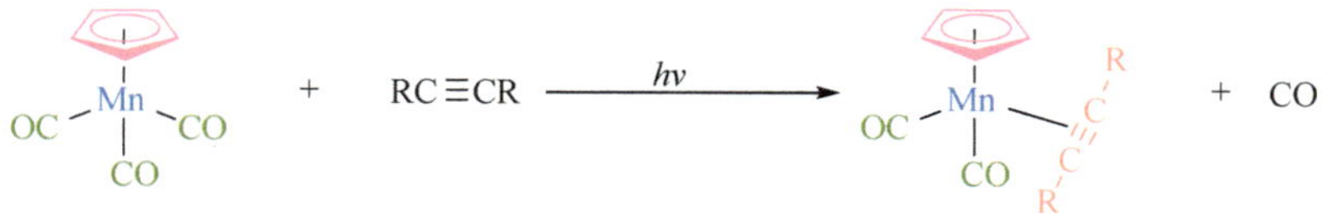

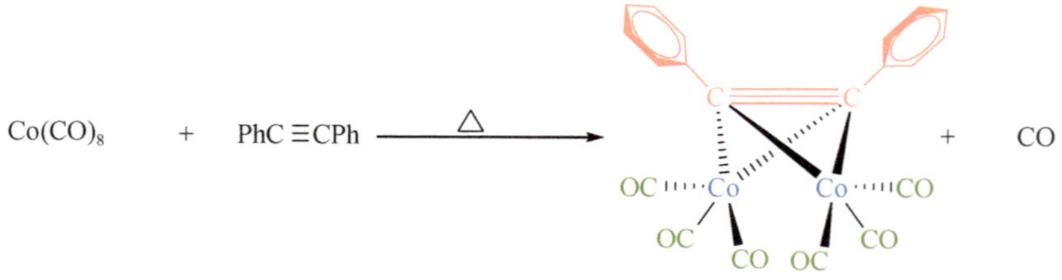

8.6　过渡金属环多烯化合物

8.6.1　概述

同烯烃和炔烃等不饱和分子 π 轨道能和过渡金属 d 轨道相互作用形成 π 配合物一样，环多烯的离域的 π 轨道也能和过渡金属 d 轨道相互作用形成过渡金属环多烯化合物。过渡金属环多烯化合物中最具代表性的例子就是环戊二烯（茂环，Cp）铁，即二茂铁。二茂铁是在 1951 年被偶然合成出来，当时是计划利用 $FeCl_3$ 氧化环戊二烯格氏试剂制备富瓦烯。然而，却得到了一种橙色的稳定配合物，该配合物后来经鉴定为二茂铁。此后，人们制备出大量的类似过渡金属化合物并对该类化合物的化学及物理性质进行了详细的研究。因此，本节中对这类过渡金属化合物进行介绍，包括它们的键合方式及特点、化学及物理性质等内容。

形成该类配合物的环多烯配体的结构可以用通式 C_nH_n 表示，典型的结构如图 8-34 所示。从这些典型配体的结构可以看出它们均具有芳香性，π 电子数均符合 Hückel（$4n+2$）规则。

图 8-34　环多烯配体的典型结构

这些环多烯配体与各种过渡金属形成化合物时的结构是多种多样的，最为典型的为夹心结构。在这种结构的化合物中，环多烯配体一上一下将金属中心夹在中间。图 8-35 给出了一些典型的这类化合物的结构。

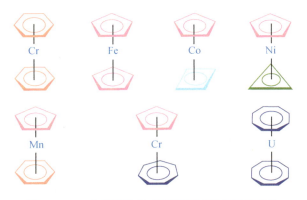

图 8-35　一些典型的夹心环多烯过渡金属化合物

一般情况下，这类化合物中的两个环多烯环基本上是平行的，而且金属到两个环之间的距离也基本相等。但是有些化合物的结构与一般的化合物的结构有很大不同，比如一些主族金属的配合物。在二茂铅中两个茂环并不平行，这是由于铅含有孤对电子使其与茂环的成键构型发生了变化；在二茂铍中，金属中心到两个茂环的距离明显不等，且在固态时一个茂环的位置发生了滑动（图8-36）。

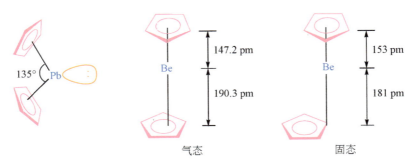

图 8-36　二茂铅及二茂铍的结构

　　除了上述夹心结构外，有些配位物同时具有环多烯配体及其他结构的配体，它们被称为混合配体型环多烯化合物。图8-37显示了一些混合配体型环多烯化合物的结构。图中配合物 **f**、**g**、**h** 有时候又被称为半夹心或琴凳式化合物。形成这些化合物的原因是有些环多烯配合物不满足 EAN 规则，故容易加入其他配体使体系电子满足 EAN 规则使分子更为稳定。

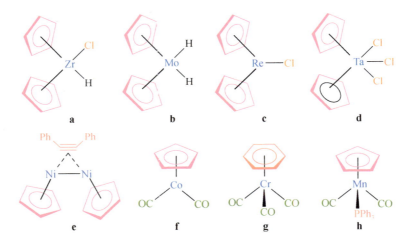

图 8-37　一些混合配体型过渡金属环多烯化合物的结构

　　另外，环多烯配体，尤其是环戊二烯和过渡金属离子还可以形成多层夹心结构的化合物。这类化合物从结构上来看类似于聚合物有重复单元，因此它们被称为聚合型化合物。这类化合物的典型结构如图8-38 所示，铟与铅的环戊二烯配合物可以形成非常典型的聚合物结构，有明显的重复单元；含有碳硼烷配体的化合物具有明显的多层夹心结构，类似于低聚物。

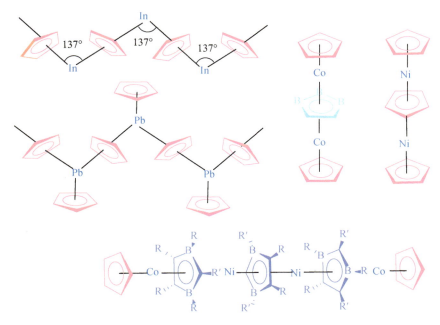

图 8-38　一些聚合型过渡金属环多烯化合物的结构

在以上所介绍的各种过渡金属环多烯化合物中，以环戊二烯（Cp）基阴离子及苯为配体的化合物最为重要。因此，本节重点通过一些典型化合物，如二茂铁、二苯铬等来探讨该类化合物的成键特点。另外，对于有 f 轨道参与成键的一些镧系过渡金属的环辛四烯化合物的成键也做简要介绍。

8.6.2　过渡金属环多烯化合物的结构和成键

1. 二茂铁(η^5-C_5H_5)$_2$Fe

● 二茂铁的结构。经过 X 射线衍射和电子衍射实验结果的分析发现铁离子对称地处在两个茂环平面中间（图 8-39），因此所有的 C—C 键、Fe—C 键和 C—H 键键长相等，分别为 140.0 pm、206.4 pm 和 110.4 pm。两个茂环之间的距离大约为 332 pm。研究表明，茂环有两种不同的配置方式：重叠式（D_{5h}）和交错式（D_{5d}）。电子衍射实验表明，气态时二茂铁分子为重叠式构型，C—H 键并非与茂环处于同一平面，而是向内弯折大约 3.7°。二茂铁分子中的茂环是可以转动的且转动势垒很低，大约为（3.8±1.3）kJ/mol，远低于其升华热 68.16 kJ/mol，所以气相中二茂铁分子仍有一部分处于交错式构型。类似地，二茂钒、二茂铬、二茂钴、二茂镍等在气态时都具有相似的重叠式构型，同时也可能具有部分交错式构型。

早期的 X 射线衍射实验就证明了二茂铁的晶体结构为夹心式，铁离子为对称中心，这表明两个茂环是交错的。但是以后又有很多实验结果表明，室温下二茂铁的晶体结构是不规则的，热容数据表明二茂铁在 164 K 存在一个相转变点，这是由茂环开始不规则转动造成的。在相转变点以下二茂铁的构型是规则的。另外，二茂铁及其衍生物在溶液中时，分子中的茂环也可以相对自由地转动。

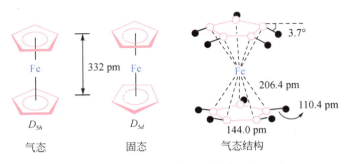

图 8-39　二茂铁分子在不同状态下的构型

● 二茂铁的键合。二茂铁是通过茂环的 π 分子轨道与铁离子的 s、p 或 d 轨道按照对称性匹配相互交叠的结果。

先来看一下单个茂环的分子轨道，茂环的 5 个碳原子各有一个和茂环平面垂直的 p_π 原子轨道，这样它们可以通过线性组合形成 5 个分子轨道，如图 8-40 所示。其中 a 为全对称轨道，没有任何节面，因此是能量最低的分子轨道，属于强成键轨道；e_1^a 和 e_1^b 是简并轨道，轨道中有一个节面，因此能级更高些，属于弱成键分子轨道；能量最高的简并轨道 e_2^a 和 e_2^b 中具有两个节面，是反键轨道。

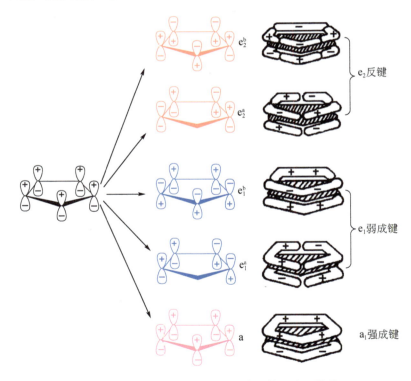

图 8-40　由一绕 p_π 原子轨道形成的茂环分子轨道

将两个茂环的分子轨道重新组合就形成了两个茂环的配体群轨道，如图 8-41 所示。两个茂环各自 a 对称的分子轨道可以记为 $\psi(a_1)$、$\psi(a_2)$，它们组合可以得到两个群轨道，即 $\psi(a_1)+\psi(a_2)$ 和 $\psi(a_1)-\psi(a_2)$，也就是图 8-41 中的 a_{1g} 和 a_{2u}。同样，两个茂环的简并的 e_1 轨道组成 e_{1g} 和 e_{1u} 总共 4 个群轨道。剩下的两个 e_2 简并轨道则组成 e_{2g} 和 e_{2u} 共 4 个群轨道。也就是说，两个茂环共有 10 个配体群轨道。

两个茂环的 10 个配体群轨道和铁原子的 5 个 3d、1 个 4s 和 3 个 4p 轨道按照能量近似和对称性要求线性组合成 19 个分子轨道。能量最低中心对称茂环的 a_{1g} 群轨道和铁原子的 s 或 d_{z^2} 好匹配，因此，将 s 或 d_{z^2} 放入两茂环之间可以形成有效交叠（位相为+的部分交叠）从而形成强成键分子轨道（图 8-41）。同样，茂环的 a_{2u} 群轨道的对称性和铁原子的 p_z 轨道一致，将 p_z 轨道置入两茂环之间，p_z 轨道的上半部相位为+，可以和上面茂环分子轨道位相为+的部分有效交叠；p_z 轨道下半部分的位相为−，可以和下面茂环分子轨道位相为−的

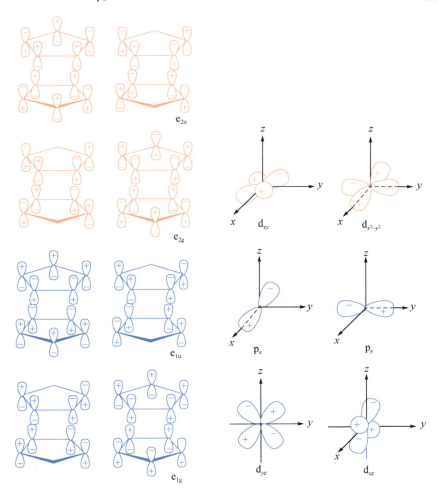

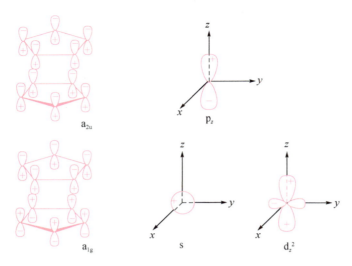

图 8-41　二茂铁中对称性匹配的配体群轨道和金属原子轨道

部分有效交叠。这种交叠也属于成键，但是分子轨道中存在一个节面，所以这个轨道的能量略高于 a_{1g}（图 8-41）。依次类推，铁原子的 d_{xz}、d_{yz} 与配体群 e_{1g} 群轨道匹配；铁原子的 p_x、p_y 与配体群 e_{1u} 群轨道匹配；铁原子的 d_{xy}、$d_{x^2-y^2}$ 与配体群 e_{2g} 群轨道匹配。由于 e_{1u} 群轨道没有与之匹配的金属原子轨道，所以它是非键的。

　　根据计算得到的交错型二茂铁分子轨道的能级如图 8-42 所示。可以看出，二茂铁有 19 个分子轨道，其中有 9 个是成键和非键轨道；反键轨道有 10 个。二个茂环负离子提供 12 个电子，二价铁离子提供 6 个价电子，共有 18 个电子，而这 18 个电子正好填满 9 个能量较低的轨道，使成键和非键轨道正好填满，反键轨道全空，所以二茂铁是非常稳定的反磁性分子。

　　● 其他茂金属化合物。除了二茂铁外，第一过渡系茂金属化合物均已得到，比如二茂钒、二茂铬、二茂锰、二茂钴、二茂镍等。它们同样也形成类似于二茂铁的夹心结构，且分子轨道能级和二茂铁相似，只是价轨道上的电子组态有所不同，因此也就造成它们在稳定性及磁性方面的不同，如表 8-8 所示。通过前面二茂铁分子轨道的分析可以看出，它具有 18 个价电子符合 EAN 规则，且这 18 个价电子全部进入成键轨道和非键轨道，没有未成对电子，所以二茂铁很稳定且是抗磁性。而二茂钴和二茂镍的价电子数分别为 19 个和 20 个。由于它们和二茂铁具有相似的分子轨道，所以超出 18 的电子将进入二重简并的 e_{1g}^* 反键轨道，按照洪特规则自旋平行，因此二茂钴和二茂镍显顺磁性；由于反键轨道中填入电子使得它们不稳定，在空气中很容易失去能量较高的反键轨道中的电子。二茂钒和二茂铬的价电子分别为 15 个和 16 个，未达到饱和的 18 电子结构，因此它们容易通过增加配体的途径获得电子达到 18 电子的稳定结构。二茂锰有 5 个未成对电子，电子组态较为特殊，这可能是因为 Mn 原子的 d 轨道能级很低，使前沿轨道 e_{2g}、a'_{1g}、e_{1g}^* 三个轨道能量接近，5 个 d 电子按照洪特规则分占尽可能多的轨道且自旋平行，结果二茂锰显示出很强的顺磁性，磁矩很大。

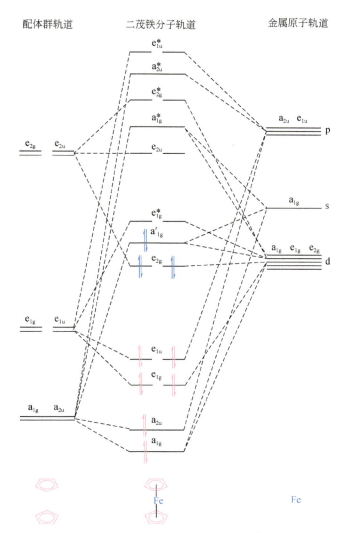

图 8-42　二茂铁分子轨道的能级示意图

表 8-8　一些第一过渡系茂金属化合物的电子组态及物化性质

化合物	外观	熔点/°C	前线轨道电子组态	未成对电子数	磁矩/波尔磁子 实验值	磁矩/波尔磁子 理论值	M—C 键能/（kJ/mol）	稳定性
$(C_5H_5)_2V$	紫色	167	$(e_{2g})^2(a'_{1g})^1$	3	3.84	3.83	69.9	对空气很敏感
$(C_5H_5)_2Cr$	暗红色	173	$(e_{2g})^3(a'_{1g})^1$	2	3.02	2.83	76.1	对空气很敏感
$(C_5H_5)_2Mn$	暗棕色	172	$(e_{2g})^2(a'_{1g})^1(e^*_{1g})^2$	5	5.86	5.90	—	对空气敏感
$(C_5H_5)_2Fe$	橙色	173	$(e_{2g})^4(a'_{1g})^2$	0	0	0	84.2	在空气中稳定，500℃以下不分解
$(C_5H_5)_2Co$	紫黑色	173	$(e_{2g})^4(a'_{1g})^2(e^*_{1g})^1$	1	1.76	1.73	80.1	在空气中被氧化成更稳定的$(C_5H_5)_2Co^+$盐
$(C_5H_5)_2Co^+$	黄色	—	$(e_{2g})^4(a'_{1g})^2$	0	0	0	—	在水溶液中稳定
$(C_5H_5)_2Ni$	暗绿色	173	$(e_{2g})^4(a'_{1g})^2(e^*_{1g})^2$	2	2.86	2.83	75.4	在空气中缓慢氧化

2. 二苯铬(η^6-C_6H_6)$_2$Cr

● 二苯铬的结构。苯也能和过渡金属形成类似于二茂铁的夹心化合物，在苯过渡金属夹心化合物中，以二苯铬最为重要。二苯铬的合成时间为 1919 年，甚至比二茂铁还要早，但它在 1950 年以后才用 X 射线衍射法确定了其夹心型结构：铬离子对称地处在两个苯环平面中间（图 8-43），因此所有的 C—C 键、Cr—C 键和 C—H 键长相等，分别为 139.0 pm、215.0 pm 和 111.0 pm，两苯环之间的距离为 323.0 pm，分子属于重叠 D_{6h} 对称。

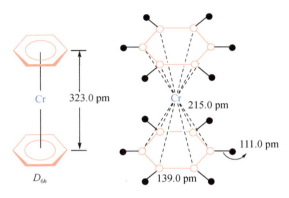

图 8-43　二苯铬分子的重叠型结构

● 二苯铬的键合。二苯铬由铬原子提供 6 个价电子，两个苯环提供 12 个价电子，因此与二茂铁是等电子体，其分子轨道的组成与二茂铁相似：每个苯环有 6 个 π 分子轨道，两个苯环组成 12 个配体群轨道。配体群轨道与 Cr 原子价电子层上的 5 个 3d、1 个 4s、3 个 4p 共 9 个原子轨道按照对称性匹配进行组合，形成 21 个分子轨道，其能级图如图 8-44 所示。

二苯铬共有 18 个价电子，将这 18 个价电子按照图 8-44 中轨道能级从低到高的顺序依次填入，形成的电子组态为：$(a_{1g})^2(a_{2u})^2(e_{1u})^4(e_{1g})^4(e_{2g})^4(a'_{1g})^2$。分子中没有未成对电子，故二苯铬是抗磁性的。

虽然二苯铬分子轨道能级图与二茂铁的相似，但是 Cr 的 3d、4s、4p 轨道的能量要比 Fe 原子相应轨道的能量高，而配体苯环的能量又比茂环低，因此二苯铬中的 a_{1g} 轨道对成键的贡献比二茂铁中少，e_{1g} 轨道成了更为重要的成键轨道，二茂铁中近乎非键的 e_{2g} 轨道在二苯铬中变成了成键轨道。二苯铬符合 EAN 规则，是一种较为稳定的化合物，但是其热稳定性不及二茂铁。从图 8-44 中可以看出，这是因为二苯铬的最高占据分子轨道 a'_{1g} 主要源于 Cr 原子的 3d 轨道。在二苯铬中 Cr(0)的有效电荷比二茂铁中 Fe(Ⅱ)的小，另外 Cr 原子的 3d 轨道能量相应较高，所以二苯铬最高占据分子轨道 a'_{1g} 中的电子更容易失去，所以二苯铬的稳定性不及二茂铁。

● 其他过渡金属苯化合物。除了二苯铬外，其他过渡金属苯化合物也被合成出来，比如二苯钒、二苯钼、二苯钨、二茂钴等。同样，它们也具有类似于二苯铬的夹心结构，但是具有不同的电子组态，因此表现出抗磁性或顺磁性。表 8-9 中列出一些典型的苯夹心过渡金属化合物的物化性质。

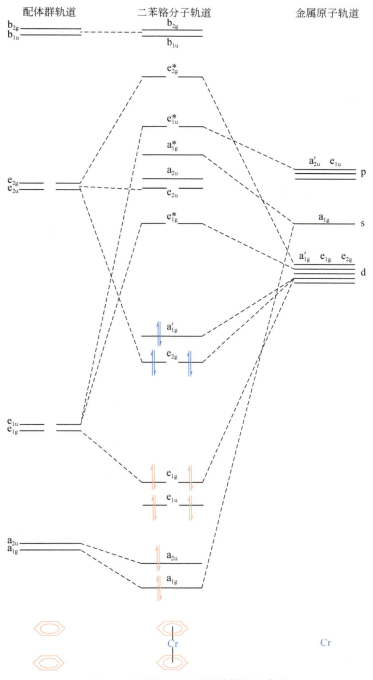

配体群轨道　　　二苯铬分子轨道　　　金属原子轨道

图 8-44　二苯铬分子的轨道能级示意图

3. 环辛四烯铀(η^8-C$_8$H$_8$)$_2$U

● 环辛四烯铀的结构。环辛四烯铀是一种绿色晶体，经 X 射线衍射实验结果表明配体环辛四烯呈平面结构，铀离子处于两配体之间形成夹心结构（图 8-45），分子属于 D_{8h} 对称。

表 8-9　一些典型苯夹心过渡金属化合物的物化性质

化合物	外观	熔点/°C	磁矩/波尔磁子		稳定性
			实验值	理论值	
$(C_6H_6)_2V$	黑色	227	1.73	1.68±0.08	在空气中很快氧化成红棕色离子$(C_6H_6)_2V^+$
$(C_6H_6)_2Cr$	棕黑色	284	0	0	不如二茂铁稳定，易氧化成黄色离子$(C_6H_6)_2Cr^+$
$(C_6H_6)_2Mo$	绿色	115	0	0	对空气很敏感
$(C_6H_6)_2W$	黄绿色	160 分解	0	0	在空气中比$(C_6H_6)_2Mo$ 稳定
$(C_6H_6)_2Fe^{2+}$	橙色	—	1.73	1.89	可被还原为Fe$^+$配合物和对空气敏感的Fe（0）配合物
$(C_6H_6)_2Co^+$	黄色	—	2.83	2.95±0.08	—

铀离子与两个环平面距离相等，两环辛四烯平面间的距离为 384.0 pm，分子中所有 C—C 键和 U—C 键键长相等，分别为 140.0 pm、265.0 pm。

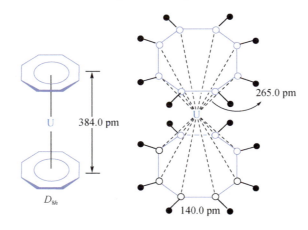

图 8-45　具有 D_{8h} 对称的环辛四烯铀的分子结构

● 环辛四烯铀的键合。从前面茂环和苯环与过渡金属的键合特征可以看出：过渡金属是通过其 d 轨道和环烯配体的 e_g 分子轨道之间相互交叠成键。对于镧系和锕系金属元素来说，它们的 d 轨道能量太高，不能与环烯配体形成共价性的 π 配合物，只能形成离子型的化合物，但是它们的 4f 和 5f 轨道的能量比 5d 和 6d 轨道的能量低，因此它们的 f 轨道有利于和环烯配体形成共价性的 π 配合物，尤其是锕系元素的 5f 轨道，其在空间较为扩展，更加有利于共价键的形成。实验表明，处于锕系的元素铀就是通过 5f 轨道与配体键合。

自洽场分子轨道的理论计算、光谱数据及热力学数据表明，铀离子的 6d、7s、7p 轨道的能量太高，很难和环烯四烯形成共价性的 π 配合物。只有铀离子的 5f 轨道参与成键，因为铀离子的 f_{xyz} 和 $f_{x(x^2-y^2)}$ 轨道具有 e_{2u} 对称性，所以很有可能与环辛四烯负离子对称性匹配的 e_{2u} 轨道群相互作用成键。实验表明确实如此，图 8-46 表示了这种成键作用。环辛四烯铀的分子轨道能级示意图如图 8-47 所示。

铀离子 U^{4+} 的电子构型为[Rn]$5f^2$，可提供 2 个 f 电子，每个环辛四烯二价负离子可以提供 10 个 π 电子，所以环辛四烯铀的价电子总数为 22 个。成键时，16 个电子按照轨道能量

从低到高分别进入 a_{1g}、a_{2u}、e_{1g}、e_{1u}、e_{2g} 分子轨道，余下的电子中有 4 个进入简并的 e_{2u} 轨道，2 个进入主要成分为金属 f 轨道的简并 e_{3u} 非键轨道（图 8-47）。进入简并的 e_{3u} 非键轨道的两个电子自旋方向相同，所以环辛四烯铀具有 2 个未成对电子，这一结果与磁矩实验值 2.43 B.M.的结果一致。

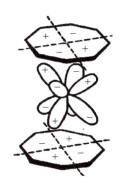

图 8-46　配体群 e_{2u} 轨道和金属 f 轨道成键作用示意图

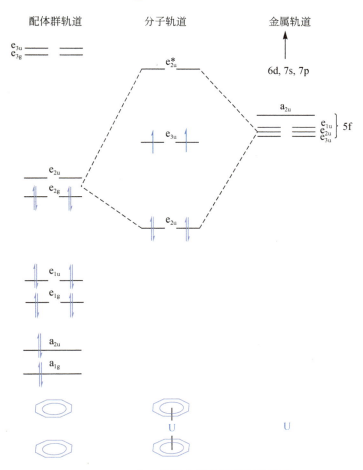

图 8-47　环辛四烯铀分子轨道能级示意图

可能是由于处于非键轨道中的 2 个电子容易失去，所以环辛四烯铀对空气和氧化剂敏感，容易被氧化成六价铀离子。但是环辛四烯铀的热稳定性较高，不易被氢还原及发生配体交换反应。不溶于水，在中性溶液中不分解，但对碱性溶液敏感。

● 其他环辛四烯过渡金属化合物。除了环辛四烯铀外，其他已经得到锕系元素环辛四烯配合物，还有环辛四烯镎和环辛四烯钚。相对于茂及苯过渡金属化合物，环辛四烯化合物的种类更少。

8.6.3 过渡金属环多烯化合物的合成及化学性质

1. 过渡金属环多烯化合物的合成

● 环多烯活泼金属盐与过渡金属卤化物反应。二茂铁最早就是由茂基格氏试剂和无水三氯化铁作用被偶然合成出来的。

$$FeCl_3 + (C_5H_5)MgBr \longrightarrow (\eta^5\text{-}C_5H_5)_2Fe + MgBr_2 + MgCl_2$$

茂环的钠盐和过渡金属卤化物反应是制备茂过渡金属化合物非常有效的方法，很多茂过渡金属化物都是通过此方法制备的。

$$2C_5H_6 + 2Na \xrightarrow{\text{THF}} 2NaC_5H_5 + H_2$$

$$MX_n + 2(C_5H_5)Na \xrightarrow{\text{THF}} (\eta^5\text{-}C_5H_5)_2M + NaX \quad (M: V, Cr, Mn, Fe, Co, Ni)$$

环辛四烯铀也是利用类似的方法制备出来的。环辛四烯首先和金属钾反应生成环辛四烯钾盐，利用钾盐中环辛四烯负二价离子与四价铀离子反应得到环辛四烯铀。

$$C_8H_8 + 2K \xrightarrow{\text{THF}} C_8H_8^{2-} + 2K^+$$

$$2C_8H_8^{2-} + U^{4+} \xrightarrow[0°C]{\text{THF}} (\eta^8\text{-}C_8H_8)_2U$$

● 还原法。二茂铁还可以利用还原铁粉和环戊二烯在氮气氛围下加热得到。

$$Fe + 2C_5H_6 \xrightarrow[N_2]{300°C} (\eta^5\text{-}C_5H_5)_2Fe + H_2$$

二苯铬的合成也是利用还原的方法得到。三氯化铬和苯在还原剂存在的条件下反应得到二苯铬正离子，然后经连亚硫酸钠还原得到二苯铬。

$$3CrCl_3 + 2Al + AlCl_3 + 6C_6H_6 \longrightarrow 3\left[(\eta^6\text{-}C_6H_6)_2Cr(AlCl_4)\right]$$

$$2[(\eta^6 - C_6H_6)_2Cr]^+ S_2O_4^{2-} + 4OH^- \longrightarrow 2(\eta^6\text{-}C_6H_6)_2Cr + 2SO_3^{2-} + 2H_2O$$

● 有机碱法。在该类反应中，利用强有机碱作为质子受体，在反应中有机胺过量。该方法已经成为大量制备二茂铁比较经济有效的方法。

$$2C_5H_6 + FeCl_2 + 2NEt_3 \longrightarrow (\eta^5\text{-}C_5H_5)_2Fe + 2Et_3NHCl$$

另外，二茂钴也可以采取这种方法制备。

$$2C_5H_6 + CoCl_2 + 2NEt_2H \longrightarrow (\eta^5 - C_5H_5)_2Co + 2Et_2NH_2Cl$$

一些聚合型过渡金属环多烯化合物可以通过同夹心型化合物转化得到。

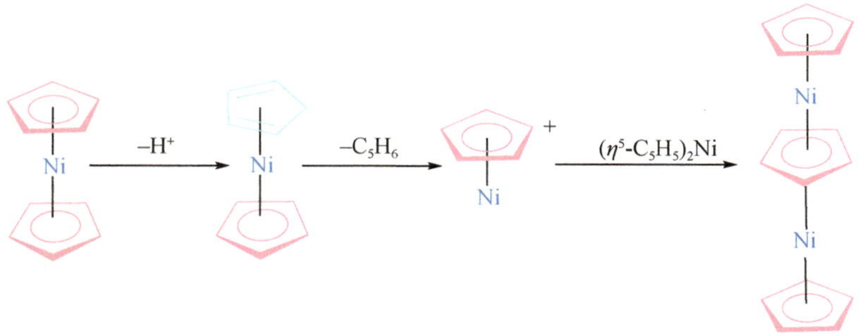

2. 过渡金属环多烯化合物的化学性质

由于过度金属环多烯 π 配合物稳定性不是特别好，这给研究它们的化学性质带来很大麻烦。在这类化合物中二茂铁的稳定性可以说是最好的，因此对二茂铁的化学性质研究的较多。另外由于二茂铁衍生物的稳定性也很好，这使得对二茂铁化学性质的研究更具意义。所以在本节对渡金属环多烯的化学性质的讨论主要集中于二茂铁的化学性质。

● 酰基化反应。我们知道，二茂铁中的茂环负离子是具有芳香性的，因此茂环容易发生取代反应而不容易发生加成反应。所以，二茂铁和酰氯发生亲电取代反应在茂环上引入酰基，且两个茂环都可以发生反应。

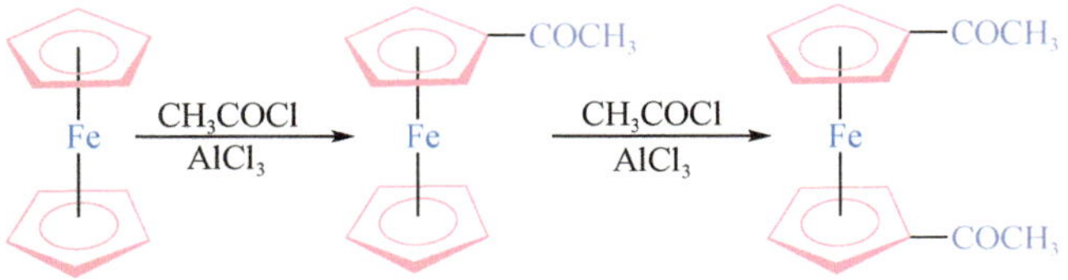

● 缩合反应。二茂铁中的茂环可以和甲醛和有机胺缩合。

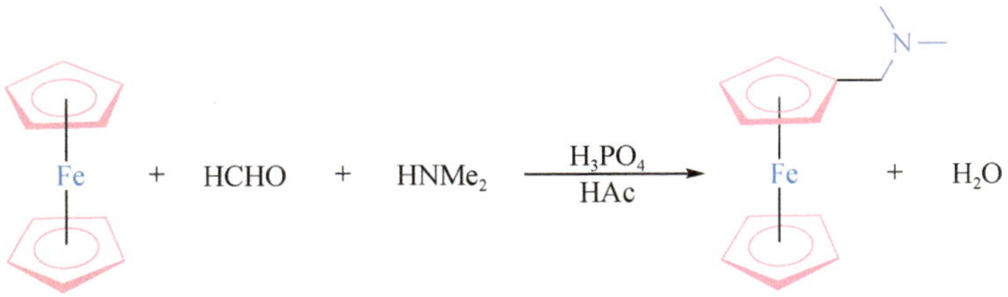

从这一化学特性来看，二茂铁的反应性更接近苯酚和噻吩，而不像苯，因为苯不能发生上述缩合反应。这可能是由于二茂铁中的茂环负离子为 6 个 π 电子的五元环系，属于富电子体系，因此和富电子的苯酚（羟基为供电子基团）和噻吩（6 个 π 电子的五元环系）化学性质相似。

● 金属化反应。二茂铁中茂环上的氢被金属取代，比如和丁基锂反应。另外，两个茂环都可发生金属化反应这一特性也和噻吩类似。

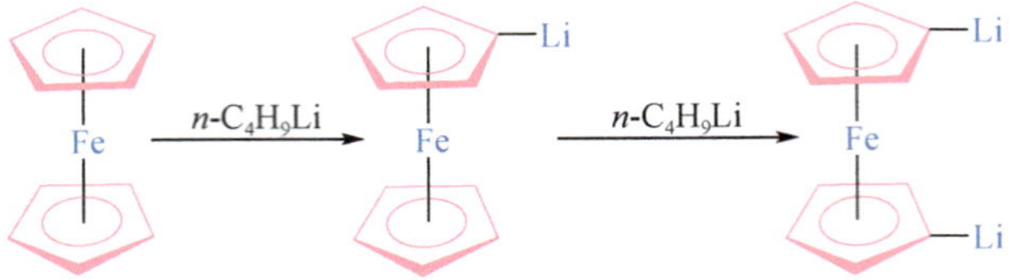

二茂铁的金属化反应在合成上具有重要意义，利用金属化中间体可以合成其他二茂铁衍生物。比如，有些芳环的典型反应，如硝化、溴化，都不能按普通的反应条件进行，因为二茂铁很容易被这些强氧化剂氧化。但是，通过金属化中间体就可以得到相应的衍生物，并且利用这些衍生物可以进一步合成其他二茂铁化合物。

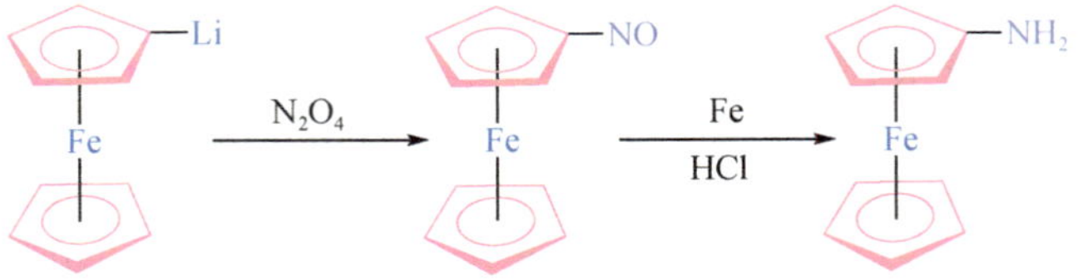

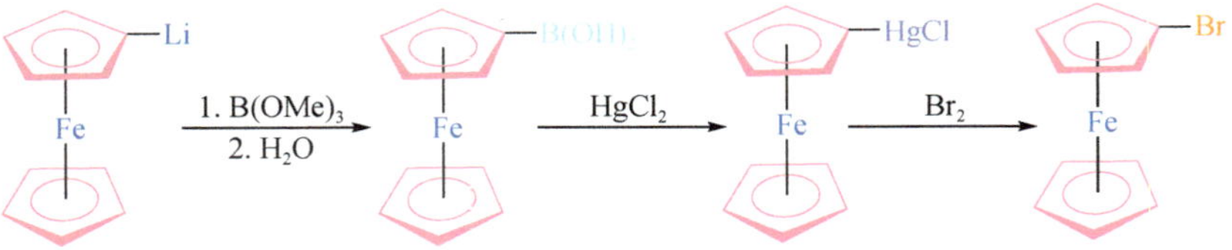

● 氧化反应。过渡金属环多烯化合物大多都不稳定，在固态或溶液中容易被氧化生成更为稳定的离子型化合物。比如，二苯铬很容易被氧化成二苯铬阳离子。

$$2(\eta^6\text{-}C_6H_6)_2Cr + O_2 + 2H_2O \longrightarrow 2[(\eta^6\text{-}C_6H_6)_2Cr]OH + H_2O_2$$

另外，一些含有其他具有反应活性配体的化合物也可以利用可反应性配体进行化学反应得到新化合物。

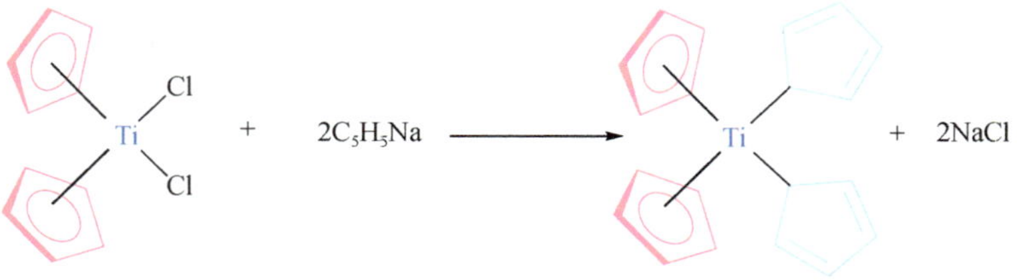

8.7　金属原子簇化合物

8.7.1　概述

20世纪60年代，原子簇化学诞生并迅速发展成为一个非常活跃的新兴化学研究领域。1966年科顿（F. A. Cotton）首先提出原子簇（Clusters）的概念。他将原子簇定义为"含有直接而明显键合的两个及以上的金属原子的化合物"。美国化学文摘的索引中提出：原子簇化合物是含有 3 个或 3 个以上互相键合或极大部分互相键合的金属原子的配位化合物。

1982 年，我国化学家徐光宪提出"原子簇为 3 个或 3 个以上的有限原子直接键合组成多面体或缺顶多面体骨架为特征的分子或离子"。这一定义扩大了原子簇化合物的内涵，将原子簇化合物拓展到非金属原子簇。由于原子簇合物性质、结构与成键方式等具有特殊性，引起了合成化学、理论化学和材料化学等领域科研工作者的浓厚兴趣。因此，原子簇化合特殊的光电磁性质、催化性能及生物活性被充分认识和利用，同时原子簇合物的新用途也不断被开发出来，使得原子簇化学生机蓬勃。

虽然有些金属原子簇合物分子中不含金属–碳键，但是金属原子簇合物中最重要、数量最大的金属–羰基原子簇合物却是典型的有机金属化合物。因此，我们将金属原子簇合物这类特殊结构的配合物放在金属有机化合物这一章里进行介绍。

8.7.2　金属原子簇化合物的分类与命名

1. 金属原子簇化合物的分类

根据金属原子簇的结构特点，可以从以下角度对其进行分类：

● 根据金属中心上是否含有配体，可分为含配体的金属原子簇和不含配体的金属原子簇。比如，图 8-48 中 Pt 的三核簇含有羰基配体，属于含配体的金属原子簇；过渡金属元素后 p 区主族金属元素，特别是较重的金属元素（如 Pd、Bi 等） 较容易形成不含任何配体的金属原子簇阴离子或阳离子，被称为不含配体的金属原子簇。

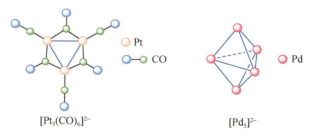

图 8-48　$[Pt_3(CO)_6]^{2-}$ 和 $[Pd_5]^{2-}$ 的结构

● 根据与金属中心配位的配体种类，可分为羰基簇、卤族簇及含硫族配体簇等。比如，图 8-49 中的典型的羰基簇和卤族簇。

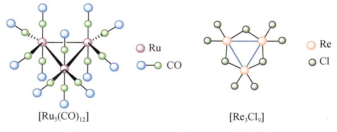

图 8-49　$[Ru_3(CO)_{12}]$ 和 $[Re_3Cl_9]$ 的结构

● 根据金属中心的种类，可分为同核簇和异核簇。比如，图 8-50 中的钌-铁异核簇及钌的同核簇。

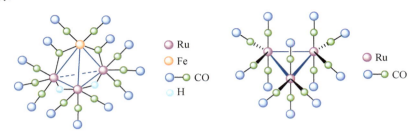

图 8-50 钌-铁异核簇及钌的同核簇的结构

● 根据金属中心的数目，可分为二核簇、三核簇及四核簇等。比如，图 8-51 中的羰基簇分别为二核簇、三核簇及四核簇。

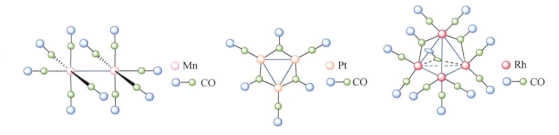

图 8-51 典型羰基二核簇、三核簇及四核簇的结构

● 根据结构类型，可分为分立簇和扩展簇。比如，图 8-52 中的银的八核分立簇及基于该八核银簇的一维扩展簇。

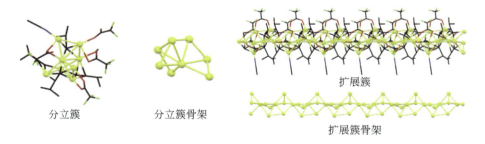

分立簇   分立簇骨架

扩展簇

扩展簇骨架

图 8-52 分立簇[Ag$_8$(C≡C^{i}Pr)$_4$(CF$_3$COO)$_4$(CH$_3$OH)(CH$_3$CN)]及一维扩展簇
[Ag$_8$(C≡C^{i}Pr)$_4$(CF$_3$COO)$_4$(CH$_3$OH)(CH$_3$CN)]$_x$的结构

2. 金属原子簇化合物的命名

● 金属原子簇的中心原子之间仅有金属键连接 含有金属键而且具有对称结构的化合物，应用倍数词头命名。如：

[Br$_4$Re-ReBr$_4$]$^{2-}$　　　　　二[四溴合铼(III)]酸根离子

[(CO)$_5$Mn-Mn(CO)$_5$]　　　二(五羰基合锰)

若为非对称结构，则将其中的一些中心原子及其配体合在一起作为另一个"主要的"中心原子的配体（词尾用"基"）来命名。确定"主要的"中心原子是根据配合中各中心原子元素符号的英文字母顺序，元素符号英文字母在字母表中排在后面的为"主要的"中心原子。如：

在 $[(C_6H_5)_3AsAuMn(CO)_5]$ 中，锰元素的元素符号首字母为 M，在英文字母表中排在砷和金元素符号首字母的后面，所以 Mn 是"主要的"中心原子。所以，该配合物的命名为

五羰基·[(三苯基胂基)金基]合锰

● 金属原子簇的中心原子之间既有桥基又有金属键　此类化合物应按桥联化合物来命名，并将包含有金属–金属键的元素符号括在括号中缀在整个名称之后。如：

$(CO)_3Co(\mu_2\text{-}CO)_2Co(CO)_3$　　二$(\mu_2\text{-}$羰基$)$·二(三羰基合钴)(Co-Co)

● 同种金属原子簇化合物的命名　有些金属原子簇化合物除其金属间有键连接外，还有一些非金属原子团（配体）与该金属原子簇紧密缔合。这时，金属原子与配体间键的性质则按照桥键和一般键的习惯来命名。此外，还必须对该金属原子簇的几何形状（如三角、四方、四面等）加以说明。如：

$Os_3(CO)_{12}$　　　　　　十二羰基合-三角-三锇

$[Nb_6(\mu_2\text{-}Cl)_{12}]^{2+}$　　　　十二$(\mu_2$-氯)合-八面-六铌(2+)离子

$[Mo_6(\mu_3\text{-}Cl)_8]^{4+}$　　　　八$(\mu_3$-氯)合-八面-六钼(4+)离子

需要注意的是，括号内的 2+和 4+不是氧化态，而是配离子所带的电荷。

8.7.3　金属原子簇化合物的金属–金属键

金属原子簇化合物最典型的结构特征就是含有金属–金属键，用 M—M 表示。基于此，通常将分子中含有 M—M 键的化合物均可看作金属原子簇化合物，比如 $Co_2(CO)_8$ 和 $[Re_2Cl_8]^{2-}$ 等，虽然只含有两个金属中心，但也属于金属原子簇合物。金属原子簇化合物中的金属原子氧化数通常较低，低氧化数使金属中心价轨道在空间伸展范围扩大，容易形成金属–金属键。例如，羰基金属原子簇合物中金属原子的氧化数一般为 0 或负值；在低价过渡金属卤族簇合物中，金属原子氧化数通常为+2 或+3。

过渡金属原子簇合物中 M—M 键的存在与否可依下面三个判断条件来界定。

1）键能

金属中心间的作用强度到达一定的程度才认为形成了 M—M 键，因此键能成为判断 M—M 键是否形成的重要条件。通常认为配合物中的 M—M 键能大于 80 kJ/mol 才认为形成了典型的 M—M 键，相应的配合物才属于簇合物。例如，$Mn_2(CO)_{10}$ 中 Mn—Mn 键能为 104 kJ/mol，因此形成了典型的 M—M 键。根据键能数据，表 8-10 中的其他配合物也形成了典型的 M—M 键。

需要注意的是，由于簇合物键能数据很不完善，尤其是高核簇键能测定非常困难，并且不同的方法获得的键能数据差别较大，因此通常要根据化合物的结构特征来判断 M—M 键的存在并粗略估计其强度。

表 8-10   一些配合物中的金属-金属键能

配合物	Mn₂(CO)₁₀	Te₂(CO)₁₀	Re₂(CO)₁₀	Fe₃(CO)₁₂	Ru₃(CO)₁₂	Os₃(CO)₁₂
键能/（kJ/mol）	104	180	187	82	117	130

2）键长

键长是判断配合物中 M—M 键是否存在的另一个重要标准。如果配合物中的金属中心间的距离明显小于纯的金属晶体中的原子间距，并且不存在桥基，这样就有典型的 M—M 键生成。比如，$Re_2Cl_8^{2-}$ 中 Re—Re 键长为 224 pm，明显小于纯金属 Re 中两原子间的距离 274 pm。根据表 8-11 中的键长数据，这些配合物中也形成了典型的 Mo—Mo 键长。

表 8-11   一些 Mo 配合物及 Mo 金属中的 Mo—Mo 键长

配合物	Mo₂Cl₈³⁻	Mo₂Br₈³⁻	Mo₂Cl₉³⁻	金属钼
Mo—Mo 键长/pm	238	243.9	265	273

需要注意的是，利用键长数据法判断是否有 M—M 键生成时需要考虑金属氧化态和桥基配体对金属键长的影响。

3）磁矩

当 M—M 键生成以后，电子自旋成对，导致化合物磁矩减小，甚至变为零，磁化率数值此时发生变化。例如，$Co(CO)_4$ 未成对电子数 1，而 $Co_2(CO)_8$ 未成对电子数 0，说明后者分子中可能存在 Co—Co 键。由于磁化率比较容易测定，所以磁化率可以作为 M—M 键是否存在的重要判据之一。需要注意的是，在较重的过渡金属元素中，由于存在自旋-轨道耦合，也会导致磁化率降低。

总之，判断 M—M 键的存在与否需要结合几种结构参数来考虑，有时还须考虑化合物的光谱数据进行综合分析，才可得出正确的结论。

在了解了 M—M 键形成的要素后，下一个需要关注的问题自然就是金属原子簇中 M—M 键的键合方式。金属原子簇中 M—M 键通常有以下几种典型的键合方式。

1. 直线型 M—M 键

以图 8-53 中的 $Mn_2(CO)_{10}$ 为例，按照 18 电子规则，每个 Mn 中心周围有 17 个电子。可以推断，该配合物分子中应该存在有一条 Mn—Mn 金属键，这一金属中心通过共用电子满足 18 电子的要求。事实上，在成键时 Mn 中心进行了 d^2sp^3 杂化，形成 6 条杂化轨道。其中，5 条杂化轨道用来接受来自 5 个羰基配体的孤对电子，还有 1 条含有单电子的 d^2sp^3 杂化轨道与另一个 Mn 中心同样的杂化轨道重叠形成 Mn—Mn 键。因此，每个 Mn 中心都是八面体构型，OC—Mn—Mn—CO 处于一条直线上。

2. 弯曲 M—M 键

$Co_2(CO)_8$ 有 3 种异构体。其中 $Co_2(CO)_6(\mu_2\text{-}CO)_2$ 异构体有 2 个边桥羰基分别桥接两个 Co 中心，此外，每个 Co 中心还和 3 个端基配位羰基相连，由于 $Co_2(CO)_8$ 的价电子数为

$2 \times 9 + 8 \times 2 = 34$，平均每个 Co 中心周围有 17 个电子，预期它们之间存在一条金属键。这样对每一个 Co 中心的配位数为 6，应是 d^2sp^3 杂化轨道成键。由于 d^2sp^3 杂化轨道之间的夹角为 90°，可以预料，2 个金属必须以弯曲的方式才能进行 d^2sp^3-d^2sp^3 轨道的重叠（图 8-54）。

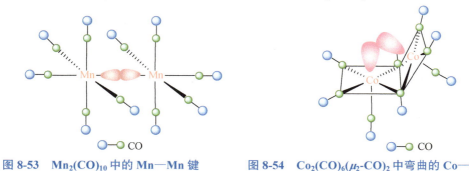

图 8-53　$Mn_2(CO)_{10}$ 中的 Mn—Mn 键　　　　图 8-54　$Co_2(CO)_6(\mu_2\text{-}CO)_2$ 中弯曲的 Co—Co 键

3. 多重 M—M 键

上面例子中，不管 M—M 键是直线性的还是弯曲的，但都是单键。然而，在$[Re_2Cl_8]^{2-}$离子中，Re 与 Re 之间的金属键却是四重的。该配离子总共有 24 个价电子，平均一个 Re 周围有 12 个电子。因此，必须和另一个 Re 金属中心生成四重金属键才能达到 16 电子结构（图 8-55）。

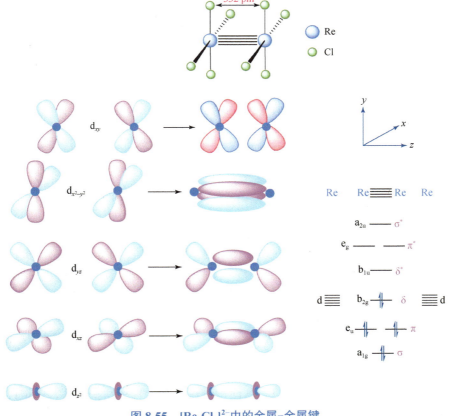

图 8-55　$[Re_2Cl_8]^{2-}$ 中的金属–金属键

[Re$_2$Cl$_8$]$^{2-}$离子在成键时，Re 用 d$_{xy}$、s、p$_x$ 及 p$_y$ 四条轨道进行杂化，产生四条 dsp^2 杂化轨道，接受四个 Cl$^-$ 配体的孤对电子，形成 4 条正常的σ键。此外，两个金属各自还剩 4 条 d 轨道，即 d$_{z^2}$、d$_{xz}$、d$_{yz}$ 及 d$_{x^2-y^2}$ 相互重叠形成四重的金属键。这四重键中，1 条是 d$_{z^2}$-d$_{z^2}$ 头对头产生的σ键，2 条是由 d$_{yz}$-d$_{yz}$、d$_{xz}$-d$_{xz}$ 肩并肩产生的 π 键，还有 1 条是 d$_{x^2-y^2}$-d$_{x^2-y^2}$ 面对面产生的δ键。该配离子的 24 个价电子，在 8 条 Re—Cl σ键中填入 16 个电子，剩下 8 个电子则填入四重 M—M 键中。

4. 多中心 M—M 键

在[Nb$_6$Cl$_{12}$]$^{2+}$中，6 个 Nb 中心形成一个八面体，在八面体的每条边的上方有一个桥基氯原子。因此，其分子式实际为[Nb$_6$(μ_2-Cl)$_{12}$]$^{2+}$，总价电子数为 Nb$_6$$^{14+}$＋12 Cl$^-$＝(6×5-14)＋24＝40 个。每个 Nb 中心周围的电子数为 40/6 个，这一结果很难用 18 或 16e 规则描述。如果把 12 个 Cl$^-$ 取掉，则 6 个 Nb 中具有 16 个价电子。八面体有 8 个面，相当于每个面只有 2 个电子，即形成的是 3 中心 2e（3c-2e）键（图 8-56）。

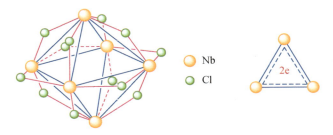

图 8-56　[Nb$_6$Cl$_{12}$]$^{2+}$中的多中心金属-金属键

8.7.4　金属原子簇化合物的结构与构型

金属原子簇化合物的结构与构型主要取决于各金属中心之间相对位置和键合方式。主要有以下几种规则预测金属原子簇化合物的结构与构型。

1. 18e 规则

在金属原子簇化合物中，簇合物分子骨架中 M—M 键的数目，也被称为键价，对于确定各金属中心之间相对位置和键合方式非常关键。确定金属原子簇化合物的键价可以利用 18e 和 16e 规则。

对于结构为[M$_n$L$_m$]^d 簇合物，含有 n 个金属中心 M，m 个配体 L，簇所带的电荷为 d（负离子取＋，正离子取-）。假设每个金属的价电子数为 V，每个配体 L 提供的电子数为 W，簇电荷为 d。那么，该簇的总的价电子数为 $g=Vn+Wm\pm d$。如果每个金属中心满足 18e 规则，则需要 $18n$ 个价电子。因此，该簇的键价 b 可用下式表示：

$$b=(18n-g)/2 \tag{8-1}$$

此公式除能计算 M—M 键的数目，从而推测簇合物的骨架结构之外，还可以预言某些原子簇中存在的多重键的数目。

从表 8-12 到表 8-16 分别列出了具有不同金属键数目的三核、四核、五核、六核簇及高核骨架的构型。这为预测过渡金属低核羰基簇的簇骨架构型提供了重要信息。

表 8-12　具有不同金属键数目的三核簇的骨架构型

簇合物	g	b	M—M 键/pm	M_3 骨架构型
$Os_3(CO)_9(\mu_3\text{-}S)_2$	50	2	Os—Os，281.3	（a）
$Mn_2Fe(CO)_{14}$	50	2	Mn—Fe，281.5	（b）
$Fe_3(CO)_{12}$	48	3	Fe—Fe，281.5	（c）
$Os_3H_2(CO)_{10}$	46	4	2Os—Os，281.3 Os=Os，268.0	（d）
$[Mo_3(\mu_3\text{-}S)_2(\mu_2\text{-}Cl)_3Cl_6]^{3-}$	44	·5	$Mo\frac{5}{3}Mo$，261.7	（e）
$[Mo_3(\mu_3\text{-}O)(\mu_2\text{-}O)_3F_9]^{5-}$	42	6	Mo=Mo，250.2	（f）
$Re_3(\mu_2\text{-}Cl)_3(CH_2SiMe)_6$	36	9	Re≡Re，238.7	（g）

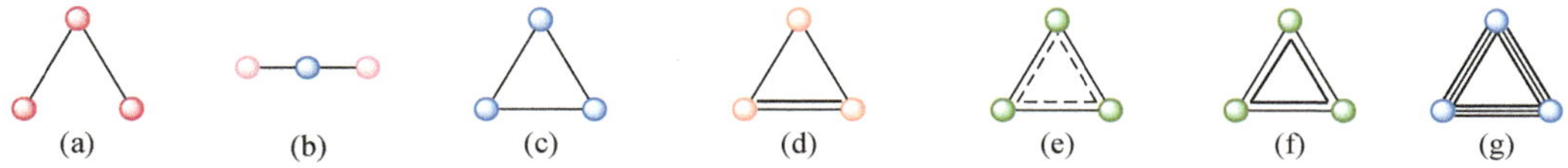

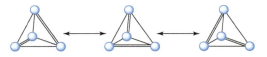

表 8-13 中，$Re_4(\mu_3\text{-}H)_4(CO)_{12}$ 的四面体簇骨架的结构也可用图 8-57 中的共振结构式来表示。这说明该配合物簇骨架上的电子具有高度离域特性。

图 8-57　$[Nb_6Cl_{12}]^{2+}$ 簇骨架结构的共振结构式

表 8-13　具有不同金属键数目的四核簇的骨架构型

簇合物	g	b	M—M 键/pm	M_4 骨架构型
$Re_4(\mu_3\text{-}H)_4(CO)_{12}$	56	8	$Re\frac{1.33}{}Re$，291	（a）
$Ir_4(CO)_{12}$	60	6	Ir—Ir，268	（b）
$[Re_4(CO)_{16}]^{2-}$	62	5	Re—Re，299	（c）
$Fe_4(CO)_{13}C$	62	5	Fe—Fe，263	（d）
$Co_4(Co)_{10}(\mu_4\text{-}S)_2$	64	4	Co—Co，254	（e）
$[Re_4H_4(CO)_{15}]^{2-}$	64	4	Re—Re，302	（f）
$Co_4(\mu_4\text{-}Te)_2(CO)_{11}$	66	3	Co—Co，262	（g）
$Co_4(CO)_4(\mu\text{-}SEt)_8$	68	2	Co—Co，250	（h）

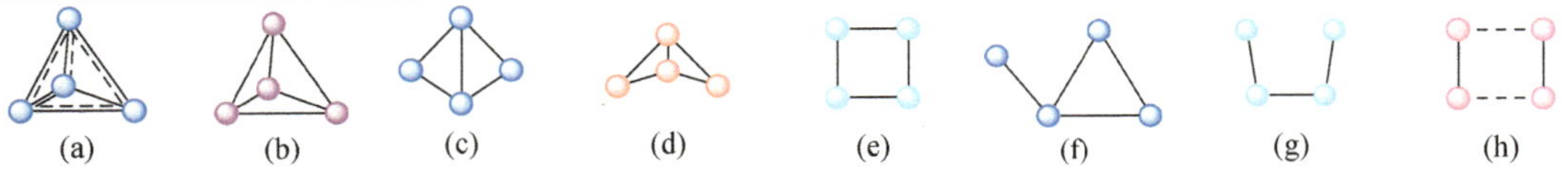

表 8-14　具有不同金属键数目的五核簇的骨架构型

簇合物	g	b	棱边数	M_5骨架构型
$Os_5(CO)_{16}$	72	9	9	（a）
$Fe_5C(CO)_{15}$	74	8	8	（b）
$Os_5H_2(CO)_{16}$	74	8	8	（c）
$Ru_5C(CO)_{15}H_2$	76	7	7	（d）
$Ru_5(CO)_{14}(NCCMe_3)_2$	76	7	7	（e）
$Os_5(CO)_{19}$	78	6	6	（f）
$Re_2Os_3H_2(CO)_{20}$	80	5	5	（g）

（a）　　　（b）　　　（c）　　　（d）　　　（e）　　　（f）　　　（g）

表 8-15　具有不同金属键数目的六核簇的骨架构型

簇合物	g	b	棱边数	M_6骨架构型
$[Mo_6(\mu_3\text{-}Cl)_8Cl_6]^{2-}$	84	12	12	（a）
$[Nb_6(\mu_2\text{-}Cl)_{12}Cl_6]^{4-}$	76	16	12	（a）
$Rh_6(CO)_{16}$	86	11	12	（a）
$Os_6(CO)_{18}$	84	12	12	（b）
$Os_6(CO)_{18}H_2$	86	11	11	（c）
$Os_6C(CO)_{16}(MeC\equiv CMe)$	88	10	10	（d）
$[Rh_6C(CO)_{15}]^{2-}$	90	9	9	（e）
$Os_6(CO)_{20}[P(OMe)_3]$	90	9	9	（f）
$Co_6(\mu_2\text{-}C)(\mu_4\text{-}S)(CO)_{14}$	92	8	8	（g）

（a）　　　（b）　　　（c）　　　（d）　　　（e）　　　（f）　　　（g）

表 8-16　具有不同金属键数目的高核簇的骨架构型

簇合物	g	b	M_n骨架构型
$Os_7(CO)_{21}$	98	14	（a）单帽八面体
$[Os_8(CO)_{22}]^{2-}$	110	17	（b）对位双帽八面体
$[Rh_9P(CO)_{21}]^{2-}$	130	16	（c）单帽四方反棱柱
$[Rh_{10}P(CO)_{22}]^-$	142	19	（d）双帽四方反棱柱
$[Rh_{11}(CO)_{23}]^{3-}$	148	25	（e）共面八面体（3 个）
$[Rh_{12}Sb(CO)_{27}]^{3-}$	172	23	（f）双帽五方反棱柱

续表

簇合物	g	b	M_n骨架构型

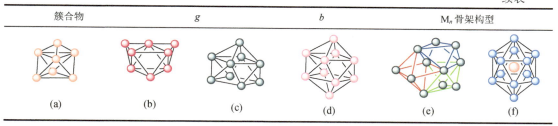

(a)　　　　　(b)　　　　　(c)　　　　　(d)　　　　　(e)　　　　　(f)

需要注意的是，18e 规则的应用要求簇合物要遵循该规则。一般含有π接受体的配体的低核簇能满足该规则，尤其是金属羰基簇合物。18e 规则把 M—M 键看作是 2 中心 2 电子（2c-2e）的定域键，稍大一些的 d 区原子簇例外的情况增多，18e 规则不太适用。通常，f 区金属形成的簇合物不适合 18e 规则。

2. 多面体骨架电子对理论

多面体骨架电子对理论（Polyhedral Skeletal Electron Pair Theory，PSEPT）是从参加簇骨架成键的总电子数来推断簇合物骨架的几何形状。该理论由韦德（Wade）和明戈斯（Mingos）将硼烷的结构规则推广运用到金属原子簇化合物中发展而来的。试图从多面体骨架的几何形状和多面体骨架电子数之间的关系来说明 M—M 键的特征。和 18e 规则不同，PSEPT 不是把 M—M 键看成是 2c-2e 键，而是从簇骨架键总的电子数推断骨架的几何形状，能较好地阐明了金属原子形成的多面体骨架及其几何形状的规律性。

PSEPT 的基本要点是：类似硼烷及碳硼烷，在含 n 个金属原子的闭式多面体羰基簇中有 $n+1$ 对电子容纳在骨架成键轨道中；若容纳 $n+2$ 或 $n+3$ 对电子，将造成闭式多面体转变为"开式"（即是巢式或蛛网式）多面体，而在三角形表面加一金属原子的闭式加冠多面体（如$[Rh_7(CO)_{16}]^{3-}$等），则只需要 n 对骨架电子。由于这一规则由硼烷衍生而来，故又称韦德（Wade）规则。

假定金属羰基簇与硼烷、碳硼烷电子结构具有相似性，即不管在三角形多面体顶点上是过渡金属原子还是 BH 或 CH 单元，它们都需要相同数目的骨架轨道。在金属羰基簇中，每个金属有 9 个价电子轨道，它们对于多面体骨架类似于 BH 单元也提供 3 个原子轨道，其余 6 个轨道用于配体成键和容纳非键电子，假定这 6 个轨道是全充满的，则可共容纳 12 个电子。

对于有 n 个金属原子的簇，簇合物总价电子数（TEC）等于配体电子提供的电子和非键电子总数加上骨架电子，即

$$TEC = 12n + 2(n+x) \tag{8-2}$$

式中，$12n$ 为配体提供的电子和非键电子；$2(n+x)$ 为骨架电子，可用 P_s 表示，x 为结构因子。则

$$P_s = (TEC - 12n)/2 \tag{8-3}$$

簇骨架成键电子对数 P_s 和构成簇的金属原子数（即多面体骨架顶点数）n 与簇的结构关系是

$P_s = n-1 = n+x$，$x=-1$　　簇骨架为双帽多面体

$P_s = n = n+x$，$x=0$　　　　簇骨架为单帽多面体

$P_s = n+1 = n+x$，$x=1$　　簇骨架为闭合型（closo 型）多面体

$P_s = n+2 = n+x$，$x=2$　　簇骨架为巢穴型（nido 型）多面体

$P_s = n+3 = n+x$，$x=3$　　簇骨架蛛网型（arachno 型）多面体

例如，$[Rh_6(CO)_{16}]$，$TEC=(9\times6)+(16\times2)=54+32=86e$，则 $P_s=7$。因为 $n=6$，所以 $x=1$。因此，该簇合物骨架为闭合型多面体。这一预测与$[Rh_6(CO)_{16}]$具有八面体骨架实验事实相符（图 8-58）。

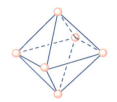

图 8-58　$[Rh_6(CO)_{16}]$簇骨架构型

$[Fe_4(CO)_{13}H]^-$的 $TEC=(8\times4)+(12\times2)+4+1+1=62e$，则 $P_s=7$。因为 $n=4$，所以 $x=3$。因此，该簇合物骨架为蛛网型多面体（图 8-59）。这一预测与$[Fe_4(CO)_{13}H]^-$具有蝶形骨架实验事实相符。

$[Rh_7(CO)_7(\mu_2\text{-}CO)_6(\mu_3\text{-}CO)_3]^{3-}$簇合物，根据其分子式可得出 $TEC=(9\times7)+(16\times2)+3=98e$，则 $P_s=7$。因为 $n=7$，所以 $x=0$。因此，该簇合物骨架为单帽多面体（图 8-60）。这一预测与$[Rh_7(CO)_7(\mu_2\text{-}CO)_6(\mu_3\text{-}CO)_3]^{3-}$具有单帽八面体骨架实验事实相符。

图 8-59　$[Fe_4(CO)_{13}H]^-$簇骨架构型

图 8-60　$[Rh_7(CO)_7(\mu_2\text{-}CO)_6(\mu_3\text{-}CO)_3]^{3-}$簇骨架构型

韦德提出了带帽原则：带帽原子并没有改变簇骨架电子对数。故用上面公式计算时，x 多算了 1 对，实际应为 $x=1-1=0$；如果带有两个帽，则多算了 2 对，应为 $x=1-2=-1$。

依次类推，对于闭式结构簇合物，韦德规则扩展为

$x=0$，单帽多面体；

$x=-1$，双帽多面体；

$x=-2$，三帽多面体；

$x=-3$，四帽多面体；…

例如，$[Os_{10}C(CO)_{24}]^{2-}$，$TEC=(12\times10)+2\times(10-3)=120+14=134e$，则 $P_s=7$。因为 $n=10$，所以 $x=-3$。因此，该簇合物骨架为四帽多面体。这一预测与$[Os_{10}C(CO)_{24}]^{2-}$具有四帽

八面体骨架实验事实相符（图 8-61）。

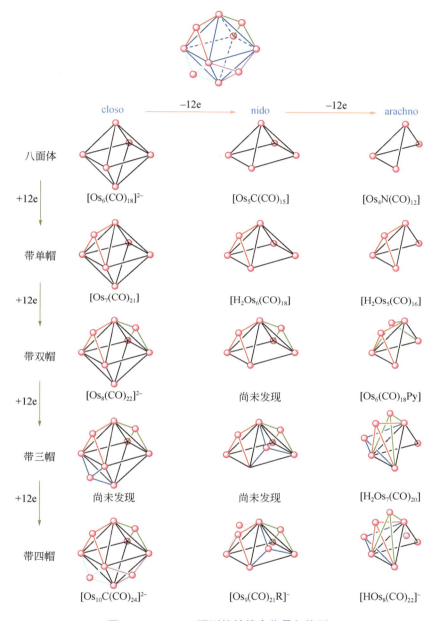

图 8-61 PSEPT 预测的锇簇合物骨架构型

PSEPT 在预测金属簇合物骨架构型方面取得了重要的成功，且被广泛应用，但是该理论也存在一定的局限性。

● 无法确定簇骨架帽的位置。根据该理论可以确定多面体是否带帽及带帽的数目，但是不能确定带帽的位置。比如，closo 型双帽八面体存在邻位和对位两种带帽位置，该理论不能告诉我们到底采用邻位还是对位带帽方式（图 8-62）。

● 根据结构因子 x 预测 closo-带帽结构是正确的；但由于闭式（closo-）、巢式（nido-）及网式（arachno-）的变化趋势正好与带帽变化方向相反，相互抵消，在斜线方向上的金属原子数相同，无法区分闭式、巢式和网式结构，只有确定帽的数目或多面体类型，才可进行正确的预测。

● 该规则的基础是三角形多面体，还有一些不具备三角形面的特征，棱锥用 nido-替代，反棱柱用 arachno-替代。但是，在预测棱柱立方体及十二面体等时，会存在一定的偏差。比如，三棱柱具有 90e，但是按 6 个顶点的 closo-计算为 86e（图 8-63）。

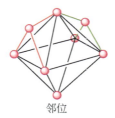 

邻位   对位

图 8-62   双帽八面体邻位和对位异构体簇合物骨架构型

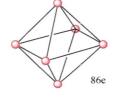 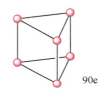

86e   90e

图 8-63   两种六核簇合物骨架构型计算出的簇合物总价电子数

3. 过渡金属原子簇成键能力规则（簇价分子轨道法）

该规则是由劳赫（Lauher）以铑簇合物为对象发展起来的。通过推广的休克尔分子轨道法，对不同大小、不同形状的铑原子簇电子结构进行理论计算，提出过渡金属原子簇成键（The Bonding Capabilities of Transition Metal Cluster）规则。该规则认为从能量角度考虑，只有价分子轨道能用来容纳过渡金属原子本身的价电子和接纳配体所提供的电子。因而，簇价分子轨道的数目可用以阐明原子簇的成键能力，并预示化合物的立体构型。

该方法的要点如下：

● 簇合物中金属原子间主要考虑轨道之间的重叠。劳赫通过对两个铑原子在 269 pm 距离（金属中的 Rh—Rh 距离）上重叠积分的计算表明：s 和 p 轨道之间重叠最大，d 轨道之间重叠较小。据此提出一个重要的观点：在过渡金属原子簇中，金属原子间的相互作用主要是 s 和 p 轨道之间的重叠，而不是 d 轨道之间的重叠。

● 金属原子的 ns、np、$(n-1)d$ 轨道按对称性组合产生两类分子轨道：能量显著高于金属自由原子 p 轨道者，称为高位反键分子轨道（High Lying Antibonding Orbitals，HLAO）；能量适合于接受配体的价电子或容纳金属价电子的轨道，称为簇价分子轨道（Cluster Valence Molecular Obtials，CVMO）。在过渡金属原子簇中，接受配体电子的 CVMO 轨道主要成分是 s 和 p 轨道；容纳金属价电子的 CVMO 轨道主要成分是 d 轨道。

● 稳定化合物中的价电子应有先填满 CVMO，而不填入 HLAO。根据这个要点，可得出 2～15 个金属原子簇的定性 MO 能级图，从而解释簇的稳定性、配体数目以及簇的几何构型。

以三核簇形成等边三角形具有 D_{3h} 对称性的骨架为例：每个金属原子提供 9 个原子轨道，M_3 簇共有 27 个原子轨道，可组合成为 27 个分子轨道（图 8-64）。其中，有 3 个 HLAO 的能量比自由金属原子 p 轨道的能量还高，不能用于容纳金属原子的价电子，也不能接纳配体提供的电子；剩下的 24 个 CVMO 轨道若都用于接受配体的价电子和充填金属原子的价电子，这样可容纳 48 个"簇价电子"（Cluster Valence Electrons，CVE）。实验表明，大多数三核簇都有 48 个 CVE 和 3 个 M—M 键。这 48 个 CVE 在分子轨道中填充。

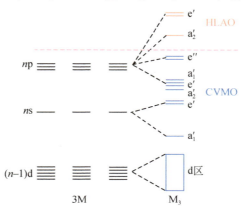

图 8-64　等边三角形 D_{3h} 对称性的簇合物骨架的 CVMO

需要注意的是，三核簇 CVE 也有例外的情况，比如 CVE 为 42、44、46、50 的三核簇（图 8-65）。

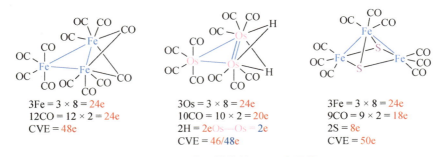

图 8-65　一些三核簇的 CVE 电子数

四核簇可能有如图 8-66 中所示的骨架构型：

图 8-66　四核簇可能簇骨架构型及对称性

每个金属原子提供 9 个原子轨道，M_4 簇共有 36 个原子轨道，可组合为 36 个分子轨道。对于四面体簇 T_d，有 6 个 HLAO，30 个 CVMO，则 CVE＝60e；四面体一边打开，变成蝴蝶形骨架 C_{2v}，其中 1 个 HLAO 变为 CVMO，共有 31 个 CVMO，则 CVE＝62e；正方形簇 D_{4h}，2 个 HLAO 变为 CVMO，共有 32 个 CVMO，则 CVE＝64e（图 8-67）。

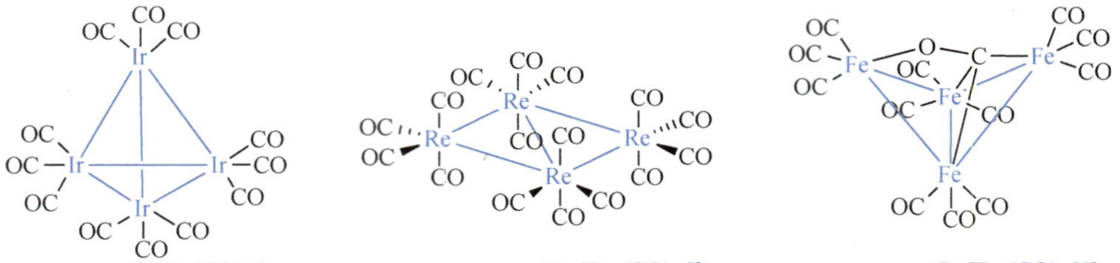

T_d [Ir$_4$(CO)$_{12}$]

4Ir＝4×9＝36e
12CO＝12×2＝24e
CVE＝60e

D_{2h} [Re$_4$(CO)$_{16}$]$^{2-}$

4Re＝4×7＝28e
16CO＝16×2＝32e
Re—Re＝2e
CVE＝62e

C_{2v} [Fe$_4$(CO)$_{13}$H]$^-$

4Fe＝4×8＝32e
12CO＝12×2＝24e
CO＝4e
H＝1e；－＝1e
CVE＝62e

图 8-67　一些典型四核簇 CVE 电子数

但是，也有例外情况，[Pt$_4$(CO)$_5$(PPhMe$_2$)$_4$]具有 C_{2v} 对称的簇骨架，CVE＝10×4+15×2+2×4＝58e。

劳赫用类似的方法，处理了一系列过渡金属原子簇，得出不同几何形状原子簇骨架的 CVMO 数（表 8-17），从而可用以预示过渡金属原子簇的成键能力及骨架构型。

表 8-17　不同几何形状原子簇骨架的 CVMO 数

簇骨架结构	顶点数 N	9×N	HLAO	CVMO	CVE	实例
单核	1	9	0	9	18	Ni(CO)$_4$
双核	2	18	1	17	34	Fe$_2$(CO)$_9$
三角形	3	27	3	24	48	Os$_3$(CO)$_{12}$
四面体	4	36	6	30	60	Rh$_4$CO$_{12}$
蝴蝶形	4	36	5	31	62	[Re$_4$(CO)$_{16}$]$^{2-}$
正方形	4	36	4	32	64	Pt$_4$(OOCCH$_3$)$_8$
三角双锥	5	45	9	36	72	Os$_5$(CO)$_6$
四方锥	5	45	8	37	74	Fe$_5$(CO)$_{15}$C
双帽四面体	6	54	12	42	84	Os$_6$(CO)$_{18}$
八面体	6	54	11	43	86	Ru$_6$(CO)$_{17}$C
单帽四方锥	6	54	11	43	86	Os$_6$(CO)$_{18}$H$_2$
共边双四面体	6	54	11	43	86	
五角锥	6	54	10	44	88	
三棱柱	6	54	9	45	90	[Ru$_6$(CO)$_{15}$C]$^{2-}$
单帽八面体	7	63	14	49	98	[Rh$_7$(CO)$_{16}$]$^{3-}$

续表

簇骨架结构	顶点数 N	9×N	HLAO	CVMO	CVE	实例
五角双锥	7	63	14	49	98	
单帽三棱柱	7	63	21	51	102	
双帽八面体	8	72	17	55	110	
十二面体	8	72	16	56	112	
四方反棱柱	8	72	15	57	114	$[Co_8(CO)_{18}C]^{2-}$
双帽三棱柱	8	72	15	57	114	
立方体	8	72	12	60	120	$[Ni_8(PPh)_6(CO)_8]$
三帽八面体	9	81	18	63	126	
三帽三棱柱	9	81	17	64	128	
单帽四方反棱柱	9	81	16	65	130	
单帽立方体	9	81	15	66	132	
双帽四方反棱柱	10	90	19	71	142	
二十面体	12	108	23	85	170	
双连八面体	12	108	23	85	170	$[Rh_{12}(CO)_{30}]^{2-}$
立方八面体	13	117	32	85	170	
体心立方体	14	126	36	90	180	$[Rh_{12}(CO)_{25}]^{4-}$
菱形十二面体	15	135	39	96	192	$[Rh_{15}(CO)_{27}]^{3-}$

先定下多面体形状，按顶点数定出核数，根据对称性关系计算出 HLAO 数、CVMO 数及价总电子数（表 8-17）。可以根据不同的需求来使用此表：比如在制备某一种多面体簇合物时，可首先从表中查出 CVE 数，然后根据所使用金属原子的电子数，算出所制备的簇合物含有配位的数目；也可以根据簇合物的化学式，算出 CVE 数，从表中查出该簇合物骨架的多面体结构。

4. ($nxc\pi$) 规则

($nxc\pi$) 规则由我国科学家徐光宪于 1980 年提出的。该规则认为用 ($nxc\pi$) 四个数字来描述原子簇及有关分子的结构类型。其中，n 为分子片数目；c 为循环数，即分子中的环或面数；π 为 π 键的数目；x 则由下式定义：

$$x = NVE - \sum_i n_i y_i, \quad y_i = 2(NVO)_i - 4 \qquad (8-4)$$

式中，NVE 为总价电子数，NVO 为分子片价轨道数。

对于大多数过渡金属分子片，价轨道数$(NVO)_i = 9$，$y_i = 14$，则 $x = NVE - 14$。

近似分子轨道法计算表明：如果分子采取 ($nxc\pi$) 规则所规定的结构类型，则价电子数等于成键轨道数的两倍，即成键轨道全满反键轨道全空，且 HOMO 和 LUMO 之间有一定的能隙，这样分子就能稳定存在；如果分子采取的结构类型不符合 ($nxc\pi$) 规则，则价电子数必然大于或小于成键轨道数的两倍，这样分子将失去或得到电子，使成键轨道全满。如果分子的价电子保持不变，分子将采取其他构型，以改变成键轨道的数目为价电子数目的一半，满足（$nxc\pi$）规则的要求。

（$nxc\pi$）规则可以仅靠配合物的分子式来估计分子结构类型，并可用于预示新原子簇化合物及可能的合成途径。与其他规则不同的是，（$nxc\pi$）规则考虑了金属与金属间的 π 键作用。

比如：$Re_3Cl_3(CH_2SiMe_3)_6$，$n=3$，$Re_3Cl_3(CH_2SiMe_3)_6=A_3^7 L_3^3 L_6^1=M_3^{12}$。其中，$A_3^7$ 表示 3 个金属中心，每个中心有 7 个价电子；L_3^3 表示 3 个 Cl 配体，每个配体提供 3 个价电子；L_6^1 表示 6 个 1 电子配体，每个金属中心 2 个；M_3^{12} 表示每个金属中心周围有 12 个电子。

所以，$n=3$，NVE$=12\times3=36$，则 $x=$NVE$-14\times3=-6$。由 $c+\pi=n+1-(x/2)$，3 个分子片可组成 1 个面或环，因此 $c=1$，$\pi=6$。所以 Re 之间以三重键结合（图 8-68）。

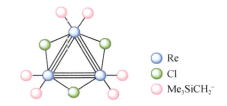

图 8-68　簇合物 $Re_3Cl_3(CH_2SiMe_3)_6$ 的结构

5.（$9N-L$）规则

1983 年，我国科学家唐敖庆提出（$9N-L$）规则。其中，N 为原子簇多面体骨架的顶点数，即金属原子数；$9N$ 表示过渡金属原子簇所提供的总的价轨道数；L 为骨架多面体的边数。

由于骨架中相邻两金属原子各贡献一个价轨道相互作用成键时，每产生一条成键轨道，必然同时产生一条反键轨道。因此，M—M 键数，即边数（L）恰好与反键轨道数相等，减去边数即相当于减去反键轨道数。

由此可见，在过渡金属原子簇中，成键和非键轨道的总数为（$9N-L$），它们总共可容纳 $2(9N-L)$ 个电子，这种结构是稳定的。由于在非键轨道是否充填电子并不影响分子的稳定性，因而价电子数略低于 $2(9N-L)$ 的簇合物也可能稳定存在。另一方面，对于某些原子簇，也可能有少数一两个反键轨道的能量接近于非键轨道。因此，不能排除价电子数略高于 $2(9N-L)$ 的簇合物存在的可能性。然而，大多数过渡金属族合物的价电子数应为 $2(9N-L)$。

6. 拓扑电子计算理论

提欧（B. K. Teo）在欧拉（Euler）定理、过渡金属有效原子数（EAN 规则）和 18e 规则的基础上，于 1985 年提出了拓扑电子计算理论（Topological Electron-Counting Theory，TECT）。

以八面体构型为例，按照原子簇骨架多面体的顶点（N）、面（F）和边数（L）的关系：
欧拉定理：

$$L=N+F-2 \tag{8-5}$$

即 $12=6+8-2$。

考虑若干修正因素，得到

$$CVMO=9N-L+x=8N-F+2+x \tag{8-6}$$

式中，x 是 18e 规则的修正值，x 在不同类型多面体中不相同，设定了 6 条规则。对于三面相交多面体和角锥，$x=0$（18e 规则直接使用）；对双锥、三角双锥，$x=0$；八面体，$x=1$；五角双锥，$x=2$。

提欧将 TECT 广泛应用到四到二十个核的过渡金属配合物及过渡金属的簇合物中，计算结果和大量已知的结构相符。该方法既可预示某些未知的多面体结构，又能更好地了解和阐明不同原子簇几何形状之间的关系。

提欧的计算方法有利于了解 18e 规则与韦德规则的内在联系：

$$TEC = 12n + 2(n+x) \tag{8-7}$$
$$CVMO = TEC/2 = 6n + (n+x) = 7n + x \quad （韦德） \tag{8-8}$$
$$= 8N - F + 2 + x = 7n + (n - F + 2 + x) \quad （TEO+18e） \tag{8-9}$$

比较可得，韦德规则中的 x 相当于 TECT 中的 $n - F + 2 + x$。

closo	$x=1$	三角双锥	5-6+2+0=1
		八面体	6-8+2+1=1
		五角双锥	7-10+2+2=1
nido	$x=2$	三角锥	4-4+2+0=2
		四方锥	5-5+2+0=2
		五角锥	6-6+2+0=2
	$x=3$	三棱柱	6-5+2+0=3
		立方体	8-6+2+0=4
		五棱柱	10-7+2+0=5

缺点：提欧方法不能处理平面结构和 arachno 结构。

8.7.5　羧基金属原子簇和卤族金属原子簇

1. 羧基金属原子簇（Carbonyl Cluster）

配体为 CO 的金属簇合物称为羧基金属原子簇。由于 CO 是一个较强的σ电子给予体和π电子接受体，所以羧基簇合物比较稳定，数量也较多。

羧基金属原子簇的基本特征：由于羧基的稳定低价的作用，羧基金属原子簇中金属中心的形式氧化数在+1 到-1 之间，因此被称"低价簇"；金属原子簇中 M—M 键一般较长，一般大于 2.80 Å；成簇元素为过渡元素，除二、三系列外，第一系列的 Fe、Co、Ni 也能成簇，故又称"富电子簇"；除中性的羧基簇外，还存在簇阴离子，但不存在簇阳离子。

1）羧基金属原子簇的结构

按金属中的数目，分为低核羧基簇（Low-Nuclearity Carbonyl Cluster，LNCC）和四核以上的高核羧基簇（High-Nuclearity Carbonyl Cluster，HNCC）。

三核羧基金属簇（M_3 型）

根据簇骨架中 M—M 键的数目，三核羧基金属簇可具有直线（2 条 M—M 键）、折线

（2 条 M—M 键）及三角形（3 条 M—M 键）等常见构型。下面一例 Co_3 型簇合物含有两条 Co—Co 键，夹角大约为 138°，形成折线构型（图 8-69）。

图 8-69　含茂环配体的 Co_3 型簇合物的结构

三角形结构的三核簇，以 Fe、Ru、Os 形成的中性 $M_3(CO)_{12}$ 簇为代表（图 8-70）。

图 8-70　具有三角形簇核的铁和锇三核羰基簇合物的结构

表 8-18　典型三核羰基簇的结构特性与参数

典型三核羰基簇	CO 配位方式	簇合物颜色	M—M 键能/(kJ/mol)	稳定性
$Fe_3(CO)_{12}$	两个桥基配位	墨绿	79.8	
$Ru_3(CO)_{12}$	全部端基配位	橙色	117.6	增强 ↓
$Os_3(CO)_{12}$	全部端基配位	黄色	130.1	

比较表 8-18 中的数据可以看出：同一过渡金属族中，由上而下，桥基配位倾向减小，颜色由深变浅，稳定性则增强；Ru、Os 簇比 Fe 簇有更强的 M—M 键，故在取代反应中，Ru、Os 簇骨架比 Fe 簇的更不易被破坏。

四核羰基金属簇（M_4 型）

四核簇的金属骨架可以是四面体、四边形、蝴蝶形及菱形。但是，四核簇的金属骨架多数呈四面体形，CO 的配位方式有端配、边桥基配位（μ_2）和面桥基配位（μ_3）；金属原子半径越小，形成桥基配位的倾向越大（图 8-71）。

除此之外，还有些四核簇的金属骨架为蝴蝶形和菱形。比如图 8-72 中的铁四核簇，每个 Fe 原子有 3 个 CO 端基配位，共有 12 个端基配位，还有 1 个 CO 配位方式比较特殊，其中的 C 一方面与 Fe 形成 μ_3-面桥基配位，另一方面又和 O 同时与 Fe 以 μ_2-桥基配位。因此，这个 CO 配体为 4 电子给予体。整个 M_4 簇呈 C_{2v} 点群；在下面的一个铼四核簇中，骨架由 4 个 Re 原子组成菱形结构，较短的对角线有 Re—Re 键相连，每个金属中心连接 4 个端基配位的 CO：2 个取垂直方向，2 个取水平方向，簇分子整体属 D_{2h} 点群。

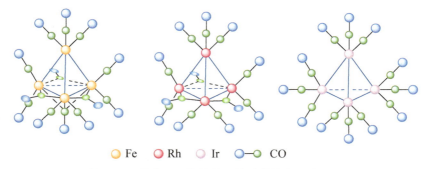

图 8-71　具有四面体核的四核羰基簇合物的结构

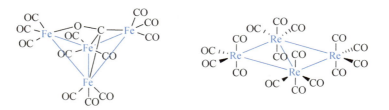

图 8-72　具有蝴蝶型簇核的铁簇合物及具有菱形簇核的铼簇合物的结构

五核以上的高核羰基簇（HNCC）

第一个 HNCC 化合物 $Ru_6(CO)_{10}$ 于 1963 年被发现。对于 HNCC 来说，要求每个金属中心与相邻的金属原子至少要形成一个 M—M 键。高核簇的特征在于超大金属核的存在，从物理学及固体表面科学来看，簇是保留金属性质最小的原子集合，理论计算表明，20 个以上的金属中心组成的簇具有金属本体的性质。根据分子轨道计算结果，当簇合物的金属中心达到 15 个以上时，簇表现出连续能级，形成能带。物理方法制备高核簇是利用金属蒸气骤冷凝聚形成簇，最高达到 M_{44}，如 $[Ni_{38}Pt_6(CO)_{48}H_{6-n}]_n$；对于非羰基簇合物可达到 M_{55}，如 $Au_{55}(PPh_3)_{12}Cl_6Rh_{55}(PBu_3)_{12}C_{20}$。这些高核簇可表现出非常特殊的性质，因此备受关注。

高核羰基簇的结构主要有以下 3 类：

三角形排列堆积结构。比如 $[M_3(CO)_6]_n^{2-}$，n 值可以从 1 到 5，金属中心为 Ni 或 Pt。以 Pt 为金属中心为例，$n=1$ 时为三核簇，具有平面三角形骨架；$n=2$ 时为六核簇，具有三棱柱骨架；$n=3$ 时为九核簇，具有扭曲三棱柱骨架（图 8-73）。n 值最高为 5，形成十五核的扭曲三棱柱骨架。

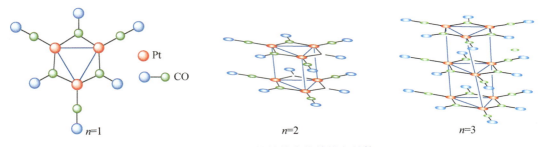

图 8-73　平面三核铂簇合物的堆积结构

在这些簇合物中，Pt_3 组成三角形骨架簇单元，层层叠加。每个 Pt 中心有 1 个端羰基，每一边有 1 个桥羰基；为减少相邻两层羰基配体之间的相互排斥以及立体效应，整个骨架偏离正棱柱体，呈现扭曲棱柱结构。但各层偏离的角度不尽相同。最底下两层实际呈覆盖式；最上一层相对于它的邻层偏离约 8.1°；中间的两层则偏离显著，它们各自和相邻的层扭曲了 27.2° 及 28.6°；层内 Pt—Pt 距离大体相同，平均为 266 pm；层间距离略有不同，分别为 304 pm、305 pm 和 308 pm。

以笼状的多面体为基本单元。最常见的是八面体，如 $[Os_6(CO)_{18}]^{2-}$、$Ru_6(CO)_{16}$、$Ru(CO)_{18}H_2$；尺寸小一点的多面体为三角双锥，如 $[Ni_5(CO)_{12}]^{2-}$、$Ni_3Mo_2(CO)_{13}$ 及 $Os_5(CO)_{16}$（图 8-74）。

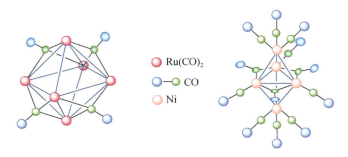

图 8-74　高核簇中常见的结构基本单元

密堆积结构。簇合物金属骨架中，金属原子几乎与金属中密堆积形态完全一致，这往往出现在一些 Pt 和 Rh 较大的簇合物中。

以 $[Rh_{13}(CO)_{24}H_3]^{2-}$ 为例，Rh_{13} 的骨架代表了六方密堆积金属晶体的结构：Ru_{13} 的原子簇骨架结构具有 D_{3h} 对称性。其中，13 个 Rh 原子处于三层：上、下两层三角形的方位一致，中间一层为带心的六角形；嵌在中间的 Rh 原子具有真正的金属 12 配位；多面体表面的每个 Rh 原子分别和 5 个其他的 Rh 原子相联系（图 8-75）。

类似于体心立方堆积的原子簇为数极少，原子簇阴离子 $[Rh_{14}(CO)_{25}]^{4-}$ 可以作为这一类型结构的代表。中心 Rh 原子周围的 8 个 Rh 占据着立方体的 8 个顶点，立方体的 6 个面中有 5 个面外加 1 个 Rh 原子顶（图 8-76）。

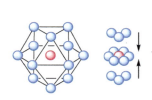

图 8-75　$[Rh_{13}(CO)_{24}H_3]^{2-}$ 骨架的密堆积结构

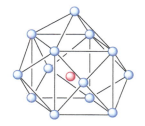

图 8-76　$[Rh_{14}(CO)_{25}]^{4-}$ 骨架的密堆积结构

总体上讲，从密堆积形式来看，八面体是立方密堆积的基本单元，而三角双锥是六方密堆积的基本单元；格子状态代表二维平面上的密堆积，而三角形排列则是这种密堆积中一种基本的排列方式，它反映了密堆积排列次序中不同状态的单元。

羰基簇结构特征总结：

上述各类化合物中暴露在表面的大多是三角形的面；

当簇骨骼扩大时，与硼烷不同，往往不是增加多面体的顶点，而是在三角形面上带金属帽；

密集堆积形式的扩大，如$[Pt_{26}(CO)_{32}]^{3-}$和$[Pt_{38}(CO)_4OH_4]^{2-}$是立方密堆积的扩张，最多已扩张至 5 层。比如，M_{55}，每层的金属中心数分别为 6、12、19、12 及 6；

存在金属原子以边桥形式扩展，但是不多。

2）羰基的流变性

羰基簇合物中，CO 的配位模式可以是端基配体、边桥基配位及面桥基配位。但是，这些 CO 配体的配位模式在某些情况下是可以发生变化的，造成羰基的流变性，也叫羰基攀移（Scrambling）。下面介绍一些典型的羰基流变机理。

二中心成对交换机理（Pairwise Exchange Mechanism）

图 8-77 就表征了 $Fe_2(CO)_n$ 片段中二中心成对交换过程。

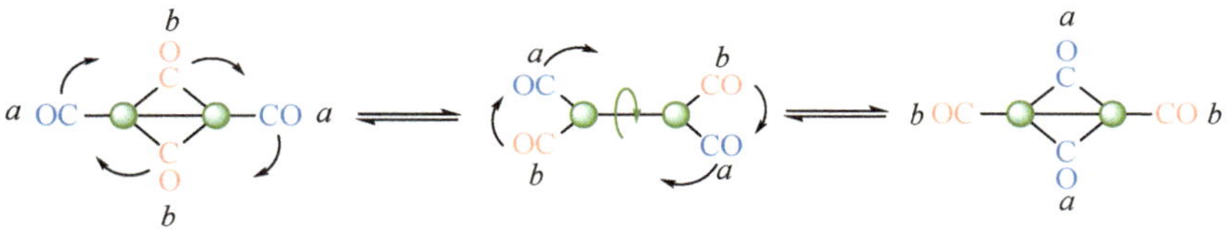

图 8-77　$Fe_2(CO)_n$ 片段的二中心成对交换过程

该类羰基流变过程涉及了端羰基和桥羰基之间的交换。该过程中一对反式共平面的桥羰基同时开环和闭环，形成非桥的中间体；在闭环形成桥羰基前可以绕 M—M 键转动，促进桥羰基的重新生成，完成端羰基与桥羰基的互换。

本机理除了解释羰基的流动性外，还对顺反异构化作用产生重要影响。比如，图 8-78 中的双核簇 $Cp_2Fe_2(CO)_4$ 在溶液中形成具有桥碳基的顺式和反式异构体的混合物，即存在顺反异化平衡。

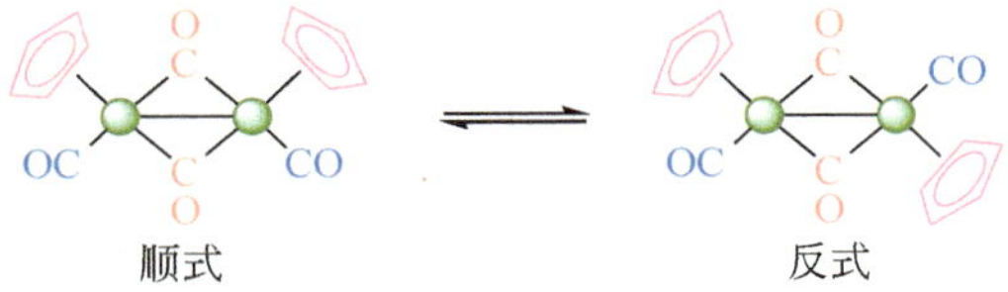

图 8-78　$Cp_2Fe_2(CO)_4$ 在溶液中顺反异化平衡

用 ^1H NMR 在-70℃测定时，图谱中的确观察到相应于顺位和反位茂环（Cp）的两个共振信号。但温度升到+28℃时，仅在中间位置出现单一共振信号。显然，在室温时因顺反异构体的相互转化极为迅速而使共振信号平均化。

基本异构过程：两个共平面的 CO 首先开桥，形成一非桥中间体，整个分子绕 Fe—Fe 键转动，然后发生桥闭合形成顺反异构体。

cis-Cp$_2$Fe$_2$(CO)$_4$ 的桥–端羰基攀移过程需要非桥中间体内旋转，以便配体交换以反式协同方式进行（图 8-79）。

图 8-79　*cis*-Cp$_2$Fe$_2$(CO)$_4$ 的桥–端羰基攀移过程

trans-Cp$_2$Fe$_2$(CO)$_4$ 的桥–端羰基攀移过程不需要非桥中间体内旋转，直接以开桥–闭桥方式进行（图 8-80）。

图 8-80　*trans*-Cp$_2$Fe$_2$(CO)$_4$ 的桥–端羰基攀移过程

NMR 实验表明：CO 的攀移对于反式在-59℃时就能出现，而顺式需要较高的温度。这一结果也与上述过程相符。

需要注意的是，如果非桥中间体的转动受到限制，则成对交换过程不能顺利进行或需要较高的活化能才能进行。比如，在 η^{10}-(C$_8$H$_{10}$)$_2$Fe$_2$(CO)$_4$ 中，两个 C$_5$H$_5$ 环被束缚在一起（图 8-81），CO 配体的攀移只能在 80℃以上出现；若该分子中一个端 CO 配体被膦配体取代，则桥–端 CO 交换不能通过成对交换机理完成。

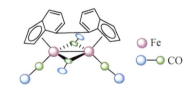

图 8-81　η^{10}-(C$_8$H$_{10}$)$_2$Fe$_2$(CO)$_4$ 分子结构

一般来说，非桥中间体的浓度较小，不容易被 NMR 或 IR 实验检测到。但有些情况下，如 Co$_2$(CO)$_8$ 溶液中能够检测出非桥异构体，在-90℃以下该分子就出现流变，这意味着 CO 攀移需要克服的位垒较低。

三核簇中也会出现成对交换过程。如图 8-82 所示，围绕两个金属中心 6 个配体作环形运动，配体桥的破裂和形成也以成对的方式进行：

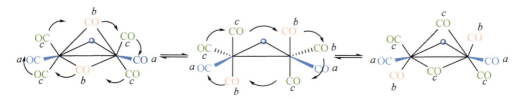

图 8-82 三核簇中的成对交换过程

三中心旋转木马机理（Merry-go-Round Mechanism）

在 3 个金属之间桥羰基–端羰基的交换可以按图 8-83 方式进行：

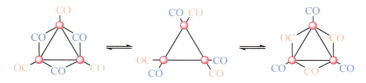

图 8-83 三中心旋转木马机理

该机理中，6 个 CO 配体在三角形平面内旋转，结果是一组端羰基和一组桥羰基互相交换位置，类似于多米诺的物理特征。

例如，$Os_3(CO)_{12}$ 簇的低温 ^{13}C NMR 谱中观察到两个单重共振峰，它们分别对应于轴向和水平两类羰基。平面内的 6 个碳基可能经过有 3 个边桥碳基的中间体进行攀移，如图 8-84 所示。

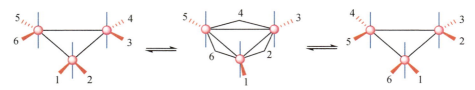

图 8-84 $Os_3(CO)_{12}$ 簇的攀移

从上面的羰基攀移过程可以看出，主要是在同一平面内的水平羰基参与。水平位置的羰基被取代，将锁住旋转木马羰基攀移过程；而轴向位置的羰基被取代后将不影响配体按旋转木马机理进行攀移。图 8-85 中，用降冰片二烯和双齿膦配体取代平面羰基后，$Os_3(CO)_{12}$ 中的三中心旋转木马羰基攀移过程被阻断，而用吡啶（Py）取代轴向羰基则不会影响攀移过程。

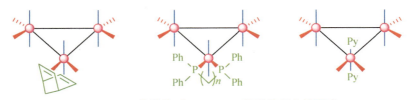

图 8-85 配体结构对 $Os_3(CO)_{12}$ 簇攀移行为的影响

配体多面体重排

1966 年，科顿（F. A. Cotton）在研究 $M_4(CO)_{12}$ 羰基流变性时发现了这一机制（图 8-86）。

在 $Ru_4(CO)_{12}$ 中，根据 CO 配体在骨架上的配位方式，其低温 ^{13}C-NMR 谱中出现了 4 组信号。由于 ^{13}C—^{103}Ru 核之间的自旋–自旋耦合，4 组信号发生明显的裂分，与其化学结构完全相符。随着温度的升高，谱线逐渐加宽而且简并，体现了配位的羰基动态交换的特征；当温度升高到 63.2℃时，交换过程已经非常之快，时间标度为 10^{-12} s 的 NMR 谱已不能分辨出不同化学环境的碳基。表明所有的碳基具有相同的微环境。这一实验结果表明：配合物发生了重排，在 C_{3v} 和 T_d 间达到动态平衡。四核簇中 CO 迁移经过 C_{3v}–T_d 重排的过程，其实质就是多面体重排。

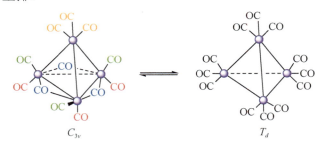

图 8-86　$Ru_4(CO)_{12}$ 簇的配体多面体重排

3）羰基金属原子簇的制备及反应特性

羰基金属原子簇的制备

羰基金属原子簇的制备主要有氧化还原和缩合两种途径。

氧化还原反应主要是利用还原剂的还原特性将高氧化态的金属还原成低氧化态并形成 M—M 键。

$$6[RhCl_6]^{3-} + OH^- + CO + CHCl_3 \xrightarrow[298K,MeOH]{0.1MPa} [Rh_6(CO)_{15}Cl]^{2-} + CO_2 + H_2O$$

$$RuCl_3 + Zn + CO \xrightarrow{MeOH} Ru_3(CO)_{12} + ZnCl_2$$

缩合反应可在不同条件下进行得到羰基原子簇，比如热缩合、光缩合及氧化还原缩合等。

$$Co_2(CO)_8 \xrightarrow{60℃} Co_4(CO)_{12} + CO$$

$$Fe(CO)_5 \xrightarrow{hv} Fe_2(CO)_9 + CO$$

$$Rh_4(CO)_{12} + Rh(CO)_4 \xrightarrow[298K,THF]{0.1MPa} [Rh_5(CO)_{15}]^- + CO$$

羰基金属原子簇的反应特性

从原则上讲，几乎所有单核配合物的反应，如配体取代反应、氧化还原反应、简单加成反应以及氧化加成反应等，都适用于多核金属原子簇化合物。

然而，金属原子簇的反应又具有它本身的特殊性和复杂性：多核原子簇必须作为一个整体来考虑，它们的反应很少仅在单个的金属中心上发生；不能忽视电子效应和立体效应从原子簇的一部分到另一部分的迅速传递。

配体取代反应：反应中配合物骨架不发生改变。

$$Os_3(CO)_{12} + xPPh_3 \longrightarrow Os_3(CO)_{12-x}(PPh_3)_x + xCO\,(x=1,2,3)$$

配体插入反应：反应中簇合物骨架不变，但整个分子结构发生变化。

$$Re_3Cl_9 + 3Py \longrightarrow Re_3Cl_9(Py)_3$$

降解反应：反应中簇合物骨架发生变化。

$$[Rh_6(CO)_{15}]^{2-} + 4CO \xrightarrow[\text{203 K, THF}]{\text{0.1 MPa}} [Rh_5(CO)_{15}]^- + [Rh(CO)_4]^-$$

分解反应：反应过程中簇合物骨架完全解离，生成单核配合物。

$$Fe_3(CO)_{12} + 6PPh_3 \longrightarrow 3Fe(CO)_4(PPh_3)_2$$

缩合反应：反应中金属中心数目增加，簇合物骨架发生变化。

$$[Rh_6(CO)_{15}]^{2-} + [Rh(CO)_4]^- \xrightarrow[\text{298 K, MeOH}]{\text{0.1 MPa}} [Rh_7(CO)_{16}]^{3-} + CO$$

骨架构型转化反应：反应中金属中心数目不变，簇合物骨架构型发生变化。

$$[Rh_6(CO)_{13}C]^{2-} \underset{60℃, N_2}{\overset{2CO, 0.1MPa}{\rightleftharpoons}} [Rh_6(CO)_{15}C]^{2-}$$

八面体　　　　　　　三棱柱体

2. 过渡金属卤素原子簇

过渡金属卤素原子簇（Transition Metal Halide Cluster）又称"高价簇"，因限于前过渡金属元素，故又称"缺电子簇"。成簇元素为过渡金属元素，除二、三系列外，第一系列的 Ti～Mn 不能成簇，只限于 Nb、Mo、Ta、W、Re 等第二、三过渡系元素。

这是较早发现的一类金属原子簇。1907 年有报道合成了"TaCl$_2$·2H$_2$O"。但是，在 1950 年，泡利及其合作者们用 X 射线证实其结构实际为[Ta$_6$Cl$_{12}$]$^{2-}$。

相比于羰基簇，卤素簇在数量上要少很多，这是由卤素簇的特点造成的：

卤素的电负性较大，不是一个好的σ电子给予体，且配体相互间排斥力大，导致骨架不稳定；

卤素的π*反键轨道能级太高，不易同金属生成 d→π 反馈键，即分散中心金属离子的负电荷累积能力不强；

在羰基簇中，金属的 d 轨道大多参与形成 d→π 反馈键，因而羰基簇的金属与金属间大都为单键，很少有多重键。而在卤素簇中，金属的 d 轨道多用来参与形成金属之间的多重键，只有少数用来参与同配体形成σ键。比如 Re$_2$Cl$_8^{2-}$；

中心原子的氧化态一般比羰基化合物高，d 轨道紧缩（如果氧化数低，卤素负离子的σ配位将使负电荷累积。相反，如果氧化数高，则可中和这些负电荷），不易参与生成 d→π 反馈键；

由于卤素不易用π*反键轨道从金属移走负电荷，所以中心金属的负电荷累积造成大多数卤素簇合物不遵守 18e 规则。

卤素簇合物虽然远不及碳基簇合物那样多，但对原子簇化学的最初发展起过积极作用。

在组成上，卤素簇合物大多是二元簇合物，主要包括八面体构型的六核簇和三角形构型的三核簇。下面以八面体卤素簇为例来介绍一下它们的结构及成键特性。

1）八面体卤素簇的基本结构类型

具有八面体骨架的卤素簇主要有[M$_6$X$_8$]$^{4+}$（M=Mo，W）及[M$_6$X$_{12}$]$^{n+}$（M=Nb，Ta）两种基本结构。下面分别介绍。

以[Mo$_6$Cl$_8$]$^{4+}$为例，6 个 Mo 原子处在八面体的顶点，Mo—Mo 距离 264 pm；八面体 8 个面上各有一面桥基 μ_3-Cl；8 个氯原子位于立方体的 8 个顶点，6 个钼原子位于立方体的面心（图 8-87）。

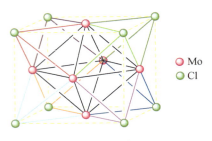

图 8-87 [Mo$_6$Cl$_8$]$^{4+}$簇的结构

根据簇合物的分子式[Mo$_6$Cl$_8$]$^{4+}$，氯配体为 Cl$^-$，则 6 个 Mo 中心共带 12 个正电荷为 M$_6$$^{12+}$。因此，金属中心提供的电子数为 6×6－12＝24e，8 个 Cl$^-$配体提供的电子数为 16 个，簇的电子总数为 40 个。这显然很难用 18e 或 16e 规则描述。

按韦德规则计算，对八面体 n＝6，x＝1，则 12n+2(n+x)=12×6+2×(6+1)＝86e。然而，按分子式计算，(6×6)+(7×8)－4＝88e＞86e，也不相符。

如果把 8 个 Cl$^-$配体取掉，则剩下 Mo$_6$$^{12+}$，其价电子数为 6×6－12＝24e，共 12 对，而八面体共 12 条边，正好足够沿着八面体的每个边形成一条 Mo—Mo 键。这表明[Mo$_6$Cl$_8$]$^{4+}$中 Mo—Mo 键的键级为 1，是 2c-2e 定域键。

在[Nb$_6$Cl$_{12}$]$^{2+}$中，6 个 Nb 也形成一个八面体，然后在八面体的每个边的上方有一个边桥基配位的氯配体（图 8-88）。12 个氯原子处在八面体各边的垂直平分线上，Nb—Nb 的距离为 285 pm，最短的 Nb—Cl 距离约 241 pm。该簇的 6 个 Nb 中心周围总共有 40e，不满足 18e 或 16e 规则。按照韦德规则，八面体应该有 86e，但是按照分子式(6×5)+(7×12)－2＝112e＞86e，不相符。

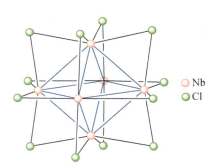

图 8-88 [Nb$_6$Cl$_{12}$]$^{2+}$簇的结构

如果将 12 个 Cl$^-$配体取掉，则剩下 Nb$_6$$^{14+}$，其价电子数为 5×6－14=16e，共 8 对，而八面体共有 8 个三角面，正好足够每个面有 2 个电子。每个面上有 3 个 Nb 中心，则 Nb—Nb 键的键级为 2/3，是 3c–2e 定域键。

2）八面体卤素簇的成键与结构规则

从上面的结果看，18e 及韦德规则在处理卤素簇时都不是很成功。处理卤素簇比较好的方法是应用分子轨道法。卤素簇合物中的 M—M 键主要是 d 轨道重叠而成，这和羰基簇

合物有本质的区别。因此，这里主要谈论 d 轨道在 O_h 场中的重叠。

过渡金属中心的 5 个 d 轨道都参与成键，可以组合成 3 类 d_σ、d_π 和 d_δ 分子轨道。下面分别介绍。

d_σ 分子轨道

这类分子轨道由 6 个金属中心的 6 个 d_{z^2} 原子轨道组合产生。组合后产生的各种 d_σ 分子轨道如图 8-89 所示。

d_π 分子轨道

这类分子轨道由金属中心的 d_{xz} 及 d_{yz} 原子轨道组合产生。组合后产生的各种 d_π 分子轨道，如图 8-90 所示。

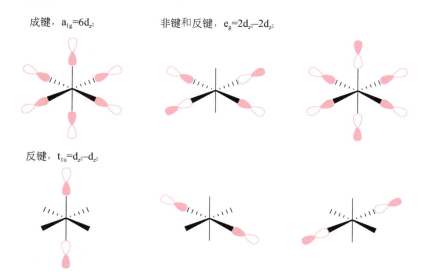

图 8-89　八面体卤族簇骨架的 d_σ 分子轨道

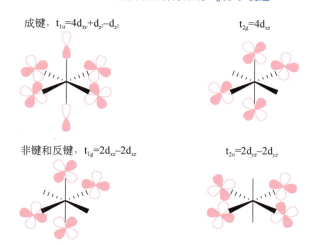

图 8-90　八面体卤族簇骨架的 d_π 分子轨道

d_δ 分子轨道

这类分子轨道由 d_{xy} 和 $d_{x^2-y^2}$ 原子轨道组合产生。从下面投影图（图 8-91） 可以看出，d_{xy} 轨道指向八面体三角形面的中心，$d_{x^2-y^2}$ 轨道指向八面体的棱。可见这些轨道成键与 M_6X_8 和 M_6X_{12} 两类簇合物的结构和配体数密切相关。因此，这两种轨道对称性的不同，使组成的群轨道的对称性也不同，如 d_{xy} 和 $d_{x^2-y^2}$ 可形成桥。

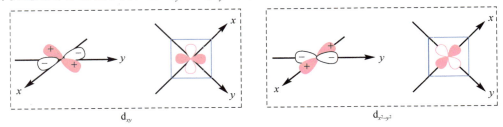

图 8-91　八面体卤族簇骨架的 d_δ 分子轨道

$d_{x^2-y^2}$ 组成 a_{2g}、t_{2u} 和 e_g 对称性的分子轨道，而 d_{xy} 组成 a_{2u}、t_{2g} 和 e_u 对称性的分子轨道。其原因在于确定八面体各 M 原子的坐标系时，$d_{x^2-y^2}$ 是中心对称的（a_{2g}），d_{xy} 是中心反对称的（a_{2u}）。

d_δ 分子轨道的能量可以根据电子概率密度的（+，+或-，-）重叠对成键作用有贡献；相位相反的重叠（+，-或-，+）对反键作用有贡献；若完全不重叠，则产生非键作用。分子轨道的能量取决于各个方向上电子云重叠产生的总的结果。

在上面的基础之上，根据图 8-92 中各金属中心在八面体内矢量坐标系示意图（z 轴均指向中心）就可以确定 $d_{x^2-y^2}$ 和 d_{xy} 原子轨组合形成 d_δ 分子轨道。

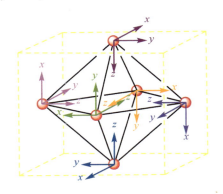

图 8-92　八面体内矢量坐标系示意图（ z 轴均指向中心 ）

对于 $d_{x^2-y^2}$ 轨道的组合，考虑 e 对称性的轨道，6 个 $d_{x^2-y^2}$ 轨道之间位相相同的概率密度重叠有 8 组，位相相反的有 4 组，所以净的成键相互作用有 4 组，构成的 e_g 分子轨道为成键轨道（图 8-93）。

对于 d_{xy} 轨道的组合，具有 a 对称性轨道指向角的每组位相全部相同，为 a_{2u} 成键轨道；考虑 e 对称性的轨道指向角的每组位相 2 个相同，1 个相反，只有 4 组反键相互作用，构成的 e_u 反键分子轨道；由于两金属中心距离太远，虽然对称性匹配也无法成键，因此 t_{2g}

为非键轨道（图 8-94）。

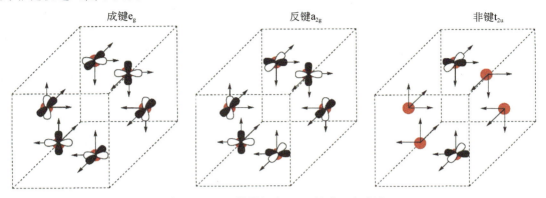

图 8-93　八面簇骨架中 $d_{x^2-y^2}$ 轨道组合成键

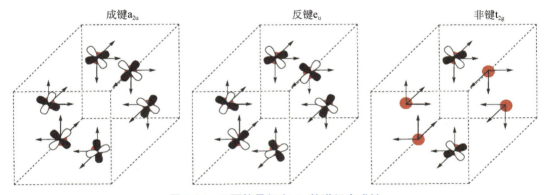

图 8-94　八面簇骨架中 d_{xy} 轨道组合成键

根据上述的各种成键方式可以得到 $[Mo_6Cl_{18}]^{4+}$ 的轨道能级（图 8-95）。由于 Mo_6^{12+} 簇有 12 对电子可用于形成八面体骨架，它们填入 12 个能量最低的分子轨道，因此骨架电子只

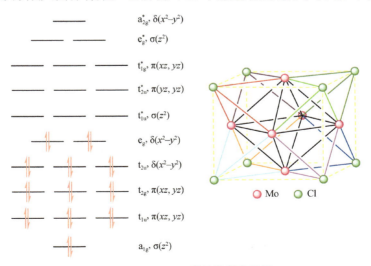

图 8-95　$[Mo_6Cl_{18}]^{4+}$ 的轨道能级图

占有 $d_{x^2-y^2}$ 轨道组成的 d_δ 分子轨道；沿着八面体棱边 8 个面上的 d_{xy} 轨道组成的 d_δ 分子轨道是空的，因此 Cl^- 的电子对可进入这些空轨道而形成配位数为 8 的面桥结构。

对于 $[Nb_6Cl_{12}]^{2+}$，Nb_6^{14+} 的 8 对骨架电子填入能量较低的 8 个分子轨道，它们只占有 d_{xy} 组成的 d_δ 分子轨道；沿着八面体棱边的 $d_{x^2-y^2}$ 组成的 d_δ 分子轨道末被占有（图 8-96）。因此，12 个 Cl^- 可以桥连八面体 12 条边，并与空的 d_δ 分子轨道（由 $d_{x^2-y^2}$ 组成）有效重叠，形成稳定的配位数等于 12 的六核卤素簇。

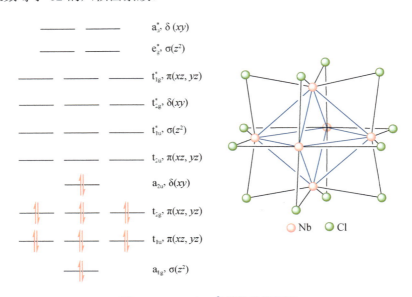

图 8-96　$[Nb_6Cl_{12}]^{2+}$ 的轨道能级图

8.8　金属卡宾和卡拜配合物

8.8.1　概述

卡宾（Carbene）由 1 个碳和其他两个基团以共价键结合形成的中性二价碳化合物，又称碳烯、碳宾。卡宾的碳上有 2 个处于不同轨道的单电子，因此性质比较活泼，有些甚至比碳正离子、自由基更加活泼。当卡宾以双键与过渡金属键合而形成配合物时被称为金属卡宾配合物，可用通式 $L_nM{=}CR_2$ 来表示；当卡宾以叁键与过渡金属键合形成配合物时则被称为金属卡拜配合物，可用通式 $L_nM{\equiv}CR$ 来表示。从金属卡宾和卡拜的结构特点上看，它们应该也属于有机金属配合物。

费舍尔（E. O. Fischer）于 1964 年开创了过渡金属卡宾配合物这一领域。卡宾配合物的性能独特，使其在材料、有机合成及催化等诸多领域备受关注。在此基础上，科学家们进一步发展了金属卡拜配合物。目前，金属卡宾和卡拜配合物在有机化学中已得到了广泛应用，成为有机金属化学的前沿领域。

8.8.2　金属卡宾配合物

1. 金属卡宾配合物的分类

根据中心金属的氧化态和卡宾配体性质，金属卡宾配合物一般可以分为两大类：费舍尔（Fischer）型金属卡宾配合物和施罗克（Schrock）型金属卡宾配合物。费舍尔型金属卡宾配合物中的中心金属一般具有较低的氧化态，主要是 VIB-VIII 族金属，如 Fe、Mn、Cr 及 W 等。这类卡宾配合物中的卡宾配体为单线态，碳原子上连有含 O、N、S 等杂原子的取代基或卤素等基团，如 CO、$N(CH_3)_2$ 及 OCH_3 等 [图 8-97（a）]。费舍尔型金属卡宾配合物满足 18e 规则，属于稳定卡宾配合物。这类配合物中与卡宾碳原子相连的这些杂原子的电负性都较大，所以费舍尔型金属卡宾配合物中的卡宾碳原子表现出较强的亲电性，易受到亲核试剂的进攻；施罗克型金属卡宾配合物的中心金属通常具有较高氧化态，比如前过渡金属 Ti、Ta、Nb 等，近年来 Ru 中心的施罗克型金属卡宾配合物也发展很快。这类卡宾配合物中的卡宾配体为三线态，碳原子上连接氢或烷基等供电子性质的基团 [图 8-97（b）]。施罗克型金属卡宾配合物中的卡宾碳原子呈现电负性，是一个亲核中心。施罗克型金属卡宾配合物一般不满足 18e 规则，属于不稳定卡宾配合物。两种金属卡宾特性见表 8-19。

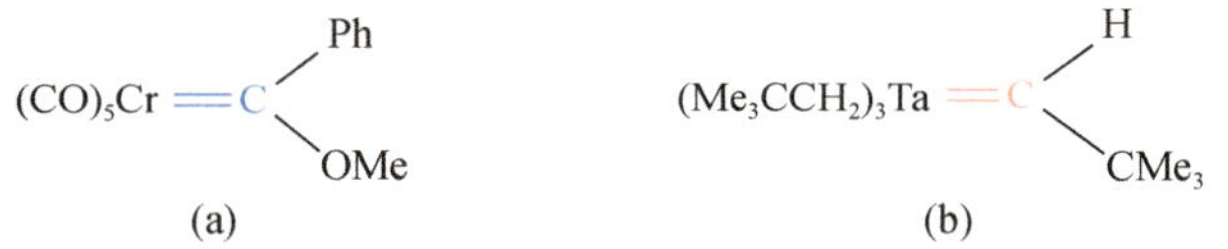

图 8-97　（a）Fischer 型金属卡宾配合物和（b）Schrock 型金属卡宾配合物

表 8-19　两种典型金属卡宾的特性

金属卡宾类型	费舍尔（Fischer）型	施罗克（Schrock）型
典型配合物	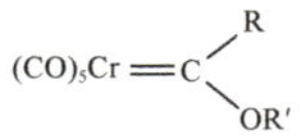	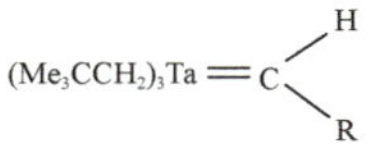
共振式	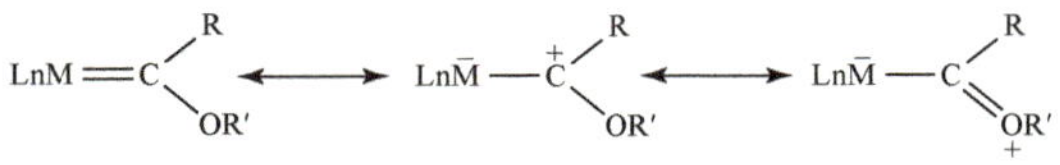	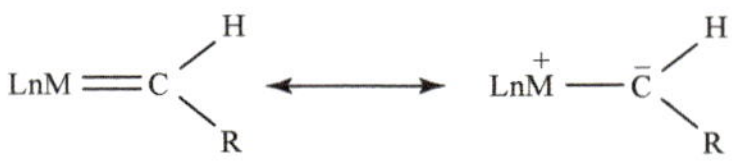
典型金属	中、后过渡金属 Fe(0)、Mn(0)、Cr(0)、W(0)等 低氧化态	前过渡金属 Ti(IV)、Ta(V)、Nb(V) 高氧化态
卡宾配体自旋重度	单线态	三线态
卡宾碳上取代原子	杂原子：O、S、N 等	H、C
价电子数	18e，稳定	10~18e，不稳定
金属中心典型配体	CO，有机膦等 π 电子受体	R^-、Cl^-、Cp 等强 δ 或 π 电子给体

2. 金属卡宾配合物的成键

1）费舍尔型金属卡宾配合物

费舍尔型金属卡宾配合物的卡宾配体为单线态, 电子在卡宾碳原子轨道中的分布如下: 其一对电子成对占据一个轨道, 碳原子上还有一个空 p 轨道（图 8-98）。整个卡宾自旋重度为 1, 因此属于单线态卡宾。

在和金属成键的时候, 卡宾碳可被认为是 sp^2 杂化, 提供一对孤对电子与金属形成单键, 卡宾是 2 电子给体。卡宾碳上剩余的空轨道（纯 p 轨道）可与其相邻杂原子的孤对电子作用; 同时, 金属的 π 反馈也会与之竞争, 杂原子竞争能力顺序为 N＞S＞O。当金属中心缺电子时, 比如和多个 π 接受体（如 CO）连接, 不能很好地进行 π 反馈, 这时金属和卡宾碳间更接近 M—C 单键, 而卡宾碳和杂原子之间存在部分双键性（图 8-99）。

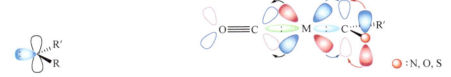

:N, O, S

图 8-98　单线态卡宾的结构　　　　图 8-99　单线态卡宾与金属成键模式

从上述分析可以看出, 费舍尔型金属卡宾配合物中, M＝C 键的强度受金属中心和卡宾配体影响。

从金属中心的角度看: 如果金属中心缺电子, 比如连接 π 接受体（比如 CO 及 NO 等）、第一周期金属或者电负性相对强的金属, 这时金属的 π 反馈作用会减弱, 则 M＝C 键被削弱; 如果金属中心富电子, 比如连接供电子配体, 或者第三周期的金属, 这时金属的 π 反馈作用会增强, 则 M＝C 键会增强。

从卡宾配体的角度看: 卡宾碳上连接强供电子基团, 比如—NR_2、—SR、—OR、—Ph, 可与卡宾碳间形成 π 键, 会削弱 M＝C 键。供电子基团越多, M＝C 键会被明显削弱; 如果卡宾碳上连接简单的 σ 给体, 比如—H 和—CH_3 等, 不能提供 p 电子给卡宾碳, 这时 M＝C 键会变强。

大多数的费舍尔型卡宾都属于弱成键的, 其结构特点为金属中心为 d^6 构型（中、后过渡金属）, 含有 CO 配体, 卡宾部分相邻有强的 p 给电子体。此外, 在费舍尔金属卡宾配合物中, 卡宾的 σ 给予性质强于其接受 p 反馈的能力, 因此卡宾碳带有正电性, 易受亲核试剂进攻, 故又称为亲电性卡宾; 而金属表现为一定的负电性, 易受亲电试剂进攻。

2）施罗克型金属卡宾配合物

施罗克型金属卡宾配合物的卡宾配体为三线态, 电子在卡宾碳原子轨道中的分布如下: 两电子成单, 分别占据一个轨道（图 8-100）。整个卡宾自旋重度为 3, 因此属于三线态卡宾。

三线态卡宾配体中一个 sp^2 杂化轨道和剩余的 p 轨道各有 1 个电子, 与同样是三线态的含有 2 个自旋不成对 d 电子的金属中心作用成键（图 8-101）。卡宾碳上供电子的烷基取代使其表现出负电性, 因而可受到亲电试剂进攻, 是亲核性卡宾。施罗克型金属卡宾配合物的金属中心通常为 12～16e（常为 14e）, 这说明金属中心上仍具有多个空轨道, 可以接受亲核试剂的进攻。与大多数费舍尔型金属卡宾配合物不同，施罗克型金属卡宾配合物具有非常明显的 M═C 双键性。

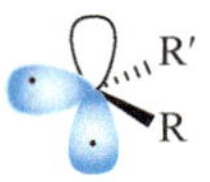

R′
R

图 8-100　三线态卡宾的结构

M
C
H
R

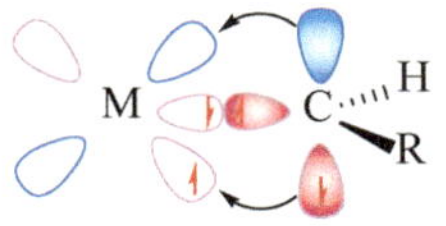

图 8-101　三线态卡宾与金属成键模式

根据上述两种金属卡配合物的成键方式，下面给出了 d^6 构型的 Cr^0、Mo^0 及 Re^+的费舍尔型金属卡宾配合物及 d^2 构型的 Ta^{3+}、Nb^{3+}的施罗克型金属卡宾配合物的分子轨道图。从图中可以比较清楚地看出两种金属卡宾配合物成键方式的不同（图 8-102）。

σ*
π*
p
d
π
sp²
σ
σ*
π*
d
p
sp²
π
σ

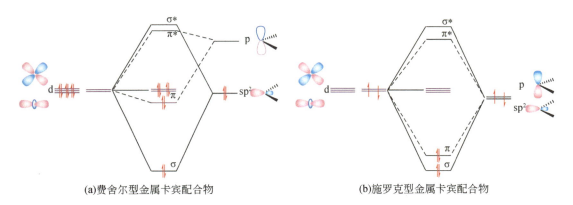

(a)费舍尔型金属卡宾配合物　(b)施罗克型金属卡宾配合物

图 8-102　两种典型金属卡宾配合物的分子轨道

3. 金属卡宾配合物的合成

金属卡宾配合物的合成方法非常多，这里主要介绍一些比较常用的合成金属卡宾配合物的方法。

1）费舍尔型金属卡宾配合物的制备方法

C—M 键法

该方法是将相关配合物中的 C—M 键转变成 M═C 键。这是合成费舍尔型金属卡宾配合物的最常用的制备方法。所采用的原料通常为金属羰基配合物。

金属羰基配合物与亲核试剂作用，首先生成金属酰基阴离子，然后再进一步与亲电试剂作用，加成转化为中性烷氧基或芳氧基卡宾配合物。费舍尔及其合作者就是利用该方法制备了第一个金属卡宾配合物。

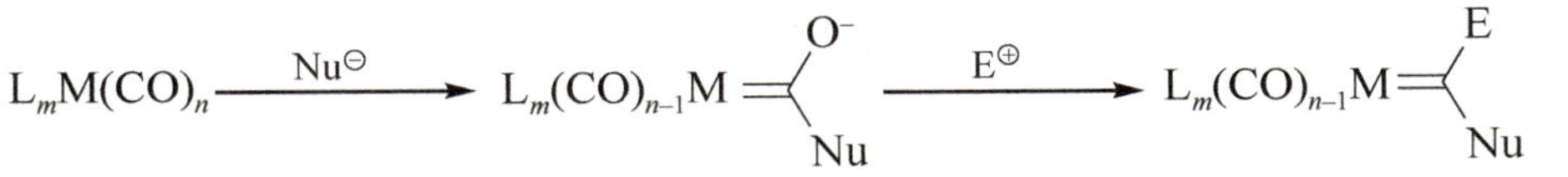

$L_mM(CO)_n$
Nu⊖
$L_m(CO)_{n-1}M$
O⁻
Nu
E⊕
$L_m(CO)_{n-1}M$
E
Nu

常用的亲核试剂是有机锂化合物，它的碳阴离子亲核性很强且容易得到；常用的亲电试剂是 $R_3O^+BF_4^-$（R=Me，Et）、$ROSO_3F$（R=Me，Et）以及质子等。

以 $Mo(CO)_6$、$Cr(CO)_6$、$Mn_2(CO)_{10}$、$Re_2(CO)_{10}$、$Fe(CO)_5$ 及 $Ni(CO)_4$ 等金属羰基配合物为原料，用上述方法均可以制得相应的金属卡宾配合物。

使用含杂原子的有机锂化合物作亲核试剂，可以得到含有两个杂原子的费舍尔型金属卡宾配合物。

除了用金属羰基配合物作原料，金属异腈配合物及金属酰基配合物也可以作为原料来制备费舍尔型金属卡宾配合物。

异腈在结构上与羰基类似，异腈碳原子也易受到亲核试剂进攻，得到含有两个杂原子的费舍尔型金属卡宾配合物。

配位在过渡金属上的酰基的氧原子易受亲电试剂进攻，结果使酰基转变成卡宾配合物体，从而得到金属卡宾配合物。

卡宾前体法

含有卡宾结构单元的化合物，如咪唑盐、氮杂环烯烃、二氯甲烷衍生物等与过渡金属有机化合物反应，也可以生成金属卡宾配合物。

咪唑盐在碱性条件下原位生成的氮杂环卡宾立即与羰基铁反应，置换掉一分子 CO 配体，生成铁卡宾配合物。

富电子的四氨基乙烯与过渡金属羰基配合物反应，双键断裂生成过渡金属卡宾配合物。

双取代二氯化合物能与金属羰基配合物反应，脱掉二个氯原子而生成金属卡宾配合物。

卡宾转化法

将一种金属卡宾转变为另一种金属卡宾的方法

2）施罗克型金属卡宾配合物的制备方法

α-消除法

第一个施罗克型金属卡宾配合物就是因为新戊基合钽分子中，配体太拥挤而发生了 α-氢消除反应得到的。

卡宾前体法

含有卡宾结构单元的化合物，如重氮化合物与过渡金属有机化合物反应，可以生成金属卡宾配合物。

配位不饱和的金属有机化合物与重氮化合物反应放出氮气，生成金属卡宾配合物，这是合成施罗克型金属卡宾配合物常用的方法。

在上述反应中，如果把溶剂 THF 也看作成一个配体，就是配体置换反应。

叶立德法

该方法利用叶立德将金属配合物转变成施罗克型金属卡宾配合物。

$$(Cp)_2Ta(PMe_3)Me + Et_3P = \overset{H}{\underset{Me}{\diagup}} \longrightarrow (Cp)_2MeTa = C\overset{H}{\underset{Me}{\diagdown}}$$

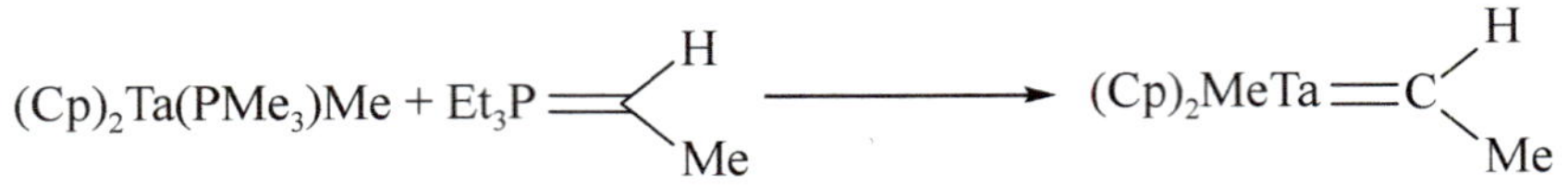

卡宾转化法

将费舍尔型金属卡宾配合物转变成施罗克型金属卡宾配合物。

$$(CO)_5W = \overset{Ph}{\underset{OMe}{\diagup}} \xrightarrow{\text{PhLi}} (CO)_5W = \overset{Ph}{\underset{Ph}{\diagup}}$$

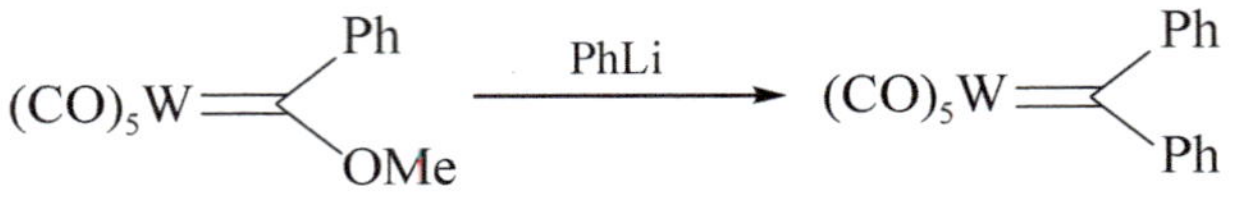

4. 金属卡宾配合物的化学性质

金属卡宾配合物中卡宾配体上的反应是这类配合物的主要化学性质。由于费舍尔型金属卡宾配合物和施罗克型金属卡宾配合物的结构不同，因此它们的化学性质也有很大差别。费舍尔型卡宾碳具有亲电性，易受亲核进攻；相反，施罗克型卡宾碳具有亲核性，易受亲电进攻。两种卡宾配合物可能发生的反应如图 8-103 所示。

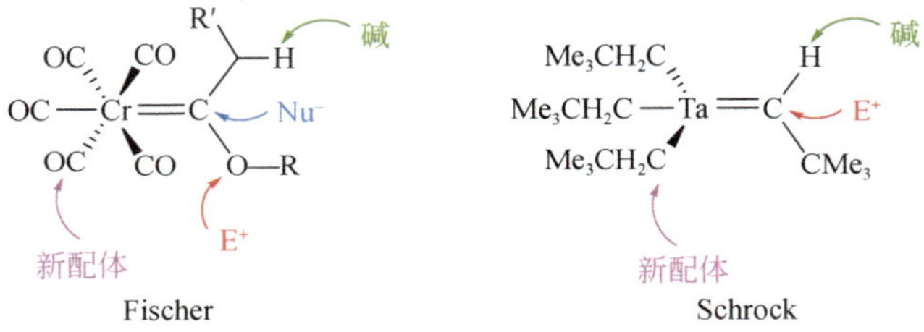

图 8-103　两中典型金属卡宾配合物的反应特性

费舍尔型金属卡宾配合物的卡宾碳具有电正性，易受亲核试剂进攻；卡宾碳的 α-氢有酸性，能与碱反应；亲电试剂可以进攻卡宾碳相邻杂原子；新配体可以取代金属中心上的原有配体，发生配体置换反应。施罗克型金属卡宾配合物的卡宾碳具有电负性，易受亲电试剂进攻；卡宾碳氢有酸性，能与碱反应；烷基配体可被其他配体置换，发生配体置换反应。

除配体置换反应外，费舍尔型金属卡宾配合物的反应特性非常类似酯类化合物，施罗克型金属卡宾配合物则类似膦叶立德的反应行为。

1）费舍尔型金属卡宾配合物的化学性质

卡宾碳上的亲核取代反应

在质子的催化下，一些含 O、N、S 等杂原子的亲核试剂可以对卡宾碳进行亲核进攻，先发生亲核加成，然后消除，从而取代卡宾碳上的烷氧基，得到含这些杂原子取代的新型金属卡宾配合物。

烷基阴离子具有强的亲核性，也可以进攻费舍尔型金属卡宾配合物中的卡宾碳，产物与烷基阴离子的结构有关。比如，用苯基锂与钨卡宾配合物反应，可以生成新的金属卡宾配合物。

用甲基锂反应时，生成的卡宾配合物很不稳定，容易重排得到过渡金属烯烃配合物。

卡宾碳的 α-氢的酸性

卡宾碳的 α-氢表现出酸性，在强碱的作用下脱除在 α-碳上形成碳负离子。这种碳负离子可作为亲核试剂引发后续反应。

亲电试剂与卡宾碳杂原子的反应

费舍尔卡宾配合物中的杂原子的一对孤对电子易受亲电试剂进攻，生成物再发生消除反应，得到过渡金属卡拜配合物。

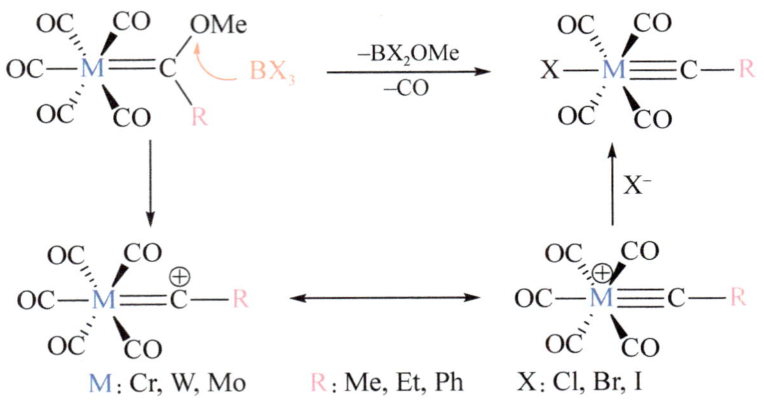

M：Cr, W, Mo   R：Me, Et, Ph   X：Cl, Br, I

卡宾配体的迁移反应

一个金属卡宾配合物中的卡宾配体可以迁移至另一个配合物的中心金属上，形成新的卡宾配合物。

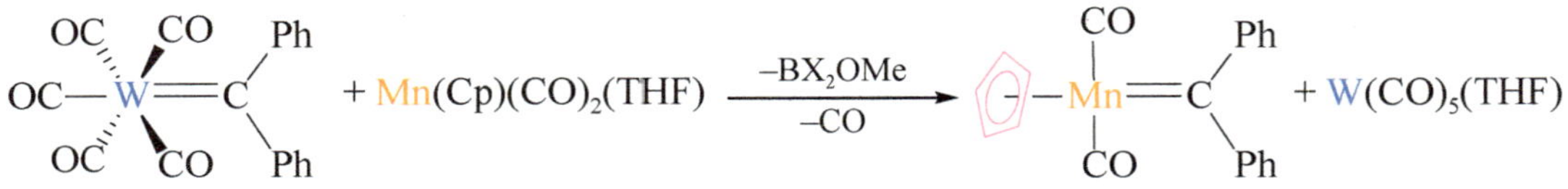

2）施罗克型金属卡宾配合物的化学性质

卡宾碳与亲电试剂反应

施罗克型金属卡宾配合物中的卡宾碳与亲电试剂 AlMe$_3$ 反应，生成双金属配合物。

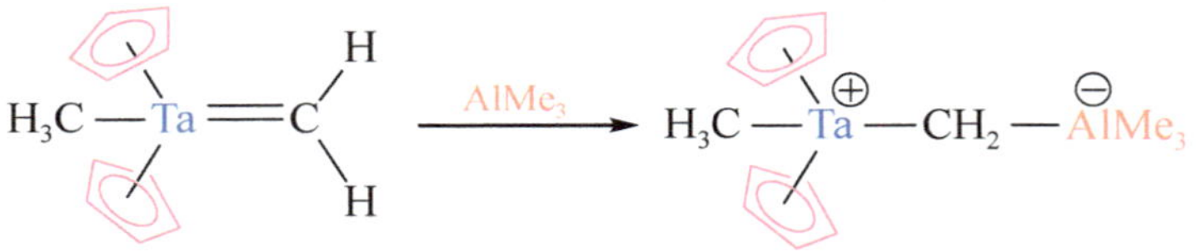

与卤代烃反应生成的中间体不稳定，分解出的烯烃与钽配合物配位，形成含烯烃配体的钽配合物。

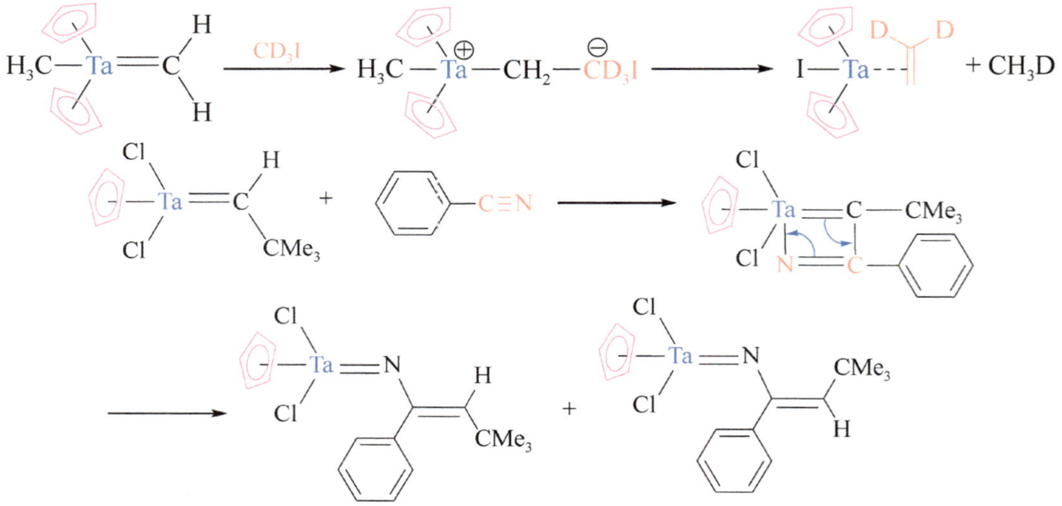

碱与卡宾碳上 α-氢的反应

施罗克卡宾配合物卡宾碳上的氢具有酸性，丁基锂可夺去它，生成过渡金属卡拜配合物：

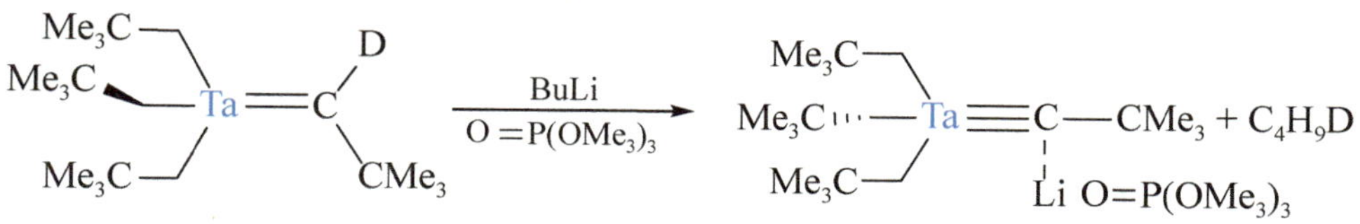

配体置换反应

典型的施罗克钽卡宾配合物，与两分子叔膦反应后金属中心周围更加"拥挤"，会能发生 α-消除反应，生成双卡宾配合物。

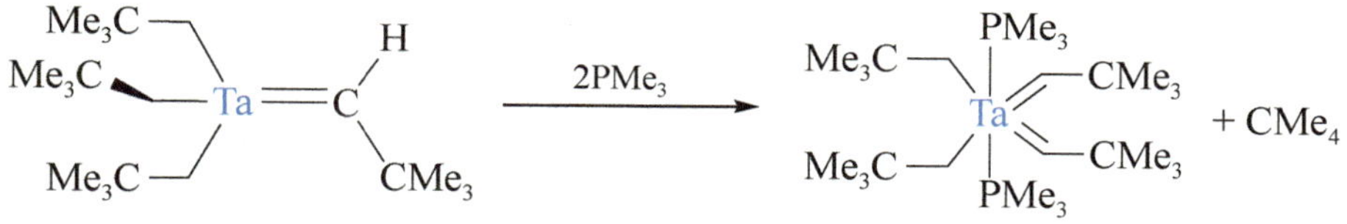

也可以发生新戊基配体与卡宾碳上的氢的消除反应，得到钽卡拜配合物。

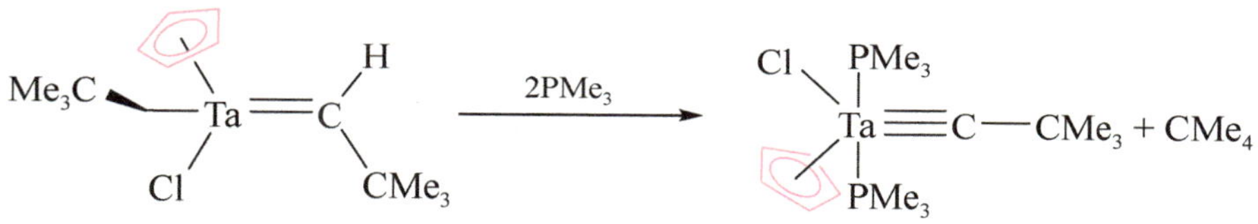

8.8.3 金属卡拜配合物

1973 年，费舍尔（Fischer）偶然获得了第一个过渡金属 M≡C 叁键化合物，并根据炔（Alkyne）将之命名为卡拜（Carbyne）配合物。卡拜是由三个自由电子的电中性单价碳活性中间体及其衍生物，以叁键的形式与金属离子键合而成。与金属卡宾配合物相比，金属卡拜配合物稳定性较差，目前仅合成了 Cr、Mo、W、Ta 及 Os 等少数几类金属卡拜配合物。

1. 金属卡拜配合物的分类

与金属卡宾配合物类似，金属卡拜配合物也可以分成费舍尔型卡拜配合物（Fischer Carbyne）和施罗克型卡拜配合物（Schrock Alkylidyne）。虽然，两种卡拜配合物在结构上有些许不同，但主要结构特点是一致的。因此，可将两者同等对待，均可看作是三价阴离子的 6 电子给予体。

费舍尔在 1973 年合成了第一个费舍尔型卡拜配合物；施罗克在 1978 年合成了第一个施罗克型卡拜配合物。

费舍尔型卡拜配合物：

$$\begin{array}{c} OC \quad CO \\ \diagdown \quad \diagup \\ X\!-\!M\!\equiv\!\!C\!-\!R \\ \diagup \quad \diagdown \\ OC \quad CO \end{array}$$

M: Cr, W, Mo   R: Me, Et, Ph   X: Cl, Br, I

施罗克型卡拜配合物：

$$\begin{array}{c} \text{(Cp)} \\ Cl\cdots Ta \\ \diagup \qquad \diagdown\!\!\!\!\!\!\!\equiv\!R \\ Me_3P \end{array}$$

2. 金属卡拜配合物的成键

卡拜配体的碳原子采取 sp 杂化方式。对于费舍尔型金属卡宾配合物，卡拜碳的 3 个电子中，2 个成对处于 sp 杂化轨道，1 个处于未参与杂化的 p 轨道（图 8-104）；施罗克型卡拜配合物中，卡拜碳上的 3 个电子以成单的形式分别处于 1 个 sp 杂化轨道和 2 个未参与杂化的 p 轨道（图 8-104）。

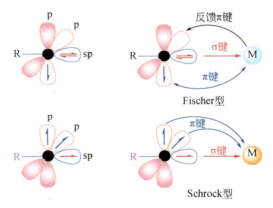

图 8-104　两种典型金属卡拜配合物卡拜碳杂化方式及与金属中心成键特点

在费舍尔型金属卡拜配合物中，sp 杂化轨道中成对电子与金属中心的空轨道交叠形成 σ 键；p 轨道上的单电子与金属中心 d 轨道交叠形成 π 键；由于金属中心氧化态相对较低，卡拜碳上的另一个空 p 轨道还能接受金属中心反馈过来的电子形成反馈 π 键；在施罗克型金属卡拜配合物中，sp 杂化轨道中的单电子与金属中心的 d 轨道交叠形成 σ 键；具有单电子的 2 个 p 轨道与金属中心 d 轨道交叠形成 2 条 π 键；由于金属中心氧化态相对较高，施罗克型金属卡拜配合物中一般不存在反馈 π 键。

3. 金属卡拜配合物的合成

利用费舍尔型金属卡宾配合物中与卡宾碳相连的杂原子易受亲电试剂进攻而消除，生成过渡金属卡拜配合物。当过渡金属中心价态低并带有 CO 配体时，被称为费舍尔型金属卡拜配合物。例如：

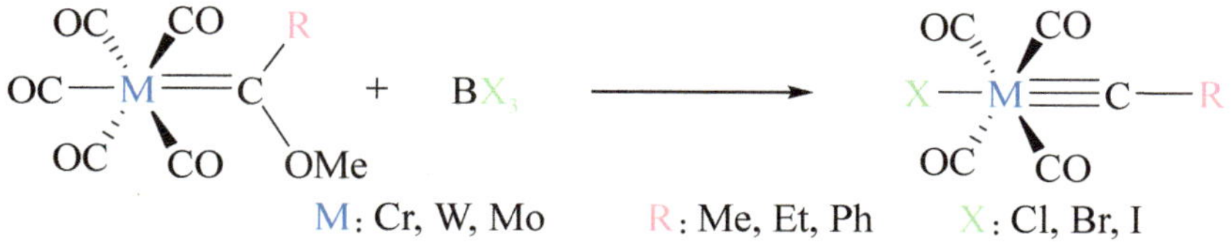

M: Cr, W, Mo　　　　R: Me, Et, Ph　　　　X: Cl, Br, I

施罗克型金属卡宾配合物脱去卡宾碳上的质子也可以得到金属卡拜配合物，这类高氧化态的金属配合物被称为施罗克型金属卡拜配合物。例如：

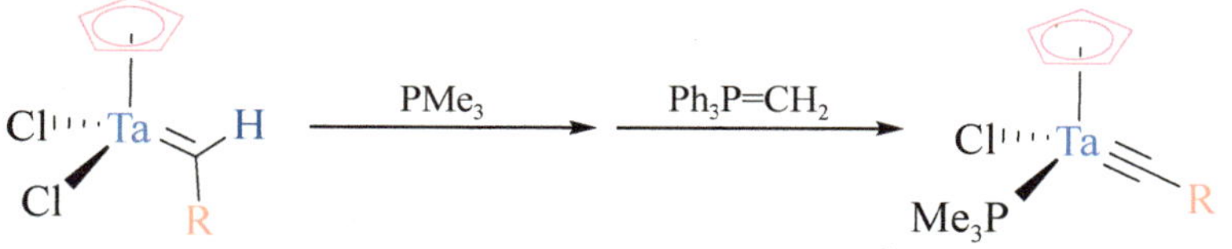

4. 金属卡拜配合物的化学性质

金属卡拜配合物中电负性不高的卡拜碳原子上带有 3 个负电荷，因此表现出强的供电子特性。所以，金属卡拜配合物能够发生亲电加成反应，得到过渡金属卡宾配合物。例如：

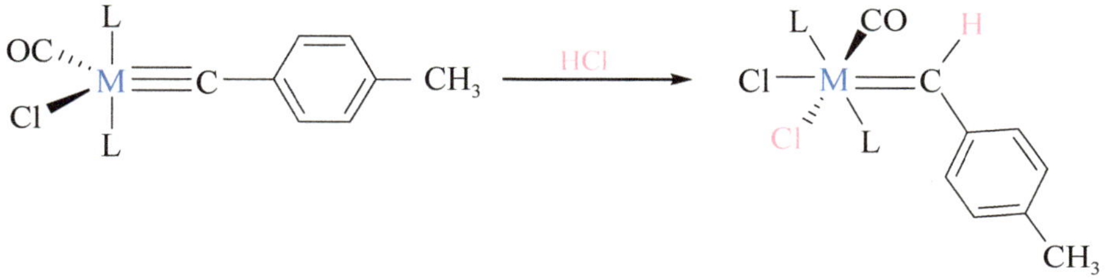

在金属卡拜配合物中，卡拜反位的卤素可被更活泼的卤素取代；羰基配体可被亲核性更强的叔膦配体取代。

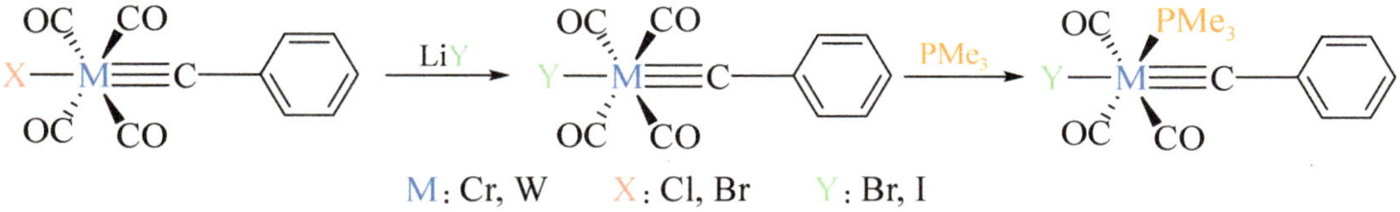

M: Cr, W　　　　X: Cl, Br　　　　Y: Br, I

此外，金属卡拜配合物中的卡拜配体还可以发生配体转化反应，转变成金属卡宾配合物。

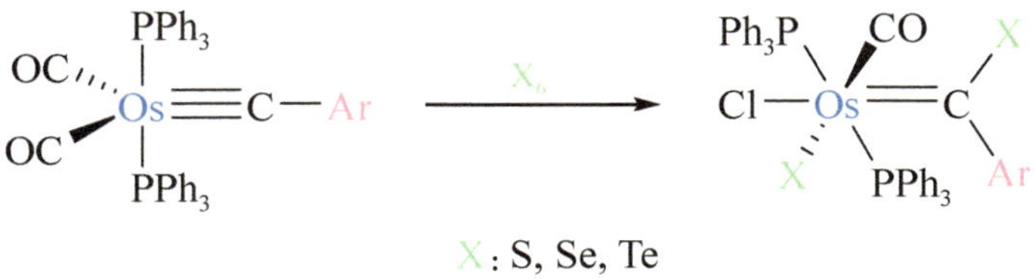

X: S, Se, Te

参 考 文 献

陈慧兰, 2005. 高等无机化学. 北京：高等教育出版社.

和玲, 赵翔, 2011. 高等无机化学. 北京：科学出版社.

何仁, 陶晓春, 张兆国, 2007. 金属有机化学. 上海：华东理工大学出版社.

金安定, 刘淑薇, 吴勇, 2006. 高等无机化学简明教程. 南京：南京师范大学出版社.

克拉布特里 R. H., 2012. 过渡金属有机化学. 江焕风, 祝诗发, 译. 北京：科学出版社.

刘又年, 周建良, 2012. 配位化学. 北京：化学工业出版社.

钱延龙, 陈新兹, 1997. 金属有机化学与催化. 北京：化学工业出版社.

山本明夫, 1997. 有机金属化学基础与应用. 陈惠麟, 陆熙炎, 译. 北京：科学出版社.

唐敖庆, 李前树, 1998. 原子簇结构规则和化学键. 济南：山东科学技术出版社.

张文广, 2010. 化学世界, 51：255.

郑化桂, 倪小敏, 2006. 高等无机化学. 合肥：中国科学技术大学出版社.

朱龙观, 2009. 高等配位化学. 上海：华东理工大学出版社.

Cardin D J, Cetinkaya B, Lappert M F, 1972. Chem. Rev., 72：545.

Cotton F A, Wilkinson G, Murillo C A, 1999. Advanced Inorganic Chemistry. 6th ed. New York：Wiley-Interscience.

Davidson E R, Kunze K L, Machado F B C, et al., 1993. Acc. Chem. Res., 26：628.

de Frémont P, Marion Nolan N S P, 2009. Coord. Chem. Rev., 253：862.

Liu K G, Rouhani F, Moghanni-Bavil-Olyaei H, et al., 2020. J. Mater. Chem. A, 8：12975.

习　　题

1. 指出下列配合物中的典型有机金属化合物。

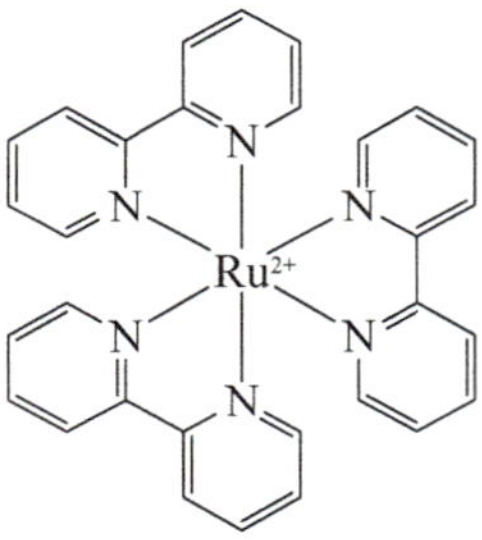

(1) 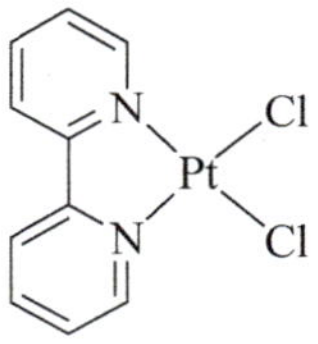　　　　　　　　　(2) 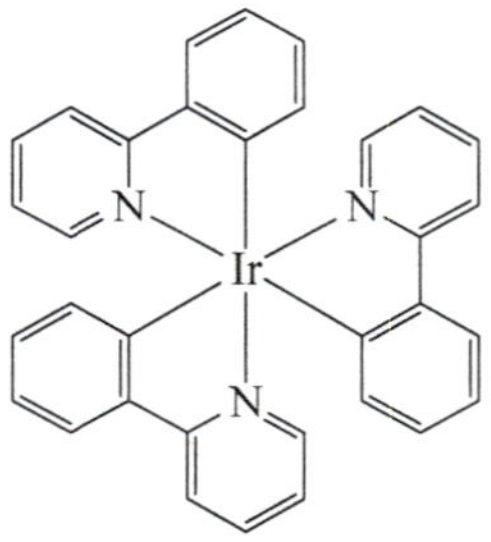　　　　　　　　　(3)

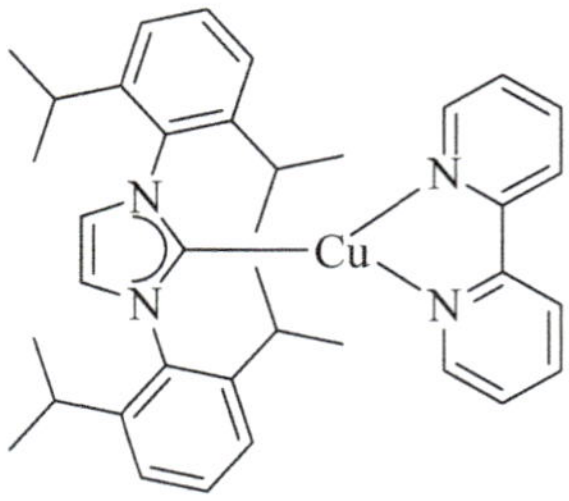

(4) 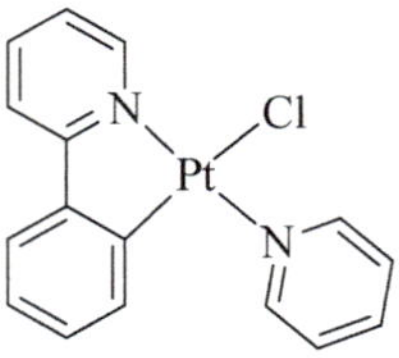　　　　　　　　　(5) 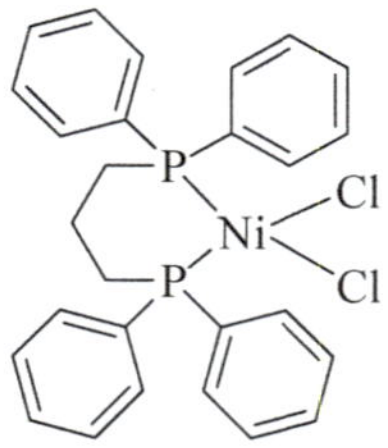　　　　　　　　　(6)

2. 计算下面配合物的总价电子数，看是否符合 EAN 规则。

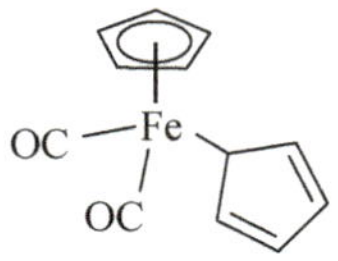

(1) 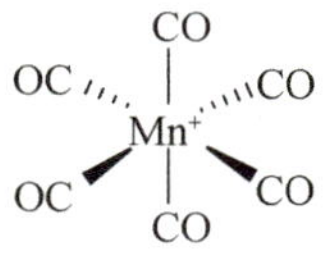　(2) 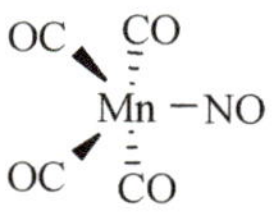　(3)

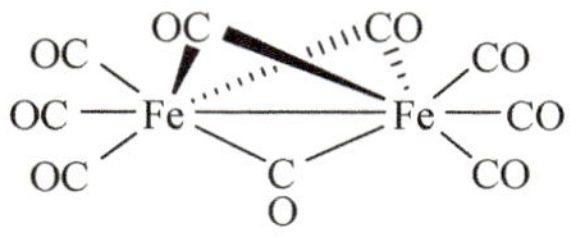

(4) 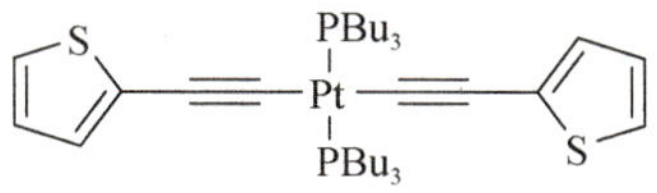　(5)

3. 根据本章所学的知识，阐述分子氮配合物对于合成氨的重要意义。

4. 在过渡金属羰基配合物中，羰基均采用碳原子配位。羰基配体中的氧原子上也有孤对电子，为什么不用氧原子配位？

5. 羰基簇和卤族簇中，金属中心上累计的电子在成键行为上有什么不同？

6. 有一种有机金属化合物，通过实验测得其化学式为 MnC_5O_5。该化合物用 ^{13}C NMR 表征，只得到一个峰。该化合物很容易和金属钠反应，所得反应产物经分析：碳含量为 27.56%；氧含量为 36.65%；锰含量为 25.15%；钠含量为 10.51%。根据上述结果推断该化合物的实际结构，并用 EAN 规则解释该化合物与钠的反应结果。

7. π 酸配体与 π 配体在与过渡金属成键时的键合方式上有何异同？为什么这两类配体都易和低氧化态过渡金属形成配合物？

8. 为什么 EAN 规则在处理羰基簇时比较成功，而用于卤族簇时则会遇到问题？

 阅 读 材 料

有机金属配合物的结构特征 C—M 键
——对 C—C 偶联反应高效催化剂设计的启示

　　有机金属配合物最典型的结构特征就是分子中要含有 C—M 键。有机金属配合物中，有些 C—M 键非常稳定，稳定性甚至能与一般的共价键相当，但有的 C—M 键则非常活泼，在空气中非常容易发生反应。含有稳定 C—M 键的有机金属配合物对于研究它们的结构及性能提供了便利，因此人们对含有稳定 C—M 键的有机金属配合物给予了更多的关注。但是，对于一些稳定性较差的 C—M 键的认识对理解一些 C—C 偶联反应高效催化剂的催化行为非常关键。

　　一些常见的 C—C 偶联反应，比如 Suzuki 偶联、Stille 偶联、Heck 偶联反应和 Sonogashira 偶联等中，都需要加入[Pd]催化剂，并且这些催化剂都含有膦配体。以 Suzuki 偶联反应为例，通过该反应机理就能够充分认识到 C—M 键特性在实现这些[Pd]催化剂高效催化性能方面所起的关键作用。如上图所示，卤代烃首先和催化剂发生氧化加成，涉及 C—M 键的形成。接着，催化中间体与有机硼化合物发生转金属化，又生成一个 C—M 键。最后，在配体 Ln 反位效应的作用下发生还原消除，涉及两个 C—M 键断裂生成偶

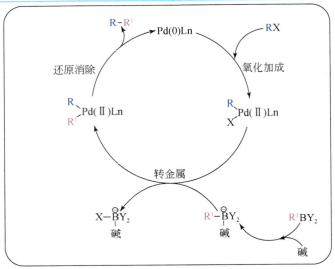

典型的Suzuki偶联反应机理

联产物。从这样一个催化循环过程来看，催化过程涉及多个 C—M 键的形成与断裂。对于其他类型的 C—C 偶联反应的机理，读者可以查阅相关资料。但是，它们也涉及多个 C—M 键的形成与断裂过程才能最终完成催化循环。显然，利用这些催化反应的机理，我们就可以通过调控底物结构、催化剂配体结构、催化中心金属价态和种类等来调控催化中间体中的 C—M 键特性，来调控催化剂的催化行为，服务我们的需要。

　　因此，对有机金属配合物中 C—M 键的充分全面认识对理解 Suzuki 偶联反应催化剂的催化行为非常重要。通过有机金属配合物的相关知识，不仅能够对过渡金属催化的 C—C 偶联反应有更深入的理解，而且对于高性能催化剂的设计与选择也有了更为充分的认识。

第9章 功能配合物设计与应用

Chapter 9　Design and Application of Functional Complexes

与传统的有机化合物和无机化学物相比，配合物分子中含有配体和中心离子/原子两部分。如果配体采用有机分子而中心原子采用金属离子/原子，这样，配合物分子就可以将有机和无机特性的单元整合到同一分子中，不仅可以融合有机和无机单元的特点，而且为分子性能的调控提供了更大的空间。同时，有机和无机单元的融合还往往带来各自均不具备的特性，这为新型功能材料的设计和应用提供了新出路。因此，本章将介绍具有重要应用前景的光、电、磁等功能配合物的设计与应用。

9.1　发光配合物设计与有机电致发光

9.1.1　有机电致发光技术的原理及应用

有机电致发光（Electroluminescence，EL）是借助有机发光材料将电转化成光的现象，也就是有机发光材料在电激发下产生的发光现象。起初，这一现象在电激发下的蒽单晶中发现，由于在大于 400 V 的电压下才能产生微弱的电致发光信号，当时并没有引起人们的广泛关注，只进行了有机晶体电荷注入、传输及发光的基础研究。1987 年，美国柯达公司的邓青云博士及 S. VanSlyke 利用发光配合物 8-羟基喹啉铝（Alq3）有效提升了电致发光器件的效率，在低驱动电压下实现了高发光亮度。这一里程碑式的研究结果让人们看到了电致发光在照明与显示领域的应用前景。1998 年，我国的马於光教授利用铱配合物及 S. Forrest教授利用 2,3,7,8,12,13,17,18-八乙基卟啉铂(Ⅱ)（PtOEP）制备了有机电致发光器件，首次观察到电致磷光现象，这类配合物发光材料在电激发下可实现 100%的激子利用率，使器件内量子效率理论上达到 100%。此后，很多基于配合物磷光材料的高效率的电致发光器件被报道出来。因此，这类配合物磷光发光（三线态发光）材料的出现使有机电致发光技术的实际应用成为现实。已经证明，有机电致发光的波长（颜色）严格取决于发光材料的发光波长（颜色），因此通过调控发光材料的发光波长很容易实现红-绿-蓝全色电致发光信号。所以，有机电致发光可应用于新一代显示和照明领域。作为新一代平板显示终端，有机电致发光技术具有主动发光、高亮度、高对比度、宽视角、响应快、低温性能好及柔性可折叠等优点，而传统显示技术无法与之媲美，因此被称为梦幻般的显示技术；作为新一代照明光源，有机电致发光技术具有不含汞、环境友好、全固态耐冲击、艺术化外形、高效节能及显色指数高等优点（图9-1）。

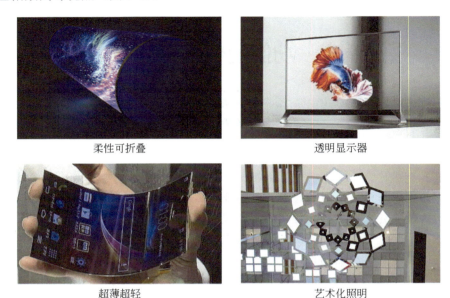

柔性可折叠	透明显示器
超薄超轻	艺术化照明

图9-1　基于有机电致发光技术的典型应用

实现有机电致发光的器件被称为机电致发光器件，也称有机发光二极管（Organic Light-Emitting Diode，OLED）。该器件的工作原理如下（图9-2）：在器件两端施加一定的电压时，空穴从阳极注入电子从阴极注入；在施加电压产生的内部电场的作用下，空穴和电子相向传输；空穴和电子在有机发光材料所在的发光层相遇，复合形成激子，激子不稳定返回稳定基态并释放出能量激发发光分子产生电致发光。由此可见，有机发光材料是OLED器件的核心，是实现电致发光最为关键的部分。

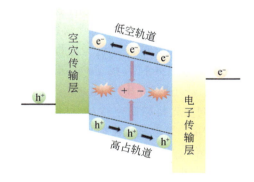

图9-2　有机电致发光的原理

9.1.2　有机发光分子的发光原理及激发态特性

有机发光分子之所以发光是因为分子受外部能量激发产生高能激发态，激发态以光的形式释放能量返回稳定的基态，从而产生发光现象。根据产生光信号的激发态特性不同，有机发光分子发射信号可分为荧光（Fluorescence）、磷光（Phosphorescence）及热活化延迟荧光（Thermally Activated Delayed Fluorescence，TADF）等。

有机分子吸收能量受激使电子会发生跃迁，分子也从基态（S_0）变为激发态，如果激发态分子保持与基态相同的自旋，则该激发态为单线态（S_1）。处于单线态的分子经辐射衰减返回到稳定的 S_0 态，伴随该过程的发光叫荧光 [图 9-3（a）]；如果处于 S_1 态的分子自旋发生翻转，会经历系间穿越（Inter-System Crossing，ISC）过程到达三线态（T_1），处于 T_1 态的分子经辐射衰减返回稳定的 S_0 态，伴随该过程的发光叫磷光 [图 9-3（b）]；如果分子的 S_1 态与 T_1 态的能级差（ΔE_{ST}）足够小，在室温的活化下处于 T_1 态的分子经反系间穿越（Reverse Inter-System Crossing，RISC）过程到达 S_1 态，再经辐射衰减返回到稳定的 S_0 态，伴随该过程的发光叫热活化延迟荧光（TADF）[图 9-3（c）]。

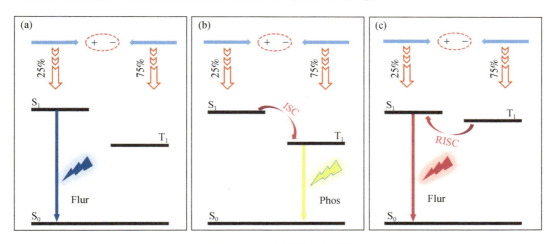

图 9-3　发光分子发光的原理

（a）荧光；（b）磷光；（c）热活化延迟荧光

这些发光激发态根据发光分子的不同结构可表现出不同的特性。对于有机发光分子，如果分子中没有明显的供电子基团或吸电子基团，那么其激发态表现出 $\pi\text{-}\pi^*$ 的特性，即电子跃迁分布于整个发光分子共轭骨架上；如果分子中存在供电子基团和/或吸电子基团，则电子跃迁过程从分子中供电子基团到吸电子基团，分子发光激发态则表现出分子内电荷转移（Intra-molecular Charge Transfer，ICT）的特性。对于配合发光分子，如果金属中心基本不参与电子跃迁过程，电子激发主要集中于有机配体，则该发光分子的激发态表现出基于配体（Ligand-Centered）的特性；如果配体基本不参与配合物的电子激发过程，电子激发主要集中于金属中心，则这种发光属于金属中心发光。比如，很多稀土配合物的发光就属于金属中心发光；如果电子激发是从配合物的金属中心到有机配体，则该激发态表现出金属向配体电荷转移（Metal-to-Ligand Charge Transfer，MLCT）的特性；如果电子激发是从配合物的有机配体到金属中心，则该激发态表现出配体向金属电荷转移（Ligand-to-Metal Charge Transfer，LMCT）的特性；如果电子激发是从配合物的一种配体到另一种配体，金属中心参与不明显，则该激发态表现出配体向配体电荷转移（Ligand-to-Ligand Charge Transfer，LLCT）的特性。不同特性的激发态辐射衰减发出的光信号特性不同，比如寿命、斯托克斯位移及谱线形状等。因此，通过分子结构设计来调控发光特性非常关键。

9.1.3　有机电致发光材料的设计要求

有机发光材料是有机电致发光器件的核心，负责将电信号转化为光信号。因此，它们性能的优劣直接影响到器件的性能。所以，在有机电致发光材料设计时，对材料的一些核心性能要重点关注。

1）高发光量子产率

发光量子产率代表着发光材料的发光性能。虽然光致发光过程与电致发光过程不同，但是材料的发光量子产率与电致发光器件的效率一般是正相关。因此，发光材料设计时一定注意分子结构特点，使其有利于发光量子产率的提高。比如，刚性分子结构的采用，避免激发态的非辐射衰减。此外，发光量子产率对于红光发光材料更为重要。根据带隙规则，红色发光材料的带隙较窄，分子激发态非辐射跃迁概率增加，造成发光量子产率低。因此，红色发光材料在设计时，如何赋予材料高发光量子产率非常重要。

2）高激子利用率

发光材料在电激发下会同时产生单线态激子和三线态激子。但是，有些发光分子，比如有机发光分子，不能利用所产生的三线态激子复合发光，这造成电致发光器件的效率很低。因此，设计发光材料时要确保能够把三线态激子能利用起来，这样才能够达到激子的100%利用，将电能更为有效地转化成光。

3）载流子注入传输性能

电致发光过程中，载流子空穴和电子复合产生发光激子。因此，发光材料具有载流子注入传输特性及两种载流子的平衡注入传输对于实现高电致发光效率非常关键。发光材料具有载流子注入传输特性能够促使载流子在发光分子上复合发光，实现载流子俘获的发光机制，从而避免能量传递机制发光，降低能量损失，提高电致发光效率。

4）高稳定性高效深蓝光电致发光的实现

目前，色纯度较好的深蓝光发光材料主要集中于有机分体系。但是，有机分子往往产生荧光发光，在电致发光的条件下不能有效利用三线态激子，造成电致发光效率很低。具有高三线态激子利用率的配合物蓝色磷光材料能实现较高电致发光效率，但是蓝光色纯度较差，稳定性也不够高。因此，设计合成高稳定性高效深蓝光电致发光材料是有机电致发光领域的难点。

9.1.4　配合物电致发光材料

用于有机电致发光的材料可以是有机分子，也可以是配合物分子。配合物发光分子中同时具备金属中心和有机配体，能够表现出与有机分子完全不同的发光性能，且性能调控也具有更大的空间。因此，配合物电致发光材料在有机电致发光材料领域扮演着非常重要的角色。目前，应用于有机电致发光领域的配合物发光材料主要有配合物荧光材料、稀土配合物发光材料、配合物磷光材料及配合物 TADF 发光材料。其中，配合物荧光材料电致发光效率低；稀土配合物发光材料电致发光效率低、激发态寿命过长且发光颜色难调控；配合物 TADF 发光材料虽然效率高，但是综合性能还无法和配合物磷光发光材料相比。因此，配合物磷光材料是有机电致发光材料的中流砥柱。综上，本小节将一一介绍各种用于有机电致发光领域的各类配合物发光材料及分子设计原理，重点突出配合物磷光材料。

1. 配合物荧光材料

这类发光材料的代表就是 8-羟基喹啉铝（Alq_3），该发光材料标志着有机电致发光研究热潮的开端。在 8-羟基喹啉铝的基础上，人们对其进行了改进，比如引入氟取代基，以及结构类似的锌、镓及铍等的发光配合（图 9-4）。

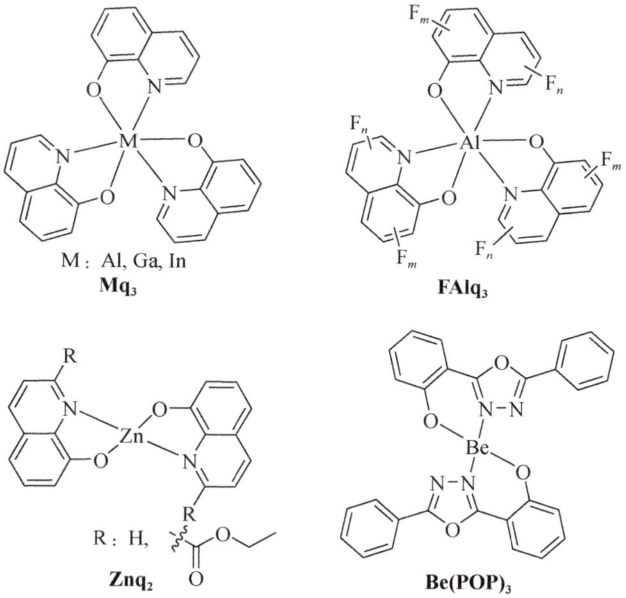

图 9-4　一些典型荧光配合物发光分子

这类配合物发光材料成功借助了有机配体和金属中心的特性，利用较小有机配体成功实现了波长较长的发射，可以避免有机发光材料只能通过较长分子共轭才能实现长波长发射的问题，可有效简化材料制备流程。

配合物荧光材料虽然具有较强的光致发光性能，但是电致发光效率很低。电激发和光激发不同，在生成激子的时候，根据电子自旋旋律，生成的所有激子中有 25% 为单线态激子和 75% 为三线态激子。对于荧光发光材料，只能利用单线态激子发光，而三线态激子不能发光，以热的形式耗散掉。因此，荧光材料电致发光最高内量子效率为 25%，这使得电光转换效率很低，不能很好地满足实用化需求。

2. 稀土配合物发光材料

稀土配合物发光材料的发光原理是由稀土离子特有的 f 电子跃迁引起的，属于金属离子发光。不同的稀土离子发光能力不同，以铕和铽离子的发光性能最佳。目前报道的稀土配合物发光材料也以这两种稀土配合物分子居多，尤其是红色发光的铕配合物（图 9-5）。

Eu(Phen)(TTFA)₃   Eu(EPBM)(DBM)₃

图 9-5　一些典型铕配合物发光分子

这类发光材料的优点在于发光光谱很窄，发光色纯度高。但是，它们的发光效率较低，发光激发态寿命过长。很多稀土配合物发光激发态的寿命很长，可达毫秒级，用于显示终端难以满足屏幕高速刷新的要求。此外，稀土配合物发光属于金属离子发光，发光颜色主要取决于稀土离子的种类，配合物化学结构的调控很难实现对稀土配合物发光颜色的调节。因此，稀土配合物发光材料目前在有机电致发光领域应用不多。

3. 配合物磷光发光材料

从以上两种配合物发光材料的特点可看出：提升配合物发光材料的激子利用率，将不发光的三线态激子利用起来，是提升配合物发光材料电致发光效率的关键；实现配体与金属中心的协同来调控配合物发光性能。目前，有很多过渡金属配合物，比如 Ir(Ⅲ)、Pt(Ⅱ)、Os(Ⅱ)、Ru(Ⅱ)、Cu(Ⅰ)及 Au(Ⅲ)等的含有多齿芳香配体的配位都表现出很强的室温磷光发射性能（图 9-6）。这些配合物中的过渡金属中心能够引发强的自旋-轨道耦合效应，使三线态量子产率很高，在室温下即可表现出很强的磷光发射信号。在电致发光过程中，这些配合物磷光分子能够利用三线态激子发光，所以电致发光效率很高。因此，配合物磷光材料在电致发光领域的各类发光材料中脱颖而出。

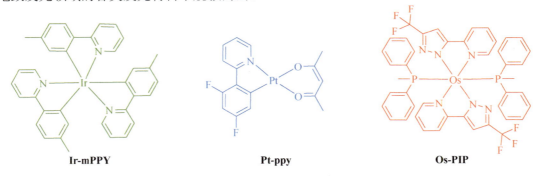

Ir-mPPY   Pt-ppy   Os-PIP

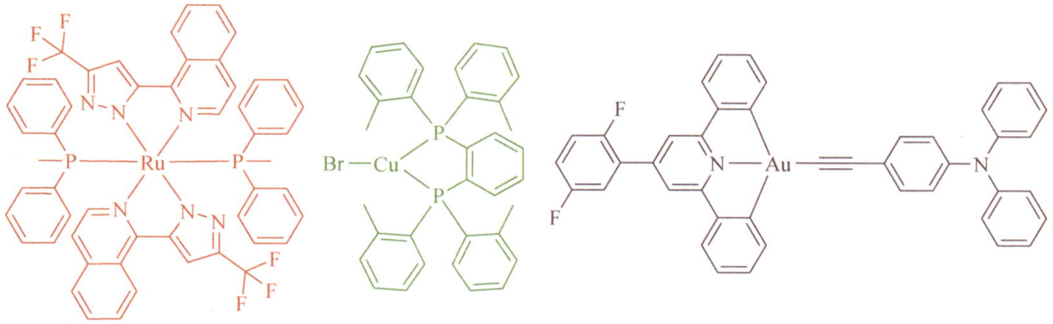

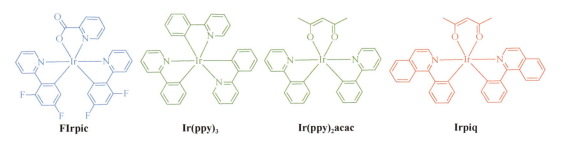

Ru-PIP　　　　**Cu-BrP**　　　　**Au-DPP**

图 9-6　各种典型配合物磷光分子

● 高效配合物磷光发光材料

虽然有多种过渡金属配合物都能够引发强烈的室温磷光信号，但就综合性能来看，Ir(III) 和 Pt(II) 的 2-苯基吡啶（2-Phenylpyridine，ppy）类配合性能最优。首先，它们具有非常高的室温磷光量子产率（Phosphorescent Quantum Yield，Φ_p），这非常有利于实现高电致发光效率；其次，它们的激发态寿命比其他配合物短，一般均小于 10 μs。这可以减缓高电致发光亮度下效率滚降的问题；再次，它们的发光颜色极易调节，通过改变配体结构就能实现发光颜色从蓝色到深红色的调控，这对于实现全彩显示和白光照明非常关键；最后，这些配合物的稳定性较好，尤其是 Ir(III) 的 ppy 类配合物磷光材料，热分解温度在 350℃ 以上。这对采用真空蒸镀法制备电致发光器件非常重要。因此，Ir(III) 和 Pt(II) 的 ppy 类配合发光材料成为电致发光领域宠儿。因此，本部分内容重点介绍 Ir(III) 和 Pt(II) 的 ppy 类配合物磷光发光分子的设计及应用。

早期，Ir(III) 的 ppy 类配合物所采用的配体比较简单，比如 2-苯基吡啶、2-苯基异喹啉及氟代 2-苯基吡啶等（图 9-7）。这些配合的配体共轭结构较小且没有很强的给电子基团和吸电子基团，这一结构设计可使 Ir(III) 中心的 d 轨道有效参与到配合物分子的电子跃迁前线轨道中，从而引发很强的自旋-轨道耦合（Spin Orbital Coupling，SOC）效应，促进电子自旋翻转，有效提升了激发单线态到激发三线态的系间穿越效率，显著提高了三线态量子产率，从而产生强烈的室温磷光发射，其中 Ir(ppy)₃ 的 Φ_p 可高达 0.97。另外，这些配合物的结构虽然相似，配体化学结构变化不大，但是它们的磷光发光波长明显不同。其中，FIrpic 表现出天蓝光发射，Ir(ppy)₃ 和 Ir(ppy)₂acac 发射出绿色磷光，Irpiq 表现出纯红光发射。可

FIrpic　　　　**Ir(ppy)₃**　　　　**Ir(ppy)₂acac**　　　　**Irpiq**

图 9-7　典型高效 Ir(III) 配合物磷光分子

明显看出这类配合物磷光发光波长的可调性，这是对实现红-绿-蓝全色发光及白光电致发光非常重要的光物理特性。

传统的 Ir(III) ppy 类配合物磷光分子具有非常相似的前线轨道分布特性：分子的最高占据轨道（Highest Occupied Molecular Orbital，HOMO）主要分布在含 C 配位点的芳环的 π 成键轨道及 Ir(III)中心的 d_π 轨道上，而最低未占分子轨道（Lowest Unoccupied Molecular Orbital，LUMO）则分布在含 N 配位点的杂化 π^* 反键轨道上。HOMO 和 LUMO 间的能级差为分子带隙（Energy Gap，E_g），E_g 的大小在很大程度上决定着配合物发光激发态的能级从而决定发光颜色。因此，在含 C 配位点的芳环引入供电子基团或增大其共轭会提升配合物分子的 HOMO 能级，在 LUMO 能级不变的情况下分子的 E_g 变小，激发态能级降低发光波长变长发，光颜色红移。相反，在含 C 配位点的芳环引入吸电子基团或减小其共轭会降低配合物分子的 HOMO 能级，在 LUMO 能级不变的情况下分子的 E_g 变大，激发态能级提升发光波长变短，发光颜色蓝移；在含 N 配位点的芳杂环引入供电子基团或采用接受电子能力更弱的氮杂环，会提高配合物分子的 LUMO 能级，在 HOMO 能级不变的情况下分子的 E_g 变大，激发态能级提升发光波长变短，发光颜色蓝移。在含 N 配位点的芳杂环引入吸电子基团或采用接受电子能力更强的氮杂环会降低配合物分子的 LUMO 能级，在 HOMO 能级不变的情况下分子的 E_g 变小，激发态能级降低发光波长变长，发光颜色红移。这就是传统的 Ir(III) ppy 类配合物磷光分发光颜色调控的理论基础。

根据这一理论，长波长发射的 Ir(III)配合物磷光分子的配体一般具有大的共轭配体，且配体中含有强供电子基团。这样的配体结构造成的问题是分子激发态主要集中在有机配体上，金属中心参与较少，导致自旋-轨道耦合效应变弱，Φ_p 降低。同时，受带隙规则的限制，长波长发射的发光分子的激发态更容易发生非辐射衰减过程，造成发光量子产率降低。因此，基于上述理论设计合成的红色 Ir(III)配合物磷光分子不仅磷光发射能力较低 Φ_p 较小，而且配体的大共轭和强供电子基团会造成配合物磷光分子的电子注入/传输能力明显不足。这都直接造成红色 Ir(III)配合物磷光分子的电致发光性能不高，严重限制了其应用。针对这一问题，在 ppy 类 Ir(III)配合物中引入了含有不同主族元素的功能基团，设计了一系列 Ir(ppy)₂acac 型的磷光配合物分子。研究发现：在 ppy 苯环上引入—B(Mes)₂、—SO₂Ph 及—POPh₂ 等吸电子基团后，配合物的发光波长明显红移，尤其是含有—B(Mes)₂ 基团的配合物甚至实现了红光发射。这些取代基与传统的吸电子基团（如—F 和—CN 等）不同，引发的波长调控结果正好相反。光物理及电子自旋研究结果表明：—B(Mes)₂、—SO₂Ph 及—POPh₂ 是具有接收电子的吸电子基团，这一点与传统的仅表现吸电子特性的—F 和—CN 等基团不同。在光激发下，电子会被—B(Mes)₂、—SO₂Ph 及—POPh₂ 等基团接收，它们强的接收电子能力使得产生的激发态能更稳定，因此激发态级能级更低，从而造成发光波长的红移（图 9-8）。在这些新型配合物中，发光激发态不再主要是由金属中心到配体氮杂环电子跃迁形成的 MLCT 三线态，而是电子由金属中心到—B(Mes)₂、—SO₂Ph 及—POPh₂ 等吸电子基团跃迁形成的 MLCT 三线态（图 9-8）。更为重要的是，—B(Mes)₂、—SO₂Ph 及—POPh₂ 等基团具有电子注入/传输能力。因此，利用这一发光颜色调控新机制使得长波长发射同时具有电子注入传输能力的 Ir(III)配合物发光分子成为可能。

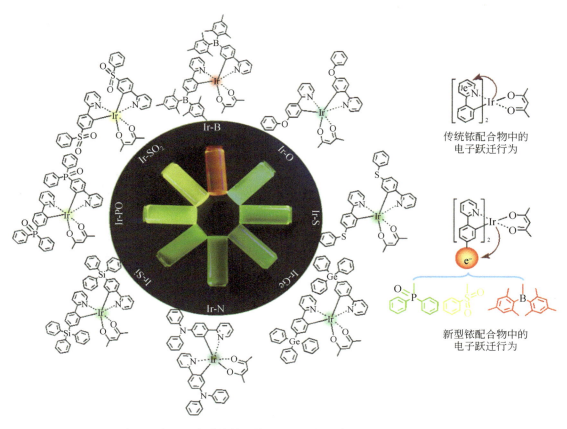

图 9-8 含不同主族元素功能基团的 Ir(Ⅲ)配合物磷光分子及发光颜色调控机制

在此基础上，将—B(Mes)$_2$ 基团引入吡啶环上制备了发光分子 Ir-Mes（图 9-9），不仅实现了红光发射，而且调控了激发态特性使得 MLCT 占主导，Φ_p 高达 0.95。相应配合物的电致发光效率是相同发光波长传统 Ir(Ⅲ)配合物的 2 倍。

Ir-Mes

图 9-9 含芳硼功能基团的高效红色 Ir(Ⅲ)配合物磷光分子结构

根据电致发光的原理，发光分子如果具有载流子注入传输特性将有助于提高其电致发光性能。从结构上看，传统的 Ir(Ⅲ)配合物磷光分子不具备载流子注入传输特性，对其电致发光性能产生负面影响。因此，如何提升配合物磷光分子的载流子注入传输性能非常关键。

基于此，功能化 ppy 类配体被设计开发出来。通过向配体中引入具有载流子注入传输特性的官能团赋予配合物磷光分子载流子注入传输特性。比如，向配体中引入二苯胺及咔唑等基团提升空穴注入传输能力（图 9-10）。同时，这些功能化基团的引入还能够有效抑制配合物磷光分子间的相互作用，解决磷光电致发光器件高亮度下效率滚降的问题。

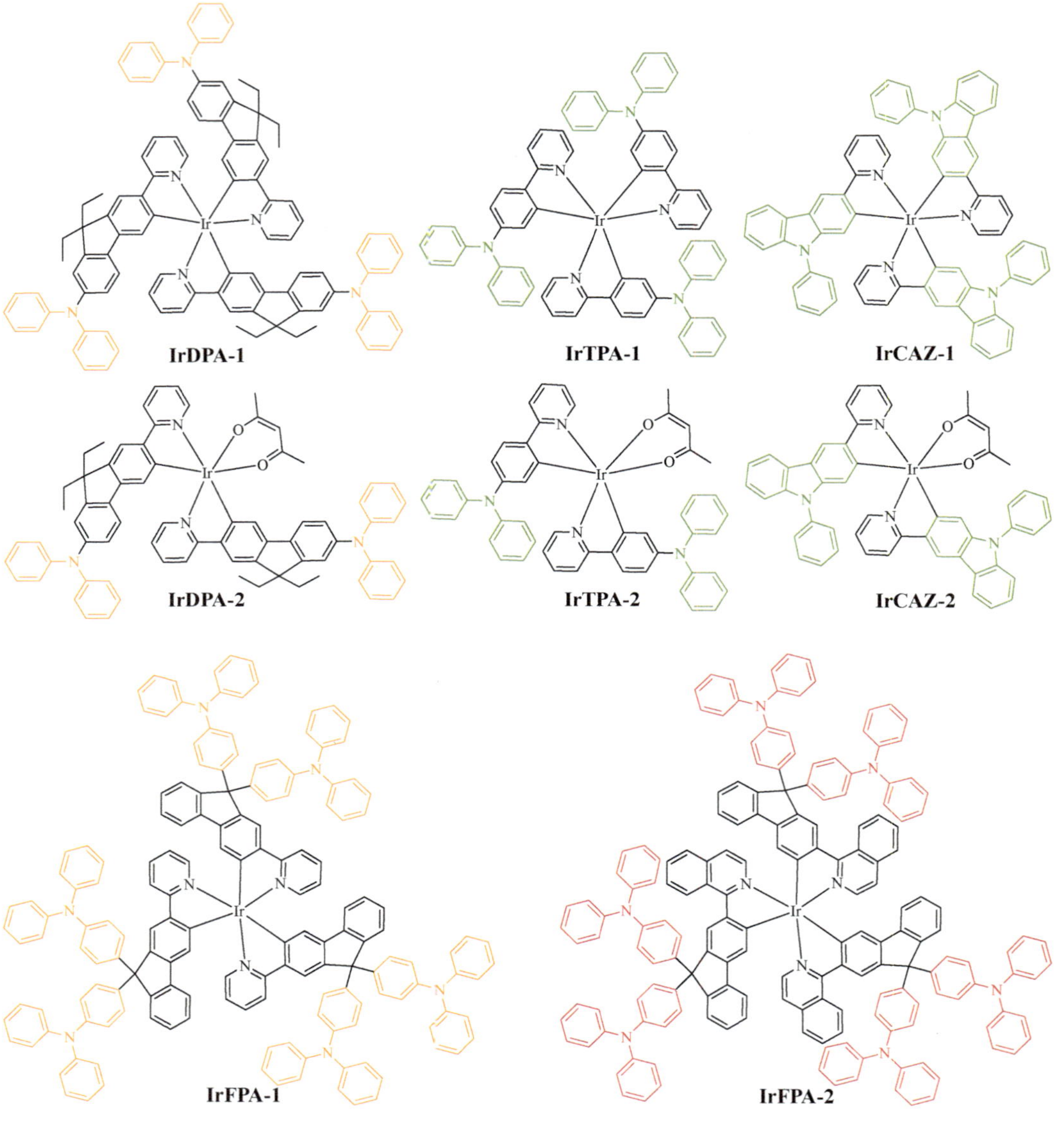

图 9-10　具有空穴注入传输特性的功能化 Ir(Ⅲ)配合物磷光分子

相对于空穴注入传输能力，提升 Ir(Ⅲ)配合物磷光分子的电子注入传输能力更为关键，原因是有机半导体材料的空穴注入传输能力相对于电子注入传输能力来说更高。因此，如何提升电子注入传输能力将更为关键。基于同样的策略，将具有电子注入传输特性的功能基团引入来提升配合物磷光分子的电子注入传输能力。这些官能团包括芳砜、氟代芳砜、芳氧膦、氧化噻蒽等（图 9-11）。相应的配合物都能表现出非常优异的电致发光性能。

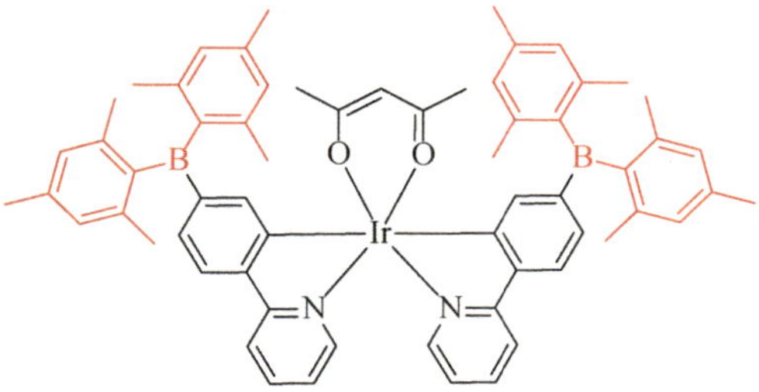

Ir-B

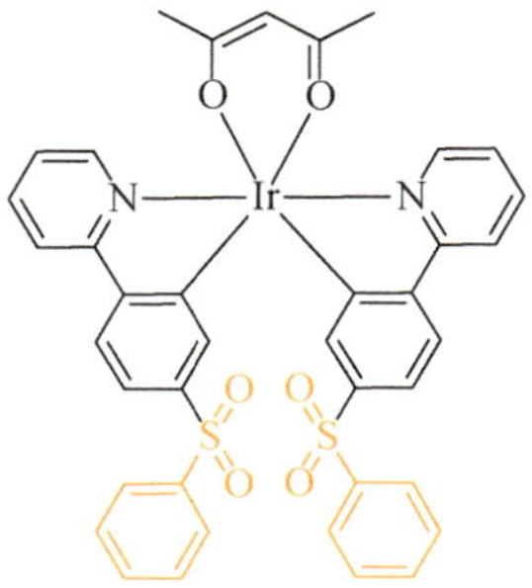

Ir-SO_2

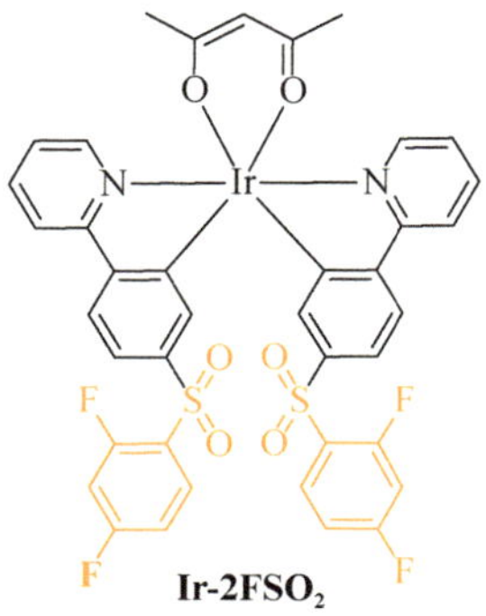

Ir-2FSO_2

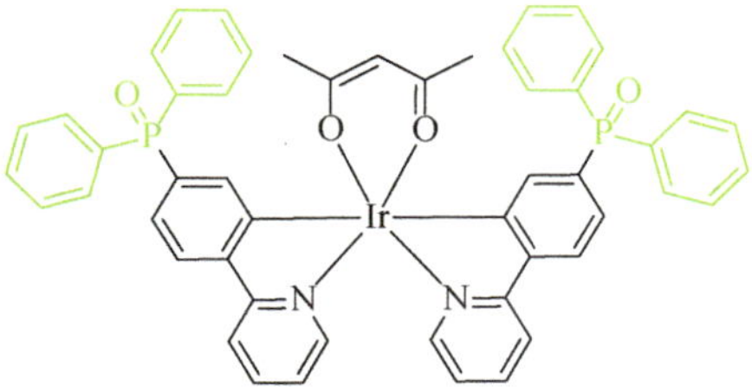

Ir-PO

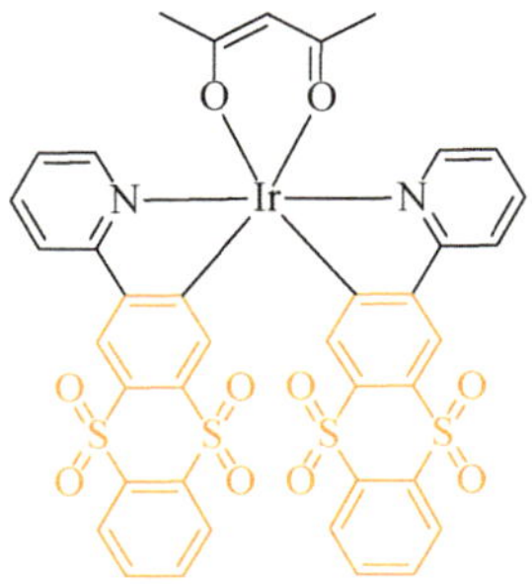

Ir-TSO_2

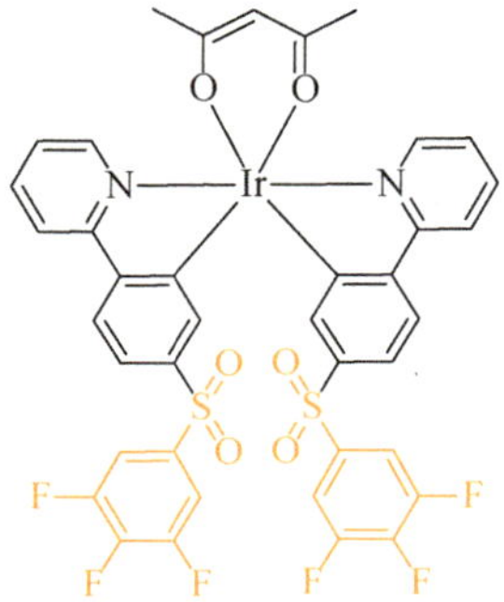

Ir-3FSO_2

图 9-11　具有电子注入传输特性的功能化 Ir(III)配合物磷光分子

基于具有空穴和电子注入传输特性的功能化配合物在有机电致发光方面的优异表现，人们又设计合成出同时具有空穴和电子注入传输特性的功能化 Ir(III)配合物磷光分子，即双极性配合物磷光分子。通过在 Ir(III)配合物的不同有机配体中引入空穴和电子注入传输特性的功能基团，设计开发出非对称双极性 Ir(III)配合物磷光分子。双极性配合物磷光分子同时表现出对空穴和电子的俘获能力，这样可有效提升空穴和电子的复合效率，提高电致发光性能（图 9-12）。

Pt(II)的 ppy 类配合物磷光分子也是一类比较有潜力的电致发光材料。但是，它们的光电性能总体上不及 Ir(III)配合物。与 Ir(III)配合物磷光分子相比，它们的 Φ_p 略低，激发态寿命更长，热稳定性也要稍差一些。另外，它们具有平面 4 配位构型，发光分子间容易聚集，造成电致发光效率及发光色纯度不好。因此，Pt(II)的 ppy 类配合物磷光分子在有机电致发光器件中应用相对较少。但是，它们的激发态特性及分子前线轨道特征与 Ir(III)配合物磷光分子比较相似。

传统的 Pt(II)的 ppy 类配合物磷光分子的发光颜色调控的机理与传统 Ir(III)配合物非常相似。但是，在 ppy 配体中引入—B(Mes)$_2$、—SO_2Ph 及—POPh$_2$ 等具有接收电子能力的吸电子基团后，会产生上述类的新型发光颜色调控行为（图 9-13）。

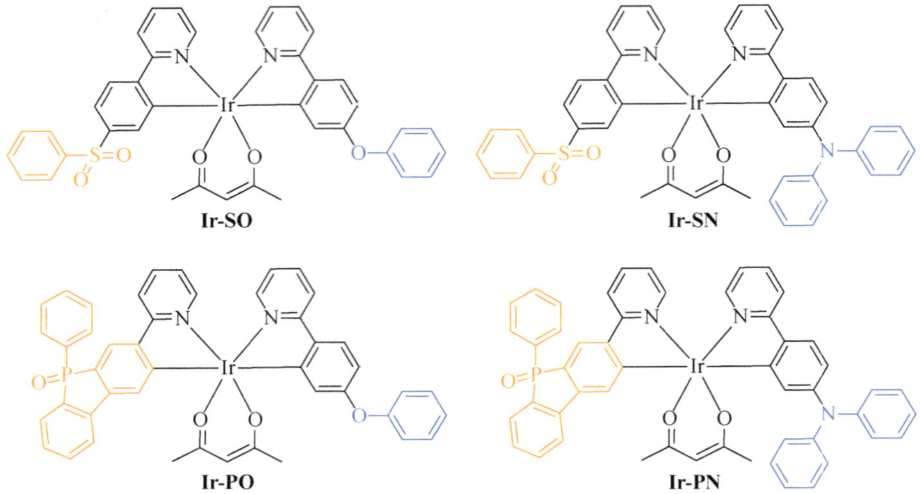

图 9-12　具有双极传输特性的功能化非对称 Ir(Ⅲ)配合物磷光分子

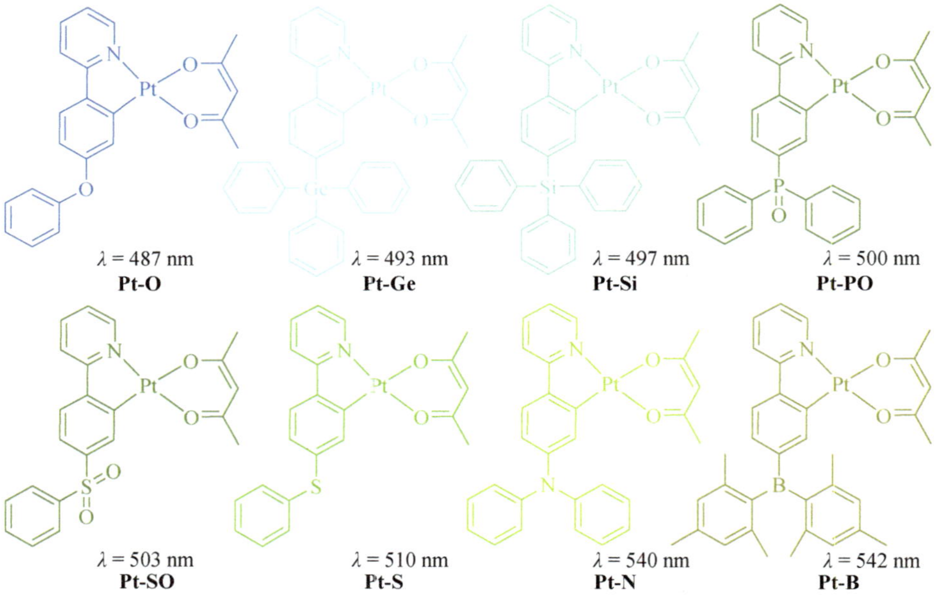

图 9-13　含不同主族元素功能基团的 Pt(Ⅱ)配合物磷光发光分子及发光波长

　　同样，具有载流子注入传输特性的功能基团也被引入到 ppy 配体，来合成功能化的 Pt(Ⅱ)配合物磷光分子。比如，芳胺类基团用于提升空穴注入传输能力，而—B(Mes)$_2$、—SO$_2$Ph 及—POPh$_2$ 等用来提高电子注入传输能力（图 9-14）。

　　由于 Pt(ppy)acac 型配合物磷光分子只有一个 ppy 主配体，同时将具有空穴和电子注入传输能力的基团引入到同一个 ppy 主配体中，设计合成了非对称双极性 Pt(Ⅱ)配合物磷光分子 Pt-NB，表现出优异的电致发光性能（图 9-15）。

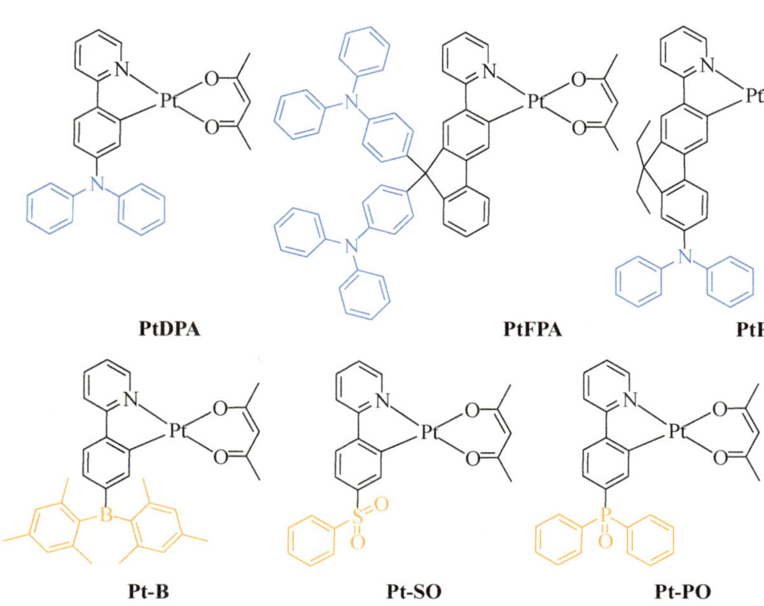

图 9-14　具有载流子注入传输特性的功能化 Pt(Ⅱ)配合物磷光分子

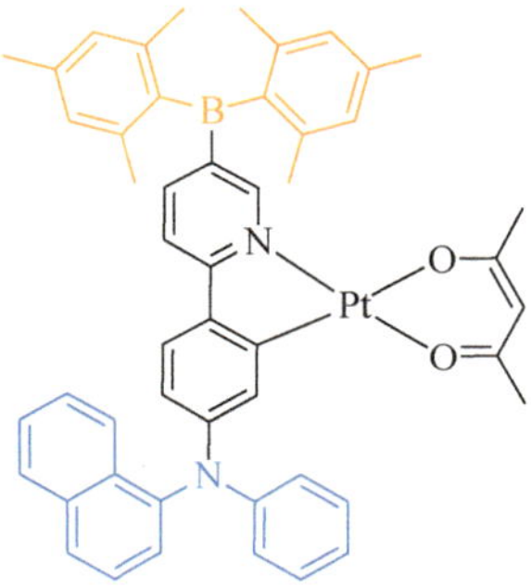

图 9-15　具有双极传输特性的功能化 Pt(Ⅱ)配合物磷光分子

与 Ir(ppy)₂acac 型配合物磷光分相比，Pt(ppy)acac 型配合物磷光分子的乙酰丙酮辅助配体容易脱除造成稳定性差，不利于其器件制备。为了解决这一问题，设计合成了 Pt(ppy)₂型配合物磷光分子，以提升其热稳定性（图 9-16）。并通过芳胺结构桥联 2 个 ppy 类配体，提升空穴注入传输能力。

作为三基色之一，蓝光发光材料非常关键。由于蓝光电致发光效率低，造成基于有机电致发光技术的显示器的主要能耗来源于蓝光材料性能的不足。配合物蓝光材料虽然可带来高的电致发光效率，但是它们的发光色纯度低及稳定性差，不能很好地满足实用化的需求。相对于结构类似的 Ir(Ⅲ)配合物，Pt(Ⅱ)配合物磷光分子的发光波长更短，因此在实现色纯度较好的高效蓝光材料方面有优势。以 9-吡啶咔唑并结合卡宾结构，设计合成了新型 4 齿配体，并制备了相关配合物蓝光磷光材料（图 9-17）。分子设计中采用了卡宾和 9-吡啶咔唑基团，有效提升了激发态能级，实现了更蓝移的发光；卡宾配体具有很强 σ 电子给体，使得 C—Pt 键非常稳定，可有效提高发光分子稳定性。此外，4 配位刚性结构不仅可有效抑制振动能级的发光，窄化发光光谱提高发光色纯度，而且还能提高材料的稳定性。基于这些高性能蓝光发光材料，实现了高效纯蓝光电致发光器件，并且基于 BD-02 的磷光电致发光器件寿命达到国际领先水平。

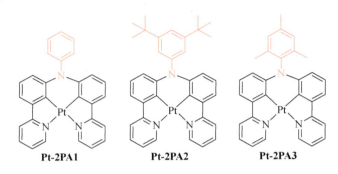

Pt-2PA1   **Pt-2PA2**   **Pt-2PA3**

图 9-16   功能化 Pt(ppy)₂ 配合物磷光发光分子

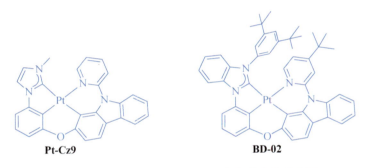

Pt-Cz9   **BD-02**

图 9-17   高性能深蓝光 Pt(Ⅱ)配合物磷光发光分子

9.2   染料敏化太阳能电池配合染料敏化剂的设计与应用

9.2.1   染料敏化太阳能电池的原理及应用

染料敏化太阳能电池（Dye-Sensitized Solar Cell，DSSC）是借助吸附有染料的多孔纳米无机半导体材料的光阴极将太阳能转化为电能的器件，是一种新型的廉价的薄膜太阳能电池。染料敏化太阳能电池主要原料为无机纳米半导体材料，包括 TiO_2、SnO_2、ZnO 等和光敏染料。该类太阳能电池主要优势是：原料丰富、成本低廉、工艺简单，在大规模工业化生产中具有优势。

染料敏化太阳能电池的理论基础最早可追溯到 1839 年发现的无机半导体材料的光电行为，其证实了光电转换的可能。后来，研究发现无机半导体纳米材料吸附了对太阳光有吸收作用的染料分子后能够提升光电转化效率，但是光电转换效率仍很低，小于 1%。1991 年，瑞士洛桑联邦理工学院的 Grätzel 教授领导研究团队在该技术上取得突破，实现了大于

7%光电转化效率的太阳能电池，为太阳能利用提供了一条新途径。1993 年，Grätzel 教授研究团队再次实现染料敏化太阳能电池效率的突破，光电转化效率可达 10%，接近传统硅基光伏电池。这一突破性进展使得染料敏化太阳能电池成为热点研究领域。

染料敏化太阳能电池的结构和工作原理如图 9-18 所示。电池主要组成部分如下：涂敷在透明导电薄膜电极上的无机纳米多孔半导体薄膜、染料敏化剂、氧化还原电解质及对电极等。无机纳米多孔半导体薄膜通常为金属氧化物，比如 TiO_2、SnO_2、ZnO 等，涂敷在具有透明导电膜的玻璃板上作为电池的阴极。敏化染料吸附在纳米多孔半导体薄膜上；对电极是在具有透明导电膜的玻璃基底上沉积的金属铂；电极间填充的是含有氧化还原电对（I^-/I_3^-）的电解质溶液，通常为氯化钾溶液。在光照下，①染料分子吸收太阳光后由基态（D）跃迁至激发态（D^*）；②处于激发态的染料分子（D^*）将电子注入半导体的导带中，同时染料分子变成氧化态（D^+），电子扩散至电极导电基底后流入外电路中；③处于氧化态的染料分子（D^+）被还原态的电解质还原再生；④氧化态的电解质在对电极接受电子后被还原，完成一个循环。此外，电池工作时还存在如下不利的过程：⑤注入无机半导体导带中的电子与处于氧化态的染料分子间发生复合；⑥注入无机半导体导带中的电子还原氧化态的电解质。这两个过程都不能向外电路提供电子，不能实现光电转换。

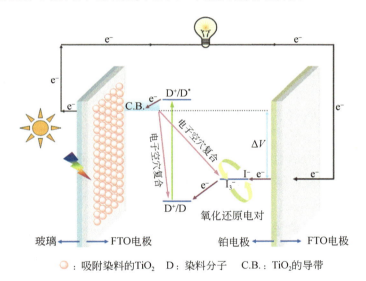

○：吸附染料的TiO_2 D：染料分子   C.B.：TiO_2的导带

图 9-18　染料敏化太阳能电池工作机制

9.2.2　染料敏化太阳能电池染料敏化剂的设计要求

从染料敏化太阳电池的工作原理可以看出，作为光敏剂的染料是影响太阳能电池性能的最重要成分之一。染料的设计与选择不仅决定了电池的光响应速度，而且启动了初步的光子吸收和后续的电子转移过程。虽然电池中引入染料的初衷是提高光阴极对阳光的吸收能力，但实现高性能电池对染料敏化剂的要求是多方面的，不能仅从吸光能力方面考虑。

一般来说，设计染料敏化剂应该考虑以下几个方面：

（1）吸光特性。染料敏化剂的首要功能就是对太阳光有强的吸收能力。这就要求敏化剂分子具有宽的吸收带，尽可能覆盖太阳光光谱。这是实现高光电转化效率的基础。另外，染料分子的摩尔消光系数要高，这样吸附较少的染料分子即可实现吸收较多的太阳光。这可避免无机半导体纳米晶表面吸附过厚的敏化剂层，从而阻碍电子注入半导体的导带，同时也可减少敏化剂分子间的相互作用，避免敏化剂分子激发态猝灭。

（2）激发态特性。要求敏化剂分子的激发态寿命足够长且具有高的电荷传输效率，从而保证激发态的电子在激发态湮灭前能顺利注入无机半导体的导带。此外，要求敏化剂分子的激发态能级要高于无机半导体的导带能级，使激发态电子能够自发注入无机半导体的导带。

（3）氧化还原特性。首先，要求敏化剂分子具有稳定的氧化还原特性。在电池工作的过程中，染料敏化剂分子一直处于激发—氧化—还原过程的循环中，这就要求其具有长期的氧化还原稳定；其次，即使在电池非工作状态下，无机半导体表面的染料分子也与电解质溶液中氧化还原电对接触，这就要求基态的染料敏化剂不与电解质溶液中的氧化还原电对发生作用；最后，染料敏化剂分子氧化还原过程的势垒相对较低，以便在初级和次级电子转移中的自由能损失最小。

（4）吸附特性。染料敏化剂分子在无机半导体表面有很强的吸附性，既能够快速达到吸收平衡，又不易脱落。这样不仅有利于电池制备过程，也能够保证电子的工作稳定性和寿命。

总之，设计一个性能优异的染料敏化剂要综合考虑上述各个方面，只有实现各方面特性的综合优化才能提高电池性能，从而满足实用化的要求。

9.2.3 高性能配合物染料敏化剂

用于染料敏化太阳电池的染料主要包括配合物和有机分子两大类，其中配合物染料敏化剂性能更优。性能较好的配合物染料敏化剂主要集中于联吡啶 Ru(II)类配合物及其他一些过渡金属配合物。

1. Ru(II)联吡啶类配合物敏化剂

在目前所报道的高性能染料敏化剂中，Ru(II)的联吡啶类配合物敏化剂占据了重要的位置。究其原因是由于这类配合物具有如下特点：在可见光区具有较强的金属中心到配体的电荷转移吸收带，可有效吸收可见光区太阳光能；它们激发态寿命较长在微秒级，有利于激发态电子向无机半导体导带注入过程及电荷传输过程；激发态能级和氧化还原电势有利于激发态电子注入无机半导体的导带。这些特性使得 Ru(II)的联吡啶类配合物非常适用于染料敏化太阳电池。著名的钌联吡啶配合物 N3 实现了染料敏化太阳能电池领域里程碑式的进展（图 9-19），使电池的光电转化效率达到 7.1%。为进一步扩展染料敏化剂的吸收光谱覆盖范围，设计开发了三联吡啶配体的 Ru(II)配合物 N749，该配合物的吸收光谱可扩展至 920 nm，并且实现了 11%的光电转化效率（图 9-19）。联吡啶配体上的羧基的功能是将染料敏化剂分子锚定在无机半导体表面。

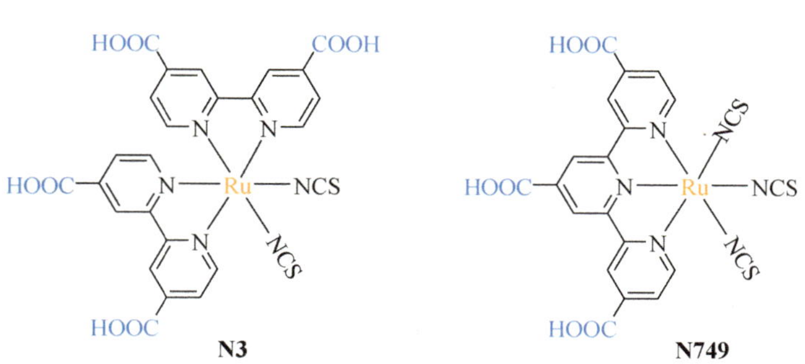

图 9-19 代表性 Ru(Ⅱ)配合物染料的结构

配合物 N3 和 N749 虽然取得了很好的电池效率，但是它们仍存在一些问题。比如，分子尺寸较小，吸附在无机半导体表面容易发生聚集造成染料分子的激发猝灭；分子内的羧基虽然能将染料分子锚定在无机半导体表面，但羧基有较强的亲水性，使分子尺寸较小染料分子容易从无机半导体表面脱离进入水性的电解质溶液；它们的 MLCT 吸收带虽然能够覆盖较宽的可见光谱范围，但是摩尔效率系数较低使得它们对太阳光的吸收能力不足。为了克服这些不足，联吡啶配体上引入了含有疏水长链烷基的供电子芳环取代基（图 9-20）。

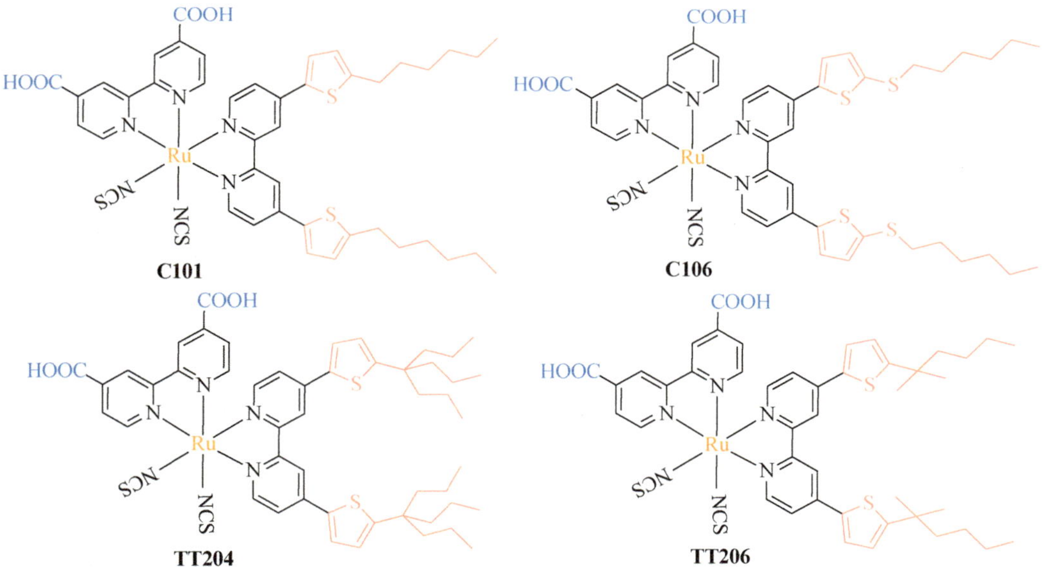

图 9-20 含有疏水及供电子基团的 Ru(Ⅱ)配合物染料

配合物 C101 和 C106 的联吡啶配体上引入了带有直链烷基构的噻吩基团。噻吩为富电子基团，具有明显的供电子能力。这类基团的引入不仅能够提高 MLCT 吸收带的摩尔消光系数增强染料敏化剂的吸光能力，而且疏水的长链烷基能够有效降低染料敏化剂分子的亲水性，抑制染料分子向电解质溶液中迁移。此外，长链烷基还能够阻碍无机半导体表面染料敏化剂分子间的相互作用，减轻激发态猝灭效应。因此，C101 和 C106 表现出优异的光电转化效率，分别为 11.5%和 11.7%。配合物 TT204 和 TT206 中的噻吩环上含有带支链烷基。支链烷基具有更大的物理体积能够有效抑制染料敏化剂分子在无机半导体表面的聚集，从而更有效地抑制激发态猝灭（图9-20）。

钌的联吡啶类配合物敏化剂分子中往往含有 NCS 配体，该配体可以从金属中心上脱离，造成染料敏化剂分子稳定性降低。为了解决这一问题，设计合成了不含 NCS 配体的染料敏化剂 TF-3（图9-21）。该敏化剂不仅具有 C101 和 C106 分子的结构特点，而且还不含 NCS 配体，提升了染料敏化剂分子的稳定性。TF-3 不容易与氧化还原电对发生反应，表现出更好的氧化还原稳定性，可有效抑制器件的暗电流。在同样条件下，其电池性能甚至比 N749 更优。

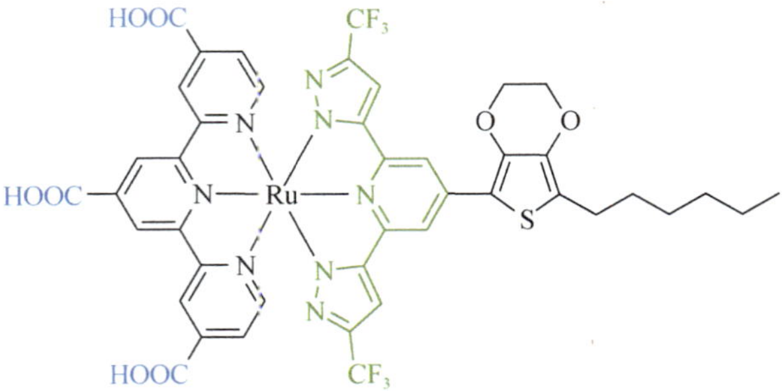

TF-3

图 9-21　含有三齿配体高性能 Ru(Ⅱ)配合物染料

2. 其他过渡金属配合物染料敏化剂

除了钌联吡啶类配合物染料敏化剂，其他过渡金属配合物染料敏化剂也被用于染料敏化太阳能电池，比如，Os(Ⅱ)、Re(Ⅰ)、Fe(Ⅱ)、Pt(Ⅱ)及 Cu(Ⅰ)的配合物。但是这些配合物染料敏化剂的性能远不及钌联吡啶类配合物。而一些 Zn(Ⅱ)的卟啉配合物能够表现出非常优异的电池性能，其中 YD2-o-C8 光电转化效率甚至高达 12.7%（图9-22）。敏化剂分子中

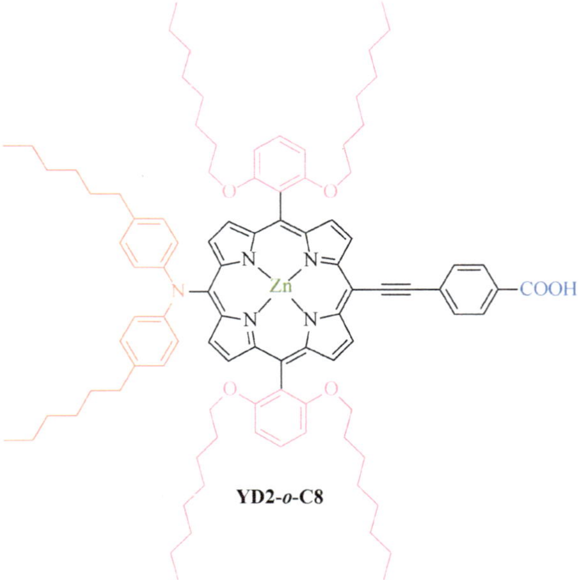

YD2-o-C8

图 9-22　高效卟啉 Zn(Ⅱ)配合物染料

的卟啉环可有效拓宽吸收光谱，二苯胺结构能够提升可见光吸收的摩尔消光系数，多个长链烷基能够提高分子疏水性并抑制其在无机半导体表面的聚集，二烷氧基苯和二烷基二苯胺基团也能有效抑制染料分子的聚集过程。因此，YD2-*o*-C8 能表现出优异的器件性能。

9.3　混合异质结有机太阳能电池配合物电子给体的设计与应用

9.3.1　混合异质结有机太阳能电池的原理及应用

异质结有机太阳能电池是将有机电子给体材料与有机电子受体材料作为活性材料，混合后电子给体和电子受体间形成异质结，在光照下产生电压的光电转化器件。这类有机太阳能电池的发展也经历了不断完善的历程。

1958 年，卡恩斯（Kearns）和卡尔文（Calvin）在镁酞菁（MgPc）染料层两面加上两个功函数不同的电极制成有机太阳能电池。光照下观测到了器件两端 200 mV 的开路电压，但是器件的光电转化效率极低。该电池的工作原理是：光照激发下，有机分子中的电子从 HOMO 能级激发到 LUMO 能级，产生空穴-电子对，也就是所谓的激子（Exciton）。然后，电子被低功函数的电极提取，经外电路到达高功函数电极填充该处富集的空穴形成光生电流。理论上，有机半导体膜与两个功函数不同的电极接触时，会形成不同的肖特基势垒，促使光生电荷定向传递。因而，此种结构的电池通常被称为肖特基型有机太阳能电池。

1986 年，柯达公司的华人科学家邓青云博士实现了该领域里程碑式的突破。采用具有高可见光吸收性能的有机染料构筑器件活性层，以四羧基苝衍生物和铜酞菁（CuPc）组成的双层膜来模仿无机异质结太阳能电池并实现约为 1%光电转化效率。这类有机太阳能电池被称为双层膜异质结有机太阳能电池。其工作原理是：作为电子给体的有机半导体材料铜酞菁（p 型有机半导体）吸收光子之后产生空穴-电子对，电子注入电子受体四羧基苝衍生物（n 型有机半导体），实现空穴和电子的分离并分别传输到两个电极上，形成光电流。与前述肖特基型电池相比，此种结构的特点在于引入了电荷分离的机制。需要注意的是，该类有机太阳能电池受光激发产生的空穴-电子对，也就是通常所说的激子，寿命很短，通常在毫秒量级以下，往往未经彻底电荷分离便会复合（Recombination），释放出吸收的能量。显然，未能分离出自由电子和空穴的激子，对光电流是没有贡献的。所以，有机半导体中激子分离的效率对电池的光电转化效率非常关键。显然，有机太阳能电池活性层中电子给体与电子受体形成的 p-n 结越多，激子扩散的距离就越短，这样激子在复合前就可以扩散至 p-n 结界面，从而发生有效解离生成自由电荷，进而提高有机太阳能电池的光电转化效率。

1992 年，萨里奇夫特奇（Sariciftci）发现，激发态的电子能极快地从有机半导体分子注入 C_{60} 分子中，而反向过程却慢得多。这表明，在有机半导体材料与 C_{60} 的界面上，激子可以实现电荷高效分离，而且分离之后的电荷不易在界面上复合。1993 年，萨里奇夫特奇在此发现的基础上制成了聚对苯乙烯（PPV）/C_{60} 双层膜异质结太阳能电池。此后，以 C_{60} 为电子受体的双层膜异质结型太阳能电池层出不穷。受此研究的启发，研究人员提出了混合异质结或体异质结（Bulk Heterojunction）结构的有机太阳能电池（图 9-23）。该类有机太阳能电池的活性层是将电子给体材料与电子受体材料按照一定比例混合形成，并且形成微小的相分离结构。这样在电池活性层中形成大量的异质结，光生激子很容易扩散到异质结界面发生电荷分离，从而有效提升了电荷分离效率。同时，在界面上形成的自由电荷也可通过较短的途径到达电极，来弥补载流子迁移率的不足。所以，这类有机太阳能电池的光电转化效率很高，接近 20%，成为有机太阳能电池领域的研究热点。

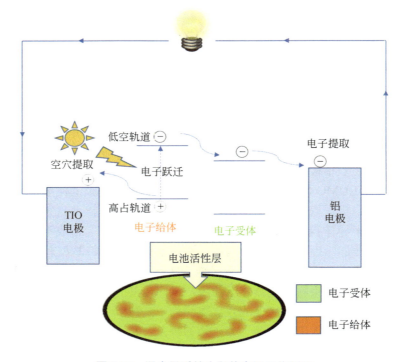

图 9-23　混合异质结太阳能电子工作原理

目前，混合异质结有机太阳能电池的电子给体材料主要为含有富电子基团的共轭小分子或聚合物，而电子受体材料主要为富勒烯 C_{60} 及其衍生物。图 9-24 和图 9-25 中是混合异质结有机太阳能电池一些代表性的电子给体和受体材料。电子受体材料中，C_{60} 及其衍生物具有大的共轭结构，接受注入的电子后较为稳定。最具代表性的电子受体材料为 C_{60} 及其衍生物 PCBM 及 ThCBM。此外还有 C_{70} 的衍生物 $PC_{71}BM$。这些富勒烯衍生物价格昂贵，不太适合未来的产业化应用。后来，我国科研工作者又开发了更为经济的非富勒烯受体材料，比如 Y6 和 ITIC（图 9-25），它们具有更强的吸光能力及分相后更高的载流子迁移能力等优点，表现出比富勒烯衍生物更为优异的性能。电子给体材料中也从开始的聚对苯乙烯和聚噻吩等到现在的含有噻吩等杂环大共轭单元的聚合物。在新型电子给体和受体分子中均含有长烷基链，其对于调控电子给体和受体分子聚集态中分子的排布方式，进而优化载流子传输性能及电池性能非常关键。

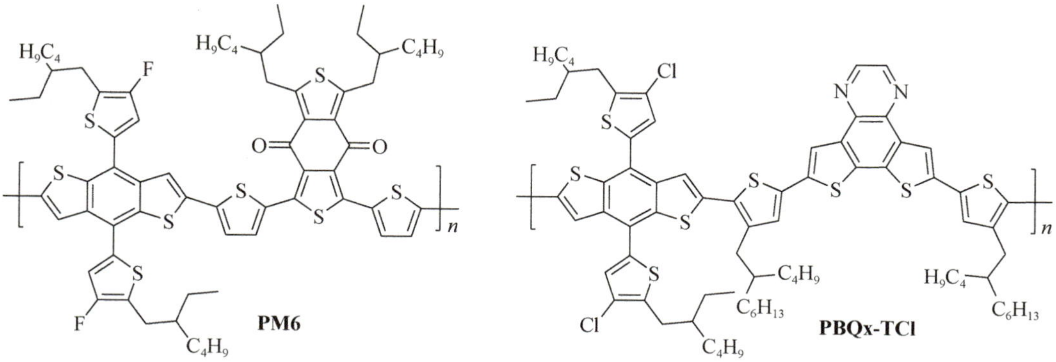

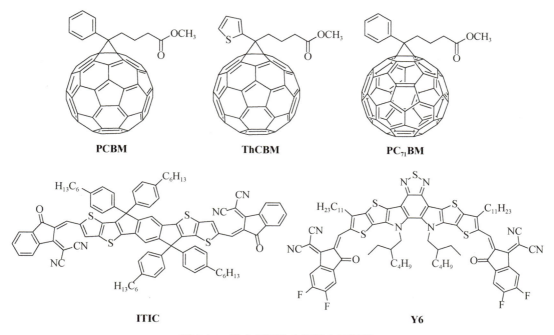

图 9-24　混合异质结太阳能电子给体

图 9-25　混合异质结太阳能电子受体

9.3.2　混合异质结有机太阳能电池电子给体的设计要求

混合异质结有机太能电池的活性层由电子给体和子受体组成。在发展初期，电子受体主要集中于富勒烯 C_{60} 及其衍生物，而电子给体结构更为多样。电子给体也承担着更多的功能，包括吸收太阳光、载流子传输及提供激发电子等，因此成为研究的焦点。设计高性能电子给体材料一般需要考虑以下几点：

（1）吸光特性。这是异质结有机太阳能电池电子给体的最基本要求。这就要求电子给体具有宽的吸收带来尽可能覆盖太阳光光谱，同时具有较强的吸光能力。在分子结构上要求具有大的平面共轭、分子中含有一定的推拉电子结构来红移吸收光谱及引入给电子基团等。这些设计在拓宽吸收光谱及提高吸光能力方面都非常关键。

（2）给电子特性。异质结有机太阳能电池工作的起始就是在太阳光的激发下，电子给体的电子受激发跃迁形成激子。所以，电子给体的给电子能力要较强。基于此，在设计电子给体材料时，分子的大共轭结构中要含有给电子能力较强的单元，比如，富电子的噻吩及含噻吩的稠环都是非常好的用于构筑电子给体材料的结构单元。

（3）分子能级。异质结有机太阳能电池重要的参数之一开路电压，一般来说取决于电子给体的 HOMO 能级和电子受体的 LUMO 能级。因此，电子给体的分子能级是分子设计需要考虑的一个重要方面。大的共轭结构及给电子特性都会抬高电子给体的 HOMO 能级，这不利于实现高的开路电压。这就要求在电子给体设计的同时要结合电子受体的特性来综合考虑。

（4）载流子传输性能。异质结有机太阳能电池活性层中产生的激子扩散到给受体界面时发生解离，生成自由载流子并扩散到电极表面。因此，电子给体和受体材料的载流子传输特性非常重要。有机半导体中载流子的传输是跳跃式的，这就要求电子给体分子间有一定的相互作用并排列较为规整。因此，电子给体分子具有刚性平面共轭结构时会促进分子间相互作用。同时，电子给体分子中含有长烷基链能够引发分子自组装特性，使得分子间较为规整的堆积形成聚集体，也对载流子传输过程非常重要。

（5）激子寿命。异质结有机太阳能电池活性层中产生的激子活性很高，容易复合。这就要求激子有一定的寿命，使其有足够的时间扩散至给受体界面并解离生成自由载流子。否则的话，电池将不能产生足够的电流。

9.3.3　混合异质结有机太阳能电池配合物电子给体

发展初期，虽然异质结有机太阳能电池的电子给体材料为配合物，比如，酞菁过渡金属配合物，但是目前高性能给体材料几乎全部集中于含噻吩共轭结构单元的有机聚合物。近年来，一些过渡金属芳炔类配合物小分子和配位聚合物在混合异质结有机太阳能电池领域中表现出重要潜力，代表着一类新型的电子给体材料。过渡金属芳炔配合物具有如下优点：分子结构非常容易调节，从而带来对吸收行为特性、载流子传输特性、分子能级及分子带隙及激子特性的调控；金属中心的存在能引发自旋-轨道耦合效应，使得电子给体产生寿命更长的三线态激子。这样能够保证激子扩散至给受体界面前不会发生严重的复合过程。目前，应用于混合异质结有机太阳能电池的配合物电子给体材料可分为小分子和聚合物两类。

夏恩泽（Schanze）教授研究团队合成了含有噻吩双炔配体的配合物，用于混合异质结有机太阳能电池（图 9-26）。与 Pt-Th 不同，Pt-Th-C$_{60}$ 将电子受体单元 C$_{60}$ 引入给体骨架。这样会缩短电子给受体间的空间距离，可有效促进给受体间的电子转移过程。因此，以 Pt-Th-C$_{60}$ 为活性层的电池光电转化效率高于以 Pt-Th 为电子给体 PCBM 为电子受体的电池。

由于噻吩二炔配体的共轭较小，造成配合物在可见光区吸光能力不足且吸光范围较窄。因此，设计了含有二噻吩苯并噻二唑基团的双金属中心 Pt(Ⅱ)芳炔配合物 Pt-B1T、Pt-B2T 和 Pt-B3T，并在分子两端配体中引入含不同数目噻吩基团的配体（图 9-27）。由于分子中存在二噻吩苯并噻二唑基团，会产生推拉电子效应，有效拓宽了吸收光谱。其中，Pt-B2T 能实现 3%的光电转化效率。为了提升 Pt(Ⅱ)芳炔配合物的吸光能力同时保持可见光吸收区域的高覆盖度，将二噻吩苯并噻二唑基团和三苯胺基团相结合，得到 Pt(Ⅱ)芳炔配合物 Pt-BT-1 和 Pt-BT-2，并实现了大约 2.4%光电转化效率。

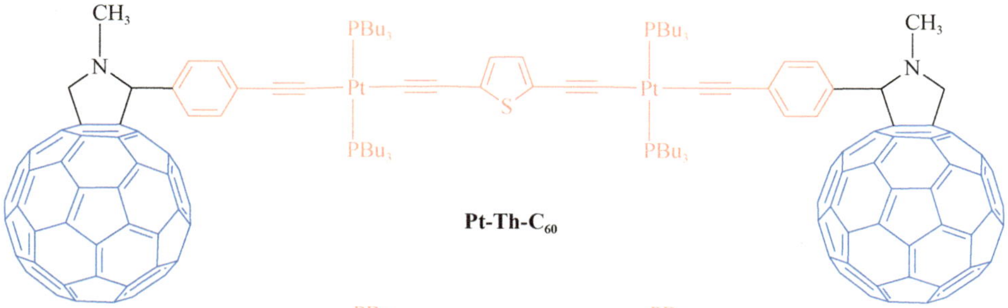

Pt-Th-C$_{60}$

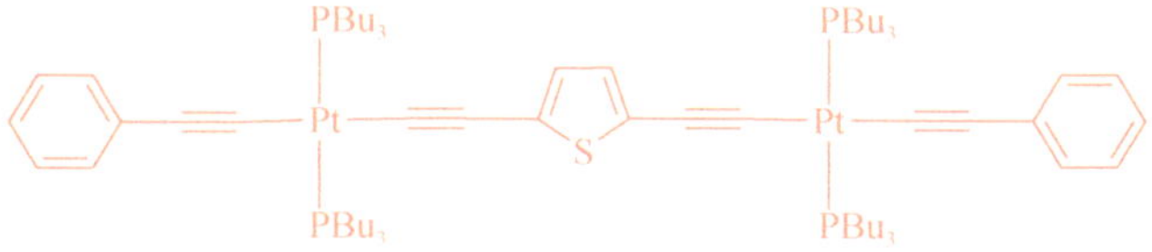

Pt-Th

图 9-26　基于噻吩二炔配体的 Pt(Ⅱ)配合物

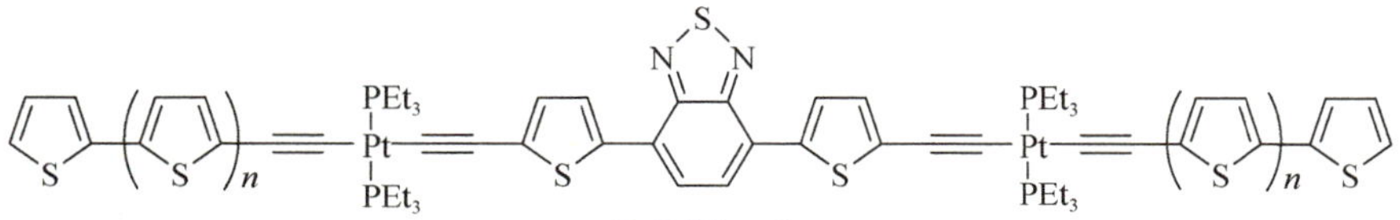

Pt-B1T n=1
Pt-B2T n=2
Pt-B2T n=3

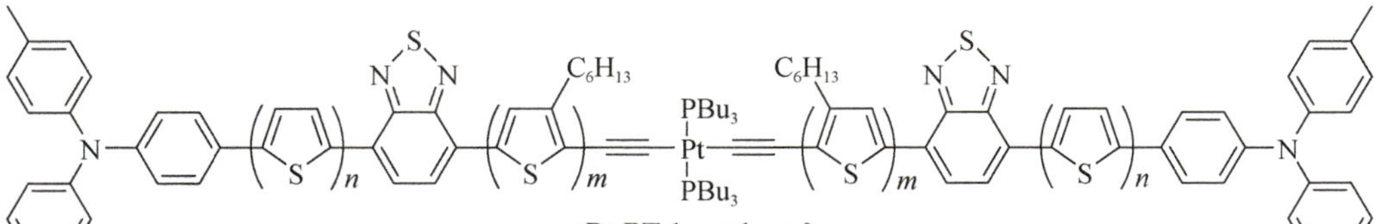

Pt-BT-1 m=1 n=0
Pt-BT-2 m=1 n=1

图 9-27　基于苯并噻二唑的具有电子推拉结构的 Pt(Ⅱ)芳炔配合物混合异质结太阳能电池电子给体

除小分子电子给体外，过渡金属芳炔聚合物也被用作混合异质结有机太能电池电子给体。以二炔基噻吩为配体制备了 Pt(Ⅱ)芳炔聚合物作为电子给体。与配体相比，P-Th（图 9-28）的吸收光谱能够表现出明显的红移，在可见区有明显吸收。然而，由于其在可见光区吸光能力不足且光谱覆盖区域窄，光电转化效率并不理想。为了克服这些缺点，将二噻吩苯并噻二唑基团引入，得到了 Pt(Ⅱ)芳炔聚合物 P-PTz（图 9-28）。该配合物中有机配体的共轭明显延长，供电子的噻吩基团与噻二唑基团形成推拉电子结构。这些结构特性明显红移了吸收光谱，不仅提升了吸光能力，且吸收光谱覆盖范围明显展宽。因此，P-PTz

实现了 4.1%的光电转化效率。更为重要的是，P-PTz 的配体中具有电子推拉结构，使其具有更为平衡的电子和空穴的传输能力；此外，P-PTz 具有较低的 HOMO 能级使电池的开路电压可达 0.82 V。

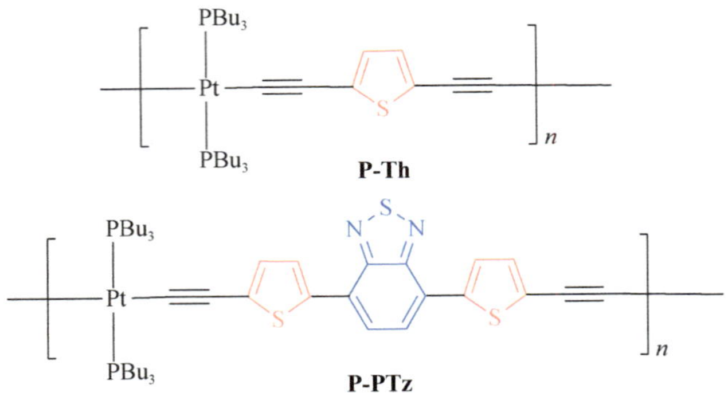

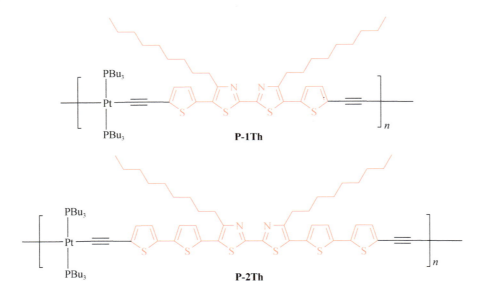

图 9-28 **基于噻吩及苯并噻二唑基团的 Pt(Ⅱ)芳炔聚合物电子给体**

以联噻唑为核心，通过引入不同数目的噻吩基团发展了新型芳炔配体并制备了 Pt(Ⅱ)芳炔配合物 P-1Th 和 P-2Th（图 9-29）。由于联噻唑结构相对苯并噻二唑共轭短拉电子能力更弱，因此配合物分子具有更低的 HOMO 能级，能够实现更高的开路电压，大约为 0.9 V。但是，由于推拉电子特性不够强，P-1Th 和 P-2Th 的吸收光谱较 P-PTz 红移不够，因此光电转化效率大约为 2.6%。 然而，随着配体中噻吩环的数目增加，聚合物的空穴迁移率会提升。

图 9-29 **基于含有联噻唑基团不同共轭长度配体的 Pt(Ⅱ)芳炔聚合物电子给体**

9.4　配合物光限幅分子设计与应用

9.4.1　光限幅的原理及应用

随着科技进步与社会的发展，激光已广泛应用于各行各业，包括科研、工业及国防等领域，并且发挥着不可替代的作用。然而，伴随的副作用也渐渐显现，激光对光学元器件及人眼造成严重损伤的事件也不断出现。因此，关于激光防护方面的研究应运而生。在研究的初始阶段，激光防护主要基于线性光线原理，比如吸收、反射及散射等。这些激光防护手段简单易行，但是缺点也非常明显，会造成严重的激光能量损失及人眼的视觉损失。因此，对基于新原理的激光防护技术的研究迫在眉睫。后来，基于非线性光学原理的激光防护出现，很好地克服了传统激光防护技术的缺陷。基于非线性光学原理的激光防护技术的优点在于，当入射的激光能量相对安全不会对光学元器件及人眼造成伤害时，介质对激光能量的吸收较小，且入射光强与出射光强呈线性关系，遵守比尔定律。然而，当激光能量大于某一阈值，能对光学元器件及人眼造成伤害时，通过介质的激光能量会被介质限制在对某一安全能量水平，不会随着入射激光的能量增加而增加（图 9-30），入射光强与出射光强间偏离线性关系。这一过程被称为光限幅（Optical Power Limiting，OPL），是一种非线性光学效应。

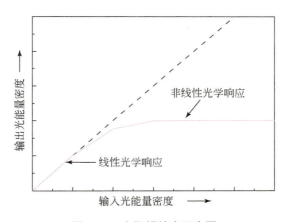

图 9-30　光限幅效应示意图

从基于非线性光学的光限幅行为特点来看，其优点在于只有当激光能量大于一定的阈值时，介质才会对激光能量产生限制。这能有效克服线性光学防护机理的缺点，在激光能量安全范围内时，介质的透光率比较高，不会损失激光能量和人眼的视觉损失。因此，基于非线性光学原理的光限幅效应在激光防护方面具有明显优势。

光限幅效应可由多种光物理过程引起，如反饱和吸收（Reverse Saturable Absorption，RSA）、双光子吸收（Two-Photon Absorption，TPA）、非线性折射、非线性散射和自由载流子吸收等。

基于标准五能级模型的反饱和吸收机理的光限幅原理为：处于基态（S_0）的光限幅材料分子对激光弱吸收并被激发到第一激发单重态（S_1）。当处于 S_1 态的分子在激光脉冲时间尺度内累积到一定布居后，强烈地吸收光能并跃迁到更高的单重态（S_n）从而产生光限幅效应。或者，当激光脉冲足够宽，使系间穿越（ICS）过程快于激光脉冲时间尺度，S_1 态的分子可经由系间穿越过程到达第一激发三重态（T_1）。当 T_1 激发态的分子数达到一定的布居后，它们将强烈吸收激光能跃迁到更高的三线态（T_n）。伴随着 $T_1 \rightarrow T_n$ 跃迁的强能量吸收引发光限幅效应 [图 9-31（a）]。值得注意的是，对于宽脉冲（纳秒 ns）激光来说，光限幅效应主要是由 $T_1 \rightarrow T_n$ 跃迁时能量吸收所引起的，但对于短脉冲（如皮秒 ps）激光，光限幅效应由 $S_1 \rightarrow S_n$ 跃迁能量吸收引发。

与反饱和吸收不同，双光子吸收是快非线性光学行为，涉及两个快速吸收过程。首先，基态 S_0 分子吸收一个光子被激发到一个虚态，然后，亚稳态分子吸收另一个光子而跃迁到 S_1 激发态。通过吸收两个光子能量，来实现 $S_0 \rightarrow S_1$ 跃迁过程，光限幅效应就源自于该强能量吸收过程 [图 9-31（b）]。

非线性折射产生的光限幅效应不能简单归咎于吸收。在较强的入射光能量密度下，光限幅材料中产生载流子，从而引起包括自散焦和自聚焦的光折射效应，因此传感器接受到的激光辐射能量就会降低，从而实现光限幅性能 [图 9-31（c）]。

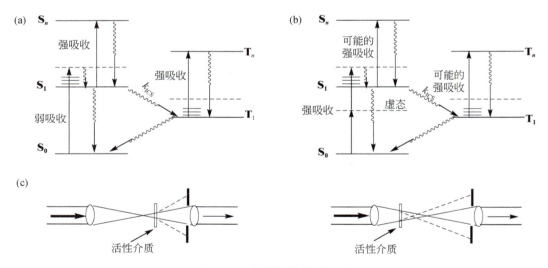

图 9-31　光限幅的主要机理

（a）反饱和吸收；（b）双光子吸收；（c）非线性折射

另外，非线性散射也能产生光限幅效应。在激光辐射足够强的情况下，介质中将会形成光散射中心，从而降低介质在某一方向的透明性，造成输出的光能量密度小于入射的光能量密度，最终产生光限幅效应。同样，在激光照射时，半导体中会形成光生自由载流子。它们能吸收额外光子，将载流子从价带激发到导带中（即自由载流子吸收）从而产生光限幅效果。需要注意的是，吸收能量的多少通常是依赖于自由载流子数目，因此自由载流子吸收机理是一个累加的非线性光学过程。

在所有涉及的 OPL 机理中，RSA 和 TPA 是最为常见。Z 扫描（Z-Scan）是一种最常用的用以表征光限幅材料性能的技术，可用来测定激发态的吸收截面积（σ_{ex}）、非线性吸收系数（β）和非线性折射指数的大小。Z 扫描测试的典型光路图如图 9-32 所示：激光首先经分束镜分成两束，一束作为参比光，不经过样品直接进入参比检测器。另外一束激光经透镜聚焦后作为测量光。通过在 Z 方向上移动样品改变入射光能量密度，透射光进入测量检测器。测量检测可以监测记录样品在不同位置时参比光与透过样品光的能量数据，然后采用理论公式拟合得到所需的非线性光学参数。测试时如果测量检测器前不放置小孔，称为无孔 Z 扫描；如果放置小孔，称为有孔 Z 扫描。有孔 Z 扫描数据可得到非线性折射特征。

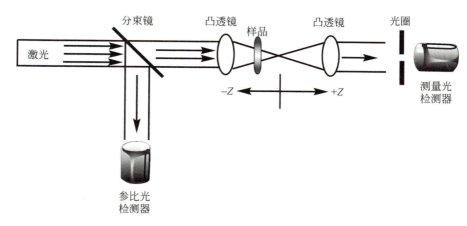

图 9-32　Z 扫描测试光路示意图

9.4.2　光限幅材料的设计要求

光限幅材料是实现光限幅性能的根本。为了实现基于非线性光学光限幅效应的优势，光限幅材料的设计应该重点关注以下几个方面。

（1）高光限幅活性。光限幅材料表现出高的光限幅活性，这是最根本的要求。只有设计出高活性光限幅材料才能够更好地实现激光防护的目的。因此，设计光限幅材料时一定结合光限幅机理设计分子结构，使其出现预期的光物理行为，从而达到高光限幅活性的要求。只有光限幅活性提高了，才能够实现以较少的材料用量达到所需光限幅性能的目标，同时也能够降低材料对激光能量的不必要吸收。

（2）高透明性。光限幅材料不仅要求在所研究激光波长处表现出高的透明性，即基态分子对该波长的光吸收能力低，而且最好对其他波长的光吸收能力也低。显然，这不仅能够减少对安全激光能量的吸收，而且能够降低用于人眼激光防护时的视觉损失。

（3）突破透明性与非线性光学活性之间的矛盾。非线性光学行为可简单理解为分子内的电子在强光激发下对光产生的特殊效应。因此，在有机非线性光学领域有一个普遍接受的原理：有机分子共轭越大，分子推拉电子结构越强，其非线性活性越高。这不难理解，有机分子共轭越大，分子中 π 电子离域程度越高，光激发下对光的作用越明显；分子推拉电子结构越强，光激发更容易引起电子转移，也能对光产生更强的作用。但是，这些分子结构特点往往会使材料分子的吸收波长发生明显红移，分子透明性变差。所以，有机非线性光学材料存在非线性光学活性与分子透明性之间的矛盾。如果不突破这一瓶颈，光限幅材料就不能实现光限幅活性与透明性的综合优化，从而限制其实际应用。

9.4.3 高性能配合物光限幅材料

目前，光限幅材料可分为无机、有机及有机无机复合材料。其中，有机光限幅材料具有如下优点：光限幅活性高、性能易调控以及易加工等。然而，传统有机光限幅材料不能突破非线性光学活性与其透明性间的矛盾。它们虽然光限幅性能较好，但是透明性都较差。比如，富勒烯及衍生物、卟啉及衍生物、酞菁及衍生物等，它们的光限幅性能都很好，但是这些材料在可见光区都存在明显的吸收带，使得它们的颜色都很深，可见光透明性很差。这使得它们对防护激光波长适应差，且不利于人眼的激光防护。显然，对于人眼的激光防护器件在可见光区吸收越小越好，这样可以避免视觉损失的问题。这成为有机光限幅材料领域的瓶颈。因此，突破这一瓶颈对光限幅领域具有重要意义。与有机分子不同，配合物由配体和金属中心组成，使得它们能够表现出配体和金属中心不具备的光电特性，这使得配合物在光限幅方面表现出独特性能，成为新型高效光限幅材料。近年来，一系列研究表明有些配合物光限幅材料在突破有机光限幅材料非线性光学活性与透明性间矛盾这一瓶颈方面表现出巨大潜力，成功实现了有机光限幅材料非线性光学活性与透明性之间的综合优化。因此，本节将着重介绍这类新型高效光限幅材料。

配合物光限幅材料按照分子量的大小可分为配位聚合物、树枝状配合物及配合物小分子 3 大类。下面分别介绍各类配合物光限幅材料。

1. 配位聚合物光限幅材料

这类光限幅材料是利用有机配体和含金属中心的单元反应得到。配体中含有两个配位点，金属中心能与这两个配位点配位。这样体系的官能度为 2，能够生成配位聚合物。聚合物与小分子相比具有如下优势：首先，生成聚合物后分子的共轭会有所延长，这对提高光限幅活性有益。其次，配合物具有更好的成膜性和溶液加工性，有利于材料器件化。最后，聚合物的合成和纯化过程相对简便。目前，性能优异的配位聚合物光限幅材料主要集中于过渡金属，包括 Pt(II)、Hg(II)、Pd(II) 及 Au(I) 等的芳炔聚合物。这类聚合物的优点有光限幅活性高、选择适当的配体可实现高透明性、合成简单产率高等。

1）单一金属中心配位聚合物光限幅分子

以不同供吸电子能力及共轭长度的芳二炔为有机配体制备了一系列 Pt(II)芳炔配位聚合物（图 9-33），并研究了它们对 10 ns 的 532 nm 激光的光限幅性能（图 9-34）。光物理研究表明，这些 Pt(II)芳炔聚合物的光限幅效应主要源于配体中心（P-PtCA 和 P-PtFL）或分子内电荷转移态（P-PtBT、P-PtBF、P-PtCN 和 P-PtMO）的三线态的 RSA 行为。

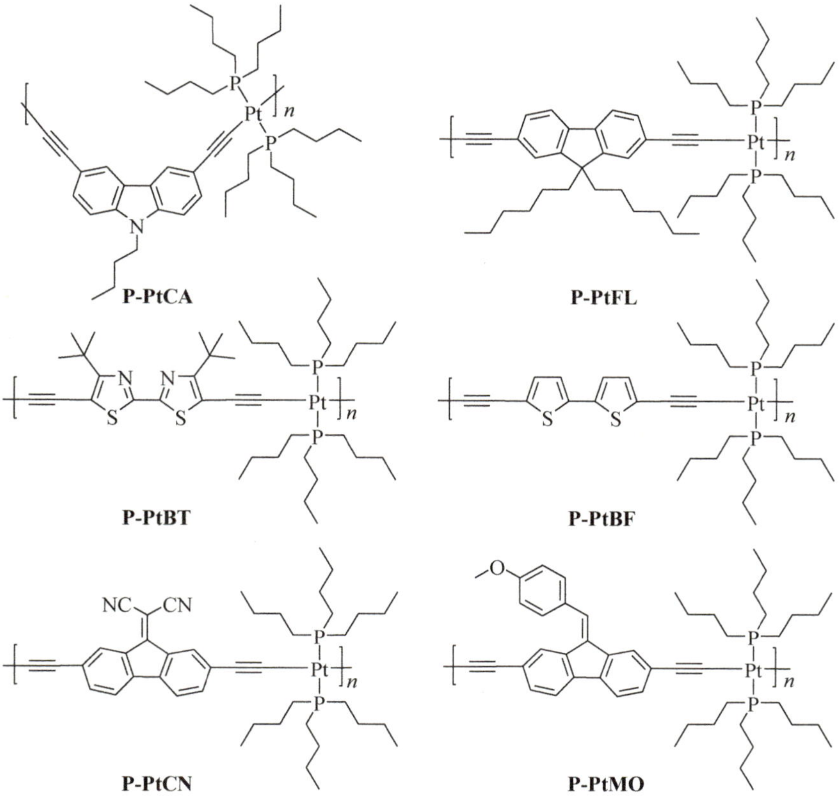

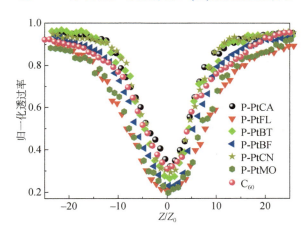

P-PtCA

P-PtFL

P-PtBT

P-PtBF

P-PtCN

P-PtMO

图 9-33　含不同芳二炔配体的 Pt(Ⅱ)芳炔配位聚合物

图 9-34　含不同芳二炔配体的 Pt(Ⅱ)芳炔配位聚合物 Z 扫描曲线图（T_0=80%）

在线性透过率 T_0=80%时，所有这些 Pt(Ⅱ)芳炔聚合物都能够表现出明显的光限幅行为。其中，P-PtCA、P-PtBT 和 P-PtCN 光限幅性能与 C$_{60}$ 溶液相当，P-PtFL、P-PtBF 和 P-PtMO 性能甚至超过 C$_{60}$（图 9-34）。重要的是，P-PtFL 不仅具有优异的光限幅性能，而且还具有很好透明性能，其最大吸收波长 λ_{max}＜400 nm。所以，从综合性能来看，它比 P-PtBF 和

P-PtMO 有更好的可见光透明性，能够较好地实现光限幅性能与透明性的综合优化。P-PtBT、P-PtBF、P-PtCN 和 P-PtMO 的有机配体表现出明显的供电子特性或带有明显的给电子或吸电子基团，它们都明显带有颜色，表现出较差的可见光透明性。尤其是 P-PtCN，带有强吸电子基团使其在可见光强区存在一个弱的宽吸收峰，可见光透明性很差，无法实现光限幅性能与透明性的综合优化。这些透明性较差的 Pt(Ⅱ)芳炔聚合物的激发态均表现出明显的电荷转移（Charge Transfer，CT）特性，而透明性很好的 P-PtCA 和 P-PtFL 的激发态则表现出配体局域特性。因此，设计合成 Pt(Ⅱ)芳炔聚合物光限幅材料时配体的选择非常关键，引入不具备明显供吸电子特性的有机配体，使得聚合激发态表现出配体局域态特性，对于实现光限幅性能与透明性的综合优化非常关键。

为了研究形成配位聚合物对光限幅性能的影响，将 P-PtCA、P-PtFL 和 P-PtBT 的光限幅性能分别与下面有机芳炔聚合物进行对比。结果表明，含有 Pt(Ⅱ)中心的芳炔配位聚合物的光限幅性能明显优于不含 Pt(Ⅱ)中心的有机芳炔聚合物。此外，P-CA、P-FL 和 P-BT（图 9-35）的最大吸收波长分别较 P-PtCA、P-PtFL 和 P-PtBT 发生了明显红移，表现出更差的可见光透明性。这些结果充分说明在有机聚合物骨架中引入金属离子，增强了 SOC 效应，提高了三线态量子产率，这对于提升光限幅性能非常关键。

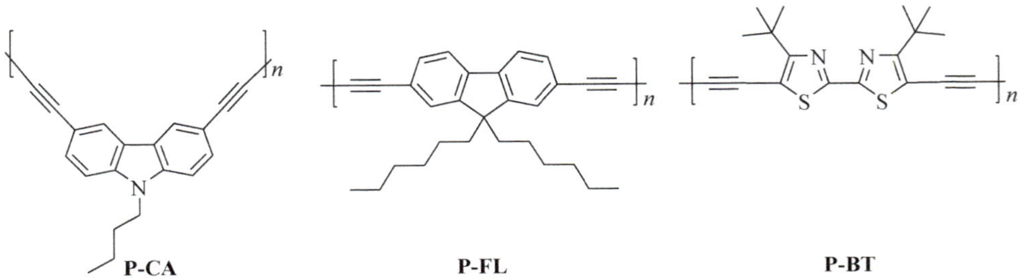

图 9-35 有机芳炔聚合物

在 Pt(Ⅱ)芳炔配位聚合物的主链上，金属中心 d 轨道和共轭配体的 π 轨道间存在共轭效应，在某种程度上会引发聚合物吸收波长发生一定的红移，不利于透明性。能否抑制这种共轭效应，在进一步提升透明性的基础上维持高光限幅活性呢？基于这一考虑，设计合成了以顺式 Pt(Ⅱ)为中心的芴基芳炔配位聚合物 cis-P-PtFL（图 9-36）。对比 P-PtFL，cis-P-PtFL 的最大吸收波长发生了明显蓝移，表现出更好的可见光透明性。更为重要的是，cis-P-PtFL 的光限幅性能与 P-PtFL 相当。这一结果说明，cis-P-PtFL 能更好地实现光限幅性能与透明性之间的综合优化。cis-P-PtFL 的金属中心为顺式构型，可有效打断配位聚合物主链的共轭。打断共轭虽然对光限幅性能不利，但是三线态量子产率得到明显提升（图 9-37），增加的三线态吸收能够补偿因打断共轭而造成的光限幅性能的损失。因此，cis-P-PtFL 与 P-PtFL 的光限幅性能相当。

从上面的内容可看出，芳炔配体对过渡金属芳炔配位聚合物的性能产生了非常重要的影响。那么，不同过渡金属中心对光限幅性能会产生什么影响呢？因此，对比了含有 Pt(Ⅱ)、Hg(Ⅱ)和 Pd(Ⅱ)金属中心的芴基芳炔配位聚合物对 532 nm 的纳秒脉冲激光的光限幅性能（图 9-38）。在 $T_0=92\%$ 时，光限幅性 P-PtFL＞P-HgFL＞P-PdFL（图 9-39）。这一结果说明

Pt(Ⅱ)中心对于提升光限幅性能最好，Hg(Ⅱ)中心次之，而 Pd(Ⅱ)中心性能最差。光物理研究表明 Pt(Ⅱ)中心能够带来更高的三线态量子产率（Φ_T），依据三线态 RSA 机制，其光限幅性能明显优于 P-HgFL 和 P-PdFL。紫外吸收结果表明，在透明性方面，P-HgFL＞P-PtFL＞P-PdFL。根据这些结果可得出如下结论：Pt(Ⅱ)中心在实现光限幅性能与透明性综合优化方面优势明显，Hg(Ⅱ)中心在实现高透明性方面非常关键。

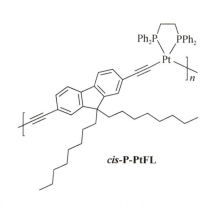

图 9-36　具有顺式构型主链的芴基 Pt(Ⅱ) 芳炔配位聚合物

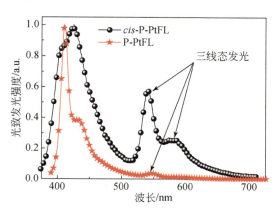

图 9-37　具有顺式和反式构型主链的芴基 Pt(Ⅱ) 芳炔配位聚合物的光致发光光谱

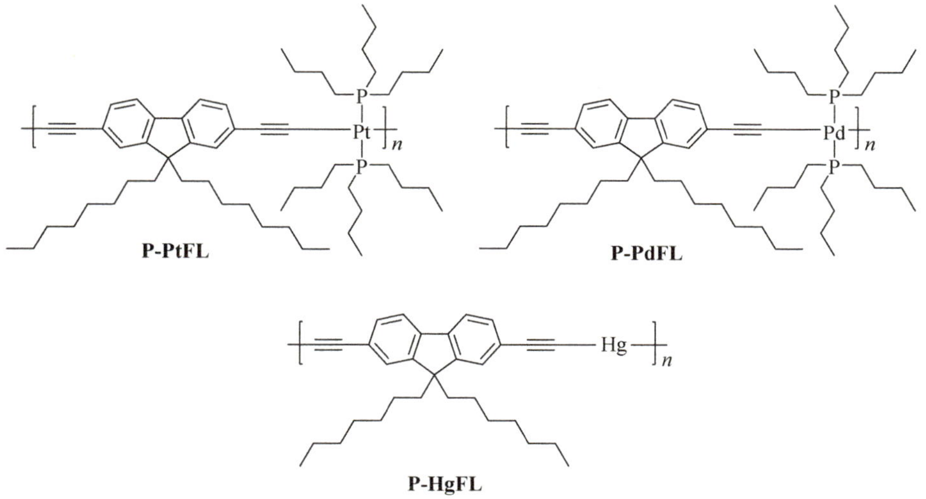

P-PtFL

P-PdFL

P-HgFL

图 9-38　具有不同金属中心的芴基芳炔配位聚合物

除了上述分别含有 Pt(Ⅱ)、Hg(Ⅱ)和 Pd(Ⅱ)单一金属中心的芳炔配位聚合物，Au(Ⅰ)芳炔配位聚合物也被用于光限幅材料（图 9-40）。这些 Au(Ⅰ)配位聚合物不仅具有高的透明性，吸收截止波长（$\lambda_{\text{cut-off}}$）基本在 400 nm 以前，尤其是 P-AuFL 和 P-AuCA，在可见光区没有明显吸收，表现出非常好的可见光透明性。它们优异的透明性不仅源于有机芳炔的结构，而且金属中心上双膦配体的空间构型也能有效打断共轭，提升配合物聚合物的可见光透明性。

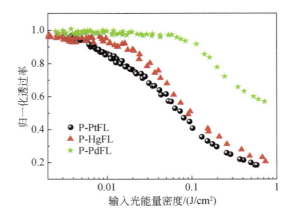

图 9-39 具有不同金属中心的芴基芳炔配位聚合物光限幅性能（$T_0=92\%$）

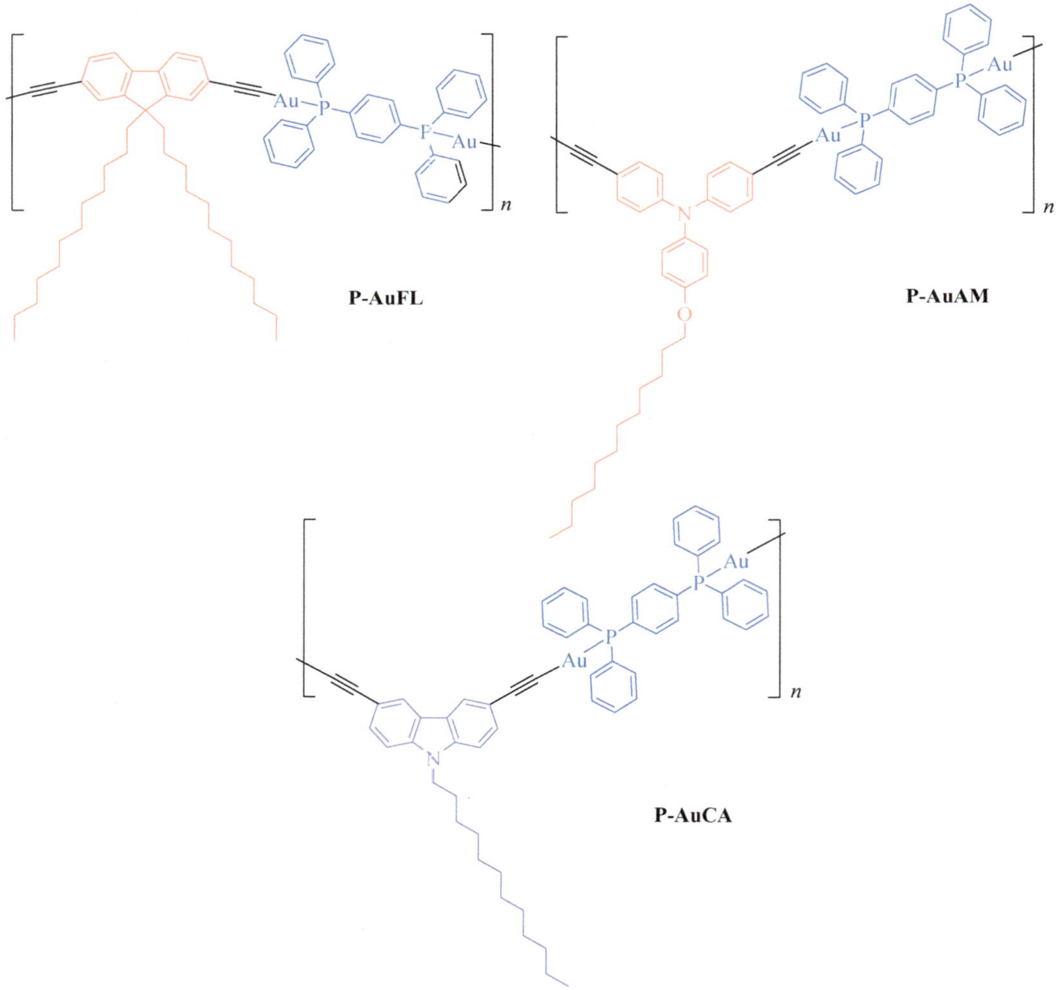

P-AuFL

P-AuAM

P-AuCA

图 9-40 Au(Ⅰ)芳炔配位聚合物

更为重要的是，这些 Au(Ⅰ)芳炔配位聚合物对 532 nm 的纳秒激光脉冲表现出优异的光限幅性能。在 T_0=95%时，都表现出比 C_{60} 更好的光限幅性能，尤其是 P-AuFL 和 P-AuAM（图 9-41）。虽然在低温下 P-AuCA 能够表现出明显的三线态发射，但是其光限幅性能相比 P-AuFL 和 P-AuAM 较弱。这很可能是其三线态的吸收截面较小的缘故。

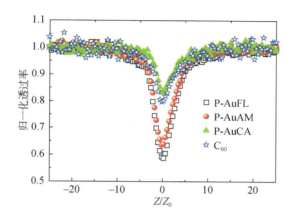

图 9-41 Au(Ⅰ)芳炔配位聚合物光限幅性能（T_0=95%）

2）双金属中心配位聚合物光限幅分子

从上面的结果来看，不同的过渡金属中心对芳炔配位聚合物的光限幅性能及可见光透明性会产生显著的影响。可以设想，将不同种过渡金属中心引入芳炔配位聚合物将会对其光电性能产生明显影响，从而调控其透明性和光限幅性能。

在 10 ns 的 532 nm 激光脉冲条件下，与母体过渡金属芳炔聚合物 P-PtFL 和 P-HgFL 相比，含有 Pd(Ⅱ)中的双金属配位聚物 P-PtPdFL 和 P-PdHgFL（图 9-42）表现出较低的光限幅性能。由于 Pt(Ⅱ)中心能诱导强烈的 SOC 效应，所以与 Pt(Ⅱ)中心结合的过渡金属芳炔配位聚合物 P-PtHgFL 和 P-PtPdFL 具有更高的 Φ_T，最终表现出比只含有一种金属中心的 P-HgFL 和 P-PdFL 更好的光限幅性能。此外，通过与 P-PtFL 和 P-PdFL 对比，P-PtPdFL 和 P-PdHgFL 的 λ_{max} 和 $\lambda_{cut-off}$ 均表现出蓝移（P-PtPdFL：386 nm 和 411 nm，P-PdHgFL：411 nm 和 435 nm），证实了 Hg(Ⅱ)中心提升芳炔配位聚合物透明性的能力。此外，光物理和理论计算研究表明，在芳炔配位聚合物分子骨架中引入 Hg(Ⅱ)中心并不会对双金属中心配位聚合物的 SOC 效应造成明显影响。所以，相对于不含 Hg(Ⅱ)中心的配位聚合物 P-PtFL 和 P-HgFL，含 Hg(Ⅱ)

P-PtHgFL

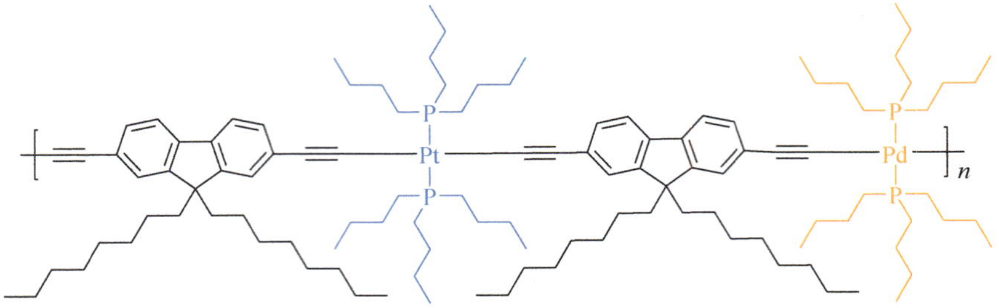

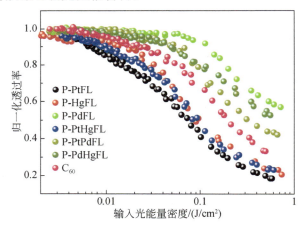

P-PtPdFL

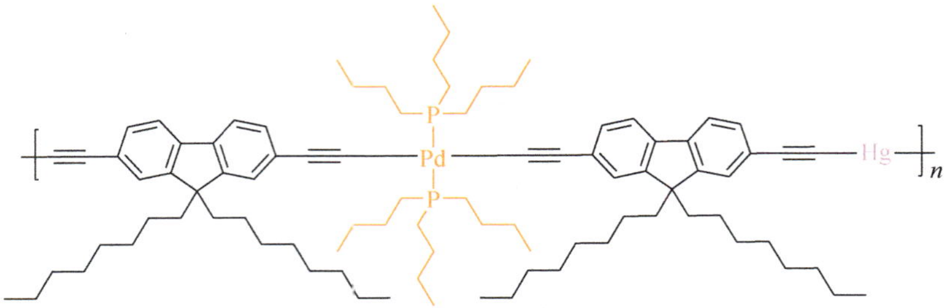

P-PdHgFL

图 9-42　双金属中心的芴基芳炔配位聚合物

中心的双金属中心配位聚合物 P-PtHgFL 和 P-PdHgFL 能表现出相当的或者更好的光限幅性能（图 9-43）。鉴于光限幅性能与透明性综合优化的重要性，Pd(II)中心不适合用来制备双金属中心过渡金属芳炔聚合物光限幅材料。

图 9-43　双金属中心的芴基芳炔配位聚合物的光限幅性能

基于 Au(I)芳炔配位聚合物骨架的新型双金属中心配位聚合物也能表现出优异的光限幅性能。图 9-44 中，Au(I)中心和 Pt(II)中心结合含有不同结构芳炔配体的配位聚合物不仅能表现出良好的可见光透明性，而且光限幅性能优异。在这一系列的双金属中心配位聚合物主链上的磷配位点之间分别用共轭的亚苯基和非共轭的亚烷基相连，这样可进一步调控其透明性；Pt(II)中心的引入可用来增强光限幅性能。从它们的吸收光谱来看（图 9-45），

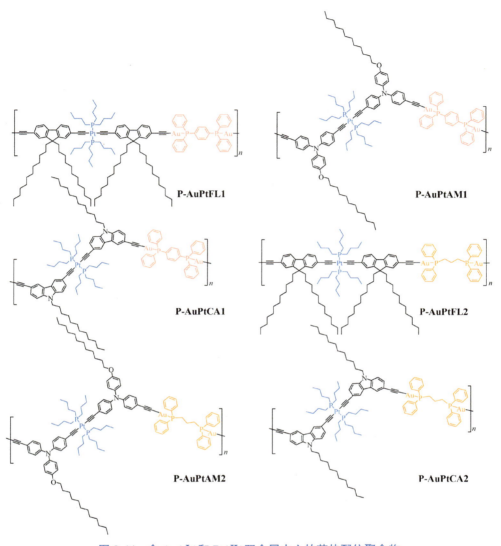

图 9-44 含 Au(Ⅰ)和 Pt(Ⅱ)双金属中心的芳炔配位聚合物

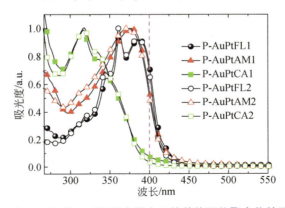

图 9-45 含 Au(Ⅰ)和 Pt(Ⅱ)双金属中心的芳炔配位聚合物的吸收光谱

主链中磷配位点以亚烷基相连的配位聚合物的吸收截止波长稍稍微蓝移，表现出更好的可见光透明性。对于 532 nm 的纳秒激光脉冲，这些双金属中心配位聚合物的光限幅性能很好，均优于 C_{60}（图 9-46）。总体上看，含有芴和三苯胺基团的聚合物的光限幅性能要优于含咔唑基团的聚合物（图 9-46）。然而，磷配位点连接基团对这些双金属配位聚合物的光限幅性能有较为明显的影响，以共轭基团连接的聚合物的光限幅性能要优于以非共轭基团连接的聚合物，即 P-AuPtFL1＞P-AuPtFL2、P-AuPtAM1＞P-AuPtAM2 及 P-AuPtCA1＞P-AuPtCA2。这可能是由于共轭效应对光限幅性能的贡献。结合这些聚合物的透明性，P-AuPtFL1、P-AuPtAM1 和 P-AuPtCA1 在实现光限幅性能与透明性综合优化方面更具潜力。

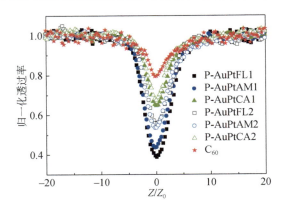

图 9-46　含 Au(Ⅰ)和 Pt(Ⅱ)双金属中心的芳炔配位聚合物的 Z 扫描曲线（T_0=89%）

2. 树枝状配合物光限幅材料

与线性聚合物大分子相比，树枝状大分子具有确定的分子结构。高枝化的球状结构使它们表现出独特的性能，比如高溶解性及较低的黏度特性。另外，功能分子被树枝状结构包裹能形成封装效应，可以实现各种不同的功能，比如抑制激发态猝灭等。此外，大量的封端基团在调控树枝状大分子性能方面也起到至关重要的作用，比如亲疏水性及可修饰性等。因此，近年来对树枝状大分子的研究成为热点。

马尔姆斯特伦（Malmström）等成功地开发了一系列高达四代的树枝状 Pt(Ⅱ)芳炔配合物 DPt1～DPt4（图 9-47）。光物理性能以及光限幅性能研究表明，这类树枝状 Pt(Ⅱ)芳炔配合物是一种基于 RSA 机制的高效宽波段光限幅材料。更重要的是，随着树枝状结构代数的增加，光限幅效应也逐渐增强，并且均优于它们的母体核心配合物的光限幅性能。在同样的条件下，对于 532 nm 脉冲激光，树枝状 Pt(Ⅱ)芳炔配合物 DPt1～DPt4 的饱和光输出能量分别为 7.6 μJ、7.1 μJ、6.3 μJ 和 6.6 μJ，当激光脉冲为 630 nm 时，则分别为 12.7 μJ、11.9 μJ、10.2 μJ 和 9.9 μJ。树枝状 Pt(Ⅱ)芳炔配合物作为光限幅材料的优势在于它们的大树枝状结构具有"基位隔离效应"，可有效避免三线态-三线态湮灭以及抑制因氧气诱发的三线态激发态猝灭。此外，这类树枝状 Pt(Ⅱ)芳炔配合物都表现出很好的透明性（$\lambda_{cut-off}$＜400 nm）。因此，树枝状 Pt(Ⅱ)芳炔配合物将会是一类良好的可满足实用要求的新型光限幅材料。

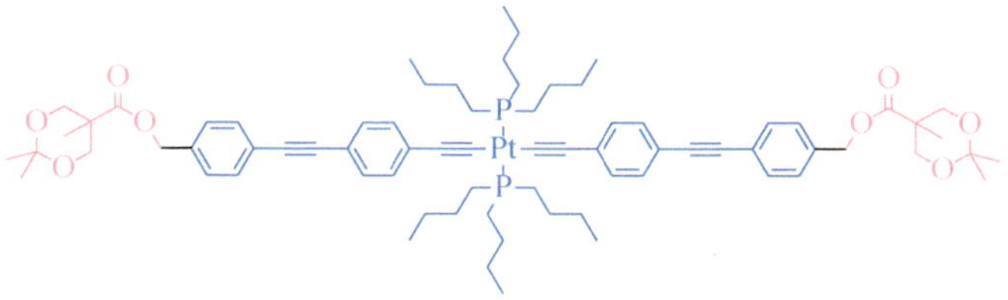

DPt1

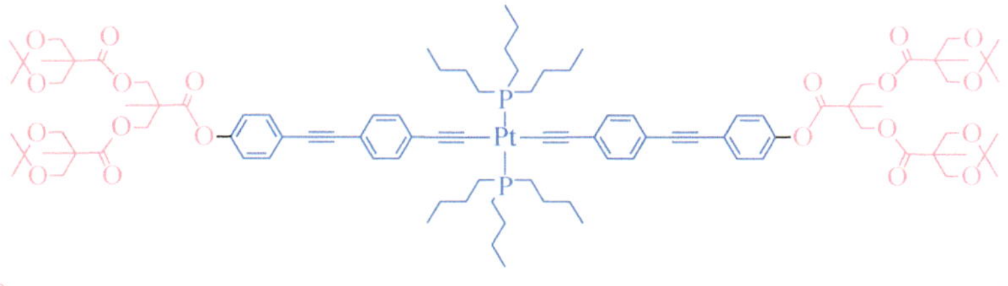

DPt2

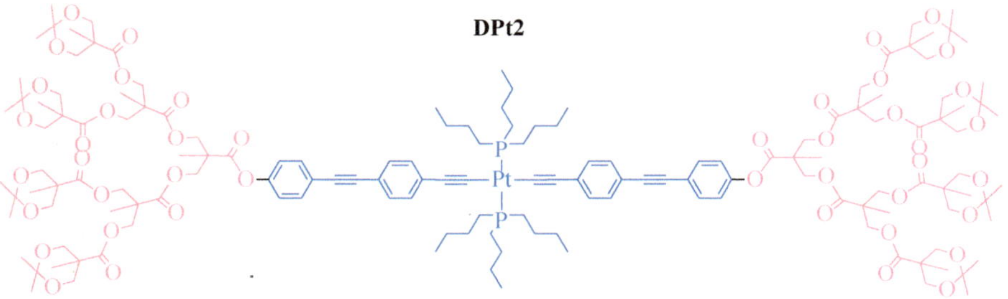

DPt3

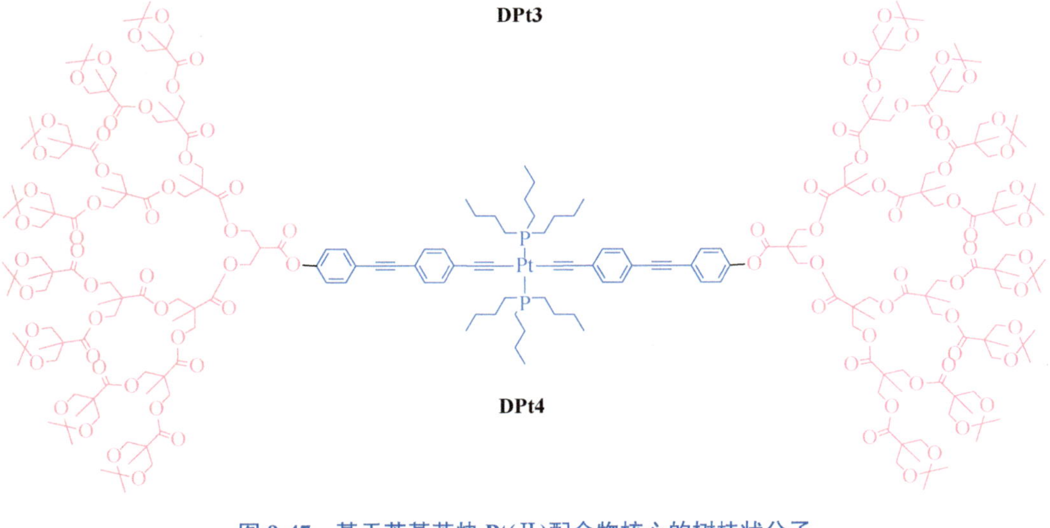

DPt4

图 9-47　基于苯基芳炔 Pt(Ⅱ)配合物核心的树枝状分子

3. 配合物小分子光限幅材料

与聚合物和树枝状大分子相比，小分子具有合成简单、修饰方便及性能调控容易等优点。因此，小分子配合物也广泛应用于光限幅领域。目前，用于光限幅的配合物小分子主要有 Pt(Ⅱ)配合物、Hg(Ⅱ)配合物、Au(Ⅰ)配合物及 Ir(Ⅲ)配合物等。

1）Pt(Ⅱ)配合物小分子光限幅分子

Pt(Ⅱ)配合物小分子光限幅分子主要包括 Pt(Ⅱ)芳炔配合物小分子和 Pt(Ⅱ)联吡啶配合物小分子。

芳炔类 Pt(Ⅱ)配合物的光物理研究表明：这类配合物能够表现出较高的三线态量子产率，这非常有利于它们实现光限幅特性。图 9-48 中列出一系列基于不同芳二炔配体的 Pt(Ⅱ)配合物。这系列配合物分子中含有 2 个金属中心，配体的电子特性及共轭长度不同。

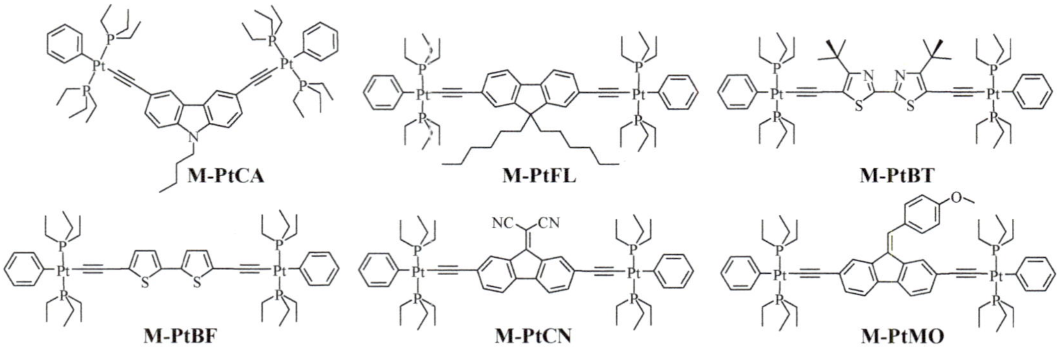

图 9-48　含不同电子特性芳二炔配体的 Pt(Ⅱ)配合物

对于 532 nm 的纳秒激光的光限幅研究表明：具有不同电子特性的有机芳二炔配体对光限幅行为产生明显不同的影响。与前面介绍的含有相同配体的 Pt(Ⅱ)配位聚合物的光限幅行为类似。在相同的线性透过率（$T_0=82\%$）下，具有给电子或吸电子配体的芳炔配合物 M-PtBT、M-PtBF 和 M-PtCN 的光限幅能力较 C_{60} 略差。伴随着共轭长度的增加和给电子基团，如 OMe 的引入，配合物 M-PtMO 可表现出与 C_{60} 类似的光限幅性能。尽管配合物 PtBT、M-PtBF、M-PtCN 及 M-PtMO 的光限幅能力较好，但在可见光范围内（＞400 nm）存在明显的吸收，说明这些配体不能赋予 Pt(Ⅱ)配合物优异的可见光透明性。重要的是，在 $T_0=82\%$ 时，配合物 M-PtFL 表现出优于 C_{60} 的光限幅性能。同时，其吸收截止波长在 400 nm 之前，表现出良好的可见光透明性。虽然配合物 M-PtCA 光限幅性能适中，但其透明性甚至优于M-PtFL。由于更强的自旋-轨道耦合效应，配合物 M-PtFL 的三线态发射能力更强，因此光限幅性质优于化合物 M-PtCA。在这些 Pt(Ⅱ)芳炔配合物低温发光光谱中可明显观察到三线态发射。所以，对于纳秒激光脉冲，这些 Pt(Ⅱ)芳炔配合物优良的光限幅行为主要归因于三线态 RSA 机制。与其他配合物的配体不同，配合物 M-PtCA 和 M-PtFL 不具备强给电子或吸电子特性的有机配体。根据以上结果可得出如下结论：选择不含给电子或者吸电子特点的有机配体，并结合能引发更强自旋-轨道耦合效应的金属中心，是设计基于 RSA 机制新一代光限幅材料并实现光限幅性能和透明性之综合优化的重要手段。

小分子配合物往往比相应的聚合物具有更短的共轭，这对提高光限幅分子的透明性有益，但是不利于光限幅性能的提升。对于 Pt(Ⅱ)芳炔配合物共轭长度与光限幅性能间的关系，从图 9-49 中可以看出，从 PtFL-Dimer 到 PtFL-Trimer，分子共轭延长光限幅性能也提高了（图 9-50）。但是，从 PtFL-Trimer 到共轭更长的配位聚合物 P-PtFL，光限幅性能并没有表现出明显的提升（图 9-50）。这一结果表明，共轭效应仅在一定的共轭长度范围内对光限幅性能有显著贡献，当共轭长度达到一定程度后再延长共轭对光限幅性能提高作用不大。但是，共轭的延长对透明性不利。这一结果为实现光限幅性能与透明性间的综合优化提供了重要的信息。

PtFL-Dimer

PtFL-Trimer

P-PtFL

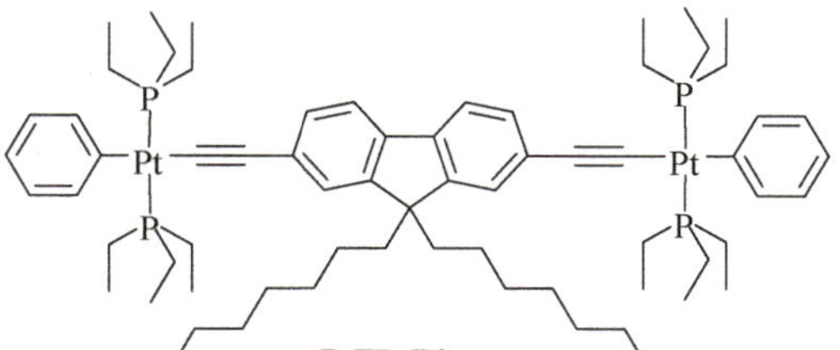

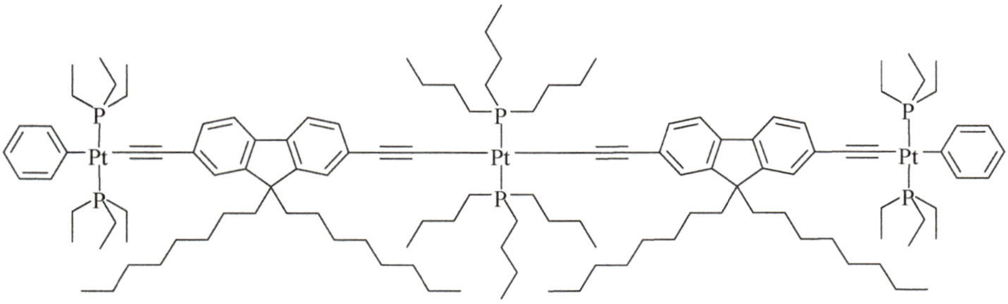

图 9-49　不同共轭长度的芴基 Pt(Ⅱ)芳炔配合物分子

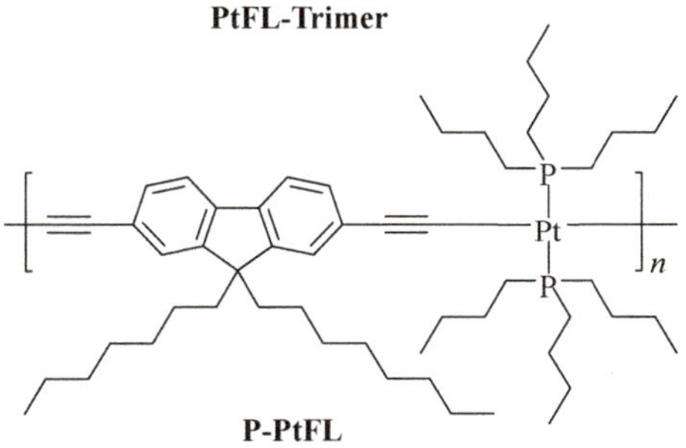

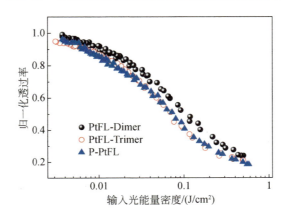

图 9-50　共轭长度的芴基 Pt(Ⅱ)芳炔配合物分子光限幅性能的影响

Pt(Ⅱ)芳炔配合物的另一类结构是含有两个芳炔配体，Pt(Ⅱ)中心在配合物分子中间。图 9-51 中列出了一系列有机配体的电子特性不同的对称或非对称（例如 D-Pt-D、D-Pt-A 和 A-Pt-A，其中 D 为电子给体，A 为电子受体）的这类 Pt(Ⅱ)芳炔配合物。这些配合物分子的最大吸收峰都处于紫外区，发射光谱同时出现荧光和磷光发射，表明它们具有良好的透明性和较高的三线态量子产率。值得注意的是，分子对称性和配体电子结构对这类配合物的光限幅性能产生重要影响。对于对称的配合物 N-Pt-N、AF-Pt-AF、F-Pt-F、O-Pt-O 及 B-Pt-B，用 532 nm 的纳秒激光脉冲进行 Z 扫描时，具有 D-Pt-D 结构的配合物 N-Pt-N 和 AF-Pt-AF 的光限幅性能要优于具有 A-Pt-A 型结构的配合物 O-Pt-O 及 B-Pt-B（图 9-52）。以配合物 F-Pt-F 为参照，N-Pt-N 和 AF-Pt-AF 光限幅性能更好。这说明给电子特性配体的引入和共轭长度的增加都有利于提升配合物的光限幅性能。类似的情况也发生在配合物

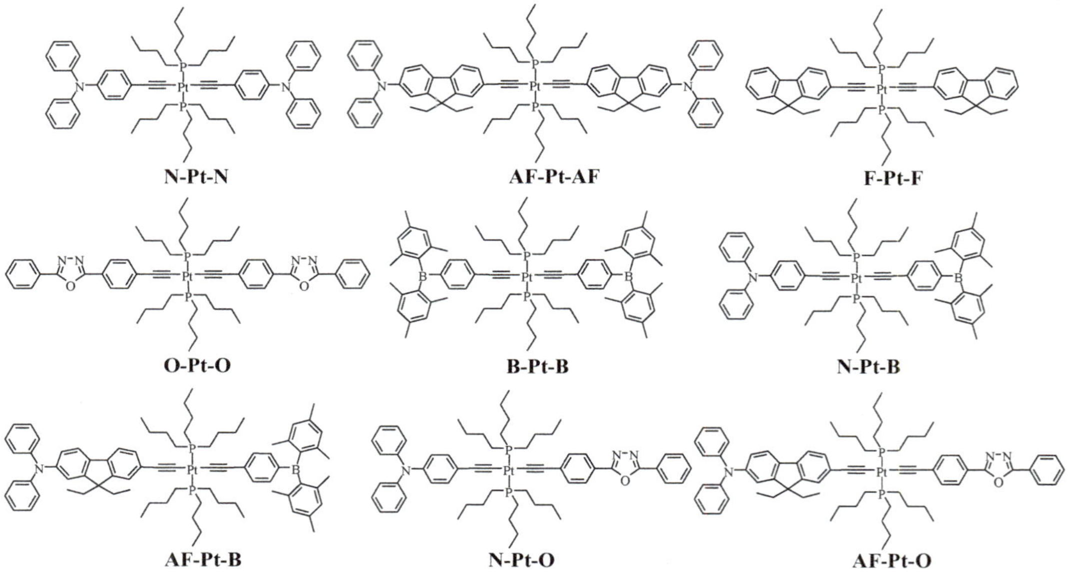

N-Pt-N **AF-Pt-AF** **F-Pt-F**

O-Pt-O **B-Pt-B** **N-Pt-B**

AF-Pt-B **N-Pt-O** **AF-Pt-O**

图 9-51　含不同电子特性配体组合的 Pt(Ⅱ)芳炔配合物

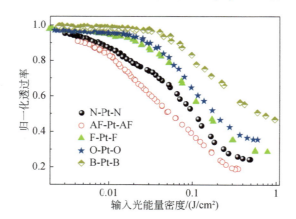

图 9-52　含不同电子特性配体组合的对称 Pt(Ⅱ)芳炔配合物光限幅性能

O-Pt-O 和 B-Pt-B 当中。与配合物 AF-Pt-AF 的情况类似，具有更长共轭的 O-Pt-O 表现出优于 B-Pt-B 的光限幅性能。

这些配合物的光物理研究表明其光限幅效应主要是由三线态吸收所引起的。受配合物分子对称性和配体电子特性的影响，这些配合物分子具有不同的三线态特点，因此表现出截然不同的光限幅性能。时间依赖的密度泛函理论计算结果表明，具有 D-Pt-D 结构的分子 N-Pt-N 和 AF-Pt-AF 的三线态主要表现出 LMCT 特征，然而具有 A-Pt-A 结构的 O-Pt-O 和 B-Pt-B 的三线态具有 MLCT 特点，具有 D-Pt-A 结构的非对称分子表现出配体到配体间的电荷转移态（Ligand to Ligand Charge Transfer，LLCT）特征。由于不同的三线态吸收性能不同，它们会呈现出不同光限幅行为。通过对比含 D-Pt-D、A-Pt-A 和 D-Pt-A 结构的分子，不难发现，光限幅性能按照 D-Pt-D＞D-Pt-A＞A-Pt-A 的顺序排列（图 9-52）。除 B-Pt-B 和 N-Pt-O 外，所有配合物在 T_0=92%时，都能表现出比 C_{60} 更好的光限幅性能，甚至与酞菁（Pc）类金属配合物相当（图 9-52）。配合物 AF-Pt-AF 的光限幅阈值（F_{th}）大约为 0.05 J/cm^2（T_0=92%），比光限幅性能最好的 InPc 和 PbPc 限幅阈值还要低（0.07 J/cm^2，T_0=84%）（图 9-52）。此外，对于 D-Pt-A 型配合物分子，以芳硼为电子受体的配合物的光限幅性能要优于以噁二唑为电子受体的配合物，如 N-Pt-B＞N-Pt-O 及 AF-Pt-B＞AF-Pt-O（图 9-53）。

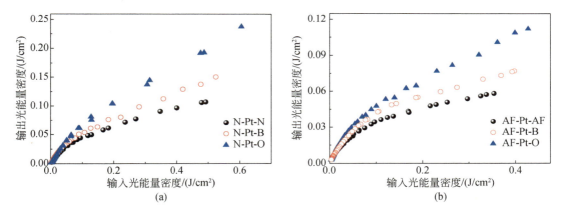

图 9-53 （a）含三苯胺基团的对称与非对称 Pt(Ⅱ)芳炔配合物光限幅性能对比；（b）含二苯胺芴基团的对称与非对称 Pt(Ⅱ)芳炔配合物光限幅性能对比

这些 Pt(Ⅱ)芳炔配合物不仅表现出优异的光限幅性能，而且在可见光区域透明性很好，最大吸收波长均位于 400 nm 之前。从上述结果可看出，通过调控 Pt(Ⅱ)芳炔配合物分子的对称性以及有机配体的电子特性调控可实现优异的光限幅性能和透明性综合优化。这一策略必将为开发高效光限幅材料开辟全新的途径。

此外，孙文芳教授等还设计合成了含有三联吡啶及苯基联二吡啶配体的 Pt(Ⅱ)芳炔配合物。其中，含有三联吡啶配体的配合物 PtTPY1 和 PtTPY2 为离子型（图 9-54），其光限幅性能与 C_{60} 相当并表现出宽波带光限幅潜力。配合物的三联吡啶配体上含有大的共轭基团，PtTPY3 的光限幅性能比 PtTPY1 和 PtTPY2 更优。此外，孙文芳教授等还设计合成了含苯基联二吡啶配体的 Pt(Ⅱ)芳炔配合物（图 9-55）。在 4 ns 的 532 nm 激光脉冲下，当 T_0 为 90%时，配合物 PtBPY1 和 PtBPY2 的透过率可分别降至 44%和 51%；配合物 PtBPY3

也能表现出不错的光限幅性能。这些配合物具有较高的三线态量子产率，这对光限幅是有利的。但是，它们均在可见光区表现出 MLCT 吸收带，使得它们的透明性不太理想。因此，这类配合物在实现光限幅性能与透明性综合优化方面不如 Pt(Ⅱ)芳炔配合物有优势。

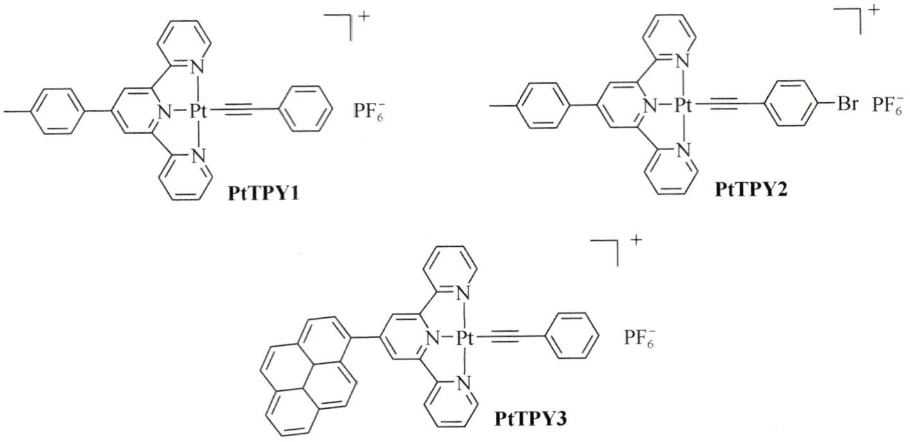

图 9-54 三联吡啶配体的离子型 Pt(Ⅱ)配合物分子

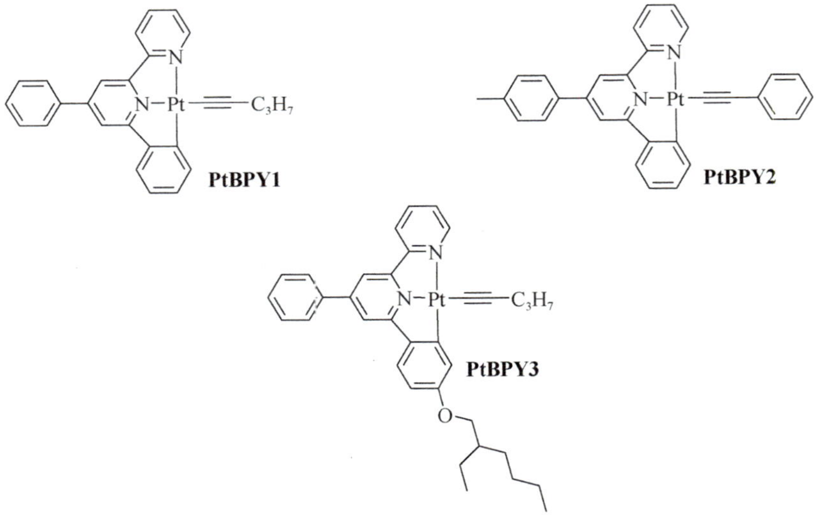

图 9-55 苯基二联吡啶配体的中性 Pt(Ⅱ)配合物分子

2）Hg(Ⅱ)配合物小分子光限幅分子

除了 Pt(Ⅱ)芳炔配合物外，Hg(Ⅱ)芳炔配合物也表现出优异的光限幅性能。虽然 Hg(Ⅱ)中心引发的自旋−轨道耦合效应不如 Pt(Ⅱ)，但是 Hg(Ⅱ)芳炔配合物仍能够表现出三线态发射。重要的是，这类芳炔配合物能够表现出更为优异的透明性，在可见光区几乎没有吸收。如图 9-56 所示，在 10 ns 的 532 nm 激光脉冲条件下，芴基 Hg(Ⅱ)芳炔配合物 HgFL-Dimer 和 HgFL-Trimer 都能表现出良好的 RSA 机制光限幅性能。HgFL-Trimer 具有更长的共轭，$T_0=92\%$时，HgFL-Trimer 表现出优于 HgFL-Dimer 及 C_{60} 的光限幅性能（图 9-57）。与 Pt(Ⅱ)

的芳炔配合物类似,当共轭延长到一定程度后光限幅性能不再提升,HgFL-Trimer 和 P-HgFL 的光限幅性能基本相同。重要的是,HgFL-Dimer 和 HgFL-Trimer 能呈现出非常高的可见光透明性(HgFL-Dimer 的 λ_{max}=346 nm 和 $\lambda_{cut-off}$=355 nm;HgFL-Trimer 的 λ_{max}=347 nm 和 $\lambda_{cut-off}$=359 nm)。因此,这类 Hg(Ⅱ)芳炔配合物在开发高透明性光限幅材料方面具有重要意义。

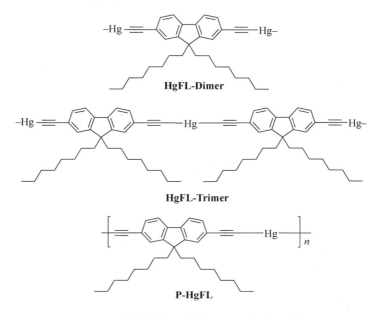

图 9-56　不同共轭长度的芴基 Hg(Ⅱ)芳炔配合物分子

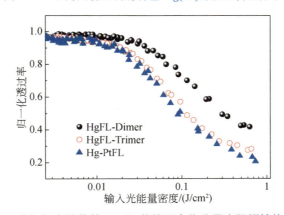

图 9-57　共轭长度的芴基 Hg(Ⅱ)芳炔配合物分子光限幅性能的影响

3）Au(Ⅰ)配合物小分子光限幅分子

有 d^{10} 构型的 Au^I 和 Hg^{II} 是互为等瓣离子和等电子体,Hg(Ⅱ)芳炔配合物具有良好的光限幅性能并表现出优异的透明性。因此,Au(Ⅰ)的芳炔配合物也应该在光限幅方面具有潜力。

第一个报道的 Au(Ⅰ)的芳炔配合物光限幅分子为 M-AuFL,配体为长链烷基取代的芴二炔(图 9-58)。对于 532 nm 的纳秒脉冲激光,在 T_0=92%条件下,M-AuFL 的光限幅性能与 C_{60} 相当。由于 Au(Ⅰ)的自旋-轨道耦合效应比 Pt(Ⅱ)较弱,M-AuFL 的光限幅性能比相应的 Pt(Ⅱ)芳炔配合物差。但是，M-AuFL 在可见光区域优异的透明性(λ_{max}=361 nm 和 $\lambda_{cut\text{-}off}$ =372 nm），并不妨碍 Au(Ⅰ)芳炔配合物成为另一类高性能的光限幅材料。由于配合物 M-AuFL 良好的透明性，在相同实验条件下其 σ_{ex}/σ_0（σ_{ex}：激发态吸收截面积，σ_0：基态吸收截面积）值比 C_{60} 大 4 倍。

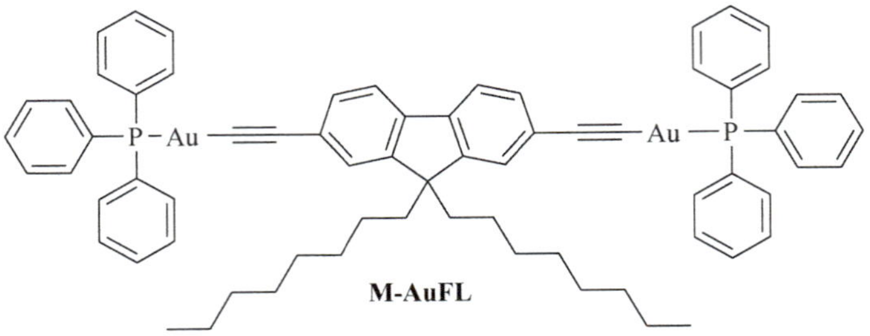

M-AuFL

图 9-58　芴基 Au(Ⅰ)芳炔配合物分子

　　与 Pt(Ⅱ)芳炔配合物类似，有机芳炔配体的结构和电子特性也对 Au(Ⅰ)芳炔配合物的光限幅行为产生显著影响。图 9-59 中列出了含有不同电子特性配体的 Au(Ⅰ)芳炔配合物。由于在可见光区域没有吸收峰，配合物 FlAu 表现出优异的可见光透明性，配合物 AcAu 的主吸收峰也在 400 nm 以前，但是在 400 nm 后存在一些弱的吸收峰，透明性较 FlAu 差；然而，配合物 BzAu 的吸收峰主要在 400 nm 以后，导致其透明性相对较差；吖啶酮和联噻唑基团都具有明显的供电子特性，导致吸收波长红移透明性变差 [图 9-60（a）]。这些 Au(Ⅰ)芳炔有机配体的富电子特性是联噻唑＞吖啶酮＞芴，但配合物的光限幅性能却出现 FlAu＞AcAu ＞BzAu 顺序 [图 9-60（a）]。这说明采用不具有明显吸电子和供电子特性的有机配体而合成的 Au(Ⅰ)芳炔配合物具有更好的光限幅性能，在实现光限幅性能与透明性综合优化方面更具优势。在 T_0=90%时，532 nm 的纳秒激光脉冲下，FlAu 的光限幅性能优于 C_{60}，AcAu 表现出与 C_{60} 相似的光限幅性能，BzAu 的光限幅性能比 C_{60} 稍差 [图 9-60（b）]。这些结果说明 Au(Ⅰ)芳炔配合物作为激光保护材料具有很大的潜力。

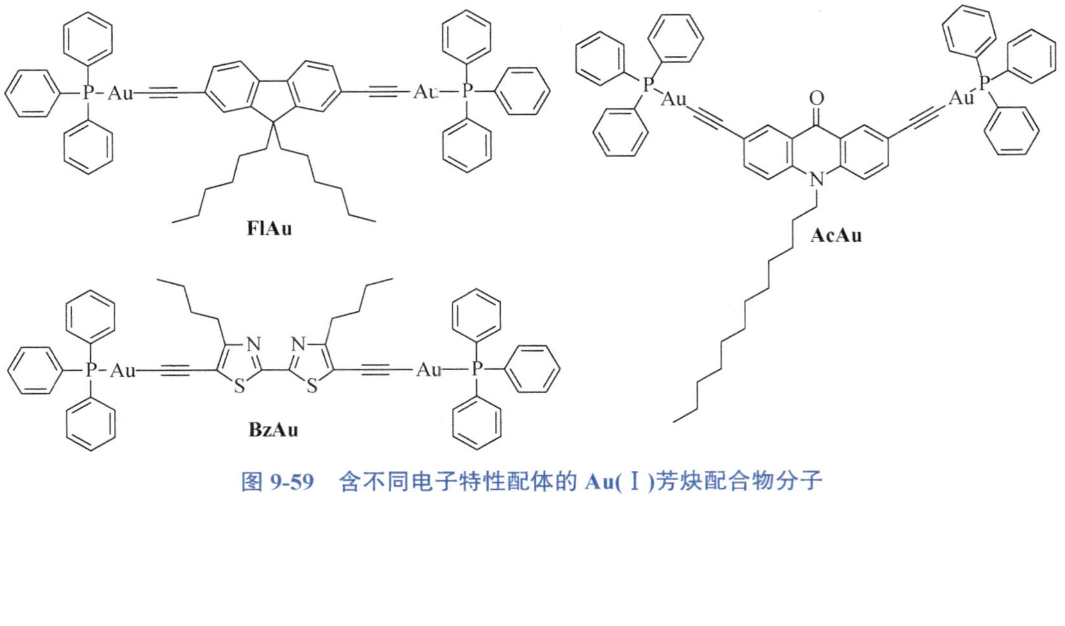

FlAu

AcAu

BzAu

图 9-59　含不同电子特性配体的 Au(Ⅰ)芳炔配合物分子

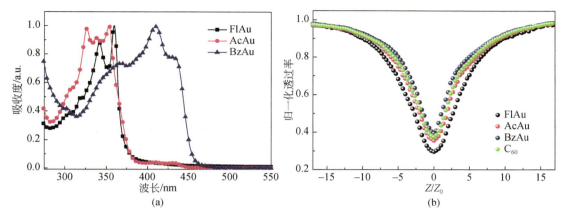

图 9-60　含不同电子特性配体的 Au(Ⅰ)芳炔配合物分子的吸收光谱及光限幅性能

4）Ir(Ⅲ)配合物小分子光限幅分子

近年来，2-苯基吡啶类 Ir(Ⅲ)配合物以其高室温三线态发光量子产率被广泛应用于有机发光二极管。这表明该类 Ir(Ⅲ)配合物的三线态量子产率很高，它们在光限幅方面应该也能表现出优异的性能。

孙文芳教授等以苯基喹啉为主配体 N^N、双齿配体为辅助配体设计合成了一系列具有不同共轭 N^N 双齿配体的 Ir(Ⅲ)配合物分子（图 9-61）。室温下溶液中，这些 Ir(Ⅲ)配合物

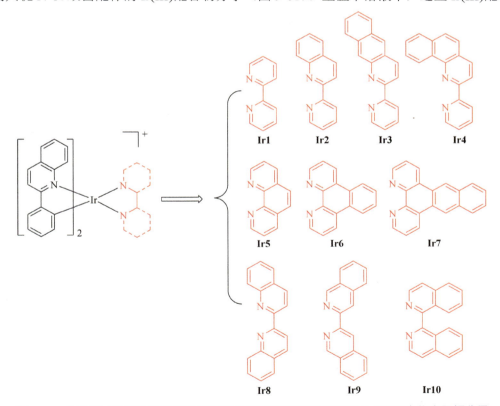

图 9-61　含苯基喹啉配体及不同共轭长度 N^N 双齿配体的离子型 Ir(Ⅲ)配合物光限幅分子

均能表现出明显的三线态发光信号，说明它们的室温三线态量子产率较高。对于 532 nm 的脉冲激光，这些 Ir(III)配合物均能表现出明显的光限幅效应。N^N 双齿配体结构和共轭程度不同，光限幅性能不同。它们的光限幅活性顺序为：Ir7＞Ir5≈Ir6≈Ir1＞Ir3＞Ir2＞Ir10＞Ir4＞Ir8＞Ir9。光限幅性能最好的 Ir7 可使样品对 709 μJ 入射激光的透过率从 80%降到 20%。配位 Ir4、Ir8 和 Ir10 含有较大共轭的 N^N 双齿配体，但它们的光限幅性能并不高。这可能是这些配合物的基态吸收较强的缘故。

此外，孙文芳教授等还设计合成了一系列离子型含有不同共轭主配体的 Ir(III)配合物（图 9-62）。这些配合物也能表现出明显的光限幅性能。它们的光限幅活性顺序为：Ir11＞Ir13＞Ir12＞Ir14＞Ir15。具有较大共轭主配体的配合 Ir14 和 Ir15 的光限幅性能反而较差。造成这一结果的原因是大共轭主配体会造成吸收波长红移，使基态吸收增加。

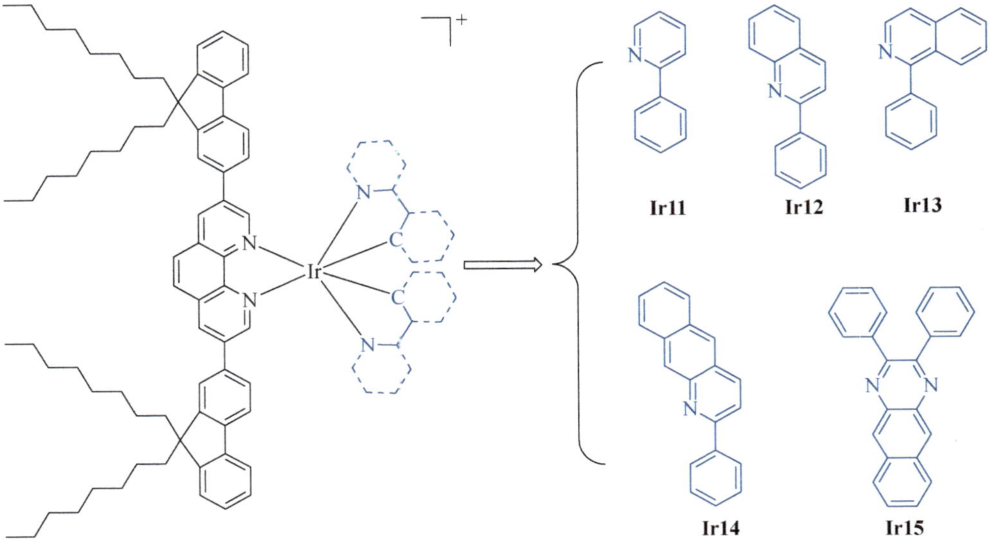

图 9-62　含不同共轭长度主配体的离子型 Ir(III)配合物光限幅分子

含有三齿配体的 Ir(III)配合物也被证实在光限幅方面具有一定的潜力，配合物 Ir16 和 Ir17（图 9-63）可表现出不错的光限幅性能，能使激光能量降低一倍。但是，这类配合物的电荷转移态吸收比上述双齿 Ir(III)配合物发生明显红移，几乎延伸到 600 nm，说明这类配合物的透明性不好。

最近，中性 Ir(III)配合物也被证实具有光限幅行为。通过在两主配体中分别引入吸电子芳氧膦单元和供电子三苯胺或咔唑基团得到的非对称 Ir(III)配合物（图 9-64），表现出明显的光限幅行为。非对称配合物 P-Ir-T 在可见光区的吸收光谱较对称配合物 P-Ir-P 仅有稍微的红移，而 P-Ir-C 与 P-Ir-P 的可见光区最大吸收峰几乎相同。这说明即使配合物中存在推拉电子结构，也不会造成透明性显著降低。对于 532 nm 的纳秒脉冲激光，对称配合物 P-Ir-P 的光限幅性能优于相同条件下的 C_{60}，P-Ir-C 的光限幅性能与 C_{60} 相当，光限幅阈值比 C_{60} 低（图 9-65）。但是，P-Ir-T 的光限幅性最差，与 C_{60} 相比有明显差距。这可能是因为三苯胺基团具有较强的供电子能力，使其在可见光区的吸收能力较强。

Ir16　　Ir17

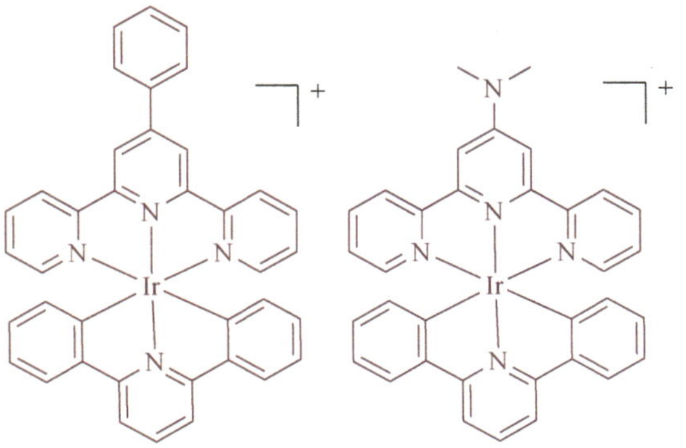

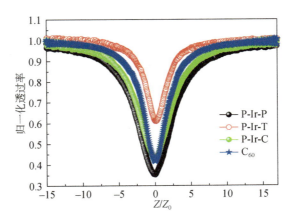

图 9-63　含三联吡啶配体的离子型 Ir(Ⅲ)配合物光限幅分子

P-Ir-P　　P-Ir-T　　P-Ir-C

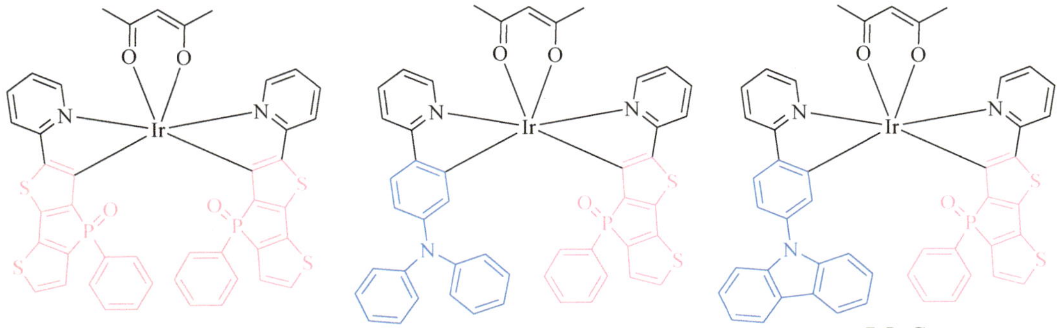

图 9-64　含膦唑类配体的非对称 Ir(Ⅲ)配合物

图 9-65　含膦唑类配体的中性 Ir(Ⅲ)配合物的光限幅性能

5）Ru(Ⅱ)配合物小分子光限幅分子

Ru(Ⅱ)的联吡啶类配合物具有较长的三线态寿命，而且室温三线态发光较强。从三线态吸收产生光限幅效应来看，这类配合物也具有重要潜力。孙文芳教授等以不同共轭的 N^N 型配体设计合成了 5 个非对称的 Ru(Ⅱ)配合物（图 9-66），它们均能表现出明显的光限幅行为，光限幅活性顺序为：Ru1＞Ru3＞Ru2＞Ru4。虽然 Ru5 的光限幅活性与 Ru1 相当，但总体上光限幅活性随配体共轭延长而降低。Ru5 之所以表现出较好的光限幅活性可能其激发态吸收能力较强的缘故。需要注意的是，Ru(Ⅱ)的联吡啶类配合物分透明性较差，不易实现光限幅活性与透明性间的综合优化。

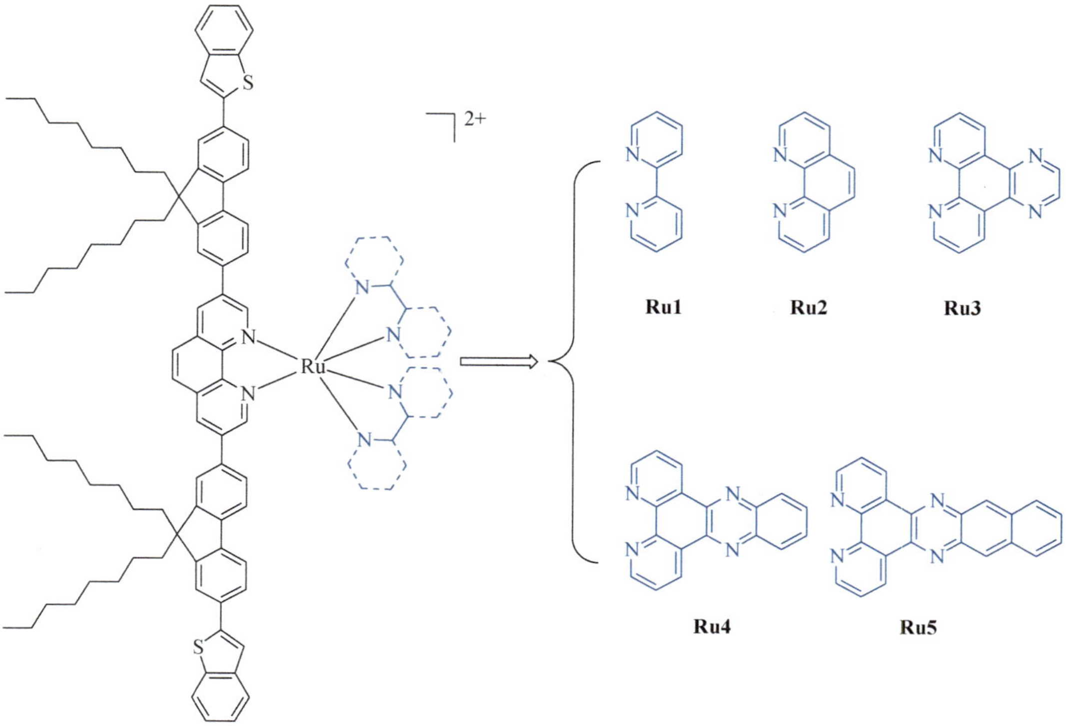

图 9-66　具有不同共轭长度配体的 Ru(Ⅱ)配合物的光限幅分子

9.5　配合物热电分子设计与应用

9.5.1　热电转换的基本原理及应用

热电效应是由温差引起的电效应和由电流引起的可逆热效应的总称，包括塞贝克效应（Seebeck Effect）、佩尔捷效应（Peltier Effect）和汤姆逊效应（Thomson Effect）。热电转换技术则是利用材料的热电效应实现热能和电能之间的相互转换。

1. 塞贝克效应（Seebeck Effect）

1821 年，德国科学家塞贝克（T. J. Seebeck）率先观测到该效应。但是受限于当时的认知水平，他认为观察到的现象属于热磁效应。直到 1823 年，丹麦物理学家奥斯特德（H. C. Oersted）才阐明了此类现象的本质是温差导致的电势差。这个现象即成为热电偶（Thermal Couples）测量温度梯度及热电器件（Thermoelectric Generator）的工作原理。

塞贝克效应是一种基于载流子扩散的现象。如图 9-67 所示，当材料两端产生温差时，由于热端载流子浓度高于冷端，因此热端的载流子开始向冷端移动，同时材料内部产生电场。当热扩散和电场的作用达到平衡时，材料两端即产生了一个稳定的电势差。对于回路中的 p 型和 n 型材料而言，载流子均从热端向冷端移动，但由于两种材料的载流子符号不同，因此对于整个回路而言，两种材料中的电流方向相同，从而使回路中产生稳定的电流。

2. 佩尔捷效应（Peltier Effect）

继塞贝克效应发现之后，1835 年，佩尔捷（Peltier）在法国《物理学和化学年鉴》上报道了关于由两种不同金属接合成的线路上通电流，其中一接点会放热而另一接点则会吸热的现象。这个现象即是热电制冷器（Thermoelectric Cooler）的工作原理。佩尔捷效应是塞贝克效应的逆过程，是热电制冷的物理基础。

佩尔捷效应源于载流子在不同导体中的势能不同（图 9-68）。当载流子从一种导体中通过节点进入到另一种导体中时，由于势能的不同会发生能量交换。当载流子从高能级向低能级运动时将释放能量；相反从低能级向高能级运动时将吸收能量。正是这种载流子通过节点处发生的能量交换，形成了制冷或者放热的效果。

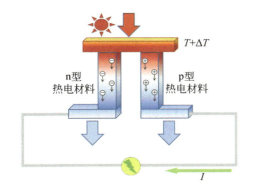
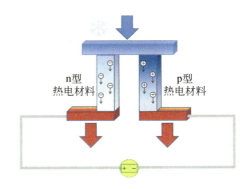

图 9-67　塞贝克效应的原理示意图　　　　图 9-68　佩尔捷效应的原理示意图

3. 汤姆逊效应（Thomson Effect）

1851 年，热力学创始人之一汤姆逊（Thomson）以各种能量的热力学分析为出发点，对塞贝克现象和佩尔捷效应进行了热力学分析，确定了上述过程间的物理关系，建立了热电现象的理论基础。

塞贝克效应和佩尔捷效应均是由两种材料连接在一起所构成的回路中发生的效应，而汤姆逊效应是在单一导体中产生的现象：当有温度梯度的均匀导体中通有电流时，除了产生焦耳热以外，还需要吸收或者放出热量，这是继塞贝克效应和佩尔捷效应之后的第三个热电效应。

热电材料主要应用领域有：温差发电、热电制冷以及作为传感器和温度控制器在微电子器件中的应用。基于热电材料的温差发电为废热和自然界热直接转化为电能提供了简单有效的方式；同时热电材料也可以实现电制冷，因其器件结构简单、无污染物产生、环境友好、调节精度高、响应快，是一种理想的全固态高效制冷技术。

基于热电材料制备的温差发电和固态制冷器件，具有结构简单紧凑、无运动部件、工作稳定、无噪声等优点，可以制成各种形状和大小以满足各种需要，并有体积小、重量轻、安全可靠及寿命长的优点，且对环境不产生任何污染，在生产生活甚至是航空航天等领域均展现出广阔的应用前景。

例如，基于热电器件的同位素热电发电机是美国"好奇号"火星探测器等深空探测器的主要供能部件。通用公司预计加装汽车发动机废热发电系统有望将燃油使用效率提升10%；除此之外，微型温差发电电池可以为微机电系统、微电子系统、系统芯片等微型化的电子装置提供低输出功率、高输出电压的微型电源；另外，将微型热电器件植入人体内，直接利用人体皮肤表面与外界的温差发电，可以长期驱动植入体内的医学器件，具有极其重要的医学价值；在制冷领域，基于佩尔捷效应的热电器件已经在控温座椅、便携式冰箱和红外探头控温等方面实现基本功能，并有望在未来孕育规模巨大的固态制冷市场。

9.5.2　热电材料的性能评价指标

1911 年，德国科学家阿尔滕基希（E. Altenkirch）提出了温差热电制冷和发电的理论，并提出了热电优值 ZT 计算公式：

$$ZT = \frac{S^2 \sigma T}{\kappa} \tag{9-1}$$

该公式一直作为评价热电材料性能好坏的标准。式中，S 为材料的塞贝克系数，σ 为材料的电导率，κ 为材料的热导率。热电材料的 ZT 值越高，材料性能越好，相应的器件也可以表现出更高的工作效率。

ZT 值大小决定于塞贝克系数（S）、电导率（σ）和热导率（κ）。图 9-69 说明表征材料热电性能的三个参数之间相互关联、相互制约；若想获得一个较高性能的热电材料，则需

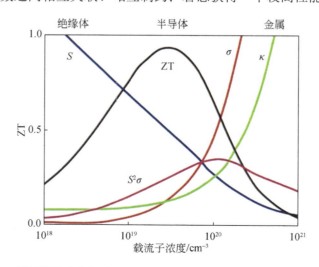

图 9-69　材料的热电参数（S、σ、κ、PF、ZT）与载流子浓度的依赖关系

要系统地了解这三者之间的关系，材料的最优状态只出现在特定的载流子浓度范围内，只有精确调控材料载流子浓度才能实现热电性能优化。

9.5.3 热电器件结构及性能评价

随着 20 世纪 50 年代半导体热电材料的出现，热电器件的应用才开始快速发展。为了适应不同的使用场景，热电器件演化出了丰富多样的结构，但是核心部件都是由一对 p 型和 n 型热电材料组成的"Π"形状热电臂，其即可以满足发电也可以满足制冷的使用要求。以该结构为基础进行合理集成即可制备各种类型的热电器件。

为了满足实际使用的功率要求，热电器件一般都按照编组形式组成功能模块。为了充分利用热能和简化电路连接方式，p 型和 n 型热电臂基本都是按照电学串联和传热并联的方式组合成模块。根据热电材料排列与衬底方向的关系可以将器件分为垂直结构和水平结构（图 9-70），其中垂直器件的热流方向和电流方向垂直于衬底；水平器件的热流方向和电流方向与衬底平行。

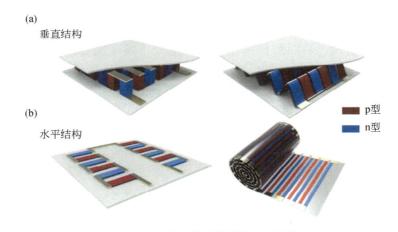

图 9-70　集成型热电器件的主要结构

9.5.4 有机热电材料的设计要求

有机热电材料是实现有机热电行为的核心。为了实现基于有机热电材料的高性能热电器件，有机热电材料的设计应该重点关注以下几个方面。

（1）实现材料导电率和导热率的综合优化。从热电优值 ZT 表达式可以看出，ZT 值与材料的导电率成正比，与材料的导热率成反比。显然，设计高性能有机热电材料时要赋予材料高导电率和低导热率。但是，材料的导电率和导热率一般来说是正相关的，也就是材料的高导电率往往伴随着高导热率。这成为有机热电材料设计的一个瓶颈，要求设计材料时要综合考虑导电率和低导热率，使这两参数达到最优平衡。

（2）提高 n 型热电材料的性能。对于半导体材料来说，n 型材料电导率要比 p 型材料的电导率低很多。这是因为电子传输更容易受到外界条件的影响。因此，n 型热电材料的性能通常也比 p 型材料差。所以，设计合成高性能 n 型有机热电材料非常关键。

（3）具有很好的可加工性。有机热电材料的性能虽然比无机热电材料的性能差，但是有机材料的可加工性为新型热电器件提供了新出路。比如，超薄超轻、柔性可折叠及可穿戴新型热电器件，有机热电材料良好的可加工性为实现这些器件提供了基础。所以，有机热电材料的可加工性也是材料设计必须要考虑的一个重要环节。

9.5.5 高性能配合物热电材料

有机热电材料因其来源广泛、成本低、柔性、可溶液加工、环境友好等优点逐渐成为人们关注的焦点。近几年来，借助于有机电子学的蓬勃发展，有机热电材料不论是性能还是相关理论研究都取得了显著的进展。根据塞贝克系数的正负之分，有机热电材料分为 p 型和 n 型。对于一个热电器件的制备，同时需要 p 型和 n 型两种热电材料。因此，p 型和 n 型两种材料的发展对于器件热电转换效率的提升同等重要，下面就简要介绍这两类热电材料。

1. p 型有机热电材料

目前，p 型有机热电材料的研究比较多，主要以导电聚合物聚(3,4-乙撑二氧噻吩)（PEDOT）体系为主。其中，聚(3,4-乙撑二氧噻吩)：聚苯乙烯磺酸盐（PEDOT：PSS）（图 9-71）体系尤其重要，它可以分散在水或极性有机溶剂中，易于加工。此外，PEDOT：PSS 能表现出优异的热稳定性、高电导率和良好的生物相容性。更为重要的是，PEDOT：PSS 具有优异热电性能，可用于柔性热电器件。高热电性能的实现要求热电材料具有高电导率和高塞贝克系数。然而，如前所述，电导率和塞贝克系数是此消彼长的，需要综合优化。PEDOT：PSS 体系的热电特性可以通过去掺杂或能量过滤来提升。欧阳建勇课题组发现，通过酸和碱的连续处理，能提高 PEDOT：PSS 的功率因子，可达 334 $\mu W/(m \cdot K^2)$，是当时热电高聚物功率因子数据的最高纪录。研究表明，酸处理可以提高 PEDOT：PSS 的电导率，而碱处理可以去掺杂而提高塞贝克系数。同时，他们还研究了用碱去掺杂和还原剂

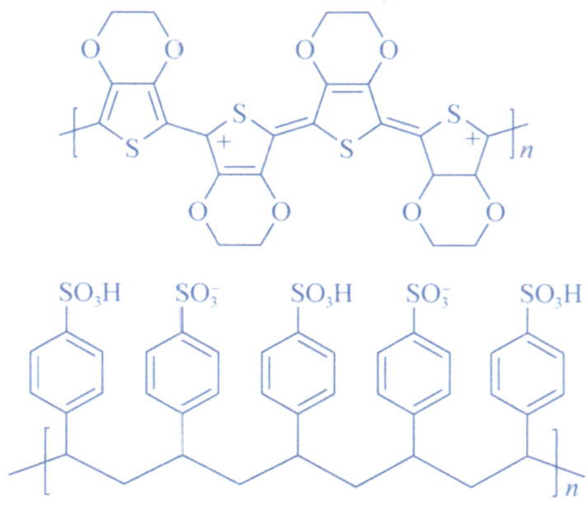

图 9-71　聚(3,4-乙撑二氧噻吩)：聚苯乙烯磺酸盐（PEDOT：PSS）结构

去掺杂对 PEDOT：PSS 的塞贝克系数的影响，发现通过碱去掺杂比通过还原剂去掺杂对提高塞贝克系数更有效。通过一系列的研究发现，在酸和碱处理过的 PEDOT：PSS 膜上涂覆一层离子液体可以将塞贝克系数提高到 70 μV/K，功率因子提高到 750 μW/(m·K^2)，热电优值（ZT 值）可达 0.75，甚至可与最佳无机热电材料在室温下的 ZT 值相媲美。

2. n 型有机热电材料

到目前为止，关于 n 型有机热电材料的研究仍然较少，其中，最具代表性的是过渡金属有机配位聚合物 poly[A$_x$(Ni-ett)](A=K,Na)（图 9-72）体系。2012 年，朱道本院士课题组首次报道了 poly[Na$_x$(Ni-ett)]、poly[K$_x$(Ni-ett)] 及 poly[Ni$_x$(Ni-ett)] 三种块体热电材料，得益于这类材料的理想电导率、塞贝克系数以及有机材料所固有的低热导率，poly[Na$_x$(Ni-ett)] 和 poly[K$_x$(Ni-ett)] 在 400 K 附近热电优值（ZT 值）分别达到了 0.1 和 0.2，其中 poly[K$_x$(Ni-ett)] 为当时 ZT 值最高的 n 型有机半导体热电材料。同时，利用 poly[Na$_x$(Ni-ett)] 和 poly[Cu$_x$(Cu-ett)] 构筑了完全基于有机热电材料的热电器件，在工作温差为 82 K 的情况下，器件的输出电压、短路电流和单位面积输出功率分别达到了 0.26 V、10.1 mA 和 2.8 μW/cm^2，为当时热电器件的最高值。

相比于块体热电材料，热电薄膜材料可以通过降低维数而形成界面散射效应，从而降低材料的热导率，增大材料的热电优值；同时薄膜热电材料可制备大面积器件，具有高的热接触面积和利用率，进而表现出高的转化效率和低制造成本，可极大地节省半导体材料，节省许多加工制备程序，因此研究薄膜热电材料及其器件具有十分重要的科学意义。

为了进一步提高其热电性能，孙源慧等通过电化学氧化沉积的方法一步直接制备出 poly[K(Ni-ett)] 薄膜（图 9-72），所得到的薄膜高度整齐，连续性和柔韧性好，并且可以将其从衬底上脱离制成自支撑薄膜材料，这些性质都有利于其在构筑热电器件时具有可加工性。同时，相比之前无定形状态，poly[K(Ni-ett)] 薄膜结构有序性明显提高，使其电导率提高了 4～6 倍，对应的功率因子高达 453 μW/(m·K^2)；同时，利用目前广泛用于丝状材料热物性测试的自加热 3ω 法测量了 poly[K(Ni-ett)] 薄膜面向热导率。测试结果表明：室温下 poly[K(Ni-ett)] 薄膜的 ZT 值最高可达 0.3±0.03，是目前所报道的 n 型本征态热电材料的最高值。

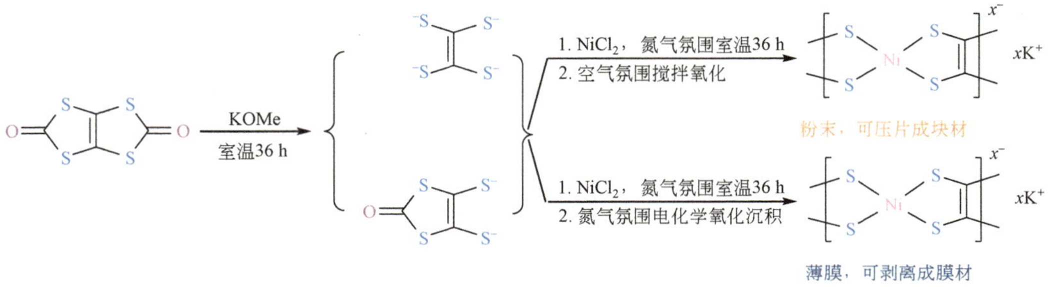

图 9-72　poly[K(Ni-ett)]结构及不同的合成路线

在此基础上，2017 年，Liu 等通过将电化学沉积和打印技术相结合的方式得到了图案化的 poly[K$_x$(Ni-ett)]薄膜，制备了具有 108 个热电单元的 poly[K$_x$(Ni-ett)]温差发电器件（图 9-73）。通过对热电单元性能的测试，确定图案化的过程并不影响 poly[K$_x$(Ni-ett)]薄膜本身的热电性能，热电单元均一性良好。同时，该器件在 12 K 的温差下最大功率密度高达 577.8 μW/cm^2，是该类材料制备热电器件的最高性能。另外，此器件在大气氛围下具有良好的稳定性，表现出一定的实际应用价值。

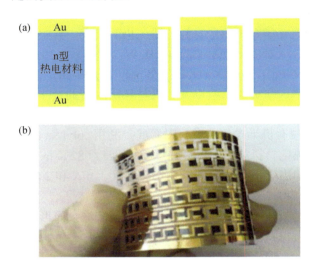

图 9-73　（a）基于 poly[K$_x$(Ni-ett)]薄膜器件结构示意图；（b）沉积 108 个 poly[K$_x$(Ni-ett)]热电单元的照片

9.6　配合物导电分子设计与应用

9.6.1　配合物分子的导电原理及应用

众所周知，金属被认为是导电性能最好的材料。突破这类材料找到新型具有高导电能量的新材料体系必将开拓导电材料应用的新领域。在 20 世纪初，科学家就曾预言人们有可能制备出不含金属元素的有机金属导体。1973 年，美国科学家黑格（A. J. Heeger）发现电子给体四硫瓦烯（TTF）和电子受体四氰基对二次甲基苯醌形成的 1:1 有机电荷转移复合物能够表现出金属性，室温导电率大约 500 S/cm，冷却时增加到 10^4 S/cm。这一发现开创了机金属导体及有机超导体研究的先河。1980 年，法国巴黎大学固体物理实验室的杰罗姆（D. Jerome）、马绍德（A. Mazaud）、里博（M. Ribault）和丹麦哥本哈根奥斯特研究所的贝什加德（K. Bechgaard）发现四甲基四硒富瓦烯（Tetramethyletraselenafulvalene，TMTSF）的六氟磷酸盐(TMTSF)$_2$PF$_6$ 在 1200 个大气压、温度为 0.9 K 时能够表现出超导性。1986 年，法国卡苏（Cassoux）研究团队制备了第一个含有 1,3-二硫杂环戊烯-2-硫酮-4,5-二硫醇（3-Dithiole-2-thione-4,5-dithol，DMIT）配体的配合物超导体(TTF)[Ni(DMIT)$_2$]$_2$，在 7000 个大气压、温度为 1.6 K 时出现超导性。这一发现推动了导电配合物研究的发展。

根据导电的基本原理，配合物分子如果要实现能够导电的性质，那么分子内必须具备可以相对自由移动的电子，在电场下可以进行相对自由的定向移动形成电流。与有机分子类似，配合物分子内的电子可以分成两类，一类是定域电子，也称 R 电子。这类电子受成键原子核的束缚较强，自由移动性能很差，比如形成 σ 键的电子；另外一类是离域电子，也称 P 电子。这类电子受成键原子核的束缚较弱，具有一定的自由移动的能力，比如形成 π 键的电子。显然，配合物分子中 P 电子越多形成的共轭体系越大，P 电子的自由度越强，相关配合物的导电性应该越高。基于此，配合物内如果含有大的共轭 P 电子体系，随着 P 电子共轭体系的增大及离域性增强，当共轭结构达到足够大时，就可以提供电子或空穴等载流子，然后在电场的作用下，载流子可以沿分子链作定向运动，从而使配合物分子导电。

但是，事实证明并非如此，具有很多 P 电子的大共轭体系的配合物分子从电导率上来看依然不能算导体，只能算作半导体。原因如下：配合物这些 P 电子虽然具有一定运动性，但是运动范围仅在这些 P 电子形成的大 π 键的范围内，即大 π 键的成键轨道内（可类比于半导体的价带）。与之对应，还存在一个能级更高的空的大 π 键的反键轨道（可类比于半导体的导带）。这两个分子轨道之间有一个明显的能级差。显然，在电场作用下，电子在配合物内部的迁移必须跨越这个能级差才能导电，这使得 P 电子不能在配合物中完全自由地跨键移动，因而使导电能力受到影响，导电率不高。这个能级差就决定了配合物的导电能力。现代结构分析表明：这种能级差的存在会引发配合物分子中长、短键交替排列的结构，称为派尔斯（Peierls）畸变。显然，派尔斯畸变的产生不利于导电性的提高。到此，我们会自然会想到一个问题，为什么金属的导电性如此之好呢？

根据半导体理论，半导体材料中电子只有从价带激发到导带才能变成自由电子，从而引发高的导电性能。但是，电子激发过程是需要能量的，这就造成在半导体中产生自由电子较难，因此半导体的导电性能差。然而，金属材料与半导体材料不同，金属中价带仅被电子填充一半，费米（Fermi）能级（金属基态中的最高被填充轨道的能量）在价带顶部，在高于绝对零度的温度下，处于费米能级的电子非常容易进入空带从而进行导电。因此，金属的导电性能很好。

通过上面分析可知，提高配合物导电性能的主要途径就是减少能级差，而实现手段就是对配合物实行掺杂来改变能带中电子的占有情况，减小能级差压制派尔斯畸变过程。掺杂是在配合物共轭结构上发生电荷转移或氧化还原反应，目的是为了在配合物的空轨道中加入电子或从占有轨道中取走电子，进而改变现有 P 电子能带的能级，出现能量居中的半充满能带，减小能带间的能量差，降低电子或空穴迁移时的阻碍。掺杂主要有两种方式：p 型掺杂和 n 型掺杂。p 型掺杂使载流子多数为空穴，掺杂剂主要有碘、溴、三氯化铁、五氟化砷等电子接受体；n 型掺杂使载流子多数为电子，掺杂剂通常为碱金属，是电子给予体。通过掺杂改变费米能级，使导带与价带间的能级差变得很小，载流子很容易跃迁到空轨道，从而提高电导率。

配合物中的典型导电通道如图 9-74 所示。图 9-74（a）代表了配合物导体中通过化学键（Through Bond）传导载流子的导电通道。其中，分子的轨道和配体轨道能级匹配较好，叠程度高，使分子带隙较窄，有利于提高配合物的导电性。图 9-74（b）给出了通过配合物扩展的共轭平面（Through Extended Conjugation）传导载流子的通道。其中，金属中心的 d

轨道和能级匹配的配体离域大 π 键轨道产生有效的交叠，这种 d-π 共轭将金属中心和配位组合在一起形成跨越金属中心和有机配体的大平面离域体系，为载流子在该扩展的共轭平面内传输提供了快速通道。此外，还存在由于配合物中配体离域 π 键轨道相互作用交叠，即 π-π 相互作用 [图 9-74 (c)]、不同分子间键金属中心 d 轨道相互作用交叠，即 d-d 相互作用 [图 9-74 (c)] 以及不同分子间键金属中心 d 轨道与配体离域 π 键轨道相互作用交叠，即 d-π 相互作用 [图 9-74 (d)] 的载流子通过空间（Through Space）的传输通道。

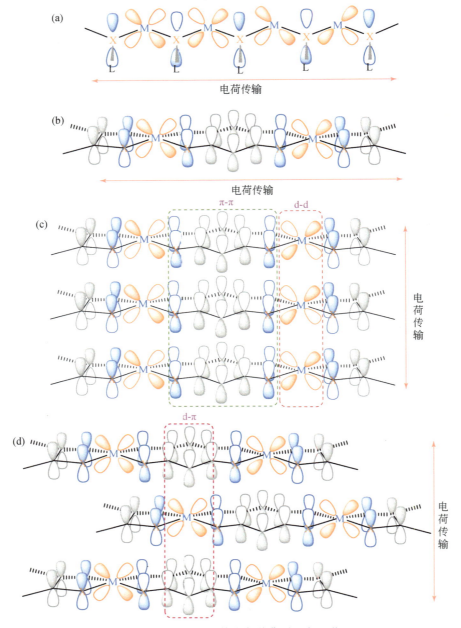

图 9-74　配合物导体中各种典型导电通道

与金属不同，配合物导体不仅具有导电性性，而且具有很好柔韧性、溶液加工性及组装特性，因此在很多新兴光电子学领域都有广泛应用的前景。比如，在柔性电子器件领域。由于其良好的导电性能和柔性特性，可以将其制备成导电纤维、导电墨水等，用于制造可穿戴设备、柔性显示屏和智能纺织品等。配合物分子具有组装特性，可组装成纳米导线，在分子机器及微纳电子元器件领域也有重要的应用潜力。

9.6.2　导电配合物分子的设计要求

根据上面对配合物分子导电机理的分析，设计合成高性能导电配合物分子时应满足如下要求。

1）配体具有平面 π 共轭结构

如前所述，配合物具有大的共轭结构使电子的活动性增加从而提高配合物的导电性。配体是组成配合物的关键部分，具有平面 π 共轭结构是赋予所得配合物具有大共轭高电子离域结构特性的基础之一。

2）配体和金属中心之间要形成明显的共轭效应

配体和金属中心之间形成明显的共轭效应可以在配体共轭的基础之上进一步扩大配合物分子的共轭结构，形成更大电子离域范围，降低配合物的能隙从而提高导电性。配体和金属中心间形成明显的共轭效应不仅要求配体参与共轭的轨道与金属中心参与共轭的轨道间具有 π 键对称性，而且要求它们之间的能级要匹配。由于导电配合物的金属中心基本上均为过渡金属，一般用 d 轨道与配体形成共轭 π 键。因此，一般要求配体中的配位原子的原子序数较大（比如，S、Se 等），这样才能使得配体参与和金属共轭的轨道能级与过渡金属的 d 轨道的能级匹配，两者之间才能形成更大的重叠程度，增强配体和金属间的共轭效应。

3）配合物分子具有平面构型

配合物分子只有具有平面构型才能有效保证配体以及配体和金属间的共轭，维持整个分子的电子离域结构。同时，平面构型的配合物分子容易发生分子间堆叠，产生 π-π、d-d 及 d-π 相互作用，从而产生多重载流子通道，提高导电性。

4）掺杂行为的控制

配合物分子即使具备上述的分子结构特征，其导电能力仍旧很低。提升配合物导电能力的最有效的举措是掺杂。掺杂过程是在配合物材料中引入电子给体或受体，使其与配合分子间发生电荷转移。但是配合物和掺杂剂间的电荷转移程度一定要控制，两者之间不能发生完全电荷转移，只有这样才能在配合物聚集体上出现混合价态，大大减小库仑斥力，出现非充满的能带才可能成为类似金属的导体。这就要求两者之间的氧化还原电位差应为 0.1～0.4 V。

5）掺杂体系长程有序结构的控制

配合物掺杂导电复合物要求配合物分子至少沿着某一方向形成紧密有序堆积，为载流子传输提供通道。掺杂体系类似将电子给体（Donor，D）和电子受体（Acceptor，A）复合在一起，两者之间发生部分电荷转移，形成电荷转移复合物（Charge Transfer Complex，CTC）。如果要实现 CTC 的高导电性，电子受体和电子给体的排列也非常重要。一般来说，电子给体和电子受体分别排列成柱 DD 和 AA 时的导电性能高，而交替成柱 DADA 则一般为绝缘体和半导体。因此，设计配合物掺杂导电体系时，对电子给体和电子受体的长程有序排列结构的控制非常重要。

9.6.3　高电导率配合物导电分子

目前，电导率较高的配合物分子主要有以下几类。

1. 低维配合物组装体

一些平面性较好的配合物分子，通过分子间的 π-π、d-d 及 d-π 相互作用非常容易组装成低维组装体。组装体中配合物分子间的轨道如果能发生较大的重叠，就能表现出导电性，掺杂后的导电性能可进一步增加。

比如，四氰铂酸钾盐 $K_2[Pt(CN)_4]Br_{0.3} \cdot 3H_2O(KCP)$ 通过铂中心的 d_{z^2} 相互重叠（d-d 相互作用）组装成一维类似金属的导电通道（图 9-75），电子可以在柱状组装体间传输。

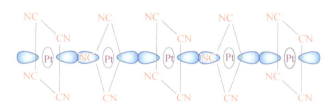

图 9-75　配离子 $[Pt(CN)_4]^{x-}$ 中铂中心 $5d_{z^2}$ 轨道相互重叠组装示意图

通过对配合物适当掺杂以形成部分电荷转移复合物后，其电导率将会有很大提升。这类一维组装体形成金属特性要满足如下条件：首先，它们的最高占据分子轨道（Highest Occupied Molecular Orbital，HOMO）电子不能全满，要部分占据；其次，分子间要有序紧密排列，使前线轨道发生重叠。理论研究表明，这类纯粹一维导电体系不够稳定，在电子的库仑相互作用和振动的相互作用下，其初始的能带会在费米能级处发生裂分形成较大的能隙，使导体变为绝缘体。这一改变和电荷波密度（Charge Density Wave，CDW）相关，会破坏周期性晶格并导致一维导体变成绝缘体，即发生派尔斯畸变。除派尔斯畸变外，和自旋密度波（Spin Density Wave，SDW）相关的磁性派尔斯效应、莫特－哈伯德（Mott-Hubbard）畸变等都使电子定域化，都会使一维导体变得不稳定，导电性能下降。

一些具有大平面共轭配体的配合物，可以通过配体间的 π-π 相互作用组装。比如，以酞菁（Phthalocyanine，Pc）为配体的配合物，配体具有较大的共轭平面，容易通过配体间的 π-π 相互作用组装形成一维柱状体。组装体中相邻酞菁配体的 π 轨道相互作用组形成导电通道。一些酞菁配合物通过碘掺杂部分氧化后，能隙变小，导带及价带变宽，导电率明显提升。比如，PcCuI、PcNiI 及 PcH_2I 的室温电导率可达 500～2000 S/cm。

此外，配合物分子间的 d-π 相互作用也能引起平面构型配合物分子间堆叠发生组装，从而提升导电性能。Ag(I)配合物$[Ag^I_2(ophen)_2]$（Hophen =1H-[1,10]phenanthrolin-2-one）具有非常好的平面结构［图 9-76（a）］。研究表明，该平面构型的配合物的分子间能够发生 π-π 和 d-π 相互作用，引发分子堆叠组装。晶体中，[Ag$^I_2$(ophen)$_2$] 分子平面间的距离大约为 3.15 Å，不仅有明显的 π-π 相互作用，而且 Ag-π 相互作用也非常强，二者之间的距离仅为 3.08 Å［图 9-76（b）］。其中，Ag-π 相互作用可有效降低分子带隙，这对于提升配合物的导电性非常关键，该配合物的室温电导率可达 14 S/cm。然而，只有 π-π 相互作用的 [Cu$^I_2$(ophen)$_2$] 配合物的电导率仅为 10^{-2} S/cm。这充分说明 d-π 相互作用对提升配合物导电性的关键作用。

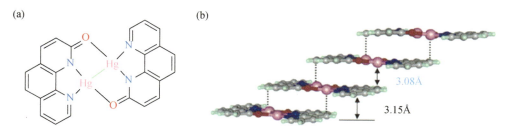

图 9-76 配合物[Ag$^I_2$(ophen)$_2$]分子结构及分子组装结构示意图

2. 电荷转移复合物

这类配合物导体主要是基于 TTF 类分子作为电子给体或配体的电荷转移复合物。这类配合导体的电导率高，是一类导电性能较好的材料。这类复合物具有如下特点：①分子具有非常好的平面构型，易沿一个方向堆积形成能带结构；②配体和金属中心间的轨道能级较为匹配，整个分子共轭程度高，电子离域范围大；③堆积的分子具有非偶数电子并且在垂直分子平面方向具有扩展的非全满轨道，使得邻近轨道能形成良好的重叠从而增加带宽；④通过部分电荷转移或部分氧化产生非整数氧化态，使得导带部分填充；⑤分子间形成规则的紧密堆积，抑制导带能级分裂。

双(乙撑二硫)四硫富瓦烯（BEDT-TTF）作为电子给体的电荷转移复合物导体是非常常见的有机导体。有些以 BEDT-TTF 为电子给体的配合物甚至能够表现出超导性。比如，κ-(BEDT-TTF)$_2$Cu[N(CN)$_2$]Br 和 κ-(BEDT-TTF)$_2$Cu[N(CN)$_2$]Cl 的超导转变温度能够达到同类体系最高，分别为 11.6 K（常压）和 12.8 K（300 bar）。

以二硫烯、含 S 及 Se 等杂原子五元环及并环的二硫醇为配体的 Ni、Cu、Pt 及 Pd 等的平面四配位配合是制备电荷转移复合物导体的常用电子受体。这类电子受体的平面构型易于形成一维堆积和扩展 π 电子共轭体系。此外，它们还具有可逆氧化还原特性及低电荷的稳定氧化态。

图 9-77 中列出了一系列这类电荷转移复合物导电配合物分子。五元环及并环的引入不仅可以进一步扩大分子的共轭范围，而且更多的 S 及 Se 原子的存在使晶体中配合物分子更容易紧密堆积及近距离的 S···S 和 Se···Se 相互作用。这些都有利于导带性能的提升。

以四甲铵为对离子的配合物(Me$_4$N)[Ni(DMIT)$_2$]$_2$ 能够表现出超导特性。晶体结构中，配阴离子沿 [110] 方向成柱，分子柱内配阴离子略微以二聚体的形式堆砌，二聚体内与二聚体间的距离仅有微小差别，分别为 3.53 Å 和 3.58 Å。此外，分子柱间存在 S···S 相互作用，距离为 3.53 Å，将分子连接成网状结构。以 TTF 为电子给体的配合物 $(Me_4N)[Ni(DMIT)_2]_2$ 在晶体中给受体分别排列成柱，给体分子柱和受体分子柱间存在 S 原子和电子给体原子间的多重作用，形成一个准三维超导体。

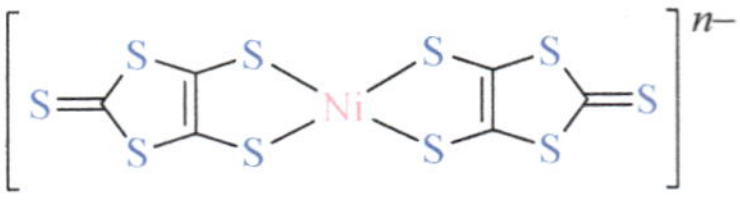

[Ni(DMIT)$_2$]$^{n-}$

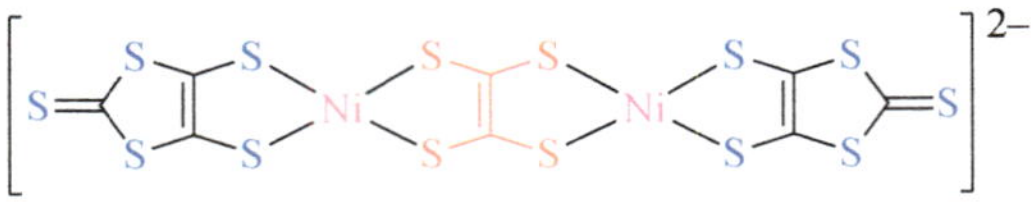

[(TTO){Ni(DMIT)$_2$}$_2$]$^{2-}$

[Ni(TMDT)$_2$]

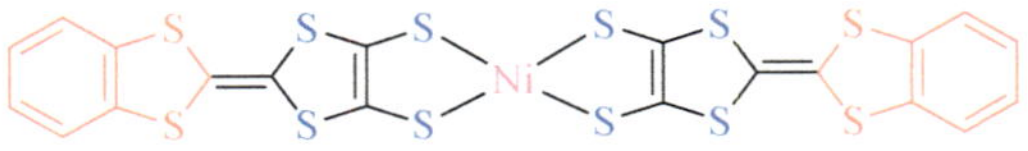

[Ni(BTDT)$_2$]

图 9-77　典型含多硫代配体的导电配合物

3. 玻璃态配合物导体

如上所述，好的配合物导体通常都需要通过掺杂优化其电子结构，并通过结晶优化其几何结构。然而，对掺杂和结晶性的要求会造成对成分和稳定性的限制。因此，非掺杂无定形配位导体将是目前人们研究追求的目标。以 $[TTFtt(SnBu_2)_2][BAr^F_4]_2$（其中，$BAr^F_4$ 为四 [3,5-二(三氟甲基)苯基]硼）为原料制备了配位聚合物 NiTTFtt［图 9-78（a）］。该配位聚合物为无定形玻璃态。但是，将 NiTTFtt 压片进行导电性测试，发现其表现出优异的导电性，电导率竟然高达 1200 S/cm，表现出非掺杂玻璃态金属性。尽管 NiTTFtt 是无定形玻璃态，但是根据实验数据建立了其分子堆叠结构模型［图 9-78（b）］。配位聚合物 NiTTFtt 分子片段具有很好的一维平面结构，表现出半金属特性。然而，平面分子片段通过 π-π 相互作用堆叠形成二维片状结构能够表现出金属性，且其中的分子片段堆叠行为对结构无序不敏感。二维无序片状结构堆叠形成无序的三维堆叠体并出现金属能带结构。因此，NiTTFtt 具有高导电性原因如下：①其分子链能够产生无限延伸的 π 共轭体系使得带隙几乎为零；②对结构无序性不敏感的分子链间的电子轨道的有效重叠。配位聚合物 NiTTFtt 分子片段间的相互作用对结构无序的非敏感性可用安德森局域化理论来解释：即使存在结构无序，一定的带宽能在费米能级附近产生离域的金属态。虽然具体的导电机理还有待深入研究，但是结构无序性和金属性并存无疑代表着一类新颖的热及空气稳定的高导电性。这些结果表明，利用分子单元间强电子轨道重叠产生的电子高度离域，即使在无定形材料中也可能实现金属特性。这为高电导率配合物导电分子的设计合成提供了非常有价值的信息。

(a)

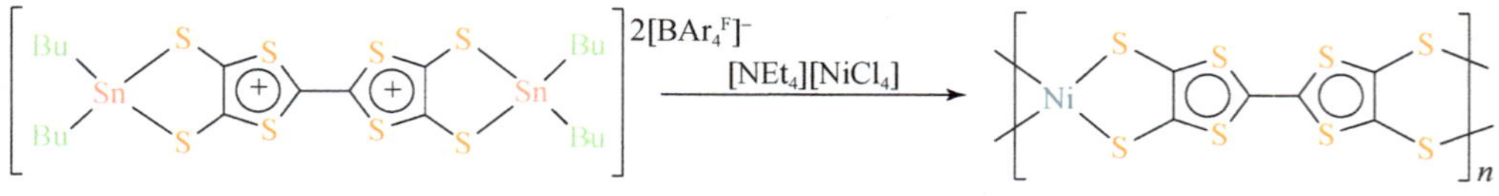

$[TTFtt(SnBu_2)_2][BAr^F_4]_2$

$\xrightarrow{[NEt_4][NiCl_4]}$

NiTTFtt

(b)

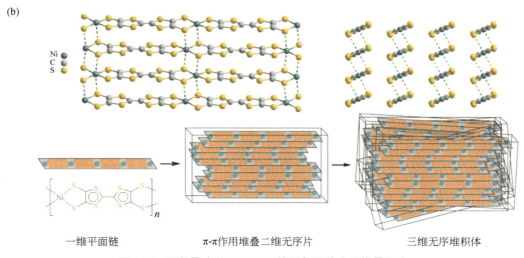

一维平面链　　　　π-π作用堆叠二维无序片　　　　三维无序堆积体

图 9-78　配位聚合物 NiTTFtt 的制备及其分子堆叠行为

9.7　磁性配合物分子设计与应用

9.7.1　磁性的认知与发展

从原理上讲，任何物质都具有磁性，只是表现的程度不同。关于磁性最早的认知开始于先秦时代人们对磁铁矿的认识。春秋时期的《管子·地数》和战国时代的《鬼谷子》中就有了关于用磁石取针的记录。更为重要的是，我们的祖先将磁学现象进行了技术应用，在公元前 3 世纪用天然磁石制备出司南，使我国成为世界上应用磁学技术最早的国家。

1891 年，丹麦科学家奥斯特（H. C. Ørsted）发现了电流可使小磁针偏转的现象，这一发现拉开了人们深入认识磁学的大幕。1831 年，英国科学家法拉第（M. Faraday）发现了电磁感应现象，并于 1845 年提出了顺磁性和抗磁性的概念。19 世纪末，居里（P. Curie）发现磁性物体的磁性随温度升高而降低。在此基础上，1907 年，韦斯（P. Weiss）提出了分子场自发磁化假说，并推导出居里-韦斯（Cuire-Weiss）定律。1928 年，海森堡（W. Heisenberg）提出了铁磁体的自发磁化源于量子力学中交换的理论模型，开启了现代磁性研究的新篇章。1975 年，朱利尔（M. Julliere）在 Co/Ge/Fe 磁性隧道结中观察到了隧道磁电阻效应。1988 年，法国科学家弗尔（A. Fert）和德国科学家格林贝格（P. A. Grünberg）分别独立发现了微弱的磁场变化可以导致电阻显著变化的巨磁阻效应。巨磁阻效应的基础研究是快速转化为商业应用的国际典范，很多电子产品，包括电脑、数码相机及 MP3 播放器都离不开巨磁阻效应。隧道磁电阻效应和巨磁阻效应的发现导致了凝聚态物理学中新的学科分支——磁电子学的产生。由此可见，磁性材料为人类社会的发展带来了巨大影响。

随着配位化学的发展，配合物的磁性得到越来越多的科研工作者的重视，成为磁学研究的重要组成部分。与金属氧化物和金属合金等传统的磁性材料相比，配合物磁性材料具有如下优势：合成温度低，易于制备；磁性能容易通过配体选择与修饰来调控；通过引入功能配体或金属离子容易实现磁性和其他物理特性的融合，得到多功能磁性材料。由于配体的种类繁多、金属离子的配位几何构型多样，各种新型磁性配合物和新的磁学现象不断涌现。这一局面使得磁性配合物应用领域得到了迅猛发展，并在信息存储、分子器件、生物医药等领域展现出了重要的潜力。

9.7.2 磁性的基本概念

在磁场中，物质的磁化强度 M 与外加均匀磁场强度 H 的关系如下：

$$\frac{\partial M}{\partial H} = \chi \tag{9-2}$$

式中，χ 为摩尔磁化率。当磁场强度足够弱时，χ 不依赖外加磁场，则上式可写为

$$M = \chi H \tag{9-3}$$

需要说明的是，磁性研究中人们仍倾向使用高斯单位制，而不是国际单位制。磁化率是无量纲的数值，体积磁化率通常表示为 eum/cm^3，摩尔磁化率则表示为 eum/mol。

有些磁性物质即使在没有外加磁场时也能够自发产生磁化强度，称为自发磁化强度（Spontaneous Magnetization，M_s）。自发磁化强度 M_s 在许多材料中都存在，比如铁、镍、钴等金属以及铁氧体等氧化物。这些材料都是磁性材料，其磁性来源于自发磁化强度。

自发磁化强度 M_s 是由物质内部的自旋排列产生的。在没有外加磁场时，这些自旋会自发地排列成一定的方向，导致物质产生磁化强度。自发磁化强度受到许多因素的影响，其中最重要的因素是温度。随着温度的升高，物质内部的热运动会破坏自旋排列，导致自发磁化强度减小。此外，材料的晶体结构、化学成分、缺陷等也会对自发磁化强度产生影响。

如前所述，物质的自发磁化强度 M_s 随温度升高而降低。当磁性材料的自发磁化强度 M_s 降到零时的温度，称为居里温度 T_c，也叫居里点或磁性转变点。温度 T_c 是铁磁性或亚铁磁性物质转变成顺磁性物质的临界点。温度低于居里点温度 T_c 时该物质成为铁磁体，此时和材料有关的磁场很难改变；当温度高于居里点时，该物质成为顺磁体，磁体的磁场很容易随周围磁场的改变而改变。居里温度 T_c 由物质的化学成分和晶体结构决定。

根据上述磁性材料的特性可以得出：顺磁性物质的磁化率 χ_p 与温度 T 成反比，被称为居里定律：

$$\chi_p = \frac{C}{T} \tag{9-4}$$

式中，C 为居里常数，通过 χ_p^{-1} 和 T 的关系曲线可以得出居里常数 C。需要注意的是，居里定律仅适用于磁性粒子间没有磁相互作用的自由粒子。

当磁性粒子间存在相互作用时，χ_p 与温度关系将偏离居里定律，在较高的温度区间服从居里-韦斯定律：

$$\chi_p = \frac{C}{T - \theta} \tag{9-5}$$

式中，θ 为韦斯常数，具有温度单位。需要注意的是，不要将 θ 的物理意义和温度等同。当 θ 为负值时，表示磁性粒子之间的磁相互作用为反铁磁耦合；当 θ 为正值时，磁相互作

用为铁磁耦合。

铁磁体材料在自发磁化的过程中为降低静磁能而产生分化的方向各异的小型磁化区域，称为磁畴（Magnetic Domain）。每个磁畴内部包含大量原子，这些原子的磁矩都像一个个小磁铁那样整齐排列，但相邻的不同磁畴之间原子磁矩排列的方向不同，概述如图 9-79

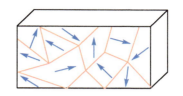

图 9-79　磁性材料中磁畴及磁畴磁矩取向示意图

所示。各个磁畴之间的交界面称为磁畴壁。宏观物体一般总是具有很多磁畴，其磁矩方向各不相同，结果相互抵消，矢量和为零，整个物体的磁矩为零。也就是说磁性材料在正常情况下并不对外显示磁性。只有当磁性材料被磁化以后，它才能对外显示出磁性。

9.7.3　磁性的分类

介绍完磁性的一些基本概念和公式后，下面对磁性进行分类。根据磁性的特点，其主要可分为抗磁性、顺磁性、铁磁性、反铁磁性及亚铁磁性这五种典型磁性种类，除此之外，还有散磁性、变磁性、混磁性、自旋玻璃及自旋波等磁性类别。本小节中将主要介绍典型磁性种类。

1. 抗磁性

物质在外加磁场中诱导出与外加磁场方向相反的磁化强度，这一磁学现象称为抗磁性。抗磁性是所有物质的根本属性之一，是由于电子在轨道中的拉莫尔回旋运动时与外磁场相互作用产生的（表 9-1）。根据经典的电磁学理论，外磁场穿过电子轨道时引起的电磁感应使轨道中的电子加速。根据楞次定律，轨道电子加速引起的磁通量总是与外磁场变化相反，因此抗磁磁化率为负值，并且绝对值很小，一般在 $10^{-3} \sim 10^{-6}$ 的范围内，且与场强和温度无关。

2. 顺磁性

所有物质都具有抗磁性，但是顺磁性只出现在具有未成对电子的物质中。在顺磁性物质中，磁性原子或离子距离较远，它们之间没有明显的磁相互作用。在没有外加磁场时，热运动造成原子磁矩无规则杂乱取向，对外不显示磁性。外加磁场时，原子磁矩则按照外场方向取向，于是在外场方向产生了数值为正的顺磁磁化率，其大小通常与外场无关，而与温度有关。描述这两种之间关系的公式为上述的居里定律。当磁性原子或离子间有磁相互作用时，温度与磁化率间的关系服从居里-韦斯定律。反铁磁性物质的磁化率 χ 为正值，在 $10^{-3} \sim 10^{-5}$ 的范围内，属于弱磁性物质。

3. 铁磁性

铁磁性物质与顺磁性物质有明显不同，在很小的外场作用下即可被磁化达到饱和。邻近原子的磁矩由于耦合作用自发磁化而在同一个方向上平行排列（表 9-1）。即使没有外加磁场，铁磁性物质内部也有很多磁矩整齐排列的微小区域，被称为磁畴。由于热运动的扰动，磁畴的磁矩取向杂乱无章，在未被磁化前不显示磁性，加入外场后各磁畴的磁化方向趋于一致，从而表现出宏观磁性。

表 9-1　各种典型磁性特点

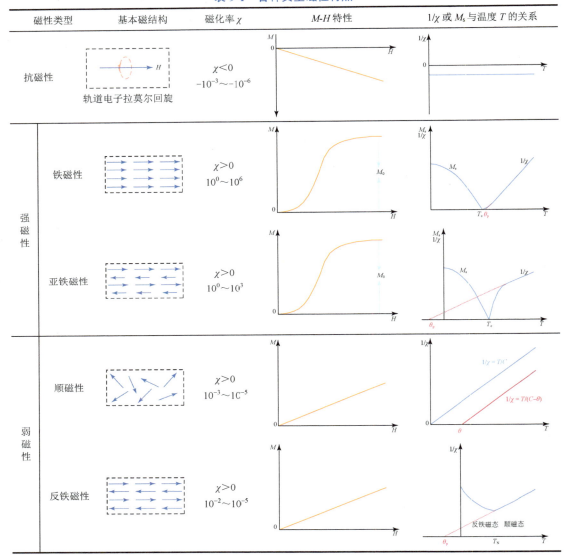

磁性类型	基本磁结构	磁化率 χ	M-H 特性	$1/\chi$ 或 M_s 与温度 T 的关系
抗磁性	轨道电子拉莫尔回旋	$\chi < 0$ $-10^{-3} \sim -10^{-6}$		
强磁性　铁磁性		$\chi > 0$ $10^0 \sim 10^6$		
亚铁磁性		$\chi > 0$ $10^0 \sim 10^3$		
弱磁性　顺磁性		$\chi > 0$ $10^{-3} \sim 1C^{-5}$		
反铁磁性		$\chi > 0$ $10^{-2} \sim 10^{-5}$		

铁磁性物质的磁化率 χ 为正值，在 $10^0 \sim 10^6$ 的范围内，属强磁性物质。当温度较低时，物质自发磁化，产生自发磁化率 M_S，表现出铁磁性。随着温度上升，自发磁化强度 M_S 减小，至居里温度（T_c）时变为零；温度继续上升，当 $T > T_c$ 时呈现顺磁性，物质内部只出现短程的铁磁相互作用，满足居里-韦斯定律。显然，T_c 是铁磁性物质由铁磁性转变为顺磁

性的临界温度。

铁磁性材料属于强磁性材料,对外场响应明显,其典型的磁化曲线和磁滞回线如图 9-80 所示。起初,其磁化强度 M 随外场强度 H 增加而明显增加,随后逐渐趋于饱和,对应的磁化强度称为饱和磁化强度 M_s。从饱和磁化强度 M_s 开始,逐渐降低外场强度 H,M 也随之减小,但不再沿曲线返回。当外场强度为 0 时,仍能保持一定的磁化强度,称为剩余磁化强度 M_r。再沿相反的方向增加外场,M 继续下降。与 $M=0$ 对应的外场强度称为内禀矫顽力 H_c。进一步增大反向外场,M 在反方向上达到饱和。从反向磁化状态开始增大外场,M 的变化与上述过程相对称再回到正的最大值,形成一条回线,称为磁滞回线。

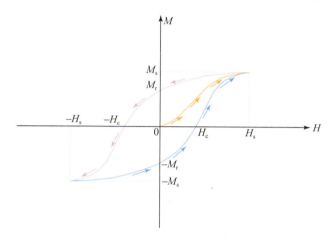

图 9-80　铁磁性材料的磁滞回线

4. 反铁磁性

反铁磁性与铁磁性均属于磁有序态。然而,反铁磁性与铁磁性不同的是磁矩在空间呈现反平行排列且大小相等,因而相互抵消。所以,反铁磁性宏观自发磁化强度为零。在外加磁场中能出现与外场方向相同的微弱磁矩。反铁磁性物质的磁化率 χ 为较小正值,在 $10^{-2} \sim 10^{-5}$ 的范围内,属于弱磁性物质。

反铁磁性物质可以看作是由在亚晶格内自旋磁矩平行排列而亚晶格间自旋磁矩反平行排列的两种相互渗透的亚晶格组成。反铁磁性物质存在一个从高温顺磁性到低温反铁磁性转变的临界温度,称为奈尔(Néel)温度 T_N(表 9-1)。在 T_N 温度以上,物质表现出顺磁性;在 T_N 温度以下,磁矩自发反平行排列,物质表现出反铁磁性,磁化率 χ 随着温度降低反而减小,在 T_N 温度时的磁化率 χ 最大。

5. 亚铁磁性

亚铁磁性虽然与反铁磁性相似,都存在两种亚晶格自旋磁矩反平行的情况。但是,两种自旋磁矩大小不同或磁矩相反的粒子数目不同,从而不能相互抵消保留一个小的永久磁矩,存在自发磁化,称为亚铁磁性。从微观磁相互作用的角度来看,亚铁磁性与反铁磁性在本质上都是自旋磁矩反平行排列,只是磁矩的大小不同;从宏观磁性的角度来看,亚铁磁性与铁磁性类似，都有自发磁化。亚铁磁性物质的磁化率 χ 为较大正值，在 $10^0 \sim 10^3$ 的范围内，为强磁性物质。

除了上述五种典型的磁性种类外，在非晶态稀土合金中存在着散铁磁、散反铁磁及散亚铁磁性结构以及变磁性、混磁性、自旋玻璃等磁结构。

如图 9-81 所示，散反铁磁性是从一个磁畴看，冻结的原子磁矩空间的散乱分布，而净合磁矩形成自发磁化强度为零的磁结构。它与顺磁性不同，其原子磁矩的空间分布不随时间变化。比如，非晶 TbAg 合金就能表现出散反铁磁性 [图 9-81（a）]；散铁磁性是从一个磁畴看，冻结的原子磁矩空间的散乱分布，其中某些方向较多，净合磁矩形成自发磁化强度不为零的磁结构。比如，非晶 NdFe 合金能表现出散铁磁性 [图 9-81（b）]；散亚铁磁性是从一个磁畴看，由两组散铁磁性网络形成的磁结构。比如，非晶 DyFe 合金能表现出散亚铁磁性 [图 9-81（c）]。

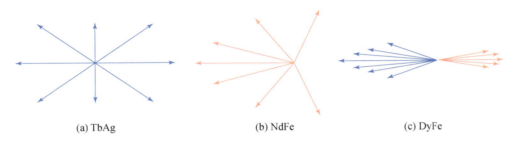

(a) TbAg   (b) NdFe   (c) DyFe

图 9-81 散反铁磁性、散铁磁性及散亚铁磁性的磁矩分布情况

此外，磁性物质由于磁场或温度变化引起磁结构改变，称为变磁性；较多的原子磁矩冻结的磁性原子团无规则地分布在非磁性原子基体中呈现的磁结构，称混磁性；少数原子磁矩冻结的磁性原子团无规则地分布在非磁性原子基体中，则形成自旋玻璃；自旋波是在磁有序结构材料中自旋（原子磁矩）系统的集体运动模式。由于自旋间具有交换作用和磁偶极作用等相互作用，当它们受到热骚动和其他扰动时，各磁矩对原平衡位置的偏离以不同的振幅和相位运动，形成自旋系统的一系列频率和波长的波动，称为自旋波。

9.7.4 磁性配合物研究前沿

目前，磁性配合物是一个非常庞大的家族，很难一一详细介绍。限于篇幅，本小节仅就分子基磁性配合物前沿中的单分子磁体、单链磁体及具有磁热效应的配位磁体进行简要介绍。

1. 单分子磁体

单分子磁体（Single-Molecule Magnet，SMM）的系统研究始于 1993 年赛索利（R. Sessoli）和加泰斯基（D. Gatteschi）首次发现了 $[Mn_{12}O_{12}(OAc)_{16}(H_2O)_4] \cdot 2HOAc \cdot 4H_2O$（$[Mn_{12}]$）的异常单分子磁弛豫（Magnetic Relaxation）效应。单分子磁体因其在高密度存储、量子计算机和自旋电子学等方面的重要应用潜力而备受关注。

　　单分子磁体表现顺磁性，可以被外加磁场磁化。与金属或金属氧化物等长程有序的磁性物质不同，单分子磁体的磁性只来源于单个分子本身，分子单元间没有明显的磁相互作用。由于单分子磁体的分子尺寸大小一定而不是具有一定的尺寸分布，因此是真正意义上的纳米分子基磁体。单分子磁体具有制备简单、容易纯化、易化学修饰、易溶液加工等优点，已经成为非常重要的一类磁性配合物。

　　由于其顺磁性，单分子磁体在没外加磁场时（$H=0$），分子磁矩取向杂乱无章[图 9-82（a）]，不表现磁性；施加一个外部磁场后（$H≠0$），分子磁矩沿外加磁场方向排列，分子表现出磁性 [图 9-82（b）]；撤掉外部磁场后，在低温下分子磁矩发生翻转需要克服一个较大的能垒 U_{eff} [图 9-82（c）]，使得磁矩重新取向的速度非常缓慢，称为磁滞现象，即在零场下的磁化作用可以保持。由于能垒 U_{eff} 远小于热振动能量，所以升高温度，磁矩取向很快变得混乱，分子很快变成顺磁态。显然，当温度降低到某个温度时，热激发的能量无法克服该能垒，这时磁矩就会被冻结在某个方向上，磁矩翻转很慢，该温度称为阻塞温度（Blocking Temperature，T_B）。处于 T_B 温度时，单分子磁体的磁化强度矢量变化存在慢磁弛豫现象。

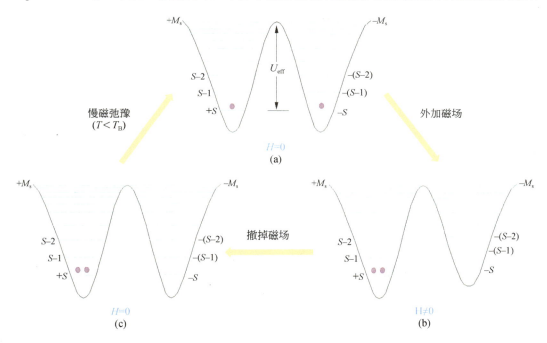

图 9-82　单分子磁体的双阱势能图和磁弛豫模式示意图

　　对于阻塞温度 T_B，目前主要有三种定义：①场冷（Field Cooled，FC）-零场冷（Zero Field Cooled，ZFC）测试中零场冷的峰值温度，具有场与扫速依赖性，也有些研究团队使用场冷–零场冷的分岔温度，但是场冷–零场冷的分岔温度通常要稍高于零场冷的峰值温度；②磁滞回线的开口温度（T_H），扫速越快，开口温度越高；③弛豫时间 $\tau=100$ s 时所对应的温度，这一标准通常用于高性能单分子磁体。对高性能单分子磁体可通过直接测试而得到，但绝大多数单分子磁体在仪器可检测范围内无法测得 $\tau=100$ s 时的温度，则通过外推法得到。尽管三种定义方法都有各自的局限性，但都可以作为评判单分子磁体性能的依据。

对于慢磁弛豫过程的理论研究可追溯到 1960 年。在没有外加磁场时，磁弛豫速率 τ 可由式（9-6）表示：

$$\tau^{-1} = \tau_0^{-1}\exp\left(-\frac{U_{\text{eff}}}{T}\right) + CT^n + \tau_{\text{QTM}}^{-1} \tag{9-6}$$

式中，第一项为奥巴赫（Orbach）过程的贡献，是由基态到激发态的跃迁并返回基态导致的双声子弛豫过程；第二项为拉曼（Raman）过程的贡献，也是一个双声子弛豫，但其从基态出发吸收声子到达一个虚拟态（没有对应的磁能级）后返回基态；第三项为量子隧穿（Quantum Tunneling）过程的贡献，是基态双稳态之间的直接转变，不涉及能量变化，因此也是不随温度变化的弛豫过程。基于上式，在一定温度下，抑制慢磁弛豫过程要提高有效能垒 U_{eff}，抑制拉曼过程和量子隧穿。因此，衡量单分子磁体性能的关键指标为有效能垒 U_{eff} 和阻塞温度 T_{B}。

在设计配合物单分子磁体时，需要考虑以下几点：首先，具有较大的基态自旋 S_{T}；其次，具有明显的负各向异性 D（Negative Anisotropy），来保证最大的自旋态能量最低，从图 9-82 可以看出，只有最大自旋态能量最低，慢磁弛豫过程的有效能垒 U_{eff} 才越大。常用的过渡金属离子有 Mn^{3+}、Fe^{3+}、Fe^{2+} 及 V^{3+} 等。有效能垒与 D 和 S_{T} 的关系如下：

$$U_{\text{eff}} = -DS_{\text{T}}^2 \quad (S_{\text{T}} = \text{整数}) \quad \text{或} \quad U_{\text{eff}} = -D(S_{\text{T}}^2 - 1/4) \quad (S_{\text{T}} = \text{半整数})$$

自从配合物[Mn$_{12}$]（图 9-83）的磁性行为被发现以后，关于配合物单分子磁体的研究迅速展开。赫里斯图（Christou）等系统地研究了 Mn$_{12}$ 家族的系列配合物[Mn$_{12}$O$_{12}$(O$_2$CR)$_{16}$(H$_2$O)$_4$]（R=Me，Et，···）。该家族配合物的结构特征是具有不同数目和价态的两种金属中心 Mn$_8^{3+}$Mn$_4^{4+}$。中心的 4 个 Mn^{4+} 形成[Mn$_4^{4+}$O$_4$]立方烷结构，外围的 8 个 Mn^{3+} 通过形成面桥基 μ_3-O^{2-} 与中心的 Mn^{4+} 连接（图 9-83）。两种锰中心间存在明显的反铁磁耦合作用，其自旋拓扑结构为外围 8 个 Mn^{3+} 自旋取向与中心 4 个 Mn^{4+} 取向相反，因此[Mn$_{12}$]的基态自旋 $S_{\text{T}} = 8S_{\text{Mn}}^{4+} - 4S_{\text{Mn}}^{3+}$ $=8\times2-4\times(3/2)=10$。[Mn$_{12}$]中每个 Mn^{3+} 的拉长姜-泰勒轴取向一致，整个分子表现出易磁化轴各向异性，零场分裂参数 D 为-0.5 cm^{-1}，因此预测有效能垒 U_{eff} 为 71.9 K，实测约为 63.3 K。随着研究的不断深入，人们逐渐发现对各向异性的控制比提高基态自旋比对提升配合物单分子磁体性能更为重要。因此，旨在优化 D 值的离子型过渡金属单分子磁体，即单离子磁体（Single-Ion Magnet，SIM）开始得到关注。比如，基态自旋 S_{T} 仅为 3/2 的线型 Fe$^+$ 配合物[K(2.2.2-cryptand)][Fe{C(SiMe$_3$)$_3$}$_2$]的 U_{eff} 可达 325 K，T_{B} 温度为 4.5 K。

除了过渡金属配合物单分子磁体外，稀土金属配合物也是另外一大类高性能单分子磁体。2003 年制备得到的第一例 Tb 酞菁夹心配合物单分子磁体 TBA[TbPc$_2$]，其中，TBA$^+$=N(C$_4$H$_9$)$_4^+$，Pc 为酞菁二负离子，其结构如图 9-84 所示。该稀土配离子四方反棱柱构型的各向异性能垒可达 373.9 K。因此，磁各向异性较大的稀土配合物单分子磁体迅速成为第二大类单分子磁体。

与过渡金属相比，镧系金属在单分子磁体设计合成上具有得天独厚的优势。原因是在没有磁场的情况下，镧系元素比过渡金属更容易实现能级分裂。在稀土配合物单分子磁体中，Dy^{3+} 配合物的性能尤为突出。比如，2018 年报道的一例环戊二烯基 Dy^{3+} 单离子磁体 [(η^5-Cp*)Dy(η^5-Cp^{i}Pr$_5$)][B(C$_6$F$_5$)$_4$]，如图 9-85 所示。该配合能够表现出优异的单分子磁性，磁滞温度可达 80 K，首次突破液氮温度，有效能垒 U_{eff} 可达 2217 K。

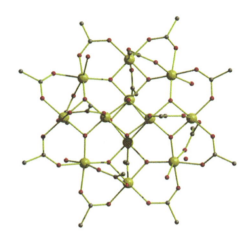

图 9-83　配合物[Mn₁₂]的分子结构

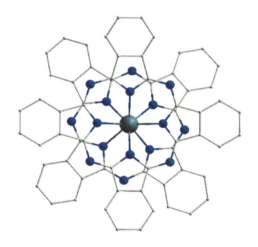

图 9-84　配合物[TbPc₂]⁻离子的晶体结构

为了增加 Dy^{3+} 单离子磁体的磁各向异性，郑彦臻教授研究团队合成了一个具有五角双锥构型的 Dy^{3+} 配合物（图 9-86）。通过在赤道方向引入 5 个吡啶（Py）弱给体，轴向引入两个叔丁氧基配体，利用配体的电子特性和空间分布的新策略有效提升了配合物的磁各向异性，U_{eff} 可达 1815 K，T_B 温度为 14 K。

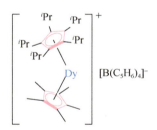

图 9-85　稀土配合物$[(\eta^5\text{-}Cp^*)Dy(\eta^5\text{-}Cp^iPr_5)]$
$[B(C_6F_5)_4]$的分子结构

图 9-86　稀土配合物$[Dy(OtBu)_2(py)_5]^+$
的分子结构

提升配合物单分子磁体的慢磁弛豫性能不仅要通过提高有效能垒 U_{eff} 抑制奥巴赫过程，而且在低温下能够快速发生的拉曼过程及量子隧穿也更需要有效抑制。尤其是如何通过分子化学工程来抑制拉曼过程，仍是一个待解决的问题。最近，郑彦臻教授研究团队在对五角双锥构型的 Dy^{3+} 配合物的轴向配体中引入键能更大的 C—F 键（485 kJ/mol）代替 C—H 键（414 kJ/mol），得到三个 Dy^{3+} 配合物（图 9-87）。从化合物 Dy1 到 Dy3，它们的有效能垒 U_{eff} 基本相同，但是 T_B 温度为分别为：Dy1 为 23 K、Dy2 为 20 K 及 Dy3 为 17 K。很明显，随着配合物分子中 C—F 数目增加，T_B 也逐渐增加。由于 U_{eff} 基本相同，所以这一变化趋势主要是 C—F 键的引入抑制了拉曼过程。这一研究结果为从分子化学工程角度抑制配合物单分子磁体中的拉曼过程提供了重要信息。

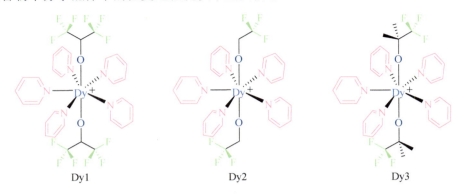

Dy1   Dy2   Dy3

图 9-87   稀土配合物[Dy(O^{t}Bu)$_2$(py)$_5$]$^+$的分子结构

此外，研究表明：即使是很弱的分子间磁交换作用，也能有效抑制量子隧穿效应，提升单分子磁体性能。对于稀土配合物来说，虽然中心的 4f 电子受到外层电子的屏蔽，使金属离子间的磁交换相对较弱，但是这种作用对其单分子磁体性能依然有显著影响。如图 9-88 所示，以 N$_2^{3-}$ 为桥连配体的 Tb^{3+}双核配合物[{[(Me$_3$Si)$_2$N]$_2$(THF)Tb}$_2$(μ-η^2：η^2-N$_2$)]$^-$中，稀土中心有着很强的磁交换作用，有效抑制了量子隧穿效应。因此，该双核稀土配合物单分子磁体的有效能垒 U_{eff} 为 326.7 K。

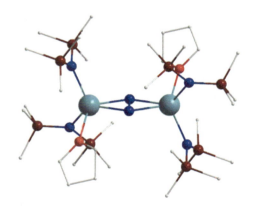

图 9-88   Tb^{3+}双核配合物[{[(Me$_3$Si)$_2$N]$_2$(THF)Tb}$_2$(μ-η^2：η^2-N$_2$)]$^-$的单晶结构

2. 单链磁体

单链磁体（Single Chain Magnet，SCM）是指具有缓慢磁化强度弛豫行为的一维伊辛（Ising）链。单链磁体形成的必备条件如下：①磁链必须是一维伊辛铁磁或亚铁磁链，即自旋载体必须具有单轴各向异性，且有净磁化值；②链内和链间的磁耦合作用的比例一定要很大，即磁链必须尽可能孤立，避免三维有序。

早在 1963 年格劳伯（Glauber）就从理论上预言了一维伊辛链在低温下的慢磁弛豫行为。直到 2001 年，加泰什（Gatteschi）从实验上证实了格劳伯的预言，得到了一维链状化合物[Co(hfac)$_2$](NITPhOMe)（hfac=六氟乙酰丙酮，NITPhOMe=4′-甲氧基-4,4,5,5-四甲基咪唑-1-羧基-3-氧化物），并将其定义为单链磁体。目前，设计合成单链磁体仍是一项具有挑战性的工作。关于单链磁体的文献报道数目不多，但是种类繁多结构迥异。设计单链磁体时需要注意以下三点：首先，选择轴向磁各向异性强的自旋载体，比如 Co^{2+}、Ni^{2+}、Fe^{2+}、Mn^{3+}等过渡金属离子及三价镧系稀土离子等；其次，选择合适的桥连配体从而形成具有较大磁耦合作用的铁磁链、亚铁磁链及自旋倾斜链等；最后，选择合适的抗磁性分子将磁链分隔从而避免三维有序。可利用大尺寸配体或抗衡离子来减小磁链间的相互作用，也可以采用长的间隔配体将磁链嵌入二维或三维聚合结构中。

按照单链磁体分子链上自旋载体的自旋结构特征，可将单链磁体分为铁磁链、亚铁磁链及自旋倾斜链（图 9-89）。

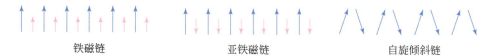

铁磁链　　　　　　　　亚铁磁链　　　　　　　自旋倾斜链

图 9-89　单链磁体分子链上的自旋结构

与单分子磁体相似，单链磁体在低温下的慢磁弛豫过程也非常缓慢并伴随磁滞现象。因此，可用于高密度信息存储领域。

1）铁磁性单链磁体

在设计磁性材料时，人们都希望磁性单元的自旋平行，这样能够带来大的基态自旋，从而得到更好的磁学性能。但是，由于自旋平行会带来大的偶极-偶极作用能，使得这类体系并不常见。在单链磁体领域，实现铁磁性单链磁体成为首选，原因是基态自旋越大，磁阻塞温度 T_B 高。实现铁磁性单链磁体的策略之一是利用卡恩理论（Kahn's Theory）将自旋载体的磁轨道相互正交排列，促进它们之间的铁磁相互作用。但是，在实际的单分子磁链中，很难将自旋载体的自旋取向及大小控制得完全一致。目前报道的铁磁性单链磁体中的自旋取向排列方式主要有以下五种（图 9-90）。

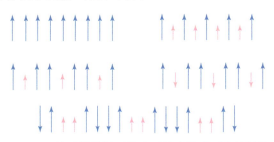

图 9-90　铁磁性单链磁体分子链上的典型自旋结构

高松教授研究团队报道了首例同自旋（Homospin）铁磁性 Co^{2+}配合物单链磁体，其自旋载体为 Co(bt)(N$_3$)$_2$（bt=2,2′-二噻唑）。该分子中，Co^{2+}中心通过两个叠氮配体桥连形成一维结构，其中有三种独立的八面体 Co^{2+}配位单元形成一维螺旋链。在八面体配体环境中，Co^{2+}的有效自旋 S=1/2，在低温下磁各向异性较大。分子中的叠氮配体能够有效传递分子链上金属中心间的铁磁相互作用；尺寸较大的 2,2′-二噻唑配体起到隔离磁链的作用。这样就能够满足实现慢磁弛豫的条件。实验证实，该分子具有一维伊辛链的磁各向异性特征并在 1.85 K 时观察到了慢磁弛豫行为。同时发现，分子链间的 Co^{2+} 中心之间有明显的相互作用，这会引起链间的磁相互作用。为了解决这一问题，他们将尺寸更大的配体 1,2-双[4-(N-氧化吡啶基)]乙烷（bpeado），制备了一维单链磁体 $\{[Co(N_3)_2(H_2O)_2] \cdot (bpeado)\}_n$（图 9-91）。与前面含有 2,2′-二噻唑配体的单链磁体相比，链中 Co^{2+} 中心之间的连接方式相同，但是分子链的结构不同。$\{[Co(N_3)_2(H_2O)_2] \cdot (bpeado)\}_n$ 只有一种 Co^{2+} 配位中心，并以完美的直线排列（图 9-91）。这非常有利于链上所有 Co^{2+} 中心的易磁化轴指向同一方向，从而有效抑制磁各向异性的降低。实验表明，大尺寸配体的引入有效分隔了磁链（图 9-91），显著降低了磁链间的相互作用；同时，链内的铁磁相互作用增强。因此，$\{[Co(N_3)_2(H_2O)_2] \cdot (bpeado)\}_n$ 能够表现出优异的单链磁体性能。

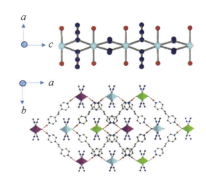

图 9-91　铁磁性单链磁体 $\{[Co(N_3)_2(H_2O)_2] \cdot (bpeado)\}_n$ 的晶体结构

2）亚铁磁性单链磁体

与铁磁性相比，亚铁性的自旋结构要更加稳定，因此也可以用来构筑单链磁体。这是由于两种自旋态虽然排列方向不同，但是能够产生方向一致的净自旋，从而满足产生单链磁体的条件。产生亚铁磁链一般有两种渠道：第一种是利用两种自旋大小不同反平行排列的自旋载体产生平行排列的净自旋；第二种是将铁磁性和反铁磁性相结合。目前，已经报道的亚铁磁性单链磁体的自旋结构如图 9-92 所示。

图 9-92　亚铁磁性单链磁体的典型自旋结构

首个单链磁体 $Co(hfac)_2(NITPhOMe)$ 就表现出亚铁磁性，具有慢磁弛豫行为。此外，以 CN^- 为反铁磁传递基团，制备了具有亚铁磁性单链磁体 $[W(CN)_6(bpy)][Mn(L)] \cdot H_2O$（L= N,N-bis(2-hydroxynaphthalene)-1-carbaldehydene-trans-diaminocyclohexane）（图 9-93）。其中，MnL^{3+} 中心通过 $W(CN)_6(bpy)^-$ 桥连形成一维链状结构。分子链上与金属中心配位的大尺寸有机配体可有效隔离分子链。直流磁性特性数据表明，该磁链能够表现出典型的亚铁磁性，为亚铁磁性单链磁体。

图 9-93　亚铁磁性单链磁体[W(CN)₆(bpy)]|Mn(L)]·H₂O 的单晶结构

3）弱铁磁性单链磁体

如果磁链上反铁磁相互作用的自旋载体的自旋方向不是互成 180° 角，从而产生无补偿的磁矩，这样就使得反铁磁链出现磁各向异性。在磁链间相互作用比较弱的情况下，这种磁链就能够成为单链磁体。实现弱铁磁自旋态的有效手段是采用非对称三原子桥连配体促进非共线磁相互作用。此外，一般来说，金属中心的对称性低于晶体空间群的对称性，且一维分子结构是通过滑移面或螺旋轴产生，这样可以产生非共线的磁各向异性轴。然而，弱铁磁单链磁体不多，其典型的自旋结构如图 9-94 所示。

图 9-94　弱铁磁性单链磁体分子链上的典型自旋结构

首个表现出弱铁磁性的单链磁体为 Co(H₂L)(H₂O)[H₄L=4-Me-C₆H₄-CH₂N-(CH₂PO₃H₂)₂]（图 9-95）。分子链上 Co²⁺ 的配位场为四方形。其中，—PO₃H 基团作为一个三齿配体与一个 Co²⁺ 中心配位，并且一个氧原子作为 μ_2-配位原子与另一个 Co²⁺ 配位，这样就形成一维锯齿状分子链。该分子链自旋倾斜特性主要源于四方形配体场产生的强单轴磁各向异性、自旋-轨道耦合、反铁磁交换及分子链的拓扑结构，最终产生无补偿的磁矩。实验和理论研究结果都表明，Co(H₂L)(H₂O) 的慢磁弛豫行为源于 Co²⁺ 的自旋沿分子链的倾斜行为。

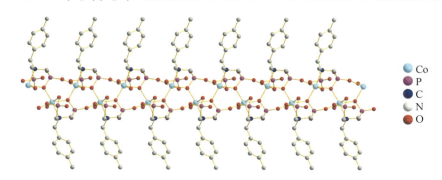

图 9-95　弱铁磁性单链磁体 Co(H₂L)(H₂O)[H₄L=4-Me-C₆H₄-CH₂N-(CPO₃H₂)₂]的单晶结构

3. 单分子磁环

单分子磁环（Single-Molecule Toroics）是一类具有"涡旋"状磁矩分布的分子，其传统磁矩之和为零，但仍具有"涡旋"状的环形磁矩。这个特征使得处于基态的单分子磁环不与均匀的外部磁场相互作用，可使其以更高的密度排布在材料表面上的同时减少所受外部磁场的扰动。因此，在磁存储和量子计算等领域具有潜在应用价值，也是新一代超高密度信息存储材料的有力候选者。单分子磁环虽然从本质上属于多核单分子磁体范畴，但因其特殊性一般单独进行分类。

报道于 2006 年的首例单分子磁环为含香草醛配体的三核 Dy^{3+} 配合物。后来，含有多 Dy^{3+} 中心的配合物单分子磁环被相继报道（图 9-96）。

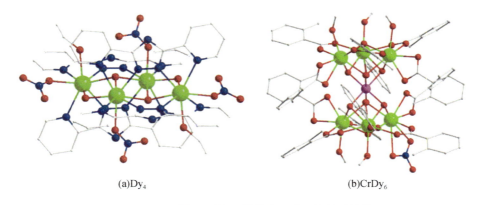

(a)Dy₄   (b)CrDy₆

图 9-96　四核及六核 Dy^{3+} 单分子磁环的单晶结构

图 9-96 中，Dy_4 的化学式为$[Dy_4(\mu_3\text{-}OH)_2(\mu\text{-}OH)_2(2,2\text{-bpt})_4(NO_3)_4(EtOH)_2]$，该化合物具有中心对称结构，四个 Dy^{3+} 离子组成了完美的共面平行四边形。每个 Dy^{3+} 离子为八配位的四方反棱柱的配位构型。交流磁化率测试表明，其具有典型的单分子磁体行为，有效能垒为 80 K，具有抗磁基态的特征。磁性测试及理论计算结果表明，配合物 Dy_4 基态呈抗磁，Dy^{3+} 离子的局部磁矩呈环形排列。另外，体系中存在较强的偶极相互作用，可进一步稳定环形磁矩；此外，3d-4f 配合物单分子磁环也有报道。配合物$[CrDy_6(OH)_8(ortho\text{-tol})_{12}(NO_3)(MeOH)_5]$·$3MeOH(CrDy_6)$中，两个 Dy_3 单元和一个 Cr^{3+} 离子通过 8 个 $\mu_3\text{-}O^{2-}$ 连接形成两个共顶点的三角锥。由于两个 Dy_3 单元间存在强的偶极相互作用，该化合物表现出增强的环形磁矩，并且在零场下展现出磁滞回线开口。

郑彦臻教授课题组采用醇胺与羧酸配体，在溶剂热条件下成功合成了一个由 16 个磁性金属离子交替排列组成的环状 3d-4f 配合物分子$[Fe_8Dy_8(mdea)_{16}(CH_3COO)_{16}]CH_3CN$·$18H_2O$（$Fe_8Dy_8$）（图 9-97）。单晶 X 射线衍射表明该分子结晶于正方晶胞内，分子中 Fe^{3+} 离子与 Dy^{3+} 离子交替排列，C_4 旋转对称轴垂直通过圆环中心，整个分子具有很高的对称性。直流磁学性质测试显示，在 Fe_8Dy_8 的 0.5 K 下的 $M\text{-}H$ 曲线中，可以观察到 0.23 T 处的 S 型变化趋势，这是单分子磁环行为的主要特征。理论计算结果表明，Fe_8Dy_8 的基态是一个四重简并的非磁性态，该基态主要由 $Fe^{3+}\text{-}Dy^{3+}$ 之间强铁磁交换且呈涡旋状排列而导致。由于强交换作用，激发态的能量远高于基态，从而可以在一定的磁场干扰下仍能保持非磁性基态的稳定性，使得该分子在作为信息储存单元时可以有效且稳定地保护信息不受外界磁场干扰。

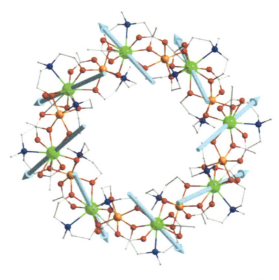

图 9-97　[Fe$_8$Dy$_8$(mdea)$_{16}$(CH$_3$COO)$_{16}$]的单晶结构

4. 磁制冷配合物

磁制冷是配位化学领域的一个热点领域。磁制冷研究始于 1881 年德国物理学家瓦尔堡（Warburg）发现磁热效应（Magnetocaloric Effect，MCE），距今已有 130 多年的历史。磁热效应是磁性材料的本质属性之一，对于分子基磁性材料而言，它们的磁有序温度一般都很低。因此，它们在低温制冷领域具有重要潜力。

磁制冷是利用磁热效应实现制冷目的，原理如下：在零磁场条件下（$H=0$），磁体内的磁矩是任意无序的，此时磁熵（S_M）最大（图 9-98）；当在等温条件下加入外磁场（$H>0$），磁体被磁化，磁矩沿外场方向有序排列，导致磁体的磁熵减小，有序度增加，向外界温散

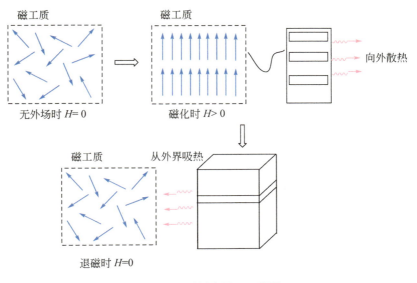

图 9-98　磁制冷原理示意图

热；若将磁场可逆绝热移走使体系退磁，磁体内的磁矩又趋于无序，绝热温度降低，进而通过热交换从环境中吸热从而达到制冷目的。

随着能源与环境问题的日益凸显，磁制冷技术有望替代蒸汽循环、压缩机循环和液氮等传统制冷方法，对其研究也得到国内外越来越多研究者的广泛关注。相较于传统制冷技术，磁制冷技术具有如下优势：首先，不需要氟利昂、氨及氢等制冷剂，避免温室效应气体排放及臭氧层的破坏，被称为绿色环保制冷技术；其次，固态磁制冷材料的熵密度远大于气体冷媒，不仅体积小，而且安全可靠；最后，磁制冷技术减少了传统制冷技术中的气体压缩循环过程，因此效率高噪声小。磁制冷效率可达卡诺循环的 60%，远高于效率小于40%的传统气体压缩制冷技术。因此，磁制冷技术是一种极具开发潜力的制冷技术。

很多配合物能够表现出磁性，且磁矩在外场中能够取向。因此，磁性配合物是一类非常具有潜力的磁制冷介质。设计高性能磁制冷配合物应具注意以下几点：①对于没有零场分裂、自旋-轨道耦合和超精细相互作用的孤立磁体来说，最大等温磁熵变$-\Delta S_M=R\ln(2S+1)$。因此，只有大的基态自旋 S，才能带来大的等温磁熵变。所以，磁制冷配合物需要具有大的基态自旋；②磁各向异性要尽量小，便于在弱场中自旋翻转，减小能耗；③激发自旋态能级要低，从而提高场依赖的磁热效应；④分子中铁磁交换占主导，从而获得较大的基态自旋 S；⑤采用小分子量配体，降低配合物分子量并提高金属/配体质量比，提高磁制冷材料的磁密度。

目前，磁制冷配合物主要分为过渡金属配合物、稀土配合物、过渡金属-稀土配合物及多维金属配合物。下面分别进行简要介绍。

1）过渡金属磁制冷配合物

由于过渡金属离子的自旋值相对较低、易发生零场分裂、金属离子之间耦合作用较强及有序温度相对较高等特点，使纯过渡金属配合物的磁热效应很难达理想数值。因此，近十年内，关于纯过渡金属配合物磁热效应的研究相对较少。但是，过渡金属分子磁制冷剂比稀土化合物更加廉价，在成本方面具有优势。此外，过渡金属离子间可能存在强铁磁耦合作用，使得它们在高温低磁场下的应用很具潜力。

Mn 配合物是研究最早的一类磁制冷配体合物。2000 年，科研人员发现[Mn$_{12}$]（图 9-83）磁热效，从此拉开了分子基磁制冷材料研究的大幕。[Mn$_{12}$]是一个含有混合价态锰离子的乙酸锰，分子外围八个 Mn^{3+} 的 $S=2$，中心有四个 Mn^{4+} 的 $S=3/2$，金属离子之间存在反铁磁耦合作用。[Mn$_{12}$]总的基态自旋 S 为 10，但是磁各向异性较大。磁热效应研究表明：当外场 $\Delta H=3$ T 时，其$-\Delta S_M$ 为 12.5 J/(kg·K)。中山大学的童明良教授团队报道了一例基态 $S=32$ 的 15 核簇合物[Na$_2$Mn$_{11}^{3+}$Mn$_4^{2+}$O$_8$(hmpH)$_{10}$(OAc)$_2$(H$_2$O)$_2$(MeO)$_{1.5}$(N$_3$)$_{2.5}$](OAc)·10H$_2$O·2MeOH（图 9-99）。当 $\Delta H=7$ T 时，其$-\Delta S_M$ 为 9.5 J/(kg·K)，说明磁热效应不高。这可能是由磁各向异性较大的 Mn^{3+} 的存在及较小的磁密度所致。

Fe 基磁制冷配合物的研究始于 2000 年，相关配合物为[Fe$_8^{3+}$O$_2$(OH)$_{12}$(tacn)$_6$]Br$_8$，其中[Fe$_8$]结构见图 9-100（a）。该配合物[Fe$_8$]中含有八个高自旋的 Fe^{3+}（$S=5/2$），八个 Fe^{3+} 通过 μ_3-O 和 μ_2-OH 连接。该分子基态自旋 $S=10$。然而，由于磁各向异性较大，其$-\Delta S_M$ 仅为 11 J/(kg·K)（外场 $\Delta H=3$ T）。为了降低磁各向异性对磁熵变的负面影响，Brechin 等利用三唑及其衍生物为配体合成了高对称性的[Fe$_{14}$]配合物[Fe$_{14}^{III}$O$_6$(bta)$_6$(OMe)$_{18}$Cl$_6$]·2MeCO$_2$H·4H$_2$O

[图 9-100（b）]。该配合物分子具有以 Fe^{3+} 为中心的高对称性六帽六方双锥构型，有效降低了体系总的磁各向异性。同时，体系拥有较大的基态自旋 $S=25$、低能自旋激发态以及长程磁有序，使其磁热效应较[Fe_8]有显著提高，当 $\Delta H=7$ T 时，其 $-\Delta S_M$ 为 17.6 J/(kg·K)。

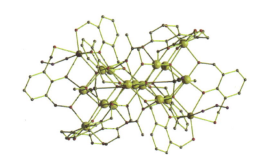

图 9-99　[Mn_{15}]的单晶结构

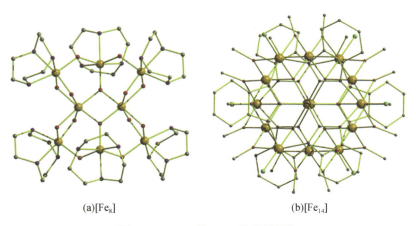

(a)[Fe_8]　　　　　　　　　　　　(b)[Fe_{14}]

图 9-100　[Fe_8]和[Fe_{14}]的单晶结构

通过对 Mn 基和 Fe 基磁制冷配合物的研究，人们发现这两类过渡金属配合物的磁各向异性较大，在低温（2～4 K）时分子自旋发生冻结，使得其磁热效应很难被观测到，从而限制了它们的应用。针对这一问题，2004 年阿方特（Affronte）等对一个具有反铁磁耦合作用的环形 Cr^{3+} 配合物[{Me_2NH_2}{$Cr_7^{3+}Cd^{2+}F_8(O_2CCMe_3)_{16}$}]（[$Cr_7Cd$]，图 9-101）的磁热效应进行了研究。该分子包含七个 Cr^{3+}（$S=3/2$）和一个反铁磁的 Cd^{2+}，它们通过氟离子和三甲基乙酸根连接。该配合物利用分子平面的磁各向异性来阻止单分子磁体中磁化弛豫的发生，同时抑制磁化和退磁这一过程的过快发生，有助于提升制冷效果。虽然该簇合物当外场 $\Delta H=7$ T 时，其 $-\Delta S_M$ 较低，仅为 5.1 J/(kg·K)，但是说明了一个事实：一个好的分子基制冷剂需要具有高自旋值和磁各向同性。

2）稀土磁制冷配合物

最早研究的稀土低温磁制冷材料的是顺磁金属盐 $Gd_2(SO_4)_3\cdot 8H_2O$。最近，研究人员才将注意力转移到稀土配合物。性能较好的稀土磁制冷配合物主要集中于 Gd 配合物。埃万杰利斯蒂（Evangelisti）等对双核乙酸钆[{$Gd^{3+}(OAc)_3(H_2O)_2$}$_2$]·$4H_2O$（[Gd_2]，图 9-102）

的磁热效应进行了研究。[Gd₂]利用分子量较小的乙酸根为配体来提高体系的磁密度，同时双核 Gd^{3+} 之间存在铁磁相互作用，使 $-\Delta S_M$ 显著提高。在外场 $\Delta H=1$ T 时，$-\Delta S_M$ 为 27.0 J/(kg·K)；$\Delta H=7$ T 时，$-\Delta S_M$ 为 40.6 J/(kg·K)。中山大学的童明良教授团队制备了具有更小配体的 Gd 配合物 Gd（OH）CO_3 和 GdF_3，$-\Delta S_M$ 分别高达 66.4 J/(kg·K)和 71.6 J/(kg·K)。

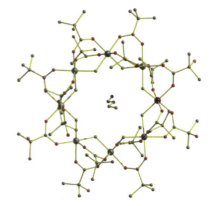

图 9-101　配合物[Cr₇Cd]的单晶结构

图 9-102　配合物[Gd₂]的单晶结构

此外，多核 Gd 磁制冷配合物也不断涌现。南开大学的卜显和教授课题组报道了基于 3-噻吩甲酸的十核 Gd 配合物$[Gd_{10}^{3+}(3\text{-}TCA)_{22}(\mu_3\text{-}OH)_8(H_2O)_4]$（[Gd₁₀]，图 9-103）。该配合物内 Gd^{3+} 间存在弱反铁磁相互作用，在温度 2.0 K，外场 $\Delta H=7$ T 时，最大磁熵变 $-\Delta S_M$

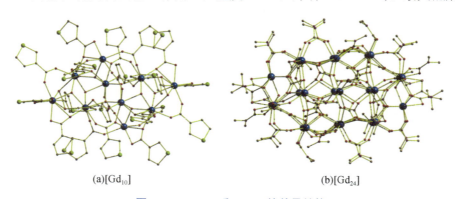

(a)[Gd₁₀]　　　　　　　　　　(b)[Gd₂₄]

图 9-103　[Gd₁₀]和[Gd₂₄]的单晶结构

为 31.22 J/(kg·K)；南开大学的赵斌教授以 N,N'-二甲基甲酰胺作溶剂，在溶剂热条件下原位分解产生 N,N'-二甲基甲酸根和碳酸根并参与配位，得到了一例纳米尺度的胶囊状的高核 Gd 配合物[Gd_{24}^{3+}(DMC)$_{36}$(CO$_3$)$_{18}$(H$_2$O)$_2$]6H$_2$O（[Gd$_{24}$]，图 9-103）。其结构是由两个位于顶部的{Gd$_3$}三角面和三个位于中间的{Gd$_6$}六边形构成。磁性测试研究表明，虽然该化合物的金属离子之间存在反铁磁相互作用，但在外场 ΔH=7 T 时，其-ΔS_M 高达 46.12 J/(kg·K)，这主要是由于多核 Gd 簇的大自旋基态总值及大的磁密度。

3）过渡金属-稀土磁制冷配合物

过渡金属-稀土异金属配合物也是磁制冷剂领域中的热点之一。由于一些高自旋过渡金属离子，如 Mn^{2+}（S=5/2）、Fe^{3+}（S=5/2）的单离子磁熵变 [ΔS_M=271.1 J/(kg·K) 和 ΔS_M=266.7 J/(kg·K)]，高于稀土离子，如 Gd^{3+}[S=7/2，ΔS_M=109.9 J/(kg·K)]，因此通过选择合适的配体、过渡金属离子及稀土离子，有望得到性能优异的低温磁制冷材料。过渡金属-稀土异金属配合物体系中存在多种可能的磁耦合作用，包括过渡金属之间、过渡金属与稀土之间及稀土之间，磁耦合的强度对于磁制冷效果具有重要影响。其中，三价稀土离子的屏蔽效应使稀土之间及过渡金属稀土之间的磁耦合较弱，从而有利于获得较高磁熵变；然而，过渡金属间磁耦合往往较强，不利于获得高磁熵变。因此，构筑过渡金属-稀土异金属配合物分子基低温磁制冷材料时，应以低温磁制冷功能为导向，运用晶体学、拓扑学及磁工程的相关知识实现分子层面的调控，以避免过渡金属间的磁耦合。同时，尽可能选用轻型配体桥连各向同性异金属离子，使配合物的分子量和磁各向异性尽可能低。研究者们通过选择合适的配体与金属中心，大量具有零维结构的过渡金属-稀土异金属配合物被证实具有较大的磁热效应。在这些已经报道的过渡金属-稀土异金属配合物磁制冷材料中，过渡金属离子有 Mn^{2+}、Mn^{3+}、Co^{2+}、Ni^{2+}、Fe^{3+}、Cr^{3+}、Cu^{2+} 和 Zn^{2+} 等；稀土主要集中于 Gd^{3+}。

由于 Gd^{3+} 和 Mn^{2+} 具有较大的基态自旋和较小的磁各向异性，因此非常适宜制备磁制冷配合物。郑彦臻等选择甲基磷酸、苄基磷酸及异戊酸合成了三例 Mn-RE 异金属簇合物 [$Mn_9^{2+}Gd_9^{3+}$(mpa)$_{12}$(tma)$_{18}$(OH)$_{1.5}$(tma)$_{1.5}$([Mn$_9$Gd$_9$]) 和 [$Mn_4^{2+}Gd_6^{3+}$(bpa)$_6$(Htma)$_{13}$(OAc)(Htam)-(OH)$_2$(MeCN)$_2$](MeCN)$_3$([Mn$_4$Gd$_6$]）（图 9-104）。[Mn$_9$Gd$_9$]和[Mn$_4$Gd$_6$]的金属中心分别具有三角双锥及缩短的球形结构，磁性分析表明这两个配合物分子内均存在反铁磁相互作用，当 ΔH=7 T 时，其最大磁熵变-ΔS_M 分别为 28.0 J/(kg·K) 和 33.7 J/(kg·K)。[Mn$_4$Gd$_6$]的 Gd^{3+} 含量高于[Mn$_9$Gd$_9$]，由这一点可以看出，增加 Gd^{3+} 含量有利于获得较大的磁熵变-ΔS_M。同时，由于 Dy^{3+} 较大的磁各向异性，[$Mn_6^{2+}Dy_6^{3+}$(μ_3-OH)$_2$(bpa)$_6$(tma)$_{16}$](MeCN)$_5$ ([Mn$_6$Dy$_6$]）（图 9-104）表现出更低的磁熵变-ΔS_M，仅为 13.0 J/(kg·K)，证明了具有大的基态自旋的各向同性的 Gd^{3+} 离子有利于实现更大的磁热效应。

龙腊生教授课题组利用混合模板法，以乙酸根和碳酸根为配体合成了大尺寸的 Co-Gd 配合物[$Co_9^{2+}Co^{3+}Gd_{42}^{3+}(OH)_{68}$(CO$_3$)$_{12}(OAc)_{30}$(H$_2$O)$_{70}$]$_n$·(ClO$_4$)$_{25n}$·(CH$_3CH_2$OH)$_n$·$n$70H$_2$O（[Co$_{10}Gd_{42}$]，如图 9-105 所示）。磁性分析表明该配合物分子内金属离子间存在反铁磁耦合作用，最大磁熵变-ΔS_M 为 41.26 J/(kg·K)。

最近，郑彦臻教授团队报道了一例具有立方中空结构的 160 核 Ni-Gd 簇合物磁制冷分子[$Ni_{64}^{II}Gd_{96}^{III}$($\mu_3$-OH)$_{156}(IDA)_{64}$(DMPA)$_{12}$(CH$_3$COO)$_{48}$(NO$_3$)$_{24}$(H$_2$O)$_{64}$]Cl$_{24}$·35CH$_3$OH·120H$_2$O（[Ni$_{64}Gd_{96}$]，如图 9-106 所示）。磁性研究表明，[Ni$_{64}$Gd$_{96}$]分子中金属离子间存在弱的铁磁

耦合作用，在 ΔH=7 T 和 T=3 K 时，$-\Delta S_M$ 为 42.8 J/(kg·K)。这一数值高于结构同系列配合物 $[Ni_{64}^{II}Dy_{96}^{III}(\mu_3\text{-}OH)_{156}(IDA)_{64}(DMPA)_{12}(CH_3COO)_{48}(NO_3)_{24}(H_2O)_{64}]Cl_{24}\cdot30CH_3OH\cdot80H_2O$ 和 $[Ni_{64}^{II}Y_{96}^{III}(\mu_3\text{-}OH)_{156}(IDA)_{64}(DMPA)_{12}(CH_3COO)_{48}(NO_3)_{24}(H_2O)_{64}]Cl_{24}\cdot8CH_3OH\cdot90H_2O$。上述结果主要归因于 Dy^{3+} 大的磁各向异性和 Y^{3+} 的抗磁性，使得磁制冷效果变差。同时，这也再次证明了具有大的基态自旋的各向同性的 Gd^{3+} 在构筑磁制冷配合物时的重要性。

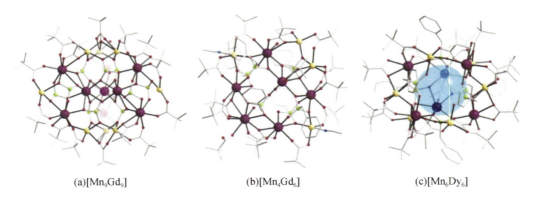

(a)[Mn₉Gd₉]　　　　(b)[Mn₄Gd₆]　　　　(c)[Mn₆Dy₆]

图 9-104　[Mn₉Gd₉]、[Mn₄Gd₆]和[Mn₆Dy₆]的单晶结构

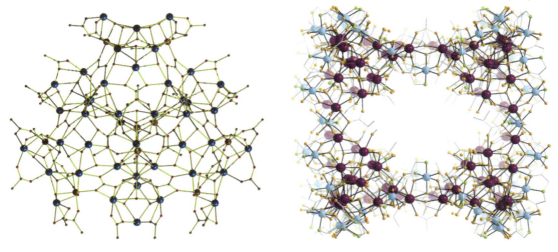

图 9-105　[Co₁₀Gd₄₂]的单晶结构　　　　图 9-106　[Ni₆₄Gd₉₆]的单晶结构

　　研究表明，Cu^{2+} 和 Gd^{3+} 之间常常存在铁磁耦合作用，所以 Cu-Gd 配合物也能表现出磁制冷效果。布里金（Brechin）等利用 2,6-吡啶二甲醇配体也合成了一列 Cu-Gd 簇合物 $[Cu_3^{II}Gd_6^{III}(OH)(pdm)_3(O_2CtBu)_9(CO_3)_4(MeOH)_3]\cdot7MeOH$（[Cu₃Gd₆]，图 9-107），磁性性质研究结果表明，在 ΔH=7 T 时，磁熵变 $-\Delta S_M$ 为 34.5 J/(kg·K)，也表现出不错的磁制冷潜力。

　　Cr^{3+} 为各向同性离子，同时也具有大的基态自旋 S。因此，Cr^{3+} 与 Gd^{3+} 形成的异金属配位合物是理想的分子磁制冷剂。到目前为止，已发现的 Gd-Cr 配合物多是基于 Cr-F-Gd 的配位模式。由于 Gd-F 键较强，易于形成 Gd₃F 单元。因此，Cr-Gd 孤立的配合物制备困难，对 Cr-Gd 配合物的磁热效研究也相对较少。本迪克斯（Bendix）等设计合成了以 F⁻为桥连基团的配合物[$Cr_2^{III}Gd_3^{III}F_9(Me_3tame)_2(hfac)_6$] • 7MeCN（[$Cr_2Gd_3$]，图 9-108）。该配合物中五个金属离子具有三角双锥构型。其中，三个 Gd^{3+}通过硝酸根或氟离子桥连成三角形结构排列在赤道平面上，这个三角平面被分别位于其上下的两个三齿配体{CrF_3}基团整合而形成五核异金属配合物。磁性测试表明，该配合物分子内存在明显的反铁磁性相互作用，当 ΔH=9 T 时，最大磁熵变值-ΔS_m 为 28.7 J/(kg·K)。最近，他们又合成了一例五核 Cr-Gd 簇合物[{$Cr^{III}F_3(Me_3tacn)$}$_2Gd_3^{III}F_2(NO_3)_7(H_2O)(CH_3CN)$] • 4CH₃CN，由于分子内金属离子间存在铁磁性相互作用，从而提升了磁熵变-ΔS_m 值，当 ΔH=9 T 时为 38.3 J/(kg·K)。

图 9-107　[Cu_3Gd_6]的单晶结构

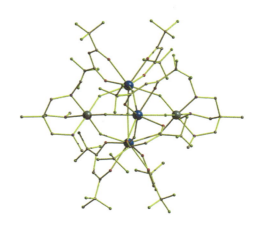

图 9-108　[Cr_2Gd_3]的单晶结构

另外，其他过渡金属离子，比如 Fe^{3+}、Mo^{4+} 及 Zn^{2+}等与稀土离子的多核配合物也能表现出不错的磁热效应，但是数量不多。鲁伊兹（Ruiz）等于利用丁基二乙醇胺合成了一列 Fe-Gd 配合物[$Fe_5^{III}Gd_8^{III}(\mu_3\text{-}OH)_{12}(L)_4(piv)_{12}(NO_3)_4(OAc)_4$]($H_3L$)，其中 H_2L=N-丁基二乙醇胺，[Fe_5Gd_8]见图 9-109（a）。当 ΔH=7 T 时，其磁熵变-ΔS_m 为 26.7 J/(kg·K)。龙腊生教授团队以苯酚衍生物为配体并结合 MoO_4^{2-} 阴离子模板剂，成功制备了一系列配合物 [$Gd_{12}^{III}Mo_4^{VI}O_{16}(Hdhpimp)_6(OH)_4(OAc)_{12}$] • 12MeOH·8H₂O，其中[$Mo_4Gd_{12}$]见图 9-109（b）。当 ΔH=7 T 时，其磁熵变-ΔS_m 为 35.3 J/(kg·K)。

从上面的诸多例子可以看出，过渡金属-稀土异金属配合物磁制冷分子结构丰富多样，具有较大的磁热效应磁，制冷性能也较好。但是，这类磁制冷配合物仍有诸多问题需要解决，比如，对配合物尺寸大小、结构特点及空间构型等精准控制手段不足，限制了性能的进一步优化；结构-磁性的关系尚不十分清楚，限制了配合物分子的精准设计。

4）多维磁制冷配合物

近年来，具有拓展结构的多维磁制冷配合物也开始得到关注。与孤立的配合物相比，多维分子基磁制冷剂具有如下优点：①多维磁制冷配合物中，相邻的金属中心或团簇单元之间共用同一配体，进而减少配合物中的抗磁部分，增大了分子的磁浓度，进而提高磁熵变；②多维磁制冷配合物的刚性框架通常比零维配合物表现出更好的热稳定性和溶剂稳定性；③构筑多维磁制冷配合物能够提供磁热效应与分子维数等关系信息来指导高性能磁制冷配合物的设计合成。所以，选择分子量小、配位点多的有机桥联配体或分子量小、高负电荷的阴离子来构筑多维磁制冷配合物将是科学家努力的方向之一。目前，多维磁制冷配合物主要集中于 Gd 基稀土多维配合物及其与过渡金属形成的异核配合物。

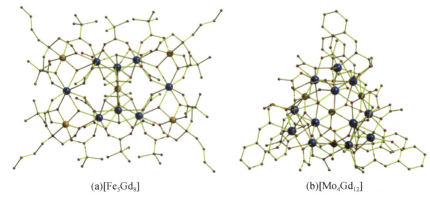

(a)[Fe$_5$Gd$_8$]   (b)[Mo$_4$Gd$_{12}$]

图 9-109   [Fe$_5$Gd$_8$]及[Mo$_4$Gd$_{12}$]的单晶结构

赵斌教授课题组以小尺寸的碳酸根和氢氧根为配体制备了以[Gd$_{60}$]为基元的稀土分子筛{[Gd$_8^{III}$(μ_6-CO$_3$)(μ_3-OH)$_6$]OH}$_n$（[Gd$_3$]$_n$，图 9-110），当 ΔH=8 T 时，其磁熵变-ΔS_m高达66.5 J/(kg·K)，并表现出良好的热稳定性和化学稳定性。

童明良教授团队以氧二乙酸（oda）为配体合成了首例具有铁磁相互作用的 Mn-Gd 三维金属有机框架材料[Mn(H$_2$O)$_6$][MnGd(oda)$_3$]$_2$·6H$_2$O（{[Mn]-[MnGd]}$_n$，图 9-111）。该配合物在低场下就能表现出大磁熵变，在 T=1.8 K，ΔH=7 T 时，其-ΔS_m可达 50.1 J/(kg·K)。

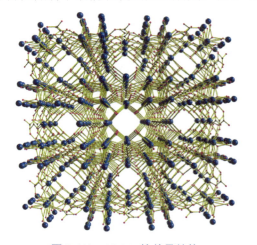

图 9-110   [Gd$_3$]$_n$ 的单晶结构

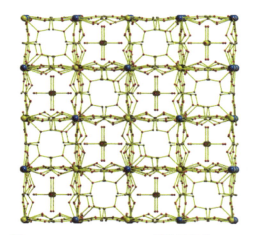

图 9-111   {[Mn]-[MnGd]}$_n$ 的单晶结构

郑彦臻教授课题组利用卤素 Cl$^-$为阴离子模板剂合成了以三核{Gd$_3$(μ_3-OH)}单元为基元的无机框架化合物[Gd(OH)$_2$Cl]$_n$（图 9-112）。磁性研究表明，当 T=3 K，ΔH=7 T 时，其磁熵变-ΔS_m为 61.8 J/(kg·K)。

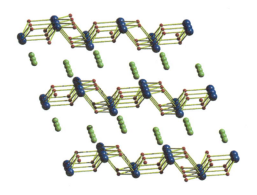

图 9-112 $[Gd(OH)_2Cl]_n$ 的单晶结构

参 考 文 献

包立夫, 武荣荣, 张虎, 2016. 材料导报 A: 综述篇, 30: 17.

曹镛, 钱人元, 1983. 化学通报, 6: 1.

陈金鑫, 陈锦地, 吴忠帜, 2011. 白光 OLED 照明. 上海: 上海交通大学出版社.

陈金鑫, 黄孝文, 田民波, 2007. OLED 有机电致发光材料与器件. 北京: 清华大学出版社.

韩松德, 刘遂军, 章应辉, 等, 2017. 中国稀土学报, 35: 101.

李富友, 黄春辉, 黄维, 2005. 有机电致发光材料与器件导论. 上海: 复旦大学出版社.

李子涵, 罗前程, 郑彦臻, 2021. 中国稀土学报, 39: 391.

刘伟生, 卜显和, 2018. 配位化学. 2 版. 北京: 化学工业出版社.

Affronte M, Ghirri A, Carretta S, et al., 2004. Appl. Phys. Lett., 84: 3468.

Bagai R, Christou G, 2009. Chem. Soc. Rev., 38: 1011.

Baldo M A, O'Brien D F, You Y, et al., 1998. Nature, 395: 151.

Bechgaard K, Jacobsen C S, Mortensen K, et al., 1980. Solid State Commun., 33: 1119.

Birk T, Pedersen K S, Thuesen C A, et al., 2012. Inorg. Chem., 51: 5435.

Brossard L, Ribault M, Valade L, et al., 1986. Physica B&C, 143: 378.

Burroughes J H, Bradley D D C, Brown A R, et al., 1990. Nature, 347: 539.

Caneschi A, Gatteschi D, Lalioti N, et al., 2001. Angew. Chem. Int. Ed., 40: 1760-1763.

Caneschi A, Gatteschi D, Sessoli R, et al., 1991. J. Am. Chem. Soc., 113: 5873.

Cao Y, Bai Y, Yu Q, et al., 2009. J. Phys. Chem. C, 113: 6290.

Cassoux P, Valade L, Kobayashi H, et al., 1991. Coord. Chem. Rev., 110: 115.

Chang L X, Xiong G, Wang L, et al., 2013. Chem. Commun., 49: 1055.

Chen H, Zhang R, Chen X, et al., 2021. Nat. Energy, 6: 1045.

Chen W P, Liao P Q, Yu Y, et al., 2016. Angew. Chem. Int. Ed., 55: 9375.

Cheng Y M, Lee G H, Chou P T, et al., 2008. Adv. Funct. Mater., 18: 183.

Choi S W, Kwak H Y, Yoon J H, 2008. Inorg. Chem., 47: 10214.

Chou C-C, Wu K-L, Chi Y, et al., 2011. Angew. Chem. Int. Ed., 50: 2054.

Cremades E, Gómez-Coca S, Aravena D, et al., 2012. J. Am. Chem. Soc., 134: 10532-10542.

Ding Y-S, Chilton N F, Winpenny R E P, et al., 2016. Angew. Chem. Int. Ed., 55: 16071.

Dong J, Cui P, Shi P F, et al., 2015. J. Am. Chem. Soc., 137: 15988.

Evangelisti M, Candini A, Ghirri A, et al., 2005. Polyhedron, 24: 2573-1578.

Evangelisti M, Luis F, de Jongh L J, et al., 2006. J. Mater. Chem., 16: 2534.

Evangelisti M, Roubeau O, Palacios E, et al., 2011. Angew. Chem. Int. Ed., 50: 6606.

Fan Z, Li P, Du D, et al., 2017. Adv. Energy Mater., 7: 1602116.

Ferraris J, Cowan D O, Walatka V, et al., 1973. J. Am. Chem. Soc., 95: 948.

Fukagawa H, Shimizu T, Hanashima H, et al., 2012. Adv. Mater., 24: 5099.

García-Iglesias M, Pellejà L, Yum J-H, et al., 2012. Chem. Sci., 3: 1177-1184.

Gao F, Wang Y, Shi D, et al., 2008. J. Am. Chem. Soc., 130: 10720.

Giansiracusa M J, Kostopoulos A K, Collison D, et al., 2019. Chem. Commun., 55: 7025.

Giauque W F, 1927. J. Am. Chem. Soc., 49: 1864.

Grayson S M, Fréchet J M J, et al., 2001. Chem. Rev., 101: 3819-3867.

Guo F, Kim Y G, Reynolds J R, et al., 2006. Chem. Commun., 1887.

Guo F, Ogawa K, Kim Y-G, et al., 2007. Phys. Chem. Chem. Phys., 9: 2724.

Guo F, Sun W, Liu Y, et al., 2005. Inorg. Chem., 44: 4055.

Guo F, Sun W, et al., 2006. J. Phys. Chem. B, 110: 15029-15036.

Guo F S, Chen Y C, Liu J L, et al., 2012. Chem. Commun., 48: 12219.

Guo F S, Day B M, Chen Y C, et al., 2018. Science, 362: 1400.

Guo P H, Liu J L, Zhang Z M, et al., 2012. Inorg. Chem., 51: 1233.

Hagfeldt A, Boschloo G, Sun L, et al., 2010. Chem. Rev., 110: 6595.

Hang X C, Fleetham T, Turner E, et al., 2013. Angew. Chem. Int. Ed., 52: 6753.

Hashimoto M, Igawa S, Yashima M, et al., 2011. J. Am. Chem. Soc., 133: 10348.

He H, Ouyang J, 2020. Acc. Mater. Res., 1: 146.

Hooper T N, Inglis R, Palacios M A, et al., 2014. Chem. Commun., 50: 3498.

Huang L, Wang K, Huang C, et al., 2001. J. Mater. Chem., 11: 790-793.

Hudson Z M, Helander M G, Lu Z H, et al., 2011. Chem. Commun., 47: 755.

Ishikawa N, Sugita M, Ishikawa T, et al., 2003. J. Am. Chem. Soc., 125: 8694.

Jérome D, Mazaud A, Ribault M, et al., 1980. J. Physique Lett., 41: 95.

Krogmann K, Hausen H D, et al., 1968. Z. Ancrg. Allg. Chem., 358: 67.

Lamansky S, Djurovich P, Murphy D, et al., 2001. J. Am. Chem. Soc., 123: 4304.

Liu B, Jabed M A, Kilina S, et al., 2020. Inorg. Chem., 59: 8532.

Liu B, Lystrom L, Brown S L, et al., 2019. Inorg. Chem., 58: 5483.

Liu B, Tian Z, Dang F, et al., 2016. J. Organomet. Chem., 804: 80.

Liu J L, Leng J D, Lin Z, et al., 2011. Chem. Asian. J., 6: 1007.

Liu L, Sun Y, Li W, et al., 2017. Mater. Chem. Front., 1: 2111.

Liu S J, Zhao J P, Tao J, et al., 2013. Inorg. Chem., 52: 9163.

Liu T F, Fu D, Gao S, et al., 2003. J. Am. Chem. Soc., 123: 13976.

Liu Z, Xu Y, Yue L, et al., 2020. Dalton Trans., 49: 4967.

Ma Y, Zhai Y-Q, Luo Q-C, et al., 2022. Angew. Chem. Int. Ed., 61: e202206022.

Nazeeruddin M K, Kay A, Rodicio I, et al., 1993. J. Am. Chem. Soc., 115: 6382.

Nazeeruddin M K, Péchy P, Renouard T, et al., 2001. J. Am. Chem. Soc., 123: 1613.

Ogawa M Y, Martinsen J, Palmer S M, et al., 1987. J. Am. Chem. Soc., 109: 1115.

Orbach R, 1961. Proc. Roy. Soc. Lond. Ser. A., A264: 485.

O'regan B, Grätzel M, et al., 1991. Nature, 353, 737.

Pecharsky V J, Gschneidner Jr K A, 1999. J. Magn. Magn. Mater., 200: 44.

Peng J B, Zhang Q C, Zheng Y Z, et al., 2012. J. Am. Chem. Soc., 134: 3314.

Pope M, Magnante P, Kallmann H P, 1963. J. Chem. Phys., 38: 2042.

Rinehart J D, Fang M, Evans W J, et al., 2011. J. Am. Chem. Soc., 133: 14236.

Russ B, Glaudell A, Urban J J, et al., 2016. Nat. Rev. Mater., 1: 1.

Sariciftci N S, Braun D, Zhang C, et al., 1993. Appl. Phys. Lett., 62: 585.

Sariciftci N S, Smilowitz L, Heeger A J, et al., 1992. Science, 258: 1474.

Shao P, Li Y, Azenkeng A, et al., 2009. Inorg. Chem., 48: 2407.

Shao P, Li Y, Sun W, et al., 2008. J. Phys. Chem. A, 112: 1172.

Sharples J W, Collison D, 2013. Polyhedron, 54: 91.

Sun H L, Wang Z M, Gao S, 2009. Chem. Eur. J., 15: 1757.

Sun J, Ahn H, Kang S, et al., 2022. Nat. Photon., 16: 212.

Sun Y, Qiu L, Tang L, et al., 2016. Adv. Mater., 28: 3351.

Sun Y, Sheng P, Di C, et al., 2012. Adv. Mater., 24: 932.

Sun Y, Yang X, Liu B, et al., 2019. J. Mater. Chem. C, 7: 8836-8846.

Sun Z, Li J, Wong W-Y, et al., 2020. Macromol. Chem. Phys., 221, 2000115.

Sun Z M, Prosvirin A V, Zhao H H, et al., 2005. J. Appl. Phys., 97: 10B305.

Tang C W, Vanslyke S A, 1987. Appl. Phys. Lett., 51: 913.

Tang J K, Hewitt I, Madhu N T, et al., 2006. Angew. Chem. Int. Ed., 45: 1729.

Tang M-C, Tsang D P-K, Chan M M-Y, et al., 2013. Angew. Chem. Int. Ed., 52: 446.

Tian Z, Yang X, Liu B, et al., 2018. J. Mater. Chem. C, 6: 6023.

Tian Z, Yang X, Liu B, et al., 2018. J. Mater. Chem. C, 6: 11416.

Tung Y L, Chen L S, Chi Y, et al., 2006. Adv. Funct. Mater., 16: 1615.

Uoyama H, Goushi K, Shizu K, et al., 2012. Nature, 492: 234.

Vestberg R, Westlund R, Eriksson A, et al., 2006. Macromolecules, 39: 2238.

Vignesh K R, Soncini A, Langley S K, et al., 2017. Nat. Commun., 8: 1023.

Wang L, Yin H, Jabed M A, et al., 2017. Inorg. Chem., 56: 3245.

Wang L, Cui P, Kilina S, et al., 2017. J. Phys. Chem. C, 121: 5719.

Wang Y, Qin L, Zhou G J, et al., 2016. J. Mater. Chem. C, 4: 6473.

Wong W-Y, Ho C-L, et al., 2010. Acc. Chem. Res., 43: 1246.

Wong W-Y, Wang X-Z, He Z, et al., 2007. Nat. Mater., 6: 521.

Wong W-Y, Zhou G, Yu X, et al, 2006. Adv. Funct. Mater., 16: 838.

Xie J, Ewing S, Boyn J. -N, et al., 2022. Nature, 611: 479.

Xu X, Guo H, Zhao J, et al., 2016. Chem. Mater., 28: 8556.

Xu X, Yang X, Dang J, et al., 2014. Chem. Commun., 50: 2473.

Yang X, Sun N, Dang J, et al, 2013. J. Mater. Chem. C, 1: 3317.

Yang X, Zhou G, Wong W Y, 2015. Chem. Soc. Rev., 44: 8484.

Yella A, Lee H-W, Tsao H N, et al., 2011. Science, 334: 629.

Yuan J, Zhang Y, Zhou L, et al., 2019. Joule, 3: 1140.

Zhang H-L, Zhai Y-Q, Qin L, et al., 2020. Matter, 2: 1481-1493.

Zhang Q, Sun Y, Xu W, et al., 2014. Adv. Mater., 26: 6829.

Zhang X X, Wei H L, Zhang Z Q, et al., 2001. Phys. Rev. Lett., 87: 157203.

Zhao H, Naveed H B, Lin B, et al., 2020. Adv. Mater., 32: 2002302.

Zhao Y, Liu L, Zhang F, et al., 2021. SmartMat, 2: 426.

Zheng S-L, Zhang J-P, Wong W-T, et al., 2003. J. Am. Chem. Soc., 125: 6882.

Zheng Y Z, Pineda E M, Helliwell M, et al., 2012. Chem. Eur. J., 18: 4161.

Zheng Y, Zhang Q C, Long L S, et al., 2013. Chem. Commun., 49: 36.

Zhou G, Ho C-L, Wong W-Y, et al., 2008. Adv. Funct. Mater., 18: 499.

Zhou G, Wang Q, Ho C-L, er al., 2008. Chem. Asian J., 3: 1830.

Zhou G, Wong W-Y, 2011. Chem. Soc. Rev., 40: 2541.

Zhou G, Wang Q, Wang X, et al., 2010. J. Mater. Chem., 20: 7472.

Zhou G, Wong W-Y, Yao B, et al., 2008. J. Mater. Chem., 18: 1799.

Zhou G, Wong W-Y, Cui D, et al., 2005. Chem. Mater., 17: 5209.

Zhou G, Wong W-Y, Lin Z, et al., 2006. Angew. Chem. Int. Ed., 45: 6189.

Zhou G, Wong W-Y, Poon S-Y, et al., 2009. Adv. Funct. Mater., 19: 531.

Zhou G, Wong W-Y, Ye C, et al., 2007. Adv. Funct. Mater., 17: 963.

Zhou J, Yu Y, Yang X, et al., 2015. ACS Appl. Mater. Interfaces, 7: 24703.

习 题

1. 为什么引入过渡金属离子形成配合物发光分子时能够取得较高的电致发光效率？

2. 三苯胺基咔唑等富电子基团引入到配合物磷光分子中为什么能够提高空穴注入传输特性？

3. 根据本章的内容并结合文献查阅，设计出几列功能化 Ir(III)配合物磷光分子。

4. 为什么反饱和吸收光限幅材料能够保持良好的透明性？

5. 设计合成高透明性配合物光限幅材料时，配体和金属中心形成明显的电荷转移激发态对提高材料透明有利吗？请阐述原因。

6. 染料敏化太阳能电池中用的配合物染料分子中往往含有疏水烷基链，请解释原因。

7. 配合物电子给体比纯有机分子给体在混合异质结太阳能电池中的优势是什么？

8. 结合文献查阅，阐述配合物热电材料面临的挑战是什么？

阅 读 材 料

磷光配合物——有机电致发光材料的里程碑

有机电致发光是指在电激发下有机发光材料将电能转化成光信号的现象。对应用的器件叫有机发光二极管（OLED）。研究表明，有机电致发光的波长严格取决于有机发光材料的发光波长。因此，通过改变有机发光材料的分子结构调控其激发态能级，OLED就能够发出不同波长的电致发光信号，包括红、绿、蓝三种基色。由于这一特性，OLED可以用于开发新一代平板显示技术，并且成功实现商业化应用，成为首个实际应用的有机光电子器件。目前，高端的手机、电视、腕表、平板电脑等各种电子产品基本都会采用基于OLED技术的显示终端。OLED显示终端具有对比度高、色域宽、响应快、可折叠及对比度高等优势，被认为是最具竞争力的下一代平板显示技术。尤其是能够实现柔性可折叠及透明显示器件，使得有机电致发光显示技术更具竞争力。

OLED器件的核心是有机发光材料，而发光材料研究不断取得新进展才使得这一显示技术从实验室最终走到大众面前。在发展的早期，华人科学家邓青云博士及同事以8-羟基喹啉铝为发光材料制备了高亮度、低启动电压的OLED器件，让人们看到了这一技术在显示领域应用的潜力。然而，以8-羟基喹啉铝为荧光材料，只能利用电激发过程中产生的单线态激子发光。单线态激子大约只占电激发产生总激子数的25%，而生成的大部分的三线态激子（约占75%）不能产生电致发光信号，以热的形式耗散掉。这使得基于第一代荧光材料的OLED的电致发光效率很低。后来科研工作者发现，以有机配体和过渡金属配位可以得到配合物发光材料，过渡金属引发的重原子效应能够显著提升系间穿越效率，生成能够发光的三线激发态产生磷光发射，实现了同时利用单线态和三线态发光，从而有效提高了电致发光器件的效率。因此，配合物磷光电致发光材料的出现使得OLED的实用化成为现实。

在配合物磷光电致发光材料这一概念的提出方面，我国科学家马於光院士做出了突出贡献。他们设计合成了下面一系列含联吡啶类配体的锇配合物。锇中心能够引发有效的自旋-轨道耦合效应，从而产生以三线激发态发光的配合物磷光材料。

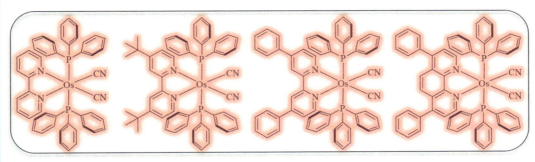

锇配合物磷光发光分子

在这一发光材料设计理念的启发下，很多高性能配合物磷光材料被开发出来。其中，性能最好的要数 2-苯基吡啶类铱配合物磷光材料，它们具有室温磷光量子产率高、发光颜色易调节及激发态寿命相对较短等优势。其中，绿色和红色磷光材料已经实现工业化量产，但蓝色磷光材料在发光色纯度、发光效率及稳定性方面还需进一步提升。相信在各界科研工作者的不断努力下，高性能配合物蓝色磷光材料也会实现工业化应用，助力 OLED 显示行业的发展。

第10章　冠醚配合物

Chapter 10　Crown Ether Complexes

自从首个冠醚分子被偶然合成以来，目前这类大环分子已经有数百种。冠醚分子的结构特征之一就是具有特定尺寸的空腔，这一特性使得冠醚分子与特定半径的金属离子能够形成各种配合物并表现出重要的应用潜力。其中，最为典型的是碱金属冠醚配合物，此外冠醚的稀土配合物及含有硫原子及氮原子冠醚的过渡金属配合物也被不断合成出来。冠醚配合物不仅代表着配合物中通过配体与金属中心间静电相互作用形成配位键的成键模式，而且还能表现出特殊性能，在相关领域中具有重要的应用潜力。本章针对冠醚类配体的合成、冠醚配合物结构、冠醚配合物的配位性能、冠醚配合物的稳定性及一些新型冠醚配合物的应用等方面进行全面介绍。

10.1　冠醚类化合物

10.1.1　概述

冠醚类化合物是具有大的环状结构的多元醚分子（图 10-1）。第一个冠醚是由佩德森（C. Pedersen）在 1967 年合成（双[2-邻羟基苯氧基]乙基）醚时偶然发现的大环化合物，并由此开始了冠醚化学的研究。佩德森相继合成了 49 种大环多元醚，目前这类化合物已经合成了数百种。这类分子的结构特征是具有 $\left(CH_2CH_2O\right)_n$ 结构单元，其中的—CH_2—基团也可被其他有机基团所置换。由于这类大环醚的结构很像西方的王冠，故被称为冠醚（Crown Ether）。

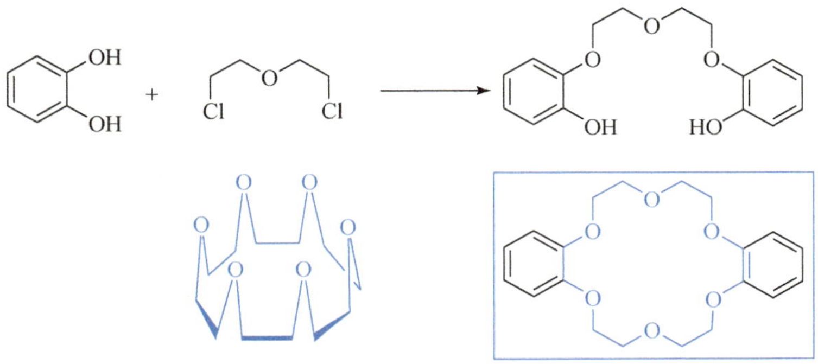

图 10-1　冠醚的合成及分子构型

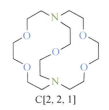

C[2, 2, 1]

图 10-2　穴醚 C[2,2,1]的结构

后来，法国生物化学家莱恩（M. J. Lehn）首次报道了穴醚（Cryptands），也叫窝穴体（图 10-2）。

作为配体，冠醚和穴醚能表现出非常独特的性质，即不同大小和形状的穴腔对碱金属具有很高的选择性。比如，穴醚几乎能够实现对 K^+ 和 Na^+ 的完全分离，选择性高达 $10^5:1$。这为冠醚类配合物的研究提供了极大的动力。因此，冠醚类分子（主体）可根据金属离子（客体）大小及分子构型等性质进行选择性配位（识别），形成配合物（主-客体配合物）。美国化学家克拉姆（D. J. Cram）提出了"主-客体化学"的概念。

由于上述三位科学家在主-客体化学及超分子化学方面的贡献，他们共同分享了 1987 年的诺贝尔化学奖（图 10-3）。上述研究成果开辟了化学研究的崭新领域，不仅丰富了化学研究的内涵，而且为新型功能体系的开发及应用提供了全新平台。

Donald J. Cram　　　　Jean-Marie Lehn　　　　Charles J. Pedersen

图 10-3　1987 年诺贝尔化学奖获得者

根据冠醚的结构，冠醚在水中和在有机溶剂中的溶解度都不会太大。其原因是冠醚分子的外层亲脂而内腔亲水。穴醚由于含有桥头氮原子，与 N 连接的是 C，二者电负性差为 0.5，故 C—N 键具有极性，故穴醚在水中的溶解度较大。

大环多元醚在化学上的共同特点是都能与多种金属离子形成比较稳定的配合物。一般地，由于冠醚是单环，而穴醚是叁环或多环，可以预期穴醚形成的配合物比类似的冠醚配合物的稳定性大得多，一般说来要大 3～4 个数量级。冠醚和穴醚都有毒，大量使用时需注意。

10.1.2　冠醚类化合物的命名

冠醚类化合物如果按照国际纯粹与应用化学联合会（IUPAC）的规定来命名，则非常复杂。比如，下面的冠醚分子的命名为：2,3,11,12-二苯并-1,4,7,10,13,16-六氧杂十八环-2,11-二烯（图 10-4）。虽然，系统命名很明确，但太冗长，很不方便，因此系统命名法不太适合命名冠醚类分子。

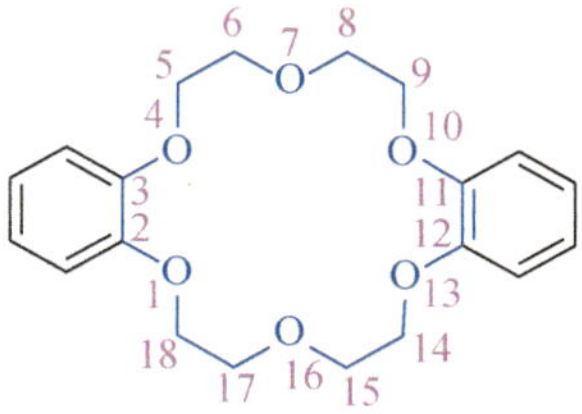

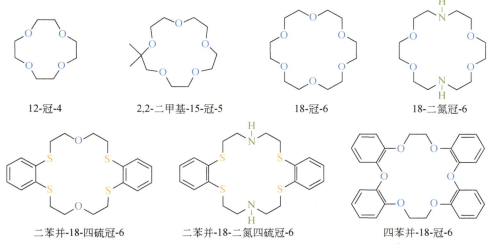

图 10-4 二苯并-18-冠-6 按 IUPAC 命名规则的原子编号

佩得森发展了一种既形象又简便的命名方法来命名冠醚类分子，现在已被国际社会所广泛使用。如上述化合物，按该命名法则为：二苯并-18-冠(C)-6，该名称非常简洁。命名时先是大环上取代基的数目和种类，接着是代表大环中的总成环原子数的数字，后一个数字表示环中的氧原子数，类名"冠"字放在中间，冠字也可用其英文词头 C 表示。图 10-5 列出一系列常见冠醚分子的命名。

| 12-冠-4 | 2,2-二甲基-15-冠-5 | 18-冠-6 | 18-二氮冠-6 |

| 二苯并-18-四硫冠-6 | 二苯并-18-二氮四硫冠-6 | 四苯并-18-冠-6 |

图 10-5 各种常见冠醚分子的命名

此外，穴醚也有一套特定的命名法（图 10-6）。穴醚可看作含桥头氮原子的大多环多元醚，其命名通式为 $C[m+1,m+1,n+1]$。

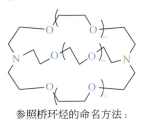

参照桥环烃的命名方法：
$m=0, n=0$ 命名为 $C[1, 1, 1]$
$m=1, n=0$ 命名为 $C[2, 2, 1]$
$m=1, n=1$ 命名为 $C[2, 2, 2]$
$m=1, n=2$ 命名为 $C[3, 2, 2]$

图 10-6 穴醚的命名

上述第四个，即在 $n>m$ 时，括号中数字的排列顺序是由大到小。$m=1$，$n=2$，命名该穴醚为 C[3,2,2]，而不叫 C[2,2,3]。又如，$m=0$，$n=1$ 命名为 C[2,1,1]，而不叫 C[1,1,2]。

10.2　冠醚配合物的制备

冠醚类分子与金属离子基本上是依赖静电相互作用形成的配合物。因此，冠醚类配合物在制备时要尽量避免金属离子及冠醚配体的溶剂化。金属离子及配体的溶剂化均会削弱两者间相互作用，不利用于配合物的形成。目前，冠醚类配合物主要有以下几种制备方法。

10.2.1　无溶剂法

该方法是将冠醚配体与金属盐等摩尔混合，加热熔融得到目标配合物。比如，钠的苯并-15-冠-5 配合物就利用该方法制备。

10.2.2　溶剂蒸除法

该方法将冠醚配体和金属盐溶于适当的溶剂形成溶液，然后蒸除溶剂得到相应的冠醚配合物。该方法可避免无溶剂法制备冠醚配合物时配体和金属盐混合不充分的问题。需要注意的是，该方法溶剂选择非常关键，不仅要求对冠醚配体和金属盐均有较好的溶解性，而且沸点不能太高，方便溶剂去除。比如，二苯并-18-冠-6 与 KI 在甲醇溶液中反应，然后蒸除甲醇得到相应的冠醚配合物。

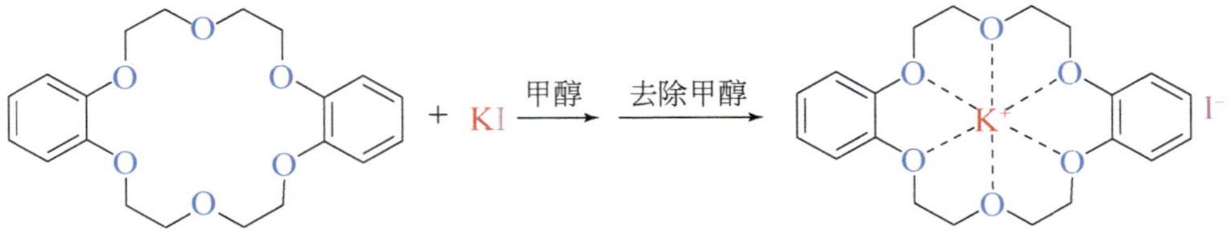

10.2.3　过饱和沉析法

该方法将冠醚配体与金属盐溶解在尽量少的热溶剂中，反应生成的配合物在低温形成过饱和溶液，反应过后降温配合物析出。比如，二苯并-18-冠-6 与 KSCN 在少量热甲醇溶液中反应，然后降温析出针状冠醚配合物晶体。

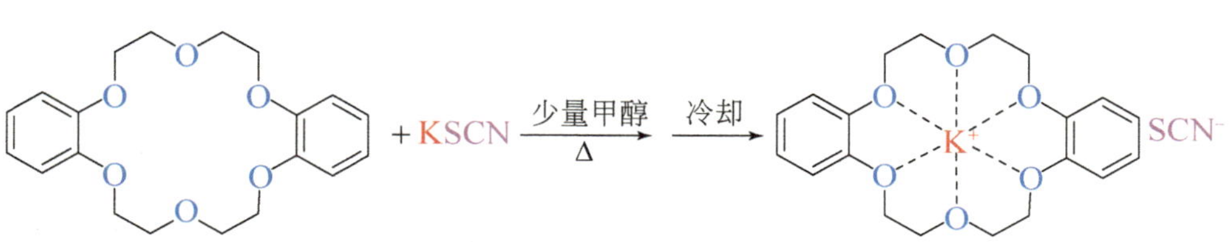

（反应式图示：二苯并-18-冠-6 + KSCN 少量甲醇/Δ 冷却 → 钾配合物 SCN⁻）

10.2.4　原位沉淀法

该方法将冠醚配体与金属盐溶解在热溶剂中，反应生成的冠醚配合物在反应溶剂中溶解度不高因而析出。反应完毕降至室温，过滤得到目标冠醚配合物。比如，二苯并-18-冠-6 与醋酸铅在正丁醇溶液中加热，混合物冷却后过滤并用正丁醇洗涤沉淀，干燥后即得冠醚配合物。

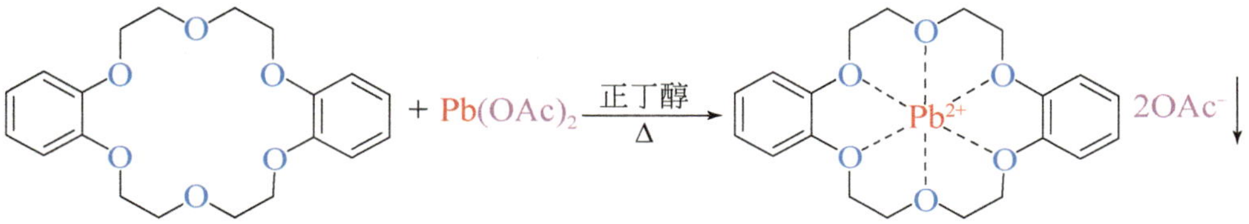

（反应式图示：二苯并-18-冠-6 + Pb(OAc)$_2$ 正丁醇/Δ → Pb^{2+} 配合物 2OAc⁻ ↓）

10.2.5　非均相法

该方法将冠醚配体溶于和水不互溶的有机溶剂中，金属盐溶于水中，形成非均相反应体系。生成的配合物在所用的有机溶剂和水中溶解度均不高，从而冠醚配合物以晶体的形式分离得到。比如，二苯并-18-冠-6 溶于二氯甲烷中，KI 溶于水中。将两种溶液放入反应器然后剧烈振荡可得相应的冠醚配合物。

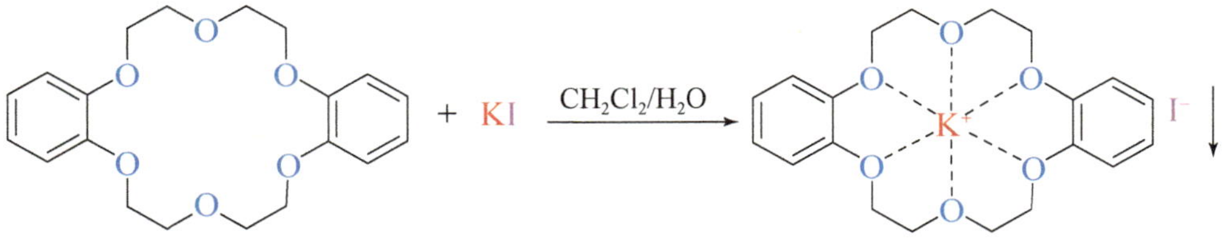

（反应式图示：二苯并-18-冠-6 + KI CH$_2$Cl$_2$/H$_2$O → K 配合物 I⁻ ↓）

10.3　冠醚配合物的结构

以最常见的碱金属冠醚配合物为例，碱金属离子的直径相对于冠醚腔径的大小直接影响冠醚配合物的结构。如图 10-7 所示，如果金属离子直径大于冠醚腔径时，金属离子处于冠醚环外或多个冠醚环与金属配位；如果金属离子的直径与冠醚环腔径尺寸正好匹配，一个金属离子进入冠醚配体腔内配位；如果金属离子直径相对于冠醚配体腔径来说过小，冠醚配体畸变后与一个金属离子配位或 2 个金属离子进入冠醚配体腔内进行配位。这些配位行为决定了所得冠醚配合物的结构。下面以具体的离子来讨论冠醚配位的结构特点。

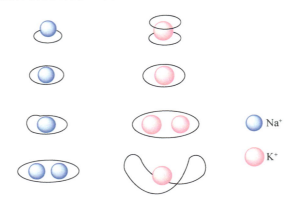

Na⁺

K⁺

图 10-7　各种典型冠醚配合物的分子结构

图 10-8　K(18-C-6)(SCN)配合物的结构

当金属离子直径与冠醚配体的腔径大小正好匹配的时候，这时金属离子正好处于冠醚腔孔的中心与冠醚配位。如 K(18-C-6)(SCN)配合物，K^+ 正好位于冠醚腔的中心，与处在六边形顶点的氧原子配位（图 10-8），而 K^+ 与 SCN⁻根结合较弱。

当金属离子直径稍大于配位体的腔孔，这时金属离子位于冠醚配位体的腔孔之外与冠醚配体进行配位。比如，图 10-9 中铷的二苯并-18-C-6 的配合物，由于 Rb^+ 的直径过大，配位时则位于腔孔外。

再如，在 K(苯并-15-C-5)₂⁺中，由于 K^+ 的直径比配位体的腔孔大，使得 K^+ 与两个配位体形成具有夹心结构的 2∶1 形配合物（图 10-10），2 个配体的所有 10 个氧原子都参与了配位。

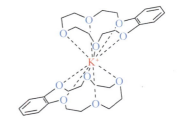

图 10-9　Rb(二苯并-18-C-6)(SCN)配合物的结构　　图 10-10　K(苯并-15-C-5)₂⁺配合物的结构

当金属离子的直径比冠醚配位体的腔孔小得多时，冠醚配体发生畸变而将金属离子包围在中间。如在 Na(18-C-6)H₂O(SCN)中（图 10-11），冠醚配体发生了畸变，其中 5 个氧原子基本上位于同一平面上。

而在 Na₂(二苯并-24-C-8)中，由于配位体的孔径大得多，故有 2 个 Na^+ 被包围在孔穴中

（图 10-12）。

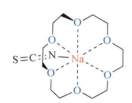

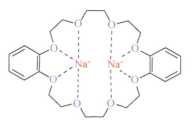

图 10-11 Na(18-C-6)H₂O(SCN)配合物的结构　　**图 10-12 Na₂(二苯并-24-C-8)配合物的结构**

穴醚由于有类似于笼形分子的结构，对金属离子的封闭性较好（图 10-13），因而穴醚配合物常比类似的冠醚配合物稳定。

含有 4 个氮原子的穴醚称为球形穴醚，球形穴醚甚至还可以同阴离子配位。生成的配离子示于图 10-14。

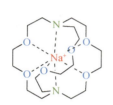

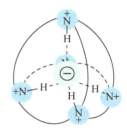

图 10-13 Na 的穴醚配合物结构　　**图 10-14 含氮穴醚的阴离子配合物结构**

10.4 冠醚配合物的配位性能

冠醚是一类新型的有机配体，在与金属离子生成配合物时，它可以表现出以下特殊的配位性能。

在冠醚分子中含有多个乙氧撑基团，由于氧原子的电负性（3.50）大于碳原子（2.50），导致氧原子处电子云密度较高。因此，冠醚与金属离子的配位作用可以看作是多个 C—O 偶极与金属离子之间的配位作用。显然这种配位作用是一种静电作用。这是冠醚配合物的一个非常显著的配位特点，因此冠醚配合物的配位数多变，形成的配合物一般不具备特定空间构型。

冠醚配体本身是具有确定结构的大环分子，它不像一般的开链配体那样只能在形成配合物时才成环。因此，可以预料，当形成冠醚配合物后，大环的结构效应将会使冠醚配合物具有比相应开链配体形成的配合物表现出更为稳定的性质。

冠醚类配体都具有一定的空腔结构，在生成配合物时，如果金属离子的大小刚好与配体的腔径相匹配（称为立体匹配），就能形成稳定的配合物。因此，冠醚对金属离子的配位作用通常具有相当好的（立体）选择性。

冠醚分子中，既含有疏水性的外部骨架，又具有亲水性的可以和金属离子成键的内腔。

因此，当冠醚分子的内腔和金属离子多齿配位以后，C—O 偶极不能与水分子发生作用，即失去了内腔的亲水性，所以冠醚所生成的配合物在有机溶剂中的溶解度比冠醚本身在有机溶剂中的溶解度大。

10.5 冠醚配合物的稳定性

冠醚配体、金属离子及外部一些因素都对冠醚配合物的稳定性产生显著影响。本节从以下几个方面讨论冠醚配位的稳定性。

10.5.1 冠醚配体腔径与金属离子直径相对大小的影响

对于给定的冠醚配体和电荷相等的离子而言，金属离子直径与冠醚腔径的相对大小的立体匹配程度是影响配合物稳定性的主要因素。若金属离子直径大于冠醚腔径则金属离子不能进入腔孔，只能处在腔孔外面，与配位原子相隔较远，静电引力大为减小，造成相应的配合物不太稳定；若金属离子太小，虽可处于腔孔内，但不能充分靠近配位原子，静电引力也小，相应的配合物也不太稳定。因此，只有冠醚配体腔径与金属离子直径间匹配时，才能形成较为稳定的冠醚配合物。

比如，15-C-5 的腔孔直径为 170～220 pm，Na^+、K^+、Cs^+ 的直径分别为 190 pm、266 pm 和 334 pm。从金属离子的大小与冠醚腔孔大小相适应才能形成较稳定的配合物来分析，Na^+ 的离子直径与 15-C-5 的腔孔直径最为匹配，其次是 K^+，最后是 Cs^+。因此，这 3 种金属离子与 15-C-5 形成的配合物 lgK_1 大小顺序为：$Na^+>K^+>Cs^+$（其中，K_1 为配合物稳定常数）。

与冠醚配体类似，穴醚配体的腔径大小也对金属离子的配位产生明显的选择性。从表 10-1 中稳定常数的对数数据可以看出，穴醚配体的腔径大小和金属离子的直径有匹配关系：腔径最小的穴醚 C[2,1,1] 对 Li^+ 的选择性强，腔径较大的 C[2,2,1] 对 Na^+ 结合能力强，C[2,2,2] 对 K^+ 的结合强，C[3,2,2] 对大离子直径的碱金属阳离子 K^+、Rb^+、Cs^+ 的结合能力最强，而更大的穴醚（如 C[3,3,2]）不能与碱金属阳离子形成稳定的穴合物。

表 10-1 穴醚配体和碱金属离子生成配位的稳定常数对数值

金属离子 M^+	C[2,1,1]	C[2,2,1]	C[2,2,2]	C[3,2,2]	C[3,3,2]
Li^+	5.50	2.50			
Na^+	3.20	5.40	3.90	1.65	
K^+		3.95	5.40	2.20	
Rb^+		2.55	4.35	2.05	
Cs^+				2.00	

10.5.2 冠醚配体配位原子种类的影响

冠醚配体中的配位原子除氧原子外，还有硫和氮等原子。根据软硬酸碱规则，氧原子对碱金属、碱土金属、稀土离子等硬酸的配位能力较强，而硫和氮原子对过渡金属离子等软酸的配位力较强。因此，当冠醚环中的氧原子被硫或氮原子取代后，和碱金属离子、碱土金属离子及稀土离子生成的配合物的稳定性会降低，而与过渡金属离子生成的配合物稳定性会提高。这一点从下面的配位反应结果可以看出：

M^+	$+$	L	$\longrightarrow$	$[ML]^+$	$\lg K_1$
K^+		15-C-5			0.74
Ag^+		15-C-5			0.94
K^+		全硫 15-C-5			不反应
Ag^+		全硫 15-C-5			5.20

10.5.3　大环效应的影响

大环配体形成的配合物的稳定性远高于相应的开链配体形成的配合物的稳定性，这种效应叫大环效应或超螯合效应。

大环效应可以从焓和熵两个方面加以说明。研究指出，焓对大环效应的贡献比熵的贡献更大。下面以水溶液中 Ni^{2+} 与大环及开链多胺配位反应为例（图 10-15）。

$$Ni(H_2O)_x^{2+} \quad + \quad L(H_2O)_y \quad \Longrightarrow \quad NiL(H_2O)_z^{2+} \quad + \quad (x+y-z)\ H_2O$$

L		$K_稳$	$\Delta H^\ominus$	$\Delta S^\ominus$
大环四胺	 （NH HN / NH HN 环）	1.5×10^{22}	-130 kJ/mol	-8.4 J/(K·mol)
开链四胺	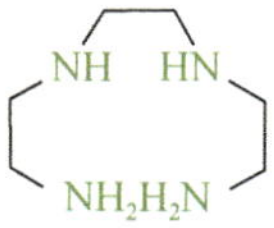 （NH HN / NH₂H₂N）	2.5×10^{15}	-70 kJ/mol	-58.5 J/(K·mol)

图10-15　Ni和不同的四胺配体配位过程的热力学

配位过程中，焓变对大环效应贡献大的原因是大环配体溶剂合的影响。在溶液中，大环配体较开链配体溶剂化程度低，配位时从大环配体上脱除靠氢键结合的水分子较开链配体少，需要吸收的热量少。假设脱去溶剂后的大环配体和开链配体与金属离子配位时放出的热量相等，那么溶剂化程度小的大环配体与金属离子配位时能量消耗少，放出的总能量多，形成配合物的稳定性较高；相反，溶剂化程度大的开链配体与金属离子配位时消耗的能量多，放出的总能量少，形成配合物的稳定性较低。这一结论从上面数据可以看出，大环四胺形成的配合物的稳定常数 $K_稳$ 比开链四胺形成的配合物的稳定常数高近 7 个数量级。

10.5.4　金属离子溶剂化作用的影响

在溶液中冠醚的配位作用与金属离子的溶剂化作用同时并存，且互相竞争。当金属离子与冠醚形成配合物时，该过程吉布斯自由能的变化（$\Delta G^{\ominus}$）可用下式表示：

$$\Delta G^{\ominus} = \Delta G^{\ominus}（成键）-\Delta G^{\ominus}（M^{n+}溶剂化）-\Delta G^{\ominus}（冠醚溶剂化）-\Delta G^{\ominus}（冠醚构型）=-RT\ln K^{\ominus}$$

（10-1）

式中，$\Delta G^{\ominus}$（成键）是 M^{n+} 与冠醚成键的自由能变化，$\Delta G^{\ominus}$（M^{n+}溶剂化）与 $\Delta G^{\ominus}$（冠醚溶剂化）两项表示 M^{n+} 和冠醚的溶剂化作用的自由能变化，$\Delta G^{\ominus}$（冠醚构型）表示配位时冠醚的构型变化的自由能改变。

由式（10-1）可见，金属离子的溶剂化作用愈强，则它和冠醚的配位作用受到抑制越强。例如，Na^+ 离子半径比 K^+ 小，电荷更为集中溶剂化作用较强，所以在水溶液中，冠醚与 Na^+ 的配合物都不如 K^+ 离子的配合物稳定；又如，在不同的溶剂中，由于溶剂化作用不同，冠醚配合物的稳定性也会表现出很大的差别。碱金属、碱土金属的冠醚配合物在甲醇中就比在水中稳定得多，原因就是在甲醇溶液中金属离子的溶剂化作用比在水中弱。因此，在各种文献中都可见到，在制备稳定冠醚配合物时一般都是在有机溶剂中进行，避免强的溶剂化效应影响配合物的生成。

10.5.5　冠醚配体结构的影响

含多环的穴醚和球醚与单环冠醚相比较，由于环的数目增加及有利的空间构型，使其与金属离子配位的选择性以及生成配合物的稳定性都有显著提高，这种效应叫多环窝穴效应。

冠醚环上起配位作用的杂原子，如果彼此间隔 2 个碳原子且呈对称分布，则生成的配合物稳定性较高，如果配位氧原子之间有多于 2 个碳原子或呈不对称分布时，则配位能力降低，生成的配合物稳定性较低。

冠醚环上取代基也对冠醚配合物的稳定性产生重要影响。冠醚环上的刚性取代基增加，会降低其与金属离子配位时构型畸变能力，使配合物的稳定性降低。比如，K^+ 与下列冠醚生成配合物，稳定性顺序为：18-C-6＞苯并-18-C-6＞二苯并-18-C-6，而四苯并-18-C-6 则根本不能与 K^+ 配位；若冠醚环上带有斥电子取代基团时，配位原子周围的电荷密度增加，配位能力增加；带吸电子基团时，电荷密度减少，配位能力降低。比如，当取代基为芳环时，由于冠醚的配位原子与芳环产生 p-π 共轭，使配位原子周围的电荷密度降低,配位能力下降。

10.6　冠醚配合物的应用

冠醚类配体的最大特点就是能与正离子，尤其是与碱金属离子配位，并且随环的大小不同而与不同的金属离子配体，表现出明显的选择性。冠醚的特殊性质引起了化学家们的重视，因此冠醚化学逐渐成为备受关注的新兴学科。目前，冠醚配合物在有机合成、生物学、环境化学及有机光电材料等领域都得到广泛应用。

10.6.1 在有机光电材料领域的应用

发光材料是有机光电材料的重要组成部分。这类分子在光激发下产生高能激发态，处于激发态的高能分子返回基态的过程中会以发光的形式释放能量，产生发光现象。同样，这类发光材料在电激发下也可以将电能转化为发光信号，称为电致发光（Electroluminescence，EL）。有机电致发光为目前热点研究领域，被认为是最具潜力的新一代显示与照明技术。有机电致发光所涉及的器件为有机发光二极管（Organic Light-Emitting Diode，OLED），可用于制备大面积、超薄超清、柔性可折叠的新一代显示器，已经被广泛用于手机、电视、穿戴设备及车载设备的显示终端。这类器件的核心就是有机发光材料。其中，冠醚的稀土配合物就被用于 OLED 的发光材料。以二环己烷并-18-C-6 为有机配体，Ce^{3+} 为金属离子制备了具有紫外发光的冠醚稀土配合物发光分子。研究表明，Ce^{3+} 与二环己烷并-18-C-6 配位后可表现出更强的发光能力。以此冠醚稀土配合物为发光材料制备了紫外发光 OLED 器件（图 10-16）。器件中，以透明氧化铟锡（ITO）为器件阳极，酞菁铜（CuPc）为器件空穴注入层，客体 Ce^{3+} 冠醚配合物掺杂于 4,4′-二(9-咔唑)联苯（CBP）主体材料中形成器件发光层，Bu-PBD[2-(4-叔丁基苯基)-5-(4-联苯基)-1,3,4-噁二唑]为电子传输层，LiF 为电子注入层，铝为器件阴极（图 10-16）。此 OLED 器件的电致发光波长在 380 nm 左右，发光最大辐射度为 13 $\mu W \cdot cm^2$。

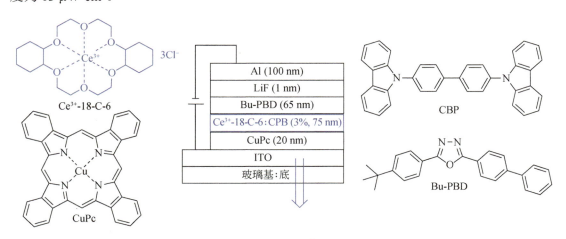

图 10-16 用于有机电致发光的 Ce^{3+} 冠醚配合物及器件结构

10.6.2 在有机合成领域的应用

在很多有机化学反应中，需要有机底物和无机化合物间进行反应。但是，有机化合物易溶于有机溶剂，而无机化合物易溶于水。有机溶剂与水往往不互溶，造成反应物处于两相，严重制约了反应效率。为解决这一问题，就需要相转移催化剂把亲水性物质带入亲油性物质中，提高反应效率。由于冠醚为环状化合物，分子中有特定的空间，能携带一些水溶性离子进入有机相参与反应。比如，以 1-溴辛烷和碘化钾反应制备 1-碘辛烷为例。反应中需要碘化钾的 I⁻亲核进攻 1-溴辛烷得到产物。然而，碘化钾易溶于水相，导致 I⁻很难进入有机相与 1-溴辛烷反应，造成该反应的效率很低。然而，加入相转移催化剂二环己烷并-18-C-6 后，K⁺与二环己烷并-18-C-6 形成配阳离子并与 I⁻相结合。由于二环己烷并-18-C-6 配体的存在，使得配阳离子能够溶解进入有机相，从而把 I⁻转移至有机相参与反应，大大提升了反应效率。因此，加入二环己烷并-18-C-6 后，该反应能高效进行，产率为 100%（图 10-17）。其中，冠醚配合物的生成是实现相转移催化的关键。如果不加二环己烷并-18-C-6，反应产率不到 4%。

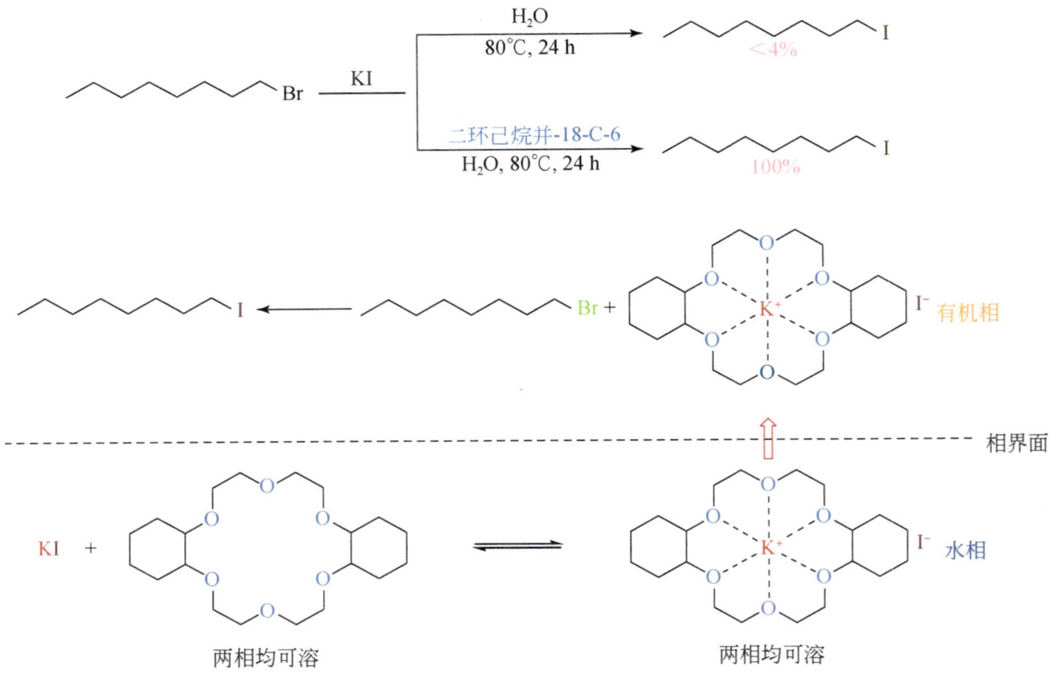

图 10-17　二环己烷并-18-C-6 相转移催化 1-溴正辛烷与 KI 的反应

10.6.3　在荧光探针领域的应用

　　荧光探针（Fluorescence Probe）是指其荧光性质，包括激发和发射波长、发射强度、发光激发态寿命及发光偏振等，可随所处的环境的性质和组分等改变而灵敏变化的一类分子。荧光分子传感器（Fluorescent Molecular Sensor）是指在识别过程中分子荧光信号能够快速且可逆响应的荧光探针。荧光探针的特性之一就是容易和外界发生作用，从而引发荧光性质的变化。冠醚类分子具有特定腔孔，能够选择性地与外界离子或分子发生作用，这为设计合成高选择性荧光探针提供了很好的平台。目前研究最多的就是冠醚类阳离子探针。

　　将具有发光能力的荧光基团，比如蒽和萘与氮或硫杂冠醚相结合，可获得一系列碱金属离子、碱土金属离子及过渡金属离子的荧光探针。该类荧光探针的工作机理为光诱导电子转移（Photoinduced Electron Transfer，PET）。比如，FP-1 在甲醇溶液中可以探测 K^+，其与 K^+ 配位后荧光量子产率由 0.003 增加到 0.14；FP-2 可在水溶液中探测 Zn^{2+}（图 10-18）。由于分子中的氮杂冠醚，该荧光探针对溶液的 pH 值变化很敏感。在 pH 值为 10 时，与 Zn^{2+} 结合后其荧光强度可增加 14 倍；含有硫杂冠醚的荧光探针 FP-3 是很好的 Cu^{2+} 荧光探针（图 10-18）。不同的是，FP-3 与 Cu^{2+} 结合后光诱导电子转移是从荧光基团转移到铜离子，引发荧光信号降低实现传感。

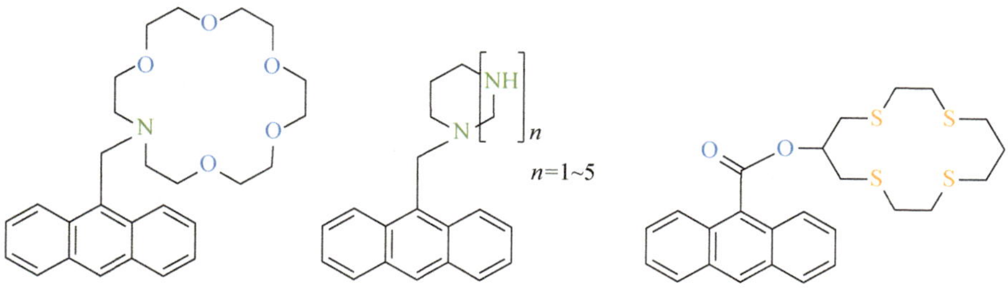

图 10-18　含有蒽荧光基团的冠醚荧光探针分子

　　我们知道，穴醚比冠醚对相关阳离子具有更强的结合能力，因此利用生成穴醚配合物也能实现荧光探针（图 10-19）。这类荧光探针的工作机理也是 PET。由于腔径匹配，FP-4 适合探测 Na^+；FP-5 适合探测 K^+，已经被成功用于测定血液中的 K^+ 浓度（图 10-19）。由于穴醚中含有氮原子，pH 值对检查过程会产生明显影响，因此，FP-5 使用时需要控制体系的 pH 值，才能保证其正常工作。

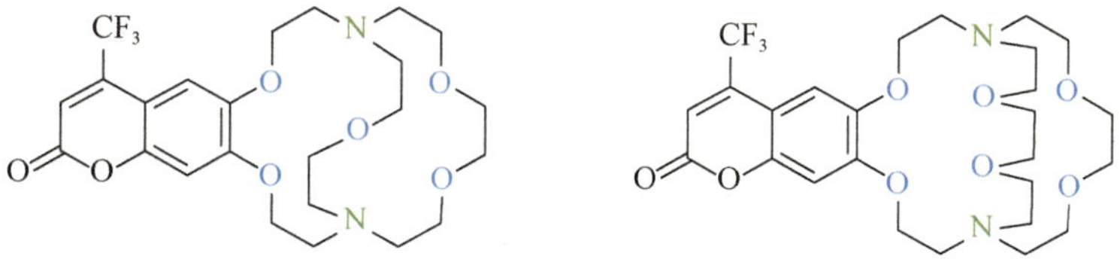

图 10-19　含有香豆素荧光基团的穴醚荧光探针分子

参 考 文 献

刘育, 尤长城, 张衡益, 2001. 超分子化学——合成受体的分子识别与组装. 天津: 南开大学出版社.

吴成泰, 1992. 冠醚化学. 北京: 科学出版社.

俞天智, 苏文明, 李文连, 等, 2006. 发光学报, 7: 134.

张来新, 朱海云, 2013. 化学与生物工程, 5: 5.

Lehn J M, 2002. 超分子化学——概念和展望. 沈兴海, 等译. 北京: 北京大学出版社.

Vogtle F, 1995. 超分子化学. 张希, 林志宏, 高倩, 译. 长春: 吉林大学出版社.

Akkaya E U, Huston M E, Czarnik A W, 1990. J. Am Chem. Soc., 112: 3590.

De Santis G, Fabbrizzi L, Licchelli M, et al., 1997. Inorg. Chim. Acta, 257: 69.

Doludda M, Kastenholz F, Lewitzki E, et al., 1996. J. Fluorescence, 6: 159.

Kastenholz F, Grell E, Bats J W, et al., 1994. J. Fluorescence, 4: 243.

Lehn J M, 1988. Angew. Chem. Int. Ed., 27: 89.

Pedersen C J, 1967. J. Am. Chem. Soc., 89: 2495.

de Silva A P, de Silva S A, 1986. J. Chem Soc., Chem. Commun., 1709.

习　　题

1. 为什么很多冠醚配合物在极性大的溶剂环境中不稳定？

2. 下列冠醚中哪种最适宜做过渡金属离子萃取剂，并阐明理由。

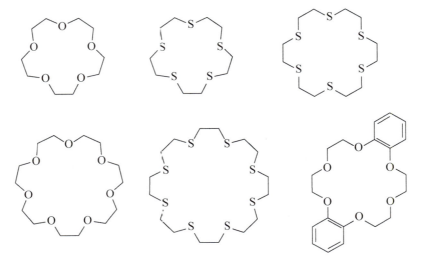

3. 对于过渡金属与配体形成配合物，不仅要求一定的配位数，而且对配位原子在空间的排列也有一定的要求，比如形成四面体、八面体、平面正方形等。然而，冠醚和碱金属形成配位合物主要要求金属离子直径与冠醚腔孔尺寸匹配。如何理解这一事实？

4. 从热力学的角度阐述为什么冠醚配合物一般在低极性溶剂中制备。

5. 请查找文献，找到冠醚配合物的新应用领域。

 阅 读 材 料

冠醚配合物——助力新能源电池研究前沿

　　随着工业化进程的不断推进，化石能源的大规模使用已经造成能源和环境问题日益严重。作为有效应对日益严重的全球变暖和气候变化问题的重要战略，碳中和理念已在越来越多的国家中成为共识。随着这一理念的不断推进，人们意识到先进的储能技术对加速推动碳中和进程具有极其重要的作用。其中，可充电锂电池，尤其是锂离子电池，凭借其能量转化效率高、能量密度高、重量较轻、环境友好和使用寿命长等优点，成为重要的清洁能源载体，已经广泛应用于各类便携式电子产品、电动汽车以及大规模固定式储能等领域。锂离子电池是一种充电电池，一般采用含有锂元素的材料作为电极，主要依靠锂离子在正极和负极之间移动来工作。电池内部包括正极、负极、隔膜及电解液，其中隔膜将正极和负极隔开，避免短路。

随着锂电池的大规模应用，存在的问题也不断显现。近期，不断有锂电池燃烧爆炸的事件报出，造成人民生命与财产的重大损失。锂电池燃烧爆炸的主要原因是电池中的隔膜破裂导致正负极接触，产生短路。由于电池内阻很低，短路后会产生很高的电流，使电池急剧升温，引起含易燃、低沸点溶剂的电解液着火。隔膜的破裂通常有两种原因：在电池充电过程中，锂金属在负极不均匀沉积产生锂枝晶，刺穿电池隔膜造成正负极接触；电池受到冲击时，也会造成隔膜破裂使得正负极接触。通常，由锂枝晶引发锂电池爆炸燃烧的情况更为常见。

针对这一问题，科学家们展开了系统深入的研究，已经找到了很多行之有效的方法来避免这一问题。其中，在电池电解液中加入冠醚化合物是一种非常有效的策略。可使用的冠醚化合物包括 12-C-4、15-C-5 及 18-C-6 等。研究者们通过添加可与锂离子形成稳定配合物的 12-C-4 以捕获从正极活性物质释放出的锂离子，减少锂在负极的不规则析出避免锂枝晶的形成，从而提高电池的充放电效率和循环寿命。我国的研究人员发现，添加 15-C-5 的电池中锂的沉积层最光滑，电阻阻抗也最低，原因是 15-C-5 可以降低电极表面的锂离子浓度从而防止产生锂枝晶；同时，还发现添加 18-C-6 相对于添加 15-C-5 可以使锂沉积层具有更高的机械强度，可以有效防止锂枝晶的形成，使电池的库仑效率和循环稳定性都得到提升。

此外，针对锂电池的燃爆问题，科研工作者利用固态电解质来代替液态电解液。固态电解质是由锂盐与含有极性基团的聚合组成。固态电解质中不含易燃的有机溶剂；聚合物本身可以成膜，电池不需要额外的隔膜；此外，固态电解质的特殊结构可以有效抑制锂枝晶的形成。因此，固态电解质能有效避免困扰锂电池的安全问题。然而，固态电解质中的离子传导效率往往受限于聚合物基质的高结晶性、高刚性及无序排列。为了解决这一问题，研究人员采用共混、共聚、接枝、交联以及引入无机填料等，旨在降低其结晶度实现室温下离子电导率的提高。近期，我国研究人员发展了一种利用外电场诱导分子取向策略原位制备高离子电导率聚合物固体电解质的方法（见下图）。利用 15-C-5 与锂离子配位作用，一方面促进锂盐的解离，另一方面通过直流电场的作用，极性的 15-C-5/Li$^+$ 偶极子和单体分子互相促进有序排列，并通过原位光固化形成柔性的三维交联结构，同时形成大量垂直排列的离子扩散通道，显著提高了离子导电性、机械强度，并有效抑制了锂枝晶的生长。这项研究成果为构建快速离子传输通道提供了一种简便有效的策略。

在各界科研工作者的不断努力下，我国锂电池行业已经走到世界前列，并实现了大规模应用，助力实现"碳中和"和"碳达峰"目标。

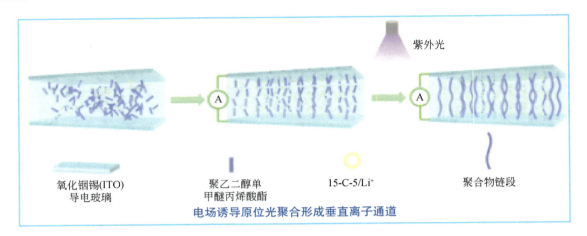

氧化铟锡(ITO)
导电玻璃

聚乙二醇单
甲醚丙烯酸酯

15-C-5/Li⁺

聚合物链段

电场诱导原位光聚合形成垂直离子通道

第 11 章　生命体中的配位化学

Chapter 11　Coordination Chemistry in Life

生命体系中的大分子，包括蛋白质、核酸、酶等，不少都需要金属离子来发挥其生物学功能。这些生物大分子中的金属离子与其他原子或分子配位形成的化学键，使它们能够在生物体内发挥各种生物学功能，如催化反应、传递信号、结构支撑等。研究生命体系中的配位化学不仅对于理解生物分子的结构和功能有着重要的意义，同时也对于设计和合成生物活性分子、药物和催化剂等具有重要的应用价值。例如，铁离子在人体中的配位作用是一种重要的生物学过程，它参与了血红蛋白的氧气输送和储存，还在人体内发挥着重要的电子传递和催化作用。对生命体系中的配位化学进行深入的研究，有助于我们更好地理解生物体系中的化学过程，并为设计和合成新的生物活性分子提供指导。生命中的配位化学是极具挑战性和前沿性的研究，它不仅有助于我们更好地理解生命体系中的化学过程和生物学功能，同时还具有广泛的应用前景。因此，未来深入探索生命体系中的配位化学，是生物技术和人体健康进一步发展的必由之路。本章将重点介绍生命中的配位化学，主要围绕金属离子与人体健康的关系、金属酶与金属蛋白以及金属药物等展开详细介绍。

11.1　金属离子与人体健康

金属离子在生物体内扮演着重要角色。它们参与多种生命过程，包括酶的催化作用、信号转导、基因表达调控、氧合作用、结构稳定等。虽然金属离子对于人体的生理功能非常重要，但是高浓度的金属离子会对人体产生危害。事实上，一些金属离子在高浓度下可以对人体的神经系统、肝脏、肾脏和心血管系统等造成损害，甚至会导致癌症等疾病的发生。此外，一些金属离子还可以与其他物质相互作用，导致生化反应的紊乱和细胞毒性。例如，铅和汞等重金属离子可以影响神经递质的释放和转运，从而导致认知障碍和神经系统疾病。铬和镉等金属离子则被认为是致癌物质，可以诱发肺癌、前列腺癌和骨髓癌等多种癌症。因此，了解金属离子对人体健康的影响是非常重要的。通过深入研究金属离子与人体的相互作用机制，我们可以更好地了解它们对人体的影响，从而采取必要的措施来减少金属离子的摄入量，保护我们的身体健康。本节将介绍几种重要金属离子的生物学功能。

11.1.1　金属离子在人体中的作用

在元素周期表的 103 种元素中，并非所有元素都对生命至关重要。据目前所知，大部分科学家普遍认为生命所必需的元素共有 29 种。这 29 种元素根据其在生物体内的含量可以分为宏量元素和微量元素。宏量元素是指在生物体总质量中占比超过 0.01% 的元素。例如，碳、氢、氧、氮、磷、硫、氯、钾、钠、钙、镁这 11 种元素，它们共同构成了人体总质量的 99.95%。微量元素指在生物体总质量中占比低于 0.01% 以下的元素，必需的微量元素有 18 种，它们已被证实与人体健康和生命密切相关。这些元素包括铁、铜、锌、钴、锰、铬、硒、碘、镍、氟、钼、钒、锡、硅、锶、硼、钶和砷等。尽管这些微量元素在人体内的含量较低，但每种微量元素都具有特定的生理功能，对人体健康至关重要。人体必需的宏量元素主要是通过食物摄取，如蛋白质、碳水化合物、脂肪等有机物质，以及含有钙、磷、钠、钾、镁等的食物。不同的食物含有不同的营养成分，因此合理的膳食结构对于人体健康至关重要。缺乏人体必需元素会导致多种健康问题，如缺乏钙会导致骨质疏松症，缺乏铁会导致贫血，缺乏钠和钾会导致体液平衡紊乱和心脏功能异常等。因此，保证足够的人体必需元素摄取是维持人体健康的重要措施之一。微量元素的摄取主要也是通过食物获得的，如海产品、肉类、谷类、豆类、蔬菜和水果等。不同的食物含有不同的微量元素，因此保证多样化的膳食结构可以帮助人体获得足够的微量元素。缺乏微量元素同样会导致多种健康问题。例如，缺乏碘会导致甲状腺肿大和甲状腺功能减退，缺乏锌会导致免疫功能下降和生殖发育异常等。因此，保证足够的微量元素摄取同样是维持人体健康的重要措施之一。

通过上面的介绍可以发现金属离子是生物体不可缺少的物质，在人体健康中起到了极其重要的作用（表 11-1）。铁离子和锌离子是最早在人体中发现的主要金属离子，研究也相对较多。随后，其他金属离子的重要性也日益得到认识，例如：锰和镍，虽然在人体只有微量的存在，但却也起着至关重要的作用，锰可以促进骨骼的正常生长和发育、维持正常的糖代谢和脂肪代谢。镍与人体激素作用、生物大分子的结构稳定性及新陈代谢过程都息息相关。钼在人体中含量很低，但却存在于黄嘌呤脱氢酶和氧化酶等关键酶中。钠、钾、镁和钙也在人类健康和疾病中发挥着重要的生理作用。此外，由于一种金属水平的改变可能会影响具有相同转运体或信号通路的金属的稳态（如镉、铜、锌、锰和铁），因此了解金属离子之间相互关系具有重要的作用。

表 11-1　部分金属元素与生命体的相关联系

元素及含量	过量	缺乏
Fe 4~5 g	引起青少年智力发育缓慢、引起肝纤维化等	导致缺铁性贫血、头晕、乏力、心悸等
Zn ~2 g	对消化道产生刺激，引起呕吐、恶心、胃溃疡等	导致生长发育迟滞、食欲减振、免疫力下降等
Cu 0.1~0.2 g	引起恶心、呕吐、腹泻，引发威尔逊氏病等	影响身体、智力发育及内分泌和神经系统的功能

续表

元素及含量	过量	缺乏
Mn 10~20 mg	引起动脉粥样化、影响中枢神经系统造成记忆下降等	导致神经系统损害、引发震颤麻痹综合征等
Ni ~10 mg	引起、肺癌、白血病、哮喘、性功能障碍等	引起肾衰、肝硬化、尿毒症、糖尿病等病症
Mo ~9 mg	导致痛风症，肾脏受损、生长发育迟缓、动脉硬化等	导致贫血、生长发育迟缓、神经异常、智力发育迟缓等
Co 1.1~1.5 mg	引起呕吐、食欲不振、腹泻等	导致心血管疾病、贫血症、老年痴呆症、性功能障碍等

　　虽然微量的金属离子对人体健康是至关重要的，但过量的金属离子也可能同样危及人类的生命。为了避免金属元素过量影响人体健康，金属离子螯合剂的作用相继受到了人们的广泛关注并已有许多深入的研究，但人体中金属离子的平衡是复杂的。无论是由于遗传原因还是环境原因，金属离子的过量或缺乏，都可能导致疾病。

11.1.2　金属离子相关疾病

　　威尔逊氏（Wilson）病和门克斯病是最著名的金属相关疾病例子，这两种遗传性疾病都是由先天铜代谢紊乱引起的，说明了铜离子在人类医学中的重要作用。威尔逊氏病是一种常染色体隐性遗传病，由铜转运酶 ATPase 2（Cu-ATPase ATP7B）突变引起。疾病的起因是"游离"（非铜蓝蛋白结合）铜离子释放到血液中，而没有进入胆汁中（在胆汁中铜离子可以通过肠道排出体外）。铜离子因此在肝脏、角膜和大脑组织中积累，会导致肝硬化，并影响患者的神经、心脏和胰腺等器官。威尔逊氏病的治疗包括需要终生避免摄入高铜食物并且坚持服用强效铜螯合剂和锌盐。其治疗方法通常使用铜螯合剂 D-青霉胺，并用曲恩汀或锌盐进行维持治疗。如果在疾病早期或针对孕妇和儿童的治疗，锌可有效地延缓症状性疾病的发作。

　　青霉胺是治疗威尔逊氏病的第一种有效的口服铜螯合剂，它能螯合组织中的铜，使其通过尿液排出体外。虽然这种方法对于威尔逊氏病非常有效，但青霉胺除了会引起蛋白尿、骨髓抑制、自身免疫反应和神经系统症状恶化等副作用外，还会引起部分患者发生过敏反应。不良反应的高发生率导致临床医生最近更倾向于使用曲恩汀作为一线治疗药物，曲恩汀是一种机制类似青霉胺的铜螯合剂。虽然曲恩汀（通常与锌联合使用）会引起与青霉胺相似的副作用，但其副作用发生率较低。

　　不像青霉胺和曲恩汀，锌剂不是铜螯合剂。相反，锌的作用是通过减少胃肠道对铜的全身吸收，增加肠细胞金属硫蛋白的水平。金属硫蛋白是一种内源性铜螯合剂，可将铜隔离在肠细胞中。由于肠细胞每隔几天就会脱落，细胞内的铜就会随粪便排出。为了药物的有效性，锌剂必须空腹服用（即与食物或饮品分开至少 1~2 h）。锌剂胶囊在胃内的快速溶解会导致胃肠道不适，这是锌的主要不良反应，在约 25% 的患者中观察到了这一点。

　　除了与铜离子相关的疾病之外，还有许多与金属离子相关的疾病，例如缺铁性贫血。

缺铁性贫血是由铁离子摄入不足、吸收不良或丢失过多导致的一种贫血。铁离子是血红蛋白的组成部分，缺乏铁离子会影响血红蛋白的合成，导致贫血。缺铁性贫血的症状包括乏力、头晕、心慌等。补充铁剂是缺铁性贫血的主要治疗手段。铁剂药物是补充铁离子的药物，主要用于治疗缺铁性贫血。这类药物通常以铁盐的形式出现，如硫酸亚铁、葡萄糖酸亚铁等。这些铁盐在体内被吸收后，可提高血红蛋白含量，改善缺铁性贫血症状。此外，还有一些铁螯合剂如去铁胺（Deferoxamine）等，可用于治疗铁过载症。

可见，金属离子与人体的正常功能的运作息息相关，而其相关功能的实现多数是通过与蛋白质结合来实现的。

11.2　金属酶与金属蛋白

金属酶与金属蛋白就是这样的一类与金属离子结合的蛋白质，在生物体内发挥着重要生物学功能。金属酶与金属蛋白通过结合金属离子来实现它们的生物学功能，这些金属离子可以是必需的微量元素，如铁、锌、铜等，也可以是其他金属离子，如镉、铅等。金属酶和金属蛋白的功能涉及许多生理过程，包括呼吸、代谢、DNA 修复和免疫等。因此，它们对人体健康至关重要。了解金属酶和金属蛋白的结构和功能不仅对理解生命科学和生物医学有帮助，也对开发新的金属药物和治疗方法具有重要的意义。

本节将介绍金属酶和金属蛋白的结构和功能，并探讨它们在生命科学和医学领域中的应用。通过深入了解这些生物分子的特性，我们可以更好地理解金属离子在人体中的作用机制。

11.2.1　生物催化剂——酶

1. 酶的发现与定义

在任何化学反应中，反应物分子必须超过一定的能阈，成为活化的状态，才能发生变化，生成产物。这个能阈称为活化能（Activation Energy，E_a）。催化剂的作用主要是降低反应所需的活化能，从而加速反应的进行。酶和一般催化剂的作用机理都是降低反应的活化能。酶是生物催化剂（Biological Catalyst），与非生物催化剂相比，它具有两方面的特性：①具有极高的催化效率和温和的反应条件，它能在常温常压下反应，且反应速率快，其催化效率是一般催化剂的 $10^3 \sim 10^7$ 倍；②催化作用的专一性，即一种酶只催化一种反应。酶与一般催化剂一样，只能催化热力学允许的化学反应，缩短达到化学平衡的时间，而不改变平衡点。酶作为催化剂在化学反应的前后没有质和量的改变。工业用的生物催化剂是游离或固定化的酶或细胞（酶的载体）的总称。死的细胞或干细胞制剂也具有催化作用，但其细胞已无新陈代谢能力，往往不能进行辅酶或辅基（酶的组成部分）的再生，只能进行简单的酶反应，属于一种不纯的酶催化剂。

酶的知识来源于生产实践，我国早在四千多年前的夏禹时代就盛行酿酒，周朝已开始制醋、酱，并用曲来治疗消化不良。酶的系统研究起始于 19 世纪中叶对发酵本质的研究。

1867 年，德国人库内（Kuhne）使用酶（Enzyme）这一术语表述催化活性。Enzyme 来自希腊文，原意为"在酵母中"（酵素），中文译为"酶"。巴斯德（Pasteur）提出，发酵离不了酵母细胞。1896 年，布赫纳（Buchner）兄弟成功地用不含细胞的酵母液实现发酵，能把一分子葡萄糖转化成两分子乙醇和两分子二氧化碳，说明具有发酵作用的物质存在于细胞内，并不依赖活细胞，细胞只是酶的载体。1913 年，米凯利斯（Michaelis）和门顿（Menten）在总结前人工作的基础上，根据中间产物学说提出了酶促反应动力学原理——米氏学说。米氏方程的建立对酶由定性到定量的研究和作角机理的探讨提供了方法。1926 年，萨姆纳（Sumner）首次从刀豆中提取出脲酶结晶，并证明这种结晶能催化尿素水解，产生 CO_2 和氨，提出酶的本质是蛋白质。这个观点直到若干年后获得了胃蛋白酶、胰凝乳蛋白酶、胰蛋白酶的结晶才被普遍接受，萨姆纳因此获得了 1947 年诺贝尔化学奖。现已有 2000 余种酶被鉴定出来，其中有 200 余种得到结晶。特别是近 30 年来，随着蛋白质分离技术的进步，酶的分子结构、酶作用机理的研究得到发展，有些酶的结构和作用机理已被阐明。20 世纪 50～60 年代，发现酶有相当的柔性，考斯兰德（Koshland）提出了诱导契合理论，以解释酶的催化理论和专一性，同时也弄清某些酶的活性与生理条件变化有关。1961 年，莫诺德（Monod）及其同事提出了变构模型，用于定量解释有些酶的活性可以通过结合小分子（效应物）进行调节，从而提供了认识细胞中许多酶调控的基础。1969 年，首次报道了由氨基酸单体化学合成牛胰岛素核酸酶。这个化学合成定性地证明了酶和非生物催化剂没有区别。最近发现除了经典酶以外，某些生物分子也有催化活性。1982 年，切赫（Cech）小组发现，四膜虫的 rRNA 前体能在完全没有蛋白质的情况下进行自我加工，催化得到成熟的 rRNA 产物，这说明蛋白质也可能是酶的载体，也许是能与酶相互作用，具有载体效应的催化剂载体。这就是说，RNA 本身是生物催化剂，可称之为"Ribozyme"。总之，酶与化学催化剂具有一样的属性。但它大量存在于生物体内，是生命的源泉，所以称它为"生物催化剂"。酶的定义可以总结如下：酶是生物体内能进行自我复制的生物催化剂。它与化学催化剂一样，能影响热力学上可能的过程，具有加速作用和定向作用。能在温和条件下（即生命体能生存的条件下）高度专一，有效地催化底物（即反应物）发生反应，而反应之后，本身没有变化，不改变热力学平衡。

2. 酶的本质与分类

1926 年，随着脲酶的提取以及结晶，萨姆纳确定了的酶的化学本质是蛋白质。这一发现结束了长久以来的关于酶化学本质问题的争论。此后，分离技术的建立为酶的结晶、分子结构、化学本质以及详尽的催化机制的研究提供了条件，并确定了酶与蛋白质的特性相同，由此证明了酶的化学本质是蛋白质。随着研究的深入，人们也陆续发现少数 RNA 分子也具有催化活性，这些 RNA 被称之为核酶。核酶的发现，丰富了人们对于酶的化学本质的认知。

1）酶的本质

酶是一类由活细胞产生的，对特异底物具有高效催化作用的蛋白质或核酸分子。除少数 RNA 具有催化能力外，酶一般是指具有催化功能的蛋白质。通常情况下，蛋白质并非以完全伸展的多肽序列而以折叠成更高水平的结构组织形式才能行使其催化功能。每一种蛋白质都有其特定的三维结构，这种空间结构由多肽链的一级序列盘绕成二级结构，进而紧密折叠成三级结构，且多条多肽链以规则的方式排列，形成酶的四级结构。而每种酶的催化功能往往由它的三维结构或特定构象决定。研究蛋白质结构的常用方法有 X 射线晶体衍射、核磁共振以及冷冻电镜等。当酶处于加热、低 pH、高 pH 环境或暴露于化学变性剂时，酶结构会展开（变性），这种对结构的破坏通常会导致酶活性丧失。酶变性通常与高于物种正常水平的温度有关。因此，处于高温环境（如温泉等）中的物种产生的酶因具有在高温下发挥作用的能力而在工业应用上受到青睐。因此对酶结构与其催化功能的关系的研究就尤为重要。

酶通常比它们的底物大得多，大小范围可以是几十个氨基酸残基（例如，4-草酰巴豆酸互变异构酶，62 个残基）到数千个氨基酸残基（动物脂肪酸合酶，2500 多个残基）。大多数情况下，酶只有一小部分结构（2～4 个氨基酸），直接参与催化（催化位点，Catalytic site）。催化位点位于一个或多个结合位点（Binding Site）旁边：结合位点的残基使底物定向，促进催化反应进行。酶的活性位点（Active Site）是由结合位点、催化位点一同组成的。而活性位点的精准定位及动力学要依靠其他位于酶结构中的大多数氨基酸残基来维持。在某些酶中，没有氨基酸直接参与催化作用；这些酶包含结合和定向催化辅助因子（Cofactor）的位点。酶结构也可能包含变构位点（Allosteric Site），其中小分子的结合会导致构象变化，从而增加或减少酶的活性。

2）酶的分类

根据酶的组成成分，可分单纯酶和结合酶两类。

单纯酶（Simple Enzyme）是基本组成单位仅为氨基酸的一类酶。它的催化活性仅仅决定于其蛋白质结构。脲酶、消化道蛋白酶、淀粉酶、酯酶、核糖核酸酶等均属此列。

结合酶（Conjugated Enzyme）的催化活性，除蛋白质部分［酶蛋白（Apoenzyme）］外，还需要非蛋白质的物质，即所谓酶的辅助因子，两者结合成的复合物称作全酶（Holoenzyme），即

$$全酶 \quad = \quad 酶蛋白 \quad + \quad 辅助因子$$
$$（结合蛋白质） \qquad （蛋白质部分） \qquad （非蛋白质部分）$$

酶的辅助因子可以是金属离子，也可以是小分子有机化合物。常见酶含有的金属离子有 K^+、Na^+、Mg^{2+}、Cu^{2+}（或 Cu^+）、Zn^{2+} 和 Fe^{2+}（或 Fe^{3+}）等。它们或者是酶活性的组成部分，或者是连接底物和酶分子的桥梁；或者在稳定酶蛋白分子构象方面所必需的。小分子有机化合物是一些化学稳定的小分子物质，其主要作用是在反应中传递电子、质子或一些基团，常可按其与酶蛋白结合的紧密程度不同分成辅酶和辅基两大类。辅酶（Coenzyme）与酶蛋白结合疏松，可以用透析或超滤方法除去；辅基（Prosthetic Group）与酶蛋白结合紧密，不易用透析或超滤方法除去。辅酶和辅基的差别仅仅是它们与酶蛋白结合的牢固程度不同，而无严格的界限。在结合酶的催化过程中，酶蛋白与辅因子分别行使不同的功能，二者缺一不可。其中，酶蛋白主要起到特异性的结合底物，保障反应高效进行的作用，而辅因子通常起到作为原子、电子或者基团载体并促进反应进行的作用。酶蛋白需要与辅因子共同作用才能高效地完成结合酶的特异性催化过程。依据结构特征，可以将酶分子分为单体酶、寡聚酶和多酶复合体。

单体酶：由一条多链组成的酶，分子量相对较小。该类酶数量较少，较常见于水解酶中，如溶菌酶和胰蛋白酶。

寡聚酶：是由非共价键结合的相同或者不同的亚基组成的酶，如乳酸脱氢酶和丙酮酸激酶。寡聚酶中不同亚基之间可以通过 4 mol/L 的尿素实现分离，分离的亚基是不具备催化活性的。

多酶复合体：多个酶通过非共价键连接而成，各个酶依次参与完成一系列连续催化的化学反应，有助于高效完成催化反应。这种酶的分子量较大，通常在几百万以上。

1961 年，国际酶学委员会（International Enzyme Commission，EC）提出了酶的系统分类法。该系统按酶催化反应的类型将酶分成六个大类，分别用 EC1、EC2、EC3、EC4、EC5、EC6 编号表示（表 11-2）。酶的系统命名法由 4 个数字组成，其前冠以"EC"。编号中第一个数字表示酶的类别，第二个数字表示类别中的大组，第三个数字表示每大组中各个小组编号；第四个数字为各小组中各种酶的流水编号。如 EC 3.4.4.4（胰蛋白酶）中，"3"表示水解酶类，第二个数字"4"表示该酶作用于肽键，第三个数字"4"表示该酶作用于肽-肽键而不是肽链两端肽键，第四个数字"4"表示登记的流水编号。

表 11-2　酶的分类

酶种类	反应式	功能及典型亚类
氧化还原酶（EC1）	$A_{red}+B_{ox} \rightleftharpoons A_{ox}+B_{red}$	催化底物的氢原子转移、电子转移、加氧或引入羟基的反应，例如氧化酶、加氧酶、还原酶、过氧化物酶、脱氢酶及羟化酶等
转移酶（EC2）	$A—B+C \longrightarrow A+B—C$	将某些原子团由一种底物转移或交换至另一底物上，例如糖基转移酶、甲基转移酶、转醛醇酶、转酮酶、酰基转移酶、烷基转移酶、转氨酶、磺基转移酶、磷酸转移酶、核苷酸转移酶等
水解酶（EC3）	$A—B+H_2O \longrightarrow A—H+B—OH$	加速底物水解，例如淀粉酶、酯酶、脂肪酶、糖苷酶、蛋白酶、硫酸酯酶、磷脂酶、氨基酰化酶、核酸内切酶、核酸外切酶、卤代酶等
裂合酶（EC4）	$A—B \rightleftharpoons A+B$	促进基团从底物上脱去，留下双键反应或催化其逆反应，例如脱羧酶、醛缩酶、酮酶、水合酶、多糖裂解酶、解氨酶等
异构酶（EC5）	$A—B—C \longrightarrow A—C—B$	催化底物分子的空间异构化反应，例如消旋酶、差向异构酶等
连接酶（EC6）	$A+B+ATP \longrightarrow A—B+ADP+Pi$	催化 ATP 及其他高能磷酸键断裂的同时，使另外两种物质分子产生缩合作用，促进 C—C、C—S、C—O、C—N 等单键的形成，包括合成酶、羧化酶等

3）酶的催化功能及表达

反应体系中反应物分子的能量不尽相同，其中只有部分能量达到某一限度值的分子才能变成活化分子，只有活化态的分子之间才能发生有效的碰撞从而发生化学反应。对于非酶促反应来说，分子活化一般通过两种方式：①通过加热或者光照的方式增加反应体系的能量，从而活化分子；②使用恰当的催化剂，催化剂的存在能够改变反应路径，促使反应能够沿活化能较低的路径进行。

对于酶促反应来说，酶的作用与非酶催化剂相同，都是通过改变反应路径降低反应所需的活化能，从而增加了活化分子之间的有效碰撞，加速了反应的进行。除了以上共同之处，酶促反应又能够在温和的条件下高效和特异地催化生物体内的化学反应。酶促反应的这些特征与酶活性中心的结构密切相关。酶催化效率由酶的内在属性和外在环境条件共同决定，其中酶的内在属性决定了酶催化效率的基本范围，而外在环境条件如底物类型、反应温度、pH、底物浓度、底物摩尔比、溶剂的选择等微环境，决定了酶催化效率的实现程度。酶促化学反应中过渡态中间复合物形成，导致活化能降低，是反应进行的关键步骤，任何有助于过渡态形成的因素都是酶催化机制的一个重要组成部分。由于酶只降低产物和反应物之间的能量势垒，因此酶总是催化双向反应，不能推动反应向前或影响平衡位置。

4）酶作用催化机制

酸碱催化

通过提供质子（H^+）与接受质子的作用，来降低反应所需的活化能，这种催化理论称为酸碱催化机制。酶蛋白结构中的氨基酸残基侧链提供了苏氨酸、丝氨酸、精氨酸、赖氨酸、酪氨酸、胱氨酸、组氨酸、天冬氨酸、谷氨酸等酸碱催化基团（表 11-3）。此外，带有羧基的肽主链也经常被使用。胱氨酸和组氨酸也很常见，因为它们具有接近中性 pH 的 pK_a（Acid Dissociation Constant，酸解离常数），可以接受和提供质子。许多涉及酸碱催化的反应机制都假定 pK_a 发生了显著变化。这种 pK_a 的改变可能通过残基的局部环境来实现。pK_a 也会受到周围环境的显著影响，以至于溶液中的碱性残基可能充当质子供体，反之亦然。

表 11-3　酶活性中心的酸碱功能基团

广义酸基团（质子供体）	广义碱基团（质子受体）	广义酸基团（质子供体）	广义碱基团（质子受体）
—COOH	—COO⁻	—SH	—S⁻
—NH₃⁺	—N̈H₂	（酚羟基 —OH 结构）	（酚氧负离子 —O⁻ 结构）
—NH（胍基 NH₂⁺/NH₂ 结构）	—NH（胍基 N̈H/NH₂ 结构）	（咪唑 NH⁺ 结构）	（咪唑 N̈ 结构）

共价催化

当底物和酶在催化过程中构成中间复合物时，称为共价催化，这种中间复合物是由于酶的某些基团攻击底物的某些特定基团而形成的共价中间产物，即底物与酶活性位点中的残基或辅因子形成瞬时共价键，这种催化理论称为共价催化（Covalent Catalysis）机制。共价催化不是降低反应途径的活化能，而是为反应提供了替代途径（通过共价中间体）。

邻近效应和定向效应

邻近效应（Approximation Effect）是指在酶促反应中，底物分子向酶的活性中心靠近，最终结合到酶的活性中心，提高了反应速度。定向效应（Orientation Effect）是指底物的反应基团之间或酶的催化基团与底物的反应基团之间的正确取位产生的效应。对酶催化来说，必须是既"邻近"又"定向"，只有当它们同时作用时，才可以形成过渡态，共同产生较高的催化效率（图 11-1）。

(a)不靠近、不定向　　(b)靠近、不定向　　(c)靠近、定向

图 11-1　两个基团邻近和定向示意图

底物分子形变或扭曲

酶和底物结合后会导致底物分子产生变形、扭曲与构象改变，使其尽可能处于过渡态，进而使反应的活化能降低，反应速度加快。例如，X 射线晶体衍射证明，溶菌酶与底物结合后，底物中的乙酰葡萄糖胺中吡喃环可从椅式扭曲变成船式，导致糖苷键断裂，实现溶菌酶的催化作用（图 11-2）。

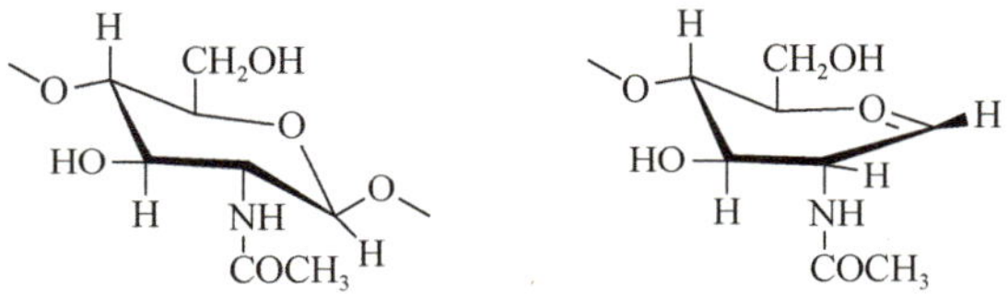

(a)椅式　　　　　(b)沙发式

图 11-2　乙酰葡糖胺残基中吡喃环的扭曲

金属离子的催化

大部分酶表现出活性时要依靠金属离子的存在。活性位点中参与催化作用的原理主要为屏蔽及稳定电荷。金属离子有以下几种方式参与催化作用：①同底物相结合，以明确反应方向；②对氧化还原反应进行调节；③利用静电作用使负电荷掩蔽或稳定。

活性中心的低介电性（又称微环境效应）

酶活性中心上的催化基团所处的一种特殊疏水反应环境，使得催化基团被低介电环境包围，同时排除高极性的水分子，使反应加速进行，这种作用称为微环境效应。

5）酶催化功能的表达

酶是催化剂，所以工业催化剂的活性、选择性和稳定性，酶都必须具备。在工业催化剂中活性常用转化率表示，即反应掉的反应物量被进入催化反应体系的反应物量除。在酶催化反应中，底物就是反应物，所以转化率为

$$转化率\% = 反应掉的反应物量 / 进入催化反应体系的反应物量$$
$$= 消耗的底物量 / 原有的底物量$$

稳定性：酶的稳定性通常是指热稳定性。在蛋白质生物化学中常使用变性温度（蛋白质结构或酶结构变性）T_m 来度量。工业上，生物催化剂（酶）稳定性常以酶消耗数（酶单耗）来表示，生成单位产物的耗酶量 = 消耗的酶量/生成的产物量。

6）影响酶催化效率的因素

酶的内在属性决定了其催化天然底物的效率。通过对数千种天然酶的 k_{cat} 和 K_m 值的分析发现，中央代谢途径中的酶催化活性平均比次级代谢途径酶高 30 倍左右。底物的物理化学性质影响酶动力学参数，具体地说，低分子质量和疏水性似乎限制了 K_m 值的优化，导致了酶的平均效率偏"中等效率"，并且表现出的催化效率水平远远低于"完美酶"所期望的扩散极限水平。

酶催化反应的条件也是影响酶催化效率的重要因素，包括有机溶剂、底物浓度、温度、水活度及酶微环境的 pH 等。非水相酶催化体系中，反应介质如离子液体、有机溶剂体系、超临界 CO_2 流体、离子液体和超临界二氧化碳混合双相、低共熔溶剂、双水相、微乳液、反相微乳液等的选择均可影响酶的催化效率，甚至反转酶催化反应的方向。

11.2.2　金属酶和模拟酶

金属蛋白和金属酶在生物体中发挥着多种至关重要的作用，包括电子传递、氧的贮存和运输、生物催化以及小分子生物传感等。尽管如此，作为金属蛋白或金属酶辅因子或辅基的金属离子（约 14 种）/金属配合物（血红素等）/金属簇合物（铁硫簇等）却非常有限，这在一定程度上限制了天然酶的功能范围。调控和拓展天然酶的功能，甚至创造出优于天然酶的人工金属酶（Artificial Enzymes），是近二十年生物无机与化学生物学研究领域中的热点之一，取得了丰硕的研究成果。

1. 金属酶

金属酶（Metalloenzyme）就是必须有金属离子参与才有活性的酶，它们在各种重要的生命过程中完成着专一的生化功能。金属酶实际上是一种生物催化剂，它们使得生物体内一系列复杂的化学反应能够在常温常压温和条件下顺利地完成。目前已知生命体系中约有三分之一的酶需要有金属离子参与才能显示活性。根据金属酶其所催化的反应的不同，可以分为以下六种：氧化还原酶（Oxidoreductase）、转移酶（Transferase）、水解酶（Hydrolase）、异构化酶（Isomerase）、裂解酶（Lyase）和连接酶（Ligase）或称合成酶（Synthetase）。金属酶中所含金属离子的作用可以概括为：金属离子与酶蛋白结合，从而使蛋白有特定的结构和稳定性，而且这种特定的结构和稳定性与其催化活性密切相关；通过金属离子与底物分子间的相互作用，使底物分子定向，从而发生专一的、选择性的催化反应；形成活性中心，提供酶催化反应的活性部位。金属离子与蛋白质形成的配合物，其主要作用不是催化某个生化过程，而是完成生物体内诸如电子传递之类特定的生物功能，这类生物活性物质被称为金属蛋白（Metalloprotein）。

金属酶和金属蛋白中金属离子的结合方式有：金属离子与蛋白链中氨基酸残基通过配位作用直接结合，最常见的有组氨酸（His）残基侧链上咪唑基团的氮原子，半胱氨酸（Cys）、甲硫氨酸侧链上的硫原子等；金属离子与无机硫等其他原子形成簇合物后再结合到蛋白质上，如铁硫蛋白中的[2Fe-2S]、[3Fe-4S]、[4Fe-4S]簇以及固氮酶中钼铁硫簇合物等；金属离子与辅基（例如血红素、叶绿素、钴胺素等）结合，然后通过辅基与蛋白连接。

1）电子传递——铁硫蛋白

铁硫团簇是在 20 世纪 60 年代初用特征电子顺磁共振信号纯化酶时发现的。最早发现的一些铁硫蛋白包括植物和细菌铁氧化还原蛋白以及细菌和线粒体的呼吸复合物 I～III。铁硫蛋白存在于所有生命体中，因其在细胞生物化学和维持能量稳态中的重要性而日益得到认可。铁硫簇是最古老和最通用的无机辅因子之一，由铁原子和硫原子的各种组合组成，通常与铁硫蛋白的半胱氨酸配体结合。常见的铁硫团簇包括由两个铁原子和两个无机硫原子组成的菱形团簇（[2Fe-2S]），它通常作为更复杂的 Fe-S 团簇的基本构成模块，以及由四个铁原子和四个硫原子组成的立方体类型（[4Fe-4S]）（图 11-3），它们含有铁（$Fe^{2+/3+}$）和硫化物（S^{2-}），顶面上的两个铁原子共用一个混合轨道，其中一个电子离域使得每个铁原子具有 2.5+ 的功能电荷，而不是一个铁原子具有 3+ 的电荷而另一个铁原子独占一个电子以将其电荷减少到 2+。立方体簇中成对铁原子之间的电子离域在能量上是非常有利的，因为 Fe-S 簇不需要实质性地重组其组分和配体来共享电子。硫原子非常适合结合铁作为桥接配体，部分原因是相对较小的硫核适合广泛的铁硫簇几何形状。铁的存在，通过桥接硫原子来稳定，使得立方体 [4Fe-4S] 簇有可能接受单个电子进入重叠的混合轨道，其中单个额外的电子可以在两个铁原子之间离域（图 11-3）。重要的是，许多铁硫簇，包括普通立方体簇，可以接受和提供单个电子，而无需大幅重组其内部几何形状和蛋白质接触。电子-电子转移可以在不进行高耗能的蛋白质重组的情况下发生，这是铁硫蛋白能够在大型蛋白质复合物（如线粒体复合物 I）的不同金属中心之间或在单个蛋白质的多个簇（如 SDHB）之间快速转移电子的主要原因之一。

图 11-3　菱形[2Fe-2S]铁硫簇与立方体[4Fe-4S]团簇

铁硫簇最常见的功能是电子转移，可以接受或提供单电子来进行氧化和还原反应，这是基于 Fe 在氧化态 +2 和 +3 之间转换的倾向。在给定的蛋白质环境中，铁硫簇可以采用 $-500\,\mathrm{mV}$ 到 $+300\,\mathrm{mV}$ 的氧化还原电位。因此，铁硫簇可以在各种生物反应中作为优秀的电子供体和受体（图 11-4）。例如细菌和线粒体呼吸复合体 I～III、光系统 I、铁氧化还原蛋白和氢化酶。铁硫簇的另一个被充分研究的功能是酶催化，一个典型的例子是乌头酸酶，其中 [4Fe-4S] 簇一端的非蛋白质配位铁作为路易斯酸，帮助从柠檬酸盐（底物）中提取水，将其转化为异柠檬酸盐。细菌和真核生物的 Fe-S 酶在代谢过程中具有许多其他催化功能。然而，在许多情况下，铁硫簇的确切作用仍然不清楚，因此在某些蛋白质中，铁硫簇可能只是起结构作用。铁硫簇的第三个一般作用是感知环境或细胞内条件以调节基因表达。例如，细菌转录因子 FNR、IscR 和 SoxR，它们分别感知 O_2、Fe-S 簇和超氧化物/NO。激活和抑制状态之间的切换取决于铁硫簇（FNR 或 IscR）的存在与否，或 SoxR18 中存在的 [2Fe-2S]簇的氧化还原状态。

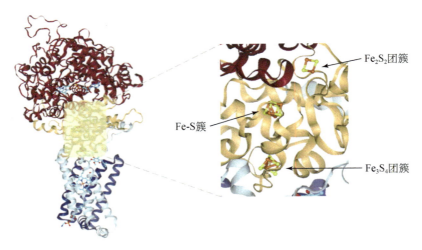

图 11-4　人体呼吸复合体的低温电镜结构（黄色：硫；橙色：铁）

在氢化酶和固氮酶等中发现了更大更复杂的 Fe-S 团簇，这些酶通常还含有其他金属，比如镍、钼。Fe-S 簇通常通过半胱氨酸或组氨酸残基与铁离子的配位而整合到蛋白质中，但已知其他配体（Asp、Arg、Ser、CO、CN^-等），特别是在更复杂的 Fe-S 簇中，已经发现了几种不同的结构褶皱来协调这些简单的 Fe-S 簇。然而，从蛋白质序列中预测 Fe-S 簇的存在仍然很困难。

在细菌和真核生物中，Fe-S 蛋白的生物发生缺陷对其他一些细胞过程产生严重影响。一方面，这种联系可以通过特定 Fe-S 蛋白在氨基酸生物合成、柠檬酸循环、呼吸、辅助因子生物合成（血红素、生物素、硫辛酸和钼辅助因子）和基因表达（DNA 复制、DNA 修复和翻译）等途径中的功能来解释。另一方面，一些 ISC 组件在其他细胞过程中执行第二个（兼职）功能。例如，转移 RNA 的硫修饰需要细菌中的 IscS 和线粒体 Nfs1-Isd11 作为硫供体。

Fe-S 蛋白生物合成原理：图 11-5 中加粗的数字对应以下步骤。①硫供体。半胱氨酸脱硫酶（在细菌中称为 NifS、IscS 或 SufS，在线粒体中称为 Nfs1-Isd11）释放硫，这是半胱氨酸形成铁硫簇以产生丙氨酸所必需的。②给铁体。铁不可能在溶液中游离，为了保证其准确地递送到支架蛋白，可能需要特定的铁供体。这种供体功能是由细菌（CyaY）和线粒体（Yfh1）ISC 组分完成的，它们结合铁、脱硫酶和支架蛋白 Isu1/IscU。③电子转移。将 S^0（存在于半胱氨酸中）还原为硫化物（S^{2-}，存在于 Fe-S 簇中）需要电子。电子传递功能可能由 ISC 组装机器的铁氧化还原蛋白还原酶和铁氧化还原蛋白以及 NIF 系统中 NifU 的中心铁氧化还蛋白样结构域提供。④支架蛋白。这些蛋白质为 Fe-S 簇的重新生物合成提供了平台。它们含有保守的半胱氨酸残基，并以不稳定的方式结合 Fe-S 簇，这意味着该簇可以转移到目标蛋白上并稳定整合。⑤簇转移蛋白。结合在支架上的不稳定 Fe-S 簇转化为载脂蛋白，载脂蛋白从载脂蛋白形式转化为 Holo 形式。

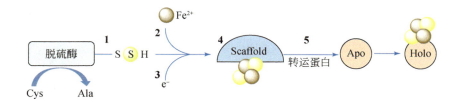

图 11-5　Fe-S 蛋白生物合成原理

2）二氧化碳的可逆水合——碳酸酐酶

碳酸酐酶（Carbon Anhydrase，CA）正式发现于 1932 年，1939 年被确认含有锌。在各种类型的金属酶中，碳酸酐酶是第一个被认为含有锌的酶，它普遍存在于所有生命体中，是迄今为止已知的催化效率最高的酶之一。该酶可高效催化二氧化碳（CO_2）的可逆水合，因此在呼吸中发挥关键作用，特别是通过血液溶解碳酸氢盐（HCO_3^-）运输 CO_2，并通过维持 CO_2/HCO_3^- 平衡在细胞内 pH 稳态中发挥关键作用。此外也可用于加速 CO_2 的捕获、转化和利用，以帮助实现碳中和。在众多碳酸酐酶种类中，来自人类的 CA Ⅱ 非常适合作为研究金属离子作用的模型系统，因为它的整体结构非常精细，具有原子分辨率（～1.0 Å）。它具有一个明确的活性位点，包含一个单一的金属结合位点（图 11-6）。

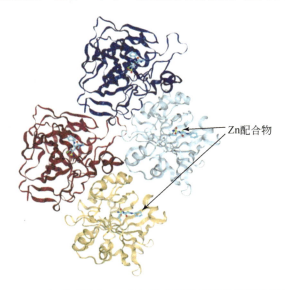

图 11-6　人碳酸酐酶 CA Ⅱ 与苯磺酰胺配合物的三维结构

碳酸酐酶可以极大提高二氧化碳转化为碳酸氢盐离子的速率和逆反应的速率。在水溶液中，二氧化碳在溶解气体和碳的形式之间快速交换。盐离子可以用来增强二氧化碳的传输，增强的极限是碳酸氢盐离子的传输。由于许多生物介质中碳酸氢盐离子的含量是溶解的 CO_2 分子的 20 倍以上，因此增强的运输可以成为主要的 CO_2 运输系统。

碳酸酐酶促进二氧化碳运输的三种类型的运输系统：①流动运输，例如肺毛细血管中的血液流动，其中酶使溶解的碳酸氢盐可快速转化为二氧化碳，并通过血液中碳酸氢盐的量有效地增加了运输的二氧化碳量，并通过碳酸氢盐的 A-V 差增加了消除的二氧化碳量；②扩散运输，例如发生在血管外空间，其中酶使碳酸氢盐向二氧化碳扩散运输；③仅由酶运输 CO_2。CO_2 与水形成碳酸氢盐离子的可逆反应可表示为

$$CO_2 + H_2O \underset{}{\overset{碳酸酐酶}{\rightleftharpoons}} HCO_2^- + H^+$$
$$H_2CO_3$$

Gibbons 和 Edsall 等提出，在酶存在的情况下，二氧化碳与水直接反应生成碳酸氢盐离子。平衡状态下溶解的二氧化碳和碳酸氢盐浓度的关系由简化方程（11-1）给出

$$pH = 6.1 + \frac{\lg\left[HCO_3^-\right]}{\left[CO_2\right]} \tag{11-1}$$

由此可见，在 pH 值大于 6.1 的溶液中，碳酸氢盐离子形式的二氧化碳比平衡状态下溶解的二氧化碳形式的二氧化碳多；例如，pH 值为 7.4 的人血浆中碳酸氢盐离子的含量是二氧化碳分子的 20 倍。

在碳酸氢盐存在的情况下，碳酸酐酶在促进 CO_2 扩散中的作用已经得到证实。这种机制必须在酶存在于动物或植物水溶液中才能起作用：①pH 值超过 6.1 时；②酶浓度足够时；③溶液中没有电场时，它占扩散 CO_2 输运的大部分。

图 11-7 为组氨酸和水分子在活性位点底部与锌形成配位键：①氢离子从水分子中释放，形成锌结合的氢氧化物；②锌结合的氢氧化物上的孤对电子亲核攻击二氧化碳；③形成碳酸氢盐四面体中间体；④这个四面体中间体被进入的 H_2O 分子从锌中置换。

在碳酸酐酶中自然存在的锌离子可以被其他金属离子人工取代，但只有钴(Ⅱ)和锌赋予酶可观的活性；在没有金属或有其他金属的情况下，酶在水合作用中实际上是无活性的。酶具有一个 pK_a 约为 7 的电离基团且只有碱性形式的酶具有催化活性。催化三联体通常由三个氨基酸残基和水分子/氢氧化物分子组成，它们与金属离子形成配位键。碳酸酐酶的活性位点有两个突出的区域，一个是疏水区，另一个是亲水区。疏水氨基酸在捕获 CO_2 分子中起重要作用，而亲水性氨基酸（Asn-62、His-64、Tyr-7、Thr-199-Og1、Thr-200-Og1 和 Asn-67）则负责 CO_2 水合反应产生的质子和碳酸氢盐的运动。

碳酸酐酶在动植物组织中的存在已被许多研究者报道。几乎不可避免的是，无论它在哪里，都将是决定二氧化碳运输速率的决定性因素；因此，该酶在从脊椎动物的肺和肾脏功能到植物的光合作用等代谢过程中发挥着重要作用。尽管在过去几十年中进行了广泛的研究，但由于碳酸酐酶的稳定性差和不理想的使用，相关技术仍然存在挑战。

3）氧载体——血蓝蛋白

血蓝蛋白最早发现于罗马蜗牛和马蹄蟹中，是存在于许多软体动物和节肢动物中的一种蓝色、含铜、不含血红素的携氧蛋白质（图 11-8）。它由 20～40 个亚基蛋白组成，每个亚基蛋白含有两个铜原子，可以结合一个氧分子（O_2），是已知的唯一可与氧可逆结合的铜

蛋白，在电镜下呈特征性立方体外形。血蓝蛋白根据物种的不同，亚基可以排列成二聚体或六聚体；二聚体或六聚体复合物同样以链或簇的形式排列，分子量为 450000～1300000，质量超过 1500 kDa。亚基通常是同质的，或具有两种变异亚基类型的异质亚基。由于血蓝蛋白的体积较大，与血红蛋白不同，它通常在血液中自由漂浮。它们作为氧运输分子的使用频率仅次于血红蛋白。和血红蛋白一样，该呼吸色素的颜色也与其状态有关，氧化导致颜色无色或白色 Cu(Ⅰ)脱氧形式和蓝色 Cu(Ⅱ)氧化形式之间的变化。

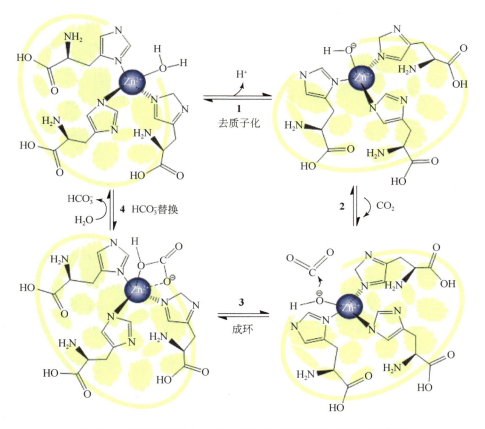

图 11-7　碳酸酐酶将大气 CO₂ 转化为碳酸盐的作用机理示意图

　　血蓝蛋白的主要生物学功能与机体内的输氧有关，它与血红蛋白（Hemoglobins）和蚯蚓血红蛋白（Hemerythreins）并称为动物界中的三种呼吸蛋白。但近年的研究表明，血蓝蛋白是一种多功能蛋白，它不仅具有输氧功能，而且还与能量的贮存、渗透压的维持及蜕皮过程的调节有关。特别引起学术界重视的是，血蓝蛋白还具有酚氧化物酶活性和抗菌功能，被认为是节肢动物和软体动物中的一种重要的免疫分子。

　　虽然血蓝蛋白的呼吸功能与血红蛋白相似，但其分子结构和机制存在显著差异。血红蛋白在卟啉环（血红素基团）中携带其铁原子，而血蓝蛋白的铜原子作为辅基结合，由组氨酸残基协调。血蓝蛋白的活性位点由一对铜(Ⅰ)阳离子组成，通过六个组氨酸残基的咪唑环的驱动力直接与蛋白质配位。使用血蓝蛋白进行氧气运输的物种包括生活在低氧压力的寒冷环境中的甲壳类动物。在这些情况下，血红蛋白氧运输的效率低于血蓝蛋白氧运输。然而，也有使用血蓝蛋白的陆生节肢动物，特别是生活在温暖气候中的蜘蛛和蝎子。该分子在高达 90℃ 的温度下构象稳定并完全发挥作用。血蓝蛋白不仅是无脊椎动物不可缺少的呼吸蛋白，而且由于其优异的抗菌性能，在免疫系统中也起着重要的作用。

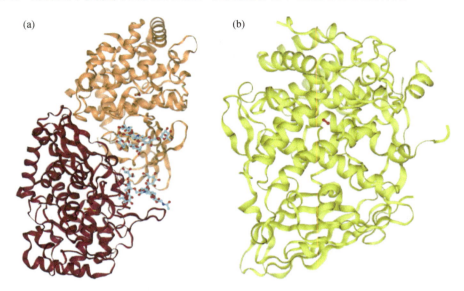

图 11-8　（a）章鱼血蓝蛋白的 3D 模型；（b）节肢动物血蓝蛋白的 3D 模型

血蓝蛋白有多种催化作用，特别是变性后，在特定条件下具有多酚氧化酶、过氧化氢酶和脂氧化酶等活性。在一些无脊椎动物中，多数动物的血液不含血红蛋白，如软体动物（头足动物和石鳖属等）以及节肢动物（虾、蟹及肢口纲的鲎）所含的是血蓝蛋白（亦称为血蓝素）。

虽然目前仍未测出软体血蓝蛋白的晶体结构，但为节肢动物血蓝蛋白的晶体结构分析提供了血蓝蛋白分子活性部位的结构信息。龙虾血蓝蛋白亚单位由 3 个结构区域组成。区域Ⅰ为蛋白的前 175 个氨基酸残基组，有大量的 α 螺旋二级结构；区域Ⅱ大部分也为 α 螺旋二级结构，由 225 个氨基酸残基（176～400 个）和氧分子键合部位的双铜离子组成；剩余的 258 个氨基酸残基（401～658 个）构成区域Ⅲ，并且类似于如超氧化物歧化酶等其他蛋白的 β 折叠二级结构。在区域Ⅱ的双铜活性中心中，每个铜离子与 3 个组氨酸残基的咪唑氮配位。未氧合时，2 个铜离子相距约 46 pm，相互作用很弱，没有发现 2 个铜离子之间存在着蛋白质本身提供的桥基。此时，每个铜离子与 3 个组氨酸残基咪唑氮的配位基本上是三角形几何构型。氧合后，Cu(Ⅱ)为四配位或五配位，两个铜离子与两个氧原子（过氧阴离子）和 6 个组氨酸残基中最靠近铜离子的 4 个组氨基酸残基咪唑氮强配位。此时，在一个近似的平面上，每个铜离子呈平面正方形几何构型，这是 Cu(Ⅱ)最有利的配位状况。氧分子以过氧桥形式在连接两个 Cu(Ⅱ)，两个 Cu(Ⅱ)相距约 36 pm。

血蓝蛋白的免疫防御功能是近年来无脊椎动物免疫学领域的最新发现，在免疫反应中，仅可表现出酚氧化酶的功能，而且可裂解产生不同分子量大小的抗菌片段以抵御病原的入侵。虽然其免疫机理目前尚不十分明确，但随着无脊椎动物的演变历程相信其终将被阐明。近年来，随着血蓝蛋白多种功能（特别是免疫活性）的不断发现，其作用机制、进化地位及相关应用研究已引起国际学界广泛关注。深入研究血蓝蛋白功能不仅有助于深化无脊椎动物（尤其是甲壳类）生理生化及免疫系统的基础理论研究，而且研究发现的广谱抗细菌、抗真菌、抗病毒活性及独特的作用机理，使血蓝蛋白有望成为新型抗菌药物、抗病毒制剂乃至抗肿瘤药物的潜在来源。中国是海洋大国，开发和利用海洋动物血蓝蛋白资源，将为研制抗菌新药提供理想分子设计骨架和模板，为发展新的抗感染药物奠定重要基础。

4）氮分子活化——固氮酶

元素氮是地球上所有生命所必需的，是我们 DNA 的一部分。大气中的分子态氮被还原成氨，这一过程叫作固氮作用。没有固氮作用，大气中的分子态氮就不能被植物吸收利用。地球上固氮作用的途径有三种：生物固氮（固氮微生物特有的一种生理功能，这种功能是在固氮酶的催化作用下进行的）、工业固氮（用高温、高压和化学催化的方法，将氮转化成氨）和高能固氮（如闪电等高空瞬间放电所产生的高能，可以使空气中的氮与水中的氢结合，形成氨和硝酸，氨和硝酸则由雨水带到地面）。据估算，每年生物固氮的总量占地球上固氮总量的 90%左右。可见，生物固氮在地球的氮循环中具有十分重要的作用。

许多原核生物和古核生物都能固氮，但至今尚未发现功能确切的固氮真核生物。已经确定明显具有生物固氮功能的微生物有细菌、放线菌和蓝细菌。它们都是原核微生物，分布在 50 多个属中的 200 多个种，它们各自需要特定的生活条件，部分种可用作菌种生产固氮菌肥。固氮微生物是指能将大气中游离的氮素转变成含氮化合物的微生物，如在固氮酶的催化作用下，将大气中的氮（N_2）还原为 NH_3（NH_4^+）。尽管 H_2 或质子和电子都能将 N_2 还原为 NH_3，但由于 N_2 具有很强的氮氮叁键（键解离能：941.7 kJ/mol），并且在水介质中具有相当负的单电子和双电子还原平衡电位，因此 N_2 可以被视为一种明显的惰性分子。从这个意义上说，固氮被认为是最难的酶促反应之一。催化该反应的生物辅助因子 FeMoco 和 FeVco，是迄今为止在蛋白质中发现的最大的金属辅助因子，具有独特的元素组成和核心结构。

固氮酶是一种能够将氮分子还原成氨的酶。固氮酶是由两种蛋白质组成的：一种含有铁，叫作铁蛋白，另一种含铁和钼，称为钼铁蛋白。钼铁蛋白中含有 7 个铁、9 个硫、1 个钼、1 个中心碳。

1960 年，人们获得了无细胞的固氮酶提取液，在此基础上，卡纳汉（Carnahan）和莫特森（Mortenson）等成功地实现了体外固氮。布伦（Bullen）和勒孔特（LeComte）进一步分离出固氮酶的两个组分钼铁蛋白（MoFe 蛋白）和铁蛋白（Fe 蛋白）。这两种蛋白单独存在时，都无固氮酶活性，只有二者整合在一起，形成复合体后，才具有固氮酶活性（因为这两种物质作为电子载体能够起到传递电子的作用）。固氮微生物需氧，而固氮必须是在严格的厌氧微环境中进行。组成固氮酶的两种蛋白质，钼铁蛋白和铁蛋白，对氧极端敏感，一旦遇氧就很快导致固氮酶的失活，而多数的固氮菌都是好氧菌，它们要利用氧气进行呼吸和产生能量。

固氮酶催化氮分子还原为氨的反应如图 11-9 所示。细胞代谢产生的电子从同型二聚体电子载体组分 Fe 蛋白的[Fe_4S_4]簇转移到代表催化组分的异四聚体 MoFe 蛋白上。在 MoFe

蛋白内部，P-簇（[Fe₈S₇]簇）接收来自 Fe 蛋白的电子并将其转移到活性位点 FeMo-辅因子，通常缩写为 FeMoco 或 M-簇。整个电子转移过程是 ATP 依赖的，铁蛋白具有两个 ATP 结合位点。在两个 ATP 分子结合后，Fe 蛋白与 MoFe 蛋白结合并向 MoFe 蛋白传递电子。随后 ATP 的水解被认为会导致构象变化，从而诱导 Fe 蛋白与 MoFe 蛋白的分离，在重复这一电子转移过程后，MoFe 蛋白积累电子，将 N_2 还原为两个 NH_3 分子，可能会产生一个 H_2 分子。其中，ATP 和 ADP 分别为三磷酸腺苷和二磷酸腺苷，Pi 为无机磷酸根离子。

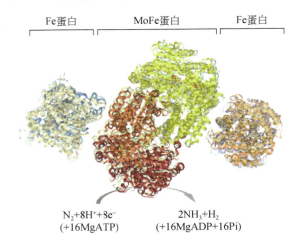

| Fe蛋白 | MoFe蛋白 | Fe蛋白 |

$N_2+8H^++8e^-$
$(+16MgATP)$

$2NH_3+H_2$
$(+16MgADP+16Pi)$

图 11-9　棕色固氮菌中固氮酶的组成及其金属辅助因子示意图

Fe 蛋白上有 3 种功能位点：[4Fe-4S]簇、MgATP 结合-水解位点、ADP-R 位点。前二者密切结合，关系到电子的传递。在固氮反应中，[4Fe-4S]簇改变氧还电势作为分子间电子传递的驱动力。反应首先由 $Na_2S_2O_4$、铁氧还蛋白、黄素氧还蛋白等电子供体提供电子将[4Fe-4S]$^{2+}$ 还原为[4Fe-4S]$^+$，[4Fe-4S]$^+$ 再将电子传递给钼铁蛋白后，[4Fe-4S]$^+$ 再转化为[4Fe-4S]$^{2+}$。传递一个电子要水解 2 个 MgATP。有的固氮生物（如巴西固氮螺菌）的 Fe 蛋白还含有 ADP-R 位点（ADP-核糖基化位点），参与固氮酶活性的调节。在氨存在的情况下，由 ADP-核糖转移酶催化铁蛋白的 ADP-核糖基化，抑制固氮酶活性；相反，ADP-核糖糖基水解酶除去 ADP-核糖，解除对固氮酶的抑制。

钼铁蛋白中含有 M-簇和 P-簇两种金属原子簇。P-簇是一类独特的[8Fe-7S]原子簇，位于 α 和 β 亚基二聚体的界面上。它能够进行多种氧化还原态的变化，P^N 经过不同程度的氧化转变为 P^{1+}、P^{2+}、P^{3+} 及 $P^{superox}$。这些不同氧化态的 P-簇都具有独特的电子顺磁共振谱（EPR）特征，为研究 P-簇的功能提供了有效的途径。P-簇是固氮酶反应中电子传递的中间体，负责接受和储存来自铁蛋白的[4Fe-4S]簇的电子并将电子传递到 M-簇。M-簇位于钼铁蛋白的 α 亚基内，仅通过 αCys275 和 αHis472 两个氨基酸残基与蛋白主链相连。它由一个[4Fe-3S]簇和一个[1Mo-3Fe-3S]簇通过 3 个 S 原子与二者中的 Fe 连接而成的 $Mo_1Fe_7S_9$ 原子簇。FeMoco 上连有一个高柠檬酸分子，高柠檬酸分子通过 2 个氧原子与 Mo 连接。MoFe 蛋白分辨率 1.16 的 X 射线晶体衍射显示，FeMoco 内还存在一个轻的原子，它以 6 个等同的键连接[4Fe-3S]簇和[1Mo-3Fe-3S]簇的 3 个 Fe 原子，这个轻的原子可能是 N（图 11-10）。

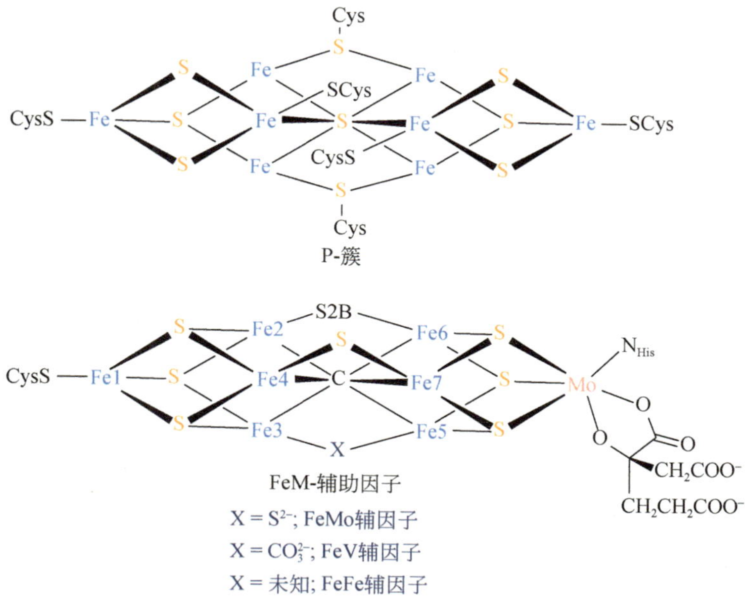

图 11-10 氮化酶 MFe 蛋白的 P-簇化学结构和 FeM-辅因子活性位点

MoFe 蛋白在固氮酶催化氮气等底物过程中起催化、络合作用。铁蛋白中的[4Fe-4S]簇将电子传递给 MoFe 蛋白的 P-簇，使其还原，然后 P-簇再将电子传递给 FeMoco，底物在此接受电子后被还原。可见 FeMoco 是固氮酶的活性中心，FeMoco 的结构以及其周围多肽环境的变化对固氮酶活性的影响是当前研究固氮催化机制的最活跃领域之一。

在 Bishop 等发现第二套固氮系统以前，人们一直认为，钼铁蛋白和铁蛋白组成的固氮酶系统是固氮生物中起固氮作用的唯一系统。Bishop 在对棕色固氮菌的研究中，发现存在另外一种固氮酶系统，使生物体在缺乏 Mo 的条件下可以固氮生长。这种含钒固氮酶只在无 Mo 而有 V 的条件下表达，由 VFe 蛋白和 Fe 蛋白组成，被认为是一种"备份"的固氮酶系统。Fe 蛋白由 vnfH 编码，分子质量为 64 kDa，结构和功能均与含钼固氮酶的铁蛋白类似；二者之间的同源性达 90%。钒铁蛋白的结构特性和钼铁蛋白相似，但除 $\alpha_2\beta_2$ 外，还含有一个小的 δ 亚基，组成 $\alpha_2\beta_2\delta_2$ 六聚体。VFe 蛋白含有一个与 FeMoco 类似的 FeVco 活性中心和一个与 MoFe 蛋白中具有相似波谱特性的 P-簇。在催化氮还原的过程中，与含钼固氮酶相比较，含钒固氮酶的催化过程会释放更多的 H_2，消耗更多的 MgATP。但是，含钒固氮酶在低温条件下比含钼固氮酶更具有活性，从而在进化过程中得以保存。

第三套固氮酶系统是铁铁固氮酶，其固氮活性极低，由 FeFe 蛋白和 Fe 蛋白组成。Fe 蛋白与含钼固氮酶系统中的 Fe 蛋白的氨基酸序列同源性只有 60%；FeFe 蛋白与 VFe 蛋白在 α 和 β 的氨基酸序列同源性为 55%，与 MoFe 蛋白的同源性只有 32%。这三套固氮酶分别由 nif、vnf 以及 anf 基因簇调控，它们的固氮能力表现为含钼酶＞含钒酶＞仅含铁酶。

2. 模拟酶

1）铁硫簇

铁硫簇在生物环境中的普遍存在、结构变化和功能多样性一直吸引着科学家。在自然界中，Fe-S 团簇形成各种形状和大小不同的化合物，从简单的$[Fe_2S_2]$菱形团簇到复杂的$[Fe_8S_7]$双立方体 P-团簇等等。Fe-S 簇在许多重要的生物过程中执行关键任务，包括电子转移、催化和传感，如细胞呼吸、基因表达、固氮、DNA 修复、辅因子生物合成等。从结构和传递电子的功能上看，呈菱形的$[2Fe-2S]$簇可以看作是组装的基本单位。呈立方体的$[4Fe-4S]$簇由两个$[2Fe-2S]$单元组装而成，$[3Fe-4S]$簇由一个 $[4Fe-4S]$丢失了一个 Fe 形成，而$[8Fe-7S]$簇是通过两个$[4Fe-4S]$单位解离一个 Fe 再相互融合而成。目前已知与铁硫蛋白中铁配位最常见是半胱氨酸，通过巯基对铁产生强亲和力，但与铁配位的除半胱氨酸之外，还包括组氨酸、天冬氨酸甚至精氨酸。

为了进一步了解 Fe-S 簇，人们已经在蛋白质环境外用各种单齿、双齿和三齿配体合成了它们（图 11-11）。除了提供对其生物学特性的深入了解外，Fe-S 簇的合成小分子模型已经产生了超出生物学观察到的氧化态和结构，并导致了许多小分子催化剂的发展。最近，Fe-S 簇被用于越来越多的领域，包括模型和人工蛋白质、仿生材料和治疗开发。Fe-S 簇在其生物学作用之外的高度实用性表明，这些地球上丰富的、具有氧化还原活性的、结构和功能多样化的簇在未来的利用中具有令人期待的前景。

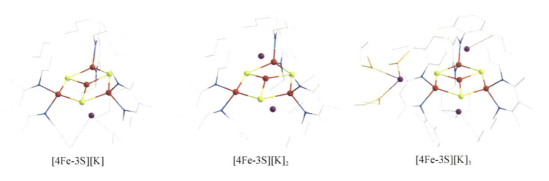

[4Fe-3S][K]　　　　　　[4Fe-3S][K]$_2$　　　　　　[4Fe-3S][K]$_3$

图 11-11　人工合成含[4Fe-3S]结构基元的化合物

$[Fe_6S_9]$簇在 20 世纪 80 年代初首次报道为$[Fe_6S_9(S\text{-}t\text{-}Bu)_2]_4$，是最早合成的 Femo 辅因子类似物之一。这些结构包含三种不同类型的桥接 S 原子，包括 μ_2-S、μ_3-S 和 μ_4-S。该结构还表现出 3-/4-/5-态之间的可逆氧化还原反应以及配体取代。最近，$[Fe_6S_9(SEt)_2]_4$簇被证明可以将 C1 底物转化为碳氢化合物。$[Fe_2S]$团簇模拟了 Fe-S 辅助因子中带硫的 Fe-S-Fe 配位。这些团簇可以采用低价氧化态，如 Fe(Ⅱ)-S-Fe(Ⅱ)、Fe(Ⅱ)-S-Fe(Ⅰ)和 Fe(Ⅰ)-S-Fe(Ⅰ)。低价氧化态被假设发生在生物固氮过程中。一些$[Fe_2S]$簇还可以结合 N 给体并切割 N-N 底物，这表明它们可能与理解氮酶 Femo-辅因子有关。

最近 Holland 等报道了一种合成的非立方体$[Fe_4S_3]$簇。它在三种不同的氧化态下被分离出来，并能还原肼。该簇还具有 NH_2 与中心三坐标铁原子结合的特征。这是同类结构中的第一个，它表明具有硫化物供体的三坐标铁中心可能参与了 Fe-S 簇（如固氮酶）的底物还原机制，为未来新型铁硫簇合成提供了基础和思路。

2）氢化酶

自然界中的铁氢化酶能够可逆催化质子还原产氢反应，蛋白质晶体研究结果表明其活性中心是一个具有双八面体蝶状几何构型的[2Fe-2S]簇，与已知的金属有机配合物 $[Fe_2(\mu\text{-}SR)(CO)\text{-}L]$ 非常相似。简单的结构组成和高效的催化性能引起了合成化学家的极大兴趣，人们期望对铁氢化酶活性中心结构进行化学模拟，揭示其催化产氢机理。

以 1971 年首例纯氢化酶的制备为起始，在随后的时间里，人们在关于其活性中心结构及催化机理、生物合成、生物技术应用等方面的研究工作取得了重大进展。研究工作的开展，尤其是活性中心单晶结构的测定，促进了化学模拟合成及性质研究的迅速发展（图 11-12）。

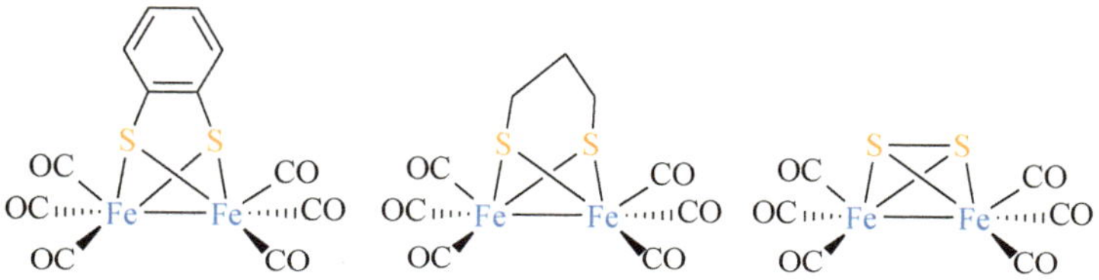

图 11-12　氢化酶活性中心模拟结构

2004 年，孙立成课题组报道了对桥头为氮原子的 ADT（氮杂硫醇盐）类模型物的合成及电化学研究。与桥头为碳原子的 PDT（丙二硫酸盐）类模型物不同，桥头原子为氮时会拥有碱性，有可能会结合质子。孙立成、Scholl Hammer 和 Talarmin、吴骊珠等课题组近年分别报道了一系列桥头氮原子连有不同烷基或连有含不同取代基的苯环的模型物，并发现它们普遍具有催化质子还原的能力。随着电化学及光谱电化学研究工作的开展，科学家们加深了对模型物催化过程的认识，与此同时合成工作也取得了进展，一系列桥头及骨架修饰的氢化酶模型物被合成出来。对这些模型物电化学性质的研究有利于判断桥头及骨架修饰对模型物性质的影响，从而筛选出催化性质更好的模型物，也对理解模型物的催化过程起到促进作用。

3）固氮酶

与生物固氮相对应的化学固氮是人类利用合成化学的方法，从自然界中的氮气获取氮元素的过程。与生物固氮不同，化学固氮是在高温高压、催化剂（Fe 为主催化剂）存在的苛刻条件下完成的。通过改进催化剂，降低反应温度和反应压力一直是合成氨技术发展的方向。而固氮酶常温常压的固氮过程无疑给合成氨工艺的改进提供了动力和借鉴。但是，两者还是存在本质差异的，合成氨技术中氢元素来源于廉价易得的氢气，而生物固氮中的氢元素来源于质子，并需要电子参与反应，这是工业中所不能忍受的。因此如何从生物固氮中得到灵感和启示来完成温和条件下的化学固氮，一直是化学工作者的梦想和目标。

20 世纪中期以来，配位化学的理论得到了迅速发展。一些金属配合物在小分子活化转化、催化有机反应等方面表现出良好的性质，其中就包括氮气的活化与转化。1965 年，第一个氮气配合物[Ru(NH₃)₅(N₂)]的合成表征标志着金属配合物固氮的起点。随着无机化学、金属有机化学理论的不断发展，X 射线单晶衍射等分析手段的建立和完善，越来越多的氮气配合物被合成出来，其中心金属几乎遍及了所有过渡金属元素。一些金属的氮气配合物被证明能够被质子化并进一步放出氨气，这使得化学工作者对利用金属配合物来实现化学固氮充满信心。目前，过渡金属配合物固氮是化学固氮领域研究最广泛的方向之一。

随着固氮酶活性中心铁辅基结构的逐步明了，进入新世纪以来，人们对化学模拟生物固氮的兴趣愈发高涨，研究论文成倍增长，并取得了一些阶段性成果。这些成果既是前人几十年来探索的收获，也为后人的研究提供了很好的借鉴和基础。此外，过渡系金属的氮气配合物在氮气的转化方面表现出了良好的性质，这为生物固氮的功能模拟提供了很好的思路。[Fe₈S₇]P-簇由两个共享 S 顶点的[Fe₄S₄]立方体组成（图 11-13），它介导可逆的双电子氧化还原循环。

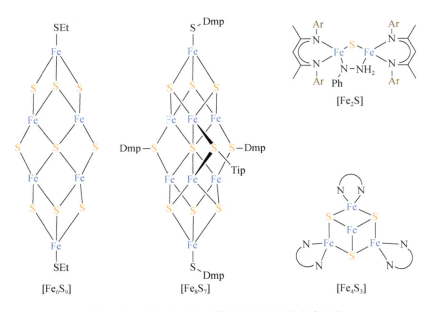

图 11-13   固氮酶 FeMo 辅因子的主要合成类似物

Tatsumi 用不同的末端配体合成了一系列类似的化合物，这些簇倾向于表现出两个准可逆的单电子还原过程（图 11-14）。在其还原形式（P^N）中，P-簇通过四个末端 Cys 和两个桥接 Cys 残基与蛋白质协调。在其氧化形式（P^OX）中，P-簇发生结构变化，并与主链 N 和 Ser 或 Tyr 残基结合。模拟还原 P-簇的一个突出例子是 [Fe₈S₇] 簇核具有四个 N(SiMe₃)₂ 配体（两个末端和两个桥接）和两个末端 SC(NMe₂)₂ 配体。

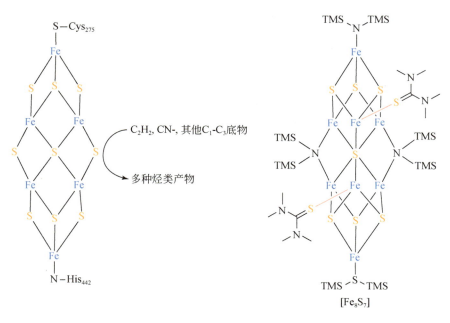

图 11-14　固氮酶中 FeMo 辅酶和模拟簇的催化反应的结构及其主要反应

11.3　金属药物

　　金属药物是一种利用金属离子与有机配体形成的配合物来治疗疾病的药物。与传统的有机药物相比，金属药物具有更强的生物活性和选择性，可以通过特定的配位作用与生物分子发生相互作用，从而实现治疗效果。与 11.2 节的金属酶与金属蛋白类似，金属药物中的金属离子也起到了至关重要的作用。金属药物中的金属离子与配体形成的化学键能够在生物体内与特定的生物分子结合，从而发挥治疗作用。例如，铂配合物是一种常用的金属药物，它能够与 DNA 结合，干扰 DNA 的复制和修复过程，从而阻止癌细胞的生长和扩散。金属药物的研究和应用已经成为当今医学研究的热点之一。并且，金属药物的研究也在不断深入，例如通过设计和合成新型金属配合物来提高药物的选择性和生物活性，或者利用纳米技术来提高金属药物的靶向性和生物利用度等。

　　因此，对于金属药物的研究和应用有着重要的现实意义和深远的发展前景。本节将重点介绍几种具有代表性金属药物的种类、作用机制以及研究进展，旨在为读者提供对金属药物的全面认识和深入理解，从而进一步推动金属药物的研究和应用。

11.3.1　治疗类金属药物

1．抗肿瘤金属药物

1）化疗铂类抗肿瘤药物
恶性肿瘤（癌症）依然是当今世界最严重的健康问题。目前，治疗癌症的主要方法有化学药物治疗法（化疗）、放射疗法、免疫疗法和激素疗法等。化疗是治疗多种癌症的一种常见和经常使用的方法。化疗药物按作用机制可以分为两大类：①与 DNA 相互作用的药物，包括生物烷化剂、DNA 嵌入剂、拓扑异构酶抑制剂；②干扰 DNA 和核酸合成的抗代谢药物，包括作用于微管的药物以及针对肿瘤发生机制和特征的新型分子靶向抗肿瘤药物。

含有金属铂的铂类化疗药物是目前广泛应用于肿瘤治疗的药物，在癌症的治疗中起着重要的作用，包括顺铂、卡铂和奥沙利铂等，属于生物烷化剂类抗肿瘤药物。顺铂［顺-二氨二氯铂(Ⅱ)］是第一代铂类药物，含有两个顺式配体。该化合物由 A. Werner 于 1845 年合成，48 年后他阐明了顺铂的化学结构。20 世纪 60 年代，由 B. Rosenberg 领导的课题组观察到顺铂是由铂电极电解形成的。Rosenberg 等通过分析电磁场对细菌细胞的影响，发现顺铂抑制细菌细胞的增殖。此后，相继有实验表明该化合物可能对其他细胞有抑制作用，包括癌症细胞。随后，在实验小鼠模型中证实了顺铂对癌细胞有抗增殖作用，这使得顺铂在后续的研究阶段得以实施。最终于 1978 年，顺铂被批准为抗癌药物。

顺铂在血液中会由于氯离子的高浓度（约 100 mmol/L），表现出良好的稳定性，只有在药物被细胞吸收后才会发生生物学变化。顺铂转运进入细胞的机制尚未完全阐明。有文献报道，顺铂可通过被动扩散穿过质膜。也有报道称顺铂的部分摄取可能是由蛋白转运体介导的，铜转运蛋白（Ctr1、Ctr2）、ATP 酶（ATP7A、ATP7B）、有机阳离子转运蛋白（OCT-2），以及多药及毒素外排转运蛋白（MATE 1）可能与顺铂通过细胞质膜的转运有关。顺铂在细胞内水解这一过程受氯离子浓度的调节。细胞内环境中 Cl$^-$ 离子水平的降低（约 4～12 mmol/L）会加速顺铂的水解。研究表明，水解形成的带正电分子（顺式-$[Pt(NH_3)_2Cl(OH_2)]^+$/顺式-$[Pt(NH_3)_2(OH_2)_2]^{2+}$）比中性形式更具生物活性。因此，有研究表明顺铂的次级代谢物［顺-二胺二羟基铂(Ⅱ)］会表现出较强的药物治疗特性。

顺铂作用的机制是抑制肿瘤细胞 DNA 的复制，阻碍其分裂。一旦进入人体内，在 Cl$^-$ 离子浓度较高的条件下会相对稳定。一旦进入细胞内，由于细胞内 Cl$^-$ 离子浓度偏低，顺铂药物会水解成为阳离子的水合物，然后进一步解离生成羟基配合物。这些羟基配合物容易与 DNA 单链内的碱基形成封闭的螯合环（极少数时也会形成针对双链 DNA 的螯合环），其作用机制如图 11-15 所示。具体而言，大约 65% 的情况是和相邻的两个鸟嘌呤碱基的 7-N 结合成螯合环，25% 是与一个鸟嘌呤和一个腺嘌呤碱基的 7-N 结合成螯合环，还有 1% 是与中间隔了一个碱基的两个鸟嘌呤碱基的 7-N 结合成螯合环。这种螯合的形成直接破坏了 DNA 上嘌呤基和胞嘧啶之间的氢键，从而扰乱了 DNA 的正常双螺旋结构，最终导致其失去复制能力，并失活。反式铂配合物并不具备这种作用。

顺铂是一种用于治疗多种类型癌症的药物，包括肺癌、卵巢癌、睾丸癌、头颈癌、前列腺癌、宫颈癌、胃癌、膀胱癌、乳腺癌和食道癌。它已成为治疗睾丸癌和卵巢癌的一线药物，并可与甲氨蝶呤、环磷酰胺等药物协同作用，不会产生交叉耐药性，并具有免疫抑制作用。然而，顺铂的水溶性差，只能通过注射给药，缓解期短，并伴随严重的肾胃肠道毒性、耳毒性和神经毒性。长期使用可能会导致耐药性。

为了克服顺铂的缺点，研究人员使用不同的胺类配体（如乙二胺、环己二胺等）和各种酸根（包括无机酸和有机酸）与铂络合，合成了一系列铂基药物（表 11-4）。

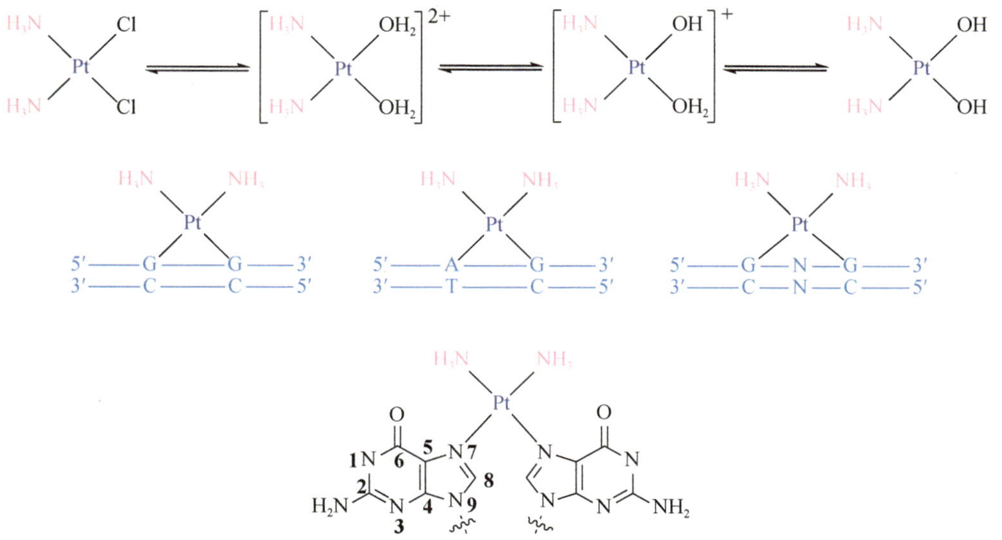

图 11-15　顺铂的作用机制

表 11-4　铂类抗肿瘤药物

名称	化学结构	作用特点
卡铂 （Carboplatin）	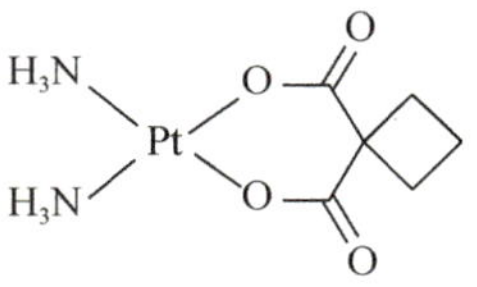	该药物对小细胞肺癌和卵巢癌的疗效优于顺铂，但对膀胱癌和头颈部癌的疗效不如顺铂，并且仍需要通过静脉注射给药
奥沙利铂 （Oxaliplatin）	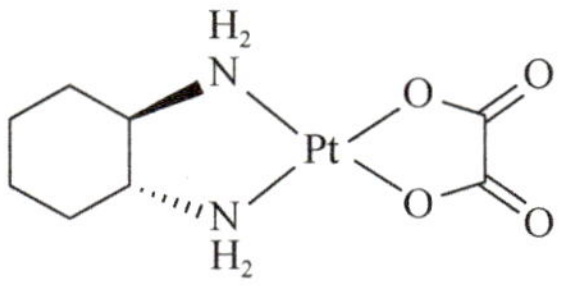	该药物对乳腺癌、卵巢癌、大肠癌及多种动物和人肿瘤细胞株，包括对顺铂及卡铂耐药的肿瘤细胞株，均有显著的抑制作用
洛铂 （Lobaplatin）	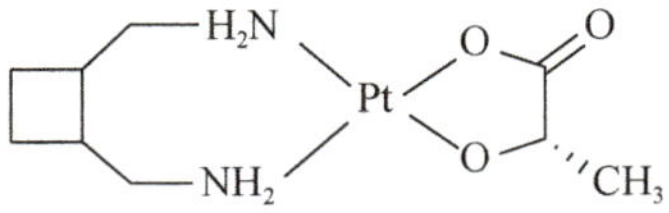	该药物与顺铂的抑瘤作用类似且较强，对于顺铂耐药的细胞株仍有一定的细胞毒作用。毒性与卡铂相似，主要毒性为骨髓造血抑制，肾毒性较低

　　卡铂是 20 世纪 80 年代设计开发的第二代铂配合物，其结构为顺式-1,1-环丁烷二羧酸二氨铂。通过结构上的改变，卡铂的水溶性更强，约为顺铂的 17 倍。与顺铂相比，卡铂无明显的肾毒性，但治疗前肾功能的水平，可能会与治疗后血小板减少的程度有关，治疗前肾小球滤过率低的患者，更容易出现血小板减少。卡铂的生化性质、抗肿瘤活性与顺铂相仿，但其肾毒性、耳毒性和消化道反应均较低。

　　奥沙利铂是第三代铂类抗肿瘤药物，于 1996 年上市，其结构为草酸根($1R,2R$-环己二胺)合铂(Ⅱ)。奥沙利铂的物理性质稳定，在水中的溶解度介于顺铂与卡铂之间，其也是第一个被证明对结肠癌有效的铂类烷化剂。此外，奥沙利铂是第一个上市的手性铂配合物，其中 1,2-环己二胺配体有三个立体异构体：(R,R)、(S,S) 和内消旋的 (R,S)，相应的三个立体异构体铂配合物在体内和体外的活性略有不同，但只有 (R,R) 异构体用于临床治疗。

洛铂（又称乐铂）是更新一代的铂类化疗药，其结构为 1,2-二氨基-环丁烷-乳酸合铂，溶解度良好且在水中稳定，由德国公司研发。与顺铂相比，洛铂的肾毒性和耳毒性等不良反应的发生率降低，但血液毒性的发生率比较高，尤其是血小板减少的发生率较高。洛铂主要经由肾脏代谢，不宜在体内蓄积，24 小时平均尿液排泄率达到 70%。在各种常见不良反应的对比中，洛铂的不良反应相对较轻。

2）放疗金属同位素抗肿瘤药物

除了上述化疗用的铂类药物，放射性治疗法（放疗）也广泛采用含金属离子的药物，它们也是一种广泛应用于癌症治疗的重要药物。

放疗金属药物通常是指放射性同位素，这些同位素能够发出高能量辐射（如α粒子），用于杀死癌细胞或抑制其生长。与铂类化疗金属药物不同，放疗金属药物不需要进入细胞内部进行作用，而是直接通过辐射杀死癌细胞。放疗金属药物的副作用相对较小，但仍然存在一些风险，如辐射过度可能会对正常组织造成损伤。因此，在使用放疗金属药物时，医生需要准确计算剂量，以最大限度地减少对正常组织的影响。与铂类化疗金属药物一样，放疗金属药物也有其局限性。它们通常只能对局部区域进行治疗，无法治愈远处转移的癌症。此外，放疗金属药物也可能对癌细胞产生耐药性，从而限制了其在某些情况下的应用。尽管放疗金属药物有一些局限性和风险，但它们仍然是癌症治疗中不可或缺的一部分。在实践中，医生可能会结合多种治疗手段，如铂类化疗金属药物和放疗金属药物，以达到最佳的治疗效果。

Lutathera®（镥氧奥曲肽）是一种含放射性 ^{177}Lu 的生长抑素类似药物，能够选择性地靶向生长激素释放受体（SSTR）。药物一旦通过输注滴注到血流中，就能够结合肿瘤细胞上生长激素释放受体，然后被内化到靶细胞中放射性组分就能从靶细胞内部破坏肿细胞。作为一种已经获得美国食品药品监督管理局（FDA）认定的药物，Lutathera®也是第一款靶向放射性核素治疗（PRRT）药物（即带有放射性成分的靶向分子）。

[^{177}Lu]Lu-DOTA-TATE 是 Lutathera®的活性成分，又可称为 ^{177}Lu-oxodothreotide 或 [^{177}Lu]Lu-DOTA-(Tyr^3)-octreoate，其 IUPAC 名称为：[^{177}Lu]lutetium-N-[(4,7,10-三羧基甲基-1,4,7,10-四氮杂环十二烷基-1-酰基)乙酰]-D-苯丙氨酰-L-半胱氨酸-L-酪氨酸-D-色氨酸-L-赖氨酸-L-胱氨酸-L-半胱氨酸-L-半胱氨酸-苏氨酸-环（2-7）二硫化物。其结构如图 11-16 所示，放射性核素 ^{177}Lu 与螯合剂 DOTA 八齿络合，并通过 DOTA 与靶向肽结合。

Lutathera®作为一种放射性药物，用于治疗神经内分泌肿瘤（NETs）。它是利用放射性核素镥-177（^{177}Lu）与生长激素释放激素类似物（Somatostatin Analogue）结合，以靶向并杀死肿瘤细胞。Lutathera®的治疗原理是通过与肿瘤细胞上的生长激素释放受体结合，从而将放射性物质送入肿瘤组织，并对肿瘤细胞产生辐射损伤。Lutathera®于 2018 年获得 FDA 的批准，用于治疗 SSTR 阳性的胃肠道源性（GEP）神经内分泌肿瘤和 SSTR 阳性的非功能性肠道源性（NFP）神经内分泌肿瘤。然而，Lutathera®治疗也可能带来一些副作用，如肾功能减退、骨髓抑制、肝功能异常、恶心、呕吐等。

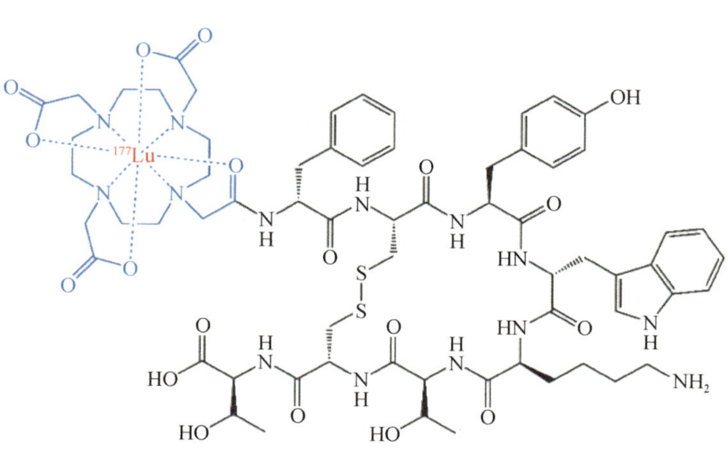

图 11-16　[^{177}Lu]Lu-DOTA-TATE 的结构式

Lutathera®是一种针对 SSTR 阳性神经内分泌肿瘤的有效治疗手段，能够显著延长患者的生存期。然而，患者在接受治疗前应充分了解可能的副作用，并在医生的指导下做好监测和管理。

2. 抗类风湿金属药物

金属元素除了在癌症治疗领域中得到了广泛的应用，还被应用于其他疾病的治疗中。其中，抗风湿金属药物便是其中一个重要的例子。抗风湿金属药物是治疗风湿性疾病的重要药物，其中金制品是传统的抗风湿金属药物之一。在金制品中，金诺芬（Auranofin）是一种较为常用的药物，其主要作用机制是抑制免疫系统的功能和减轻炎症反应，从而缓解风湿性疾病的症状。

金诺芬最初是在 20 世纪 70 年代后期制备的，并被发现具有显著的抗关节炎特性。由于其良好的药理学特征，尽管缺乏对其作用方式的精确理解，但最终在 1985 年被批准用于临床治疗类风湿性关节炎。金诺芬是在乙酰化的硫代葡糖上，以金原子和三乙基膦配位形成，以口服片的形式使用，其结构如图 11-17 所示。它具有一定的毒性，因此需要注意药物的剂量和使用方法。

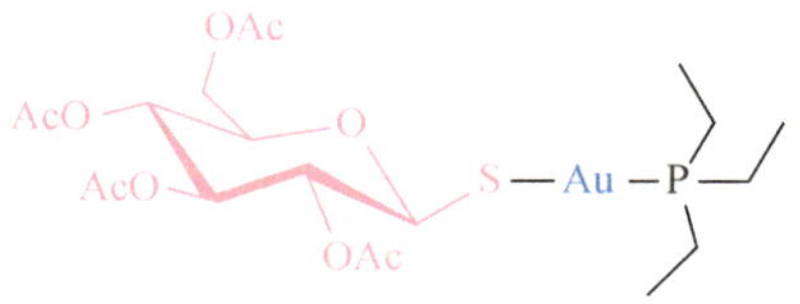

图 11-17　金诺芬结构式

金诺芬的主要作用机制是通过抑制免疫系统的功能来减轻炎症反应和关节破坏。金诺芬的临床应用范围较广，主要用于治疗风湿性关节炎、类风湿性关节炎、强直性脊柱炎等风湿性疾病。研究表明，金诺芬对于早期的风湿性关节炎患者具有较好的治疗效果，能够减轻疼痛、改善关节功能、降低关节破坏的风险。然而，金诺芬也存在一些副作用，如口腔溃疡、皮疹、肝脏和肾脏损害等。因此，在使用金诺芬时需要注意药物的剂量和使用方法，避免出现不良反应。

最近，研究表明金诺芬除了已知的抗炎作用外，还具有显著的抗癌、抗菌和抗寄生虫特性。因此，从药物再利用策略的角度来看，金诺芬作为一种有前景的抗癌和抗感染药物引起了药物化学科学界的广泛关注。金诺芬的化学行为及其与生物分子的反应已被广泛研究。目前已经对金诺芬与生物分子的反应进行了详细的研究，可以确定金诺芬通过与游离半胱氨酸或硒代半胱氨酸残基形成强配位键，将蛋白质紧密结合，最终导致细胞内严重的氧化还原失调和相关的凋亡性癌细胞死亡。

总的来说，金诺芬是一种重要的抗风湿金属药物，能够有效地缓解风湿性疾病的症状。虽然金诺芬存在一定的毒性和副作用，但在临床上仍然被广泛使用。未来，随着科学技术的不断发展，新型的抗风湿药物也将不断涌现，为风湿性疾病的治疗提供更多选择。

11.3.2 诊断类金属药物

上述介绍了治疗类金属药物，但是在现代医学中，疾病的准确、及时诊断发现也极为重要。所以，诊断类金属药物也是现代医学中不可或缺的一部分。这类药物利用金属元素的独特性质，如吸收 X 射线或磁共振信号，来帮助医生诊断疾病。通过注射或口服这些药物，医生可以获得有关患者身体组织和器官的详细信息，以便更好地诊断和治疗疾病。

磁共振成像（Magnetic Resonance Imaging，MRI）是现代临床医学的常规诊断工具。MRI 作为一种诊断成像方式有许多优点，例如：它是非侵入性的，没有辐射负担，并且具有优异的（亚毫米）空间分辨率、软组织对比是极好的等。此外，有许多技术可以在 MRI 中提供对比，从而在同一解剖区域产生明显不同的图像。例如，脉冲序列可以加权以突出具有不同质子密度、T_1 或 T_2 弛豫时间、不同水扩散速率或不同化学位移（水与脂类）的组织之间的差异。

MRI 目前最大的挑战是其相对较低的灵敏度。受限于目前的技术手段，有 40% 以上的核磁共振成像实施病例中需要借助核磁共振造影剂的额外对比度才能获得临床上满意的成像效果。磁共振成像造影剂是顺磁性、超顺磁性或铁磁性化合物，能催化缩短大块水质子的弛豫时间。所有对比剂均缩短 T_1 和 T_2。然而，将 MRI 造影剂可分为两大类，取决于该物质对横向弛豫速率（$1/T_2$）与纵向弛豫速率（$1/T_1$）的影响程度。第一类被称为 T_1 造影剂，这些药物改变组织的 $1/T_1$ 大于 $1/T_2$。在大多数脉冲序列中，T_1 造影剂主要降低 T_1 值，导致信号强度增加，也被称为阳性造影剂。而 T_2 造影剂则选择性地增加组织的 $1/T_2$ 值，导致信号强度降低，也被称为阴性造影剂。

T_1 核磁共振造影剂又被称为顺磁性造影剂，是指质子恢复到其原始纵向磁场 63% 所需的时间，其倒数 $1/T_1$ 代表弛豫速率。不同形式的质子弛豫速率不一致，T_1 加权图像中，组织中不同类型质子的信号强度有所差异。顺磁性 Gd、Mn 和 Fe 可用作 T_1 造影剂，因为它们具有大的磁矩和长的电子自旋弛豫时间。基于钆(III)基的造影剂（GBCA）是金属基磁共振造影剂中最成功的例子之一，大约有 40% 的 MRI 检查和大约 60% 的神经 MRI 检查使用了 GBCA。虽然有一些锰基和铁基的造影剂也被广泛研究，但其大多数还处于研究阶段，尚未被批准应用于临床。自从 1988 年 Gd-DTPA 获得批准以来，据统计，每年核磁共振成像造影剂的使用量高达千万。GBCA 不能穿过血脑屏障，因此大脑的对比增强可能是由多发性硬化症、原发性或转移性癌症或中风等疾病引起的。GBCA 也被广泛用于血管成像，以发现阻塞或动脉瘤，或指导手术干预。人们也可以利造影剂测量心脏的局部灌注。GBCA 成功的另一个因素是其效果是立竿见影的。在核医学中，患者接受放射性药物治疗，然后等待一段时间才能成像，而在核磁共振成像中，造影剂是在患者处于扫描仪中时注射的，诊断图像在几分钟内出现。与核医学中使用的放射性示踪剂不同，GBCA 具有较好的稳定性，不用按需合成。

临床使用的磁共振成像造影剂，通常分为顺磁性造影剂和超顺磁性造影剂。顺磁造影剂是由顺磁性金属离子和配体组成的，其中金属离子主要以 Gd(III) 为主。第一代已用于临床的水溶性钆基磁共振造影剂是德国 Schering 公司的 H. J. Weinmenn 研制开发的 Gd-DTPA（商品名：Magnevist™，马根维显），它是二乙三胺五乙酸（DTPA）与 Gd(III) 的配合物。经过药理与毒理实验后，该制剂于 1983 年首次用于临床。除了 Gd-DTPA 外，已经进入临床应用的含钆 MRI 造影剂还有 Gd-DOTA（商品名：Dotarem™，多它灵）、Gd-DTPA-BMA（商品名：Omniscan™，欧乃影）、Gd-HP-DO3A（商品名：ProHance™，普海司）、Gd（BOPTA）（商品名：MultiHance™，莫迪司）、Gd（DO3A-butrol）（商品名：Gadovist™，加乐显）和 Gd-DTPA-BMEA（商品名：OptiMARK™，钆弗塞胺），其结构如图 11-18 所示。虽然钆基造影剂在临床上已经被成熟的应用，但是其还是存在钆离子体内沉积以及没有靶向性等缺点。

许多研究人员基于造影剂增强造影的原理，希望可以设计性能更优、毒副作用更小以及具有靶向的新型造影剂，下面介绍造影剂的增强造影的原理。

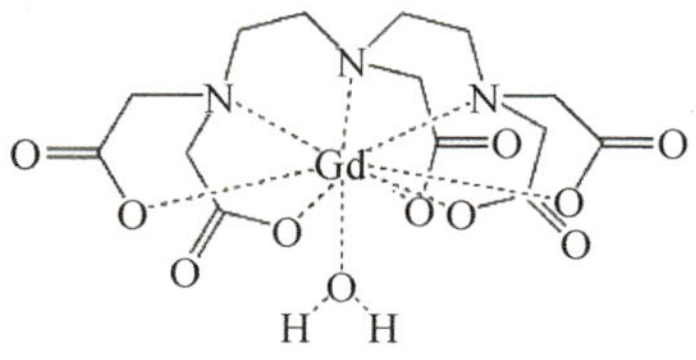

Gd(DTPA)(H₂O)(Magnevist™)

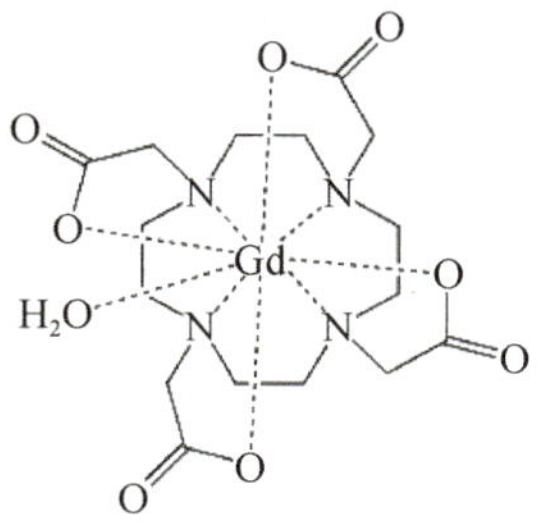

Gd(DOTA)(H₂O)(Dotarem™)

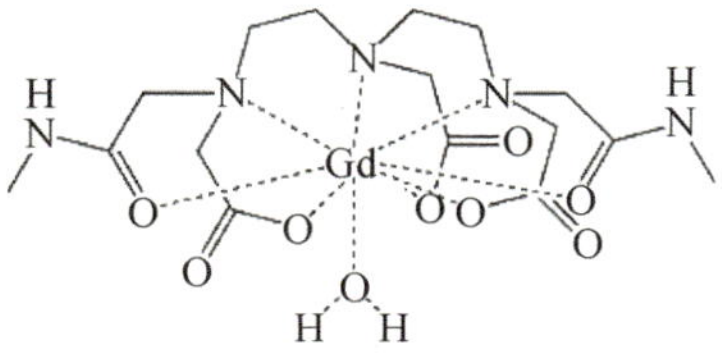

Gd(DTPA-BMA)(H₂O)(Omniscan™)

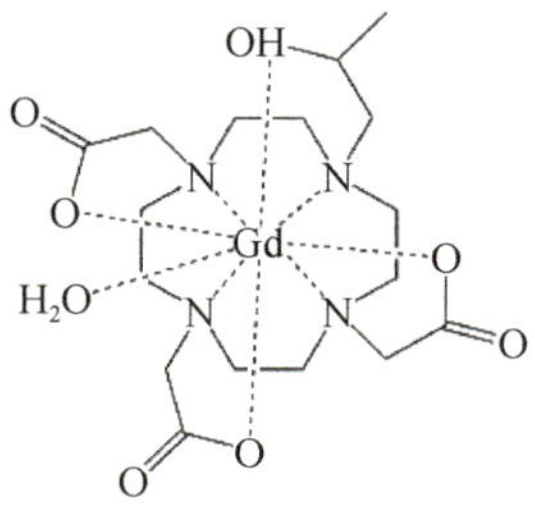

Gd(HP-DO3A)(H₂O)(ProHance™)

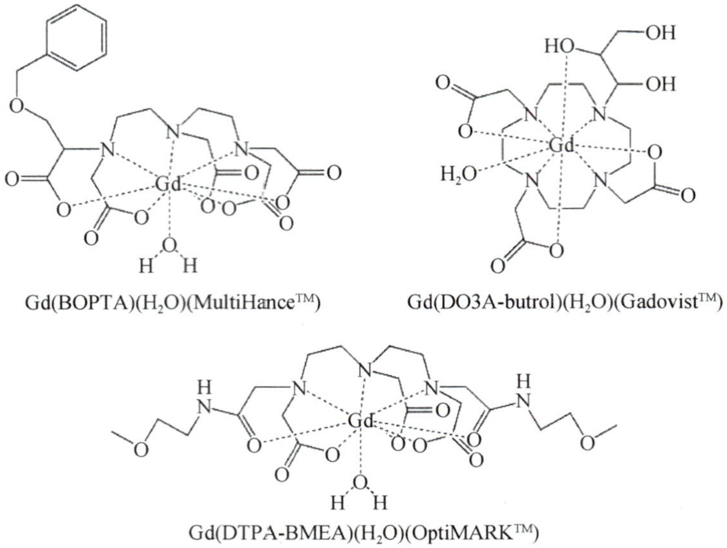

Gd(BOPTA)(H2O)(MultiHance™)
Gd(DO3A-butrol)(H2O)(Gadovist™)
Gd(DTPA-BMEA)(H2O)(OptiMARK™)

图 11-18　已用于临床的钆基磁共振造影剂

MRI 主要是检测人体中水氢的核磁共振信号。在开始检测前，人体内的氢质子都是无序排列的，当开始检测后在竖直磁场 B_0 的作用下，质子会在相同方向上产生一段磁矩 M_Z，当在垂直磁场的方向上再施加射频脉冲后，磁矩会向 X-Y 平面倾斜，产生磁矩 $M_{X,Y}$，当射频脉冲取消后，质子会弛豫回原状态，并且以无线电波的形式释放能量，这些能量再由机器接收，通过计算机的处理最终得到磁共振图像（图 11-19）。

Z
RF
施加射频脉冲
撤去射频脉冲
Y
X
B0
ω0
μ
MZ
MX, Y
100%
63%
37%
T1
T2
t

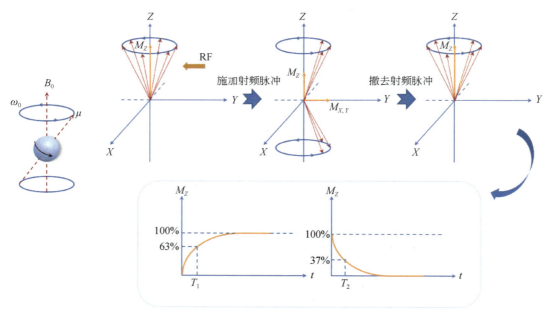

图 11-19　磁共振成像原理示意图

MRI 存在若干关键参数，例如 T_1、T_2、r_1 和 r_2。在射频脉冲终止后，质子磁矩弛豫回初始状态，这一过程所需的时间称为弛豫时间。弛豫分为纵向弛豫和横向弛豫，分别由时间常数 T_1 和 T_2 表达。T_1 代表磁化方向上磁矩恢复到原始幅度的 63% 所需的时间，T_2 代表垂直于磁场平面中的磁矩减少到 37% 所需的时间。MRI 造影剂通常会影响 T_1 和 T_2，T_1 造影剂主要缩短 T_1 弛豫时间，增加信号强度（亮度对比度），通常包括顺磁性 Gd^{3+}、Mn^{2+}、Fe^{3+} 离子的络合物。T_2 造影剂主要减少 T_2 弛豫时间，降低信号强度，主要包括超顺磁性氧化铁纳米颗粒（SPION）。

通常根据罗门和布洛依姆伯吉的推导的 S-B 公式是描述顺磁环境中各种微观粒子间相互作用的关系式。顺磁性环境中质子的纵向弛豫及横向弛豫率可用 R_1 和 R_2 表示：

$$R_1 = \frac{1}{T_1} = \frac{2}{15}\left[\frac{S(S+1)\gamma^2 g^2 \beta^2}{r^6}\left\{\frac{3\tau_c}{1+\omega_i^2 \tau_c^2} + \frac{7\tau_c}{1+\omega_s^2 \tau_c^2}\right\}\right]$$
$$+ \frac{2}{3}\left[\frac{S(S+1)A^2}{h^2}\left\{\frac{\tau_e}{1+\omega_s^2 \tau_e^2}\right\}\right] \qquad (11\text{-}2)$$

$$R_2 = \frac{1}{T_2} = \frac{1}{15}\left[\frac{S(S+1)\gamma^2 g^2 \beta^2}{r^6}\left\{4\tau_c + \frac{3\tau_c}{1+\omega_i^2 \tau_c^2} + \frac{13\tau_c}{1+\omega_s^2 \tau_c^2}\right\}\right]$$
$$+ \frac{1}{3}\left[\frac{S(S+1)A^2}{h^2}\left\{\tau_e + \frac{\tau_e}{1+\omega_s^2 \tau_e^2}\right\}\right] \qquad (11\text{-}3)$$

在 S-B 公式［式（11-2）和式（11-3）］中，S 为电子-自旋量子数；ω_i 和 ω_s 分别为核和电子的自旋角频率；γ 为磁旋比；r 为顺磁性物质中心到弛豫中的氢质子之间的距离；A、h 和 β 均为物理常数。顺磁性物质体系中，电子与核之间的相互作用可以分为偶极-偶极耦合（Dipole-Dipole Coupling）和标量耦合（Scalar Coupling）两种方式。公式中的 τ_c 和 τ_e 分别为偶极-偶极耦合和标量耦合的相关时间。所以，S-B 公式可以分为前后两项。通常将第一项称为偶极-偶极项，第二项称为标量项。通过公式可以看出，偶极-偶极耦合作用的大小主要取决于电子与核之间距离，与该距离（r）的 6 次方成反比。通过顺磁金属中心与水的距离可以分为：与顺磁性试剂直接接触的内层水分子、以氢键作用结合到配体上的位于第二层的水分子和外层水分子。即使第二层和外层水分子不直接与顺磁性金属结合，但它们对弛豫率也是有贡献的。因此，要使弛豫进行得快（即要获得更好的增强效果），就必须尽量缩短公式中的 r。这就表明质子需要贴近顺磁性离子（位于内层）。如果其距离大于 0.3 nm，那么质子的弛豫增强效应会迅速减小。因此，MRI 造影剂的结构设计一般都需保证顺磁性金属离子可以和水更贴近，或者说可以和水分子直接配位（图 11-20）。

而 S-B 公式的后一项［即标量项，公式（11-4）］表示的是在量子水平上顺磁性金属的孤电子与质子相互作用的可能性。其用标量相关时间 τ_e 来表示：

$$\frac{1}{\tau_e} = \frac{1}{\tau_r} + \frac{1}{\tau_s} + \frac{1}{\tau_m} \qquad (11\text{-}4)$$

式中，τ_r 为转动（顺磁性鼓转运动）时间、τ_s 为电子-自旋弛豫时间和 τ_m 为水交换的相关时间。由公式可以看出，τ_e 主要取决于 τ_r、τ_s、τ_m 中最大者的倒数。在生物体系中，大分子具有较长的旋转时间，因此它们能够缩短纵向弛豫时间，提高弛豫率。这种情况下，将

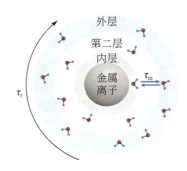

图 11-20   造影剂增强造影原理示意图

小分子顺磁性螯合物与分子量为 50000～250000 的大分子相结合，可以取得很好的弛豫增强效果。随着旋转相关时间的延长，弛豫增强的效率将比低分子量的螯合物提高 3～5 倍。

当聚合物中的配体包裹着顺磁金属离子时，其在溶液中的旋转速度降低，从而使 τ_r 增大，导致 τ_e 的增大，从而减小 τ_s 和 τ_m 在 τ_e 中的相对贡献。同时，在选用造影剂时，也要考虑 τ_s 及 τ_m。具有长 τ_s（$10^{-8}～10^{-10}$ s）的钆、锰、铁、氮氧化物是一类很好的弛豫增强材料。与之形成鲜明对比的是，稀土元素镝和铕，虽然都是 7 个未配对电子，却因它们的 τ_s（$10^{-12}～10^{-13}$ s）较短，不能起到明显的弛豫增强作用。此外，R_1、R_2 的大小也与顺磁金属的浓度及配位水的数量有关。顺磁性金属中心与水结合的配体数目愈多，则其 R_1、R_2 愈大。比如，Gd^{3+} 的配位数是 8，而 DTPA 只有 6 个配位点，所以当二者结合后，Gd 仍保留 1～2 个配位点，使其能与水有效地结合在一起，从而产生内层弛豫。Mn^{2+}、Fe^{3+} 等具有 6 个配位，当它们与 DTPA 作用时，会将全部配位点都占满，因此，增强作用并不显著。

基于上述原理，相关领域的研究人员设计了许多性能更优的造影剂，例如：有研究表明，如果使造影剂与靶标结合，会限制造影剂的内部运动,则可以增强药物的弛豫性。帕克等使用了含有四个 Gd-DTPA 单元的化合物，这些结构单元包含一个或两个靶向载体。图 11-21 为其化合物结构及模拟示意图。在没有蛋白质的情况下，如图 11-21 所示，该化合物具有相当的柔韧性，每个四聚体的弛豫较低。当与血清白蛋白结合时，形成一个结合基团的化合物将其弛豫性增加了三倍，但弛豫性的增加受到分子内部运动的限制。通过添加第二个结合基团，分子在与血清白蛋白结合时变得更加刚性，同时弛豫性也随之增加。

此外，目前针对 Gd 基造影剂的前沿研究也有落脚于靶向及激活方面的。例如，2021 年有研究人员设计了一种具有靶向及可激活一体化的 MRI 造影剂（Gd-PCP）。其强调了一种独特的分子 MR 探针设计策略，提高了传统生物标志物靶向 MR 成像的灵敏度，填补了分子 MR 成像领域的需求。该造影剂可以在体内给药后主动靶向前列腺肿瘤（PSMA），并在进入肿瘤组织之后通过反应，使其成像效果增强，其结构如图 11-22 所示。红色部分为 Gd-DOTA 磁共振造影剂，紫色部分为 PSMA 靶向配体。其通过 PSMA 靶向配体靶向前列腺肿瘤细胞。一旦进入细胞，探针将被细胞内谷胱甘肽激活，探针中的二硫键断裂，随后形成聚集体，增强弛豫率。

然而，鉴于最近发现 Gd^{3+} 可能参与肾源性系统性纤维化（NSF），并且 FDA 也对其临床使用加以限制。因此，研究人员开始转向其他顺磁物种，比如 Mn 离子及 Fe 离子。

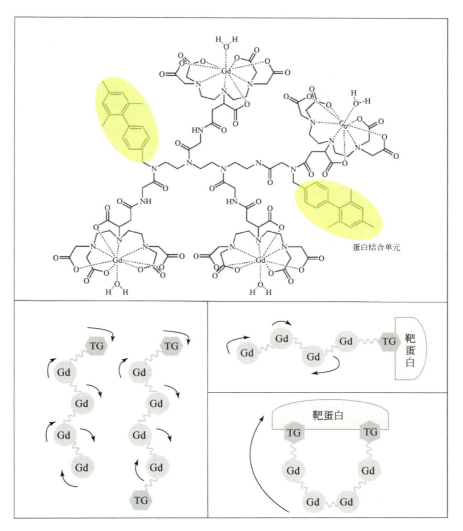

蛋白结合单元

靶蛋白

靶蛋白

图 11-21　四聚体 Gd-DTPA 结构式及增强造影示意图

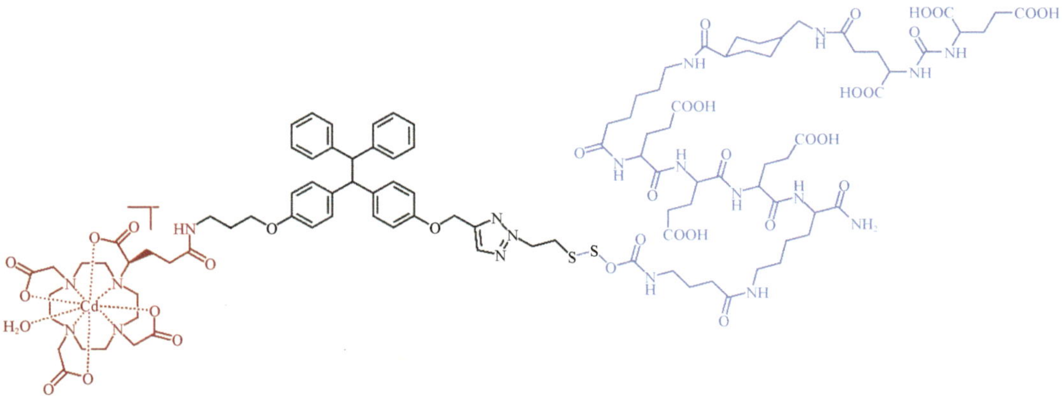

图 11-22　Gd-PCP 结构式

　　锰是一种生物内源性元素，在生物体中作为酶和受体的辅助因子发挥着重要作用，其具有 Mn^{2+}、Mn^{3+}、Mn^{4+} 等几种稳定的氧化态。Mn^{2+} 是一种非常有效的顺磁弛豫剂，其纵向电子弛豫时间长，可进行水交换等特性也提供了有效的弛豫增强，虽然相对于 Gd 离子增强效果较弱，但是在人体内的生物安全性更高，使其成为 MRI 探针中 Gd 基造影剂有效的替代品。然而，这种金属并不是完全无害的，体内特别是大脑中过量的锰会造成严重的损害：众所周知，过度接触游离的锰离子会导致一种叫作"锰中毒"的神经退行性疾病，其症状类似于帕金森病。锰基配合物也作为磁共振成像对比剂用于临床。例如：Mn-DPDP（商品名：$Telsascan^{TM}$，锰福地匹三钠）（图 11-23），其相应的结构式如图 11-23 所示，可被肝细胞迅速吸收，可被肝细胞，心肌细胞和胰腺细胞迅速吸收，用于肝、心肌或胰腺成像。

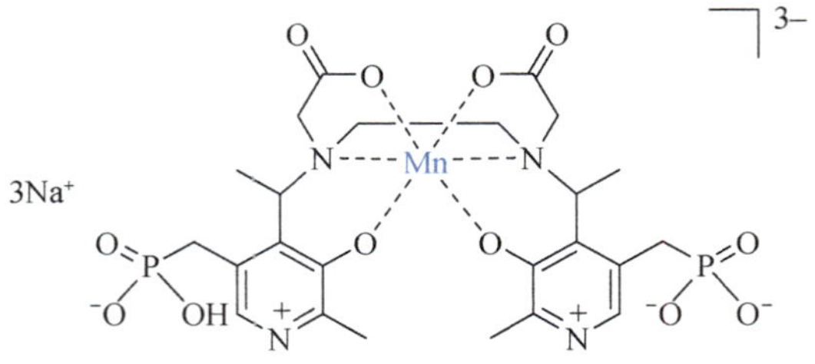

Mn-DPDP(Telsascan^{TM})

图 11-23　商业 Mn-DPDP 造影剂结构式

　　锰基造影剂（MnCAs）已成为钆基造影剂（GdCAs）的合适替代品。然而，由于它们的动力学不稳定性和复杂的合成过程，只有极少数 MnCAs 被用于临床 MRI 应用。但有相关研究表现出了优异的增强弛豫性质。例如，有相关研究者采用了一种高度创新的单锅模板合成策略，开发了一种锰基造影剂——MnL^{Me}（图 11-24），并在体外研究了最重要的物理化学性质。MnL^{Me} 在中磁场（20 MHz 和 64 MHz）和高磁场（300 MHz 和 400 MHz）下均显示出优良的 r_1 弛豫率，并且与牛血清白蛋白（BSA）（K_a=4.2×10^3 L/mol）结合后 r_1^b=21.1 L/(mmol·s)（20 MHz, 298 K, pH 7.4）增强。体内研究表明，MnL^{Me} 通过肾脏排泄被完整地清除到膀胱中，与商业 Gd 基 Magnevist^{TM} 相比，其血液半衰期更长。作为一种新型的 MRI 造影剂，MnL^{Me} 显示出巨大的潜力，这也表明，未来 Mn 基 MRI 造影剂也会是一大发展方向。

图 11-24　MnL^{Me} 结构式

　　铁是对人类健康最重要的矿物质之一。虽然所有的人体细胞都含有铁元素，但它主要存在于血红细胞中。控制体内铁元素含量对健康的好处很多，例如可消除疲劳感等。铁在免疫系统功能、治疗贫血、提高血红蛋白等方面也发挥着重要作用。高自旋 Fe(III)复合物的开发是在早期的 MRI 造影剂中有所研究。Fe(III)离子是一种非常强的路易斯酸，对应于它的离子半径小，电荷高。典型的 Fe(III)配合物是六配位或七配位的，作为 MRI 探针研究的配合物，要么缺乏水配体，要么只有单一的内球水配位。探针的设计必须考虑到铁配合物的水溶液化学性质的复杂性。对于 Fe(III)配合物，除了对稳定性的要求（如不干扰内源铁池）以外，高的动力学和热力学稳定性仍然被认为是基于内生金属离子的络合物的基本条件，这也被认为是其一个明显的优势。此外，有人认为，含有配位水分子的体系可以促进金属中心的氧化还原化学过程，从而形成氧基自由基，可引发癌细胞死亡。尽管大多数 Fe(III)配合物大多只能依赖于第二和外层配位球中的水分子的贡献，但它们目前作为潜在的 MRI 造影剂正在严格审查中。其中，大部分注意力都集中在以临床批准的铁隔离剂（Deferasirox）为代表的 $Fe(DFX)_2$ 配体配合物上（图 11-25）。关于这些 Fe(III)配合物具有良好的生物相容性有望将其转化为临床 MRI 对比剂。

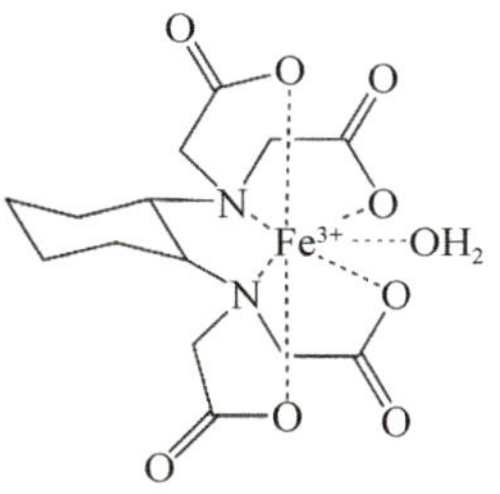

$[Fe(CDTA)]^-$ 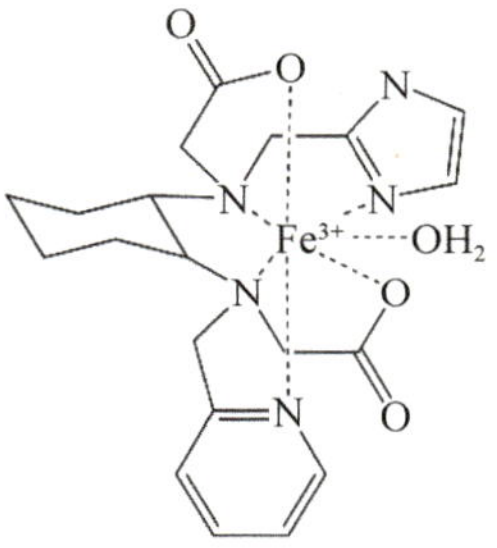　　　　　　　$[Fe(PyCy2A)]^-$

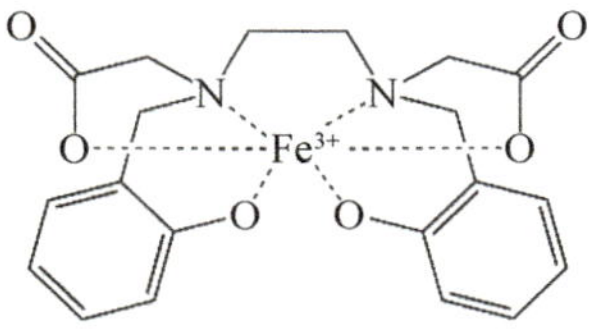

$[Fe(HBED)]^-$ 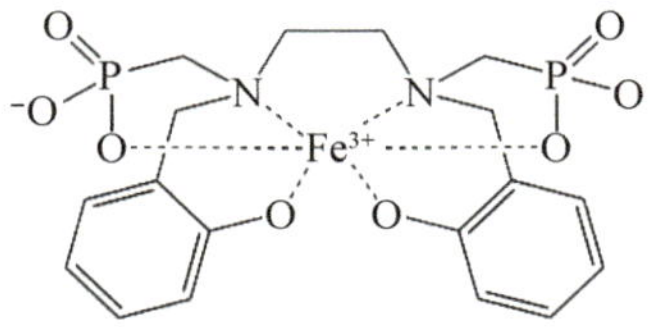　　　　　　　$[Fe(HBEDP)]^{3-}$

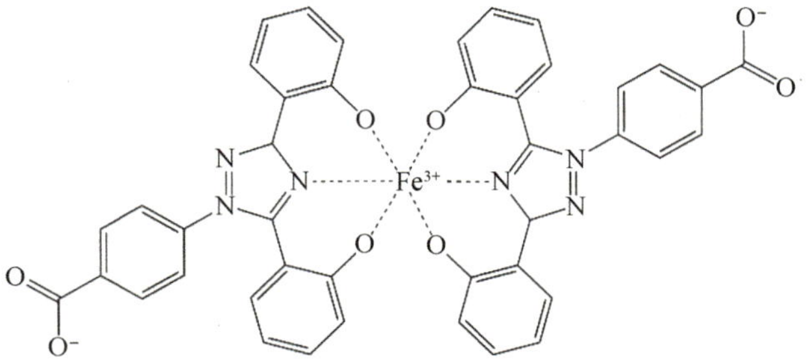

$Fe(DFX)_2$

图 11-25　Fe(III)配合物与线性螯合物用作 MRI 探针

作为 MRI 探针研究的 Fe(III)配位配合物可分为几个主要类别（图 11-25）。最早的研究是基于多氨基羧酸配体，包括 Fe（CDTA），后来的研究包括以吡啶或咪唑为基的配体，如 Fe（PyCy2A）。Fe（HBED）和 Fe（HBEDP）都属于这一类，因为它们包括乙烯二胺的主链、苯酚和碳氧化合物。Fe（CDTA）为七配位配合物，其一个位点被结合的水配体所占据。Fe(III)的 HBED 和 HBEDP 配合物是六配位的，缺乏内层水，见图 11-25。

Fe(III)MRI 探针必须表现出与 Gd(III)试剂相似的清除率和生物分布，影像科医生才能接受它们作为替代品。在临床使用的 8 种 Gd(III)造影剂中，有 7 种是亲水性复合物，表现为细胞外液（ECF）对比剂。复合物从血管外渗出进入周围组织，通过肾脏滤过液清除。在预测对比剂在动物体内的药代动力学清除时，考虑了两种测量方法，包括亲脂性（用辛醇分配系数测量）和血清白蛋白结合强度。造影剂的另一种应用是血管造影术或血池显像。在这种情况下，造影剂应该与血清蛋白紧密结合。基于 Gd(III)的试剂 MS-325 是一种复合物，它与 HSA（人血清白蛋白）结合，在血液循环中停留较长时间，因而被用于血管成像。虽然 MS-325 被从市场上撤下，但最近仍有大量工作针对开发新的 Gd(III)复合物作为血池制剂。

上述主要介绍了作为顺磁性金属离子的 T_1 磁共振造影剂，而针对 T_2 造影剂主要以超顺磁氧化铁为代表。超顺磁氧化铁是由悬浮颗粒（直径约 5～200 nm）组成的纳米材料。这些颗粒由小晶体（1～10 nm）组成，其中包含数千个随机取向的磁性离子，通常是铁离子。在外部磁场存在的情况下，晶体与磁场对齐，导致超自旋，使材料具有磁性。粒子的总自旋远远大于单个金属离子自旋的总和，这可以导致非常高的弛豫度。在没有外加磁场的情况下，材料不再具有磁性。这些微晶是由一层由葡聚糖、柠檬酸盐、油酸盐或其他非免疫原性聚合物覆盖的金属（通常是铁）氧化物构成的，以避免核心聚集并降低其毒性。第一种超顺磁造影剂具有很高的 r_2/r_1 比率，主要影响 T_2。因此，它们被称为 T_2 造影剂或阴性造影剂（因为它们提供了变暗的 MR 图像）。然而，近些年也有许多具有较大的 r_1 的超顺磁性氧化铁颗粒的例子，它们也可以作为有效的 T_1 或 T_2 造影剂。

超顺磁性氧化铁按粒径大小可分为三类：①粒径小于 50 nm 的超小超顺磁性氧化铁（USPIO）颗粒；②粒径在 50 nm～1 μm 的超顺磁性氧化铁（SPIO）小颗粒；③直径超过 1 μm 大小的氧化铁（MPIO）颗粒。目前，已有被批准临床使用或已进行人体临床试验的氧化铁，如 Feridex（菲立磁）、Resovist（铁羧葡胺）、AMI-25 等，这些试剂通常也被称为超顺磁性氧化铁纳米颗粒（SPION）。基于氧化铁颗粒的器官特异性药物表现出不同的分布。SPION 通过吞噬作用进入网状内皮系统细胞，可选择性进入肝脏、脾脏、淋巴结、肿瘤相关巨噬细胞和骨髓。根据 SPION 的尺寸和涂层的不同，可以针对不同的组织。例如，国外研发的 Ferumoxide 和 Ferucarbotran 都能迅速被肝脏中的库普弗细胞吸收，从而实现肝脏特异性成像。Ferumoxtran-10 具有较长的循环时间，可用于血池成像，但随着时间的推移，也会在淋巴结中显著积聚，从而使癌症分期应用成为可能。

新型 MRI 造影剂的设计已经取得了很大进展。通过对配位化学和生物医学学的更好理解，许多新研发的造影剂也已经进入临床实践。未来具有特定靶向、特定响应或基于锰离子、铁离子的 MRI 造影剂可能会被成功地应用于临床。

除了磁共振成像需要使用造影剂进行诊断，利用放射性同位素对疾病进行诊断也是临床上一种常用的方法。通常作为诊断用的有 γ 射线放射源，如 ^{99m}Tc、^{201}Tl、^{111}In 等，图 11-26 中展示了用于核医学中单光子发射型计算机断层扫描（SEPCT）成像的心脏造影剂锝[^{99m}Tc]司它比注射液（$^{99}Tc\{CNCH_2C(CH_3)_2OCH_3\}$）的结构示意图。其主要用于冠状动脉疾患（心肌梗死、心肌缺血）的诊断，有助于了解溶栓治疗后的效果。该造影剂进入人体之后其中的甲氧基会被水解为羟基，从而与心肌纤维选择性地结合，起到造影的作用。

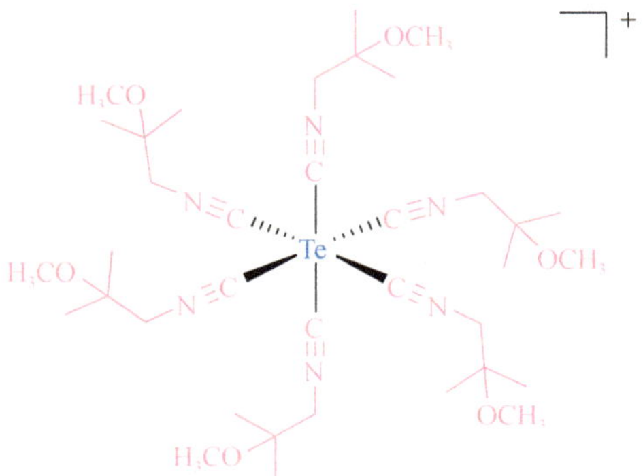

图 11-26　心脏造影剂锝[^{99m}Tc]司它比注射液的结构示意图

　　然而，随着金属药物使用的增加，人们也越来越关注它们的安全性和效果。一些金属元素的毒性和副作用可能会对患者造成不良影响。因此，研究人员一直在努力开发更安全、更有效的诊断类金属药物，以提高诊断准确性和保护患者的健康。在未来，随着技术的不断进步，我们可以期待诊断类金属药物在医学领域得到广泛应用和发展。

11.3.3　其他金属药物

　　除了治疗类金属药物以及诊断类金属药物以外，还具有一些其他金属药物。例如，维生素 B_{12}。维生素 B_{12}（也被称为钴胺素）是具有钴啉环结构的维生素 B 族化学物质的总称。由于首先发现的氰钴氨，按维生素命名排序为第 12，所以叫维生素 B_{12}，一般也习惯将氰钴氨称为维生素 B_{12}。其实，维生素 B_{12} 家族有四种：氰钴胺、羟钴胺、腺苷钴胺和甲钴胺，后三者都是类似氰钴胺化学结构的药物。维生素 B_{12} 家族的化学结构为四个吡咯环周围以桥接的方式相连，中心络合一个六价的钴离子，其竖直配位上连接不同的功能团就是不同的钴胺素，与氰根相连为氰钴胺（分子结构式见图 11-27），与甲基相连为甲钴胺，与羟基相连为羟钴胺，与腺苷基相连为腺苷钴胺，当配体为 5′-脱氧腺苷时，即为辅酶 B_{12}。其中，甲钴胺、腺苷钴胺具有直接的生物活性，可直接参与体内的生化反应；而氰钴胺和羟钴胺没有直接生物活性，需要转化为甲钴胺和腺苷钴胺方能发挥生物活性。

　　维生素 B_{12} 是八种 B 族维生素之一，它在细胞代谢中的作用与另一种 B 族维生素叶酸密切相关。自从 60 多年前发现和鉴定维生素 B_{12}，以及认识到它在预防恶性贫血这一严重疾病中的核心作用以来，人们对维生素 B_{12} 缺乏的了解越来越多。恶性贫血最初因为该疾病最终具有致命的血液学特征和破坏性的神经学表现而获得了其名称，后来被证明是由胃壁细胞及其产物——内在因子（也称为胃内在因子）的自身免疫破坏引起的，而内在因子是吸收维生素 B_{12} 所必需的。维生素 B_{12} 缺乏症以前被认为是一种营养缺乏症，主要是由维生素吸收不良引起的，仅限于老年人，特别是北欧人后裔，现在被认为是一个全球性问题，通常是由于饮食不足造成的，特别是在儿童和育龄妇女中。

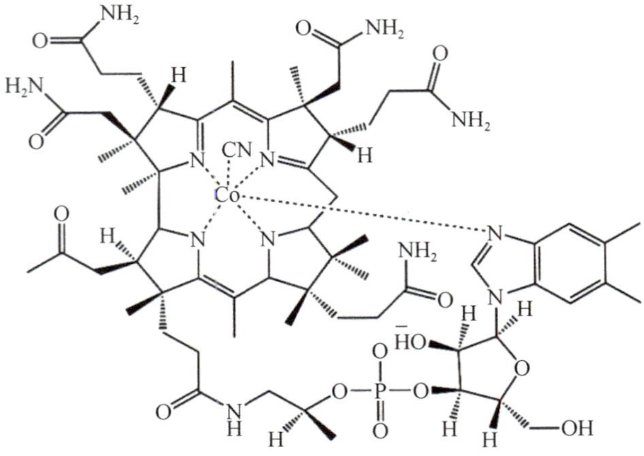

图 11-27　氰钴胺结构

维生素 B_{12} 缺乏的影响主要见于血液和神经系统，典型表现最初是在恶性贫血中发现的，其原因当时尚不清楚。当人们意识到维生素 B_{12} 缺乏时，神经系统的表现［如感觉和运动障碍（特别是下肢）、共济失调、导致痴呆和精神障碍的认知能力下降］往往占主导地位，而且通常没有血液并发症的发生。此外，通过在临床实践中引入代谢物甲基丙二酸（MMA）和同型半胱氨酸的检测，可以鉴定出更细微程度的维生素 B_{12} 缺乏症，扩大了可能归因于 B_{12} 缺乏症的范围。

维生素 B_{12} 主要存在于鸡蛋、奶制品以及细菌发酵产物。维生素 B_{12} 在脂肪和糖代谢中具有关键作用，同时也可以增强骨髓造血功能。在临床上，它可以用于治疗诸如恶性贫血、巨幼红细胞贫血、坐骨神经痛、三叉神经痛和神经炎等疾病。

维生素 B_{12} 缺乏症的话题已经吸引着来自医生、科学家、诊断行业以及广大人民群众的相当大的关注。尽管人们已经积累了大量关于维生素 B_{12} 缺乏的知识，但许多关键问题仍未得到解答。未来，越来越准确的分析方法的出现，能够使我们更精确地识别临床维生素 B_{12} 缺乏和维生素 B_{12} 不足状态。此外，从人类健康的角度来看，了解易患维生素 B_{12} 缺乏症的引发条件并采取适当措施是防止高危人群缺乏维生素 B_{12} 的关键。

本节主要讨论了金属配位药物在医学应用方面的重要性，以及各种类型的金属配位药物，如铂类抗肿瘤药物、钆基诊断类药物，以及其他金属配位药物。总之，金属配位药物在现代医学中具有举足轻重的地位，从抗肿瘤治疗、诊断技术到生命活动的维持，金属配位药物无处不在，为人类身体健康带来了巨大的福祉。未来的研究将继续探索新的金属配位药物和应用领域，为世界带来更多的希望和可能性。

综上，以金属配合物为代表的配位化学广泛存在于生命体中。本章仅以功能性的生物大分子，如金属蛋白和金属酶，以及一些用于治疗和诊断用的配合物药物来说明其在生命科学中的重要性。目前，以这两类配合物为代表的生物化学正逐步演化成为一门新兴的科学：生物无机化学，在当今科学研究前沿中正蓬勃发展，展现出了无限的生机和活力。

参 考 文 献

刘伟生, 2019. 配位化学. 北京: 化学工业出版社.

尤启东, 2016. 药物化学. 北京: 人民卫生出版社.

赵喜平, 2004. 磁共振成像. 北京: 科学出版社.

朱圣庚, 徐长法, 2016. 生物化学. 北京: 高等教育出版社.

Anbu S, Hoffmann S H L, Carniato F, et al., 2021. Angew. Chem. Int. Ed., 60: 10736.

Becker R, Bouwens T, Schippers E C F, et al., 2019. Chem. Eur. J., 25: 13921.

Boncella A E E, Sabo E T T, Santore R M M, et al., 2022. Coord. Chem. Rev., 453: 214229.

Chen S, An L, Yang S, 2022. Molecules, 27: 4573.

Cuff M E, Miller K I, van Holde K E, et al., 1998. J. Mol. Biol., 278: 855.

DeRosha D E, Chilkuri V G, Van Stappen C, et al., 2019. Nat. Chem., 11: 1019.

Du Z, Zhou X, Lai Y, et al., 2023. PNAS, 120: e2216713120.

Enns T. 1967. Science, 155, 44-47.

Fukuzumi S, Lee Y M, Nam W, et al., Coord. 2018. Chem. Rev., 355: 54.

Gao S, Liu Y, Shao Y, et al., 2020. Coord. Chem. Rev., 402: 213081.

Green R, Allen L H, Bjørke-Monsen A L, et al., 2017. Nat. Rev. Dis. Primers., 3: 17040.

Li C B, Li Z J, Yu S, et al., 2013. Energy Environ. Sci., 6: 2597.

Li H, Luo D, Yuan C, et al., 2021. J. Am. Chem. Soc., 143: 17097.

Li S, Chen W, Hu X, et al., 2020. ACS Appl. Bio. Mater., 3: 2482.

Lill R, 2009. Nature, 460: 831.

Magnus K A, Hazes B, Tonthat H, et al., 1994. Proteins, 19: 302.

Pandey I K, Natarajan M, Kaur-Ghumaan S, 2015. J. Inorg. Biochem., 143: 88.

Pavlina D, Asya D, Aleksandar D, et al., 2020. Biomolecules, 10: 1470.

Ribbe M W, Hu Y L, Hodgson K O. et al., 2014. Chem. Rev., 114, 4063.

Roland L, 2009. Nature, 460: 831.

Schilter D, Camara J M, Huynh M T, et al., 2016. Chem. Rev., 116: 8693.

Schmid B, Einsle O, Chiu H J, et al., 2002. Biochemistry, 41: 15557.

Sharma T, Sharma S, Kamyab H, Kumar A. 2020. Journal of Cleaner Production, 247, 119138.

Sosa F A, Pierre L, Lucia P T, et al., 2020. J. Am. Chem. Soc., 142: 11006.

Tanifuji K, Ohki Y, 2020. Chem. Rev., 120: 5194-5251.

Tracey A R, 2015. Nat. Rev. Mol. Cell Biol., 16: 45.

Wahsner J, Gale E M, Rodriguez-Rodriguez A, et al., 2019. Chem. Rev., 119: 957.

Wang C H, DeBeer S, 2021. Chem. Soc. Rev., 50: 8743-8761.

Wang L K, Marcello G, Alexandre B, et al., 2020. ACS Catal., 10: 177.

习　题

1. 什么是宏量元素，什么是微量元素？缺乏钠、钾、钙、铁会引发哪些健康问题？

2. 请简述抗肿瘤金属药物顺铂的作用机制。

3. 简述酶的定义及分类，并列举典型亚类。

4. 影响酶促反应的因素有哪些？

5. 酶作为生物催化剂的特点及酶活性调控的几种机制。

6. 如何解释酶活性与 pH 的变化关系，假如其最大活性在 pH=4 或 pH=11 时，酶活性可能涉及哪些氨基酸的侧链，为什么？

7. 固氮酶的金属活性中心具有什么结构特点？阐述天然固氮酶模拟研究对生物化学领域的意义。

8. 铁硫簇基本构成模块有哪些？列举铁硫簇在生物中的功能以及铁硫蛋白生物合成原理。

9. 有哪些常见的模拟酶类型，画出其活性中心模拟结构。

10. 什么是阳性磁共振造影剂、什么是阴性磁共振造影剂？分别有哪些代表性药物？

11. 都有哪些金属离子的络合物可以作为 T_1 磁共振造影剂？

12. 维生素 B_{12} 家族在化学结构上有何特点，其在人体中起到什么作用？

 阅 读 材 料

中药分子与金属离子的配合物——新药物发展的重要出路

　　随着病谱的变化与人口老龄化，对创新药物的需求不断增加。这就对药物的研发提出了更高的要求，才能够更好地提高疾病治愈率和患者的生存率，有效改善患者的生活质量。因此，药物的研发对保障人类健和生命质量至关重要。目前，大数据与人工智能的融合，生物技术的应用，新技术新机制的快速突破，以及大型人群队列研究范式的不断推广，正推动新药研发领域的快速发展。

　　众所周知，人体需要"微量金属元素"来维持正常的生理功能，当这些人体所必需的金属元素摄入超标或不足，都会对人体正常的生理功能产生严重的不良影响，更甚者则致人死亡。一些具有药效的金属元素虽然对某些疾病有疗效，但也伴随着显著的毒副作用，人体难以吸收。因此，这些金属元素不能直接作为药物使用。然而，将这些金属元素与配体配位形成配合物分子后则能大幅度改善其毒副作用及人体的不适感，提高其在人体内的吸收度，增强对相关疾病的治疗效果。因此，配位化学及金属配位化合物在医学及药学研究方面的地位举足轻重。

　　目前，铂、金、银、铜及钌的配合物都被发现对某些疾病，尤其是肿瘤类疾病，表现出很好的治疗效果。这些配合物药物的配体一般均为人工合成的有机或无机分子，生物相容性并不理想。近期研究表明，以天然的中药分子为配体，与金属中心配位后能够形成生物相容性非常好的配合物药物。

黄芩苷(左)及槲皮素(右)的结构

　　天然中药分子黄芩苷，味苦、性寒，具有清热、燥湿、泻火、解毒及止血等功效，临床上主要用于治疗温热病、上呼吸道感染、肺热咳嗽、湿热黄疸、肺炎、痢疾、 咳血、目赤、高血压及痈肿疖疮等症。黄芩苷分子中有羟基、羧基及羰基等含氧基团，与金属离子具有一定的配位作用。近年来，黄芩苷与金属离子配合形成的化合物在药学方面的作用也受到了广泛的发展。研究发现，黄芩苷与金属离子配位后能够表现出清除超氧自由基（Superoxide Radical）的功能。超氧自由基是人体内产生的活性氧自由基，能引发体内脂质过氧化，加快肌体的衰老过程，并可诱发癌症及心血管疾病等，严重危害人体健康。人体可以通过超氧化物歧化酶（SOD）将其转化成过氧化氢和氧气除去，也可以通过药物将外源性的超氧自由基清除。黄芩苷具有明显的阻止体内脂质过氧化的作用。研究发现，黄芩苷与二价铜离子或者二价锌离子结合形成的配合物具有更好的超氧自由基清除效果。而且，黄芩苷与铜离子的配合产物清除超氧自由基的作用更强；黄芩苷与锌离子的配合物可以减少超氧自由基破坏红细胞外膜的作用，效果比单独使用黄芩苷强。

　　槲皮素，又名栎精，槲皮黄素，可作为药品，具有较好的祛痰、止咳作用，并有一定的平喘作用。此外，还有降低血压、增强毛细血管抵抗力、减少毛细血管脆性、降血脂、扩张冠状动脉及增加冠脉血流量等作用。槲皮素可用于治疗慢性支气管炎，对冠心病及高血压患者也有辅助治疗作用。槲皮素因其结构特点使其成为一类较好的金属离子螯合的配体，可以与多种金属离子通过螯合成为槲皮素-金属配合物。某些槲皮素-金属配合物的生物活性及药理作用较槲皮素本身显著增强。

　　从这些例子不难看出，我国传统的中药分子在开发新型配合物新药物方面表现出巨大的潜力。